U0414195

线性代数学习指南

居余马 林翠琴 编著

清华大学出版社
北京

内容简介

本书是与居余马等编著的《线性代数(第2版)》配套的辅导教材,也可为学习其他教材的读者提供有益的指导。全书以章为单位进行指导。在每章中,首先,明确基本要求,指明了学习的目标和努力的方向,再给出内容提要,提纲挈领地概括了本章的基本内容。然后,逐节进行指导,通过对基本概念、定理和方法的深入分析,通过对一些基本、典型题目的讲解和演练,引导读者深入地学习和领会每节的基本内容。最后,对部分难题和补充题给出了题解,以帮助有余力的读者进一步提高分析问题和解决问题的能力。书后还附有历年硕士研究生入学试卷中线性代数题目的解答,以利于读者及时地检查自己的掌握程度。

图书在版编目(CIP)数据

线性代数学习指南/居余马,林翠琴编著.—北京:清华大学出版社,2003
(2023.1重印)
ISBN 978-7-302-06507-4

Ⅰ. 线… Ⅱ. ①居… ②林… Ⅲ. 线性代数—高等学校—教学参考资料
Ⅳ. O151.2

中国版本图书馆CIP数据核字(2003)第023988号

责任编辑:刘　颖
责任印制:宋　林

出版发行:清华大学出版社
　　网　　址:http://www.tup.com.cn,http://www.wqbook.com
　　地　　址:北京清华大学学研大厦A座　　**邮　　编**:100084
　　社 总 机:010-83470000　　**邮　　购**:010-62786544
　　投稿与读者服务:010-62776969,c-service@tup.tsinghua.edu.cn
　　质 量 反 馈:010-62772015,zhiliang@tup.tsinghua.edu.cn
印 装 者:大厂回族自治县彩虹印刷有限公司
经　　销:全国新华书店
开　　本:140mm×203mm　　**印　张**:10.75　　**字　数**:259千字
版　　次:2003年6月第1版　　**印　次**:2023年1月第28次印刷
定　　价:32.00元

产品编号:006507-06/O

序　言

本书是为居余马等编著的《线性代数(第2版)》教材(清华大学出版社出版)配套的辅导教材.它也可为学习其他教材的读者提供有益的指导.本书还对历年硕士研究生入学考试中线性代数试题给了题解,这将有助于准备考研的读者在学习阶段更好和更灵活地掌握线性代数的基本内容.

本书的书名《线性代数学习指南》表明了本书主要着眼于指导学生如何学好线性代数课程,为此本书的内容作了以下安排.

首先明确指出每章的"基本要求",并给出"内容提要".课程的"基本要求"是读者学习的目标和努力的方向.每学习一个概念及有关的理论和计算,都要按"基本要求"来掌握它们;每学完一章,读者应该以"基本要求"为镜子,对照和检查是否掌握了"基本要求",对"基本要求"要能说出个一、二、三,绝不能含糊不清.每章的"内容提要"提纲挈领地概括了该章的基本内容,它是每一章的"纲".读者每学完一章,都应该把"内容提要"所涉及的基本概念、基本理论、基本计算以及分析和解决问题的基本方法,深深地印在脑海之中,闭着眼睛都能熟练地陈述"内容提要"所述的方方面面,这样你在思考各种问题和解题时,就有可能"纲举目张",顺利地抵达彼岸.

然后,逐节指导如何学习每章每节,这是本书的重点所在.这里一般是从两个方面来引导读者深入地学习和领会每节的基本内容,掌握分析解决问题的方法,提高解题的能力.第一个方面是对每节涉及的基本概念及有关的理论和计算的方法,进行深入的分析，力求准确地理解概念，掌握有关定理的条件和结论，掌握计算的基本方法. 另一个方面是通过列举一些基本的、典型的和有一定灵活性的计算题、概念题和证明题，帮助读者在理论的指导下提高分析和解决各类问题的能力. 对于各种类型的计算题要熟练掌握它的基本计算方法. 有些题可以一题多解；对于概念题要能准确地判别各种说法的真伪，澄清一些似是而非的模糊观念；对于证明题要善于应用基本概念和基本的定理加以证明，要思路清晰，对各种类型的证明题要概括出一些有效的证明方法（如直接证法，反证法，数学归纳法等）.

在每章的最后，对部分疑难习题与补充题给出了题解. 这些题多数是证明题和比较综合、比较难的计算题，题解一般都提出了解题的思路，以及要用到哪些基本概念和定理. 读者对于这些题，应该在认真思考以后仍不会进行证明或计算时，再看题解，这样对比自己的思考过程，才能深刻领会解题的关键所在，从而切实提高证明和计算的能力.

本书最后，对历年硕士研究生入学考试中线性代数试题（按本书章的顺序汇编）给了题解. 这不仅可供考研的学生作为备考的参考，而且更有意义的是，读者学完每一章都检查一下自己能否解这些题，从中可以发现自己还有哪些基本内容掌握得不够，需要进一步深入和提高，这有助于读者更好地学好线性代数课程内容.

由于编著者水平和经验所限，不妥之处在所难免，恳请读者们批评指正.

编者

2003 年 2 月于清华园

目录

第1章

行 列 式

1.1 基本要求与内容提要

1 基本要求

(1) 理解行列式的定义，熟悉每一个元素的余子式和代数余子式的含义.

(2) 理解行列式的性质，并能熟练利用性质展开数字行列式和文字行列式.

(3) 熟悉一些特殊行列式(如对角行列式，副对角行列式，上(下)三角行列式，范德蒙(Vandermonde)行列式等)的展开结果.

(4) 理解克拉默(Cramer)法则，会利用它求解一类线性方程组.

2 内容提要

(1) n 阶行列式 $D=|a_{ij}|_1^n$ 的定义为

$$D=a_{11}A_{11}+a_{12}A_{12}+\cdots+a_{1n}A_{1n},$$

其中，$A_{1j}=(-1)^{1+j}M_{1j}$ 是元素 a_{1j} 的代数余子式，M_{1j} 是元素 a_{1j} 的余子式(它是 D 中去掉第1行与第 j 列全部元素构成的 $n-1$ 阶行列式).

D 的展开式是 n^2 个元素 $a_{ij}\,(i,j=1,\cdots,n)$ 的 n 次齐次多项

式,共有 $n!$ 项,每项都是不同行不同列的 n 个元素的乘积.

二阶、三阶行列式可按沙路法展开.

(2) 行列式的性质(对行与列皆成立).

① 行列式的行与列(按原顺序)互换,其值不变.

② 行列式对任一行(或列)展开,其值相等(定义是对第1行展开).

③ 线性性质:其一是行列式某行(或列)元素都乘 k,则等于行列式的值也乘 k;其二是如果行列式某行(或列)元素皆为两数之和(如第 i 行为 $a_{i1}+b_{i1},a_{i2}+b_{i2},\cdots,a_{in}+b_{in}$),则其行列式等于两个行列式之和(其第 i 行分别为 $a_{i1},a_{i2},\cdots,a_{in}$ 与 $b_{i1},b_{i2},\cdots,b_{in}$).

④ 行列式中如有两行(或列)完全相同,则其值等于零;进而有两行(或列)成比例,其值也等于零.

⑤ 把行列式某行(或列)元素都乘非零常数 k 加到另一行(或列)对应元素之上,行列式的值不变.

⑥ 反对称性质:行列式两行(或列)对换,其值反号.

⑦ 行列式某行(或列)元素乘另一行(或列)对应元素的代数余子式之和等于零,即

$$a_{i1}A_{j1}+a_{i2}A_{j2}+\cdots+a_{in}A_{jn}=0 \quad (i\neq j),$$

或

$$a_{1i}A_{1j}+a_{2i}A_{2j}+\cdots+a_{ni}A_{nj}=0 \quad (i\neq j).$$

(3) 行列式的计算(或称展开).

展开行列式的基本方法有三个:其一是直接按定义展开;其二是利用性质,将行列式化为上(下)三角行列式;其三是利用性质将某行(或列)元素化为只剩一个非零元,然后对该行(或列)展开,将 n 阶行列式展开化为 $n-1$ 阶行列式的展开,此为降阶展开法.

(4) 一些特殊行列式的展开结果.

① 上(下)三角行列式与对角行列式的值都等于其主对角元的乘积 $a_{11}a_{22}\cdots a_{nn}$.

②
$$\begin{vmatrix} 0 & \cdots & 0 & a_1 \\ 0 & \cdots & a_2 & 0 \\ \vdots & ⋰ & \vdots & \vdots \\ a_n & \cdots & 0 & 0 \end{vmatrix} = \begin{vmatrix} 0 & \cdots & 0 & a_1 \\ 0 & \cdots & a_2 & * \\ \vdots & ⋰ & \vdots & \vdots \\ a_n & \cdots & * & * \end{vmatrix}$$
$$= \begin{vmatrix} * & \cdots & * & a_1 \\ * & \cdots & a_2 & 0 \\ \vdots & ⋰ & \vdots & \vdots \\ a_n & \cdots & 0 & 0 \end{vmatrix}$$
$$= (-1)^{\frac{n(n-1)}{2}} a_1 a_2 \cdots a_n.$$

③ 范德蒙行列式

$$V_n = \begin{vmatrix} 1 & 1 & \cdots & 1 \\ x_1 & x_2 & \cdots & x_n \\ x_1^2 & x_2^2 & \cdots & x_n^2 \\ \vdots & \vdots & & \vdots \\ x_1^{n-1} & x_2^{n-1} & \cdots & x_n^{n-1} \end{vmatrix} = \prod_{1 \leqslant j < i \leqslant n} (x_i - x_j).$$

④
$$\begin{vmatrix} \boldsymbol{A} & \boldsymbol{0} \\ * & \boldsymbol{B} \end{vmatrix} = \begin{vmatrix} \boldsymbol{A} & * \\ \boldsymbol{0} & \boldsymbol{B} \end{vmatrix} = |\boldsymbol{A}|\,|\boldsymbol{B}|,$$

其中：$|\boldsymbol{A}|$与$|\boldsymbol{B}|$分别为 m 阶和 n 阶行列式；$\boldsymbol{0}$ 所在位置的元素全为零；$*$ 所在位置元素为任意元素．

(5) 克拉默法则

若线性方程组 $\sum_{j=1}^{n} a_{ij} x_j = b_i (i=1,2,\cdots,n)$ 的系数行列式 $D=|a_{ij}|_1^n \neq 0$，则方程组有惟一解．即

$$x_j = \frac{D_j}{D} \qquad (j=1,2,\cdots,n),$$

其中 D_j 是用常数项 $b_1, b_2, \cdots, b_n$ 替换 D 中第 j 列的 n 个元素所成的行列式．

1.2　行列式的计算(展开)

例 1　计算$\begin{vmatrix} 3 & 2 & 3 \\ 2 & -3 & 4 \\ 4 & -5 & 2 \end{vmatrix}$.

解　对于这个三阶数字行列式,如果利用性质将其化为上三角行列式,或将某行(或列)元素化为只剩一个非零元再展开,都有较大的工作量,还不如直接用沙路法或行列式的定义(对第1行展开)来计算.

① $$\begin{vmatrix} 3 & 2 & 3 \\ 2 & -3 & 4 \\ 4 & -5 & 2 \end{vmatrix} = -18-30+32+36+60-8 = 128-56=72.$$

② $$\begin{vmatrix} 3 & 2 & 3 \\ 2 & -3 & 4 \\ 4 & -5 & 2 \end{vmatrix} = 3\begin{vmatrix} -3 & 4 \\ -5 & 2 \end{vmatrix} - 2\begin{vmatrix} 2 & 4 \\ 4 & 2 \end{vmatrix} + 3\begin{vmatrix} 2 & -3 \\ 4 & -5 \end{vmatrix}$$
$$=3(-6+20)-2(4-16)+3(-10+12) =42+24+6=72.$$

对于三阶数字行列式一般都用这两种方法展开.

例 2　已知$\begin{vmatrix} \lambda+1 & 2 & 2 \\ -2 & \lambda+4 & -5 \\ 2 & -2 & \lambda+1 \end{vmatrix}=0$,求$\lambda$.

解　这里三阶行列式的展开式是λ的三次多项式,所以本题是三次方程的求根问题.如果用沙路法展开,自然易得λ的三次多项式,但一般来讲三次多项式的因式分解是比较麻烦的.如果利用行列式的性质展开这种行列式,有时会出现它的一种因式分解.

$$\begin{vmatrix} \lambda+1 & 2 & 2 \\ -2 & \lambda+4 & -5 \\ 2 & -2 & \lambda+1 \end{vmatrix} \xlongequal{①+③} \begin{vmatrix} \lambda+3 & 0 & \lambda+3 \\ -2 & \lambda+4 & -5 \\ 2 & -2 & \lambda+1 \end{vmatrix}$$

$$\xlongequal{[3]+[1]\times(-1)} \begin{vmatrix} \lambda+3 & 0 & 0 \\ -2 & \lambda+4 & -3 \\ 2 & -2 & \lambda-1 \end{vmatrix} \text{(对第 1 行展开)}$$

$$=(\lambda+3)\begin{vmatrix} \lambda+4 & -3 \\ -2 & \lambda-1 \end{vmatrix}$$

$$=(\lambda+3)[(\lambda+4)(\lambda-1)-6]$$

$$=(\lambda+3)(\lambda^2+3\lambda-10)=(\lambda+3)(\lambda+5)(\lambda-2)=0,$$

所以 $\lambda=-3,-5,2$ 是这个 λ 的三次方程的 3 个根.

其中①+③表示第 1 行加第 3 行;[3]+[1]×(−1)表示第 1 列乘(−1)加到第 3 列上.

例 3 计算 $D=\begin{vmatrix} 2 & 5 & 4 & 9 \\ -3 & 3 & 1 & 10 \\ 3 & 4 & 5 & 15 \\ 4 & 3 & 14 & 19 \end{vmatrix}$.

解 对于三阶以上的数字行列式,一般都是利用性质将其化为上三角行列式求其值.化为上三角行列式的步骤是规范化的.首先利用第 1 行第 1 列的非零元将第 1 列其他元素全化为零,然后利用第 2 行第 2 列的非零元将第 2 列以下元素全化为零,如此等等,直到化为上三角行列式.如果化的过程中出现全零行,则行列式的值等于零.

这里第 1 行第 1 列的元素为 2,如果利用它将第 1 列其余元素全化为零,中间就会出现很多分数,继续化下去就比较麻烦.所以这里先把第 1 行乘−1 加到第 3 行,再把第 1 行与第 3 行对换,就使第 1 行第 1 列元素为 1,这样再将第 1 列其余元素化为零就比较简便,即

$$D \xlongequal[①\leftrightarrow③]{③+①\times(-1)} -\begin{vmatrix} 1 & -1 & 1 & 6 \\ -3 & 3 & 1 & 10 \\ 2 & 5 & 4 & 9 \\ 4 & 3 & 14 & 19 \end{vmatrix} \xlongequal[④+①\times(-4)]{\substack{②+①\times 3\\ ③+①\times(-2)}}$$

$$-\begin{vmatrix} 1 & -1 & 1 & 6 \\ 0 & 0 & 4 & 28 \\ 0 & 7 & 2 & -3 \\ 0 & 7 & 10 & -5 \end{vmatrix} \xlongequal[②\leftrightarrow③]{④+③\times(-1)} \begin{vmatrix} 1 & -1 & 1 & 6 \\ 0 & 7 & 2 & -3 \\ 0 & 0 & 4 & 28 \\ 0 & 0 & 8 & -2 \end{vmatrix}$$

$$\xlongequal{④+③\times(-2)} \begin{vmatrix} 1 & -1 & 1 & 6 \\ 0 & 7 & 2 & -3 \\ 0 & 0 & 4 & 28 \\ 0 & 0 & 0 & -58 \end{vmatrix}$$

$$=1\times 7\times 4\times(-58)=-1624.$$

其中:①↔③表示第1行与第3行对换,此时行列式反号.

例4　计算 $D=\begin{vmatrix} -1 & 1 & 1 & 1 \\ 2 & -1 & 3 & -2 \\ 4 & 1 & -1 & -2 \\ -3 & 1 & 5 & -1 \end{vmatrix}$.

解　此题按例3的方法将其化为上三角行列式也可求其值,但仔细观察会发现各行元素之和均为2,此时把各列都加到第1列,第1列元素全为2,而且第2列中也有3个元素为1.这样将其化为上三角行列式就比较简便,即

$$D \xlongequal{[1]+[2]+[3]+[4]} \begin{vmatrix} 2 & 1 & 1 & 1 \\ 2 & -1 & 3 & -2 \\ 2 & 1 & -1 & -2 \\ 2 & 1 & 5 & -1 \end{vmatrix} \xlongequal[\substack{③+①\times(-1)\\ ④+①\times(-1)}]{②+①\times(-1)}$$

$$\begin{vmatrix} 2 & 1 & 1 & 1 \\ 0 & -2 & 2 & -3 \\ 0 & 0 & -2 & -3 \\ 0 & 0 & 4 & -2 \end{vmatrix} \xlongequal{④+③\times 2} \begin{vmatrix} 2 & 1 & 1 & 1 \\ 0 & -2 & 2 & -3 \\ 0 & 0 & -2 & -3 \\ 0 & 0 & 0 & -8 \end{vmatrix}$$

$$=2\times(-2)^2\times(-8)=-64.$$

例 5 已知 $\begin{vmatrix} 1+x & 2 & 3 \\ 2 & 1+x & 2 \\ 3 & 3 & 1+x \end{vmatrix}=0$,求 x.

解 这里三阶行列式各列元素之和均为 $x+6$,此时把各行加到第 1 行,第 1 行元素全为 $x+6$,然后把第 1 列乘 -1 加到第 2,3 列,就把行列式化为下三角行列式,即

$$\begin{vmatrix} 1+x & 2 & 3 \\ 2 & 1+x & 2 \\ 3 & 3 & 1+x \end{vmatrix}=(x+6)\begin{vmatrix} 1 & 1 & 1 \\ 2 & 1+x & 2 \\ 3 & 3 & 1+x \end{vmatrix}$$

$$=(x+6)\begin{vmatrix} 1 & 0 & 0 \\ 2 & x-1 & 0 \\ 3 & 0 & x-2 \end{vmatrix}=(x+6)(x-1)(x-2)=0,$$

所以 $x=1,2,-6$ 就是题中的 x 的三次方程的 3 个根.

这个行列式当然还可用其他方法展开,但这里的方法最简便.

例 4,例 5 是行列式中值得注意的一种类型. 展开行列式时首先要观察一下各行(或列)元素之和是否相等,如果相等,按例 4,例 5 的方法展开比较简便.

例 6 计算 $D=\begin{vmatrix} x_1 & a & a & a \\ a & x_2 & a & a \\ a & a & x_3 & a \\ a & a & a & x_4 \end{vmatrix}$ $(a\neq x_i, i=1,2,3,4)$.

解 此题仍可将 D 化为上三角行列式,先将第 1 行乘 -1 加到其余各行,得

$$D=\begin{vmatrix} x_1 & a & a & a \\ a-x_1 & x_2-a & 0 & 0 \\ a-x_1 & 0 & x_3-a & 0 \\ a-x_1 & 0 & 0 & x_4-a \end{vmatrix}.$$

再将第 j 列乘 $-\dfrac{a-x_1}{x_j-a}$ $(j=2,3,4)$后加到第1列，得

$$D=\begin{vmatrix} x_1-a\sum\limits_{j=2}^{4}\dfrac{a-x_1}{x_j-a} & a & a & a \\ 0 & x_2-a & 0 & 0 \\ 0 & 0 & x_3-a & 0 \\ 0 & 0 & 0 & x_4-a \end{vmatrix}$$

$$=\left[x_1+a(x_1-a)\sum_{j=2}^{4}\frac{1}{x_j-a}\right](x_2-a)(x_3-a)(x_4-a)$$

$$=a\left[\frac{x_1}{a(x_1-a)}+\sum_{j=2}^{4}\frac{1}{x_j-a}\right](x_1-a)(x_2-a)(x_3-a)\cdot(x_4-a)$$

$$=a\left(\frac{1}{a}+\sum_{j=1}^{4}\frac{1}{x_j-a}\right)\prod_{j=1}^{4}(x_j-a),$$

其中连乘积 $\prod\limits_{j=1}^{4}(x_j-a)=(x_1-a)(x_2-a)(x_3-a)(x_4-a)$.

例 7 计算 $D=\begin{vmatrix} a+x & a & a & a \\ a & a+x & a & a \\ a & a & a+y & a \\ a & a & a & a+y \end{vmatrix}$，其中 $axy\neq0$.

解 法1：利用性质将其化为上三角行列式，先将第1行乘 -1加到其余各行，得

$$D=\begin{vmatrix} a+x & a & a & a \\ -x & x & 0 & 0 \\ -x & 0 & y & 0 \\ -x & 0 & 0 & y \end{vmatrix},$$

再将第 2 列加到第 1 列,第 3,4 列均乘$\frac{x}{y}$加到第 1 列,得

$$D=\begin{vmatrix} a+x+a+2a\,\dfrac{x}{y} & a & a & a \\ 0 & x & 0 & 0 \\ 0 & 0 & y & 0 \\ 0 & 0 & 0 & y \end{vmatrix}$$

$$=\left(2a+x+2a\,\frac{x}{y}\right)xy^2=2axy^2+x^2y^2+2ax^2y.$$

法 2:将 D 中 a 均表示为 $a+0$,于是 D 中每个元素都是两数之和,这样的行列式按线性性质可将其表示为 $2^4=16$ 个行列式之和,但其中有 11 个行列式等于 0(它们两列或三列或四列相同),另 5 个行列式也很好计算.即

$$\begin{vmatrix} a+x & a+0 & a+0 & a+0 \\ a+0 & a+x & a+0 & a+0 \\ a+0 & a+0 & a+y & a+0 \\ a+0 & a+0 & a+y & a+y \end{vmatrix}=\begin{vmatrix} a & 0 & 0 & 0 \\ a & x & 0 & 0 \\ a & 0 & y & 0 \\ a & 0 & 0 & y \end{vmatrix}+$$

$$\begin{vmatrix} x & a & 0 & 0 \\ 0 & a & 0 & 0 \\ 0 & a & y & 0 \\ 0 & a & 0 & y \end{vmatrix}+\begin{vmatrix} x & 0 & a & 0 \\ 0 & x & a & 0 \\ 0 & 0 & a & 0 \\ 0 & 0 & a & y \end{vmatrix}+$$

$$\begin{vmatrix} x & 0 & 0 & a \\ 0 & x & 0 & a \\ 0 & 0 & y & a \\ 0 & 0 & 0 & a \end{vmatrix}+\begin{vmatrix} x & 0 & 0 & 0 \\ 0 & x & 0 & 0 \\ 0 & 0 & y & 0 \\ 0 & 0 & 0 & y \end{vmatrix}$$

$$=axy^2+axy^2+ax^2y+ax^2y+x^2y^2=2axy^2+2ax^2y+x^2y^2.$$

其中等号右端第2,3个行列式分别对第1,4列展开即得 axy^2 和 ax^2y.

例8 计算 $D=\begin{vmatrix} 0 & a_1 & b_1 & 0 \\ a_2 & 0 & 0 & b_2 \\ a_3 & 0 & 0 & b_3 \\ x & a_4 & b_4 & y \end{vmatrix}$.

解 此题可通过行、列对换化为

$\begin{vmatrix} \boldsymbol{A} & * \\ \boldsymbol{0} & \boldsymbol{B} \end{vmatrix}=|\boldsymbol{A}||\boldsymbol{B}|$ （其中$|\boldsymbol{A}|$,$|\boldsymbol{B}|$均为二阶行列式）.

先将第2列与第1列对换,再将第3列与第2列对换,得

$$D=(-1)(-1)\begin{vmatrix} a_1 & b_1 & 0 & 0 \\ 0 & 0 & a_2 & b_2 \\ 0 & 0 & a_3 & b_3 \\ a_4 & b_4 & x & y \end{vmatrix}$$

$$\xlongequal{②\leftrightarrow④}-\begin{vmatrix} a_1 & b_1 & 0 & 0 \\ a_4 & b_4 & x & y \\ 0 & 0 & a_3 & b_3 \\ 0 & 0 & a_2 & b_2 \end{vmatrix}$$

$$=-\begin{vmatrix} a_1 & b_1 \\ a_4 & b_4 \end{vmatrix}\begin{vmatrix} a_3 & b_3 \\ a_2 & b_2 \end{vmatrix}=(a_1b_4-a_4b_1)(a_2b_3-a_3b_2).$$

例9 计算 $D_5=\begin{vmatrix} 1 & x & x^2 & x^3 & x^4 \\ 1 & x+1 & (x+1)^2 & (x+1)^3 & (x+1)^4 \\ 1 & x+2 & (x+2)^2 & (x+2)^3 & (x+2)^4 \\ 1 & x+3 & (x+3)^2 & (x+3)^3 & (x+3)^4 \\ 1 & x+4 & (x+4)^2 & (x+4)^3 & (x+4)^4 \end{vmatrix}$.

解 由于行列式的行与列按顺序互换,其值不变,所以这也是

主教材1.2节中例8的范德蒙行列式．直接利用其结论，得

$$D_5=[(x+1-x)(x+2-x)(x+3-x)(x+4-x)]\cdot[(x+2-x-1)(x+3-x-1)(x+4-x-1)]\cdot[(x+3-x-2)(x+4-x-2)](x+4-x-3)=(4!)(3!)(2!)\times1=288.$$

例10 求方程 $\begin{vmatrix} x-1 & 1 & 1 & 0 \\ 1 & x-1 & 1 & 0 \\ 1 & 1 & x-2 & 1 \\ 1 & 1 & 1 & x-2 \end{vmatrix}=0$ 的根．

解 由观察，当 $x=2$ 时，行列式第1,2行相同，行列式等于0；当 $x=3$ 时，行列式第3,4行相同，行列式也等于0；当 $x=-1$ 时，行列式每行元素之和均为0，把各列加到第1列则第1列元素均为0，从而行列式也等于零．所以 $x=2$, $x=3$ 与 $x=-1$ 都是方程的根．但这是 x 的四次方程，现在不能断言方程只有这3个根，必须展开此行列式．将它记作 D，将第3行乘 $2-x$ 加到第4行，然后对第4列展开，得

$$D=\begin{vmatrix} x-1 & 1 & 1 & 0 \\ 1 & x-1 & 1 & 0 \\ 1 & 1 & x-2 & 1 \\ 3-x & 3-x & 1-(x-2)^2 & 0 \end{vmatrix}\text{(对第4列展开)}$$

$$=-\begin{vmatrix} x-1 & 1 & 1 \\ 1 & x-1 & 1 \\ 3-x & 3-x & (1-x)(x-3) \end{vmatrix}$$

$$\xlongequal{[2]+[1]\times(-1)}-\begin{vmatrix} x-1 & 2-x & 1 \\ 1 & x-2 & 1 \\ 3-x & 0 & (1-x)(x-3) \end{vmatrix}$$

$$\xlongequal[\text{对第2列展开}]{(1)+(2)}-\begin{vmatrix} x & 0 & 2 \\ 1 & x-2 & 1 \\ 3-x & 0 & (1-x)(x-3) \end{vmatrix}$$

$$=-(x-2)\begin{vmatrix} x & 2 \\ 3-x & (1-x)(x-3) \end{vmatrix}$$

$$=-(x-2)[x(1-x)(x-3)-2(3-x)]$$

$$=-(x-2)(x-3)[x(1-x)+2]$$

$$=(x-2)^2(x-3)(x+1)=0,$$

所以方程的根为 $x=2,3,-1$(2 是二重根).

例 11　证明恒等式

$$\begin{vmatrix} 1 & 1 & 1 \\ x^2 & y^2 & z^2 \\ x^3 & y^3 & z^3 \end{vmatrix}=(xy+yz+zx)\begin{vmatrix} 1 & 1 & 1 \\ x & y & z \\ x^2 & y^2 & z^2 \end{vmatrix}.$$

证　证明恒等式的一般方法为:一是从左推出右,或从右推出左;二是等号两端分别展开,得到同样的结果. 这里采用后者较为方便.

等号右端的行列式是范德蒙行列式,直接利用公式可得

$$\text{右端}=(xy+yz+zx)(y-x)(z-x)(z-y). \tag{1}$$

等号左端的行列式不是范德蒙行列式,如果直接按定义或按沙路法展开,其因式分解较麻烦,所以也用展开范德蒙行列式的方法,将第1列化为只剩一个非零元1,然后对第1列展开,即

$$\begin{vmatrix} 1 & 1 & 1 \\ x^2 & y^2 & z^2 \\ x^3 & y^3 & z^3 \end{vmatrix}\xlongequal[②+①\times(-x^2)]{③+②\times(-x)}\begin{vmatrix} 1 & 1 & 1 \\ 0 & y^2-x^2 & z^2-x^2 \\ 0 & y^3-xy^2 & z^3-xz^2 \end{vmatrix}$$

$$=\begin{vmatrix} (y-x)(y+x) & (z-x)(z+x) \\ (y-x)y^2 & (z-x)z^2 \end{vmatrix}$$

$$=(y-x)(z-x)\begin{vmatrix} y+x & z+x \\ y^2 & z^2 \end{vmatrix}$$

$$=(y-x)(z-x)[(y+x)z^2-(z+x)y^2]$$
$$=(y-x)(z-x)[zy(z-y)+x(z^2-y^2)]$$
$$=(y-x)(z-x)(z-y)(zy+xz+xy). \quad (2)$$

这里(2)式=(1)式,所以恒等式成立.

例 12 证明:n 阶三对角行列式

$$D_n=\begin{vmatrix} \alpha+\beta & \alpha\beta & & & & \\ 1 & \alpha+\beta & \alpha\beta & & & \\ & 1 & \alpha+\beta & \ddots & & \\ & & \ddots & \ddots & \ddots & \\ & & & \ddots & \alpha+\beta & \alpha\beta \\ & & & & 1 & \alpha+\beta \end{vmatrix}$$

$$=\begin{cases}(n+1)\alpha^n, & \text{当 } \alpha=\beta; \\ \dfrac{\beta^{n+1}-\alpha^{n+1}}{\beta-\alpha}, & \text{当 } \alpha\neq\beta.\end{cases}$$

证 采用的证法为:对 D_n 的第 1 行展开,从中找到 D_n 与 D_{n-1} 及 D_{n-2} 之间的关系(称为递推公式),然后递推得到要证的结果.即

$$D_n=(\alpha+\beta)D_{n-1}-\alpha\beta\begin{vmatrix} 1 & \alpha\beta & & & & \\ 0 & \alpha+\beta & \alpha\beta & & & \\ & 1 & \alpha+\beta & \ddots & & \\ & \ddots & \ddots & \ddots & & \\ & & \ddots & \alpha+\beta & \alpha\beta \\ & & & 1 & \alpha+\beta \end{vmatrix}_{n-1\text{阶}}.$$

将上式右端的 $n-1$ 阶行列式对第 1 列展开得 D_{n-2},所以

$$D_n=(\alpha+\beta)D_{n-1}-\alpha\beta D_{n-2}. \quad (1)$$

把这个递推公式(1)改写成

$$D_n-\alpha D_{n-1}=\beta(D_{n-1}-\alpha D_{n-2}). \tag{2}$$

记

$$A_n=D_n-\alpha D_{n-1}, \tag{3}$$

则 $D_{n-1}-\alpha D_{n-2}=A_{n-1}$，于是(2)式即为

$$A_n=\beta A_{n-1} \tag{4}$$

递推公式(4)中的 n 可为任何正整数，也就是当 n 取为 $n-1$ 时也成立，即

$$A_{n-1}=\beta A_{n-2}.$$

如此，将(4)式继续递推下去，即得

$$A_n=\beta A_{n-1}=\beta^2 A_{n-2}=\cdots=\beta^{n-2}A_2, \tag{5}$$

由(3)式知，其中

$$A_2=D_2-\alpha D_1.$$

而

$$D_2=\begin{vmatrix}\alpha+\beta & \alpha\beta \\ 1 & \alpha+\beta\end{vmatrix}=(\alpha+\beta)^2-\alpha\beta,$$

$$D_1=|\alpha+\beta|=\alpha+\beta \quad \text{(一阶行列式)},$$

于是

$$A_2=(\alpha+\beta)^2-\alpha\beta-\alpha(\alpha+\beta)=\beta^2. \tag{6}$$

将(6)式代入(5)式，得

$$A_n=\beta^n,$$

即

$$D_n-\alpha D_{n-1}=\beta^n. \tag{7}$$

将(7)式中的 n 分别取为 $n,n-1,n-2,\cdots,3,2$，得到

$$\begin{cases} D_n-\alpha D_{n-1}=\beta^n, \\ D_{n-1}-\alpha D_{n-2}=\beta^{n-1}, \\ D_{n-2}-\alpha D_{n-3}=\beta^{n-2}, \\ \cdots\cdots\cdots\cdots \\ D_3-\alpha D_2=\beta^3, \\ D_2-\alpha D_1=\beta^2. \end{cases} \tag{8}$$

将(8)式中 $n-1$ 个等式两端依次用 $1,\alpha,\alpha^2,\cdots,\alpha^{n-3},\alpha^{n-2}$ 相乘,然后再将这些等式相加,即得

$$D_n-\alpha^{n-1}D_1=\beta^n+\alpha\beta^{n-1}+\alpha^2\beta^{n-2}+\cdots+\alpha^{n-3}\beta^3+\alpha^{n-2}\beta^2. \tag{9}$$

再把 $D_1=\alpha+\beta$ 代入(9)式,并移项,得

$$D_n=\beta^n+\alpha\beta^{n-1}+\alpha^2\beta^{n-2}+\cdots+\alpha^{n-2}\beta^2+\alpha^{n-1}\beta+\alpha^n.$$

当 $\beta=\alpha$ 时,$D_n=(n+1)\alpha^n$;

当 $\beta\neq\alpha$ 时,利用

$$\beta^{n+1}-\alpha^{n+1}=(\beta-\alpha)(\beta^n+\alpha\beta^{n-1}+\alpha^2\beta^{n-2}+\cdots+\alpha^{n-1}\beta+\alpha^n),$$

即得

$$D_n=\frac{\beta^{n+1}-\alpha^{n+1}}{\beta-\alpha}.$$

此题的另一证法:把 D_n(不失一般性,取 $n=4$)表示为

$$D_4=\begin{vmatrix}\alpha+\beta & \alpha\beta+0 & 0+0 & 0+0\\ 0+1 & \alpha+\beta & \alpha\beta+0 & 0+0\\ 0+0 & 0+1 & \alpha+\beta & \alpha\beta+0\\ 0+0 & 0+0 & 0+1 & \alpha+\beta\end{vmatrix}. \tag{10}$$

再利用行列式的线性性质②,将 D_4 表示为 $2^4=16$ 个行列式之和(如例 7 那样),这 16 个行列式中的每一列都是行列式(10)中该列的两个子列之一. 容易看出,每一列的第二子列与下一列的第一子列成比例,因此,在 2^4 个行列式中只有 $4+1=5$ 个行列式不为 0,即

$$D_4=\begin{vmatrix}\alpha & \alpha\beta & 0 & 0\\ 0 & \alpha & \alpha\beta & 0\\ 0 & 0 & \alpha & \alpha\beta\\ 0 & 0 & 0 & \alpha\end{vmatrix}+\begin{vmatrix}\alpha & \alpha\beta & 0 & 0\\ 0 & \alpha & \alpha\beta & 0\\ 0 & 0 & \alpha & 0\\ 0 & 0 & 0 & \beta\end{vmatrix}+$$

$$\begin{vmatrix}\alpha & \alpha\beta & 0 & 0\\ 0 & \alpha & 0 & 0\\ 0 & 0 & \beta & 0\\ 0 & 0 & 1 & \beta\end{vmatrix}+\begin{vmatrix}\alpha & 0 & 0 & 0\\ 0 & \beta & 0 & 0\\ 0 & 1 & \beta & 0\\ 0 & 0 & 1 & \beta\end{vmatrix}+\begin{vmatrix}\beta & 0 & 0 & 0\\ 1 & \beta & 0 & 0\\ 0 & 1 & \beta & 0\\ 0 & 0 & 1 & \beta\end{vmatrix}.$$

所以

$$D_4=\alpha^4+\alpha^3\beta+\alpha^2\beta^2+\alpha\beta^3+\beta^4=\begin{cases}5\alpha^4, & \beta=\alpha;\\ \dfrac{\beta^5-\alpha^5}{\beta-\alpha}, & \beta\neq\alpha.\end{cases}$$

例 13（补充题 39） 计算 n 阶行列式

$$D_n=\begin{vmatrix}\cos\theta & 1 & & & \\ 1 & 2\cos\theta & 1 & & \\ & \ddots & \ddots & \ddots & \\ & & 1 & 2\cos\theta & 1 \\ & & & 1 & 2\cos\theta\end{vmatrix}.$$

解 注意，这不是三对角行列式，因为这里主对角线上的元素不完全相同．

展开这种 n 阶行列式，一般都要设法找到一个递推公式．这里由于主对角线上第1个元素为 $\cos\theta$，而其余元素均为 $2\cos\theta$，因此要找 D_n 与 D_{n-1} 及 D_{n-2} 之间的关系，不能对 D_n 的第1行（或列）展开，而要对第 n 行（或列）展开．现在将 D_n 按第 n 列展开，得

$$D_n=(2\cos\theta)D_{n-1}-1\cdot\begin{vmatrix}\cos\theta & 1 & & & \\ 1 & 2\cos\theta & 1 & & \\ & \ddots & \ddots & \ddots & \\ & & 1 & 2\cos\theta & 1 \\ & & & 0 & 1\end{vmatrix}_{n-1\text{阶}}.$$

再将上式中的 $n-1$ 阶行列式按第 $n-1$ 行展开，即得

$$D_n=(2\cos\theta)D_{n-1}-D_{n-2}. \tag{1}$$

由递推公式(1)还难以递推出 D_n 的结果．这里要用数学归纳法，首先易见

$D_1=|\cos\theta|=\cos\theta$，

$$D_2=\begin{vmatrix}\cos\theta & 1\\ 1 & 2\cos\theta\end{vmatrix}=2\cos^2\theta-1=\cos^2\theta-\sin^2\theta=\cos2\theta,$$

$$D_3=\begin{vmatrix}\cos\theta & 1 & 0\\ 1 & 2\cos\theta & 1\\ 0 & 1 & 2\cos\theta\end{vmatrix}=4\cos^3\theta-3\cos\theta=\cos3\theta. \quad (2)$$

关于(2)式的结论，读者不难由 $\cos3\theta=\cos(2\theta+\theta)=\cos2\theta\cos\theta-\sin2\theta\sin\theta$ 推出 $\cos3\theta=4\cos^3\theta-3\cos\theta$.

于是归纳出(或猜想)$D_n=\cos n\theta$，下面用数学归纳法证明它是正确的.

当 $n=1$ 时，结论成立，假设结论对小于 n 阶的行列式都成立，那么对 n 阶的情况，由递推公式(1)得

$$D_n=(2\cos\theta)\cos(n-1)\theta-\cos(n-2)\theta. \quad (3)$$

利用 $\cos\alpha\cos\beta=\dfrac{1}{2}[\cos(\alpha+\beta)+\cos(\alpha-\beta)]$，得

$$D_n=2\times\frac{1}{2}(\cos n\theta+\cos(n-2)\theta)-\cos(n-2)\theta=\cos n\theta.$$

所以归纳的结论 $D_n=\cos n\theta$ 对任意正整数 n 都成立.

读者应该从上面的例题中，概括出展开行列式的基本方法和一些技巧，提高自己的解题能力，并在自己解题的实践中进一步总结解题的规律和技巧.

(1) 展开行列式最基本的方法是按定义展开(即按第 1 行展开). 如上(下)三角行列式，对角行列式，副对角行列式等都是用定义展开的. 一般的三阶数字行列式也常用定义或沙路法直接展开. 但是对于一般的 n 阶($n>3$)行列式按定义展开，需要计算 n 个 $n-1$ 阶行列式，工作量较大. 尤其是一些有规律的文字行列式直接按定义展开，难以发现它们的规律(例如难以因式分解).

(2) 利用性质，将行列式化为上(下)三角行列式是展开行列式最常用的方法. 如例 3，例 6，例 7，以及例 4 与例 5.

(3) 利用性质，将行列式某行(或列)化为只剩一个非零元，然后对该行(或列)展开，使 n 阶行列式化为 $n-1$ 阶行列式来展开

(称为降阶展开法),也是常用的展开法．如例2,例10,例11.

(4) 如果行列式每行(或列)元素之和均相等,则展开的第一步是将各列加到第1列(或各行加到第1行),然后再用前面(2),(3)的方法展开,如例4,例5.

(5) 如果 n 阶行列式中每个元素均为两数(一般带有文字)之和,则可利用线性性质,将其化为 2^n 个行列式之和,在有些情况下,这 2^n 个行列式很多都等于零,那些不等于零的行列式也很容易展开,如例7与例12的第2种解法．

(6) 一些 n 阶文字行列式,常需要找到它的递推公式,然后利用递推公式递推出它的结果,如果难以递推出结果,还需要善于归纳出它的结果,再用数学归纳法证明之．如例12,例13.

(7) 要会识别范德蒙行列式,然后直接得展开结果．如例9.

(8) 要会利用:当 $|\boldsymbol{A}|$,$|\boldsymbol{B}|$ 分别为 m 阶和 n 阶行列式时,有

$$\begin{vmatrix} \boldsymbol{A} & \boldsymbol{0} \\ * & \boldsymbol{B} \end{vmatrix} = \begin{vmatrix} \boldsymbol{A} & * \\ \boldsymbol{0} & \boldsymbol{B} \end{vmatrix} = |\boldsymbol{A}||\boldsymbol{B}|. \tag{1}$$

如例8,再如对于

$$D_5 = \begin{vmatrix} 0 & 0 & 0 & 1 & 2 \\ 0 & 0 & 0 & 3 & 4 \\ -1 & 0 & 0 & 1 & 2 \\ 0 & -2 & 0 & 1 & 2 \\ 0 & 0 & -3 & 1 & 2 \end{vmatrix},$$

如果令

$$|\boldsymbol{A}| = \begin{vmatrix} 1 & 2 \\ 3 & 4 \end{vmatrix}, \quad |\boldsymbol{B}| = \begin{vmatrix} -1 & 0 & 0 \\ 0 & -2 & 0 \\ 0 & 0 & -3 \end{vmatrix}, \quad \boldsymbol{C} = \begin{pmatrix} 1 & 2 \\ 1 & 2 \\ 1 & 2 \end{pmatrix},$$

其中 $\boldsymbol{C}$ 不是行列式,则

$$D_5 = \begin{vmatrix} \boldsymbol{0} & \boldsymbol{A} \\ \boldsymbol{B} & \boldsymbol{C} \end{vmatrix}. \tag{2}$$

注意:这不是(1)式的情形,也不能如二阶数字行列式那样展开为 $D_5=-|\boldsymbol{A}||\boldsymbol{B}|$.

这时,应先将(2)式中 $\boldsymbol{A}$ 第 1 列所在的列与 $\boldsymbol{B}$ 所在的 3 个列逐列对换 3 次,然后将 $\boldsymbol{A}$ 第 2 列所在的列与对换后的 $\boldsymbol{B}$ 所在的 3 个列再逐列对换 3 次,得

$$
\begin{aligned}
D_5 &= \begin{vmatrix} \boldsymbol{0} & \boldsymbol{A} \\ \boldsymbol{B} & \boldsymbol{C} \end{vmatrix} = (-1)^{2\times 3} \begin{vmatrix} \boldsymbol{A} & \boldsymbol{0} \\ \boldsymbol{C} & \boldsymbol{B} \end{vmatrix} = |\boldsymbol{A}||\boldsymbol{B}| \\
&= (4-6)(-1)^3 3! = 12.
\end{aligned}
$$

具体问题具体分析是辩证法的灵魂,各种各样行列式的展开,既有共性又有个性,除了以上 8 条,读者还会在学习中来丰富自己的认识.在学了矩阵以后,还会增长计算 n 阶矩阵的行列式的一些知识.

1.3 克拉默法则

克拉默法则(见内容提要(5))是求系数行列式不等于零的线性方程组的解的一种方法.克拉默法则清楚地揭示了这类 n 元线性方程组的 n 个未知元 $x_1,x_2,\cdots,x_n$ 的解与它们的系数及常数项 $b_1,b_2,\cdots,b_n$ 之间的关系.但是求解时要计算 $n+1$ 个 n 阶行列式,其工作量较大.实际上求这类线性方程组的解常用的方法是第 2 章中介绍的高斯消元法,或通过求系数矩阵的逆矩阵来求其解(详见第 2 章 2.2 节与 2.5 节中 4).所以克拉默法则主要是其理论意义.当然,对于三元线性方程组求解还是很方便的,因为三阶行列式展开很容易.

例 1 求解下列三元线性方程组

$$
\begin{cases}
x_1 - x_2 + 2x_3 = 6, \\
2x_1 - x_2 - x_3 = 5, \\
x_1 + x_2 - 2x_3 = -2.
\end{cases}
$$

解 系数行列式

$$D=\begin{vmatrix}1 & -1 & 2\\ 2 & -1 & -1\\ 1 & 1 & -2\end{vmatrix}=2+4+1+2+1-4=6\neq 0.$$

用克拉默法则求方程组的解．因

$$D_1=\begin{vmatrix}6 & -1 & 2\\ 5 & -1 & -1\\ -2 & 1 & -2\end{vmatrix}=12,\quad D_2=\begin{vmatrix}1 & 6 & 2\\ 2 & 5 & -1\\ 1 & -2 & -2\end{vmatrix}=-12,$$

$$D_3=\begin{vmatrix}1 & -1 & 6\\ 2 & -1 & 5\\ 1 & 1 & -2\end{vmatrix}=6,$$

所以

$$x_1=\frac{D_1}{D}=2,\quad x_2=\frac{D_2}{D}=-2,\quad x_3=\frac{D_3}{D}=1.$$

例 2 已知某圆过点 $A(2,1)$，$B(3,4)$，$P(-2,-1)$，试求其方程及圆心和半径．

解 此题用平面解析几何的方法容易求解．这里用待定系数法来求圆的方程．设圆的一般方程为

$$x^2+y^2+ax+by+c=0,$$

点 A，B，P 在圆上，它们的坐标满足方程，得

$$\begin{cases}4+1+2a+b+c=0,\\ 9+16+3a+4b+c=0,\\ 4+1-2a-b+c=0.\end{cases}\quad \text{即}\quad \begin{cases}2a+b+c=-5,\\ 3a+4b+c=-25,\\ 2a+b-c=5.\end{cases}$$

系数行列式

$$D=\begin{vmatrix}2 & 1 & 1\\ 3 & 4 & 1\\ 2 & 1 & -1\end{vmatrix}=-8+3+2-8-2+3=-10,$$

而

$$D_1=\begin{vmatrix}-5&1&1\\-25&4&1\\5&1&-1\end{vmatrix}=-40,\quad D_2=\begin{vmatrix}2&-5&1\\3&-25&1\\2&5&-1\end{vmatrix}=80,$$

$$D_3=\begin{vmatrix}2&1&-5\\3&4&-25\\2&1&5\end{vmatrix}=50,$$

所以

$$a=\frac{D_1}{D}=4,\quad b=\frac{D_2}{D}=-8,\quad c=\frac{D_3}{D}=-5.$$

圆的一般方程和标准方程分别为

$$x^2+y^2+4x-8y-5=0,$$

$$(x+2)^2+(y-4)^2=25.$$

该圆的圆心 $O(-2,4)$,圆的半径 $r=5$.

1.4 部分疑难习题和补充题的题解

1(习题 7) 计算 $D_3=\begin{vmatrix}1&\omega&\omega^2\\\omega^2&1&\omega\\\omega&\omega^2&1\end{vmatrix}$,其中 $\omega=-\frac{1}{2}+\mathrm{i}\frac{\sqrt{3}}{2}$.

解 法 1:D_3 中各行元素之和均为 $1+\omega+\omega^2$,所以把第 2,3 列加到第 1 列,然后再把第 1 列后两个元素化为零,再对第 1 列展开,即

$$D_3=(1+\omega+\omega^2)\begin{vmatrix}1&\omega&\omega^2\\1&1&\omega\\1&\omega^2&1\end{vmatrix}$$

$$\xlongequal[③-①]{②-①}(1+\omega+\omega^2)\begin{vmatrix}1&\omega&\omega^2\\0&1-\omega&\omega-\omega^2\\0&\omega^2-\omega&1-\omega^2\end{vmatrix}$$

$$=(1+\omega+\omega^2)\begin{vmatrix}1-\omega&\omega(1-\omega)\\-\omega(1-\omega)&1-\omega^2\end{vmatrix}$$

$$=(1+\omega+\omega^2)(1-\omega)^2\begin{vmatrix}1 & \omega\\ -\omega & 1+\omega\end{vmatrix}$$

$$=(1+\omega+\omega^2)^2(1-\omega)^2=(1-\omega^3)^2.$$

由于 $\omega=-\dfrac{1}{2}+\mathrm{i}\dfrac{\sqrt{3}}{2}$ 是方程 $\omega^2+\omega+1=0$ 的根，所以 $D_3=0$.

法 2：

$$D_3\xlongequal[③+①\times(-\omega)]{②+①\times(-\omega^2)}\begin{vmatrix}1 & \omega & \omega^2\\ 0 & 1-\omega^3 & \omega-\omega^4\\ 0 & 0 & 1-\omega^3\end{vmatrix}=(1-\omega^3)^2$$

$$=(1-\omega)^2(1+\omega+\omega^2)^2=0.$$

此题法 2 比法 1 还简便，所以各行元素和相等时，并不一定都要把各列加到第 1 列后再展开 .

2 (习题 14)　计算 $D_5=\begin{vmatrix}3 & 6 & 5 & 6 & 4\\ 2 & 5 & 4 & 5 & 3\\ 3 & 6 & 3 & 4 & 2\\ 2 & 5 & 4 & 6 & 5\\ 1 & 1 & 1 & -1 & -1\end{vmatrix}$.

解　先将第 1 行与第 5 行对换，第 3 行与第 4 行对换(反号两次，其值不变).

$$D_5=\begin{vmatrix}1 & 1 & 1 & -1 & -1\\ 2 & 5 & 4 & 5 & 3\\ 2 & 5 & 4 & 6 & 5\\ 3 & 6 & 3 & 4 & 2\\ 3 & 6 & 5 & 6 & 4\end{vmatrix}$$

$$\xlongequal[\substack{④+①\times(-3)\\ ⑤+①\times(-3)}]{\substack{②+①\times(-2)\\ ③+①\times(-2)}}\begin{vmatrix}1 & 1 & 1 & -1 & -1\\ 0 & 3 & 2 & 7 & 5\\ 0 & 3 & 2 & 8 & 7\\ 0 & 3 & 0 & 7 & 5\\ 0 & 3 & 2 & 9 & 7\end{vmatrix}$$

$$\xlongequal[\substack{④+②\times(-1)\\⑤+②\times(-1)}]{③+②\times(-1)}\begin{vmatrix}1&1&1&-1&-1\\0&3&2&7&5\\0&0&0&1&2\\0&0&-2&0&0\\0&0&0&2&2\end{vmatrix}$$

$$\xlongequal[④\leftrightarrow③]{⑤+③\times(-2)}-\begin{vmatrix}1&1&1&-1&-1\\0&3&2&7&5\\0&0&-2&0&0\\0&0&0&1&2\\0&0&0&0&-2\end{vmatrix}=-3\times(-2)^2=-12.$$

3（习题 23） 计算 $\begin{vmatrix}1&0&2&a\\2&0&b&0\\3&c&4&5\\d&0&0&0\end{vmatrix}$.

解 提示：用行列对换将其化为 $\begin{vmatrix}\boldsymbol{A}&*\\\boldsymbol{0}&\boldsymbol{B}\end{vmatrix}=|\boldsymbol{A}||\boldsymbol{B}|$，答案为 $abcd$.

4（习题 24） 计算 $\begin{vmatrix}a&1&0&0\\-1&b&1&0\\0&-1&c&1\\0&0&-1&d\end{vmatrix}$.

解 这里 a,b,c,d 不相同，所以不是三对角行列式．此时，可利用性质将第 1 列化为只剩一个非零元，然后按第 1 列展开．但要注意，不要将第 1 行乘 $\frac{1}{a}$ 加到第 2 行，这样无形中假定了 $a\neq0$，对于 $a=0$ 的情况，还要另加讨论．所以这里应是第 2 行乘 a 加到第 1 行，即

$$原式=\begin{vmatrix}0&1+ab&a&0\\-1&b&1&0\\0&-1&c&1\\0&0&-1&d\end{vmatrix}=-(-1)\begin{vmatrix}1+ab&a&0\\-1&c&1\\0&-1&d\end{vmatrix}$$

$$\xlongequal{[3]+[2]\times d}\begin{vmatrix}1+ab&a&ad\\-1&c&1+cd\\0&-1&0\end{vmatrix}（按第 3 行展开）$$

$$=-(-1)\begin{vmatrix}1+ab & ad\\ -1 & 1+cd\end{vmatrix}=(1+ab)(1+cd)+ad.$$

此题用了两次“降阶展开法”，把四阶行列式化成二阶行列式展开．如果这里也追求化为上三角行列式展开，就比较麻烦．

5（习题25）　计算 $\begin{vmatrix}a^2 & (a+1)^2 & (a+2)^2 & (a+3)^2\\ b^2 & (b+1)^2 & (b+2)^2 & (b+3)^2\\ c^2 & (c+1)^2 & (c+2)^2 & (c+3)^2\\ d^2 & (d+1)^2 & (d+2)^2 & (d+3)^2\end{vmatrix}$.

解　提示：利用 $x^2-y^2=(x-y)(x+y)$，将第4列加第3列乘-1，第3列加第2列乘-1，第2列加第1列乘-1；再将变换后的第4列减第3列，第3列减第2列．如此第3，4列元素全为2，所以行列式等于零．

6（补充题37）　证明

$$D_n=\begin{vmatrix}x & -1 & 0 & \cdots & 0 & 0\\ 0 & x & -1 & \cdots & 0 & 0\\ 0 & 0 & x & \cdots & 0 & 0\\ \vdots & \vdots & \vdots & \ddots & \vdots & \vdots\\ 0 & 0 & 0 & \cdots & x & -1\\ a_n & a_{n-1} & a_{n-2} & \cdots & a_2 & x+a_1\end{vmatrix}$$

$$=x^n+\sum_{k=1}^{n}a_kx^{n-k}.$$

证　从这个文字行列式中 $a_1,a_2,\cdots,a_n$ 分别在 n 个列可见其为 n 阶行列式．证明这样的恒等式，一般是先找到 D_n 的一个递推公式（即 D_n 与比它阶数低的同类型行列式的关系），然后递推出结果，如递推困难，再用数学归纳法证明．这里先把 D_n 按第1列展开，得

$$D_n=xD_{n-1}+(-1)^{n+1}a_n(-1)^{n-1}=xD_{n-1}+a_n. \tag{1}$$

在(1)式中 n 可为任何正整数，将 n 换为 $n-1$，就得 $D_{n-1}=xD_{n-2}+a_{n-1}$，如此由(1)式递推，可得

$$\begin{aligned}D_n&=xD_{n-1}+a_n=x(xD_{n-2}+a_{n-1})+a_n\\&=x^2D_{n-2}+a_{n-1}x+a_n\\&=x^2(xD_{n-3}+a_{n-2})+a_{n-1}x+a_n\\&=x^3D_{n-3}+a_{n-2}x^2+a_{n-1}x+a_n\end{aligned}$$

$$
\begin{aligned}
&=\cdots \\
&=x^{n-2}D_2+a_3x^{n-3}+\cdots+a_{n-2}x^2+a_{n-1}x+a_n. \qquad (2)
\end{aligned}
$$

注意,其中 $D_2=\begin{vmatrix} x & -1 \\ a_2 & x+a_1 \end{vmatrix}=x^2+a_1x+a_2$,代入(2)式,得

$$D_n=x^n+a_1x^{n-1}+a_2x^{n-2}+a_3x^{n-3}+\cdots+a_{n-2}x^2+a_{n-1}x+a_n,$$

即

$$D_n=x^n+\sum_{k=1}^{n}a_kx^{n-k} \quad (\text{其中 } x^0=1).$$

这里也可利用递推公式(1),按数学归纳法证明之.

当 $n=2$ 时,$D_2=xD_1+a_2=x(x+a_1)+a_2=x^2+a_1x+a_2$,结论成立,假设 $n-1$ 阶也成立,即

$$D_{n-1}=x^{n-1}+\sum_{k=1}^{n-1}a_kx^{n-1-k},$$

则对于 n 阶有

$$
\begin{aligned}
D_n&=xD_{n-1}+a_n=x\left(x^{n-1}+\sum_{k=1}^{n-1}a_kx^{n-1-k}\right)+a_n \\
&=x^n+\sum_{k=1}^{n-1}a_kx^{n-k}+a_n=x^n+\sum_{k=1}^{n}a_kx^{n-k},
\end{aligned}
$$

故结论对任意正整数 n 都成立.

7 (补充题 30) 计算 $D_4=\begin{vmatrix} \frac{1}{3} & -\frac{5}{2} & \frac{2}{5} & \frac{3}{2} \\ 3 & -12 & \frac{21}{5} & 15 \\ \frac{2}{3} & -\frac{9}{2} & \frac{4}{5} & \frac{5}{2} \\ -\frac{1}{7} & \frac{2}{7} & -\frac{1}{7} & \frac{3}{7} \end{vmatrix}$.

解 第 1 列依次乘 2,-1,3 分别加到第 2,3,4 列,可将第 4 行化为只剩一个非零元 $-1/7$,然后可按第 4 行展开. 但这样要作很多分数运算,比较麻烦. 所以先把第 1,2,3,4 行分别提出公因子 1/30,3/5,1/30,1/7,使行列式中元素皆为整数,然后再作前面所说的列变换,即

$$D_4=\frac{1}{30}\times\frac{3}{5}\times\frac{1}{30}\times\frac{1}{7}\begin{vmatrix}10 & -75 & 12 & 45\\5 & -20 & 7 & 25\\20 & -135 & 24 & 75\\-1 & 2 & -1 & 3\end{vmatrix}$$

$$=\frac{1}{35\times300}\begin{vmatrix}10 & -55 & 2 & 75\\5 & -10 & 2 & 40\\20 & -95 & 4 & 135\\-1 & 0 & 0 & 0\end{vmatrix}$$

$$=\frac{-1}{35\times300}(-1)\begin{vmatrix}-55 & 2 & 75\\-10 & 2 & 40\\-95 & 4 & 135\end{vmatrix}$$

$$\xlongequal[③+①\times(-2)]{②-①}\frac{1}{35\times300}\begin{vmatrix}-55 & 2 & 75\\45 & 0 & -35\\15 & 0 & -15\end{vmatrix}$$

$$=\frac{-2}{35\times300}\begin{vmatrix}45 & -35\\15 & -15\end{vmatrix}=\frac{-2}{35\times300}\times15(-45+35)=\frac{1}{35}.$$

8（补充题41）　计算 $D_n=\begin{vmatrix}1 & 1 & \cdots & 1 & -n\\1 & 1 & \cdots & -n & 1\\\vdots & \vdots & \iddots & \vdots & \vdots\\1 & -n & \cdots & 1 & 1\\-n & 1 & \cdots & 1 & 1\end{vmatrix}$.

解　各行元素和皆为-1，把各列加到第1列，再将第1行乘-1加到其余各行，得

$$D_n=(-1)\begin{vmatrix}1 & 1 & \cdots & 1 & -n\\0 & 0 & \cdots & -n-1 & 1+n\\\vdots & \vdots & \iddots & \vdots & \vdots\\0 & -n-1 & \cdots & 0 & 1+n\\0 & 0 & \cdots & 0 & 1+n\end{vmatrix}\quad（按第1列展开）$$

$$=(-1)\begin{vmatrix} 0 & \cdots & -n-1 & 1+n \\ \vdots & \iddots & \vdots & \vdots \\ -n-1 & \cdots & 0 & 1+n \\ 0 & \cdots & 0 & 1+n \end{vmatrix}_{n-1阶} \quad (按第 n-1 行展开)$$

$$=(-1)(n+1)(-1)^{\frac{(n-2)(n-3)}{2}}(-n-1)^{n-2}$$

$$=(-1)^{1+\frac{(n-2)(n-3)}{2}+(n-2)}(n+1)^{n-1}$$

$$=(-1)^{\frac{n(n-3)}{2}}(n+1)^{n-1}=(-1)^{\frac{n(n+1)}{2}}(n+1)^{n-1}.$$

9（补充题 43） 计算 $D_n=\begin{vmatrix} 1 & 2 & 3 & \cdots & n-1 & n \\ 2 & 3 & 4 & \cdots & n & 1 \\ 3 & 4 & 5 & \cdots & 1 & 2 \\ \vdots & \vdots & \vdots & & \vdots & \vdots \\ n-1 & n & 1 & \cdots & n-3 & n-2 \\ n & 1 & 2 & \cdots & n-2 & n-1 \end{vmatrix}$.

解 各行元素之和均为 $1+2+3+\cdots+(n-1)+n=\frac{n(n+1)}{2}$，把各列元素加到第 1 列，提出公因子 $\frac{n(n+1)}{2}$，并从最后一行起，依次减前一行，一直做到第 2 行减第 1 行为止（共做 $n-1$ 次），即得

$$D_n=\frac{n(n+1)}{2}\begin{vmatrix} 1 & 2 & 3 & \cdots & n-1 & n \\ 0 & 1 & 1 & \cdots & 1 & 1-n \\ 0 & 1 & 1 & \cdots & 1-n & 1 \\ \vdots & \vdots & \vdots & \iddots & \vdots & \vdots \\ 0 & 1 & 1-n & \cdots & 1 & 1 \\ 0 & 1-n & 1 & \cdots & 1 & 1 \end{vmatrix}.$$

将上式按第 1 列展开，并将其“1”的余子式的第 1 行乘 -1 加到其余各行，即得

$$D_n=\frac{n(n+1)}{2}\begin{vmatrix} 1 & 1 & \cdots & 1 & 1-n \\ 0 & 0 & \cdots & -n & n \\ \vdots & \vdots & \iddots & \vdots & \vdots \\ 0 & -n & \cdots & 0 & n \\ -n & 0 & \cdots & 0 & n \end{vmatrix}_{n-1阶}.$$

再将上式的各列加到第1列，并对第1列展开，即得

$$D_n=\frac{n(n+1)}{2}\begin{vmatrix}-1 & 1 & \cdots & 1 & 1-n\\ 0 & 0 & \cdots & -n & n\\ \vdots & \vdots & \iddots & \vdots & \vdots\\ 0 & -n & \cdots & 0 & n\\ 0 & 0 & \cdots & 0 & n\end{vmatrix}$$

$$=\frac{n(n+1)}{2}(-1)\begin{vmatrix}0 & \cdots & -n & n\\ \vdots & \iddots & \vdots & \vdots\\ -n & \cdots & 0 & n\\ 0 & \cdots & 0 & n\end{vmatrix}_{n-2\text{阶}}$$

将上面的 $n-2$ 阶行列式按最后一行展开，得

$$D_n=\frac{n(n+1)}{2}(-1)n(-1)^{\frac{(n-3)(n-4)}{2}}(-n)^{n-3}=(-1)^{\frac{n(n-1)}{2}}\frac{n+1}{2}n^{n-1}.$$

10（补充题44）　证明 $D_n=\begin{vmatrix}1 & 1 & 1 & \cdots & 1\\ x_1 & x_2 & x_3 & \cdots & x_n\\ x_1^2 & x_2^2 & x_3^2 & \cdots & x_n^2\\ \vdots & \vdots & \vdots & & \vdots\\ x_1^{n-2} & x_2^{n-2} & x_3^{n-2} & \cdots & x_n^{n-2}\\ x_1^n & x_2^n & x_3^n & \cdots & x_n^n\end{vmatrix}$

$$=\left(\sum_{i=1}^{n}x_i\right)\prod_{1\leqslant j<i\leqslant n}(x_i-x_j).\tag{1}$$

证　法1：用证明范德蒙行列式的方法证明之．先将第 n 行加第 $n-1$ 行乘 $-x_1^2$，然后依次从第 $n-1$ 行直到第2行，都将前一行乘 $-x_1$ 加到后一行，得

$$D_n=\begin{vmatrix}1 & 1 & 1 & \cdots & 1\\ 0 & x_2-x_1 & x_3-x_1 & \cdots & x_n-x_1\\ 0 & x_2^2-x_2x_1 & x_3^2-x_3x_1 & \cdots & x_n^2-x_nx_1\\ \vdots & \vdots & \vdots & & \vdots\\ 0 & x_2^{n-2}-x_2^{n-3}x_1 & x_3^{n-2}-x_3^{n-3}x_1 & \cdots & x_n^{n-2}-x_n^{n-3}x_1\\ 0 & x_2^n-x_2^{n-2}x_1^2 & x_3^n-x_3^{n-2}x_1^2 & \cdots & x_n^n-x_n^{n-2}x_1^2\end{vmatrix}$$

$$= \prod_{i=2}^{n}(x_i - x_1)\begin{vmatrix} 1 & 1 & \cdots & 1 \\ x_2 & x_3 & \cdots & x_n \\ \vdots & \vdots & & \vdots \\ x_2^{n-3} & x_3^{n-3} & \cdots & x_n^{n-3} \\ x_2^{n-2}(x_2+x_1) & x_3^{n-2}(x_3+x_1) & \cdots & x_n^{n-2}(x_n+x_1) \end{vmatrix}_{n-1阶}.$$

将上式中最后一行改写为：$x_2^{n-1}+x_1x_2^{n-2}, x_3^{n-1}+x_1x_3^{n-2}, \cdots, x_n^{n-1}+x_1x_n^{n-2}$，则上面的行列式可以化为两个行列式之和，即

$$D_n = \prod_{i=2}^{n}(x_i - x_1)\left(\begin{vmatrix} 1 & 1 & \cdots & 1 \\ x_2 & x_3 & \cdots & x_n \\ \vdots & \vdots & & \vdots \\ x_2^{n-3} & x_3^{n-3} & \cdots & x_n^{n-3} \\ x_2^{n-1} & x_3^{n-1} & \cdots & x_n^{n-1} \end{vmatrix} + x_1\begin{vmatrix} 1 & 1 & \cdots & 1 \\ x_2 & x_3 & \cdots & x_n \\ \vdots & \vdots & & \vdots \\ x_2^{n-3} & x_3^{n-3} & \cdots & x_n^{n-3} \\ x_2^{n-2} & x_3^{n-2} & \cdots & x_n^{n-2} \end{vmatrix}\right).$$

上面第一个行列式是本题类型的 $n-1$ 阶行列式，可记作 D_{n-1}，但其 $n-1$ 个元为 $x_2, x_3, \cdots, x_n$；第二个行列式是由 $x_2, x_3, \cdots, x_n$ 为元的 $n-1$ 阶范德蒙行列式，于是

$$D_n = \left(\prod_{i=2}^{n}(x_i - x_1)\right)\left[D_{n-1} + x_1\prod_{2\leqslant j<i\leqslant n}(x_i - x_j)\right]. \tag{2}$$

下面用数学归纳法证明(1)式成立. 当 $n=3$ 时，由(2)式得

$$\begin{aligned} D_3 &= (x_2-x_1)(x_3-x_1)\left[\begin{vmatrix} 1 & 1 \\ x_2^2 & x_3^2 \end{vmatrix} + x_1(x_3-x_2)\right] \\ &= (x_2-x_1)(x_3-x_1)\left[(x_3^2-x_2^2)+x_1(x_3-x_2)\right] \\ &= (x_2-x_1)(x_3-x_1)(x_3-x_2)(x_1+x_2+x_3) \\ &= \left(\sum_{i=1}^{3}x_i\right)\prod_{1\leqslant j<i\leqslant 3}(x_i-x_j). \end{aligned}$$

所以(1)式对 $n=3$ 是成立的. 归纳假设(1)式对 $n-1$ 阶行列式成立，下面利用递推公式(2)证明(1)式对 n 阶行列式也成立. 由(2)式和归纳假设，得

$$D_n=\left(\prod_{i=2}^{n}(x_i-x_1)\right)\left[\left(\sum_{i=2}^{n}x_i\right)\prod_{2\leqslant j<i\leqslant n}(x_i-x_j)+x_1\prod_{2\leqslant j\leqslant n}(x_i-x_j)\right]$$

$$=\left(\prod_{i=2}^{n}(x_i-x_1)\right)\left(\sum_{i=1}^{n}x_i\right)\prod_{2\leqslant j<i\leqslant n}(x_i-x_j)$$

$$=\left(\sum_{i=1}^{n}x_i\right)\prod_{1\leqslant j<i\leqslant n}(x_i-x_j)=(1)\text{式右端}.$$

所以(1)式对任意的正整数 n 都成立.

法 2：这是一个技巧性比较强的解法.由于该行列式每一列最后两个元素为 x_j^{n-2}, x_j^n，从而不是范德蒙行列式.但是，可以将该行列式添一行，并加一列，使之成为 $n+1$ 阶范德蒙行列式，即

$$V_{n+1}=\begin{vmatrix}1 & 1 & 1 & \cdots & 1 & 1\\ x_1 & x_2 & x_3 & \cdots & x_n & y\\ x_1^2 & x_2^2 & x_3^2 & \cdots & x_n^2 & y^2\\ \vdots & \vdots & \vdots & & \vdots & \vdots\\ x_1^{n-2} & x_2^{n-2} & x_3^{n-2} & \cdots & x_n^{n-2} & y^{n-2}\\ x_1^{n-1} & x_2^{n-1} & x_3^{n-1} & \cdots & x_n^{n-1} & y^{n-1}\\ x_1^n & x_2^n & x_3^n & \cdots & x_n^n & y^n\end{vmatrix}\tag{3}$$

$$=(y-x_1)(y-x_2)(y-x_3)\cdots(y-x_n)\prod_{1\leqslant j<i\leqslant n}(x_i-x_j).\tag{4}$$

由(3)式可见，将(3)式按最后一列展开，其 y^{n-1} 的系数就是原行列式的值乘 -1；由(4)式又可见，y^{n-1} 的系数为

$$-(x_1+x_2+x_3+\cdots+x_n)\prod_{1\leqslant j<i\leqslant n}(x_i-x_j),$$

所以原行列式 D_n 的值为

$$D_n=(x_1+x_2+\cdots+x_n)\prod_{1\leqslant j<i\leqslant n}(x_i-x_j)$$

$$=\left(\sum_{i=1}^{n}x_i\right)\prod_{1\leqslant j<i\leqslant n}(x_i-x_j).$$

11（补充题 45） 证明(用数学归纳法)导数关系式

$$\frac{\mathrm{d}}{\mathrm{d}t}\begin{vmatrix} a_{11}(t) & a_{12}(t) & \cdots & a_{1n}(t) \\ a_{21}(t) & a_{22}(t) & \cdots & a_{2n}(t) \\ \vdots & \vdots & & \vdots \\ a_{n1}(t) & a_{n2}(t) & \cdots & a_{nn}(t) \end{vmatrix} = \sum_{j=1}^{n}\begin{vmatrix} a_{11}(t) & \cdots & \frac{\mathrm{d}}{\mathrm{d}t}a_{1j}(t) & \cdots & a_{1n}(t) \\ a_{21}(t) & \cdots & \frac{\mathrm{d}}{\mathrm{d}t}a_{2j}(t) & \cdots & a_{2n}(t) \\ \vdots & & \vdots & & \vdots \\ a_{n1}(t) & \cdots & \frac{\mathrm{d}}{\mathrm{d}t}a_{nj}(t) & \cdots & a_{nn}(t) \end{vmatrix}. \tag{1}$$

证 下面将 $a_{ij}(t)$记作 a_{ij}；$\frac{\mathrm{d}}{\mathrm{d}t}a_{ij}(t)$记作 a'_{ij}；行列式$|a_{ij}(t)|_1^n$记作 D；导数$\frac{\mathrm{d}}{\mathrm{d}t}D$ 记作 D'.

对行列式的阶数 n 作数学归纳法证明. 当 $n=1$ 时，(1)式显然成立，假设(1)式对 $n-1$ 阶行列式成立，下面证明(1)式对 n 阶也成立. 由于

$$D=a_{11}A_{11}+a_{21}A_{21}+\cdots+a_{n1}A_{n1},$$

故

$$D'=a'_{11}A_{11}+a'_{21}A_{21}+\cdots+a'_{n1}A_{n1}+ a_{11}A'_{11}+a_{21}A'_{21}+\cdots+a_{n1}A'_{n1}, \tag{2}$$

其中

$$a'_{11}A_{11}+a'_{21}A_{21}+\cdots+a'_{n1}A_{n1}=\begin{vmatrix} a'_{11} & a_{12} & \cdots & a_{1n} \\ a'_{21} & a_{22} & \cdots & a_{2n} \\ \vdots & \vdots & & \vdots \\ a'_{n1} & a_{n2} & \cdots & a_{nn} \end{vmatrix}, \tag{3}$$

$a_{11}A'_{11}+a_{21}A'_{21}+\cdots+a_{n1}A'_{n1}$ （由归纳假设得）

$$= a_{11}\sum_{j=2}^{n}\begin{vmatrix} a_{22} & \cdots & a'_{2j} & \cdots & a_{2n} \\ a_{32} & \cdots & a'_{3j} & \cdots & a_{3n} \\ \vdots & & \vdots & & \vdots \\ a_{n2} & \cdots & a'_{nj} & \cdots & a_{nn} \end{vmatrix} - a_{21}\sum_{j=2}^{n}\begin{vmatrix} a_{12} & \cdots & a'_{1j} & \cdots & a_{1n} \\ a_{32} & \cdots & a'_{3j} & \cdots & a_{3n} \\ \vdots & & \vdots & & \vdots \\ a_{n2} & \cdots & a'_{nj} & \cdots & a_{nn} \end{vmatrix} +$$

$$(-1)^{n+1}a_{n1}\sum_{j=2}^{n}\begin{vmatrix} a_{12} & \cdots & a'_{1j} & \cdots & a_{1n} \\ a_{22} & \cdots & a'_{2j} & \cdots & a_{2n} \\ \vdots & & \vdots & & \vdots \\ a_{n-1,2} & \cdots & a'_{n-1,j} & \cdots & a_{n-1,n} \end{vmatrix}$$

$$= \sum_{j=2}^{n} \begin{vmatrix} a_{11} & a_{12} & \cdots & a'_{1j} & \cdots & a_{1n} \\ a_{21} & a_{22} & \cdots & a'_{2j} & \cdots & a_{2n} \\ \vdots & \vdots & & \vdots & & \vdots \\ a_{n1} & a_{n2} & \cdots & a'_{nj} & \cdots & a_{nn} \end{vmatrix}. \tag{4}$$

综上得,(2)式右端=(3)式+(4)式=(1)式右端. 所以对任意的 n 阶行列式求导数都等于(1)式中的 n 个行列式之和.

12(补充题 47) 求使 3 个点(x_1,y_1),(x_2,y_2),(x_3,y_3)位于一直线上的充分必要条件.

解 在平面直角坐标系中直线的一般方程为

$$ax+by+c=0. \tag{1}$$

3 个点位于该直线上时,其点的坐标满足方程,即

$$\begin{cases} ax_1+by_1+c=0, \\ ax_2+by_2+c=0, \\ ax_3+by_3+c=0. \end{cases} \tag{2}$$

作为一条直线,方程(1)中的 a,b,c 不全为零,因此关于 a,b,c 的齐次线性方程组(2)有非零解. 所以 3 个点位于同一直线上(即 3 个点共线)等价于方程组(2)有非零解.

由克拉默法则知,由 n 个方程构成的 n 元齐次线性方程组的系数行列式不等于零时,齐次方程组只有全为零的解,这等价于齐次方程组有非零时其系数行列式必须等于零,这里就是

$$\begin{vmatrix} x_1 & y_1 & 1 \\ x_2 & y_2 & 1 \\ x_3 & y_3 & 1 \end{vmatrix} = 0. \tag{3}$$

以后在第 3 章中将证明式(3)也是齐次方程组(2)有非零解的充分条件. 所以 3 个点(x_1,y_1),(x_2,y_2),(x_3,y_3)共线的充分必要条件就是(3)式.

13(补充题 49) 写出通过点(1,1,1),(1,1,−1),(1,−1,1),(−1,0,0)的球面方程,并求其半径和球心坐标.

解 空间直角坐标系中球面的一般方程为

$$x^2+y^2+z^2+ax+by+cz+d=0.$$

球面上的点的坐标应满足该方程,于是由题设即得

$$\begin{cases}1+1+1+a+b+c+d=0,\\1+1+1+a+b-c+d=0,\\1+1+1+a-b+c+d=0,\\1-a\qquad+d=0.\end{cases}$$

即

$$\begin{cases}a+b+c+d=-3,\\a+b-c+d=-3,\\a-b+c+d=-3,\\a\qquad-d=1.\end{cases}\tag{1}$$

方程组(1)的系数行列式为

$$D=\begin{vmatrix}1&1&1&1\\1&1&-1&1\\1&-1&1&1\\1&0&0&-1\end{vmatrix}=\begin{vmatrix}1&1&1&1\\0&0&-2&0\\0&-2&0&0\\0&-1&-1&-2\end{vmatrix}$$

$$=\begin{vmatrix}0&-2&0\\-2&0&0\\-1&-1&-2\end{vmatrix}=8\neq0,$$

所以(1)有惟一解

$$a=\frac{D_1}{D},\quad b=\frac{D_2}{D},\quad c=\frac{D_3}{D},\quad d=\frac{D_4}{D},$$

其中

$$D_1=\begin{vmatrix}-3&1&1&1\\-3&1&-1&1\\-3&-1&1&1\\1&0&0&-1\end{vmatrix}$$

$$\xlongequal[\text{展开}]{\text{按第 4 行}}-\begin{vmatrix}1&1&1\\1&-1&1\\-1&1&1\end{vmatrix}+(-1)\begin{vmatrix}-3&1&1\\-3&1&-1\\-3&-1&1\end{vmatrix}=-8;$$

$$D_2=\begin{vmatrix}1&-3&1&1\\1&-3&-1&1\\1&-3&1&1\\1&1&0&-1\end{vmatrix}=0\quad(\text{第}1,3\text{行相同});$$

$$D_3=\begin{vmatrix}1&1&-3&1\\1&1&-3&1\\1&-1&-3&1\\1&0&1&-1\end{vmatrix}=0\quad(\text{第}1,2\text{行相同});$$

$$D_4=\begin{vmatrix}1&1&1&-3\\1&1&-1&-3\\1&-1&1&-3\\1&0&0&1\end{vmatrix}=\begin{vmatrix}1&1&1&-3\\0&0&-2&0\\0&-2&0&0\\0&-1&-1&4\end{vmatrix}$$

$$=\begin{vmatrix}0&-2&0\\-2&0&0\\-1&-1&4\end{vmatrix}=-16.$$

于是即得

$$a=\frac{-8}{8}=-1;\quad b=c=0;\quad d=\frac{-16}{8}=-2.$$

所以该球面的一般方程为

$$x^2+y^2+z^2-x-2=0,$$

化为标准方程,得

$$\left(x-\frac{1}{2}\right)^2+y^2+z^2=2+\frac{1}{4}=\left(\frac{3}{2}\right)^2,$$

所以球面半径 $R=3/2$,球心坐标为$(1/2,0,0)$.

14(补充题50) 已知 $a^2\neq b^2$,证明方程组

$$\begin{cases} ax_1 + bx_{2n} = 1, \\ ax_2 + bx_{2n-1} = 1, \\ \cdots\cdots \\ ax_n + bx_{n+1} = 1, \\ bx_n + ax_{n+1} = 1, \\ \cdots\cdots \\ bx_2 + ax_{2n-1} = 1, \\ bx_1 + ax_{2n} = 1. \end{cases}$$

有惟一解,并求此解.

解 这里不仅 $a^2 \neq b^2$,而且 $a \neq 0, b \neq 0$,如果 $b=0, a\neq 0$,则方程组显然有惟一解,且 $x_i = \frac{1}{a}(i=1,2,\cdots,2n)$.

该方程组的系数行列式

$$D = \begin{vmatrix} a & & & & & & & b \\ & a & & & & & b & \\ & & \ddots & & & \iddots & & \\ & & & a & b & & & \\ & & & b & a & & & \\ & & \iddots & & & \ddots & & \\ & b & & & & & a & \\ b & & & & & & & a \end{vmatrix}$$

第 $2n$ 行加第 1 行乘$\left(-\frac{b}{a}\right)$
第 $2n-1$ 行加第 2 行乘$\left(-\frac{b}{a}\right)$
……
第 $n+1$ 行加第 n 行乘$\left(-\frac{b}{a}\right)$

$$= \begin{vmatrix} a & & & & & & & b \\ & a & & & & & b & \\ & & \ddots & & & \iddots & & \\ & & & a & b & & & \\ & & & 0 & \frac{a^2-b^2}{a} & & & \\ & & \iddots & & & \ddots & & \\ & 0 & & & & & \frac{a^2-b^2}{a} & \\ 0 & & & & & & & \frac{a^2-b^2}{a} \end{vmatrix}$$

$$= a^n \left(\frac{a^2-b^2}{a}\right)^n = (a^2-b^2)^n \neq 0,$$

所以方程组有惟一解.

由第1和第$2n$方程

$$\begin{cases} ax_1+bx_{2n}=1, \\ bx_1+ax_{2n}=1. \end{cases}$$

得

$$x_1=\frac{\begin{vmatrix} 1 & b \\ 1 & a \end{vmatrix}}{a^2-b^2}=\frac{a-b}{a^2-b^2}=\frac{1}{a+b},$$

$$x_{2n}=\frac{\begin{vmatrix} a & 1 \\ b & 1 \end{vmatrix}}{a^2-b^2}=\frac{a-b}{a^2-b^2}=\frac{1}{a+b}.$$

同理，由第2和第$2n-1$方程可得$x_2=x_{2n-1}=\frac{1}{a+b}$;…;由第$n$和第$n+1$方程可得$x_n=x_{n+1}=\frac{1}{a+b}$.所以该方程组的惟一解为

$$x_j=\frac{1}{a+b},\quad j=1,2,\cdots,n,n+1,\cdots,2n.$$

第2章

矩　阵

2.1　基本要求与内容提要

1　基本要求

(1) 会用高斯消元法解线性方程组.

(2) 理解矩阵的概念,熟悉单位矩阵、数量矩阵、对角矩阵、上(下)三角矩阵和对称(反对称)矩阵的基本运算性质.

(3) 熟练掌握矩阵的线性运算(加法和数量乘法)、乘法、转置及其运算规律,以及方阵乘积的行列式和方阵的幂.

(4) 熟练掌握矩阵可逆的条件和求逆的方法(用定义,伴随矩阵和初等变换求逆).

(5) 熟练掌握矩阵的初等变换和3种初等矩阵.

(6) 掌握分块矩阵的运算及其应用.

2　内容提要

(1) 高斯消元法是对线性方程组中的方程做3种初等变换将其化为同解的阶梯形方程组来求解的一种方法. 具体操作见2.2节.

(2) 矩阵的线性运算(加法和数量乘法)

设同型矩阵$\boldsymbol{A}=(a_{ij})$和$\boldsymbol{B}=(b_{ij})\in F^{m\times n}$,$k\in F$(数域). 规定

$$\boldsymbol{A}+\boldsymbol{B}=(a_{ij}+b_{ij})\in F^{m\times n},$$

$$k\boldsymbol{A}=(ka_{ij})\in F^{m\times n},$$

$$\boldsymbol{A}-\boldsymbol{B}=\boldsymbol{A}+(-\boldsymbol{B})=(a_{ij}-b_{ij})\in F^{m\times n}.$$

矩阵的线性运算满足以下运算律($\boldsymbol{A},\boldsymbol{B},\boldsymbol{C}$ 为同型矩阵,$k,l\in F$):

① $\boldsymbol{A}+\boldsymbol{B}=\boldsymbol{B}+\boldsymbol{A}$; ② $\boldsymbol{A}+(\boldsymbol{B}+\boldsymbol{C})=(\boldsymbol{A}+\boldsymbol{B})+\boldsymbol{C}$;

③ $\boldsymbol{A}+\boldsymbol{0}=\boldsymbol{A}$($\boldsymbol{0}$ 为零矩阵); ④ $\boldsymbol{A}+(-\boldsymbol{A})=\boldsymbol{0}$($\boldsymbol{0}$ 为零矩阵);

⑤ $1\boldsymbol{A}=\boldsymbol{A}$; ⑥ $(kl)\boldsymbol{A}=k(l\boldsymbol{A})$;

⑦ $(k+l)\boldsymbol{A}=k\boldsymbol{A}+l\boldsymbol{A}$; ⑧ $k(\boldsymbol{A}+\boldsymbol{B})=k\boldsymbol{A}+k\boldsymbol{B}$.

(3) 矩阵的乘法

设 $\boldsymbol{A}=(a_{ij})\in F^{m\times n}$,$\boldsymbol{B}=(b_{ij})\in F^{n\times s}$,规定

$$\boldsymbol{AB}=\boldsymbol{C}=(c_{ij})\in F^{m\times s},$$

其中 c_{ij} 是 $\boldsymbol{A}$ 的第 i 行与 $\boldsymbol{B}$ 的第 j 列依次对应元素的乘积之和,即

$$c_{ij}=a_{i1}b_{1j}+a_{i2}b_{2j}+\cdots+a_{in}b_{nj}\quad(i=1,\cdots,m,j=1,\cdots,s).$$

如果 $\boldsymbol{A}$ 的列数与 $\boldsymbol{B}$ 的行数不相等,则 $\boldsymbol{AB}$ 没有意义(即不可乘).

矩阵的乘法满足以下运算律:

① $(\boldsymbol{AB})\boldsymbol{C}=\boldsymbol{A}(\boldsymbol{BC})$;

② $k(\boldsymbol{AB})=(k\boldsymbol{A})\boldsymbol{B}=\boldsymbol{A}(k\boldsymbol{B})$,其中 k 是数;

③ $\boldsymbol{A}(\boldsymbol{B}+\boldsymbol{C})=\boldsymbol{AB}+\boldsymbol{AC}$,$(\boldsymbol{B}+\boldsymbol{C})\boldsymbol{A}=\boldsymbol{BA}+\boldsymbol{CA}$.

矩阵乘法不满足以下运算律:

① 不满足交换律,即一般来说 $\boldsymbol{AB}\neq\boldsymbol{BA}$;

② 由 $\boldsymbol{AB}=\boldsymbol{0}$(零矩阵)不能推出 $\boldsymbol{A}=\boldsymbol{0}$ 或 $\boldsymbol{B}=\boldsymbol{0}$,即 $\boldsymbol{A}\neq\boldsymbol{0}$ 且 $\boldsymbol{B}\neq\boldsymbol{0}$,可能使 $\boldsymbol{AB}=\boldsymbol{0}$;

③ 不满足消去律,即由 $\boldsymbol{AB}=\boldsymbol{AC}$,一般不能推出 $\boldsymbol{B}=\boldsymbol{C}$. 但如果 $\boldsymbol{A}$ 可逆,则必有 $\boldsymbol{B}=\boldsymbol{C}$.

方阵 $\boldsymbol{A}$ 与 $\boldsymbol{B}$ 的乘积的行列式 $|\boldsymbol{AB}|=|\boldsymbol{A}||\boldsymbol{B}|$.

(4) 矩阵的幂. 规定方阵 $\boldsymbol{A}$ 的 k 次幂为

$$\boldsymbol{A}^k=\boldsymbol{A}\,\boldsymbol{A}\cdots\boldsymbol{A}(k\text{ 个 }\boldsymbol{A}\text{ 连乘}).$$

由此可推出：$\boldsymbol{A}^k\boldsymbol{A}^l=\boldsymbol{A}^{k+l}$； $(\boldsymbol{A}^k)^l=\boldsymbol{A}^{kl}$ （k,l 皆为正整数），但是，一般来说

$$(\boldsymbol{AB})^k\neq\boldsymbol{A}^k\boldsymbol{B}^k.$$

如果 $\boldsymbol{AB}=\boldsymbol{BA}$（即 $\boldsymbol{AB}$ 可交换，此时 $\boldsymbol{A},\boldsymbol{B}$ 必为同阶方阵），则 $(\boldsymbol{AB})^k=\boldsymbol{A}^k\boldsymbol{B}^k=\boldsymbol{B}^k\boldsymbol{A}^k$.

(5) 矩阵的转置

$\boldsymbol{A}=(a_{ij})\in F^{m\times n}$ 的转置矩阵 $\boldsymbol{A}^{\mathrm{T}}=(a_{ji}^{\mathrm{T}})\in F^{n\times m}$，其中

$$a_{ji}^{\mathrm{T}}=a_{ij}\qquad(i=1,\cdots,m,j=1,\cdots,n).$$

有的书将 $\boldsymbol{A}^{\mathrm{T}}$ 记作 $\boldsymbol{A}'$.

如果 $\boldsymbol{A}^{\mathrm{T}}=\boldsymbol{A}$，称 $\boldsymbol{A}$ 为对称矩阵；若 $\boldsymbol{A}^{\mathrm{T}}=-\boldsymbol{A}$，称 $\boldsymbol{A}$ 为反对称矩阵，反对称矩阵的主对角元全为 0.

矩阵的转置运算满足以下运算律：

① $(\boldsymbol{A}^{\mathrm{T}})^{\mathrm{T}}=\boldsymbol{A}$； ② $(\boldsymbol{A}+\boldsymbol{B})^{\mathrm{T}}=\boldsymbol{A}^{\mathrm{T}}+\boldsymbol{B}^{\mathrm{T}}$；

③ $(k\boldsymbol{A})^{\mathrm{T}}=k\boldsymbol{A}^{\mathrm{T}}$（$k$ 是数）；④ $(\boldsymbol{AB})^{\mathrm{T}}=\boldsymbol{B}^{\mathrm{T}}\boldsymbol{A}^{\mathrm{T}}$.

进而有

$$(\boldsymbol{A}_1\boldsymbol{A}_2\cdots\boldsymbol{A}_m)^{\mathrm{T}}=\boldsymbol{A}_m^{\mathrm{T}}\cdots\boldsymbol{A}_2^{\mathrm{T}}\boldsymbol{A}_1^{\mathrm{T}}.$$

(6) 可逆矩阵及其逆矩阵

① 若 $\boldsymbol{AB}=\boldsymbol{BA}=\boldsymbol{I}$，则称 $\boldsymbol{A}$ 为可逆矩阵，并称 $\boldsymbol{B}$ 为 $\boldsymbol{A}$ 的逆矩阵，记作 $\boldsymbol{A}^{-1}=\boldsymbol{B}$.

② 矩阵 $\boldsymbol{A}$ 可逆的充分必要条件为 $|\boldsymbol{A}|\neq0$.

③ 可逆矩阵的逆矩阵是惟一的.

④ 求逆矩阵的方法

(i) 用定义. 如对角阵 $\boldsymbol{A}=\mathrm{diag}(a_1,a_2,\cdots,a_n)$ 的逆矩阵为

$$\boldsymbol{A}^{-1}=\mathrm{diag}\left(\frac{1}{a_1},\frac{1}{a_2},\cdots,\frac{1}{a_n}\right).$$

(ii) 用伴随矩阵，$\boldsymbol{A}=(a_{ij})\in F^{n\times n}$ 的逆矩阵

$$\boldsymbol{A}^{-1}=\frac{1}{|\boldsymbol{A}|}\boldsymbol{A}^*,$$

其中

$$A^* = \begin{pmatrix} A_{11} & A_{21} & \cdots & A_{n1} \\ A_{12} & A_{22} & \cdots & A_{n2} \\ \vdots & \vdots & & \vdots \\ A_{1n} & A_{2n} & \cdots & A_{nn} \end{pmatrix},$$

式中 A_{ij} 为 $\boldsymbol{A}$ 的元素 a_{ij} 的代数余子式.

(iii) 用初等变换法

$$(\boldsymbol{A},\boldsymbol{I}) \xrightarrow{\text{初等行变换}} (\boldsymbol{I},\boldsymbol{A}^{-1}),$$

$$\begin{pmatrix} \boldsymbol{A} \\ \boldsymbol{I} \end{pmatrix} \xrightarrow{\text{初等列变换}} \begin{pmatrix} \boldsymbol{I} \\ \boldsymbol{A}^{-1} \end{pmatrix}.$$

⑤ 可逆矩阵满足以下运算律：

(i) $(\boldsymbol{A}^{-1})^{-1}=\boldsymbol{A}$； (ii) $(k\boldsymbol{A})^{-1}=\frac{1}{k}\boldsymbol{A}^{-1}$ (k 是非零数)；

(iii) $(\boldsymbol{AB})^{-1}=\boldsymbol{B}^{-1}\boldsymbol{A}^{-1}$；(iv) $(\boldsymbol{A}^{\mathrm{T}})^{-1}=(\boldsymbol{A}^{-1})^{\mathrm{T}}$；

(v) $|\boldsymbol{A}^{-1}|=\frac{1}{|\boldsymbol{A}|}$.

多个可逆矩阵乘积的逆矩阵为

$$(\boldsymbol{A}_1\boldsymbol{A}_2\cdots\boldsymbol{A}_m)^{-1}=\boldsymbol{A}_m^{-1}\cdots\boldsymbol{A}_2^{-1}\boldsymbol{A}_1^{-1}.$$

(7) 矩阵的初等变换与初等矩阵

① 对矩阵的行和列的 3 种初等变换为：(i)对第 i 行(或列)乘非零常数 c；(ii)将第 i 行(或列)乘 c 加到第 j 行(或列)；(iii)将第 i 行(或列)与第 j 行(或列)对换.

相应于 3 种初等变换的初等矩阵为：

(i) 倍乘初等矩阵 $\boldsymbol{E}_i(c)$是将单位矩阵第 i 行(或列)乘 c；

(ii) 倍加初等矩阵 $\boldsymbol{E}_{ij}(c)$是将单位矩阵第 i 行(或第 j 列)乘 c 加到第 j 行(或第 i 列)；

(iii) 对换初等矩阵 $\boldsymbol{E}_{ij}$ 是将单位矩阵的第 i 行和第 j 行(或列)对换.

② 初等矩阵左乘矩阵 $\boldsymbol{A}$,即 $\boldsymbol{E}_i(c)\boldsymbol{A}$;$\boldsymbol{E}_{ij}(c)\boldsymbol{A}$,$\boldsymbol{E}_{ij}\boldsymbol{A}$,它们分别表示上述对 $\boldsymbol{A}$ 做 3 种初等行变换.

初等矩阵右乘矩阵 $\boldsymbol{B}$,则是对矩阵 $\boldsymbol{B}$ 做 3 种列变换,但要注意 $\boldsymbol{B}\boldsymbol{E}_{ij}(c)$ 是表示将 $\boldsymbol{B}$ 的第 j 列乘 c 加到第 i 列.

③ 初等矩阵都是可逆矩阵,它们的逆矩阵分别是同类初等矩阵,即

$$\boldsymbol{E}_i^{-1}(c)=\boldsymbol{E}_i\left(\frac{1}{c}\right),\quad \boldsymbol{E}_{ij}^{-1}(c)=\boldsymbol{E}_{ij}(-c),\quad \boldsymbol{E}_{ij}^{-1}=\boldsymbol{E}_{ij}.$$

④ 对可逆矩阵 $\boldsymbol{A}$ 只做若干次初等行变换(或列变换),可将其化为单位矩阵. 从而可逆矩阵 $\boldsymbol{A}$ 可以表示为若干初等矩阵的乘积,即存在初等矩阵 $\boldsymbol{P}_1,\boldsymbol{P}_2,\cdots,\boldsymbol{P}_s$,使

$$\boldsymbol{P}_s\cdots\boldsymbol{P}_2\boldsymbol{P}_1\boldsymbol{A}=\boldsymbol{I},\text{从而 } \boldsymbol{A}=(\boldsymbol{P}_s\cdots\boldsymbol{P}_2\boldsymbol{P}_1)^{-1}=\boldsymbol{P}_1^{-1}\boldsymbol{P}_2^{-1}\cdots\boldsymbol{P}_s^{-1},$$

且

$$\boldsymbol{A}^{-1}=\boldsymbol{P}_s\cdots\boldsymbol{P}_2\boldsymbol{P}_1=\boldsymbol{P}_s\cdots\boldsymbol{P}_2\boldsymbol{P}_1\boldsymbol{I}.$$

这就是用初等行变换法求 $\boldsymbol{A}^{-1}$ 的理论依据.

(8) 分块矩阵的运算

① 加法和数量乘法:设分块矩阵 $\boldsymbol{A}=(\boldsymbol{A}_{kl})_{s\times t}$,$\boldsymbol{B}=(\boldsymbol{B}_{kl})_{s\times t}$,且 $\boldsymbol{A}$ 与 $\boldsymbol{B}$ 的对应子块 $\boldsymbol{A}_{kl}$ 与 $\boldsymbol{B}_{kl}$ 是同型矩阵,则

$$\boldsymbol{A}+\boldsymbol{B}=(\boldsymbol{A}_{kl}+\boldsymbol{B}_{kl})_{s\times t},$$

$$\lambda\boldsymbol{A}=(\lambda\boldsymbol{A}_{kl})_{s\times t}\quad(\lambda\text{ 是数}).$$

② 乘法:设分块矩阵 $\boldsymbol{A}=(\boldsymbol{A}_{kl})_{r\times s}$,$\boldsymbol{B}=(\boldsymbol{B}_{kl})_{s\times t}$,且 $\boldsymbol{A}$ 的列的分块法和 $\boldsymbol{B}$ 的分块法完全相同,则

$$\boldsymbol{A}\boldsymbol{B}=\boldsymbol{C}=(\boldsymbol{C}_{kl})_{r\times t},$$

即 $\boldsymbol{C}$ 是 $r\times t$ 分块矩阵,且 $\boldsymbol{C}_{kl}$ 是 $\boldsymbol{A}$ 的分块第 k 行与 $\boldsymbol{B}$ 的分块第 l 列的对应子块乘积之和,即

$$\boldsymbol{C}_{kl}=\boldsymbol{A}_{k1}\boldsymbol{B}_{1l}+\boldsymbol{A}_{k2}\boldsymbol{B}_{2l}+\cdots+\boldsymbol{A}_{ks}\boldsymbol{B}_{sl}\quad(k=1,\cdots,r,l=1,\cdots,t).$$

③ 转置:分块矩阵 $\boldsymbol{A}=(\boldsymbol{A}_{kl})_{s\times t}$ 的转置矩阵为

$$\boldsymbol{A}^{\mathrm{T}}=(\boldsymbol{B}_{lk})_{t\times s},$$

其中　$\boldsymbol{B}_{lk}=\boldsymbol{A}_{kl}^{\mathrm{T}}$，　$k=1,\cdots,s,l=1,\cdots,t.$

2.2　高斯消元法

高斯消元法的基本思路是，对线性方程组中的方程做3种初等变换(某方程乘非零常数 c；一个方程乘常数 c 加到另一个方程；两个方程对换位置)，将其化为同解而又易于求解的阶梯形方程组. 它是求线性方程组的解的一种基本方法.

所谓消元就是把某个未知元的系数化为零. 因此，为了使消元法的解题过程书写简明，我们就把线性方程组中的未知元 $x_1,x_2,\cdots,x_n$ 去掉，将其对应为一张矩形数表(称为方程组的增广矩阵)

$$\left(\begin{array}{cccc:c} a_{11} & a_{12} & \cdots & a_{1n} & b_1 \\ a_{21} & a_{22} & \cdots & a_{2n} & b_2 \\ \vdots & \vdots & & \vdots & \vdots \\ a_{m1} & a_{m2} & \cdots & a_{mn} & b_m \end{array}\right). \tag{2.1}$$

消元过程就变成对线性方程组的增广矩阵做3种初等行变换(某行乘非零常数 c；某行乘 c 加到另一行；两行对换位置).

高斯消元法是一种规范化的消元法，它是按一种固定的“程序”来消元的. 首先做初等行变换，把第1列的元素化为只剩一个非零元，并把该非零元置于第1行第1列，然后依次对第2,3,…,$n+1$ 列都仿照第1列那样进行，把(2.1)式化为阶梯形矩阵. 为简明起见，不妨设 $m=n=5$，且化为

$$\left(\begin{array}{ccccc:c} c_{11} & c_{12} & c_{13} & c_{14} & c_{15} & d_1 \\ 0 & 0 & c_{23} & c_{24} & c_{25} & d_2 \\ 0 & 0 & 0 & c_{34} & c_{35} & d_3 \\ 0 & 0 & 0 & 0 & 0 & d_4 \\ 0 & 0 & 0 & 0 & 0 & 0 \end{array}\right). \tag{2.2}$$

此时，方程组有解的充分必要条件为 $d_4=0$. 有解时，求解步骤为，

把每一行第1个非零元 c_{11}, c_{23}, c_{34} 对应的未知元 x_1, x_3, x_4 取为基本未知量,把其余的 x_2, x_4 取为自由未知量,并取 $x_2=k_1, x_5=k_2$ (k_1, k_2 为任意常数),将其代入(2.2)式所对应的方程组,然后先求得 x_4,代入第2个方程再求得 x_3,将 x_3, x_4 代入第1个方程,最后求得 x_1.这样求解,必须一个一个回代,为了省去回代步骤,我们继续在(2.2)式上做初等行变换,将每行第1个非零元上方的元素 c_{24}, c_{14}, c_{13} 都化为零,并把每行第1个非零元均化为1,得到一个行简化阶梯形矩阵

$$\left[\begin{array}{ccccc:c} 1 & c'_{12} & 0 & 0 & c'_{15} & d'_1 \\ 0 & 0 & 1 & 0 & c'_{25} & d'_2 \\ 0 & 0 & 0 & 1 & c'_{35} & d'_3 \\ 0 & 0 & 0 & 0 & 0 & 0 \\ 0 & 0 & 0 & 0 & 0 & 0 \end{array}\right]. \tag{2.3}$$

在行简化阶梯形增广矩阵对应的方程组上,求解极为方便,令 $x_2=k_1, x_5=k_2$,立即可得

$$\begin{cases} x_1 = d'_1 - c'_{12}k_1 - c'_{15}k_2, \\ x_2 = \qquad\quad k_1, \\ x_3 = d'_2 \qquad\quad - c'_{25}k_2, \\ x_4 = d'_3 \qquad\quad - c'_{35}k_2, \\ x_5 = \qquad\qquad\quad k_2. \end{cases}$$

即

$$\begin{bmatrix} x_1 \\ x_2 \\ x_3 \\ x_4 \\ x_5 \end{bmatrix} = \begin{bmatrix} d'_1 \\ 0 \\ d'_2 \\ d'_3 \\ 0 \end{bmatrix} + k_1 \begin{bmatrix} -c'_{12} \\ 1 \\ 0 \\ 0 \\ 0 \end{bmatrix} + k_2 \begin{bmatrix} -c'_{15} \\ 0 \\ -c'_{25} \\ -c'_{35} \\ 0 \end{bmatrix} \quad (k_1, k_2 \text{ 为任意常数}).$$

这里解的表示形式,利用了后面的向量加法和数量乘法.

例 1 线性方程组

$$\begin{cases} x_1+x_2+2x_3 \quad -x_4=1, \\ x_1-x_2-2x_3 \quad -7x_4=3, \\ \quad x_2+ax_3 \quad +tx_4=t-3, \\ x_1+x_2+2x_3+(t-2)x_4=t+3 \end{cases}$$

中的 a,t 取何值时，方程组无解，有惟一解，有无穷多组解？有无穷多组解时，求其解.

解 记方程组的增广矩阵为$(\boldsymbol{A},\boldsymbol{b})$，则

$$(\boldsymbol{A},\boldsymbol{b})=\left(\begin{array}{cccc:c} 1 & 1 & 2 & -1 & 1 \\ 1 & -1 & -2 & -7 & 3 \\ 0 & 1 & a & t & t-3 \\ 1 & 1 & 2 & t-2 & t+3 \end{array}\right). \tag{1}$$

将其第1行乘-1分别加到第2,4行，得

$$(\boldsymbol{A},\boldsymbol{b})\rightarrow\left(\begin{array}{cccc:c} 1 & 1 & 2 & -1 & 1 \\ 0 & -2 & -4 & -6 & 2 \\ 0 & 1 & a & t & t-3 \\ 0 & 0 & 0 & t-1 & t+2 \end{array}\right),$$

把第2行乘$-\frac{1}{2}$，再将其乘-1加到第3行，得

$$\rightarrow\left(\begin{array}{cccc:c} 1 & 1 & 2 & -1 & 1 \\ 0 & 1 & 2 & 3 & -1 \\ 0 & 0 & a-2 & t-3 & t-2 \\ 0 & 0 & 0 & t-1 & t+2 \end{array}\right) \tag{2}$$

(1) 当 $a\neq 2,t\neq 1$ 时，方程组有惟一解. 此时求解比较繁，因为将增广矩阵化为行简化阶梯阵也不方便. 所以先由第4行对应的方程$(t-1)x_4=t+2$，得 $x_4=\frac{t+2}{t-1}$；将其回代到第3行对应的方程，得

$$x_3=\frac{2}{2-a}\cdot\frac{t-4}{t-1};$$

再将 x_3,x_4 回代到第 2 行对应的方程，得

$$x_2=-1-\frac{1}{t-1}\left[\frac{4(t-4)}{2-a}+3(t+2)\right];$$

最后把 x_2,x_3,x_4 回代到第 1 行对应的方程，得

$$x_1=6\,\frac{t+1}{t-1}.$$

(2) 当 $t=1$ 时，第 4 行对应的方程为 $0\cdot x_4=3$，此时，方程无解.

(3) 当 $a=2$ 时，令第 3,4 行最后两列元素成比例，即

$$\frac{t-3}{t-1}=\frac{t-2}{t+2},\quad 得\ t=4.$$

此时，第 3,4 行对应的方程都是 $x_4=2$. 从而方程组有无穷多组解. 将 $a=2,t=4$ 代入阶梯形增广矩阵，并进而用初等行变换将其化为行简化阶梯矩阵，即

$$\left(\begin{array}{cccc:c}1&1&2&-1&1\\0&1&2&3&-1\\0&0&0&1&2\\0&0&0&3&6\end{array}\right)\to\cdots\to\left(\begin{array}{cccc:c}1&0&0&0&10\\0&1&2&0&-7\\0&0&0&1&2\\0&0&0&0&0\end{array}\right).$$

它所对应的方程组为

$$\begin{cases}x_1=10,\\x_2+2x_3=-7,\\x_4=2.\end{cases}$$

取 $x_3=k$，得方程组的解为

$$(x_1,x_2,x_3,x_4)=(10,-7-2k,k,2),\ k\ 为任意常数.$$

(4) 当 $a=2,t\neq4$ 时，矩阵(2)中，第 3,4 行不成比例，它们所对应的方程是矛盾方程，从而方程组无解. 或者对矩阵(2)做初等

行变换,将第3行乘$\left(-\frac{t-1}{t-3}\right)$加到第4行,得

$$\begin{pmatrix} 1 & 1 & 2 & -1 & \vdots & 1 \\ 0 & 1 & 2 & 3 & \vdots & -1 \\ 0 & 0 & 0 & t-3 & \vdots & t-2 \\ 0 & 0 & 0 & 0 & \vdots & 2\,\dfrac{t-4}{t-3} \end{pmatrix}. \tag{3}$$

从矩阵(3)对应的方程组可见,$t=3\neq 4$,或$t\neq 4$且$t\neq 3$时,方程组均无解.

例2 非齐次线性方程组的增广矩阵为

$$(\boldsymbol{A},\boldsymbol{b})=\begin{pmatrix} 4 & -2 & 13 & 0 & \vdots & 3 \\ 2 & 4 & p & 10 & \vdots & 1 \\ 3 & -1 & 8 & 1 & \vdots & 2 \\ 5 & 3 & -3 & 11 & \vdots & 1 \end{pmatrix}.$$

试问:p取何值时,方程组有解?并求解.

解 如果将第1行分别乘$-\frac{1}{2},-\frac{3}{4},-\frac{5}{4}$,并依次加到第2,3,4行,这样虽然后3行第1列元素全化成零,但其他元素有很多分数,如此再继续消元时计算很繁.为使消元过程简便,先把第3行乘-1加到第1行,将第1行化为

$$(1\quad -1\quad 5\quad -1\quad 1),$$

并把第2行换到第4行(否则消元时第2行的p会引起麻烦),即

$$(\boldsymbol{A},\boldsymbol{b})\xrightarrow{\text{行变换}}\begin{pmatrix} 1 & -1 & 5 & -1 & \vdots & 1 \\ 3 & -1 & 8 & 1 & \vdots & 2 \\ 5 & 3 & -3 & 11 & \vdots & 1 \\ 2 & 4 & p & 10 & \vdots & 1 \end{pmatrix}.$$

将第1行乘$-3,-5,-2$,并分别加到第2,3,4行,得

$$\xrightarrow{\text{行变换}}\left(\begin{array}{cccc:c}1 & -1 & 5 & -1 & 1\\0 & 2 & -7 & 4 & -1\\0 & 8 & -28 & 16 & -4\\0 & 6 & p-10 & 12 & -1\end{array}\right).$$

再将第 2 行乘 $-4,-3$，依次加到第 3,4 行，并将第 3,4 行对换，得

$$\xrightarrow{\text{行变换}}\left(\begin{array}{cccc:c}1 & -1 & 5 & -1 & 1\\0 & 2 & -7 & 4 & -1\\0 & 0 & p+11 & 0 & 2\\0 & 0 & 0 & 0 & 0\end{array}\right).$$

当 $p+11\neq 0$ 即 $p\neq -11$ 时，方程组有无穷多组解，取 x_4 为自由未知量，令 $x_4=k$（任意常数），依次解得

$$x_3=\frac{2}{11+p},\quad x_2=\frac{3-p}{2(11+p)}-2k,\quad x_1=\frac{5+p}{2(11+p)}-k.$$

例 3 齐次线性方程组的系数矩阵为

$$\mathbf{A}=\begin{pmatrix}a & 2 & -1\\2 & 1 & 2\\3 & 3 & 1\end{pmatrix}.$$

试问：a 取何值时，方程组有非零解？并求解.

解 此时如果把第 1 行乘 $-\frac{2}{a}$，$-\frac{3}{a}$ 分别加到第 2,3 行，把第 1 列化为只剩 1 个非零元 a，这样做不好，因为首先假定了 $a\neq 0$，解完后还需讨论 $a=0$ 时是否有非零解，而且在第 2,3 行的第 2,3 列元素出现含 a 的分式，继续消元也比较麻烦. 此题可用下面两种方法求解.

法 1：把 $\mathbf{A}$ 的第 1 行与第 3 行对换，并把第 2 行乘 -1 加到第 1 行，使第 1 行第 1 列的元素化为 1，然后，继续对矩阵做初等行变换，使之化为阶梯阵，再求其非零解.

法 2：把 $\mathbf{A}$ 的第 1 列与第 3 列对换，化为

$$\boldsymbol{A}_1=\begin{pmatrix}-1 & 2 & a\\ 2 & 1 & 2\\ 1 & 3 & 3\end{pmatrix},$$

再把 $\boldsymbol{A}_1$ 的第1行与第3行对换,使之化为

$$\boldsymbol{A}_2=\begin{pmatrix}1 & 3 & 3\\ 2 & 1 & 2\\ -1 & 2 & a\end{pmatrix}.$$

这里以 $\boldsymbol{A}_1$ 和 $\boldsymbol{A}_2$ 为系数矩阵的齐次线性方程组是一样的.但要注意为使这个方程组与以 $\boldsymbol{A}$ 为系数矩阵的齐次线性方程一样,第1列对应的未知元应为 x_3,而第3列对应的未知元应为 x_1.读者不难通过初等行变换,把 $\boldsymbol{A}_2$ 化为下面的阶梯形矩阵

$$\boldsymbol{A}_2\xrightarrow{\text{初等行变换}}\begin{pmatrix}1 & 3 & 3\\ 0 & -5 & -4\\ 0 & 0 & a-1\end{pmatrix}.$$

由此可见,齐次线性方程组有非零解的充分必要条件为 $a-1=0$,即 $a=1$.求解时把第3列对应的未知元 x_1(要特别注意它不是 x_3)取为自由未知量,令 $x_1=k$ 得 $x_2=-\frac{4}{5}k$,将 x_1,x_2 代入第1个方程,得

$$x_3=-3x_2-3x_1=\frac{12}{5}k-3k=-\frac{3}{5}k.$$

所以 $a=1$ 时方程组的解为

$$(x_1,x_2,x_3)=\left(k,-\frac{4}{5}k,-\frac{3}{5}k\right),k\text{ 为任意常数}.$$

关于高斯消元法,再强调以下几点:

(1) 高斯消元法是用初等行变换按"固定的程序"一列一列地依次消元,将线性方程组的增广矩阵化为阶梯形矩阵.求解时,把每行第1个非零元对应的未知量取为基本未知量,其他的取为自由未知量,并依次取任意常数 $k_1,k_2,\cdots$将其代入方程组,求出基本

未知量. 为了使求基本未知量更为方便,尽可能如例 1 中(3)那样,把增广矩阵化为行简化阶梯矩阵.

(2) 关于矩阵的初等变换,以后要介绍也有 3 种与行变换一样的初等列变换. 但是必须注意,求解线性方程组将增广矩阵化为阶梯形矩阵的过程中,不能用倍加列变换和倍乘列变换,而两列对换可以使用,此时相应的未知元也要对换,如例 3 那样.

(3) 为了使消元计算(尤其是手算)时比较方便,要尽可能如例 2 那样,先用初等行变换将第 1 行第 1 列的元素化为 1,然后再将第 1 列其余元素全化为零. 以后对第 2,3,…列元素消元时,也仿照第 1 列那样进行.

(4) 当线性方程组的增广矩阵中含有参数 a,b,p,t 等时,如果它们位于增广矩阵的左上方,消元时会比较麻烦. 通常要尽可能用行对换或列对换将它们换到右下方(如例 3 那样,列对换时,未知元也对换). 此外,还要避免将某行乘 k/a 加到另一行的做法,因为这样就假定了 $a\neq 0$,对 $a=0$ 的情形还要另行讨论.

2.3 矩阵的基本运算——加法、数量乘法和乘法

1 矩阵的线性运算——加法和数量乘法

矩阵的加法和数量乘法的定义及其满足的运算律,在内容提要中已经叙述,这里不再重复.

定义了矩阵 $\boldsymbol{B}=(b_{ij})_{m\times n}$ 的负矩阵 $-\boldsymbol{B}=(-b_{ij})_{m\times n}$,则两个矩阵 $\boldsymbol{A}$ 与 $\boldsymbol{B}$ 相减就定义为

$$\boldsymbol{A}-\boldsymbol{B}=\boldsymbol{A}+(-\boldsymbol{B}).$$

两个矩阵 $\boldsymbol{A}$ 和 $\boldsymbol{B}$ 当且仅当它们是同型矩阵时才能相加. 例如 3×3 矩阵和 3×4 矩阵不是同型的,它们不能相加.

矩阵的加法和数量乘法与数的加法和乘法是类似的,掌握它们的运算没有什么困难. 但是如果深入地追究为什么两个同型矩

阵相加可以定义为对应元素相加，而后面讲的两个矩阵相乘与普通的数的乘法相去甚远呢？这就牵涉到矩阵的本质是什么？在第4章揭示了一个 $n\times n$ 矩阵 $\boldsymbol{A}$ 实际上是表示 n 维向量空间($\mathbb{R}^n$)的一个线性变换．与此相关的是：一个线性方程组

$$\begin{cases} a_{11}x_1+a_{12}x_2+\cdots+a_{1n}x_n=b_1, \\ a_{21}x_1+a_{22}x_2+\cdots+a_{2n}x_n=b_2, \\ \cdots\cdots\cdots\cdots\cdots\cdots\cdots\cdots \\ a_{n1}x_1+a_{n2}x_2+\cdots+a_{nn}x_n=b_n. \end{cases} \tag{2.4}$$

即 $\sum_{j=1}^{n}a_{ij}x_j=b_i\quad(i=1,\cdots,n)$，它的 n 阶系数矩阵

$$\boldsymbol{A}=(a_{ij})_{n\times n}$$

就是一个线性变换，它把 n 维向量 $\boldsymbol{x}=(x_1,x_2,\cdots,x_n)^{\mathrm{T}}$ 变换为 n 维向量 $\boldsymbol{b}=(b_1,b_2,\cdots,b_n)^{\mathrm{T}}$．如果还有另一个以 n 阶矩阵

$$\boldsymbol{B}=(b_{ij})_{n\times n}$$

为系数矩阵的线性方程组

$$\sum_{j=1}^{n}b_{ij}x_j=c_i\quad(i=1,\cdots,n), \tag{2.5}$$

那么方程组(2.4)与(2.5)中对应方程相加所得的新方程组

$$\sum_{j=1}^{n}(a_{ij}+b_{ij})x_j=b_i+c_i\quad(i=1,\cdots,n) \tag{2.6}$$

的系数矩阵就是我们前面定义的

$$\boldsymbol{A}+\boldsymbol{B}=(a_{ij}+b_{ij})_{n\times n}.$$

这个 $\boldsymbol{A}+\boldsymbol{B}$ 就是两个线性变换 $\boldsymbol{A}$ 与 $\boldsymbol{B}$ 之和，从方程组(2.6)可见，它把 n 维向量 $\boldsymbol{x}=(x_1,x_2,\cdots,x_n)^{\mathrm{T}}$ 变换为 n 维向量 $\boldsymbol{b}+\boldsymbol{c}=(b_1+c_1,b_2+c_2,\cdots,b_n+c_n)^{\mathrm{T}}$.

2　矩阵的乘法

矩阵的乘法定义及其满足的运算律在内容提要中已叙述，这里不再复述.

矩阵的乘法是很重要的矩阵运算，它与数的乘法运算很不一样.因此，对于读者来讲，首先要理解为什么矩阵的乘法要做如此奇特的定义？然后要搞清楚矩阵的乘法运算与数的乘法运算在运算律上有哪些共同点和不同点.

(1) 矩阵乘法定义的背景

数学中的定义，如微积分中的导数、微分、定积分等概念的定义，都是研究某些实际问题的需要而抽象出来的.

为什么两个矩阵相乘不定义为两个同型矩阵对应元素相乘呢？因为这样的定义没有什么用处.

两个矩阵 $\boldsymbol{A}_{m\times n}$ 与 $\boldsymbol{B}_{n\times s}$ 相乘，其乘积 $\boldsymbol{AB}=\boldsymbol{C}_{m\times s}$ 为什么要做前面所述的定义呢？寻根求源，它是研究向量空间中两个线性变换作乘法的客观需要(读者可参看第 4 章中的定理 4.20).与此相应的问题是下面的两个线性方程组

$$\begin{cases} b_{11}x_1+b_{12}x_2+\cdots+b_{1n}x_n=y_1, \\ b_{21}x_1+b_{22}x_2+\cdots+b_{2n}x_n=y_2, \\ \cdots\cdots\cdots\cdots\cdots\cdots\cdots\cdots \\ b_{n1}x_1+b_{n2}x_2+\cdots+b_{nn}x_n=y_n; \end{cases} \tag{2.7}$$

$$\begin{cases} a_{11}y_1+a_{12}y_2+\cdots+a_{1n}y_n=z_1, \\ a_{21}y_1+a_{22}y_2+\cdots+a_{2n}y_n=z_2, \\ \cdots\cdots\cdots\cdots\cdots\cdots\cdots\cdots \\ a_{n1}y_1+a_{n2}y_2+\cdots+a_{nn}y_n=z_n. \end{cases} \tag{2.8}$$

这里的方程组(2.7)可理解为系数矩阵 $\boldsymbol{B}=(b_{ij})_{n\times n}$ 把向量 $\boldsymbol{x}=(x_1,x_2,\cdots,x_n)^{\mathrm{T}}$ 变换为向量 $\boldsymbol{y}=(y_1,y_2,\cdots,y_n)^{\mathrm{T}}$；方程组(2.8)是系数矩阵 $\boldsymbol{A}=(a_{ij})_{n\times n}$ 把向量 $\boldsymbol{y}=(y_1,y_2,\cdots,y_n)^{\mathrm{T}}$ 变换为向量 $\boldsymbol{z}=(z_1,z_2,\cdots,z_n)^{\mathrm{T}}$.

把方程组(2.7)中的 $y_1,y_2,\cdots,y_n$ 代入方程组(2.8)，就会得到

$$\begin{cases} c_{11}x_1+c_{12}x_2+\cdots+c_{1n}x_n=z_1, \\ c_{21}x_1+c_{22}x_2+\cdots+c_{2n}x_n=z_2, \\ \cdots\cdots\cdots\cdots\cdots\cdots\cdots\cdots \\ c_{n1}x_1+c_{n2}x_2+\cdots+c_{nn}x_n=z_n. \end{cases} \tag{2.9}$$

其中 $c_{ij}=a_{i1}b_{1j}+a_{i2}b_{2j}+\cdots+a_{in}b_{nj}\quad(i,j=1,\cdots,n).$

推导出这个结果比较麻烦,但是,如果令 $n=2$,读者就很容易导出这个结果.

这里的方程组(2.9)是系数矩阵 $\boldsymbol{C}=(c_{ij})_{n\times n}$ 把向量 $\boldsymbol{x}=(x_1,x_2,\cdots,x_n)^{\mathrm{T}}$ 变换为向量 $\boldsymbol{z}=(z_1,z_2,\cdots,z_n)^{\mathrm{T}}$. 于是,我们就把矩阵 $\boldsymbol{C}$ 定义为矩阵 $\boldsymbol{A}$ 与 $\boldsymbol{B}$ 之乘积,即

$$\boldsymbol{C}=\boldsymbol{AB}.$$

这就是矩阵乘法定义的实际背景.

定义了矩阵的乘法,上述的 3 个方程组(2.7),(2.8)就可简捷地表示为

$$\boldsymbol{Bx}=\boldsymbol{y}, \tag{2.7}$$

$$\boldsymbol{Ay}=\boldsymbol{z}, \tag{2.8}$$

将方程组(2.7)中的 $\boldsymbol{y}$ 代入方程组(2.8),即得

$$\boldsymbol{ABx}=\boldsymbol{z},\quad 即\quad \boldsymbol{Cx}=\boldsymbol{z}. \tag{2.9}$$

其中 $\boldsymbol{A}=(a_{ij})_{n\times n}$, $\boldsymbol{B}=(b_{ij})_{n\times n}$, $\boldsymbol{C}=(c_{ij})_{n\times n}$,

$$\boldsymbol{x}=\begin{pmatrix} x_1 \\ x_2 \\ \vdots \\ x_n \end{pmatrix},\quad \boldsymbol{y}=\begin{pmatrix} y_1 \\ y_2 \\ \vdots \\ y_n \end{pmatrix},\quad \boldsymbol{z}=\begin{pmatrix} z_1 \\ z_2 \\ \vdots \\ z_n \end{pmatrix}.$$

线性代数在它的发展史上,最早研究的问题就是一般线性方程组的求解问题.定义了矩阵的乘法,一般的线性方程组,如(2.1)式表示的线性方程组就可表示为

$$\boldsymbol{Ax}=\boldsymbol{b},$$

其中:$\boldsymbol{A}=(a_{ij})_{m\times n}$, $\boldsymbol{x}=(x_1,x_2,\cdots,x_n)^{\mathrm{T}}$, $\boldsymbol{b}=(b_1,b_2,\cdots,b_m)^{\mathrm{T}}$.

这样,一般线性方程的矩阵表示式就与初等代数中的一元一次方程式 $ax=b$ 相类似,这为研究问题提供了极大的方便.也正因为如此,线性代数从研究一般线性方程组的求解问题开始,进而研究 n 维向量和矩阵的各种性质.

(2) 矩阵乘法的运算律

矩阵乘法满足结合律和数乘矩阵的数乘结合律,以及左分配律和右分配律.这些与数的乘法是一样的.

更重要的是区别于数的乘法它不满足以下运算律:

① 矩阵乘法不满足交换律,即一般 $\boldsymbol{AB}\neq\boldsymbol{BA}$.这可从 3 个方面来理解:

一是 $\boldsymbol{AB}$ 可乘,$\boldsymbol{BA}$ 不一定可乘.例如 $\boldsymbol{A}$ 为 2×3 矩阵,$\boldsymbol{B}$ 为 3×4 矩阵时,$\boldsymbol{AB}$ 可乘,而 $\boldsymbol{BA}$ 不可乘.

二是 $\boldsymbol{AB}$ 与 $\boldsymbol{BA}$ 均可乘,但不一定是同型矩阵.例如 $\boldsymbol{A}$ 为 2×3 矩阵,$\boldsymbol{B}$ 为 3×2 矩阵时,$\boldsymbol{AB}$ 为 2×2 矩阵,$\boldsymbol{BA}$ 为 3×3 矩阵,它们自然不能相等.

三是即使 $\boldsymbol{AB}$ 与 $\boldsymbol{BA}$ 为同型矩阵(此时 $\boldsymbol{A},\boldsymbol{B}$ 必为同阶方阵),也不一定相等.例如

$$\boldsymbol{A}=\begin{pmatrix}0&1\\0&0\end{pmatrix},\quad \boldsymbol{B}=\begin{pmatrix}1&0\\0&0\end{pmatrix},$$

则

$$\boldsymbol{AB}=\begin{pmatrix}0&0\\0&0\end{pmatrix}=\boldsymbol{0},\quad \boldsymbol{BA}=\begin{pmatrix}0&1\\0&0\end{pmatrix}=\boldsymbol{A}\neq\boldsymbol{0}. \tag{2.10}$$

此时 $\boldsymbol{AB}\neq\boldsymbol{BA}$.

由于一般来讲 $\boldsymbol{AB}\neq\boldsymbol{BA}$,因此,一般

$$(\boldsymbol{AB})^2=(\boldsymbol{AB})(\boldsymbol{AB})\neq(\boldsymbol{AA})(\boldsymbol{BB})=\boldsymbol{A}^2\boldsymbol{B}^2.$$

但是,如果 $\boldsymbol{AB}$ 可交换,即 $\boldsymbol{AB}=\boldsymbol{BA}$,则

$$(\boldsymbol{AB})^2=(\boldsymbol{AB})(\boldsymbol{AB})=(\boldsymbol{AA})(\boldsymbol{BB})=\boldsymbol{A}^2\boldsymbol{B}^2,$$

$$(\boldsymbol{AB})^2=(\boldsymbol{AB})(\boldsymbol{AB})=(\boldsymbol{BA})(\boldsymbol{AB})=(\boldsymbol{BB})(\boldsymbol{AA})=\boldsymbol{B}^2\boldsymbol{A}^2.$$

此时,对于任何正整数 k,均有

$$(\boldsymbol{AB})^k=\boldsymbol{A}^k\boldsymbol{B}^k=\boldsymbol{B}^k\boldsymbol{A}^k.$$

那么,由此能否进一步得出结论:“$(\boldsymbol{AB})^k=\boldsymbol{A}^k\boldsymbol{B}^k$ 的充分必要条件是 $\boldsymbol{AB}=\boldsymbol{BA}$”呢?这个结论是不对的,只能讲“$\boldsymbol{AB}=\boldsymbol{BA}$ 是 $(\boldsymbol{AB})^k=\boldsymbol{A}^k\boldsymbol{B}^k$ 成立的充分条件,而不是必要条件”.例如:

在(2.10)式中 $\boldsymbol{A}$ 和 $\boldsymbol{B}$,满足 $\boldsymbol{AB}\neq\boldsymbol{BA}$,但是由于 $\boldsymbol{AB}=\boldsymbol{0},\boldsymbol{A}^2=\boldsymbol{0},\boldsymbol{B}^2=\boldsymbol{B}$,所以仍有 $(\boldsymbol{AB})^2=\boldsymbol{0}=\boldsymbol{A}^2\boldsymbol{B}^2$.

② 由矩阵 $\boldsymbol{A}$ 与 $\boldsymbol{B}$ 的乘积 $\boldsymbol{AB}=\boldsymbol{0}$(零矩阵),不能推出 $\boldsymbol{A}=\boldsymbol{0}$ 或 $\boldsymbol{B}=\boldsymbol{0}$,即 $\boldsymbol{A}\neq\boldsymbol{0}$ 且 $\boldsymbol{B}\neq\boldsymbol{0}$ 时有可能得 $\boldsymbol{AB}=\boldsymbol{0}$.这就是矩阵的乘法有非零矩阵作为零因子,此时称 $\boldsymbol{B}$ 为 $\boldsymbol{A}$ 的右零因子,$\boldsymbol{A}$ 为 $\boldsymbol{B}$ 的左零因子.例如在(2.10)式中,有

$$\boldsymbol{A}\neq\boldsymbol{0},\quad \boldsymbol{B}\neq\boldsymbol{0},\quad 但\quad \boldsymbol{AB}=\boldsymbol{0}.$$

这又是与数的乘法截然不同的一种“奇特现象”.为什么会出现这种“奇特现象”呢?其根源仍是矩阵乘法的定义.它的一个具体表现如下.

如果以 $\boldsymbol{A}=(a_{ij})_{m\times n}$ 为系数矩阵的齐次线性方程组 $\boldsymbol{Ax}=\boldsymbol{0}$ 有非零解(如有非零解必有无穷多个)

$$\begin{pmatrix}x_{11}\\x_{21}\\\vdots\\x_{n1}\end{pmatrix},\begin{pmatrix}x_{12}\\x_{22}\\\vdots\\x_{n2}\end{pmatrix},\cdots,\begin{pmatrix}x_{1s}\\x_{2s}\\\vdots\\x_{ns}\end{pmatrix}.$$

将这些非零解为列排成的矩阵记作 $\boldsymbol{B}$,即

$$\boldsymbol{B}=\begin{pmatrix}x_{11}&x_{12}&\cdots&x_{1s}\\x_{21}&x_{22}&\cdots&x_{2s}\\\vdots&\vdots&&\vdots\\x_{n1}&x_{n2}&\cdots&x_{ns}\end{pmatrix},$$

则有

$$\boldsymbol{AB}=\boldsymbol{0}.$$

由此又可知,当 $\boldsymbol{A}=(a_{ij})_{n\times n}$ 为 n 阶不可逆矩阵时,由于齐次

线性方程组 $\boldsymbol{Ax}=\mathbf{0}$ 有非零解，所以必存在矩阵 $\boldsymbol{B}=(b_{ij})_{n\times s}$（其中每一列都是 $\boldsymbol{Ax}=\mathbf{0}$ 的非零解），使得 $\boldsymbol{AB}=\mathbf{0}$；而当 $\boldsymbol{A}$ 为可逆矩阵时，$\boldsymbol{Ax}=\mathbf{0}$ 只有零解，因此，如果 $\boldsymbol{AB}=\mathbf{0}$，则必有 $\boldsymbol{B}=\mathbf{0}$（因为 $\boldsymbol{B}$ 的每一列都是 $\boldsymbol{Ax}=\mathbf{0}$ 的解），或者由

$$\boldsymbol{AB}=\mathbf{0},\quad \text{可推出}\quad \boldsymbol{B}=\boldsymbol{A}^{-1}\mathbf{0}=\mathbf{0}.$$

所以，不可逆矩阵 $\boldsymbol{A}$ 也称为奇异矩阵，因为它存在 $\boldsymbol{B}\neq\mathbf{0}$ 使 $\boldsymbol{AB}=\mathbf{0}$ 的奇异现象；而可逆矩阵 $\boldsymbol{A}$ 则称为非奇异矩阵，因为它不会出现 $\boldsymbol{B}\neq\mathbf{0}$使 $\boldsymbol{AB}=\mathbf{0}$ 的奇异现象.

这个问题进一步的结论是：对于 $m\times n$ 矩阵 $\boldsymbol{A}=(a_{ij})_{m\times n}$，如果秩$(\boldsymbol{A})<n$，则 $\boldsymbol{Ax}=\mathbf{0}$ 有非零解，从而存在 $\boldsymbol{B}\neq\mathbf{0}$，使 $\boldsymbol{AB}=\mathbf{0}$；如果秩$(\boldsymbol{A})=n$，则 $\boldsymbol{Ax}=\mathbf{0}$ 只有零解，因此，不存在 $\boldsymbol{B}\neq\mathbf{0}$ 使 $\boldsymbol{AB}=\mathbf{0}$，即由 $\boldsymbol{AB}=\mathbf{0}$ 可推出 $\boldsymbol{B}=\mathbf{0}$.

③ 矩阵的乘法不满足消去律，即当 $\boldsymbol{A}\neq\mathbf{0}$ 时，由 $\boldsymbol{AB}=\boldsymbol{AC}$ 不能消去 $\boldsymbol{A}$，得 $\boldsymbol{B}=\boldsymbol{C}$.

这一点是由上述第②点派生出来的. 因为

$$\boldsymbol{AB}=\boldsymbol{AC}\quad \text{可推出}\quad \boldsymbol{AB}-\boldsymbol{AC}=\boldsymbol{A}(\boldsymbol{B}-\boldsymbol{C})=\mathbf{0},$$

而上式由 $\boldsymbol{A}\neq\mathbf{0}$，不能推出 $\boldsymbol{B}-\boldsymbol{C}=\mathbf{0}$，即 $\boldsymbol{B}=\boldsymbol{C}$.

但是，如果 $\boldsymbol{A}$ 是可逆矩阵，则由 $\boldsymbol{AB}=\boldsymbol{AC}$ 的等式两边左乘 $\boldsymbol{A}^{-1}$，即得 $\boldsymbol{A}^{-1}\boldsymbol{AB}=\boldsymbol{A}^{-1}\boldsymbol{AC}$，从而得 $\boldsymbol{B}=\boldsymbol{C}$（此时可消去 $\boldsymbol{A}$）.

(3) 一些特殊矩阵的乘法运算

① 对角矩阵、单位矩阵与数量矩阵

对角矩阵 $\boldsymbol{\Lambda}=\mathrm{diag}(a_1,a_2,\cdots,a_n)$左乘 $\boldsymbol{A}=(a_{ij})_{n\times s}$是将主对角元 $a_i(i=1,\cdots,n)$乘 $\boldsymbol{A}$ 中第 i 行每个元素；对角矩阵 $\boldsymbol{\Lambda}$ 右乘 $\boldsymbol{B}=(b_{ij})_{m\times n}$是将主对角元 $a_i(i=1,\cdots,n)$乘 $\boldsymbol{B}$ 中第 i 列每个元素，即

$$\begin{pmatrix} a_1 & & & \\ & a_2 & & \\ & & \ddots & \\ & & & a_n \end{pmatrix}\begin{pmatrix} a_{11} & a_{12} & \cdots & a_{1s} \\ a_{21} & a_{22} & \cdots & a_{2s} \\ \vdots & \vdots & & \vdots \\ a_{n1} & a_{n2} & \cdots & a_{ns} \end{pmatrix}=\begin{pmatrix} a_1a_{11} & a_1a_{12} & \cdots & a_1a_{1s} \\ a_2a_{21} & a_2a_{22} & \cdots & a_2a_{2s} \\ \vdots & \vdots & & \vdots \\ a_na_{n1} & a_na_{n2} & \cdots & a_na_{ns} \end{pmatrix}, \tag{2.11}$$

$$\begin{pmatrix} b_{11} & b_{12} & \cdots & b_{1n} \\ b_{21} & b_{22} & \cdots & b_{2n} \\ \vdots & \vdots & & \vdots \\ b_{m1} & b_{m2} & \cdots & b_{mn} \end{pmatrix}\begin{pmatrix} a_1 & & & \\ & a_2 & & \\ & & \ddots & \\ & & & a_n \end{pmatrix}=\begin{pmatrix} a_1b_{11} & a_2b_{12} & \cdots & a_nb_{1n} \\ a_1b_{21} & a_2b_{22} & \cdots & a_nb_{2n} \\ \vdots & \vdots & & \vdots \\ a_1b_{m1} & a_2b_{m2} & \cdots & a_nb_{mn} \end{pmatrix}. \tag{2.12}$$

单位矩阵 $\boldsymbol{I}$ 与数量矩阵 $k\boldsymbol{I}$ 都是特殊的对角矩阵,由(2.11)式与(2.12)式立即可得

$$\boldsymbol{IA}=\boldsymbol{AI}=\boldsymbol{A},$$
$$(k\boldsymbol{I})\boldsymbol{A}=\boldsymbol{A}(k\boldsymbol{I})=k\boldsymbol{A} \quad (k \text{ 是数}).$$

这表明,$\boldsymbol{I}$ 和 $k\boldsymbol{I}$ 与任何方阵相乘可交换,而且单位矩阵 $\boldsymbol{I}$ 在矩阵乘法中的作用类似于数的乘法中的1.

关于对角矩阵与其他矩阵相乘是否可交换的问题,有以下几个结论(以三阶矩阵为例).

设 $\boldsymbol{\Lambda}=\mathrm{diag}(k_1,k_2,k_3)$,$\boldsymbol{A}=(a_{ij})_{3\times 3}$. 则

(i) 与主对角元 k_1,k_2,k_3 互异的对角矩阵可交换的矩阵 $\boldsymbol{A}$ 也必是对角矩阵. 因为,由

$$\boldsymbol{\Lambda A}=\boldsymbol{A\Lambda}$$

即得

$$\begin{pmatrix} k_1a_{11} & k_1a_{12} & k_1a_{13} \\ k_2a_{21} & k_2a_{22} & k_2a_{23} \\ k_3a_{31} & k_3a_{32} & k_3a_{33} \end{pmatrix}=\begin{pmatrix} k_1a_{11} & k_2a_{12} & k_3a_{13} \\ k_1a_{21} & k_2a_{22} & k_3a_{23} \\ k_1a_{31} & k_2a_{23} & k_3a_{33} \end{pmatrix}. \tag{2.13}$$

于是就有

$$k_i a_{ij}=k_j a_{ij} \quad (i,j=1,2,3).$$

由于,当 $i\neq j$ 时,$k_i\neq k_j$,所以当 $i\neq j$ 时,$a_{ij}=0$. 因此,$\boldsymbol{A}$ 为对角矩阵,即 $\boldsymbol{A}=\mathrm{diag}(a_{11},a_{22},a_{33})$.

(ii) 如果对角矩阵 $\boldsymbol{\Lambda}=\mathrm{diag}(k_1,k_2,k_2)$(其中 $k_1\neq k_2$),则与该对角矩阵可交换的矩阵 $\boldsymbol{A}=(a_{ij})_{3\times 3}$ 必为

$$\boldsymbol{A}=\begin{pmatrix} a_{11} & 0 & 0 \\ 0 & a_{22} & a_{23} \\ 0 & a_{32} & a_{33} \end{pmatrix}. \tag{2.14}$$

这从(2.13)式中 $k_3=k_2\neq k_1$,立即可得 $\boldsymbol{A}$ 中元素 $a_{12}=a_{13}=a_{21}=a_{31}=0$.

同理,如果对角矩阵 $\boldsymbol{\Lambda}=\mathrm{diag}(k_1,k_1,k_2,k_3,k_3)$(其中 k_1,k_2,k_3 互不相等),则与其可交换的五阶矩阵 $\boldsymbol{A}$ 必为

$$\boldsymbol{A}=\begin{pmatrix} a_{11} & a_{12} & 0 & 0 & 0 \\ a_{21} & a_{22} & 0 & 0 & 0 \\ 0 & 0 & a_{33} & 0 & 0 \\ 0 & 0 & 0 & a_{44} & a_{45} \\ 0 & 0 & 0 & a_{54} & a_{55} \end{pmatrix}. \tag{2.15}$$

以上(2.14)与(2.15)式的矩阵称为对角块矩阵.

思考题 与对角矩阵 $\boldsymbol{\Lambda}=\mathrm{diag}(k_1,k_2,k_1)$ $(k_1\neq k_2)$ 可交换的矩阵 $\boldsymbol{A}=(a_{ij})_{3\times 3}$ 是怎样的矩阵?

(iii) 最简单的情形是,两个对角矩阵 $\boldsymbol{\Lambda}_1=\mathrm{diag}(a_1,a_2,\cdots,a_n)$ 与 $\boldsymbol{\Lambda}_2=\mathrm{diag}(b_1,b_2,\cdots,b_n)$ 相乘可交换,且

$$\boldsymbol{\Lambda}_1\boldsymbol{\Lambda}_2=\boldsymbol{\Lambda}_2\boldsymbol{\Lambda}_1=\mathrm{diag}(a_1b_1,a_2b_2,\cdots,a_nb_n).$$

② 上(下)三角矩阵

两个同阶上三角矩阵 $\boldsymbol{A}=(a_{ij})_{n\times n}$ 与 $\boldsymbol{B}=(b_{ij})_{n\times n}$(其中 $i>j$ 时,$a_{ij}=b_{ij}=0$)的乘积 $\boldsymbol{AB}=\boldsymbol{C}=(c_{ij})_{n\times n}$ 仍是上三角矩阵,且主对角元 $c_{ii}=a_{ii}b_{ii}$ $(i=1,2,\cdots,n)$.

同样,两个同阶下三角矩阵 $\boldsymbol{A}$ 与 $\boldsymbol{B}$ 的乘积 $\boldsymbol{AB}=\boldsymbol{C}$ 仍是下三

角矩阵,且 $c_{ii}=a_{ii}b_{ii}(i=1,2,\cdots,n)$.

但要注意,上述命题的逆命题不成立,即,由 $\boldsymbol{AB}=\boldsymbol{C}$ 为上(下)三角矩阵,不能推出 $\boldsymbol{A},\boldsymbol{B}$ 均为上(下)三角矩阵.例如

$$\begin{pmatrix}1&0\\1&-1\end{pmatrix}\begin{pmatrix}1&1\\1&2\end{pmatrix}=\begin{pmatrix}1&1\\0&-1\end{pmatrix}.$$

此外,三角矩阵在乘法可交换的问题上,与对角矩阵是不一样的.即任何两个同阶上(下)三角矩阵相乘不是都可交换的.例如:设

$$\boldsymbol{A}=\begin{pmatrix}1&1\\0&1\end{pmatrix},\quad \boldsymbol{B}=\begin{pmatrix}1&2\\0&1\end{pmatrix},\quad \boldsymbol{C}=\begin{pmatrix}1&1\\0&2\end{pmatrix},$$

则有

$$\boldsymbol{AB}=\boldsymbol{BA}=\begin{pmatrix}1&3\\0&1\end{pmatrix}.$$

而
$$\boldsymbol{BC}=\begin{pmatrix}1&5\\0&2\end{pmatrix}\neq\boldsymbol{CB}=\begin{pmatrix}1&3\\0&2\end{pmatrix}.$$

③ 对称矩阵与反对称矩阵的运算性质

在下面矩阵的转置中讨论.

(4) 两个同阶方阵 $\boldsymbol{A}$ 与 $\boldsymbol{B}$ 的乘积的行列式

$$|\boldsymbol{AB}|=|\boldsymbol{A}|\,|\boldsymbol{B}|.$$

例1 设 n 阶矩阵(n 为奇数)$\boldsymbol{A}$ 满足 $\boldsymbol{A}^{\mathrm{T}}\boldsymbol{A}=\boldsymbol{I}$,且 $|\boldsymbol{A}|>0$,求行列式 $|\boldsymbol{A}-\boldsymbol{I}|=?$

解 由于 $\boldsymbol{A}-\boldsymbol{I}=\boldsymbol{A}-\boldsymbol{A}^{\mathrm{T}}\boldsymbol{A}=(\boldsymbol{I}-\boldsymbol{A}^{\mathrm{T}})\boldsymbol{A}=-(\boldsymbol{A}-\boldsymbol{I})^{\mathrm{T}}\boldsymbol{A}$,所以

$$|\boldsymbol{A}-\boldsymbol{I}|=|-(\boldsymbol{A}-\boldsymbol{I})^{\mathrm{T}}|\,|\boldsymbol{A}|=(-1)^n|\boldsymbol{A}-\boldsymbol{I}|\,|\boldsymbol{A}|=-|\boldsymbol{A}-\boldsymbol{I}|\,|\boldsymbol{A}|.$$

又因为 $|\boldsymbol{A}^{\mathrm{T}}\boldsymbol{A}|=|\boldsymbol{A}^{\mathrm{T}}|\,|\boldsymbol{A}|=|\boldsymbol{A}|^2=|\boldsymbol{I}|=1,|\boldsymbol{A}|=\pm1$,这里 $|\boldsymbol{A}|=1>0$,代入上式,得

$$|\boldsymbol{A}-\boldsymbol{I}|=-|\boldsymbol{A}-\boldsymbol{I}|,\quad 于是\quad |\boldsymbol{A}-\boldsymbol{I}|=0.$$

例2 已知 $\boldsymbol{A}=\boldsymbol{\alpha\beta}$,其中 $\boldsymbol{\alpha}=\begin{pmatrix}1\\2\\3\end{pmatrix}$,$\boldsymbol{\beta}=(1\ \ -1\ \ 1)$,求 $\boldsymbol{A}^n$.

解
$$\boldsymbol{A}^n=(\boldsymbol{\alpha\beta})(\boldsymbol{\alpha\beta})\cdots(\boldsymbol{\alpha\beta})(\boldsymbol{\alpha\beta})=\boldsymbol{\alpha}(\boldsymbol{\beta\alpha})\cdots(\boldsymbol{\beta\alpha})\boldsymbol{\beta},$$

其中

$$\boldsymbol{\beta\alpha}=(1\quad -1\quad 1)\begin{pmatrix}1\\2\\3\end{pmatrix}=1\times1+(-1)\times2+1\times3=2.$$

所以 $\boldsymbol{A}^n=\boldsymbol{\alpha}(2^{n-1})\boldsymbol{\beta}=2^{n-1}\boldsymbol{\alpha\beta}=2^{n-1}\boldsymbol{A}=2^{n-1}\begin{pmatrix}1&-1&1\\2&-2&2\\3&-3&3\end{pmatrix}$.

例 3 设

$$\boldsymbol{A}=\begin{pmatrix}&&&a_1\\&&a_2&\\&a_3&&\\a_4&&&\end{pmatrix},\quad \boldsymbol{B}=\begin{pmatrix}&&&b_1\\&&b_2&\\&b_3&&\\b_4&&&\end{pmatrix}.\quad 计算(\boldsymbol{AB})^n.$$

解

$$\boldsymbol{AB}=\begin{pmatrix}a_1b_4&&&\\&a_2b_3&&\\&&a_3b_2&\\&&&a_4b_1\end{pmatrix},\quad (\boldsymbol{AB})^n=\begin{pmatrix}a_1^nb_4^n&&&\\&a_2^nb_3^n&&\\&&a_3^nb_2^n&\\&&&a_4^nb_1^n\end{pmatrix}.$$

试问,此时$(\boldsymbol{AB})^n=\boldsymbol{A}^n\boldsymbol{B}^n$成立吗?(答案:不成立.)

例 4 设

$$\boldsymbol{A}=\begin{pmatrix}2&a&a^2&a^3\\0&2&a&a^2\\0&0&2&a\\0&0&0&2\end{pmatrix},\quad 求\ \boldsymbol{A}^n.$$

解 由于

$$\boldsymbol{A}=2\boldsymbol{I}+\boldsymbol{B},\quad \text{其中}\quad \boldsymbol{B}=\begin{pmatrix}0 & a & a^2 & a^3\\ 0 & 0 & a & a^2\\ 0 & 0 & 0 & a\\ 0 & 0 & 0 & 0\end{pmatrix},$$

故

$$\begin{aligned}\boldsymbol{A}^n &=(2\boldsymbol{I}+\boldsymbol{B})^n=(2\boldsymbol{I})^n+\mathrm{C}_n^1(2\boldsymbol{I})^{n-1}\boldsymbol{B}+\\ &\quad \mathrm{C}_n^2(2\boldsymbol{I})^{n-2}\boldsymbol{B}^2+\mathrm{C}_n^3(2\boldsymbol{I})^{n-3}\boldsymbol{B}^3+\cdots+\boldsymbol{B}^n\\ &=2^n\boldsymbol{I}+\mathrm{C}_n^1 2^{n-1}\boldsymbol{B}+\mathrm{C}_n^2 2^{n-2}\boldsymbol{B}^2+\mathrm{C}_n^3 2^{n-3}\boldsymbol{B}^3+\cdots+\boldsymbol{B}^n,\end{aligned}$$

其中

$$\boldsymbol{B}^2=\begin{pmatrix}0 & 0 & a^2 & 2a^3\\ 0 & 0 & 0 & a^2\\ 0 & 0 & 0 & 0\\ 0 & 0 & 0 & 0\end{pmatrix},\quad \boldsymbol{B}^3=\begin{pmatrix}0 & 0 & 0 & a^3\\ 0 & 0 & 0 & 0\\ 0 & 0 & 0 & 0\\ 0 & 0 & 0 & 0\end{pmatrix},\ \boldsymbol{B}^4=\cdots=\boldsymbol{B}^n=\boldsymbol{0},$$

所以

$$\boldsymbol{A}^n=\begin{pmatrix}2^n & \mathrm{C}_n^1 2^{n-1}a & (\mathrm{C}_n^1 2^{n-1}+\mathrm{C}_n^2 2^{n-2})a^2 & (\mathrm{C}_n^1 2^{n-1}+\mathrm{C}_n^2 2^{n-2}+\mathrm{C}_n^3 2^{n-3})a^3\\ 0 & 2^n & \mathrm{C}_n^1 2^{n-1}a & (\mathrm{C}_n^1 2^{n-1}+\mathrm{C}_n^2 2^{n-2})a^2\\ 0 & 0 & 2^n & \mathrm{C}_n^1 2^{n-1}a\\ 0 & 0 & 0 & 2^n\end{pmatrix},$$

其中组合数 $\mathrm{C}_n^1=n$，　$\mathrm{C}_n^2=\dfrac{n(n-1)}{2!}$，　$\mathrm{C}_n^3=\dfrac{n(n-1)(n-3)}{3!}$.

例 5　设 $\boldsymbol{A},\boldsymbol{B},\boldsymbol{I}$ 为同阶矩阵. 下列命题哪些是正确的?

(1) $(\boldsymbol{A}+\boldsymbol{B})^2=\boldsymbol{A}^2+2\boldsymbol{AB}+\boldsymbol{B}^2$.

(2) $(\boldsymbol{A}+\lambda\boldsymbol{I})^3=\boldsymbol{A}^3+3\lambda\boldsymbol{A}^2+3\lambda^2\boldsymbol{A}+\lambda^3\boldsymbol{I}$　(λ 为数).

(3) 若 $\boldsymbol{A},\boldsymbol{B}$ 可交换,则$(\boldsymbol{A}+\boldsymbol{B})$与$(\boldsymbol{A}-\boldsymbol{B})$相乘也可交换.

(4) $(\boldsymbol{AB})^2=\boldsymbol{A}^2\boldsymbol{B}^2$ 当且仅当 $\boldsymbol{AB}=\boldsymbol{BA}$.

(5) 若 $\boldsymbol{BA}=\boldsymbol{A}$,则 $\boldsymbol{B}=\boldsymbol{I}$.

(6) 若 $\boldsymbol{A}$ 与 $\boldsymbol{AB}$ 均为上三角矩阵,则 $\boldsymbol{B}$ 也是上三角矩阵.

解　(1) 不正确,因为一般 $\boldsymbol{AB}\neq\boldsymbol{BA}$.

(2) 正确，因为数量矩阵 $\lambda \boldsymbol{I}$ 与 $\boldsymbol{A}$ 可交换.

(3) 正确，因为$(\boldsymbol{A}+\boldsymbol{B})(\boldsymbol{A}-\boldsymbol{B})$与$(\boldsymbol{A}-\boldsymbol{B})(\boldsymbol{A}+\boldsymbol{B})$都等于 $\boldsymbol{A}^2-\boldsymbol{AB}+\boldsymbol{AB}-\boldsymbol{B}^2=\boldsymbol{A}^2-\boldsymbol{B}^2$.

(4) 不正确，其中“当 $\boldsymbol{AB}=\boldsymbol{BA}$ 时，有$(\boldsymbol{AB})^2=\boldsymbol{A}^2\boldsymbol{B}^2$”是正确的，而“仅当 $\boldsymbol{AB}=\boldsymbol{BA}$ 时，才有$(\boldsymbol{AB})^2=\boldsymbol{A}^2\boldsymbol{B}^2$”是不正确的，例如，(2.10)式中，$\boldsymbol{AB}\neq\boldsymbol{BA}$，但$(\boldsymbol{AB})^2=\boldsymbol{A}^2\boldsymbol{B}^2=\boldsymbol{0}$.

(5) 不正确，例如

$$\boldsymbol{A}=\begin{pmatrix}1 & 1\\ 1 & 1\end{pmatrix},\quad \boldsymbol{B}=\begin{bmatrix}\frac{1}{2} & \frac{1}{2}\\ \frac{1}{2} & \frac{1}{2}\end{bmatrix}.$$

(6) 不正确，例如

$$\boldsymbol{A}=\begin{pmatrix}1 & 1\\ 0 & 0\end{pmatrix},\quad \boldsymbol{B}=\begin{pmatrix}1 & 1\\ 1 & 1\end{pmatrix},\quad \boldsymbol{AB}=\begin{pmatrix}2 & 2\\ 0 & 0\end{pmatrix}.$$

例 6 设

$$\boldsymbol{A}=\begin{pmatrix}1 & 1\\ 1 & -1\end{pmatrix},\quad \boldsymbol{B}=\begin{pmatrix}2 & -1\\ -4 & 2\end{pmatrix},\quad \boldsymbol{x}=\begin{pmatrix}x_1\\ x_2\end{pmatrix},\quad \boldsymbol{y}=\begin{pmatrix}y_1\\ y_2\end{pmatrix},\quad \boldsymbol{z}=\begin{pmatrix}z_1\\ z_2\end{pmatrix}$$

之间满足 $\boldsymbol{Ax}=\boldsymbol{y}$，$\boldsymbol{By}=\boldsymbol{z}$.

(1) 若 $\boldsymbol{x}=(1,2)^{\mathrm{T}}$，求 $\boldsymbol{z}$.

(2) 当 $\boldsymbol{z}=(0,0)^{\mathrm{T}}$ 时，求 $\boldsymbol{x}$.

解 由 $\boldsymbol{Ax}=\boldsymbol{y}$，$\boldsymbol{By}=\boldsymbol{z}$ 得$(\boldsymbol{BA})\boldsymbol{x}=\boldsymbol{z}$.

(1) $$\boldsymbol{z}=(\boldsymbol{BA})\boldsymbol{x}=\begin{pmatrix}2 & -1\\ -4 & 2\end{pmatrix}\begin{pmatrix}1 & 1\\ 1 & -1\end{pmatrix}\begin{pmatrix}1\\ 2\end{pmatrix}$$

$$=\begin{pmatrix}1 & 3\\ -2 & -6\end{pmatrix}\begin{pmatrix}1\\ 2\end{pmatrix}=\begin{pmatrix}7\\ -14\end{pmatrix}.$$

(2) $(\boldsymbol{BA})\boldsymbol{x}=\boldsymbol{z}$ 即为线性方程组

$$\begin{pmatrix}1 & 3\\ -2 & -6\end{pmatrix}\begin{pmatrix}x_1\\ x_2\end{pmatrix}=\begin{pmatrix}z_1\\ z_2\end{pmatrix}=\begin{pmatrix}0\\ 0\end{pmatrix}.$$

用消元法，得 $x_1+3x_2=0$，取 $x_2=k$（为任意常数），得 $x_1=-3k$，于是所求的全部 $\boldsymbol{x}$ 为

$$\boldsymbol{x}=\begin{pmatrix}-3k\\k\end{pmatrix},\quad k\text{ 为任意常数}.$$

2.4 矩阵的转置

将一个 $m\times n$ 矩阵 $\mathbf{A}=(a_{ij})_{m\times n}$ 的行与列互换（即把 $\mathbf{A}$ 的 m 个行依次换为 m 个列，或把 $\mathbf{A}$ 的 n 个列依次换为 n 个行）所得到的一个 $n\times m$ 矩阵 $\mathbf{A}^{\mathrm{T}}=(a_{ji}^{\mathrm{T}})_{n\times m}$（其中 $a_{ji}^{\mathrm{T}}=a_{ij}$）称为 $\mathbf{A}$ 的转置矩阵. 关于矩阵的转置，需要搞清以下问题.

1 为什么要研究矩阵的转置

矩阵的转置是研究非常重要的对称矩阵和反对称矩阵的有力工具.

$\mathbf{A}=(a_{ij})_{n\times n}$ 为对称矩阵的充分必要条件是 $\mathbf{A}^{\mathrm{T}}=\mathbf{A}$，即 $a_{ji}=a_{ij}$ $(i,j=1,\cdots,n)$.

$\mathbf{A}=(a_{ij})_{n\times n}$ 为反对称矩阵的充分必要条件是 $\mathbf{A}^{\mathrm{T}}=-\mathbf{A}$，即 $a_{ji}=-a_{ij}$ $(i,j=1,\cdots,n$，其中 $a_{ii}=0)$.

线性代数的一个重要问题是研究 n 元实二次型（即 n 元二次齐次多项式）

$$\begin{aligned}f(x_1,x_2,\cdots,x_n)=&(a_{11}x_1^2+2a_{12}x_1x_2+\cdots+2a_{1n}x_1x_n)\\&+(a_{22}x_2^2+2a_{23}x_2x_3+\cdots+2a_{2n}x_2x_n)\\&+\cdots+(a_{n-1,n-1}x_{n-1}^2+2a_{n-1,n}x_{n-1}x_n)\\&+a_{nn}x_n^2\end{aligned}$$

（其中 a_{ij} 均为实数）的性质. 这个实二次型对应于一个实对称矩阵 $\mathbf{A}=(a_{ij})_{n\times n}$，利用转置和矩阵的乘法，该实二次型可表示为（详见第6章）

$$f(x_1,x_2,\cdots,x_n)=\boldsymbol{x}^{\mathrm{T}}\boldsymbol{A}\boldsymbol{x},$$

其中 $\boldsymbol{x}=(x_1,x_2,\cdots,x_n)^{\mathrm{T}}$.

以后,我们还将证明,对于任何实对称矩阵 $\boldsymbol{A}$,都存在可逆(或满秩)矩阵 $\boldsymbol{C}$,使得

$$\boldsymbol{C}^{\mathrm{T}}\boldsymbol{A}\boldsymbol{C}=\boldsymbol{\Lambda}=\mathrm{diag}(d_1,d_2,\cdots,d_n).$$

做坐标变换 $\boldsymbol{x}=\boldsymbol{C}\boldsymbol{y}$(其中 $\boldsymbol{y}=(y_1,y_2,\cdots,y_n)^{\mathrm{T}}$),则

$$\begin{aligned}f(x_1,x_2,\cdots,x_n)&=\boldsymbol{x}^{\mathrm{T}}\boldsymbol{A}\boldsymbol{x}=\boldsymbol{y}^{\mathrm{T}}\boldsymbol{C}^{\mathrm{T}}\boldsymbol{A}\boldsymbol{C}\boldsymbol{y}\\&=d_1y_1^2+d_2y_2^2+\cdots+d_ny_n^2,\end{aligned}$$

即把一般的二次齐次多项式化为了纯平方项之和. 这在空间解析几何中研究一般的三元二次方程所表示的二次曲面的图形,以及在 n 元函数中研究极值点的充分条件都有重要的应用.

2 矩阵转置的运算律

见内容提要.

这里要特别注意,$(\boldsymbol{AB})^{\mathrm{T}}\neq\boldsymbol{A}^{\mathrm{T}}\boldsymbol{B}^{\mathrm{T}}$. 矩阵乘积的转置满足:

$$(\boldsymbol{AB})^{\mathrm{T}}=\boldsymbol{B}^{\mathrm{T}}\boldsymbol{A}^{\mathrm{T}},$$

$$(\boldsymbol{A}_1\boldsymbol{A}_2\cdots\boldsymbol{A}_n)^{\mathrm{T}}=\boldsymbol{A}_n^{\mathrm{T}}\cdots\boldsymbol{A}_2^{\mathrm{T}}\boldsymbol{A}_1^{\mathrm{T}}.$$

这个运算律可形象地称为“脱衣法则”,即 $\boldsymbol{A}_1$ 表示内衣,…,$\boldsymbol{A}_n$ 表示外衣,右端括号内是穿衣顺序,左端是脱衣顺序,先脱外衣,后脱内衣.

若 $\boldsymbol{A}$ 为对称矩阵,则对于任意正整数 k,$\boldsymbol{A}^k$ 仍然是对称矩阵. 因为

$$(\boldsymbol{A}^k)^{\mathrm{T}}=(\boldsymbol{A}\boldsymbol{A}\cdots\boldsymbol{A})^{\mathrm{T}}=\boldsymbol{A}^{\mathrm{T}}\cdots\boldsymbol{A}^{\mathrm{T}}\boldsymbol{A}^{\mathrm{T}}=(\boldsymbol{A}^{\mathrm{T}})^k=\boldsymbol{A}^k.$$

而对于反对称矩阵 $\boldsymbol{A}$,由于

$$(\boldsymbol{A}^k)^{\mathrm{T}}=(\boldsymbol{A}^{\mathrm{T}})^k=(-\boldsymbol{A})^k=(-1)^k\boldsymbol{A}^k,$$

因此,当 k 为奇数时,$(\boldsymbol{A}^k)^{\mathrm{T}}=-\boldsymbol{A}^k$,所以 $\boldsymbol{A}^k$ 仍是反对称矩阵;当 k 为偶数时,则 $\boldsymbol{A}^k$ 为对称矩阵.

但要注意,当 $\boldsymbol{A},\boldsymbol{B}$ 都是同阶对称矩阵时,其乘积 $\boldsymbol{AB}$ 并不一定

是对称矩阵，因为

$$(\boldsymbol{AB})^{\mathrm{T}}=\boldsymbol{B}^{\mathrm{T}}\boldsymbol{A}^{\mathrm{T}}=\boldsymbol{BA}\quad(\boldsymbol{BA}\text{ 与 }\boldsymbol{AB}\text{ 不一定相等}).$$

由此可见，若 $\boldsymbol{A},\boldsymbol{B}$ 均是对称矩阵，则 $\boldsymbol{AB}$ 仍为对称矩阵的充分必要条件是 $\boldsymbol{AB}$ 可交换(即 $\boldsymbol{AB}=\boldsymbol{BA}$).

同理，若 $\boldsymbol{A},\boldsymbol{B}$ 都是反对称矩阵，而 $\boldsymbol{AB}$ 为对称矩阵的充要条件是 $\boldsymbol{AB}=\boldsymbol{BA}$.

例1 设 $\boldsymbol{A},\boldsymbol{B}$ 分别为 n 阶对称矩阵和反对称矩阵. 问：正整数 k,m 取何值时，$\boldsymbol{A}^k\boldsymbol{B}^m-\boldsymbol{B}^m\boldsymbol{A}^k$ 必为对称矩阵或反对称矩阵.

解 讨论矩阵的对称性要利用矩阵的转置，由

$$\begin{aligned}(\boldsymbol{A}^k\boldsymbol{B}^m-\boldsymbol{B}^m\boldsymbol{A}^k)^{\mathrm{T}}&=(\boldsymbol{A}^k\boldsymbol{B}^m)^{\mathrm{T}}-(\boldsymbol{B}^m\boldsymbol{A}^k)^{\mathrm{T}}\\&=(\boldsymbol{B}^m)^{\mathrm{T}}(\boldsymbol{A}^k)^{\mathrm{T}}-(\boldsymbol{A}^k)^{\mathrm{T}}(\boldsymbol{B}^m)^{\mathrm{T}}\\&=(\boldsymbol{B}^{\mathrm{T}})^m(\boldsymbol{A}^{\mathrm{T}})^k-(\boldsymbol{A}^{\mathrm{T}})^k(\boldsymbol{B}^{\mathrm{T}})^m\\&=(-1)^m\boldsymbol{B}^m\boldsymbol{A}^k-(-1)^m\boldsymbol{A}^k\boldsymbol{B}^m,\end{aligned}$$

可知：当 m 为偶数，k 为任意正整数时，

$$(\boldsymbol{A}^k\boldsymbol{B}^m-\boldsymbol{B}^m\boldsymbol{A}^k)^{\mathrm{T}}=-(\boldsymbol{A}^k\boldsymbol{B}^m-\boldsymbol{B}^m\boldsymbol{A}^k),$$

所以 $\boldsymbol{A}^k\boldsymbol{B}^m-\boldsymbol{B}^m\boldsymbol{A}^k$ 为反对称矩阵；同理，当 m 为奇数，k 为任意正整数时，$\boldsymbol{A}^k\boldsymbol{B}^m-\boldsymbol{B}^m\boldsymbol{A}^k$ 为对称矩阵.

例2 设 $\boldsymbol{\alpha}=(1,0,-1)^{\mathrm{T}}$，$\boldsymbol{\beta}=(1,-1,2)^{\mathrm{T}}$，$\boldsymbol{A}=\boldsymbol{\alpha\beta}^{\mathrm{T}}$，且 $|k\boldsymbol{I}-\boldsymbol{A}^5|=k^3+1$，试求 k.

解 $\boldsymbol{A}^5=(\boldsymbol{\alpha\beta}^{\mathrm{T}})^5=(\boldsymbol{\alpha\beta}^{\mathrm{T}})(\boldsymbol{\alpha\beta}^{\mathrm{T}})(\boldsymbol{\alpha\beta}^{\mathrm{T}})(\boldsymbol{\alpha\beta}^{\mathrm{T}})(\boldsymbol{\alpha\beta}^{\mathrm{T}})$

$$=\boldsymbol{\alpha}(\boldsymbol{\beta}^{\mathrm{T}}\boldsymbol{\alpha})^4\boldsymbol{\beta}^{\mathrm{T}}=(-1)^4\boldsymbol{\alpha\beta}^{\mathrm{T}}=\boldsymbol{A},$$

$$\boldsymbol{A}=\boldsymbol{\alpha\beta}^{\mathrm{T}}=\begin{pmatrix}1\\0\\-1\end{pmatrix}(1,-1,2)=\begin{pmatrix}1&-1&2\\0&0&0\\-1&1&-2\end{pmatrix},$$

$$|k\boldsymbol{I}-\boldsymbol{A}^5|=|k\boldsymbol{I}-\boldsymbol{A}|=\begin{vmatrix}k-1&1&-2\\0&k&0\\1&-1&k+2\end{vmatrix}=k\begin{vmatrix}k-1&-2\\1&k+2\end{vmatrix}$$

$$=k^3+k^2=k^3+1,$$

于是，$k^2=1$,所以 $k=\pm1$.

2.5 可逆矩阵及其逆矩阵

1 可逆矩阵的基本概念

一个方阵是否可逆,这是线性代数所研究的一个重要问题.例如,以 n 阶矩阵 $\boldsymbol{A}$ 为系数矩阵的齐次和非齐次线性方程组

$$\boldsymbol{Ax}=\boldsymbol{0},\quad \boldsymbol{Ax}=\boldsymbol{b}$$

是否有非零解和无穷多组解,都与 $\boldsymbol{A}$ 是否可逆有关.再如,在三维空间中做一一对应的坐标变换,把坐标 $\boldsymbol{x}=(x_1,x_2,x_3)^{\mathrm{T}}$ 变换为坐标 $\boldsymbol{y}=(y_1,y_2,y_3)^{\mathrm{T}}$,也必须通过一个三阶可逆矩阵 $\boldsymbol{Q}=(q_{ij})_{3\times3}$ 来实现,即

$$\boldsymbol{Qx}=\boldsymbol{y}.$$

所谓一个 n 阶矩阵 $\boldsymbol{A}$ 可逆,就是如果 $\boldsymbol{A}$ 与 $\boldsymbol{B}$ 可交换,且 $\boldsymbol{AB}=\boldsymbol{I}$,即

$$\boldsymbol{AB}=\boldsymbol{BA}=\boldsymbol{I}.$$

并称 $\boldsymbol{B}$ 是 $\boldsymbol{A}$ 的逆矩阵,记作 $\boldsymbol{A}^{-1}=\boldsymbol{B}$.此时,也可称 $\boldsymbol{B}$ 可逆,$\boldsymbol{A}$ 是 $\boldsymbol{B}$ 的逆矩阵,$\boldsymbol{B}^{-1}=\boldsymbol{A}$.

(1) 如果矩阵 $\boldsymbol{A}$ 可逆,其逆矩阵是惟一的.

在数学中证明惟一性的一种常用方法为:假设有两个,证明这两个相等.这里可设 $\boldsymbol{B},\boldsymbol{C}$ 均为 $\boldsymbol{A}^{-1}$,利用可逆矩阵的定义,可证明 $\boldsymbol{B}=\boldsymbol{C}$(详见主教材).

(2) 矩阵 $\boldsymbol{A}=(a_{ij})_{n\times n}$ 可逆的充分必要条件是 $|\boldsymbol{A}|\neq0$,且

$$\boldsymbol{A}^{-1}=\frac{1}{|\boldsymbol{A}|}\boldsymbol{A}^* \quad \text{(详见内容提要)}, \tag{2.16}$$

$$\boldsymbol{A}^*=|\boldsymbol{A}|\boldsymbol{A}^{-1}. \tag{2.17}$$

这个定理,证明其必要性时,利用 $\boldsymbol{AB}=\boldsymbol{I}$ 可推出 $|\boldsymbol{A}|\,|\boldsymbol{B}|=1$,

从而$|\boldsymbol{A}|\neq 0$;证明其充分性时,利用伴随矩阵$\boldsymbol{A}^*$的定义和行列式展开的性质,得

$$\boldsymbol{A}\boldsymbol{A}^*=\boldsymbol{A}^*\boldsymbol{A}=|\boldsymbol{A}|\boldsymbol{I},$$

从而有

$$\boldsymbol{A}\left(\frac{1}{|\boldsymbol{A}|}\boldsymbol{A}^*\right)=\left(\frac{1}{|\boldsymbol{A}|}\boldsymbol{A}^*\right)\boldsymbol{A}=\boldsymbol{I}.$$

(3) 如果两个n阶矩阵$\boldsymbol{A}$与$\boldsymbol{B}$之乘积$\boldsymbol{AB}=\boldsymbol{I}$,则$\boldsymbol{A}$与$\boldsymbol{B}$可交换,即必有$\boldsymbol{BA}=\boldsymbol{I}$.

证明这个命题时,由$\boldsymbol{AB}=\boldsymbol{I}$推出$|\boldsymbol{A}|\neq 0$,再由(2)可知$\boldsymbol{A}$可逆,于是在$\boldsymbol{AB}=\boldsymbol{I}$的两端分别左乘$\boldsymbol{A}^{-1}$,右乘$\boldsymbol{A}$,即

$$\boldsymbol{A}^{-1}(\boldsymbol{AB})\boldsymbol{A}=\boldsymbol{A}^{-1}\boldsymbol{IA}=\boldsymbol{I},$$

从而得 $\boldsymbol{BA}=\boldsymbol{I}$.

由这个命题可知,只要由$\boldsymbol{AB}=\boldsymbol{I}$ ($\boldsymbol{A},\boldsymbol{B}$均为方阵)就可判断:① $\boldsymbol{A}$与$\boldsymbol{B}$均可逆,且互为逆矩阵;② $\boldsymbol{BA}=\boldsymbol{AB}=\boldsymbol{I}$,即$\boldsymbol{A},\boldsymbol{B}$可交换.

2 求逆矩阵的3种方法

(1) 利用定义,或$\boldsymbol{AB}=\boldsymbol{I}\Rightarrow\boldsymbol{A}^{-1}=\boldsymbol{B},\boldsymbol{B}^{-1}=\boldsymbol{A}$.

例1 对角矩阵$\boldsymbol{A}=\mathrm{diag}(a_1,a_2,\cdots,a_n)$可逆的充要条件为主对角元$a_i\neq 0(i=1,2,\cdots,n)$,且其逆矩阵

$$\boldsymbol{A}^{-1}=\mathrm{diag}\left(\frac{1}{a_1},\frac{1}{a_2},\cdots,\frac{1}{a_n}\right)$$(这由定义立即可得).

例2 求$\boldsymbol{B}=\begin{bmatrix}0&0&1\\0&2&0\\3&0&0\end{bmatrix}$的逆矩阵.

解 因为$|\boldsymbol{B}|=-6\neq 0$,所以$\boldsymbol{B}$可逆,利用这类矩阵的乘法性质及可逆矩阵的定义,立即可得

$$B^{-1}=\begin{bmatrix}0 & 0 & \frac{1}{3}\\ 0 & \frac{1}{2} & 0\\ 1 & 0 & 0\end{bmatrix}.$$

容易验证 $BB^{-1}=I$.

例 3 设方阵 A 满足 $A^2=2A$,证明 $A-I$ 与 $A+2I$ 均可逆,并求其逆;再问 $A-2I$ 是否可逆?并列举几个这样的三阶矩阵 A.

解 由 $A^2=2A$ 得 $A^2-2A=0$,于是

$$A^2-2A=(A-I)^2-I=0,$$

即 $(A-I)(A-I)=I$,所以 $A-I$ 可逆,且 $(A-I)^{-1}=A-I$.

$$A^2-2A=(A+2I)(A-4I)+8I=0,$$

即 $(A+2I)\left[-\frac{1}{8}(A-4I)\right]=I$, 所以 $A+2I$ 可逆,且 $(A+2I)^{-1}=-\frac{1}{8}(A-4I)$.

再由 $A^2-2A=A(A-2I)=0$, 得

$$|A||A-2I|=0.$$

此时,无法判定 $|A-2I|$ 是否不等于零,因而这里无法断定 $A-2I$ 是否可逆.以后学了第 3 章,就可知道,只要 $A\neq 0$,$A-2I$ 都是不可逆的.

满足 $A^2=2A$ 的 A 的例子,最简单的可考虑对角矩阵.

设 $A=\mathrm{diag}(a,b,c)$,则 $A^2=\mathrm{diag}(a^2,b^2,c^2)$,由 $A^2=2A$ 得

$$a^2=2a,\qquad b^2=2b,\qquad c^2=2c,$$

所以,$a=2$ 或 0, $b=2$ 或 0, $c=2$ 或 0. 例如,可取

$$A=\mathrm{diag}(2,2,0),\quad \text{则满足}\quad A^2=2A.$$

如果要列举非对角矩阵的例子,可取

$$A=P^{-1}\Lambda P,$$

其中:P 是任意三阶可逆矩阵,Λ 是上面的对角矩阵,此时

$$\begin{aligned}\boldsymbol{A}^2 &= (\boldsymbol{P}^{-1}\boldsymbol{\Lambda}\boldsymbol{P})(\boldsymbol{P}^{-1}\boldsymbol{\Lambda}\boldsymbol{P}) = \boldsymbol{P}^{-1}\boldsymbol{\Lambda}^2\boldsymbol{P} = \boldsymbol{P}^{-1}(2\boldsymbol{\Lambda})\boldsymbol{P}\\ &= 2\boldsymbol{P}^{-1}\boldsymbol{\Lambda}\boldsymbol{P} = 2\boldsymbol{A}.\end{aligned}$$

也可取
$$\boldsymbol{A} = \boldsymbol{\alpha}^{\mathrm{T}}\boldsymbol{\beta},$$
其中 $\boldsymbol{\alpha} = (a_1, a_2, a_3)$， $\boldsymbol{\beta} = (b_1, b_2, b_3)$， 于是

$$\begin{aligned}\boldsymbol{A}^2 &= (\boldsymbol{\alpha}^{\mathrm{T}}\boldsymbol{\beta})(\boldsymbol{\alpha}^{\mathrm{T}}\boldsymbol{\beta}) = \boldsymbol{\alpha}^{\mathrm{T}}(\boldsymbol{\beta}\boldsymbol{\alpha}^{\mathrm{T}})\boldsymbol{\beta}\\ &= \boldsymbol{\alpha}^{\mathrm{T}}(a_1b_1 + a_2b_2 + a_3b_3)\boldsymbol{\beta}\\ &= (a_1b_1 + a_2b_2 + a_3b_3)\boldsymbol{A}.\end{aligned}$$

只要 $a_1b_1 + a_2b_2 + a_3b_3 = 2$，所得的 $\boldsymbol{A} = \boldsymbol{\alpha}^{\mathrm{T}}\boldsymbol{\beta}$ 就满足 $\boldsymbol{A}^2 = 2\boldsymbol{A}$.

(2) 利用伴随矩阵，$\boldsymbol{A}^{-1} = \dfrac{1}{|\boldsymbol{A}|}\boldsymbol{A}^*$.

例 4 下列矩阵是否可逆？如可逆求其逆.

(i) $\boldsymbol{A} = \begin{pmatrix}1 & 1 & 2\\ 0 & 2 & 1\\ 0 & 0 & -2\end{pmatrix}$， (ii) $\boldsymbol{B} = \begin{pmatrix}1 & -2 & 0\\ 3 & -4 & 0\\ 0 & 0 & 4\end{pmatrix}$，

(iii) $\boldsymbol{C} = \begin{pmatrix}1 & 0 & 1\\ 1 & -1 & 1\\ 1 & 1 & a\end{pmatrix}$.

解 (i) $|\boldsymbol{A}| = -4 \neq 0$，则 $\boldsymbol{A}$ 可逆. $\boldsymbol{A} = (a_{ij})_{3\times 3}$ 的各元素的代数余子式为

$$A_{11} = \begin{vmatrix}2 & 1\\ 0 & -2\end{vmatrix} = -4,\quad A_{12} = -\begin{vmatrix}0 & 1\\ 0 & -2\end{vmatrix} = 0,\quad A_{13} = \begin{vmatrix}0 & 2\\ 0 & 0\end{vmatrix} = 0,$$

$$A_{21} = -\begin{vmatrix}1 & 2\\ 0 & -2\end{vmatrix} = 2,\quad A_{22} = \begin{vmatrix}1 & 2\\ 0 & -2\end{vmatrix} = -2,\quad A_{23} = -\begin{vmatrix}1 & 1\\ 0 & 0\end{vmatrix} = 0,$$

$$A_{31} = \begin{vmatrix}1 & 2\\ 2 & 1\end{vmatrix} = -3,\quad A_{32} = -\begin{vmatrix}1 & 2\\ 0 & 1\end{vmatrix} = -1,\quad A_{33} = \begin{vmatrix}1 & 1\\ 0 & 2\end{vmatrix} = 2.$$

所以 $\boldsymbol{A}^{-1} = \dfrac{1}{|\boldsymbol{A}|}\boldsymbol{A}^* = -\dfrac{1}{4}\begin{pmatrix}-4 & 2 & -3\\ 0 & -2 & -1\\ 0 & 0 & 2\end{pmatrix} = \begin{pmatrix}1 & -1/2 & 3/4\\ 0 & 1/2 & 1/4\\ 0 & 0 & -1/2\end{pmatrix}$.

一般结论：上三角矩阵的逆矩阵仍是上三角矩阵，且其主对角元是原矩阵的主对角元的倒数.

(ii) $|\boldsymbol{B}|=8$，故 $\boldsymbol{B}$ 可逆. 将 $\boldsymbol{B}$ 表示为对角块矩阵

$$\boldsymbol{B}=\begin{bmatrix}\boldsymbol{B}_1 & \boldsymbol{0}\\ \boldsymbol{0} & \boldsymbol{B}_2\end{bmatrix},$$

其中

$$\boldsymbol{B}_1=\begin{pmatrix}1 & -2\\ 3 & -4\end{pmatrix},\quad \boldsymbol{B}_1^{-1}=\frac{1}{2}\begin{pmatrix}-4 & 2\\ -3 & 1\end{pmatrix}=\begin{pmatrix}-2 & 1\\ -3/2 & 1/2\end{pmatrix},$$

$$\boldsymbol{B}_2=(4),\quad \boldsymbol{B}_2^{-1}=\left(\frac{1}{4}\right).$$

根据后面讲的对角块矩阵的逆矩阵的结论，得

$$\boldsymbol{B}^{-1}=\begin{bmatrix}\boldsymbol{B}_1^{-1} & \boldsymbol{0}\\ \boldsymbol{0} & \boldsymbol{B}_2^{-1}\end{bmatrix}=\begin{bmatrix}-2 & 1 & 0\\ -3/2 & 1/2 & 0\\ 0 & 0 & 1/4\end{bmatrix}.$$

(iii) $|\boldsymbol{C}|=1-a$，因此，当 $a=1$ 时，$\boldsymbol{C}$ 不可逆，当 $a\neq 1$ 时，$\boldsymbol{C}$ 可逆，其逆矩阵为

$$\boldsymbol{C}^{-1}=\frac{1}{|\boldsymbol{C}|}\boldsymbol{C}^*=\frac{1}{1-a}\begin{bmatrix}-1-a & 1 & 1\\ 1-a & a-1 & 0\\ 2 & -1 & -1\end{bmatrix}.$$

(3) 用初等行变换或初等列变换求逆矩阵.（见 2.6 节初等变换与初等矩阵中的例）.

3 可逆矩阵满足的运算律

详见内容提要.

这里要特别注意：$\boldsymbol{A}$ 和 $\boldsymbol{B}$ 均可逆，则 $\boldsymbol{AB}$ 也可逆，且

$$(\boldsymbol{AB})^{-1}=\boldsymbol{B}^{-1}\boldsymbol{A}^{-1};$$

$$(\boldsymbol{A}_1\boldsymbol{A}_2\cdots\boldsymbol{A}_n)^{-1}=\boldsymbol{A}_n^{-1}\cdots\boldsymbol{A}_2^{-1}\boldsymbol{A}_1^{-1}\quad\text{（脱衣法则）};$$

$$(\boldsymbol{A}^{\mathrm{T}})^{-1}=(\boldsymbol{A}^{-1})^{\mathrm{T}};$$

$$|\boldsymbol{A}^{-1}|=\frac{1}{|\boldsymbol{A}|}.$$

但是,$\boldsymbol{A}$ 和 $\boldsymbol{B}$ 均可逆,不能推出 $\boldsymbol{A}+\boldsymbol{B}$ 也可逆(读者不难用对角矩阵举出例子).即使 $\boldsymbol{A}+\boldsymbol{B}$ 可逆,也可能

$$(\boldsymbol{A}+\boldsymbol{B})^{-1}\neq\boldsymbol{A}^{-1}+\boldsymbol{B}^{-1}\quad(\text{也用对角矩阵举例}).$$

这在数的运算里也是如此,非零数 a 与 b 之和 $a+b\neq0$ 时,有

$$(a+b)^{-1}=\frac{1}{a+b}\neq\frac{1}{a}+\frac{1}{b}=a^{-1}+b^{-1}.$$

关于可逆矩阵满足的运算律,既要能熟练地加以证明(详见教材),又要会灵活地应用它们解决各种问题.

例 5 关于对称矩阵与反对称矩阵的逆矩阵.

(1) 可逆对称矩阵 $\boldsymbol{A}$ 的逆矩阵 $\boldsymbol{A}^{-1}$ 仍是对称矩阵.

因为

$$(\boldsymbol{A}^{-1})^{\mathrm{T}}=(\boldsymbol{A}^{\mathrm{T}})^{-1}=\boldsymbol{A}^{-1}.$$

(2) 可逆反对称矩阵 $\boldsymbol{B}$ 的逆矩阵也是反对称矩阵.因为

$$(\boldsymbol{B}^{-1})^{\mathrm{T}}=(\boldsymbol{B}^{\mathrm{T}})^{-1}=(-\boldsymbol{B})^{-1}=-\boldsymbol{B}^{-1}.$$

(3) 奇数阶反对称矩阵 $\boldsymbol{B}$ 一定不可逆.只要证明此时 $|\boldsymbol{B}|=0$.设 $\boldsymbol{B}$ 为 n(奇数)阶矩阵,由于 $\boldsymbol{B}^{\mathrm{T}}=-\boldsymbol{B}$,所以

$$|\boldsymbol{B}^{\mathrm{T}}|=|\boldsymbol{B}|=|-\boldsymbol{B}|=(-1)^n|\boldsymbol{B}|=-|\boldsymbol{B}|,$$

因此 $|\boldsymbol{B}|=0$,故 $\boldsymbol{B}$ 不可逆.

例 6 已知

$$\boldsymbol{B}=\begin{pmatrix}1&0&0\\2&1&0\\3&2&1\end{pmatrix},\quad\boldsymbol{C}=\begin{pmatrix}2&3&4\\0&2&3\\0&0&2\end{pmatrix},$$

且三阶矩阵 $\boldsymbol{A}$ 满足 $(\boldsymbol{I}-\boldsymbol{C}^{-1}\boldsymbol{B}^{\mathrm{T}})^{-1}\boldsymbol{C}^{-1}\boldsymbol{A}=\boldsymbol{I}$, 试求 $\boldsymbol{A}$.

解 将上述矩阵等式两端,先左乘 $\boldsymbol{I}-\boldsymbol{C}^{-1}\boldsymbol{B}^{\mathrm{T}}$, 再左乘 $\boldsymbol{C}$,即可得 $\boldsymbol{A}=\boldsymbol{C}(\boldsymbol{I}-\boldsymbol{C}^{-1}\boldsymbol{B}^{\mathrm{T}})=\boldsymbol{C}-\boldsymbol{B}^{\mathrm{T}}$.

也可先将上述矩阵等式利用可逆矩阵的运算律加以化简,即

$$(\boldsymbol{I}-\boldsymbol{C}^{-1}\boldsymbol{B}^{\mathrm{T}})^{-1}\boldsymbol{C}^{-1}\boldsymbol{A}=[\boldsymbol{C}(\boldsymbol{I}-\boldsymbol{C}^{-1}\boldsymbol{B}^{\mathrm{T}})]^{-1}\boldsymbol{A}=(\boldsymbol{C}-\boldsymbol{B}^{\mathrm{T}})^{-1}\boldsymbol{A}=\boldsymbol{I},$$

于是,立即可得

$$\boldsymbol{A}=\boldsymbol{C}-\boldsymbol{B}^{\mathrm{T}}=\begin{pmatrix}2&3&4\\0&2&3\\0&0&2\end{pmatrix}-\begin{pmatrix}1&2&3\\0&1&2\\0&0&1\end{pmatrix}=\begin{pmatrix}1&1&1\\0&1&1\\0&0&1\end{pmatrix}.$$

例 7　已知同阶方阵 $\boldsymbol{A},\boldsymbol{B},\boldsymbol{C}$ 满足 $(\boldsymbol{I}-\boldsymbol{C}^{\mathrm{T}}\boldsymbol{B})^{\mathrm{T}}\boldsymbol{C}^{\mathrm{T}}\boldsymbol{A}=\boldsymbol{C}^{-1}$,且 $\boldsymbol{C}\boldsymbol{C}^{\mathrm{T}}=\boldsymbol{I}$,$\boldsymbol{C}-\boldsymbol{B}$ 可逆,求 $\boldsymbol{A}$.

解　此题要先利用矩阵转置与可逆矩阵满足的运算律,将题中所给矩阵方程加以化简,然后再求 $\boldsymbol{A}$,即

$$(\boldsymbol{I}-\boldsymbol{C}^{\mathrm{T}}\boldsymbol{B})^{\mathrm{T}}\boldsymbol{C}^{\mathrm{T}}\boldsymbol{A}=[\boldsymbol{C}(\boldsymbol{I}-\boldsymbol{C}^{\mathrm{T}}\boldsymbol{B})]^{\mathrm{T}}\boldsymbol{A}=(\boldsymbol{C}-\boldsymbol{C}\boldsymbol{C}^{\mathrm{T}}\boldsymbol{B})^{\mathrm{T}}\boldsymbol{A}=(\boldsymbol{C}-\boldsymbol{B})^{\mathrm{T}}\boldsymbol{A}=\boldsymbol{C}^{-1}. \tag{1}$$

由于 $|\boldsymbol{C}-\boldsymbol{B}|=|(\boldsymbol{C}-\boldsymbol{B})^{\mathrm{T}}|\neq 0$,所以 $(\boldsymbol{C}-\boldsymbol{B})^{\mathrm{T}}$ 也可逆,于是由(1)式得

$$\begin{aligned}\boldsymbol{A}&=[(\boldsymbol{C}-\boldsymbol{B})^{\mathrm{T}}]^{-1}\boldsymbol{C}^{-1}=[\boldsymbol{C}(\boldsymbol{C}-\boldsymbol{B})^{\mathrm{T}}]^{-1}\\&=[\boldsymbol{C}(\boldsymbol{C}^{\mathrm{T}}-\boldsymbol{B}^{\mathrm{T}})]^{-1}=(\boldsymbol{C}\boldsymbol{C}^{\mathrm{T}}-\boldsymbol{C}\boldsymbol{B}^{\mathrm{T}})^{-1}\\&=(\boldsymbol{I}-\boldsymbol{C}\boldsymbol{B}^{\mathrm{T}})^{-1}.\end{aligned} \tag{2}$$

如果利用 $\boldsymbol{C}\boldsymbol{C}^{\mathrm{T}}=\boldsymbol{I}$,得 $\boldsymbol{C}^{-1}=\boldsymbol{C}^{\mathrm{T}}$,并代入(1)式,则得

$$\begin{aligned}\boldsymbol{A}&=[(\boldsymbol{C}-\boldsymbol{B})^{\mathrm{T}}]^{-1}\boldsymbol{C}^{\mathrm{T}}=[(\boldsymbol{C}-\boldsymbol{B})^{-1}]^{\mathrm{T}}\boldsymbol{C}^{\mathrm{T}}\\&=[\boldsymbol{C}(\boldsymbol{C}-\boldsymbol{B})^{-1}]^{\mathrm{T}}.\end{aligned} \tag{3}$$

这里(2)式与(3)式的结论都是正确的(读者不难证明(2)式,(3)式右端矩阵是相等的). 从形式上看,(2)式更简洁一些. 其实两者的计算量是差不多的,都要作一次减法,一次乘法,一次转置,一次求逆,只不过是这四种运算的顺序不一样.

例 8　已知 $\boldsymbol{A}=\mathrm{diag}(1,-2,1)$,且 $\boldsymbol{A}^{*}\boldsymbol{B}\boldsymbol{A}=2\boldsymbol{B}\boldsymbol{A}-8\boldsymbol{E}$($\boldsymbol{E}$ 为单位矩阵),求 $\boldsymbol{B}$.

解　先利用矩阵的运算律,化简题中矩阵方程. 由 $\boldsymbol{A}^{*}\boldsymbol{B}\boldsymbol{A}=2\boldsymbol{B}\boldsymbol{A}-8\boldsymbol{E}$,得

$$A^*BA-2BA=(A^*-2E)BA=-8E.$$

所以

$$\begin{aligned}BA&=-8(A^*-2E)^{-1}\\ B&=-8(A^*-2E)^{-1}A^{-1}=-8[A(A^*-2E)]^{-1}\\ &=-8(|A|E-2A)^{-1}\quad (\text{其中}|A|=-2)\\ &=-8(-2E-2A)^{-1}=-8[\mathrm{diag}(-4,2,-4)]^{-1}\\ &=-8\mathrm{diag}\left(-\frac{1}{4},\frac{1}{2},-\frac{1}{4}\right)=\mathrm{diag}(2,-4,2).\end{aligned}$$

例 9（习题 73） 设 A 为三阶矩阵，$|A|>0$，$A^*=\mathrm{diag}(1,-1,-4)$，且

$$ABA^{-1}=BA^{-1}+3I,$$

求 $|A|$ 和矩阵 B.

解 由 $AA^*=|A|I$，得 $|A||A^*|=|A|^3$， 所以

$|A|^2=|A^*|=4$， $|A|=\pm 2$， 取 $|A|=2>0$.

再由 $ABA^{-1}=BA^{-1}+3I$，得

$$ABA^{-1}-BA^{-1}=(A-I)BA^{-1}=3I,$$

所以

$$\begin{aligned}B&=3(A-I)^{-1}A=3[A^{-1}(A-I)]^{-1}=3(I-A^{-1})^{-1}\\ &=3\left(I-\frac{1}{|A|}A^*\right)^{-1}=3\left(I-\frac{1}{2}A^*\right)^{-1}\\ &=3\left[\mathrm{diag}\left(\frac{1}{2},\frac{3}{2},3\right)\right]^{-1}=3\mathrm{diag}\left(2,\frac{2}{3},\frac{1}{3}\right)\\ &=\mathrm{diag}(6,2,1).\end{aligned}$$

4 以 n 阶矩阵 A 为系数矩阵的线性方程组的解

当系数矩阵 A 不可逆时，齐次线性方程组 $Ax=0$ 和非齐次线性方程组 $Ax=b$ 均用高斯消元法求解，前者必有无穷多组非零解，后者有解时，也有无穷多组解.

当系数矩阵 A 可逆时，$Ax=0$ 只有零解，即 $x=A^{-1}0=0$；而

$\boldsymbol{Ax}=\boldsymbol{b}$ 有且仅有一个解，此时可利用 $\boldsymbol{A}^{-1}$（一个矩阵的逆矩阵是惟一的）求其解，即由

$$\boldsymbol{A}^{-1}\boldsymbol{Ax}=\boldsymbol{A}^{-1}\boldsymbol{b} \quad \text{得} \quad \boldsymbol{x}=\boldsymbol{A}^{-1}\boldsymbol{b}.$$

例 10 解下列线性方程组

$$\begin{cases} x_1-x_2+2x_3=-3, \\ 2x_1-x_2-x_3=1, \\ x_1+x_2-2x_3=5. \end{cases}$$

解 由于系数矩阵 $\boldsymbol{A}$ 的行列式

$$|\boldsymbol{A}|=\begin{vmatrix} 1 & -1 & 2 \\ 2 & -1 & -1 \\ 1 & 1 & -2 \end{vmatrix}=2+4+1+2-4+1=6\neq 0,$$

所以 $\boldsymbol{A}$ 可逆，于是方程组的解

$$\boldsymbol{x}=\begin{pmatrix} x_1 \\ x_2 \\ x_3 \end{pmatrix}=\boldsymbol{A}^{-1}\begin{pmatrix} -3 \\ 1 \\ 5 \end{pmatrix}=\frac{1}{6}\begin{pmatrix} 3 & 0 & 3 \\ 3 & -4 & 5 \\ 3 & -2 & 1 \end{pmatrix}\begin{pmatrix} -3 \\ 1 \\ 5 \end{pmatrix}=\begin{pmatrix} 1 \\ 2 \\ -1 \end{pmatrix},$$

即方程组的惟一解为 $x_1=1, x_2=2, x_3=-1$.

2.6 矩阵的初等变换和初等矩阵

对矩阵做初等变换是线性代数中解决很多问题的一种重要方法.例如，对线性方程组的增广矩阵做初等行变换将其化为阶梯形矩阵，得到容易求解的同解方程组；用初等行变换或初等列变换可以判断矩阵是否可逆，并求其逆矩阵；用初等变换可以求矩阵的秩，向量组的秩及其极大线性无关组；对一般二次曲面方程对应的三阶实对称矩阵，同时做同样类型的初等行变换和列变换，将其化为对角阵，从而将一般二次曲面方程化为标准方程，并得到此时所做的坐标变换式等.因此，读者必须熟练地掌握矩阵的 3 种初等行（列）变换及相应的 3 种初等矩阵，并熟悉 3 种初等矩阵左（右）乘

矩阵所起的 3 种行(列)变换的作用(详见内容提要). 这里还要搞清楚以下几个问题:

(1)　为什么 3 种初等矩阵的逆矩阵都是同类型的初等矩阵? 即为什么

$$\boldsymbol{E}_i^{-1}(c)=\boldsymbol{E}_i\left(\frac{1}{c}\right),\quad \boldsymbol{E}_{ij}^{-1}(c)=\boldsymbol{E}_{ij}(-c),\quad \boldsymbol{E}_{ij}^{-1}=\boldsymbol{E}_{ij}\quad ?$$

这是因为初等矩阵是单位矩阵做一次初等变换得到的矩阵, 所以对初等矩阵再做一次同样类型的初等变换就能使之回到单位矩阵. 例如, 对倍乘初等矩阵 $\boldsymbol{E}_{ij}(c)$, 再做一次初等行变换, 将第 i 行乘 $-c$ 加到第 j 行, $\boldsymbol{E}_{ij}(c)$ 就变为单位矩阵 $\boldsymbol{I}$, 即

$$\boldsymbol{E}_{ij}(-c)\boldsymbol{E}_{ij}(c)=\boldsymbol{I},\quad 所以\quad \boldsymbol{E}_{ij}^{-1}(c)=\boldsymbol{E}_{ij}(-c).$$

(2)　为什么初等变换能判定矩阵的可逆性

这是因为对方阵作初等变换, 不会改变方阵行列式的零或非零性. 因此, 如果对方阵 $\boldsymbol{A}$ 做初等行变换将其化为阶梯形矩阵时, 当它出现全零行时, 就说明 $|\boldsymbol{A}|=0$, 从而 $\boldsymbol{A}$ 不可逆; 当它不出现全零行, 即阶梯形矩阵为上三角矩阵, 且其主对角元均不等于 0, 就说明 $|\boldsymbol{A}|\neq 0$, 从而 $\boldsymbol{A}$ 可逆.

(3)　为什么只用初等行变换(或只用初等列变换)能求可逆矩阵的逆矩阵

这是因为对可逆矩阵做初等行变换, 可将其化为主对角均非零的上三角矩阵, 再对每行做倍乘变换, 可将主对角元全化为 1, 然后再做初等行变换, 就可将其化为单位矩阵. 所以对可逆矩阵做若干次初等行变换就可将其化为单位矩阵, 即存在初等矩阵 P_1, $P_2,\cdots,P_s$, 使

$$\boldsymbol{P}_s\cdots\boldsymbol{P}_2\boldsymbol{P}_1\boldsymbol{A}=\boldsymbol{I},\tag{2.18}$$

从而

$$\boldsymbol{A}^{-1}=\boldsymbol{P}_s\cdots\boldsymbol{P}_2\boldsymbol{P}_1=\boldsymbol{P}_s\cdots\boldsymbol{P}_2\boldsymbol{P}_1\boldsymbol{I}.\tag{2.19}$$

因此, 由(2.18), (2.19)式可见, 对 $\boldsymbol{A}$ 与 $\boldsymbol{I}$ 做同样的初等行变换, 当

$\boldsymbol{A}$变为$\boldsymbol{I}$时,$\boldsymbol{I}$就变为$\boldsymbol{A}^{-1}$,即

$$(\boldsymbol{A},\boldsymbol{I})\xrightarrow{\text{初等行变换}}(\boldsymbol{I},\boldsymbol{A}^{-1}).$$

同理

$$\begin{pmatrix}\boldsymbol{A}\\ \boldsymbol{I}\end{pmatrix}\xrightarrow{\text{初等列变换}}\begin{pmatrix}\boldsymbol{I}\\ \boldsymbol{A}^{-1}\end{pmatrix}.$$

这里要特别注意,用初等变换求逆矩阵时,如用初等行变换必须始终做初等行变换,其中不能做任何初等列变换.

(4) 为什么可逆矩阵都可分解为若干个初等矩阵的乘积?

这是因为从(2.18)式可得

$$\boldsymbol{A}=(\boldsymbol{P}_s\cdots\boldsymbol{P}_2\boldsymbol{P}_1)^{-1}=\boldsymbol{P}_1^{-1}\boldsymbol{P}_2^{-1}\cdots\boldsymbol{P}_s^{-1},\tag{2.20}$$

其中$\boldsymbol{P}_i^{-1}(i=1,\cdots,s)$是与$\boldsymbol{P}_i$同类型的初等矩阵.

例1 设

$$\boldsymbol{A}=\begin{pmatrix}3&5&5\\2&4&3\\-2&-2&-3\end{pmatrix},\quad \boldsymbol{B}=\begin{pmatrix}1&2\\-2&1\\1&3\end{pmatrix},$$

且$\boldsymbol{AX}=\boldsymbol{B}$,试求$\boldsymbol{X}$.

解 法1:由于$|\boldsymbol{A}|=2\neq0$,$\boldsymbol{A}$可逆,所以$\boldsymbol{X}=\boldsymbol{A}^{-1}\boldsymbol{B}$.求出$\boldsymbol{A}^{-1}$,再算$\boldsymbol{A}^{-1}\boldsymbol{B}$,即得$\boldsymbol{X}$.

法2:由于$\boldsymbol{A}$可逆,所以存在若干初等矩阵$\boldsymbol{P}_1,\boldsymbol{P}_2,\cdots,\boldsymbol{P}_s$,使$\boldsymbol{P}_s\cdots\boldsymbol{P}_2\boldsymbol{P}_1\boldsymbol{A}=\boldsymbol{I}$,于是

$$\boldsymbol{P}_s\cdots\boldsymbol{P}_2\boldsymbol{P}_1\boldsymbol{AX}=\boldsymbol{P}_s\cdots\boldsymbol{P}_2\boldsymbol{P}_1\boldsymbol{B},\tag{1}$$

$$\boldsymbol{X}=\boldsymbol{P}_s\cdots\boldsymbol{P}_2\boldsymbol{P}_1\boldsymbol{B}=\boldsymbol{A}^{-1}\boldsymbol{B}.\tag{2}$$

由(1),(2)式可见,对$\boldsymbol{A},\boldsymbol{B}$做同样的初等行变换,当$\boldsymbol{A}$变成$\boldsymbol{I}$时,$\boldsymbol{B}$就变成了$\boldsymbol{X}$.即

$$(\boldsymbol{A},\boldsymbol{B})=\left(\begin{array}{ccc:cc}3&5&5&1&2\\2&4&3&-2&1\\-2&-2&-3&1&3\end{array}\right)\xrightarrow[\text{③}+\text{②}]{\text{①}+\text{②}\times(-1)}\left(\begin{array}{ccc:cc}1&1&2&3&1\\2&4&3&-2&1\\0&2&0&-1&4\end{array}\right)$$

$$\xrightarrow{②+①\times(-2)}\left(\begin{array}{ccc:cc}1&1&2&3&1\\0&2&-1&-8&-1\\0&2&0&-1&4\end{array}\right)\xrightarrow{③+②\times(-1)}\left(\begin{array}{ccc:cc}1&1&2&3&1\\0&2&-1&-8&-1\\0&0&1&7&5\end{array}\right)$$

$$\xrightarrow[①+③\times(-2)]{②+③}\left(\begin{array}{ccc:cc}1&1&0&-11&-9\\0&2&0&-1&4\\0&0&1&7&5\end{array}\right)\xrightarrow[②\times\left(\frac{1}{2}\right)]{①+②\times\left(-\frac{1}{2}\right)}\left(\begin{array}{ccc:cc}1&0&0&-\frac{21}{2}&-11\\0&1&0&-\frac{1}{2}&2\\0&0&1&7&5\end{array}\right).$$

所以

$$X=\begin{pmatrix}-\frac{21}{2}&-11\\-\frac{1}{2}&2\\7&5\end{pmatrix}.$$

例2 设

$$B=\begin{pmatrix}1&-1&0&0\\0&1&-1&0\\0&0&1&-1\\0&0&0&1\end{pmatrix},\quad C=\begin{pmatrix}2&1&3&4\\0&2&1&3\\0&0&2&1\\0&0&0&2\end{pmatrix},$$

且 $A(I-C^{-1}B)^{-1}C^{-1}B=I$，求 A.

解 由
$$\begin{aligned}A(I-C^{-1}B)^{-1}C^{-1}B&=A[C(I-C^{-1}B)]^{-1}B\\&=A(C-B)^{-1}B\\&=I,\end{aligned}$$

得
$$A=B^{-1}(C-B).$$

用初等列变换法求 B^{-1}.

$$\begin{pmatrix} \boldsymbol{B} \\ \cdots \\ \boldsymbol{I} \end{pmatrix} = \begin{pmatrix} 1 & -1 & 0 & 0 \\ 0 & 1 & -1 & 0 \\ 0 & 0 & 1 & -1 \\ 0 & 0 & 0 & 1 \\ \hdashline 1 & 0 & 0 & 0 \\ 0 & 1 & 0 & 0 \\ 0 & 0 & 1 & 0 \\ 0 & 0 & 0 & 1 \end{pmatrix} \xrightarrow{\boxed{2}+\boxed{1}} \begin{pmatrix} 1 & 0 & 0 & 0 \\ 0 & 1 & -1 & 0 \\ 0 & 0 & 1 & -1 \\ 0 & 0 & 0 & 1 \\ \hdashline 1 & 1 & 0 & 0 \\ 0 & 1 & 0 & 0 \\ 0 & 0 & 1 & 0 \\ 0 & 0 & 0 & 1 \end{pmatrix} \xrightarrow[\boxed{4}+\boxed{3}+\boxed{2}]{\boxed{3}+\boxed{2}} \begin{pmatrix} 1 & 0 & 0 & 0 \\ 0 & 1 & 0 & 0 \\ 0 & 0 & 1 & 0 \\ 0 & 0 & 0 & 1 \\ \hdashline 1 & 1 & 1 & 1 \\ 0 & 1 & 1 & 1 \\ 0 & 0 & 1 & 1 \\ 0 & 0 & 0 & 1 \end{pmatrix},$$

所以

$$\boldsymbol{A} = \boldsymbol{B}^{-1}(\boldsymbol{C} - \boldsymbol{B}) = \begin{pmatrix} 1 & 1 & 1 & 1 \\ 0 & 1 & 1 & 1 \\ 0 & 0 & 1 & 1 \\ 0 & 0 & 0 & 1 \end{pmatrix} \begin{pmatrix} 1 & 2 & 3 & 4 \\ 0 & 1 & 2 & 3 \\ 0 & 0 & 1 & 2 \\ 0 & 0 & 0 & 1 \end{pmatrix} = \begin{pmatrix} 1 & 3 & 6 & 10 \\ 0 & 1 & 3 & 6 \\ 0 & 0 & 1 & 3 \\ 0 & 0 & 0 & 1 \end{pmatrix}.$$

例 3 将可逆矩阵 $\boldsymbol{A} = \begin{pmatrix} 1 & 2 \\ 3 & 4 \end{pmatrix}$ 表示为若干初等矩阵的乘积.

解 对矩阵 $\boldsymbol{A}$ 做若干次初等行变换将其化为单位阵，按(2.18)式即得 $\boldsymbol{A} = (\boldsymbol{P}_s \cdots \boldsymbol{P}_2 \boldsymbol{P}_1)^{-1} = \boldsymbol{P}_1^{-1} \boldsymbol{P}_2^{-1} \cdots \boldsymbol{P}_s^{-1}$. 由

$$\begin{pmatrix} 1 & 0 \\ -3 & 1 \end{pmatrix} \begin{pmatrix} 1 & 2 \\ 3 & 4 \end{pmatrix} = \begin{pmatrix} 1 & 2 \\ 0 & -2 \end{pmatrix},$$

$$\begin{pmatrix} 1 & 1 \\ 0 & 1 \end{pmatrix} \begin{pmatrix} 1 & 2 \\ 0 & -2 \end{pmatrix} = \begin{pmatrix} 1 & 0 \\ 0 & -2 \end{pmatrix},$$

$$\begin{pmatrix} 1 & 0 \\ 0 & -\dfrac{1}{2} \end{pmatrix} \begin{pmatrix} 1 & 0 \\ 0 & -2 \end{pmatrix} = \begin{pmatrix} 1 & 0 \\ 0 & 1 \end{pmatrix} = \boldsymbol{I},$$

得

$$\begin{pmatrix} 1 & 0 \\ 0 & -\dfrac{1}{2} \end{pmatrix} \begin{pmatrix} 1 & 1 \\ 0 & 1 \end{pmatrix} \begin{pmatrix} 1 & 0 \\ -3 & 1 \end{pmatrix} \begin{pmatrix} 1 & 2 \\ 3 & 4 \end{pmatrix} = \boldsymbol{I},$$

所以

$$\boldsymbol{A}=\begin{pmatrix}1&2\\3&4\end{pmatrix}=\left[\begin{pmatrix}1&0\\0&-\frac{1}{2}\end{pmatrix}\begin{pmatrix}1&1\\0&1\end{pmatrix}\begin{pmatrix}1&0\\-3&1\end{pmatrix}\right]^{-1}$$

$$=\begin{pmatrix}1&0\\-3&1\end{pmatrix}^{-1}\begin{pmatrix}1&1\\0&1\end{pmatrix}^{-1}\begin{pmatrix}1&0\\0&-\frac{1}{2}\end{pmatrix}^{-1}$$

$$=\begin{pmatrix}1&0\\3&1\end{pmatrix}\begin{pmatrix}1&-1\\0&1\end{pmatrix}\begin{pmatrix}1&0\\0&-2\end{pmatrix},$$

即

$$\boldsymbol{A}=\boldsymbol{E}_{12}(3)\boldsymbol{E}_{21}(-1)\boldsymbol{E}_{2}(-2).$$

2.7 分块矩阵

把矩阵表示为分块矩阵进行运算是矩阵运算的一个重要技巧，它把大型矩阵化为若干小型矩阵的运算，使运算更为简明. 而且它有助于一些命题(定理)的证明. 例如书中例 4 证明可逆上三角矩阵的逆矩阵也是上三角矩阵，用数学归纳法和矩阵分块的方法加以证明就比较方便，如果不用分块的方法证明就比较麻烦.

关于分块矩阵的加法、数乘、乘法、转置等运算，要特别注意乘法和转置.

两个可乘矩阵 $\boldsymbol{A},\boldsymbol{B}$ 相乘用分块的方法计算 $\boldsymbol{AB}$，不仅要求 $\boldsymbol{A}$ 的列的块数与 $\boldsymbol{B}$ 的行的块数相等，而且要求 $\boldsymbol{A}$ 的列的分块法与 $\boldsymbol{B}$ 的行的分块法完全一致. 以保证对应子块可乘(见内容提要).

分块矩阵 $\boldsymbol{A}=\begin{bmatrix}\boldsymbol{A}_{11}&\boldsymbol{A}_{12}&\boldsymbol{A}_{13}\\\boldsymbol{A}_{21}&\boldsymbol{A}_{22}&\boldsymbol{A}_{23}\end{bmatrix}$ 的转置不仅要行(块)与列(块)互换，而且每一子块也要转置，即

$$\boldsymbol{A}^{\mathrm{T}}=\begin{pmatrix}\boldsymbol{A}_{11}^{\mathrm{T}} & \boldsymbol{A}_{21}^{\mathrm{T}}\\ \boldsymbol{A}_{12}^{\mathrm{T}} & \boldsymbol{A}_{22}^{\mathrm{T}}\\ \boldsymbol{A}_{13}^{\mathrm{T}} & \boldsymbol{A}_{23}^{\mathrm{T}}\end{pmatrix}.$$

有些可逆矩阵也常用分块的方法求其逆矩阵.最简单的对角块矩阵 $\boldsymbol{A}$(也称准对角矩阵),当每一个对角块 $\boldsymbol{A}_{ii}$ 均可逆时,其逆矩阵

$$\boldsymbol{A}^{-1}=\begin{pmatrix}\boldsymbol{A}_{11} & & & \\ & \boldsymbol{A}_{22} & & \\ & & \ddots & \\ & & & \boldsymbol{A}_{nn}\end{pmatrix}^{-1}=\begin{pmatrix}\boldsymbol{A}_{11}^{-1} & & & \\ & \boldsymbol{A}_{22}^{-1} & & \\ & & \ddots & \\ & & & \boldsymbol{A}_{nn}^{-1}\end{pmatrix}.$$

分块矩阵也可做初等行(列)变换,相应地也有 3 种分块初等矩阵,它们左(或右)乘分块矩阵 $\boldsymbol{A}$(或 $\boldsymbol{B}$)的作用,与不分块的初等矩阵的作用是类似的(请详见教材).

例 1 设分块矩阵 $\boldsymbol{P}=(\boldsymbol{A},\boldsymbol{B})$,其中 $\boldsymbol{A}$ 是 n 阶可逆矩阵,$\boldsymbol{B}$ 是 $n\times m$阶矩阵,试求矩阵 $\boldsymbol{Q}$,使 $\boldsymbol{PQ}=\boldsymbol{I}_n$($n$ 阶单位矩阵).

解 $\boldsymbol{P}$ 是 $n\times(n+m)$矩阵,因此 $\boldsymbol{Q}$ 应是$(n+m)\times n$ 矩阵.现将 $\boldsymbol{Q}$ 也表成分块矩阵

$$\boldsymbol{Q}=\begin{pmatrix}\boldsymbol{C}\\ \boldsymbol{D}\end{pmatrix}.$$

为使分块矩阵 $\boldsymbol{PQ}$ 可乘,其中子块 $\boldsymbol{C}$ 是 n 阶矩阵,子块 $\boldsymbol{D}$ 为 $m\times n$ 矩阵.于是由

$$\boldsymbol{PQ}=(\boldsymbol{A},\boldsymbol{B})\begin{pmatrix}\boldsymbol{C}\\ \boldsymbol{D}\end{pmatrix}=\boldsymbol{AC}+\boldsymbol{BD}=\boldsymbol{I}_n,$$

所以可取 $\boldsymbol{C}=\boldsymbol{A}^{-1}$,$\boldsymbol{D}=\boldsymbol{0}_{m\times n}$,即 $\boldsymbol{Q}=\begin{pmatrix}\boldsymbol{A}^{-1}\\ \boldsymbol{0}\end{pmatrix}$.

思考题 在什么情况下,$\boldsymbol{D}$ 可取非零矩阵?(答案:当齐次线性方程组 $\boldsymbol{Bx}=\boldsymbol{0}$ 有非零解,把它的 n 个非零解按列排成的矩阵,可取为 $\boldsymbol{D}$.)

例2 设$\boldsymbol{A}=\begin{pmatrix}\boldsymbol{0}&\boldsymbol{0}&\boldsymbol{A}_1\\\boldsymbol{0}&\boldsymbol{A}_2&\boldsymbol{0}\\\boldsymbol{A}_3&\boldsymbol{0}&\boldsymbol{0}\end{pmatrix}$,其中$\boldsymbol{A}_1,\boldsymbol{A}_2,\boldsymbol{A}_3$分别为$m$阶,$n$阶,$k$阶可逆矩阵,证明$\boldsymbol{A}$可逆,并求$\boldsymbol{A}^{-1}$.

解 先证$|\boldsymbol{A}|\neq 0$($\boldsymbol{A}$可逆).将$\boldsymbol{A}_1$所在的m个列与$\boldsymbol{A}_2,\boldsymbol{A}_3$所在的$n+k$个列逐列对换(共对换$m(n+k)$次),再将$\boldsymbol{A}_2$所在的$n$个列与$\boldsymbol{A}_3$所在的$k$个列逐列对换(共对换$nk$次),即得

$$
\begin{aligned}
|\boldsymbol{A}|&=(-1)^{mn+mk+nk}\begin{vmatrix}\boldsymbol{A}_1&\boldsymbol{0}&\boldsymbol{0}\\\boldsymbol{0}&\boldsymbol{A}_2&\boldsymbol{0}\\\boldsymbol{0}&\boldsymbol{0}&\boldsymbol{A}_3\end{vmatrix}\\
&=(-1)^{mn+mk+nk}|\boldsymbol{A}_1||\boldsymbol{A}_2||\boldsymbol{A}_3|\neq 0.
\end{aligned}
$$

取$\boldsymbol{B}=\begin{pmatrix}\boldsymbol{0}&\boldsymbol{0}&\boldsymbol{B}_1\\\boldsymbol{0}&\boldsymbol{B}_2&\boldsymbol{0}\\\boldsymbol{B}_3&\boldsymbol{0}&\boldsymbol{0}\end{pmatrix}$,其中$\boldsymbol{B}_1,\boldsymbol{B}_2,\boldsymbol{B}_3$分别为$k$阶,$n$阶,$m$阶矩阵.此时分块矩阵$\boldsymbol{A}$与$\boldsymbol{B}$可乘,并得

$$
\boldsymbol{AB}=\begin{pmatrix}\boldsymbol{0}&\boldsymbol{0}&\boldsymbol{A}_1\\\boldsymbol{0}&\boldsymbol{A}_2&\boldsymbol{0}\\\boldsymbol{A}_3&\boldsymbol{0}&\boldsymbol{0}\end{pmatrix}\begin{pmatrix}\boldsymbol{0}&\boldsymbol{0}&\boldsymbol{B}_1\\\boldsymbol{0}&\boldsymbol{B}_2&\boldsymbol{0}\\\boldsymbol{B}_3&\boldsymbol{0}&\boldsymbol{0}\end{pmatrix}=\begin{pmatrix}\boldsymbol{A}_1\boldsymbol{B}_3&\boldsymbol{0}&\boldsymbol{0}\\\boldsymbol{0}&\boldsymbol{A}_2\boldsymbol{B}_2&\boldsymbol{0}\\\boldsymbol{0}&\boldsymbol{0}&\boldsymbol{A}_3\boldsymbol{B}_1\end{pmatrix}.
$$

当$\boldsymbol{A}_1\boldsymbol{B}_3=\boldsymbol{I}_m$(即$\boldsymbol{B}_3=\boldsymbol{A}_1^{-1}$),$\boldsymbol{A}_2\boldsymbol{B}_2=\boldsymbol{I}_n$(即$\boldsymbol{B}_2=\boldsymbol{A}_2^{-1}$),$\boldsymbol{A}_3\boldsymbol{B}_1=\boldsymbol{I}_k$(即$\boldsymbol{B}_1=\boldsymbol{A}_3^{-1}$)时,$\boldsymbol{AB}=\boldsymbol{I}$,所以$\boldsymbol{B}=\boldsymbol{A}^{-1}$.即

$$
\begin{pmatrix}\boldsymbol{0}&\boldsymbol{0}&\boldsymbol{A}_1\\\boldsymbol{0}&\boldsymbol{A}_2&\boldsymbol{0}\\\boldsymbol{A}_3&\boldsymbol{0}&\boldsymbol{0}\end{pmatrix}^{-1}=\begin{pmatrix}\boldsymbol{0}&\boldsymbol{0}&\boldsymbol{A}_3^{-1}\\\boldsymbol{0}&\boldsymbol{A}_2^{-1}&\boldsymbol{0}\\\boldsymbol{A}_1^{-1}&\boldsymbol{0}&\boldsymbol{0}\end{pmatrix}.
$$

例3 设$\boldsymbol{P}=\begin{pmatrix}\boldsymbol{A}&\boldsymbol{C}\\\boldsymbol{0}&\boldsymbol{B}\end{pmatrix}$,其中$\boldsymbol{A},\boldsymbol{B}$分别为$m$阶,$n$阶可逆矩阵.求$\boldsymbol{P}^{-1}$.

解 分块矩阵$\boldsymbol{P}$显然是可逆的,因为$|\boldsymbol{P}|=|\boldsymbol{A}||\boldsymbol{B}|\neq 0$.

由于对角块矩阵的逆矩阵容易求，所以先对分块矩阵 $\boldsymbol{P}$ 做初等行变换，将其第 2 行左乘 $-\boldsymbol{CB}^{-1}$ 加到第 1 行消去矩阵 $\boldsymbol{C}$，使 $\boldsymbol{P}$ 化为对角块矩阵，即

$$\begin{pmatrix} \boldsymbol{I}_m & -\boldsymbol{CB}^{-1} \\ \boldsymbol{0} & \boldsymbol{I}_n \end{pmatrix} \begin{pmatrix} \boldsymbol{A} & \boldsymbol{C} \\ \boldsymbol{0} & \boldsymbol{B} \end{pmatrix} = \begin{pmatrix} \boldsymbol{A} & \boldsymbol{0} \\ \boldsymbol{0} & \boldsymbol{B} \end{pmatrix}.$$

于是

$$\begin{pmatrix} \boldsymbol{A} & \boldsymbol{C} \\ \boldsymbol{0} & \boldsymbol{B} \end{pmatrix} = \begin{pmatrix} \boldsymbol{I}_m & -\boldsymbol{CB}^{-1} \\ \boldsymbol{0} & \boldsymbol{I}_n \end{pmatrix}^{-1} \begin{pmatrix} \boldsymbol{A} & \boldsymbol{0} \\ \boldsymbol{0} & \boldsymbol{B} \end{pmatrix}.$$

所以

$$\begin{aligned} \boldsymbol{P}^{-1} &= \begin{pmatrix} \boldsymbol{A} & \boldsymbol{C} \\ \boldsymbol{0} & \boldsymbol{B} \end{pmatrix}^{-1} = \begin{pmatrix} \boldsymbol{A} & \boldsymbol{0} \\ \boldsymbol{0} & \boldsymbol{B} \end{pmatrix}^{-1} \begin{pmatrix} \boldsymbol{I}_m & -\boldsymbol{CB}^{-1} \\ \boldsymbol{0} & \boldsymbol{I}_n \end{pmatrix} \\ &= \begin{pmatrix} \boldsymbol{A}^{-1} & \boldsymbol{0} \\ \boldsymbol{0} & \boldsymbol{B}^{-1} \end{pmatrix} \begin{pmatrix} \boldsymbol{I}_m & -\boldsymbol{CB}^{-1} \\ \boldsymbol{0} & \boldsymbol{I}_n \end{pmatrix} = \begin{pmatrix} \boldsymbol{A}^{-1} & -\boldsymbol{A}^{-1}\boldsymbol{CB}^{-1} \\ \boldsymbol{0} & \boldsymbol{B}^{-1} \end{pmatrix}. \end{aligned}$$

例 4 设 $\boldsymbol{A},\boldsymbol{B},\boldsymbol{C},\boldsymbol{D}$ 均为 n 阶矩阵，$|\boldsymbol{A}| \neq 0$，$\boldsymbol{AB}=\boldsymbol{BA}$. 试计算行列式 $\begin{vmatrix} \boldsymbol{A} & \boldsymbol{B} \\ \boldsymbol{C} & \boldsymbol{D} \end{vmatrix}$.

解 这是 $2n$ 阶分块矩阵的行列式，读者不能像二阶数字行列式那样展开为 $|\boldsymbol{AD}-\boldsymbol{BC}|$.

由于分块初等矩阵以及上三角块和下三角块矩阵的行列式容易求，所以先对这个分块矩阵做初等列变换，将其第 1 列右乘 $-\boldsymbol{A}^{-1}\boldsymbol{B}$ 加到第 2 列，消去 $\boldsymbol{B}$，使之成为下三角块矩阵，即

$$\begin{pmatrix} \boldsymbol{A} & \boldsymbol{B} \\ \boldsymbol{C} & \boldsymbol{D} \end{pmatrix} \begin{pmatrix} \boldsymbol{I} & -\boldsymbol{A}^{-1}\boldsymbol{B} \\ \boldsymbol{0} & \boldsymbol{I} \end{pmatrix} = \begin{pmatrix} \boldsymbol{A} & \boldsymbol{0} \\ \boldsymbol{C} & \boldsymbol{D}-\boldsymbol{CA}^{-1}\boldsymbol{B} \end{pmatrix},$$

其中等式左端第二个倍加分块初等矩阵的行列式等于 1，所以

$$\begin{aligned} \begin{vmatrix} \boldsymbol{A} & \boldsymbol{B} \\ \boldsymbol{C} & \boldsymbol{D} \end{vmatrix} &= \begin{vmatrix} \boldsymbol{A} & \boldsymbol{0} \\ \boldsymbol{C} & \boldsymbol{D}-\boldsymbol{CA}^{-1}\boldsymbol{B} \end{vmatrix} = |\boldsymbol{A}|\,|\boldsymbol{D}-\boldsymbol{CA}^{-1}\boldsymbol{B}| \\ &= |\boldsymbol{D}-\boldsymbol{CA}^{-1}\boldsymbol{B}|\,|\boldsymbol{A}| = |(\boldsymbol{D}-\boldsymbol{CA}^{-1}\boldsymbol{B})\boldsymbol{A}| \end{aligned}$$

$$=|\boldsymbol{DA}-\boldsymbol{CA}^{-1}\boldsymbol{BA}|=|\boldsymbol{DA}-\boldsymbol{CA}^{-1}\boldsymbol{AB}|=|\boldsymbol{DA}-\boldsymbol{CB}|.$$

上面第 3 个等号处利用了两个矩阵的行列式相乘可交换,第 4 个等号处利用了两个矩阵乘积的行列式等于矩阵行列式的乘积,第 6 个等号处利用了 $\boldsymbol{AB}=\boldsymbol{BA}$.

这个题也可对分块矩阵做初等行变换,将其化为上三角块矩阵,可得到同样的结果.

2.8 部分疑难习题和补充题的题解

1(第 7 题) 将军点兵,三三数之剩二,五五数之剩三,七七数之剩二,问兵几何(求在 500 至 1 000 范围内的解)?

解 设兵数为 s,3 人,5 人,7 人组的组数分别为 x,y,z. 按题意可列一个关于 s,x,y,z 的非齐次线性方程组

$$\begin{cases} s-3x=2, \\ s-5y=3, \\ s-7z=2, \end{cases}$$

其解应都为正整数. 此方程组的增广矩阵为

$$\left(\begin{array}{cccc:c} 1 & -3 & 0 & 0 & 2 \\ 1 & 0 & -5 & 0 & 3 \\ 1 & 0 & 0 & -7 & 2 \end{array}\right) \xrightarrow{\text{初等行变换}} \left(\begin{array}{cccc:c} 1 & 0 & 0 & -7 & 2 \\ 0 & 3 & 0 & -7 & 0 \\ 0 & 0 & 5 & -7 & -1 \end{array}\right).$$

取 z 为自由未知量,解得

$$s=2+7z,$$

$$x=\frac{7}{3}z,$$

$$y=\frac{1}{5}(-1+7z).$$

为保证 s,x,y,z 均为正整数,取 $z=3+15k$(k 为任意正整数),解得

$$s=23+105k, \quad x=7+35k, \quad y=4+21k.$$

为了求兵数 s 在 500 至 1 000 范围内的解,取 $k=5,6,7,8,9$,得 $s=548,653,758,863,968$.

2（第21题） 已知 $\boldsymbol{A}=\boldsymbol{P\Lambda Q}$，其中

$$\boldsymbol{P}=\begin{pmatrix}2 & 3\\ 1 & 2\end{pmatrix},\quad \boldsymbol{\Lambda}=\begin{pmatrix}1 & 0\\ 0 & -1\end{pmatrix},\quad \boldsymbol{Q}=\begin{pmatrix}2 & -3\\ -1 & 2\end{pmatrix},\quad \boldsymbol{QP}=\boldsymbol{I}_2.$$

计算 $\boldsymbol{A}^8,\boldsymbol{A}^9,\boldsymbol{A}^{2n},\boldsymbol{A}^{2n+1}$（$n$ 为正整数）.

解

$$\begin{aligned}\boldsymbol{A}^m &=(\boldsymbol{P\Lambda Q})(\boldsymbol{P\Lambda Q})\cdots(\boldsymbol{P\Lambda Q})\\ &=\boldsymbol{P\Lambda I\Lambda}\cdots\boldsymbol{I\Lambda Q}=\boldsymbol{P\Lambda}^m\boldsymbol{Q}.\end{aligned}$$

当 m 为偶数时，$\boldsymbol{\Lambda}^m=\boldsymbol{I}$，$\boldsymbol{A}^m=\boldsymbol{PIQ}=\boldsymbol{I}_2$，所以 $\boldsymbol{A}^8=\boldsymbol{A}^{2n}=\boldsymbol{I}_2$.

当 m 为奇数时，$\boldsymbol{\Lambda}^m=\boldsymbol{\Lambda}$，所以

$$\begin{aligned}\boldsymbol{A}^9=\boldsymbol{A}^{2n+1}=\boldsymbol{P\Lambda Q}&=\begin{pmatrix}2 & 3\\ 1 & 2\end{pmatrix}\begin{pmatrix}1 & 0\\ 0 & -1\end{pmatrix}\begin{pmatrix}2 & -3\\ -1 & 2\end{pmatrix}\\ &=\begin{pmatrix}2 & -3\\ 1 & -2\end{pmatrix}\begin{pmatrix}2 & -3\\ -1 & 2\end{pmatrix}=\begin{pmatrix}7 & -12\\ 4 & -7\end{pmatrix}.\end{aligned}$$

3（第23题） 计算 $\begin{pmatrix}0 & 1\\ -1 & 0\end{pmatrix}^n$.

解 记 $\boldsymbol{A}=\begin{pmatrix}0 & 1\\ -1 & 0\end{pmatrix}$，则 $\boldsymbol{A}^2=-\boldsymbol{I}$，$\boldsymbol{A}^3=-\boldsymbol{A},\boldsymbol{A}^4=\boldsymbol{I}$，于是

$$\boldsymbol{A}^5=\boldsymbol{A},\boldsymbol{A}^6=-\boldsymbol{I},\boldsymbol{A}^7=-\boldsymbol{A},\boldsymbol{A}^8=\boldsymbol{I},\cdots$$

其一般结论为

$$\boldsymbol{A}^{2n-1}=\begin{cases}\boldsymbol{A}, & n\text{ 为奇数},\\ -\boldsymbol{A}, & n\text{ 为偶数};\end{cases}$$

$$\boldsymbol{A}^{2n}=\begin{cases}-\boldsymbol{I}, & n\text{ 为奇数},\\ \boldsymbol{I}, & n\text{ 为偶数}.\end{cases}$$

或利用

$$f(n)=\cos\frac{n}{2}\pi,\quad f(1)=0,\ f(2)=-1,\ f(3)=0,\ f(4)=1,$$

$$\varphi(n)=\sin\frac{n}{2}\pi,\quad \varphi(1)=1,\ \varphi(2)=0,\ \varphi(3)=-1,\ \varphi(4)=0.$$

则

$$\boldsymbol{A}=\begin{pmatrix}f(1) & \varphi(1)\\ -\varphi(1) & f(1)\end{pmatrix},\quad \boldsymbol{A}^2=\begin{pmatrix}f(2) & \varphi(2)\\ -\varphi(2) & f(2)\end{pmatrix},$$

$$\boldsymbol{A}^3=\begin{pmatrix} f(3) & \varphi(3) \\ -\varphi(3) & f(3) \end{pmatrix}, \quad \boldsymbol{A}^4=\begin{pmatrix} f(4) & \varphi(4) \\ -\varphi(4) & f(4) \end{pmatrix},$$

如此周期性地变化,一般地,有

$$\boldsymbol{A}^n=\begin{pmatrix} f(n) & \varphi(n) \\ -\varphi(n) & f(n) \end{pmatrix}=\begin{bmatrix} \cos\dfrac{n\pi}{2} & \sin\dfrac{n\pi}{2} \\ -\sin\dfrac{n\pi}{2} & \cos\dfrac{n\pi}{2} \end{bmatrix}.$$

4(第 26 题) 求平方等于零矩阵的所有二阶矩阵.

解 设 $\boldsymbol{A}=\begin{pmatrix} a & b \\ c & d \end{pmatrix}$,则由 $\boldsymbol{A}^2=\begin{pmatrix} a^2+bc & ab+bd \\ ac+cd & bc+d^2 \end{pmatrix}$得

$$\begin{cases} a^2+bc=bc+d^2=0, & (1) \\ ab+bd=ac+cd=0. & (2) \end{cases}$$

由方程(1)得 $a^2=d^2$,所以 $d=\pm a$,再由方程(2)可见,当 $d=-a$ 时,等式成立. 因此取 $d=-a$,欲使方程(1)成立,还要求 $bc=-a^2$. 于是即得 $\boldsymbol{A}^2=\boldsymbol{0}$ 的所有 $\boldsymbol{A}$ 为

$$\boldsymbol{A}=\begin{pmatrix} a & b \\ c & -a \end{pmatrix}, \quad 其中 \quad bc=-a^2.$$

5(第 30 题) 证明:两个 n 阶下三角矩阵的乘积仍是下三角矩阵.

解 此题可按教材 2.2.3 节中例 4 的方法类似地证明. 这里我们用分块矩阵的方法证明. 这要用对 n 作数学归纳法.

当 $n=2$ 时,即两个下三角矩阵的乘积显然仍是下三角矩阵(略去证明),假设两个 $n-1$ 阶下三角矩阵的乘积仍是下三角矩阵. 下面考虑 n 阶的情况. 设

$$\boldsymbol{A}=\begin{pmatrix} a_{11} & \boldsymbol{0} \\ \boldsymbol{\alpha} & \boldsymbol{A}_1 \end{pmatrix}, \quad \boldsymbol{B}=\begin{pmatrix} b_{11} & \boldsymbol{0} \\ \boldsymbol{\beta} & \boldsymbol{B}_1 \end{pmatrix},$$

其中:两个 $\boldsymbol{0}$ 均为 $1\times(n-1)$ 零矩阵,$\boldsymbol{\alpha},\boldsymbol{\beta}$ 均为 $(n-1)\times 1$ 矩阵,$\boldsymbol{A}_1,\boldsymbol{B}_1$ 均为 $n-1$ 阶下三角矩阵. 于是

$$\boldsymbol{AB}=\begin{pmatrix} a_{11}b_{11} & \boldsymbol{0} \\ \boldsymbol{\alpha}b_{11}+\boldsymbol{A}_1\boldsymbol{\beta} & \boldsymbol{A}_1\boldsymbol{B}_1 \end{pmatrix},$$

其中 $\boldsymbol{0}$ 是 $1\times(n-1)$ 零矩阵,根据归纳法假设 $\boldsymbol{A}_1\boldsymbol{B}_1$ 为 $n-1$ 阶下三角矩阵,所以,两个 n 阶下三角矩阵 $\boldsymbol{A}$ 与 $\boldsymbol{B}$ 的乘积 $\boldsymbol{AB}$ 仍是下三角矩阵.

附带说明一点，这里用数学归纳法，也可直接说结论对 $n=1$ 成立(因为一阶矩阵也可以说是下三角矩阵，上三角矩阵，对称矩阵)，然后假设结论对 $n-1$ 阶成立，再证明 n 阶的情况.

6 (第 38 题) 设 $\boldsymbol{A}$ 是实对称矩阵，且 $\boldsymbol{A}^2=\boldsymbol{0}$，证明 $\boldsymbol{A}=\boldsymbol{0}$.

证 设 $\boldsymbol{A}=(a_{ij})_{n\times n}, a_{ji}=a_{ij}\quad(i,j=1,2,\cdots,n)$.

由 $\boldsymbol{A}^2=\boldsymbol{B}=(b_{ij})_{n\times n}=\boldsymbol{0}$. 得

$$\begin{aligned} b_{ii} &= a_{i1}a_{1i}+a_{i2}a_{2i}+\cdots+a_{in}a_{ni} \\ &= a_{1i}^2+a_{2i}^2+\cdots+a_{ni}^2=0 \quad (i=1,2,\cdots,n). \end{aligned} \tag{1}$$

因为 $a_{ij}(i,j=1,\cdots,n)$ 均为实数，所以由(1)式得

$$a_{1i}=a_{2i}=\cdots=a_{ni}=0 \quad (i=1,2,\cdots,n),$$

即 $\boldsymbol{A}$ 的所有元素 $a_{ij}=0(i,j=1,\cdots,n)$，故 $\boldsymbol{A}=\boldsymbol{0}$.

7 (第 44 题) 设 $\boldsymbol{A},\boldsymbol{B}$ 都是 n 阶矩阵，问：下列命题是否成立？若成立，给出证明；若不成立，举反例说明.

(1) 若 $\boldsymbol{A},\boldsymbol{B}$ 皆不可逆，则 $\boldsymbol{A}+\boldsymbol{B}$ 也不可逆；

(2) 若 $\boldsymbol{AB}$ 可逆，则 $\boldsymbol{A},\boldsymbol{B}$ 都可逆；

(3) 若 $\boldsymbol{AB}$ 不可逆，则 $\boldsymbol{A},\boldsymbol{B}$ 都不可逆；

(4) 若 $\boldsymbol{A}$ 可逆，则 $k\boldsymbol{A}$ 可逆(k 是数).

解 (1) 不成立. 例如($n=2$)：$\boldsymbol{A}=\begin{pmatrix}1&0\\0&0\end{pmatrix}$，$\boldsymbol{B}=\begin{pmatrix}0&0\\0&1\end{pmatrix}$ 均不可逆，但 $\boldsymbol{A}+\boldsymbol{B}=\boldsymbol{I}$ 可逆.

(2) 成立. 因为 $\boldsymbol{AB}$ 可逆$\Leftrightarrow|\boldsymbol{AB}|=|\boldsymbol{A}||\boldsymbol{B}|\neq0$，所以，$|\boldsymbol{A}|\neq0$ 且 $|\boldsymbol{B}|\neq0$，因此，$\boldsymbol{A},\boldsymbol{B}$ 均可逆.

(3) 不成立. 因为由 $|\boldsymbol{AB}|=|\boldsymbol{A}||\boldsymbol{B}|=0$ 不能推出 $|\boldsymbol{A}|=0$ 且 $|\boldsymbol{B}|=0$.
例如：

$$\boldsymbol{A}=\begin{pmatrix}1&0\\0&2\end{pmatrix},\quad \boldsymbol{B}=\begin{pmatrix}0&0\\0&1\end{pmatrix},\quad \boldsymbol{AB}=\begin{pmatrix}0&0\\0&2\end{pmatrix},$$

$\boldsymbol{AB}$ 不可逆，但 $\boldsymbol{A}$ 可逆.

(4) 成立否与 k 有关. 由 $\boldsymbol{A}$ 可逆，即$|\boldsymbol{A}|\neq0$ 及 $|k\boldsymbol{A}|=k^n\ |\boldsymbol{A}|\neq0$，得$k\neq0$，所以 $k\neq0$ 时，$k\boldsymbol{A}$ 可逆，而 $k=0$ 时，$k\boldsymbol{A}=\boldsymbol{0}$ 不可逆.

8 (第 48 题) 试求上(或下)三角矩阵可逆的充要条件，并证明：可逆上(或下)三角矩阵的逆矩阵也是上(或下)三角矩阵.

解 由于上(或下)三角行列式等于主对角元的乘积 $a_{11}a_{22}\cdots a_{nn}$,所以上(或下)三角矩阵可逆的充要条件是 $a_{11}a_{22}\cdots a_{nn}\neq 0$,即主对角元 a_{ii} 均不等于零.

证明可逆上三角矩阵的逆矩阵也是上三角矩阵,我们用对矩阵阶数 n 作数学归纳法的方法. 当 $n=1$ 时结论显然成立,假设结论对 $n-1$ 阶上三角矩阵成立,下面证明对 n 阶也成立.

先将 n 阶上三角矩阵分块表示为

$$\boldsymbol{A}=\begin{pmatrix} a_{11} & \boldsymbol{\alpha} \\ \boldsymbol{0} & \boldsymbol{A}_1 \end{pmatrix}, \tag{1}$$

其中 $\boldsymbol{A}_1$ 为 $n-1$ 阶上三角矩阵. 设分块矩阵 $\boldsymbol{B}$ 为

$$\boldsymbol{B}=\begin{pmatrix} b_{11} & \boldsymbol{\beta} \\ \boldsymbol{\gamma} & \boldsymbol{B}_1 \end{pmatrix},\quad (\text{其中 } \boldsymbol{B}_1 \text{ 为 } n-1 \text{ 阶矩阵}) \tag{2}$$

为 $\boldsymbol{A}$ 的逆矩阵,则

$$\begin{aligned} \boldsymbol{AB} &= \begin{pmatrix} a_{11} & \boldsymbol{\alpha} \\ \boldsymbol{0} & \boldsymbol{A}_1 \end{pmatrix}\begin{pmatrix} b_{11} & \boldsymbol{\beta} \\ \boldsymbol{\gamma} & \boldsymbol{B}_1 \end{pmatrix} \\ &= \begin{pmatrix} a_{11}b_{11}+\boldsymbol{\alpha\gamma} & a_{11}\boldsymbol{\beta}+\boldsymbol{\alpha B}_1 \\ \boldsymbol{A}_1\boldsymbol{\gamma} & \boldsymbol{A}_1\boldsymbol{B}_1 \end{pmatrix}=\begin{pmatrix} 1 & 0 \\ 0 & \boldsymbol{I}_{n-1} \end{pmatrix}=\boldsymbol{I}_n. \end{aligned} \tag{3}$$

由(3)式得

$\boldsymbol{A}_1\boldsymbol{\gamma}=\boldsymbol{0}$,因为 $\boldsymbol{A}_1$ 可逆,所以 $\boldsymbol{\gamma}=\boldsymbol{A}_1^{-1}\boldsymbol{0}=\boldsymbol{0}$;

$\boldsymbol{A}_1\boldsymbol{B}_1=\boldsymbol{I}_{n-1}$,根据归纳假设 $\boldsymbol{B}_1=\boldsymbol{A}_1^{-1}$ 为上三角矩阵.

所以 $\boldsymbol{A}^{-1}=\boldsymbol{B}=\begin{pmatrix} b_{11} & \boldsymbol{\beta} \\ \boldsymbol{0} & \boldsymbol{B}_1 \end{pmatrix}$为上三角矩阵.

这里再进一步,可以证明 $\boldsymbol{B}=\boldsymbol{A}^{-1}$ 的主对角元 $b_{11},b_{22},\cdots,b_{nn}$ 分别为 $\boldsymbol{A}$ 的对应主对角元的倒数,即

$$b_{11}=a_{11}^{-1},\quad b_{22}=a_{22}^{-1},\quad \cdots,\quad b_{nn}=a_{nn}^{-1}.$$

同样用数学归纳法证明,由(3)式得

$$a_{11}b_{11}+\boldsymbol{\alpha\gamma}=a_{11}b_{11}+0=1,\quad \text{所以}\quad b_{11}=a_{11}^{-1}.$$

由归纳假设,又知 $\boldsymbol{B}_1=\boldsymbol{A}_1^{-1}$ 的主对角元分别为 $\boldsymbol{A}_1$ 主对角元的倒数. 故结论成立.

同理,对可逆下三角矩阵也可证明相应的结论.

9(第 53 题) 用初等变换法求矩阵 $\boldsymbol{A}$ 的逆矩阵.

$$\boldsymbol{A}=\begin{pmatrix} 0 & a_1 & 0 & \cdots & 0 \\ 0 & 0 & a_2 & \cdots & 0 \\ \vdots & \vdots & \vdots & \ddots & \vdots \\ 0 & 0 & 0 & \cdots & a_{n-1} \\ a_n & 0 & 0 & \cdots & 0 \end{pmatrix},\quad 其中\quad a_i\neq 0,\quad i=1,2,\cdots,n.$$

解 法 1:将 $\boldsymbol{A}$ 的第 n 行与前面的 $n-1$ 个逐行对换,把第 n 行换到第 1 行,而第 $n-1,\cdots,2,1$ 行依次换到第 $n,\cdots,3,2$ 行,这样变换为对角矩阵 $\mathrm{diag}(a_n,a_1,a_2,\cdots,a_{n-1})$;继续对每行做倍乘变换,对 a_i 所在行乘 a_i^{-1},就把 $\boldsymbol{A}$ 化为单位矩阵,从而得 $\boldsymbol{A}^{-1}$. 即

$$(\boldsymbol{A},\boldsymbol{I})\xrightarrow{\text{逐行对换}}\left(\begin{array}{ccccc|ccccc} a_n & & & & & 0 & & & & 1 \\ & a_1 & & & & 1 & 0 & & & \\ & & a_2 & & & & 1 & 0 & & \\ & & & \ddots & & & & \ddots & \ddots & \\ & & & & a_{n-1} & & & & 1 & 0 \end{array}\right)$$

$$\xrightarrow[\text{乘 } a_i^{-1}]{a_i\text{所在行}}\left(\begin{array}{ccccc|ccccc} 1 & & & & & 0 & & & & a_n^{-1} \\ & 1 & & & & a_1^{-1} & 0 & & & \\ & & 1 & & & & a_2^{-1} & 0 & & \\ & & & \ddots & & & & \ddots & \ddots & \\ & & & & 1 & & & & a_{n-1}^{-1} & 0 \end{array}\right)=(\boldsymbol{I},\boldsymbol{A}^{-1}).\tag{1}$$

法 2:将矩阵 $\boldsymbol{A}$ 分块表示为(副对角块矩阵)

$$\boldsymbol{A}=\begin{pmatrix} \boldsymbol{0} & \boldsymbol{A}_1 \\ a_n & \boldsymbol{0} \end{pmatrix},\quad 其中\quad \boldsymbol{A}_1=\mathrm{diag}(a_1,a_2,\cdots,a_{n-1}).$$

根据 2.7 节中例 2 可见,取 $\boldsymbol{A}^{-1}$ 为 n 阶分块矩阵

$$\boldsymbol{B}=\begin{pmatrix} \boldsymbol{0} & b_n \\ \boldsymbol{B}_1 & \boldsymbol{0} \end{pmatrix},\quad 其中 \boldsymbol{B}_1 为 n-1 阶矩阵,$$

则 $\boldsymbol{AB}$ 为对角块矩阵,即

$$\boldsymbol{A}\boldsymbol{A}^{-1}=\boldsymbol{AB}=\begin{pmatrix} \boldsymbol{A}_1\boldsymbol{B}_1 & \boldsymbol{0} \\ \boldsymbol{0} & a_nb_n \end{pmatrix}=\begin{pmatrix} \boldsymbol{I}_{n-1} & \boldsymbol{0} \\ \boldsymbol{0} & 1 \end{pmatrix}.\tag{2}$$

由(2)式得：

$$A_1B_1=I_{n-1},\quad 即\quad B_1=A_1^{-1}=\mathrm{diag}(a_1^{-1},a_2^{-1},\cdots,a_{n-1}^{-1});$$

$$a_nb_n=1,\quad 即\quad b_n=a_n^{-1}.$$

从而得 $B=A^{-1}=\begin{pmatrix}0 & a_n^{-1}\\ A_1^{-1} & 0\end{pmatrix}$,这与(1)式中 A^{-1} 是一样的.

关于这个题,如果对矩阵乘法掌握得很熟练,直接由定义可得 A^{-1} 如(1)式中所示的那个矩阵.

*10 (第65题) 将 n 阶矩阵 A 分块为

$$A=\begin{pmatrix}A_{n-1} & b\\ c & a_{nn}\end{pmatrix},$$

其中 A_{n-1} 是 $n-1$ 阶可逆矩阵,如果 A 可逆,且已知 A_{n-1}^{-1},试求 A^{-1}(这种利用 A_{n-1}^{-1} 求 A^{-1} 的方法,称为加边法).

解 先将 A 的第1行左乘 $-cA_{n-1}^{-1}$ 加到第2行,消去 c,再做行变换消去 b,使 A 化为对角块矩阵,如此即可求得 A^{-1},即

$$\begin{pmatrix}I_{n-1} & 0\\ -cA_{n-1}^{-1} & 1\end{pmatrix}\begin{pmatrix}A_{n-1} & b\\ c & a_{nn}\end{pmatrix}=\begin{pmatrix}A_{n-1} & b\\ 0 & a_{nn}-cA_{n-1}^{-1}b\end{pmatrix}. \tag{1}$$

记上式中

$$a_{nn}-cA_{n-1}^{-1}b=k(k\ 是一个数), \tag{2}$$

则 $k\neq 0$. 因为由(1)式得

$$|A|=|A_{n-1}|\cdot k\neq 0.$$

于是再将(1)式右端第2行左乘 $-\frac{b}{k}$ 加到第1行消去 b,即

$$\begin{pmatrix}I_{n-1} & -\frac{b}{k}\\ 0 & 1\end{pmatrix}\begin{pmatrix}A_{n-1} & b\\ 0 & k\end{pmatrix}=\begin{pmatrix}A_{n-1} & 0\\ 0 & k\end{pmatrix}. \tag{3}$$

综合(1),(3)式,得

$$\begin{pmatrix}I_{n-1} & -\frac{b}{k}\\ 0 & 1\end{pmatrix}\begin{pmatrix}I_{n-1} & 0\\ -cA_{n-1}^{-1} & 1\end{pmatrix}A=\begin{pmatrix}A_{n-1} & 0\\ 0 & k\end{pmatrix}.$$

从而有

$$\begin{pmatrix} \boldsymbol{A}_{n-1}^{-1} & \boldsymbol{0} \\ \boldsymbol{0} & k^{-1} \end{pmatrix} \begin{pmatrix} \boldsymbol{I}_{n-1} & -\dfrac{\boldsymbol{b}}{k} \\ \boldsymbol{0} & 1 \end{pmatrix} \begin{pmatrix} \boldsymbol{I}_{n-1} & \boldsymbol{0} \\ -\boldsymbol{c}\boldsymbol{A}_{n-1}^{-1} & 1 \end{pmatrix} \boldsymbol{A} = \boldsymbol{I}_n.$$

所以

$$\begin{aligned} \boldsymbol{A}^{-1} &= \begin{pmatrix} \boldsymbol{A}_{n-1}^{-1} & \boldsymbol{0} \\ \boldsymbol{0} & k^{-1} \end{pmatrix} \begin{pmatrix} \boldsymbol{I}_{n-1} & -\dfrac{\boldsymbol{b}}{k} \\ \boldsymbol{0} & 1 \end{pmatrix} \begin{pmatrix} \boldsymbol{I}_{n-1} & \boldsymbol{0} \\ -\boldsymbol{c}\boldsymbol{A}_{n-1}^{-1} & 1 \end{pmatrix} \\ &= \begin{pmatrix} \boldsymbol{A}_{n-1}^{-1} & -\dfrac{1}{k}\boldsymbol{A}_{n-1}^{-1}\boldsymbol{b} \\ \boldsymbol{0} & k^{-1} \end{pmatrix} \begin{pmatrix} \boldsymbol{I}_{n-1} & \boldsymbol{0} \\ -\boldsymbol{c}\boldsymbol{A}_{n-1}^{-1} & 1 \end{pmatrix} \\ &= \begin{pmatrix} \boldsymbol{A}_{n-1}^{-1}\left(\boldsymbol{I}+\dfrac{1}{k}\boldsymbol{b}\boldsymbol{c}\boldsymbol{A}_{n-1}^{-1}\right) & -\dfrac{1}{k}\boldsymbol{A}_{n-1}^{-1}\boldsymbol{b} \\ -\dfrac{1}{k}\boldsymbol{c}\boldsymbol{A}_{n-1}^{-1} & \dfrac{1}{k} \end{pmatrix}. \end{aligned} \tag{4}$$

这里要注意：其中 k 是(2)式所示的一个数，$\boldsymbol{c}$ 是 $1\times(n-1)$ 矩阵，$\boldsymbol{b}$ 是 $(n-1)\times 1$ 矩阵.

11（第 69 题） 设 $\boldsymbol{A}$ 为四阶矩阵，已知 $|\boldsymbol{A}|=a\neq 0$，计算行列式 $\det(|\boldsymbol{A}^*|\boldsymbol{A})$.

解 利用 $\boldsymbol{A}\boldsymbol{A}^*=|\boldsymbol{A}|\boldsymbol{I}$，得 $|\boldsymbol{A}||\boldsymbol{A}^*|=|\boldsymbol{A}|^4$，从而 $|\boldsymbol{A}^*|=|\boldsymbol{A}|^3=a^3$，因此

$$\det(|\boldsymbol{A}^*|\boldsymbol{A})=\det(a^3\boldsymbol{A})=(a^3)^4|\boldsymbol{A}|=a^{13}.$$

12（第 72 题） 设 $\boldsymbol{\alpha}=(x_1,x_2,\cdots,x_n)^{\mathrm{T}}$，$\boldsymbol{\beta}=(y_1,y_2,\cdots,y_n)^{\mathrm{T}}$，已知 $\boldsymbol{\alpha}^{\mathrm{T}}\boldsymbol{\beta}=3$，$\boldsymbol{B}=\boldsymbol{\alpha}\boldsymbol{\beta}^{\mathrm{T}}$，$\boldsymbol{A}=\boldsymbol{I}-\boldsymbol{B}$. 证明：

(1) $\boldsymbol{B}^k=3^{k-1}\boldsymbol{B}$($k\geqslant 2$ 为正整数)；

(2) $\boldsymbol{A}+2\boldsymbol{I}$ 或 $\boldsymbol{A}-\boldsymbol{I}$ 不可逆；

(3) $\boldsymbol{A}$ 及 $\boldsymbol{A}+\boldsymbol{I}$ 均可逆.

证 (1) $\boldsymbol{B}^k=(\boldsymbol{\alpha}\boldsymbol{\beta}^{\mathrm{T}})(\boldsymbol{\alpha}\boldsymbol{\beta}^{\mathrm{T}})\cdots(\boldsymbol{\alpha}\boldsymbol{\beta}^{\mathrm{T}})=\boldsymbol{\alpha}(\boldsymbol{\beta}^{\mathrm{T}}\boldsymbol{\alpha})\cdots(\boldsymbol{\beta}^{\mathrm{T}}\boldsymbol{\alpha})\boldsymbol{\beta}^{\mathrm{T}}$，其中有 $k-1$ 个 $\boldsymbol{\beta}^{\mathrm{T}}\boldsymbol{\alpha}$，且 $(\boldsymbol{\beta}^{\mathrm{T}}\boldsymbol{\alpha})=(\boldsymbol{\alpha}^{\mathrm{T}}\boldsymbol{\beta})^{\mathrm{T}}=(3)^{\mathrm{T}}=3$，所以

$$\boldsymbol{B}^k=\boldsymbol{\alpha}(3)^{k-1}\boldsymbol{\beta}^{\mathrm{T}}=3^{k-1}\boldsymbol{\alpha}\boldsymbol{\beta}^{\mathrm{T}}=3^{k-1}\boldsymbol{B}.$$

(2) 由(1)的结果知 $\boldsymbol{B}^2=3\boldsymbol{B}$，再由已知条件 $\boldsymbol{B}=\boldsymbol{I}-\boldsymbol{A}$，可推出矩阵 $\boldsymbol{A}$ 满足的一个方程，即

$$\boldsymbol{B}^2=(\boldsymbol{I}-\boldsymbol{A})^2=3\boldsymbol{B}=3(\boldsymbol{I}-\boldsymbol{A}),$$

$$\boldsymbol{I}^2+\boldsymbol{A}^2-2\boldsymbol{A}=3\boldsymbol{I}-3\boldsymbol{A},$$

$$A^2+A-2I=0.$$

于是$(A+2I)(A-I)=0$,从而$|A+2I||A-I|=0$,所以$A+2I$和$A-I$的行列式至少有一个等于零,因此$A+2I$或$A-I$不可逆.

(3) 再由$A^2+A-2I=0$,可得$A(A+I)=2I$,从而$|A||A+I|=2^n\neq0$,所以$|A|\neq0$,$|A+I|\neq0$,即A与$A+I$均可逆,且

$$A^{-1}=\frac{1}{2}(A+I),\quad (A+I)^{-1}=\frac{1}{2}A.$$

13(第75题) 设A为奇数阶可逆矩阵,且$A^{-1}=A^{\mathrm{T}}$,$|A|=1$,求$|I-A|$.

解 设A为n(奇数)阶矩阵.由$A^{-1}=A^{\mathrm{T}}$得$AA^{\mathrm{T}}=I$,于是

$$|I-A|=|AA^{\mathrm{T}}-A|=|A||A^{\mathrm{T}}-I|=|A^{\mathrm{T}}-I|.$$

再由$|A^{\mathrm{T}}-I|=|(A^{\mathrm{T}}-I)^{\mathrm{T}}|=|A-I|=|-(I-A)|=(-1)^n\ |I-A|=-|I-A|$,得

$$|I-A|=-|I-A|,\quad 所以|I-A|=0.$$

14(第80题) 设B是元素全为1的n阶矩阵($n\geqslant2$),证明:

(1) $B^k=n^{k-1}B$($k\geqslant2$为正整数);(2) $(I-B)^{-1}=I-\frac{1}{n-1}B$.

证 (1)

$$B=\begin{pmatrix}1 & 1 & \cdots & 1\\ 1 & 1 & \cdots & 1\\ \vdots & \vdots & & \vdots\\ 1 & 1 & \cdots & 1\end{pmatrix}=\begin{pmatrix}1\\1\\\vdots\\1\end{pmatrix}(1,1,\cdots,1)=\alpha\alpha^{\mathrm{T}},$$

其中$\alpha=(1,1,\cdots,1)^{\mathrm{T}}$,$\alpha^{\mathrm{T}}\alpha=n$.与前面12题(1)的结果类似地可得$B^k=n^{k-1}B$.

(2) 由(1)的结论得$B^2=nB$即$B^2-nB=0$,欲证题中所给的$(I-B)^{-1}$.应将$B^2-nB=0$,化为

$$(I-B)(?)=I.$$

于是由

$$B^2-nB=(I-B)[(n-1)I-B]-(n-1)I=0,$$

得

$$(I-B)[(n-1)I-B]=(n-1)I,$$

即 $$(\boldsymbol{I}-\boldsymbol{B})\frac{1}{n-1}[(n-1)\boldsymbol{I}-\boldsymbol{B}]=(\boldsymbol{I}-\boldsymbol{B})\left(\boldsymbol{I}-\frac{\boldsymbol{B}}{n-1}\right)=\boldsymbol{I}.$$

所以

$$(\boldsymbol{I}-\boldsymbol{B})^{-1}=\boldsymbol{I}-\frac{1}{n-1}\boldsymbol{B}.$$

此题的另一证法：欲证$(\boldsymbol{I}-\boldsymbol{B})^{-1}=\boldsymbol{I}-\frac{1}{n-1}\boldsymbol{B}$，只要证

$$(\boldsymbol{I}-\boldsymbol{B})\left(\boldsymbol{I}-\frac{1}{n-1}\boldsymbol{B}\right)=\boldsymbol{I},$$

即 $$\boldsymbol{I}-\left(1+\frac{1}{n-1}\right)\boldsymbol{B}+\frac{\boldsymbol{B}^2}{n-1}=\boldsymbol{I},$$

也即 $$-\frac{n}{n-1}\boldsymbol{B}+\frac{\boldsymbol{B}^2}{n-1}=\boldsymbol{0}.$$

这只要证 $\boldsymbol{B}^2=n\boldsymbol{B}$. 而由(1)的结论得 $\boldsymbol{B}^2=n\boldsymbol{B}$，故结论成立.

15（第 82 题） 已知 $\boldsymbol{P},\boldsymbol{A}$ 均为 n 阶矩阵，且 $\boldsymbol{P}^{-1}\boldsymbol{A}\boldsymbol{P}=\mathrm{diag}(1,1,\cdots,1,0,\cdots,0)$（其中 1 有 r 个），试计算$|\boldsymbol{A}+2\boldsymbol{I}|$.

解 这里解题的关键是要把 $2\boldsymbol{I}$ 表示为 $\boldsymbol{P}(2\boldsymbol{I})\boldsymbol{P}^{-1}$ 或 $\boldsymbol{P}^{-1}(2\boldsymbol{I})\boldsymbol{P}$.

法 1：由 $\boldsymbol{P}^{-1}\boldsymbol{A}\boldsymbol{P}=\mathrm{diag}(1,1,\cdots,1,0,\cdots,0)$，得

$$\boldsymbol{A}=\boldsymbol{P}\mathrm{diag}(1,1,\cdots,1,0,\cdots,0)\boldsymbol{P}^{-1}.$$

于是

$$\begin{aligned}\boldsymbol{A}+2\boldsymbol{I}&=\boldsymbol{P}\mathrm{diag}(1,1,\cdots,1,0,\cdots,0)\boldsymbol{P}^{-1}+\boldsymbol{P}(2\boldsymbol{I})\boldsymbol{P}^{-1}\\&=\boldsymbol{P}\mathrm{diag}(3,3,\cdots,3,2,\cdots,2)\boldsymbol{P}^{-1},\end{aligned}$$

其中“3”有 r 个，“2”有 $n-r$ 个，所以

$$\begin{aligned}|\boldsymbol{A}+2\boldsymbol{I}|&=|\boldsymbol{P}|\,|\mathrm{diag}(3,\cdots,3,2,\cdots,2)|\,|\boldsymbol{P}^{-1}|\\&=|\boldsymbol{P}|3^r2^{n-r}|\boldsymbol{P}|^{-1}=3^r\cdot 2^{n-r}.\end{aligned}$$

法 2：由 $\boldsymbol{P}^{-1}\boldsymbol{A}\boldsymbol{P}+2\boldsymbol{I}=\boldsymbol{P}^{-1}\boldsymbol{A}\boldsymbol{P}+\boldsymbol{P}^{-1}(2\boldsymbol{I})\boldsymbol{P}=\boldsymbol{P}^{-1}(\boldsymbol{A}+2\boldsymbol{I})\boldsymbol{P}$，得

$$\boldsymbol{P}^{-1}(\boldsymbol{A}+2\boldsymbol{I})\boldsymbol{P}=\mathrm{diag}(1,\cdots,1,0,\cdots,0)+2\boldsymbol{I}=\mathrm{diag}(3,\cdots,3,2,\cdots,2).$$

于是

$$\begin{aligned}|\boldsymbol{P}^{-1}(\boldsymbol{A}+2\boldsymbol{I})\boldsymbol{P}|&=|\boldsymbol{P}^{-1}|\,|\boldsymbol{A}+2\boldsymbol{I}|\,|\boldsymbol{P}|=|\boldsymbol{A}+2\boldsymbol{I}|\\&=|\mathrm{diag}(3,\cdots,3,2,\cdots,2)|=3^r\cdot 2^{n-r}.\end{aligned}$$

16（第 83 题） 设 $\boldsymbol{A}$ 为 n 阶($n\geqslant 2$)可逆矩阵，证明：

(1) $(\boldsymbol{A}^*)^{-1}=(\boldsymbol{A}^{-1})^*$；

(2) $(\boldsymbol{A}^{\mathrm{T}})^{*}=(\boldsymbol{A}^{*})^{\mathrm{T}}$;

(3) $(k\boldsymbol{A})^{*}=k^{n-1}\boldsymbol{A}^{*}$ (k 为非零常数).

证　这里主要是利用可逆矩阵 $\boldsymbol{B}$ 的逆矩阵 $\boldsymbol{B}^{-1}$ 与 $\boldsymbol{B}$ 的伴随矩阵 $\boldsymbol{B}^{*}$ 的关系,即

$$\boldsymbol{B}^{-1}=\frac{1}{|\boldsymbol{B}|}\boldsymbol{B}^{*}, \qquad \boldsymbol{B}^{*}=|\boldsymbol{B}|\boldsymbol{B}^{-1}. \tag{1}$$

(1)
$$(\boldsymbol{A}^{*})^{-1}=(|\boldsymbol{A}|\boldsymbol{A}^{-1})^{-1}=\frac{1}{|\boldsymbol{A}|}\boldsymbol{A}=|\boldsymbol{A}^{-1}|\boldsymbol{A}. \tag{2}$$

再将(1)式中的 $\boldsymbol{B}$ 视为 $\boldsymbol{A}^{-1}$,则有

$$(\boldsymbol{A}^{-1})^{*}=|\boldsymbol{A}^{-1}|(\boldsymbol{A}^{-1})^{-1}=|\boldsymbol{A}^{-1}|\boldsymbol{A}. \tag{3}$$

由(2),(3)式即得　$(\boldsymbol{A}^{*})^{-1}=(\boldsymbol{A}^{-1})^{*}$.

(2)
$$\begin{aligned}(\boldsymbol{A}^{*})^{\mathrm{T}}&=(|\boldsymbol{A}|\boldsymbol{A}^{-1})^{\mathrm{T}}=|\boldsymbol{A}|(\boldsymbol{A}^{-1})^{\mathrm{T}}=|\boldsymbol{A}|(\boldsymbol{A}^{\mathrm{T}})^{-1}\\&=|\boldsymbol{A}^{\mathrm{T}}|(\boldsymbol{A}^{\mathrm{T}})^{-1}=(\boldsymbol{A}^{\mathrm{T}})^{*}.\end{aligned}$$

这里利用了 $|\boldsymbol{A}|=|\boldsymbol{A}^{\mathrm{T}}|$,第一个等号和最后一个等号利用了(1)式.

(3) 利用(1)式,　得

$$\begin{aligned}(k\boldsymbol{A})^{*}&=|k\boldsymbol{A}|(k\boldsymbol{A})^{-1}=k^{n}|\boldsymbol{A}|\frac{1}{k}\boldsymbol{A}^{-1}=k^{n-1}|\boldsymbol{A}|\boldsymbol{A}^{-1}\\&=k^{n-1}\boldsymbol{A}^{*}.\end{aligned}$$

这里需要指出,(2),(3)的结论,当 $\boldsymbol{A}$ 不可逆时也是成立的.这要用伴随矩阵的定义来证明.

设 $\boldsymbol{A}=(a_{ij})_{n\times n}$,则 $\boldsymbol{A}^{\mathrm{T}}=(a_{ji}^{\mathrm{T}})_{n\times n}$,其中 $a_{ji}^{\mathrm{T}}=a_{ij}$.由于行列式转置其值不变,因此,矩阵 $\boldsymbol{A}$ 的 a_{ij} 的余子式与矩阵 $\boldsymbol{A}^{\mathrm{T}}$ 的 a_{ji}^{T} 的余子式相等,从而其代数余子式也相等,即

$$A_{ji}^{\mathrm{T}}=A_{ij}, \qquad i,j=1,2,\cdots,n.$$

于是(以三阶为例)

$$(\boldsymbol{A}^{\mathrm{T}})^{*}=\begin{bmatrix}A_{11}^{\mathrm{T}} & A_{21}^{\mathrm{T}} & A_{31}^{\mathrm{T}}\\A_{12}^{\mathrm{T}} & A_{22}^{\mathrm{T}} & A_{32}^{\mathrm{T}}\\A_{13}^{\mathrm{T}} & A_{23}^{\mathrm{T}} & A_{33}^{\mathrm{T}}\end{bmatrix}=\begin{bmatrix}A_{11} & A_{12} & A_{13}\\A_{21} & A_{22} & A_{23}\\A_{31} & A_{32} & A_{33}\end{bmatrix}=(\boldsymbol{A}^{*})^{\mathrm{T}}.$$

对于 $k\boldsymbol{A}=(ka_{ij})_{n\times n}$ 来说,它的元素 ka_{ij} 的代数余子式(其余子式是 $n-1$ 阶行列式)

$$(kA)_{ij}=k^{n-1}A_{ij},$$

所以, $(k\boldsymbol{A})^* = k^{n-1}\boldsymbol{A}^*$.

17（第 85 题） 证明：与任意的 n 阶矩阵可交换的矩阵必是 n 阶数量矩阵.

证 在 2.3 节的(2)矩阵乘法中已证明过与主对角元互异的对角矩阵 $\boldsymbol{\Lambda}=\mathrm{diag}(k_1,k_2,\cdots,k_n)$（其中 $k_i\neq k_j, i\neq j$）可交换的矩阵必是对角矩阵. 下面证明,这个对角矩阵还要与任意的 n 阶矩阵可交换,则必是数量矩阵. 取

$$\boldsymbol{A}=\begin{pmatrix} 0 & a_1 & 0 & \cdots & 0 \\ 0 & 0 & a_2 & \cdots & 0 \\ \vdots & \vdots & \vdots & \ddots & \vdots \\ 0 & 0 & 0 & \cdots & a_{n-1} \\ a_n & 0 & 0 & \cdots & 0 \end{pmatrix} \quad (\text{其中 } a_i\neq 0, \quad i=1,\cdots,n),$$

则

$$\boldsymbol{\Lambda}\boldsymbol{A}=\begin{pmatrix} 0 & k_1a_1 & 0 & \cdots & 0 \\ 0 & 0 & k_2a_2 & \cdots & 0 \\ \vdots & \vdots & \vdots & \ddots & \vdots \\ 0 & 0 & 0 & \cdots & k_{n-1}a_{n-1} \\ k_na_n & 0 & 0 & \cdots & 0 \end{pmatrix}, \quad \boldsymbol{A}\boldsymbol{\Lambda}=\begin{pmatrix} 0 & k_2a_1 & 0 & \cdots & 0 \\ 0 & 0 & k_3a_2 & \cdots & 0 \\ \vdots & \vdots & \vdots & \ddots & \vdots \\ 0 & 0 & 0 & \cdots & k_na_{n-1} \\ k_1a_n & 0 & 0 & \cdots & 0 \end{pmatrix}.$$

于是,由 $\boldsymbol{\Lambda}\boldsymbol{A}=\boldsymbol{A}\boldsymbol{\Lambda}$,得

$$k_ia_i=k_{i+1}a_i, \quad \text{从而 } k_i=k_{i+1}, \quad i=1,2,\cdots,n-1,$$

即 $k_1=k_2=\cdots=k_n$,所以与任何矩阵可交换的矩阵必是数量矩阵 $k\boldsymbol{I}$（k 为任意非零常数）.

前面已经讲过,数量矩阵 $k\boldsymbol{I}$ 与任何矩阵可交换. 综上所述,与任意矩阵可交换的矩阵 $\boldsymbol{A}$,当且仅当 $\boldsymbol{A}=k\boldsymbol{I}$（数量矩阵）.

18（第 86 题） n 阶矩阵 $\boldsymbol{A}=(a_{ij})_{n\times n}$ 的主对角元之和称为矩阵 $\boldsymbol{A}$ 的迹,记作 $\mathrm{tr}(\boldsymbol{A})$,即

$$\mathrm{tr}(\boldsymbol{A})=\sum_{i=1}^{n} a_{ii}.$$

证明：若 $\boldsymbol{A}$ 是 $m\times n$ 矩阵,$\boldsymbol{B}$ 是 $n\times m$ 矩阵,则

$$\mathrm{tr}(\boldsymbol{AB})=\mathrm{tr}(\boldsymbol{BA}).$$

证 设 $\boldsymbol{A}=(a_{ij})_{m\times n}$, $\boldsymbol{B}=(b_{ij})_{n\times m}$, 则

$$(\boldsymbol{AB})_{ii}=\sum_{k=1}^{n}a_{ik}b_{ki}, \quad (\boldsymbol{BA})_{kk}=\sum_{i=1}^{m}b_{ki}a_{ik}.$$

于是

$$\begin{aligned}\mathrm{tr}(\boldsymbol{AB})&=\sum_{i=1}^{m}(\boldsymbol{AB})_{ii}=\sum_{i=1}^{m}\sum_{k=1}^{n}a_{ik}b_{ki}\\&=\sum_{k=1}^{n}\sum_{i=1}^{m}b_{ki}a_{ik}=\sum_{k=1}^{n}(\boldsymbol{BA})_{kk}=\mathrm{tr}(\boldsymbol{BA}).\end{aligned}$$

19（第88题） 若 n 阶矩阵 $\boldsymbol{A}$ 存在正整数 k，使得 $\boldsymbol{A}^k=\boldsymbol{0}$，就称 $\boldsymbol{A}$ 为幂零矩阵.

设幂零矩阵 $\boldsymbol{A}$ 满足 $\boldsymbol{A}^k=\boldsymbol{0}$（$k$ 为正整数），试证明：$\boldsymbol{I}-\boldsymbol{A}$ 可逆，并求其逆矩阵.

解 证明 $\boldsymbol{I}-\boldsymbol{A}$ 可逆，如果 $\boldsymbol{A}$ 的元素是具体数字，可用行列式 $|\boldsymbol{I}-\boldsymbol{A}|\neq 0$，或用初等行（列）变换将其化为单位矩阵来证明. 这里 $\boldsymbol{A}$ 是抽象的，只能从定义的角度考虑，即是否存在矩阵 $\boldsymbol{B}$，使 $(\boldsymbol{I}-\boldsymbol{A})\boldsymbol{B}=\boldsymbol{I}$.

在初等代数里，我们知道

$$(1-x)(1+x+x^2+\cdots+x^{k-1})=1-x^k.$$

由于单位矩阵 $\boldsymbol{I}$ 与任何矩阵相乘可交换，所以上式中"1"换为"$\boldsymbol{I}$"，"x"换为 $\boldsymbol{A}$，其等式成立，即

$$(\boldsymbol{I}-\boldsymbol{A})(\boldsymbol{I}+\boldsymbol{A}+\boldsymbol{A}^2+\cdots+\boldsymbol{A}^{k-1})=\boldsymbol{I}-\boldsymbol{A}^k=\boldsymbol{I}.$$

（读者不难用矩阵乘法满足的分配律及 $\boldsymbol{I}$ 与 $\boldsymbol{A}$ 可交换来验证上式成立），所以 $\boldsymbol{I}-\boldsymbol{A}$ 可逆，且

$$(\boldsymbol{I}-\boldsymbol{A})^{-1}=\boldsymbol{I}+\boldsymbol{A}+\boldsymbol{A}^2+\cdots+\boldsymbol{A}^{k-1}.$$

20（第89题）

设 $\mathbf{A}=\begin{pmatrix}a&1&0&0\\0&a&1&0\\0&0&a&1\\0&0&0&a\end{pmatrix}$，$f(x)=(x-b)^n$，试求 $f(\mathbf{A})$；当 $f(\mathbf{A})$ 可逆时，求其逆矩阵.

解 由 $f(x)=(x-b)^n$，求 $f(\mathbf{A})$ 时，不仅要把 x 换为 $\mathbf{A}$，而且要把常数 b 换为数量矩阵 $b\boldsymbol{I}$，即

$f(\mathbf{A})=(\mathbf{A}-b\boldsymbol{I})^n$

$$=\begin{pmatrix} a-b & 1 & 0 & 0 \\ 0 & a-b & 1 & 0 \\ 0 & 0 & a-b & 1 \\ 0 & 0 & 0 & a-b \end{pmatrix}^n.$$

记 $\begin{pmatrix} 0 & 1 & 0 & 0 \\ 0 & 0 & 1 & 0 \\ 0 & 0 & 0 & 1 \\ 0 & 0 & 0 & 0 \end{pmatrix}=\boldsymbol{B}$, $\begin{pmatrix} a-b & 0 & 0 & 0 \\ 0 & a-b & 0 & 0 \\ 0 & 0 & a-b & 0 \\ 0 & 0 & 0 & a-b \end{pmatrix}=(a-b)\boldsymbol{I}$, $a-b=\lambda$,则

$$\begin{aligned} f(\boldsymbol{A}) &= (\lambda\boldsymbol{I}+\boldsymbol{B})^n \\ &= \lambda^n\boldsymbol{I}+C_n^1\lambda^{n-1}\boldsymbol{B}+C_n^2\lambda^{n-2}\boldsymbol{B}^2+C_n^3\lambda^{n-3}\boldsymbol{B}^3+C_n^4\lambda^{n-4}\boldsymbol{B}^4+\cdots+\boldsymbol{B}^n, \end{aligned}$$

其中

$$\boldsymbol{B}^2=\begin{pmatrix} 0 & 0 & 1 & 0 \\ 0 & 0 & 0 & 1 \\ 0 & 0 & 0 & 0 \\ 0 & 0 & 0 & 0 \end{pmatrix},\quad \boldsymbol{B}^3=\begin{pmatrix} 0 & 0 & 0 & 1 \\ 0 & 0 & 0 & 0 \\ 0 & 0 & 0 & 0 \\ 0 & 0 & 0 & 0 \end{pmatrix},\quad \boldsymbol{B}^4=\cdots=\boldsymbol{B}^5=\boldsymbol{0}.$$

所以

$$f(\boldsymbol{A})=\begin{pmatrix} \lambda^n & C_n^1\lambda^{n-1} & C_n^2\lambda^{n-2} & C_n^3\lambda^{n-3} \\ 0 & \lambda^n & C_n^1\lambda^{n-1} & C_n^2\lambda^{n-2} \\ 0 & 0 & \lambda^n & C_n^1\lambda^{n-1} \\ 0 & 0 & 0 & \lambda^n \end{pmatrix}.$$

当 $\lambda=a-b\neq 0$ 时,$f(\boldsymbol{A})$可逆,用其伴随矩阵求逆,得

$$\begin{aligned} f^{-1}(\boldsymbol{A}) &= \frac{f^*(\boldsymbol{A})}{|f(\boldsymbol{A})|} \\ &= \frac{1}{\lambda^n}\begin{pmatrix} 1 & -C_n^1\lambda^{-1} & [(C_n^1)^2-C_n^2]\lambda^{-2} & [-(C_n^1)^3+2C_n^2C_n^1-C_n^3]\lambda^{-3} \\ 0 & 1 & -C_n^1\lambda^{-1} & [(C_n^1)^2-C_n^2]\lambda^{-2} \\ 0 & 0 & 1 & -C_n^1\lambda^{-1} \\ 0 & 0 & 0 & 1 \end{pmatrix}. \end{aligned}$$

21(第 92 题) 证明:n 阶反对称矩阵可逆的必要条件是 n 为偶数,举例说明 n 为偶数不是 n 阶反对称矩阵可逆的充分条件.

证 设 $\boldsymbol{A}$ 为 n 阶反对称矩阵,则 $\boldsymbol{A}^{\mathrm{T}}=-\boldsymbol{A}$,于是

$$|\boldsymbol{A}|=|\boldsymbol{A}^{\mathrm{T}}|=|-\boldsymbol{A}|=(-1)^n|\boldsymbol{A}|.$$

当 n 为奇数时，$|\boldsymbol{A}|=-|\boldsymbol{A}|$，所以 $|\boldsymbol{A}|=0$，因此不可逆.故 n 阶反对称矩阵可逆的必要条件为 n 是偶数.

但偶数阶反对称矩阵也不一定可逆(即 n 为偶数不是可逆的充分条件)，例如：四阶反对称矩阵

$$\boldsymbol{A}=\begin{pmatrix}0 & -1 & 0 & 0\\ 1 & 0 & 1 & 0\\ 0 & -1 & 0 & 0\\ 0 & 0 & 0 & 0\end{pmatrix},\quad |\boldsymbol{A}|=0,\quad \boldsymbol{A}\text{ 不可逆.}$$

22 (第96题) 若 n 阶矩阵 $\boldsymbol{A}$ 与 $\boldsymbol{B}$ 可交换，则 $\boldsymbol{A}$ 与 $\boldsymbol{B}$ 的任意多项式 $f(\boldsymbol{A})$ 与 $g(\boldsymbol{B})$ 也可交换.

证 设 $f(\boldsymbol{A})=a_0\boldsymbol{I}+a_1\boldsymbol{A}+a_2\boldsymbol{A}^2+\cdots+a_k\boldsymbol{A}^k=\sum\limits_{i=0}^{k}a_i\boldsymbol{A}^i$,

$$g(\boldsymbol{B})=b_0\boldsymbol{I}+b_1\boldsymbol{B}+b_2\boldsymbol{B}^2+\cdots+b_m\boldsymbol{B}^m=\sum_{j=0}^{m}b_j\boldsymbol{B}^j,$$

其中 $\boldsymbol{A}^0=\boldsymbol{B}^0=\boldsymbol{I}$.于是

$$f(\boldsymbol{A})g(\boldsymbol{B})=\sum_{i+j=0}^{i+j=k+m}a_ib_j\boldsymbol{A}^i\boldsymbol{B}^j \tag{1}$$

$$=\sum_{j+i=0}^{j+i=m+k}b_ja_i\boldsymbol{B}^j\boldsymbol{A}^i=g(\boldsymbol{B})f(\boldsymbol{A}),$$

其中第二个等号处 $\boldsymbol{A}^i\boldsymbol{B}^j=\boldsymbol{B}^j\boldsymbol{A}^i$ 是利用 $\boldsymbol{AB}=\boldsymbol{BA}$ 而得到的.(1)式的含义是：$i+j=0$ 的项为 $a_0b_0\boldsymbol{I}$；$i+j=1$ 的项为 $a_1b_0\boldsymbol{A}+a_0b_1\boldsymbol{B}$；$i+j=2$ 的项为 $a_2b_0\boldsymbol{A}^2+a_1b_1\boldsymbol{AB}+a_0b_2\boldsymbol{B}^2$；$i+j=3$ 的项为 $a_3b_0\boldsymbol{A}^3+a_2b_1\boldsymbol{A}^2\boldsymbol{B}+a_1b_2\boldsymbol{AB}^2+a_0b_3\boldsymbol{B}^3$；如此等等.

第3章

线性方程组

3.1 基本要求与内容提要

1 基本要求

(1) 熟练掌握 n 维向量的线性运算(向量的加法及数与向量相乘的向量的数量乘法),熟悉它们所满足的8条运算规则.

(2) 准确理解 n 维向量的线性相关性的定义(包括线性相关与线性无关);熟悉一组向量线性相关和无关的充分必要条件;熟练掌握判别一组向量线性相关或无关的方法.

(3) 准确理解向量组的秩及其极大线性无关组的概念,会用初等变换的方法求秩与极大线性无关组.

(4) 准确理解矩阵的秩的概念;会用初等变换的方法求矩阵的秩;熟悉矩阵相加和相乘后的秩与原矩阵的秩的关系;* 了解矩阵的相抵标准形的概念.

(5) 准确理解齐次线性方程组有非零解的条件,及其基础解系和一般解(通解)的结构;熟练掌握求基础解系的方法.

(6) 准确理解非齐次线性方程组有解的条件,及其一般解的结构;熟练掌握求一般解的方法.

2 内容提要

(1) n 维向量与矩阵是线性代数中两个基本的运算对象. n

维向量的线性运算(加法与数量乘法).

设 $\boldsymbol{\alpha}=(a_1,a_2,\cdots,a_n)$, $\boldsymbol{\beta}=(b_1,b_2,\cdots,b_n)\in F^n$, $k\in F$,规定

$$\boldsymbol{\alpha}+\boldsymbol{\beta}=(a_1+b_1,a_2+b_2,\cdots,a_n+b_n),$$
$$k\,\boldsymbol{\alpha}=(ka_1,ka_2,\cdots,ka_n),\quad -\boldsymbol{\alpha}=(-1)\boldsymbol{\alpha},$$
$$\boldsymbol{\alpha}-\boldsymbol{\beta}=\boldsymbol{\alpha}+(-\boldsymbol{\beta}).$$

n 维向量的线性运算满足以下8条运算规则:

① $\boldsymbol{\alpha}+\boldsymbol{\beta}=\boldsymbol{\beta}+\boldsymbol{\alpha}$; ② $(\boldsymbol{\alpha}+\boldsymbol{\beta})+\boldsymbol{\gamma}=\boldsymbol{\alpha}+(\boldsymbol{\beta}+\boldsymbol{\gamma})$;

③ $\boldsymbol{\alpha}+\mathbf{0}=\boldsymbol{\alpha}$($\mathbf{0}$ 为零向量); ④ $\boldsymbol{\alpha}+(-\boldsymbol{\alpha})=\mathbf{0}$($\mathbf{0}$ 为零向量);

⑤ $1\boldsymbol{\alpha}=\boldsymbol{\alpha}$; ⑥ $k(l\,\boldsymbol{\alpha})=(kl)\boldsymbol{\alpha}$($k,l$ 为数);

⑦ $k(\boldsymbol{\alpha}+\boldsymbol{\beta})=k\,\boldsymbol{\alpha}+k\,\boldsymbol{\beta}$; ⑧ $(k+l)\boldsymbol{\alpha}=k\,\boldsymbol{\alpha}+l\,\boldsymbol{\alpha}$.

(2) n 维向量的线性相关性

定义 向量 $\boldsymbol{\alpha}_1,\boldsymbol{\alpha}_2,\cdots,\boldsymbol{\alpha}_m\in F^n$ 线性相关指的是:存在不全为零的数 $k_1,k_2,\cdots,k_m\in F$,使

$$k_1\boldsymbol{\alpha}_1+k_2\boldsymbol{\alpha}_2+\cdots+k_m\boldsymbol{\alpha}_m=\mathbf{0}(\text{零向量}).$$

$\boldsymbol{\alpha}_1,\boldsymbol{\alpha}_2,\cdots,\boldsymbol{\alpha}_m$ 线性无关指的是:仅当数 $k_1=k_2=\cdots=k_m=0$ 时,才使 $k_1\boldsymbol{\alpha}_1+k_2\boldsymbol{\alpha}_2+\cdots+k_m\boldsymbol{\alpha}_m=\mathbf{0}$(零向量),也就是说,若$k_1\boldsymbol{\alpha}_1+k_2\boldsymbol{\alpha}_2+\cdots+k_m\boldsymbol{\alpha}_m=\mathbf{0}$,则必有数 $k_1=k_2=\cdots=k_m=0$.

单个向量 $\boldsymbol{\alpha}$ 线性相关(无关),当且仅当 $\boldsymbol{\alpha}$ 为零向量(非零向量).

① $\boldsymbol{\alpha}_1,\boldsymbol{\alpha}_2,\cdots,\boldsymbol{\alpha}_m(m\geqslant 2)$线性相关的充要条件是,其中有一个向量可由其余向量线性表示;而线性无关的充要条件则是,其中任一个向量均不可由其余向量线性表示.

② 如果向量组 $\boldsymbol{\beta}_1,\cdots,\boldsymbol{\beta}_t$ 可由向量组 $\boldsymbol{\alpha}_1,\cdots,\boldsymbol{\alpha}_s$ 线性表示,且 $t>s$,则 $\boldsymbol{\beta}_1,\cdots,\boldsymbol{\beta}_t$ 线性相关.这个命题的等价命题是:如果向量组 $\boldsymbol{\beta}_1,\cdots,\boldsymbol{\beta}_t$ 可由向量组 $\boldsymbol{\alpha}_1,\cdots,\boldsymbol{\alpha}_s$ 线性表示,且 $\boldsymbol{\beta}_1,\cdots,\boldsymbol{\beta}_t$ 线性无关,则 $t\leqslant s$.

③ 如果向量组 $\boldsymbol{\alpha}_1,\boldsymbol{\alpha}_2,\cdots,\boldsymbol{\alpha}_r$ 线性无关,而向量组 $\boldsymbol{\beta},\boldsymbol{\alpha}_1,\boldsymbol{\alpha}_2,\cdots,\boldsymbol{\alpha}_r$ 线性相关,则 $\boldsymbol{\beta}$ 可由 $\boldsymbol{\alpha}_1,\boldsymbol{\alpha}_2,\cdots,\boldsymbol{\alpha}_r$ 线性表示,且表示

法惟一.

④ 设 $\boldsymbol{\alpha}_1=(a_{11},a_{21},\cdots,a_{n1})^{\mathrm{T}}$，$\boldsymbol{\alpha}_2=(a_{12},a_{22},\cdots,a_{n2})^{\mathrm{T}}$，$\boldsymbol{\alpha}_r=(a_{1r},a_{2r},\cdots,a_{nr})^{\mathrm{T}}$，由于向量方程

$$x_1\boldsymbol{\alpha}_1+x_2\boldsymbol{\alpha}_2+\cdots+x_r\boldsymbol{\alpha}_r=\mathbf{0}(\text{零向量})$$

等价于齐次线性方程组

$$\boldsymbol{A}\boldsymbol{x}=\mathbf{0},$$

其中系数矩阵 $\boldsymbol{A}$ 是以 $\boldsymbol{\alpha}_1,\boldsymbol{\alpha}_2,\cdots,\boldsymbol{\alpha}_r$ 按列排成的 $n\times r$ 矩阵，$\boldsymbol{x}=(x_1,x_2,\cdots,x_r)^{\mathrm{T}}$.

所以，向量组 $\boldsymbol{\alpha}_1,\boldsymbol{\alpha}_2,\cdots,\boldsymbol{\alpha}_r$ 线性相关(无关)的充要条件是，齐次线性方程组 $\boldsymbol{A}\boldsymbol{x}=\mathbf{0}$ 有非零解(只有零解，即 $x_1,x_2,\cdots,x_r$ 全为零).

(3) 向量组的秩及其极大线性无关组

定义 如果向量组 $\boldsymbol{\alpha}_1,\boldsymbol{\alpha}_2,\cdots,\boldsymbol{\alpha}_s$ 中存在 r 个线性无关的向量 $\boldsymbol{\alpha}_{i_1},\boldsymbol{\alpha}_{i_2},\cdots,\boldsymbol{\alpha}_{i_r}(1\leqslant i_1<i_2<\cdots<i_r\leqslant s)$，且其中任一个向量可由这 r 个向量线性表示，则称向量组的秩为 r，即秩$\{\boldsymbol{\alpha}_1,\boldsymbol{\alpha}_2,\cdots,\boldsymbol{\alpha}_s\}=r$.

由前面的(2)段②，③，可得这个定义的等价定义：

秩$\{\boldsymbol{\alpha}_1,\boldsymbol{\alpha}_2,\cdots,\boldsymbol{\alpha}_s\}=r$ 即为 $\boldsymbol{\alpha}_1,\boldsymbol{\alpha}_2,\cdots,\boldsymbol{\alpha}_r$ 中存在 r 个线性无关的向量，且任何 $r+1$ 个向量都线性相关. 其中的 r 个线性无关的向量称为向量组的一个极大线性无关组. 向量组的极大线性无关组一般不是惟一的，但不同的极大线性无关组所含向量"个数"是相同的，这个"个数"就是向量组的秩.

求向量组 $\boldsymbol{\alpha}_1,\boldsymbol{\alpha}_2,\cdots,\boldsymbol{\alpha}_s$ 的秩及其极大线性无关组的方法(不妨设向量为四维向量，向量个数 $s=5$)：

将 $\boldsymbol{\alpha}_1,\boldsymbol{\alpha}_2,\boldsymbol{\alpha}_3,\boldsymbol{\alpha}_4,\boldsymbol{\alpha}_5$ 按列排成 4×5 矩阵 $\boldsymbol{A}$，对矩阵 $\boldsymbol{A}$ 做初等行变换将其化为阶梯形矩阵 $\boldsymbol{U}$，即

$$\boldsymbol{A}=(\boldsymbol{\alpha}_1\quad\boldsymbol{\alpha}_2\quad\boldsymbol{\alpha}_3\quad\boldsymbol{\alpha}_4\quad\boldsymbol{\alpha}_5)\xrightarrow[\text{行变换}]{\text{初等}}$$

$$\begin{pmatrix} c_{11} & * & * & * & * \\ 0 & 0 & c_{23} & * & * \\ 0 & 0 & 0 & c_{34} & * \\ 0 & 0 & 0 & 0 & 0 \end{pmatrix} = (\boldsymbol{\xi}_1 \quad \boldsymbol{\xi}_2 \quad \boldsymbol{\xi}_3 \quad \boldsymbol{\xi}_4 \quad \boldsymbol{\xi}_5) = \boldsymbol{U}$$

(其中 c_{11},c_{23},c_{34} 均不等于零)，则阶梯形矩阵 $\boldsymbol{U}$ 的非零行行数3为秩$\{\boldsymbol{\alpha}_1,\boldsymbol{\alpha}_2,\cdots,\boldsymbol{\alpha}_5\}$，$\boldsymbol{U}$ 中每个非零行的第一个非零元 c_{11},c_{23},c_{34} 所在的第1,3,4列所对应的 $\boldsymbol{\alpha}_1,\boldsymbol{\alpha}_3,\boldsymbol{\alpha}_4$ 为向量组$\{\boldsymbol{\alpha}_1,\boldsymbol{\alpha}_2,\cdots,\boldsymbol{\alpha}_5\}$的一个极大线性无关组.其理论根据是 $\boldsymbol{A}$ 与 $\boldsymbol{U}$ 中对应的列向量组有相同的线性相关性(定理3.6).

(4) 矩阵的秩

矩阵的行向量组的秩称为矩阵的行秩；矩阵的列向量组的秩称为矩阵的列秩；矩阵的行列式秩为矩阵非零子式的最高阶数.

矩阵 $\boldsymbol{A}$ 的行秩与列秩及其行列式秩都相等，并称为矩阵 $\boldsymbol{A}$ 的秩，记作 $\mathrm{r}(\boldsymbol{A})$.

初等变换不改变矩阵的秩，所以矩阵的秩是矩阵在初等变换下的一个不变量.对矩阵 $\boldsymbol{A}$ 做初等变换将其化为阶梯形矩阵 $\boldsymbol{U}$，则 $\boldsymbol{U}$ 的非零行行数就是矩阵 $\boldsymbol{A}$ 的秩.

$$\mathrm{r}(\boldsymbol{A}+\boldsymbol{B}) \leqslant \mathrm{r}(\boldsymbol{A})+\mathrm{r}(\boldsymbol{B}),$$
$$\mathrm{r}(\boldsymbol{AB}) \leqslant \min(\mathrm{r}(\boldsymbol{A}),\mathrm{r}(\boldsymbol{B})).$$

若 $\boldsymbol{P},\boldsymbol{Q}$ 可逆，则

$$\mathrm{r}(\boldsymbol{A})=\mathrm{r}(\boldsymbol{PA})=\mathrm{r}(\boldsymbol{AQ})=\mathrm{r}(\boldsymbol{PAQ}).$$

*矩阵 $\boldsymbol{A}$ 的相抵标准形：对秩为 r 的矩阵 $\boldsymbol{A}$ 做初等行、列变换，可将 $\boldsymbol{A}$ 化为

$$\begin{pmatrix} \boldsymbol{I}_r & \boldsymbol{0} \\ \boldsymbol{0} & \boldsymbol{0} \end{pmatrix}$$

(其中 $\boldsymbol{I}_r$ 为 r 阶单位矩阵)，并称之为 $\boldsymbol{A}$ 的相抵标准形，即存在可逆矩阵 $\boldsymbol{P}$ 与 $\boldsymbol{Q}$，使

$$\boldsymbol{PAQ}=\begin{pmatrix}\boldsymbol{I}_r & \boldsymbol{0}\\ \boldsymbol{0} & \boldsymbol{0}\end{pmatrix}.$$

(5) 齐次线性方程组有非零解的条件及解的结构

① 以 $m\times n$ 矩阵 $\boldsymbol{A}$ 为系数矩阵的齐次线性方程组 $\boldsymbol{Ax}=\boldsymbol{0}$ 有非零解的充分必要条件为 $\mathrm{r}(\boldsymbol{A})<n$,或 $\boldsymbol{A}$ 的 n 个列向量线性相关.其等价命题是:$\boldsymbol{Ax}=\boldsymbol{0}$ 只有零解的充要条件为 $\mathrm{r}(\boldsymbol{A})=n$,或 $\boldsymbol{A}$ 的 n 个列向量线性无关.

当 $\boldsymbol{A}$ 为 n 阶方阵时,$|\boldsymbol{A}|=0(\neq 0)$是 $\boldsymbol{Ax}=\boldsymbol{0}$ 有非零解(只有零解)的充要条件.

② 如果齐次线性方程组 $\boldsymbol{Ax}=\boldsymbol{0}$ 有 p 个线性无关的解 $\boldsymbol{x}_1$,$\boldsymbol{x}_2,\cdots,\boldsymbol{x}_p$,且任一个解可由它们线性表示,则称这 p 个线性无关的解为 $\boldsymbol{Ax}=\boldsymbol{0}$ 的基础解系,并称

$$\boldsymbol{x}=k_1\boldsymbol{x}_1+k_2\boldsymbol{x}_2+\cdots+k_p\boldsymbol{x}_p$$

(其中 $k_1,k_2,\cdots,k_p$ 为任意常数)为 $\boldsymbol{Ax}=\boldsymbol{0}$ 的一般解(或称通解).当 $\boldsymbol{A}$ 为 $m\times n$ 矩阵,秩$(\boldsymbol{A})=r$ 时,其中 $p=n-r$.

③ 求 $\boldsymbol{Ax}=\boldsymbol{0}$ 的基础解系的方法

对 $m\times n$ 矩阵 $\boldsymbol{A}$ 做初等行变换将其化为阶梯阵 $\boldsymbol{U}$,即

$$\boldsymbol{A}_{m\times n}\xrightarrow[\text{行变换}]{\text{初等}}\begin{bmatrix} c_{11} & \cdots & c_{1i_2} & \cdots & c_{1i_r} & \cdots & c_{1n}\\ 0 & \cdots & c_{2i_2} & \cdots & c_{2i_r} & \cdots & c_{2n}\\ \vdots & & \vdots & & \vdots & & \vdots\\ 0 & \cdots & 0 & \cdots & c_{ri_r} & \cdots & c_{rn}\\ 0 & \cdots & 0 & \cdots & 0 & \cdots & 0\\ \vdots & & \vdots & & \vdots & & \vdots\\ 0 & \cdots & 0 & \cdots & 0 & \cdots & 0 \end{bmatrix}=\boldsymbol{U},$$

其中 $\boldsymbol{U}$ 的 r 个非零行的第一个非零元 $c_{11},c_{2i_2},\cdots,c_{ri_r}$ 所在列对应的未知元 $x_1,x_{i_2},\cdots,x_{i_r}$ 称为基本未知量(或称主元),其余 $n-r$ 个未知元称为自由未知量.

将 $n-r$ 个自由未知量依次取1其余均取0的 $n-r$ 组自由未知量

$$(1,0,\cdots,0),(0,1,\cdots,0),\cdots,(0,\cdots,0,1)$$

分别代入方程组 $\boldsymbol{Ux}=\boldsymbol{0}$ 求基本未知量，从而得到 $\boldsymbol{Ax}=\boldsymbol{0}$ 的 $n-r$ 个线性无关的解(即基础解系)$\boldsymbol{x}_1,\boldsymbol{x}_2,\cdots,\boldsymbol{x}_{n-r}$.

(6) 非齐次线性方程组有解的条件及解的结构

① 非齐次线性方程组 $\boldsymbol{Ax}=\boldsymbol{b}$ 有解的充要条件为

$\mathrm{r}(\boldsymbol{A},\boldsymbol{b})=\mathrm{r}(\boldsymbol{A})$，或 $\boldsymbol{b}$ 可由 $\boldsymbol{A}$ 的列向量组线性表示.

$\boldsymbol{Ax}=\boldsymbol{b}$ 有惟一解的充要条件为

$$\mathrm{r}(\boldsymbol{A},\boldsymbol{b})=\mathrm{r}(\boldsymbol{A})=\boldsymbol{A}\text{ 的列数}.$$

② 若 $\boldsymbol{x}_1$ 与 $\boldsymbol{x}_2$ 为 $\boldsymbol{Ax}=\boldsymbol{b}$ 的两个解，则 $\boldsymbol{x}_1-\boldsymbol{x}_2$ 为对应齐次方程组 $\boldsymbol{Ax}=\boldsymbol{0}$ 的解.

③ 若 $\boldsymbol{Ax}=\boldsymbol{b}$ 有解，则其一般解为

$$\boldsymbol{x}=\boldsymbol{x}_0+\overline{\boldsymbol{x}},$$

其中：$\boldsymbol{x}_0$ 是 $\boldsymbol{Ax}=\boldsymbol{b}$ 的一个特解(某一个解)，

$$\overline{\boldsymbol{x}}=k_1\boldsymbol{x}_1+k_2\boldsymbol{x}_2+\cdots+k_p\boldsymbol{x}_p$$

是对应齐次方程组 $\boldsymbol{Ax}=\boldsymbol{0}$ 的一般解.

求 $\boldsymbol{Ax}=\boldsymbol{b}$ 的一般解的方法：对增广矩阵$(\boldsymbol{A},\boldsymbol{b})$做初等行变换将其化为阶梯形矩阵$(\boldsymbol{U},\boldsymbol{d})$，即

$$(\boldsymbol{A},\boldsymbol{b})\xrightarrow{\text{初等行变换}}(\boldsymbol{U},\boldsymbol{d}).$$

从 $\boldsymbol{Ux}=\boldsymbol{0}$ 求 $\boldsymbol{Ax}=\boldsymbol{0}$ 的基础解系与一般解$\overline{\boldsymbol{x}}$的方法与前面(5)段③中所述一样. 从 $\boldsymbol{Ax}=\boldsymbol{b}$ 的同解方程组 $\boldsymbol{Ux}=\boldsymbol{d}$ 中，将自由未知量全取为零，算出基本未知量，从而得到 $\boldsymbol{Ax}=\boldsymbol{b}$ 的一个特解 $\boldsymbol{x}_0$.

3.2 n 维向量及其线性相关性

本章的中心问题是讨论线性方程组的解的基本理论，也就是：齐次线性方程组 $\boldsymbol{Ax}=\boldsymbol{0}$ 有非零解的条件和解的结构，以及非齐次

线性方程组 $\boldsymbol{Ax}=\boldsymbol{b}$ 有解的条件和有无穷多组解时解的结构. 在前一章中,我们虽然已经会用高斯消元法求解齐次和非齐次线性方程组,但是其中还有很多重要的问题没有阐述清楚,例如,对非齐次线性方程组增广矩阵$(\boldsymbol{A},\boldsymbol{b})$做初等行变换将其化为阶梯形矩阵$(\boldsymbol{C},\boldsymbol{d})$时,其中的 d_{r+1} 在什么情况下(即增广矩阵满足什么条件时)必定等于零(即 $\boldsymbol{Ax}=\boldsymbol{b}$ 有解);再如,对方程组采用不同的消元步骤(即对增广矩阵做不同的初等行变换),将其化为阶梯形矩阵时,其非零行的行数是否相同? 即求解时自由未知量的个数是否相同;又如,自由未知量一般可以有不同的取法,从而解的表示形式有所不同,那么它们全部解构成的解集合是否相同呢? 这些深层次问题不搞清楚,即使会用高斯消元法求出了线性方程组的解,也不能说对线性方程组的解的问题有了透彻的认识.

那么,应该从什么地方,通过什么途径来搞清楚上面提的那些问题呢?

我们用高斯消元法求解线性方程组 $\boldsymbol{Ax}=\boldsymbol{b}$ 的消元过程,实际上是对其增广矩阵$(\boldsymbol{A},\boldsymbol{b})$的行向量做线性运算(向量的加法与数乘向量),通过这样的运算(也就是矩阵的初等行变换)把增广矩阵$(\boldsymbol{A},\boldsymbol{b})$化为阶梯形矩阵$(\boldsymbol{C},\boldsymbol{d})$时会有几个非零行,也就是会出现几个全零行,这取决于增广矩阵$(\boldsymbol{A},\boldsymbol{b})$的行向量之间在线性运算下有怎样的关系. 例如:系数矩阵 $\boldsymbol{A}$ 为 5×5 矩阵时,$(\boldsymbol{A},\boldsymbol{b})$的行向量有 5 个,记作 $\boldsymbol{\alpha}_1,\boldsymbol{\alpha}_2,\boldsymbol{\alpha}_3,\boldsymbol{\alpha}_4,\boldsymbol{\alpha}_5$,如果 $\boldsymbol{\alpha}_4,\boldsymbol{\alpha}_5$ 能用 $\boldsymbol{\alpha}_1,\boldsymbol{\alpha}_2,\boldsymbol{\alpha}_3$ 线性表示,而 $\boldsymbol{\alpha}_1,\boldsymbol{\alpha}_2,\boldsymbol{\alpha}_3$ 之间任一个都不能用另外两个线性表示,那么对$(\boldsymbol{A},\boldsymbol{b})$做初等行变换(也就是对 $\boldsymbol{\alpha}_1,\boldsymbol{\alpha}_2,\boldsymbol{\alpha}_3,\boldsymbol{\alpha}_4,\boldsymbol{\alpha}_5$ 作线性运算时),就一定可以将 $\boldsymbol{\alpha}_4,\boldsymbol{\alpha}_5$ 所在的行化为全零行,于是$(\boldsymbol{A},\boldsymbol{b})$化为阶梯形矩阵$(\boldsymbol{C},\boldsymbol{d})$时就必有 3 个非零行. 这里所涉及的就是一组向量之间在线性运算下有怎样的关系,这就是"向量的线性相关性"的问题. 因此,必须从"向量的线性相关性"入手,才能搞清楚前面所提的求解线性方程组的深层次问题.

1 向量的线性表示

任何一个 n 维向量 $\boldsymbol{\alpha}=(a_1,a_2,\cdots,a_n)$ 都可以由 n 个 n 维单位向量 $\boldsymbol{\varepsilon}_1=(1,0,\cdots,0),\boldsymbol{\varepsilon}_2=(0,1,\cdots,0),\cdots,\boldsymbol{\varepsilon}_n=(0,0,\cdots,1)$ 做线性运算(即数量乘法和加法)来表示,即

$$\begin{aligned}\boldsymbol{\alpha}&=(a_1,a_2,\cdots,a_n)\\&=(a_1,0,\cdots,0)+(0,a_2,\cdots,0)+\cdots+(0,0,\cdots,a_n)\\&=a_1\boldsymbol{\varepsilon}_1+a_2\boldsymbol{\varepsilon}_2+\cdots+a_n\boldsymbol{\varepsilon}_n.\end{aligned}$$

一般地,如果向量 $\boldsymbol{\alpha}$ 能用向量 $\boldsymbol{\alpha}_1,\boldsymbol{\alpha}_2,\cdots,\boldsymbol{\alpha}_r$ 做线性运算来表示,即 $\boldsymbol{\alpha}=x_1\boldsymbol{\alpha}_1+x_2\boldsymbol{\alpha}_2+\cdots+x_r\boldsymbol{\alpha}_r$(其中 $x_1,x_2,\cdots,x_r$ 为数),就称 $\boldsymbol{\alpha}$ 可由 $\boldsymbol{\alpha}_1,\boldsymbol{\alpha}_2,\cdots,\boldsymbol{\alpha}_r$ 线性表示(或称线性组合).

例1 设 $\boldsymbol{\alpha}=(4,3,3,1),\boldsymbol{\alpha}_1=(1,2,3,4),\boldsymbol{\alpha}_2=(0,1,2,3),\boldsymbol{\alpha}_3=(0,0,1,2),\boldsymbol{\alpha}_4=(0,0,0,1)$. 试问:(1)$\boldsymbol{\alpha}$ 能否由 $\boldsymbol{\alpha}_1,\boldsymbol{\alpha}_2,\boldsymbol{\alpha}_3,\boldsymbol{\alpha}_4$ 线性表示?(2)$\boldsymbol{\alpha}_4$ 能否由 $\boldsymbol{\alpha}_1,\boldsymbol{\alpha}_2,\boldsymbol{\alpha}_3$ 线性表示?如能表示,写出线性表示式子.

解 (1) $\boldsymbol{\alpha}$ 能由 $\boldsymbol{\alpha}_1,\boldsymbol{\alpha}_2,\boldsymbol{\alpha}_3,\boldsymbol{\alpha}_4$ 线性表示,就是说存在数 x_1,x_2,x_3,x_4,使

$$x_1\boldsymbol{\alpha}_1+x_2\boldsymbol{\alpha}_2+x_3\boldsymbol{\alpha}_3+x_4\boldsymbol{\alpha}_4=\boldsymbol{\alpha},\tag{1}$$

即

$$\begin{aligned}&(x_1,2x_1,3x_1,4x_1)+(0,x_2,2x_2,3x_2)+\\&\qquad(0,0,x_3,2x_3)+(0,0,0,x_4)\\&=(x_1,2x_1+x_2,3x_1+2x_2+x_3,4x_1+3x_2+2x_3+x_4)\\&=(4,3,2,1).\end{aligned}\tag{2}$$

由(2)式得到 x_1,x_2,x_3,x_4 的一个线性方程组

$$\begin{cases}x_1&=4,\\2x_1+x_2&=3,\\3x_1+2x_2+x_3&=3,\\4x_1+3x_2+2x_3+x_4&=1.\end{cases}\tag{3}$$

这个方程组容易求解，将 $x_1=4$ 代入第 2 个方程，得 $x_2=-5$；再将 $x_1=4, x_2=-5$ 代入第 3 个方程，得 $x_3=1$；最后将求得的 x_1，x_2, x_3 代入第 4 个方程，得 $x_4=-2$. 所以 $\boldsymbol{\alpha}$ 可由 $\boldsymbol{\alpha}_1, \boldsymbol{\alpha}_2, \boldsymbol{\alpha}_3, \boldsymbol{\alpha}_4$ 线性表示，其表示式为

$$\boldsymbol{\alpha}=4\boldsymbol{\alpha}_1-5\boldsymbol{\alpha}_2+\boldsymbol{\alpha}_3-2\boldsymbol{\alpha}_4.$$

这里要注意两点：①(1)式是一个向量方程，它通过(2)式，等价于(3)式表示的四元线性方程组 $\boldsymbol{Ax}=\boldsymbol{b}$，这个方程组的增广矩阵

$$(\boldsymbol{A},\boldsymbol{b})=\left(\begin{array}{cccc:c} 1 & 0 & 0 & 0 & 4 \\ 2 & 1 & 0 & 0 & 3 \\ 3 & 2 & 1 & 0 & 3 \\ 4 & 3 & 2 & 1 & 1 \end{array}\right)=(\boldsymbol{\alpha}_1 \quad \boldsymbol{\alpha}_2 \quad \boldsymbol{\alpha}_3 \quad \boldsymbol{\alpha}_4 \,\vdots\, \boldsymbol{\alpha})$$

中的 5 个列向量就是题目所给的 5 个向量写为列向量的形式. 因此，解题时，可直接将向量方程(1)等价于线性方程组(3). 一般要用高斯消元法求解这个方程组.

② 方程组(3)有惟一解，是因为 $\boldsymbol{\alpha}_1, \boldsymbol{\alpha}_2, \boldsymbol{\alpha}_3, \boldsymbol{\alpha}_4$ 是线性无关的，而 $\boldsymbol{\alpha}, \boldsymbol{\alpha}_1, \boldsymbol{\alpha}_2, \boldsymbol{\alpha}_3, \boldsymbol{\alpha}_4$ 是线性相关的(学了线性相关性就会明白这一点的).

(2) 如果 $\boldsymbol{\alpha}_4$ 能由 $\boldsymbol{\alpha}_1, \boldsymbol{\alpha}_2, \boldsymbol{\alpha}_3$ 线性表示，则存在 x_1, x_2, x_3，使

$$x_1\boldsymbol{\alpha}_1+x_2\boldsymbol{\alpha}_2+x_3\boldsymbol{\alpha}_3=\boldsymbol{\alpha}_4. \tag{4}$$

(4)式等价于下面的方程组

$$\begin{cases} x_1 & =0, \\ 2x_1+x_2 & =0, \\ 3x_1+2x_2+x_3 & =0, \\ 4x_1+3x_2+2x_3 & =1. \end{cases} \tag{5}$$

方程组(5)显然是无解的，因为由前 3 个方程得 $x_1=x_2=x_3=0$，而这不满足第 4 个方程. 所以 $\boldsymbol{\alpha}_4$ 不能由 $\boldsymbol{\alpha}_1, \boldsymbol{\alpha}_2, \boldsymbol{\alpha}_3$ 线性表示(这也是因为 $\boldsymbol{\alpha}_1, \boldsymbol{\alpha}_2, \boldsymbol{\alpha}_3, \boldsymbol{\alpha}_4$ 是线性无关的，以后会明白这 4 个向量中的任一个向量均不能由其余 3 个向量线性表示).

2 向量的线性相关性

向量的“线性相关性”的概念(即“线性相关”和“线性无关”)是线性代数中最重要的基本概念.

向量的“线性相关性”是描述向量 $\boldsymbol{\alpha}_1,\boldsymbol{\alpha}_2,\cdots,\boldsymbol{\alpha}_m(m\geqslant1)$ 在“线性运算”下有怎样的“关系”的一种概念.例如,在三维几何向量空间中,任何两个共线(或平行)的非零向量 $\boldsymbol{\alpha}_1,\boldsymbol{\alpha}_2$,都可以互相线性表示,即 $\boldsymbol{\alpha}_1=k\boldsymbol{\alpha}_2$ 或 $\boldsymbol{\alpha}_2=l\boldsymbol{\alpha}_1$;任何3个乃至更多个共面的向量 $\boldsymbol{\alpha}_1,\boldsymbol{\alpha}_2,\cdots,\boldsymbol{\alpha}_m(m\geqslant3)$,至少存在一个向量可由其余向量线性表示(详见主教材 p112～113).这表明这两种情况下的向量之间在“线性运算”下是“有着某种关系”的,我们称它们是线性相关的.一般来说:

“如果 $\boldsymbol{\alpha}_1,\boldsymbol{\alpha}_2,\cdots,\boldsymbol{\alpha}_m$ 中有一个向量能由其余向量线性表示,就称 $\boldsymbol{\alpha}_1,\boldsymbol{\alpha}_2,\cdots,\boldsymbol{\alpha}_m$ 是线性相关的.”但是我们并没有把这个命题作为“向量线性相关”的定义,因为一般情况下用这个定义判断给定的 $\boldsymbol{\alpha}_1,\boldsymbol{\alpha}_2,\cdots,\boldsymbol{\alpha}_m$ 是否线性相关是不很方便的.因此,我们把这个命题的等价命题:

“如果存在不全为零的数 $k_1,k_2,\cdots,k_m$,使 $k_1\boldsymbol{\alpha}_1+k_2\boldsymbol{\alpha}_2+\cdots+k_m\boldsymbol{\alpha}_m=\mathbf{0}$(零向量),就称 $\boldsymbol{\alpha}_1,\boldsymbol{\alpha}_2,\cdots,\boldsymbol{\alpha}_m$ 是线性相关的”,作为 $\boldsymbol{\alpha}_1,\boldsymbol{\alpha}_2,\cdots,\boldsymbol{\alpha}_m$ 线性相关的定义.后面的例题将表明,用这个定义判别一组向量是否线性相关是很方便的,它把这个问题转化为齐次线性方程组是否有非零解的问题.

这里讲的两个命题等价指的是它们可以互相推出来(请详见主教材中定理3.1(p113)的证明).于是我们把前一个命题作为 $\boldsymbol{\alpha}_1,\boldsymbol{\alpha}_2,\cdots,\boldsymbol{\alpha}_m$ 线性相关的充分必要条件.

“如果 $\boldsymbol{\alpha}_1,\boldsymbol{\alpha}_2,\cdots,\boldsymbol{\alpha}_m$ 中任何一个向量都不能由其余向量线性表示(即它们在线性运算下无任何关系),就称 $\boldsymbol{\alpha}_1,\boldsymbol{\alpha}_2,\cdots,\boldsymbol{\alpha}_m$ 是线性无关的.”这等价于:

"如果 $k_1\boldsymbol{\alpha}_1+k_2\boldsymbol{\alpha}_2+\cdots+k_m\boldsymbol{\alpha}_m=\mathbf{0}$(零向量),则 $k_1,k_2,\cdots,k_m$ 必须全为零,就称 $\boldsymbol{\alpha}_1,\boldsymbol{\alpha}_2,\cdots,\boldsymbol{\alpha}_m$ 线性无关"(这里,如果 $k_i\neq0$,那么 $\boldsymbol{\alpha}_i$ 就可由其余向量线性表示).我们把后者作为 $\boldsymbol{\alpha}_1,\boldsymbol{\alpha}_2,\cdots,\boldsymbol{\alpha}_m$ 线性无关的定义,把前者作为 $\boldsymbol{\alpha}_1,\boldsymbol{\alpha}_2,\cdots,\boldsymbol{\alpha}_m$ 线性无关的充要条件.

(1) 如何判断向量的线性相关性

判断向量的线性相关性的问题,一般有两种类型:一是给定一组具体的 n 维向量 $\boldsymbol{\alpha}_1,\boldsymbol{\alpha}_2,\cdots,\boldsymbol{\alpha}_m$,如内容提要(2)④中所述,判断其线性相关性的问题就转化为齐次线性方程组

$$\mathbf{A}\boldsymbol{x}=\mathbf{0}$$

(其中系数矩阵 $\mathbf{A}$ 是以 $\boldsymbol{\alpha}_1,\boldsymbol{\alpha}_2,\cdots,\boldsymbol{\alpha}_m$ 为列向量的 $n\times m$ 矩阵)有无非零解的问题;另一类是已知一组抽象的向量 $\boldsymbol{\alpha}_1,\boldsymbol{\alpha}_2,\cdots,\boldsymbol{\alpha}_m$ 的线性相关性,讨论由它们做线性运算得到的另一组向量的线性相关性.例如,讨论 $\boldsymbol{\alpha}_1+\boldsymbol{\alpha}_2,\boldsymbol{\alpha}_2+\boldsymbol{\alpha}_3,\cdots,\boldsymbol{\alpha}_{m-1}+\boldsymbol{\alpha}_m,\boldsymbol{\alpha}_m+\boldsymbol{\alpha}_1$ 的线性相关性.

下面通过例题来讨论这两类线性相关性的问题.

例 2　设 $\boldsymbol{\alpha}_1=(1,2,3,4),\boldsymbol{\alpha}_2=(0,1,2,3),\boldsymbol{\alpha}_3=(0,0,1,2),\boldsymbol{\alpha}_4=(1,3,6,9)$,试判别:

(i) $\boldsymbol{\alpha}_1,\boldsymbol{\alpha}_2,\boldsymbol{\alpha}_3,\boldsymbol{\alpha}_4$ 的线性相关性;

(ii) 这 4 个向量中任何 3 个向量的线性相关性.

解　(i) 此题容易观察到

$$\boldsymbol{\alpha}_4=\boldsymbol{\alpha}_1+\boldsymbol{\alpha}_2+\boldsymbol{\alpha}_3.$$

根据一组向量线性相关的充要条件(有一个向量可由其余向量线性表示),即得 $\boldsymbol{\alpha}_1,\boldsymbol{\alpha}_2,\boldsymbol{\alpha}_3,\boldsymbol{\alpha}_4$ 是线性相关的.一般是不容易观察到一组向量是否有线性关系的.一般的判别法为:设

$$x_1\boldsymbol{\alpha}_1+x_2\boldsymbol{\alpha}_2+x_3\boldsymbol{\alpha}_3+x_4\boldsymbol{\alpha}_4=\mathbf{0},\tag{1}$$

于是由(1)式即得齐次线性方程组

$$\boldsymbol{Ax}=\begin{pmatrix}1&0&0&1\\2&1&0&3\\3&2&1&6\\4&3&2&9\end{pmatrix}\begin{pmatrix}x_1\\x_2\\x_3\\x_4\end{pmatrix}=\begin{pmatrix}0\\0\\0\\0\end{pmatrix}. \qquad (2)$$

用高斯消元法解上面的齐次线性方程组

$$\boldsymbol{A}\xrightarrow[\substack{③+①\times(-3)\\④+①\times(-4)}]{②+①\times(-2)}\begin{pmatrix}1&0&0&1\\0&1&0&1\\0&2&1&3\\0&3&2&5\end{pmatrix}\xrightarrow[④+②\times(-3)]{③+②\times(-2)}\begin{pmatrix}1&0&0&1\\0&1&0&1\\0&0&1&1\\0&0&2&2\end{pmatrix}$$

$$\xrightarrow[④+③\times(-2)]{}\begin{pmatrix}1&0&0&1\\0&1&0&1\\0&0&1&1\\0&0&0&0\end{pmatrix}=\boldsymbol{U}. \qquad (3)$$

$\boldsymbol{Ux}=\boldsymbol{0}$ 与 $\boldsymbol{Ax}=\boldsymbol{0}$ 是同解方程组，解 $\boldsymbol{Ux}=\boldsymbol{0}$ 时，取 $x_4=k$（k 为任意常数），即得

$$\boldsymbol{x}=(x_1,x_2,x_3,x_4)^{\mathrm{T}}=(-k,-k,-k,k)^{\mathrm{T}}.$$

于是方程组(2)有非零解，从而有不全为零的 x_1,x_2,x_3,x_4，使(1)式成立，故 $\boldsymbol{\alpha}_1,\boldsymbol{\alpha}_2,\boldsymbol{\alpha}_3,\boldsymbol{\alpha}_4$ 是线性相关的.

(ii) $\boldsymbol{\alpha}_1,\boldsymbol{\alpha}_2,\boldsymbol{\alpha}_3,\boldsymbol{\alpha}_4$ 中任意3个向量都是线性无关的. 因为考察 $\boldsymbol{\alpha}_1,\boldsymbol{\alpha}_2,\boldsymbol{\alpha}_3$ 的线性相关性时，设

$$x_1\boldsymbol{\alpha}_1+x_2\boldsymbol{\alpha}_2+x_3\boldsymbol{\alpha}_3=\boldsymbol{0}, \qquad (4)$$

于是得到

$$\boldsymbol{A}_1\boldsymbol{x}_1=\boldsymbol{0}, \qquad (5)$$

其中 $\boldsymbol{A}_1$ 是(2)式中 $\boldsymbol{A}$ 的前3列，$\boldsymbol{x}_1=(x_1,x_2,x_3)^{\mathrm{T}}$. 由于上面(3)式中对 $\boldsymbol{A}$ 做行变换时，列之间互不干扰，所以

$$\boldsymbol{A}_1=(\boldsymbol{\alpha}_1\ \boldsymbol{\alpha}_2\ \boldsymbol{\alpha}_3)\longrightarrow\begin{pmatrix}1&0&0\\0&1&0\\0&0&1\\0&0&0\end{pmatrix}=\boldsymbol{U}_1.$$

而齐次线性方程组$\boldsymbol{U}_1\boldsymbol{x}_1=\boldsymbol{0}$只有零解，从而$\boldsymbol{A}_1\boldsymbol{x}_1=\boldsymbol{0}$也只有零解.因此，要使(4)式成立，必须$x_1,x_2,x_3$全为零，故$\boldsymbol{\alpha}_1,\boldsymbol{\alpha}_2,\boldsymbol{\alpha}_3$是线性无关的.

同理，$\boldsymbol{\alpha}_1,\boldsymbol{\alpha}_2,\boldsymbol{\alpha}_4$也是线性无关的，因为

$$\boldsymbol{A}_2=(\boldsymbol{\alpha}_1\ \boldsymbol{\alpha}_2\ \boldsymbol{\alpha}_4)\longrightarrow\begin{bmatrix}1&0&1\\0&1&1\\0&0&1\\0&0&0\end{bmatrix}=\boldsymbol{U}_2,$$

所以$\boldsymbol{A}_2\boldsymbol{x}_2=\boldsymbol{0}$也只有零解$(x_1=x_2=x_4=0)$，即要使

$$x_1\boldsymbol{\alpha}_1+x_2\boldsymbol{\alpha}_2+x_4\boldsymbol{\alpha}_4=\boldsymbol{0}$$

成立，必须x_1,x_2,x_4全为零，故$\boldsymbol{\alpha}_1,\boldsymbol{\alpha}_2,\boldsymbol{\alpha}_4$线性无关.

读者不难证明$\boldsymbol{\alpha}_1,\boldsymbol{\alpha}_3,\boldsymbol{\alpha}_4$以及$\boldsymbol{\alpha}_2,\boldsymbol{\alpha}_3,\boldsymbol{\alpha}_4$也都是线性无关的.

例3　证明：任何m个n维向量$\boldsymbol{\alpha}_j=(a_{1j},a_{2j},\cdots,a_{nj})(j=1,2,\cdots,m)$，当$m>n$时，$\boldsymbol{\alpha}_1,\boldsymbol{\alpha}_2,\cdots,\boldsymbol{\alpha}_m$必定线性相关.

证　设

$$x_1\boldsymbol{\alpha}_1+x_2\boldsymbol{\alpha}_2+\cdots+x_j\boldsymbol{\alpha}_j+\cdots+x_m\boldsymbol{\alpha}_m=\boldsymbol{0}.\tag{1}$$

这等价于

$$\boldsymbol{A}\boldsymbol{x}=\begin{bmatrix}a_{11}&a_{12}&\cdots&a_{1j}&\cdots&a_{1m}\\a_{21}&a_{22}&\cdots&a_{2j}&\cdots&a_{2m}\\\vdots&\vdots&&\vdots&&\vdots\\a_{n1}&a_{n2}&\cdots&a_{nj}&\cdots&a_{nm}\end{bmatrix}\begin{bmatrix}x_1\\x_2\\\vdots\\x_m\end{bmatrix}=\begin{bmatrix}0\\0\\\vdots\\0\end{bmatrix}.\tag{2}$$

当$m>n$时，求解这个齐次方程组(2)时至少有$m-n$个自由未知量，从而必有非零解，即存在不全为零的$x_1,x_2,\cdots,x_m$使(1)式成立，故$\boldsymbol{\alpha}_1,\boldsymbol{\alpha}_2,\cdots,\boldsymbol{\alpha}_m$线性相关.

对于n阶矩阵$\boldsymbol{A}=(a_{ij})_{n\times n}$，如果$\boldsymbol{A}$的行列式$|\boldsymbol{A}|\neq0$，即$\boldsymbol{A}$可逆，则齐次线性方程组$\boldsymbol{A}\boldsymbol{x}=\boldsymbol{0}$只有零解，从而$\boldsymbol{A}$的$n$个列向量线性无关.此时$|\boldsymbol{A}^{\mathrm{T}}|=|\boldsymbol{A}|\neq0$，$\boldsymbol{A}^{\mathrm{T}}\boldsymbol{x}=\boldsymbol{0}$也只有零解，故$\boldsymbol{A}$的$n$个行向量也线性无关.所以在全体$n$维实向量构成的集合$\mathbb{R}^n$(称为$n$维实向量空间)中，有各种各样的$n$个线性无关的向量(以后称为

$\mathbb{R}^n$的基),其中最基本的是n个单位向量$\boldsymbol{\varepsilon}_i=(0,\cdots,1,\cdots,0)$(第$i$个分量为1,其余分量均为零,$i=1,2,\cdots,n$).而$\mathbb{R}^n$中任何$n+1$个向量都是线性相关的,所以由定理3.3(教材p116)即得,$\mathbb{R}^n$中任一个向量都可由$\mathbb{R}^n$中任何n个线性无关的向量线性表示,且表示法惟一.这些是n维向量空间$\mathbb{R}^n$中最基本的结论.

例4　设$\boldsymbol{\alpha}_1=(1,2,3)^{\mathrm{T}}$,$\boldsymbol{\alpha}_2=(-1,0,-1)^{\mathrm{T}}$,$\boldsymbol{\alpha}_3=(2,1,4)^{\mathrm{T}}$,$\boldsymbol{\alpha}_4=(3,5,8)^{\mathrm{T}}$.试判别$\boldsymbol{\alpha}_1,\boldsymbol{\alpha}_2,\boldsymbol{\alpha}_3,\boldsymbol{\alpha}_4$以及$\boldsymbol{\alpha}_1,\boldsymbol{\alpha}_2,\boldsymbol{\alpha}_3$的线性相关性,并问$\boldsymbol{\alpha}_4$可否由$\boldsymbol{\alpha}_1,\boldsymbol{\alpha}_2,\boldsymbol{\alpha}_3$线性表示?如可表示,写出它的表示式.

解　$\boldsymbol{\alpha}_1,\boldsymbol{\alpha}_2,\boldsymbol{\alpha}_3,\boldsymbol{\alpha}_4$是4个三维向量,所以它们必是线性相关的.判别$\boldsymbol{\alpha}_1,\boldsymbol{\alpha}_2,\boldsymbol{\alpha}_3$的线性相关性时,设

$$x_1\boldsymbol{\alpha}_1+x_2\boldsymbol{\alpha}_2+x_3\boldsymbol{\alpha}_3=\mathbf{0},\tag{1}$$

即得

$$\boldsymbol{A}\boldsymbol{x}=(\boldsymbol{\alpha}_1\ \boldsymbol{\alpha}_2\ \boldsymbol{\alpha}_3)\begin{pmatrix}x_1\\x_2\\x_3\end{pmatrix}=\begin{pmatrix}1&-1&2\\2&0&1\\3&-1&4\end{pmatrix}\begin{pmatrix}x_1\\x_2\\x_3\end{pmatrix}=\begin{pmatrix}0\\0\\0\end{pmatrix}.\tag{2}$$

用高斯消元法解齐次线性方程组(2),得

$$\boldsymbol{A}\xrightarrow[\text{行变换}]{\text{初等}}\begin{pmatrix}1&-1&2\\0&2&-3\\0&0&1\end{pmatrix}=\boldsymbol{U}.$$

$\boldsymbol{U}\boldsymbol{x}=\mathbf{0}$只有零解,因此,要使(1)式成立,必须$x_1=x_2=x_3=0$,所以$\boldsymbol{\alpha}_1,\boldsymbol{\alpha}_2,\boldsymbol{\alpha}_3$线性无关.

判别$\boldsymbol{\alpha}_1,\boldsymbol{\alpha}_2,\boldsymbol{\alpha}_3$的线性相关性更简便的方法是:由于$|\boldsymbol{A}|=2\neq0$,$\boldsymbol{A}$可逆,$\boldsymbol{A}\boldsymbol{x}=\mathbf{0}$只有零解,所以$\boldsymbol{\alpha}_1,\boldsymbol{\alpha}_2,\boldsymbol{\alpha}_3$线性无关.

但要注意,用$|\boldsymbol{A}|$来判断$\boldsymbol{\alpha}_1,\boldsymbol{\alpha}_2,\boldsymbol{\alpha}_3$的线性相关性时,$\boldsymbol{A}$必须是方阵.如果$\boldsymbol{\alpha}_1,\boldsymbol{\alpha}_2,\boldsymbol{\alpha}_4$是3个四维向量,对应的矩阵$\boldsymbol{A}$是$4\times3$矩阵,它无行列式可言,这时必须由$\boldsymbol{A}\boldsymbol{x}=\mathbf{0}$是否有非零解来判别$\boldsymbol{\alpha}_1,\boldsymbol{\alpha}_2,\boldsymbol{\alpha}_3$的线性相关性.

因为在$\mathbb{R}^3$中任何向量均可由 3 个线性无关的向量线性表示，所以 $\boldsymbol{\alpha}_4$ 可由 $\boldsymbol{\alpha}_1,\boldsymbol{\alpha}_2,\boldsymbol{\alpha}_3$ 线性表示. 因此存在 x_1,x_2,x_3，使

$$x_1\boldsymbol{\alpha}_1+x_2\boldsymbol{\alpha}_2+x_3\boldsymbol{\alpha}_3=\boldsymbol{\alpha}_4. \tag{3}$$

这个向量方程对应于(或说等价于)非齐次线性方程组

$$(\boldsymbol{\alpha}_1\ \boldsymbol{\alpha}_2\ \boldsymbol{\alpha}_3)\begin{pmatrix}x_1\\x_2\\x_3\end{pmatrix}=\boldsymbol{\alpha}_4.$$

记作 $\boldsymbol{Ax}=\boldsymbol{\alpha}_4$，即

$$\begin{pmatrix}1&-1&2\\2&0&1\\3&-1&4\end{pmatrix}\begin{pmatrix}x_1\\x_2\\x_3\end{pmatrix}=\begin{pmatrix}3\\5\\8\end{pmatrix}. \tag{4}$$

对方程组(4)的增广矩阵做初等行变换，将其化为行简化阶梯阵，即

$$(\boldsymbol{A},\boldsymbol{\alpha}_4)=\left(\begin{array}{ccc:c}1&-1&2&3\\2&0&1&5\\3&-1&4&8\end{array}\right)\xrightarrow[\text{行变换}]{\text{初等}}\left(\begin{array}{ccc:c}1&-1&2&3\\0&2&-3&-1\\0&0&1&0\end{array}\right)$$

$$\longrightarrow\left(\begin{array}{ccc:c}1&0&0&5/2\\0&1&0&-1/2\\0&0&1&0\end{array}\right)=(\boldsymbol{C},\boldsymbol{d}). \tag{5}$$

$\boldsymbol{Ax}=\boldsymbol{\alpha}_4$ 与 $\boldsymbol{Cx}=\boldsymbol{d}$ 是同解方程组，由后者即得

$$x_1=\frac{5}{2},\quad x_2=-\frac{1}{2},\quad x_3=0.$$

所以 $\boldsymbol{\alpha}_4$ 可由 $\boldsymbol{\alpha}_1,\boldsymbol{\alpha}_2,\boldsymbol{\alpha}_3$ 线性表示，其表示式为

$$\boldsymbol{\alpha}_4=\frac{5}{2}\boldsymbol{\alpha}_1-\frac{1}{2}\boldsymbol{\alpha}_2+0\boldsymbol{\alpha}_3=\frac{5}{2}\boldsymbol{\alpha}_1-\frac{1}{2}\boldsymbol{\alpha}_2.$$

此结果表明，$\boldsymbol{\alpha}_4$ 与 $\boldsymbol{\alpha}_1,\boldsymbol{\alpha}_2$ 是共面的，它们线性相关.

从(5)式也可见 $\boldsymbol{\alpha}_3$ 是不能由 $\boldsymbol{\alpha}_1,\boldsymbol{\alpha}_2,\boldsymbol{\alpha}_4$ 线性表示的. 因为，设

$$x_1\boldsymbol{\alpha}_1+x_2\boldsymbol{\alpha}_2+x_4\boldsymbol{\alpha}_4=\boldsymbol{\alpha}_3\quad(\text{记作 }\boldsymbol{Bx}=\boldsymbol{\alpha}_3), \tag{6}$$

即

$$(\boldsymbol{B},\boldsymbol{\alpha}_3)=\left(\begin{array}{ccc:c}1&-1&3&2\\2&0&5&1\\3&-1&8&4\end{array}\right)\xrightarrow[\text{行变换}]{\text{初等}}\left(\begin{array}{ccc:c}1&0&5/2&0\\0&1&-1/2&0\\0&0&0&1\end{array}\right).$$

所以 $\boldsymbol{Bx}=\boldsymbol{\alpha}_3$ 无解，也就是说不存在 x_1,x_2,x_4，使(6)式成立. 这表明 $\boldsymbol{\alpha}_3$ 不在 $\boldsymbol{\alpha}_1,\boldsymbol{\alpha}_2,\boldsymbol{\alpha}_4$ 所确定的平面上.

例 5　设有两个向量组 $\boldsymbol{\alpha},\boldsymbol{\beta},\boldsymbol{\gamma}$ 与 $\overline{\boldsymbol{\alpha}},\overline{\boldsymbol{\beta}},\overline{\boldsymbol{\gamma}}$，其中

$\boldsymbol{\alpha}=(a_1,a_2,a_3,a_4)$，$\boldsymbol{\beta}=(b_1,b_2,b_3,b_4)$，$\boldsymbol{\gamma}=(c_1,c_2,c_3,c_4)$；

在 $\boldsymbol{\alpha},\boldsymbol{\beta},\boldsymbol{\gamma}$ 中依次添加第 5 个分量 a_5,b_5,c_5 就是 $\overline{\boldsymbol{\alpha}},\overline{\boldsymbol{\beta}},\overline{\boldsymbol{\gamma}}$. 试讨论这两个向量组的线性相关性有何关系.

解　设

$$x_1\boldsymbol{\alpha}+x_2\boldsymbol{\beta}+x_3\boldsymbol{\gamma}=\mathbf{0},\tag{1}$$

$$x_1\overline{\boldsymbol{\alpha}}+x_2\overline{\boldsymbol{\beta}}+x_3\overline{\boldsymbol{\gamma}}=\mathbf{0}.\tag{2}$$

它们对应于齐次线性方程组为

$$\boldsymbol{Ax}=\mathbf{0}\quad\text{与}\quad\boldsymbol{Bx}=\mathbf{0},$$

其中：

$$\boldsymbol{x}=(x_1,x_2,x_3)^{\mathrm{T}},$$

$$\boldsymbol{A}=(\boldsymbol{\alpha}\ \ \boldsymbol{\beta}\ \ \boldsymbol{\gamma})=\begin{pmatrix}a_1&b_1&c_1\\a_2&b_2&c_2\\a_3&b_3&c_3\\a_4&b_4&c_4\end{pmatrix},$$

$$\boldsymbol{B}=(\overline{\boldsymbol{\alpha}}\ \ \overline{\boldsymbol{\beta}}\ \ \overline{\boldsymbol{\gamma}})=\begin{pmatrix}a_1&b_1&c_1\\a_2&b_2&c_2\\a_3&b_3&c_3\\a_4&b_4&c_4\\a_5&b_5&c_5\end{pmatrix}.$$

(i) 当 $\boldsymbol{Ax}=\mathbf{0}$ 只有零解时，则 $\boldsymbol{Bx}=\mathbf{0}$ 中的前 4 个方程只有零解，从而 $\boldsymbol{Bx}=\mathbf{0}$ 也只能有零解. 这表明：当 $\boldsymbol{\alpha},\boldsymbol{\beta},\boldsymbol{\gamma}$ 线性无关时，它们添加分量后得到的 $\overline{\boldsymbol{\alpha}},\overline{\boldsymbol{\beta}},\overline{\boldsymbol{\gamma}}$ 也必然线性无关. 但是，如果 $\boldsymbol{\alpha},\boldsymbol{\beta},\boldsymbol{\gamma}$ 线

性相关,即 $\boldsymbol{Ax}=\mathbf{0}$ 有非零解时,而 $\boldsymbol{Bx}=\mathbf{0}$ 则有可能只有零解(读者不难举出这样的例子),从而 $\bar{\boldsymbol{\alpha}},\bar{\boldsymbol{\beta}},\bar{\boldsymbol{\gamma}}$ 线性无关.

(ii) 当 $\boldsymbol{Bx}=0$ 有非零解时,显然 $\boldsymbol{Ax}=\mathbf{0}$ 也有非零解(因为它的 4 个方程就是 $\boldsymbol{Bx}=\mathbf{0}$ 中的前 4 个方程). 这表明:当 $\bar{\boldsymbol{\alpha}},\bar{\boldsymbol{\beta}},\bar{\boldsymbol{\gamma}}$ 线性相关时,它们去掉第 5 个分量后得到的 $\boldsymbol{\alpha},\boldsymbol{\beta},\boldsymbol{\gamma}$ 也仍然线性相关. 不过仍要注意,如果 $\bar{\boldsymbol{\alpha}},\bar{\boldsymbol{\beta}},\bar{\boldsymbol{\gamma}}$ 线性无关,它们去掉第 5 个分量后得到的 $\boldsymbol{\alpha},\boldsymbol{\beta},\boldsymbol{\gamma}$ 有可能是线性相关的,这与(i)中后面的情况是一样的.

例 6 试讨论一个向量组 $\boldsymbol{\alpha}_1,\boldsymbol{\alpha}_2,\cdots,\boldsymbol{\alpha}_p$ 的整体的线性相关性与其子集(即其中一部分向量)的线性相关性的关系.

解 (i) "如果 $\boldsymbol{\alpha}_1,\boldsymbol{\alpha}_2,\cdots,\boldsymbol{\alpha}_p$ 中有一部分向量(不妨设 $\boldsymbol{\alpha}_1,\boldsymbol{\alpha}_2,\cdots,\boldsymbol{\alpha}_m,m<p$)线性相关,则 $\boldsymbol{\alpha}_1,\boldsymbol{\alpha}_2,\cdots,\boldsymbol{\alpha}_p$ 的整体也线性相关." 因为当 $\boldsymbol{\alpha}_1,\boldsymbol{\alpha}_2,\cdots,\boldsymbol{\alpha}_m$ 线性相关时,就存在不全为零的数 $x_1,x_2,\cdots,x_m$,使

$$x_1\boldsymbol{\alpha}_1+x_2\boldsymbol{\alpha}_2+\cdots+x_m\boldsymbol{\alpha}_m=\mathbf{0},$$

从而存在不全为零的数 $x_1,x_2,\cdots,x_m,0,\cdots,0$(共有 $p-m$ 个零),使

$$x_1\boldsymbol{\alpha}_1+x_2\boldsymbol{\alpha}_2+\cdots+x_m\boldsymbol{\alpha}_m+0\boldsymbol{\alpha}_{m+1}+\cdots+0\boldsymbol{\alpha}_p=\mathbf{0},$$

所以 $\boldsymbol{\alpha}_1,\boldsymbol{\alpha}_2,\cdots,\boldsymbol{\alpha}_p$ 的整体也线性相关.

但是这个命题的逆命题不成立,即不能说:"如果 $\boldsymbol{\alpha}_1,\boldsymbol{\alpha}_2,\cdots,\boldsymbol{\alpha}_p$ 整体线性相关,则其中必有一部分向量也线性相关". 如前面例 2,例 4 中的 $\boldsymbol{\alpha}_1,\boldsymbol{\alpha}_2,\boldsymbol{\alpha}_3,\boldsymbol{\alpha}_4$ 线性相关,但其中任何 3 个向量都线性无关,从而任何两个或一个向量也都线性无关. 更直观的例子为:

在 $\mathbb{R}^3$ 中 3 个共面的几何向量 $\boldsymbol{\alpha}_1,\boldsymbol{\alpha}_2,\boldsymbol{\alpha}_3$ 是线性相关的,如果这 3 个非零几何向量两两不共线(见图 3-1),则其中任何两个向量都是线性无关的.

(ii) "如果 $\boldsymbol{\alpha}_1,\boldsymbol{\alpha}_2,\cdots,\boldsymbol{\alpha}_p$ 整体是线性无关的,则其中任何一部分向量也都是线性无关的". 因为如果 $\boldsymbol{\alpha}_1,\boldsymbol{\alpha}_2,\cdots,\boldsymbol{\alpha}_p$ 中有一部分向量线性相关,则其整体也线性相关,这与命题的假设矛盾. 实际上,

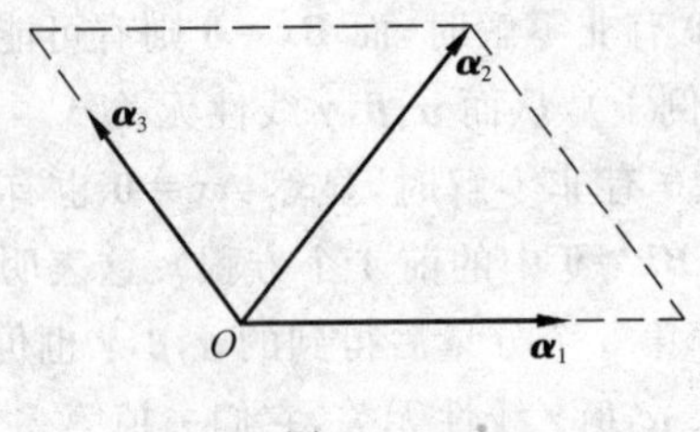

图　3-1

(ii)的命题是(i)的命题的逆否命题，它们是等价命题.

这里同样要注意，(ii)的命题的逆命题也是不成立的. 也就是不能说："$\boldsymbol{\alpha}_1,\boldsymbol{\alpha}_2,\cdots,\boldsymbol{\alpha}_p$ 中任何一部分向量都线性无关，则 $\boldsymbol{\alpha}_1,\boldsymbol{\alpha}_2,\cdots,\boldsymbol{\alpha}_p$ 的整体也线性无关"，其反例与(i)中反例一样.

例 7　设 $\boldsymbol{\alpha}_1,\boldsymbol{\alpha}_2,\boldsymbol{\alpha}_3$ 线性无关，$\boldsymbol{\beta}_1=\boldsymbol{\alpha}_1-\boldsymbol{\alpha}_2+2\boldsymbol{\alpha}_3$，$\boldsymbol{\beta}_2=2\boldsymbol{\alpha}_1+\boldsymbol{\alpha}_3$，$\boldsymbol{\beta}_3=4\boldsymbol{\alpha}_1+\boldsymbol{\alpha}_2-2\boldsymbol{\alpha}_3$，试判别 $\boldsymbol{\beta}_1,\boldsymbol{\beta}_2,\boldsymbol{\beta}_3$ 的线性相关性.

解　设
$$x_1\boldsymbol{\beta}_1+x_2\boldsymbol{\beta}_2+x_3\boldsymbol{\beta}_3=\mathbf{0},\tag{1}$$
即
$$x_1(\boldsymbol{\alpha}_1-\boldsymbol{\alpha}_2+2\boldsymbol{\alpha}_3)+x_2(2\boldsymbol{\alpha}_1+\boldsymbol{\alpha}_3)+x_3(4\boldsymbol{\alpha}_1+\boldsymbol{\alpha}_2-2\boldsymbol{\alpha}_3)=\mathbf{0}.$$
按 $\boldsymbol{\alpha}_1,\boldsymbol{\alpha}_2,\boldsymbol{\alpha}_3$ 合并同类项，得
$$(x_1+2x_2+4x_3)\boldsymbol{\alpha}_1+(-x_1+x_3)\boldsymbol{\alpha}_2+(2x_1+x_2-2x_3)\boldsymbol{\alpha}_3=\mathbf{0}.\tag{2}$$
利用已知条件 $\boldsymbol{\alpha}_1,\boldsymbol{\alpha}_2,\boldsymbol{\alpha}_3$ 线性无关，由(2)式得
$$\begin{cases}x_1+2x_2+4x_3=0,\\-x_1\qquad\quad+x_3=0,\\2x_1+x_2-2x_3=0.\end{cases}\tag{3}$$
由齐次线性方程组(3)的系数行列式
$$|\boldsymbol{A}|=\begin{vmatrix}1&2&4\\-1&0&1\\2&1&-2\end{vmatrix}=-5\neq0\qquad(\boldsymbol{A}\text{ 可逆}),$$
得方程组(3)$\boldsymbol{Ax}=\mathbf{0}$ 只有零解，即 $\boldsymbol{x}=\boldsymbol{A}^{-1}\mathbf{0}=\mathbf{0}$. 因此，要使(1)式

成立,必须 $x_1=x_2=x_3=0$,所以 $\boldsymbol{\beta}_1,\boldsymbol{\beta}_2,\boldsymbol{\beta}_3$ 线性无关.

这里对此题再给出两种情况:

(i) 如果 $\boldsymbol{\alpha}_1,\boldsymbol{\alpha}_2,\boldsymbol{\alpha}_3$ 与 $\boldsymbol{\beta}_1,\boldsymbol{\beta}_2,\boldsymbol{\beta}_3$ 如题所设,又有 $\boldsymbol{\beta}_4=\boldsymbol{\alpha}_1+\boldsymbol{\alpha}_2-\boldsymbol{\alpha}_3$,即 4 个向量 $\boldsymbol{\beta}_1,\boldsymbol{\beta}_2,\boldsymbol{\beta}_3,\boldsymbol{\beta}_4$ 可由 3 个向量 $\boldsymbol{\alpha}_1,\boldsymbol{\alpha}_2,\boldsymbol{\alpha}_3$ 线性表示,则根据定理 3.4,$\boldsymbol{\beta}_1,\boldsymbol{\beta}_2,\boldsymbol{\beta}_3,\boldsymbol{\beta}_4$ 线性相关. 此时,也可如题的证法,设

$$x_1\boldsymbol{\beta}_1+x_2\boldsymbol{\beta}_2+x_3\boldsymbol{\beta}_3+x_4\boldsymbol{\beta}_4=\mathbf{0}, \tag{4}$$

得到

$$\begin{cases} x_1+2x_2+4x_3+x_4=0, \\ -x_1+x_3+x_4=0, \\ 2x_1+x_2-2x_3-x_4=0. \end{cases} \tag{5}$$

此时齐次线性方程组(5)有非零解(求解时有一个自由未知量 x_4 可取任意常数). 因此,有不全为零的 x_1,x_2,x_3,x_4 使(4)式成立,所以 $\boldsymbol{\beta}_1,\boldsymbol{\beta}_2,\boldsymbol{\beta}_3,\boldsymbol{\beta}_4$ 线性相关.

(ii) 如果 $\boldsymbol{\beta}_1,\boldsymbol{\beta}_2,\boldsymbol{\beta}_3$ 如题所设,而 $\boldsymbol{\alpha}_1,\boldsymbol{\alpha}_2,\boldsymbol{\alpha}_3$ 线性相关. 此时讨论 $\boldsymbol{\beta}_1,\boldsymbol{\beta}_2,\boldsymbol{\beta}_3$ 的线性相关性,不能用前面的方法,因为当 $\boldsymbol{\alpha}_1,\boldsymbol{\alpha}_2,\boldsymbol{\alpha}_3$ 线性相关时,由(2)式不能得到方程组(3). 现在,应该由 $\boldsymbol{\alpha}_1,\boldsymbol{\alpha}_2,\boldsymbol{\alpha}_3$ 线性相关可知,其中至少有一个向量可由其余向量线性表示,不妨设

$$\boldsymbol{\alpha}_3=a\,\boldsymbol{\alpha}_1+b\,\boldsymbol{\alpha}_2.$$

将此式代入 $\boldsymbol{\beta}_1,\boldsymbol{\beta}_2,\boldsymbol{\beta}_3$ 的表示式中,即得 $\boldsymbol{\beta}_1,\boldsymbol{\beta}_2,\boldsymbol{\beta}_3$ 可由 $\boldsymbol{\alpha}_1,\boldsymbol{\alpha}_2$ 线性表示,再根据定理 3.4,可知 $\boldsymbol{\beta}_1,\boldsymbol{\beta}_2,\boldsymbol{\beta}_3$ 线性相关.

例 8 设 $\boldsymbol{\alpha}_1,\boldsymbol{\alpha}_2$ 线性无关,证明 $\boldsymbol{\alpha}_1,\boldsymbol{\alpha}_2,\boldsymbol{\alpha}_3$ 线性无关的充要条件是 $\boldsymbol{\alpha}_3$ 不能由 $\boldsymbol{\alpha}_1,\boldsymbol{\alpha}_2$ 线性表示.

证 这个命题对$\mathbb{R}^3$中的几何向量在直观上是很明显的. $\boldsymbol{\alpha}_1,\boldsymbol{\alpha}_2$ 线性无关,即 $\boldsymbol{\alpha}_1,\boldsymbol{\alpha}_2$ 不共线,而 $\boldsymbol{\alpha}_1,\boldsymbol{\alpha}_2,\boldsymbol{\alpha}_3$ 线性无关,则当且仅当 3 个向量不共面,即当且仅当 $\boldsymbol{\alpha}_3$ 不能由 $\boldsymbol{\alpha}_1,\boldsymbol{\alpha}_2$ 线性表示(如图 3-2).

下面给出一般的证明:

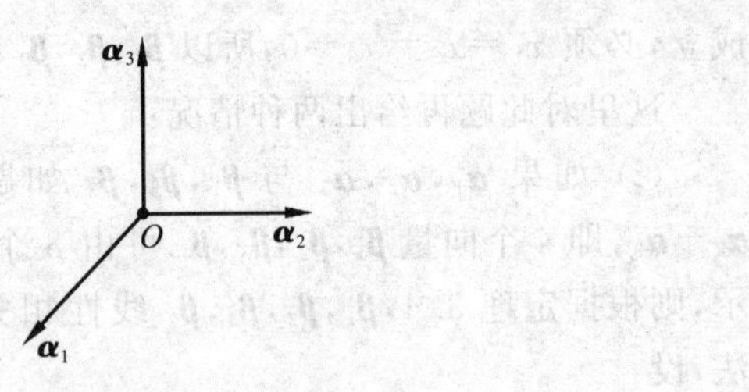

图　3-2

必要性：用反证法，如果 $\boldsymbol{\alpha}_3$ 可由 $\boldsymbol{\alpha}_1,\boldsymbol{\alpha}_2$ 线性表示，则 $\boldsymbol{\alpha}_1,\boldsymbol{\alpha}_2,\boldsymbol{\alpha}_3$ 线性相关，与题设矛盾.

充分性：设

$$x_1\boldsymbol{\alpha}_1+x_2\boldsymbol{\alpha}_2+x_3\boldsymbol{\alpha}_3=\mathbf{0},\tag{1}$$

由已知 $\boldsymbol{\alpha}_3$ 不能由 $\boldsymbol{\alpha}_1,\boldsymbol{\alpha}_2$ 线性表示，所以(1)式中的 $x_3=0$（否则 $\boldsymbol{\alpha}_3$ 能由 $\boldsymbol{\alpha}_1,\boldsymbol{\alpha}_2$ 线性表示），于是

$$x_1\boldsymbol{\alpha}_1+x_2\boldsymbol{\alpha}_2=\mathbf{0}.$$

再由 $\boldsymbol{\alpha}_1,\boldsymbol{\alpha}_2$ 线性无关，必又有 $x_1=x_2=0$. 因此，当 $\boldsymbol{\alpha}_3$ 不能由 $\boldsymbol{\alpha}_1,\boldsymbol{\alpha}_2$ 线性表示时，仅当 $x_1=x_2=x_3=0$ 时，才能使(1)式成立. 所以 $\boldsymbol{\alpha}_1,\boldsymbol{\alpha}_2,\boldsymbol{\alpha}_3$ 线性无关.

例 9（补充题 62）　若向量 $\boldsymbol{\alpha}$ 可由向量组 $\boldsymbol{\alpha}_1,\boldsymbol{\alpha}_2,\cdots,\boldsymbol{\alpha}_r$ 线性表示，则表示法惟一的充要条件是 $\boldsymbol{\alpha}_1,\boldsymbol{\alpha}_2,\cdots,\boldsymbol{\alpha}_r$ 线性无关.

证　充分性：当 $\boldsymbol{\alpha}_1,\boldsymbol{\alpha}_2,\cdots,\boldsymbol{\alpha}_r$ 线性无关，而 $\boldsymbol{\alpha}$ 又可由 $\boldsymbol{\alpha}_1,\boldsymbol{\alpha}_2,\cdots,\boldsymbol{\alpha}_r$ 线性表示时，其表示法惟一的证明，见教材中定理 3.3 (p116).

必要性：用反证法. 已知

$$\boldsymbol{\alpha}=x_1\boldsymbol{\alpha}_1+x_2\boldsymbol{\alpha}_2+\cdots+x_r\boldsymbol{\alpha}_r,\tag{1}$$

假设 $\boldsymbol{\alpha}_1,\boldsymbol{\alpha}_2,\cdots,\boldsymbol{\alpha}_r$ 线性相关，则存在不全为 0 的数 $k_1,k_2,\cdots,k_r$，使得

$$k_1\boldsymbol{\alpha}_1+k_2\boldsymbol{\alpha}_2+\cdots+k_r\boldsymbol{\alpha}_r=\mathbf{0}.\tag{2}$$

于是

$$\boldsymbol{\alpha}=\boldsymbol{\alpha}+\mathbf{0}=(x_1+k_1)\boldsymbol{\alpha}_1+(x_2+k_2)\boldsymbol{\alpha}_2+\cdots+(x_r+k_r)\boldsymbol{\alpha}_r. \quad (3)$$

从而 $\boldsymbol{\alpha}$ 有两种不同的表示法(1)式和(3)式,与表示法惟一相矛盾,所以 $\boldsymbol{\alpha}$ 的表示法惟一时,$\boldsymbol{\alpha}_1,\boldsymbol{\alpha}_2,\cdots,\boldsymbol{\alpha}_r$ 必须线性无关.

注意证明必要性时,用反证法设 $\boldsymbol{\alpha}_1,\boldsymbol{\alpha}_2,\cdots,\boldsymbol{\alpha}_r$ 线性相关时,如果用其中有一个向量可由其余向量线性表示的说法,不容易说清楚 $\boldsymbol{\alpha}$ 有两种不同的表示法. 因为(1)式中的 $x_1,\cdots,x_r$ 可能有 0,如果 $x_i=0$,而 $\boldsymbol{\alpha}_j(j\neq i)$ 又都不能用其余向量线性表示时,就无法说清楚.

例 9 对 $\mathbb{R}^3$ 中的几何向量在直观上也是很清楚的. 设 $\boldsymbol{\alpha}_1,\boldsymbol{\alpha}_2,\boldsymbol{\alpha}_3,\boldsymbol{\alpha}_4$ 是 4 个共面的非零向量,而且两两不共线. 它们中任意 3 个都线性相关,此时 $\boldsymbol{\alpha}_4$ 可由 $\boldsymbol{\alpha}_1,\boldsymbol{\alpha}_2,\boldsymbol{\alpha}_3$ 线性表示,其表示法显然不是惟一的,例如 $\boldsymbol{\alpha}_4$ 可由 $\boldsymbol{\alpha}_1,\boldsymbol{\alpha}_2$ 线性表示,也可由 $\boldsymbol{\alpha}_2,\boldsymbol{\alpha}_3$ 线性表示(见图 3-3),也可由 $\boldsymbol{\alpha}_1,\boldsymbol{\alpha}_2,\boldsymbol{\alpha}_3$ 线性表示.

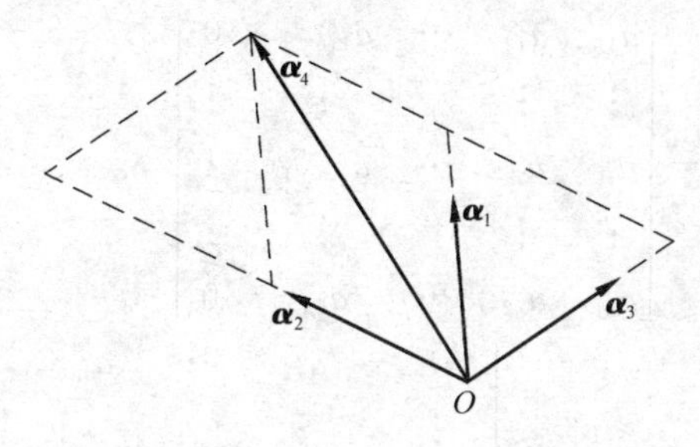

图 3-3

例 10 设 $\boldsymbol{\alpha}_1,\boldsymbol{\alpha}_2,\cdots,\boldsymbol{\alpha}_n\in\mathbb{R}^n$,证明:$\mathbb{R}^n$ 中任一向量 $\boldsymbol{\beta}$ 可由 $\boldsymbol{\alpha}_1,\boldsymbol{\alpha}_2,\cdots,\boldsymbol{\alpha}_n$ 线性表示的充分必要条件是 $\boldsymbol{\alpha}_1,\boldsymbol{\alpha}_2,\cdots,\boldsymbol{\alpha}_n$ 线性无关.

证 充分性:若 $\boldsymbol{\alpha}_1,\boldsymbol{\alpha}_2,\cdots,\boldsymbol{\alpha}_n$ 线性无关,由于 $\mathbb{R}^n$ 中任何 $n+1$ 个向量 $\boldsymbol{\beta},\boldsymbol{\alpha}_1,\boldsymbol{\alpha}_2,\cdots,\boldsymbol{\alpha}_n$ 线性相关,根据定理 3.3(教材 p116),$\mathbb{R}^n$ 中任一向量 $\boldsymbol{\beta}$ 可由 $\boldsymbol{\alpha}_1,\boldsymbol{\alpha}_2,\cdots,\boldsymbol{\alpha}_n$ 线性表示.

必要性:用反证法. 若 $\boldsymbol{\alpha}_1,\boldsymbol{\alpha}_2,\cdots,\boldsymbol{\alpha}_n$ 线性相关,不妨设 $\boldsymbol{\alpha}_n$ 可由 $\boldsymbol{\alpha}_1,\boldsymbol{\alpha}_2,\cdots,\boldsymbol{\alpha}_{n-1}$ 线性表示,且 $\boldsymbol{\alpha}_1,\boldsymbol{\alpha}_2,\cdots,\boldsymbol{\alpha}_{n-1}$ 线性无关. 于是存在

$\boldsymbol{\eta}\in\mathbb{R}^n$,使 $\boldsymbol{\alpha}_1,\boldsymbol{\alpha}_2,\cdots,\boldsymbol{\alpha}_{n-1},\boldsymbol{\eta}$ 线性无关,从而 $\boldsymbol{\eta}$ 不能由 $\boldsymbol{\alpha}_1,\boldsymbol{\alpha}_2,\cdots,\boldsymbol{\alpha}_{n-1}$ 线性表示,也就不能由 $\boldsymbol{\alpha}_1,\boldsymbol{\alpha}_2,\cdots,\boldsymbol{\alpha}_{n-1},\boldsymbol{\alpha}_n$ 线性表示.与题设矛盾,所以$\mathbb{R}^n$中任一向量可由 $\boldsymbol{\alpha}_1,\boldsymbol{\alpha}_2,\cdots,\boldsymbol{\alpha}_n$ 线性表示,必须要 $\boldsymbol{\alpha}_1,\boldsymbol{\alpha}_2,\cdots,\boldsymbol{\alpha}_n$ 线性无关.

注意　这里讲,存在 $\boldsymbol{\eta}\in\mathbb{R}^n$,使 $\boldsymbol{\alpha}_1,\boldsymbol{\alpha}_2,\cdots,\boldsymbol{\alpha}_{n-1},\boldsymbol{\eta}$ 线性无关.那么,如果给定了 $n-1$ 个 n 维线性无关的向量 $\boldsymbol{\alpha}_j=(a_{1j},a_{2j},\cdots,a_{nj})^{\mathrm{T}}(j=1,2,\cdots,n-1)$,如何求这样的 $\boldsymbol{\eta}$ 呢? 下面介绍两种方法.

(i) 设 $\boldsymbol{A}_1$ 是由 $\boldsymbol{\alpha}_1,\boldsymbol{\alpha}_2,\cdots,\boldsymbol{\alpha}_{n-1}$ 按列排成的 $n\times(n-1)$矩阵,后面学了矩阵的秩就知道,秩$(\boldsymbol{A}_1)=n-1$,从而 $\boldsymbol{A}_1$ 中必存在 $n-1$ 阶非零子式.如果 $\boldsymbol{A}_1$ 中去掉第 i 行的 $n-1$ 阶子式不等于零,那么取 $\boldsymbol{\eta}=(0,\cdots,0,1,0,\cdots,0)^{\mathrm{T}}$(其中1是第 i 个分量),就有

$$
|\boldsymbol{A}|=|\boldsymbol{\alpha}_1\ \boldsymbol{\alpha}_2\cdots\ \boldsymbol{\alpha}_{n-1}\ \boldsymbol{\eta}|
=\begin{vmatrix}
a_{11} & a_{12} & \cdots & a_{1,n-1} & 0\\
\vdots & \vdots & & \vdots & \vdots\\
a_{i1} & a_{i2} & \cdots & a_{i,n-1} & 1\\
\vdots & \vdots & & \vdots & \vdots\\
a_{n1} & a_{n2} & \cdots & a_{in} & 0
\end{vmatrix}
$$

$$
=(-1)^{r+n}\begin{vmatrix}
a_{11} & a_{12} & \cdots & a_{1,n-1}\\
\vdots & \vdots & & \vdots\\
a_{i-1,1} & a_{i-1,2} & \cdots & a_{i-1,n-1}\\
a_{i+1,1} & a_{i+1,2} & \cdots & a_{i+1,n-1}\\
\vdots & \vdots & & \vdots\\
a_{n1} & a_{n2} & \cdots & a_{n,n-1}
\end{vmatrix}\neq 0,
$$

于是 $\boldsymbol{A}$ 可逆,$\boldsymbol{A}$ 的 n 个列向量线性无关.

(ii) 学了第4章4.2节的$\mathbb{R}^n$中向量的内积,就知道如果 $\boldsymbol{\eta}$ 与线性无关的向量 $\boldsymbol{\alpha}_1,\boldsymbol{\alpha}_2,\cdots,\boldsymbol{\alpha}_{n-1}$ 都正交(即$(\boldsymbol{\alpha}_i,\boldsymbol{\eta})=0,i=1,\cdots,n-1$),则 $\boldsymbol{\alpha}_1,\boldsymbol{\alpha}_2,\cdots,\boldsymbol{\alpha}_{n-1},\boldsymbol{\eta}$ 就线性无关.设 $\boldsymbol{\eta}=(x_1,x_2,\cdots,x_n)^{\mathrm{T}}$,

于是

$$\begin{cases}(\boldsymbol{\alpha}_1,\boldsymbol{\eta})=a_{11}x_1+a_{21}x_2+\cdots+a_{n1}x_n=0,\\(\boldsymbol{\alpha}_2,\boldsymbol{\eta})=a_{12}x_1+a_{22}x_2+\cdots+a_{n2}x_n=0,\\\cdots\cdots\cdots\cdots\cdots\cdots\cdots\cdots\cdots\cdots\cdots\cdots\\(\boldsymbol{\alpha}_{n-1},\boldsymbol{\eta})=a_{1,n-1}x_1+a_{2,n-1}x_2+\cdots+a_{n,n-1}x_n=0.\end{cases}$$

这是由 $n-1$ 个方程构成的 n 元齐次线性方程组，从而必有非零解，任取一组非零解作 $\boldsymbol{\eta}=(x_1,x_2,\cdots,x_n)^{\mathrm{T}}\neq\mathbf{0}$，则 $\boldsymbol{\alpha}_1,\boldsymbol{\alpha}_2,\cdots,\boldsymbol{\alpha}_{n-1},\boldsymbol{\eta}$ 就线性无关.

(2) 澄清一些模糊的观念

由于初学者没有准确地理解向量的线性相关性的概念，常常容易想当然地形成一些似是而非的模糊认识. 例如：

① "若一组向量 $\boldsymbol{\alpha}_1,\boldsymbol{\alpha}_2,\cdots,\boldsymbol{\alpha}_m$ 线性相关，则存在全不为零的数 $k_1,k_2,\cdots,k_m$，使得 $k_1\boldsymbol{\alpha}_1+k_2\boldsymbol{\alpha}_2+\cdots+k_m\boldsymbol{\alpha}_m=\mathbf{0}$". 这里的错误在"全不为零"，正确的应该是"不全为零". 例如，3 个共面的几何向量 $\boldsymbol{\alpha}_1,\boldsymbol{\alpha}_2,\boldsymbol{\alpha}_3$ 是线性相关的，当 $\boldsymbol{\alpha}_1,\boldsymbol{\alpha}_2$ 共线且 $|\boldsymbol{\alpha}_2|=\frac{3}{2}|\boldsymbol{\alpha}_1|$ 时(如图 3-4)，只存在 3,2,0，使

$$3\boldsymbol{\alpha}_1+2\boldsymbol{\alpha}_2+0\boldsymbol{\alpha}_3=\mathbf{0}.$$

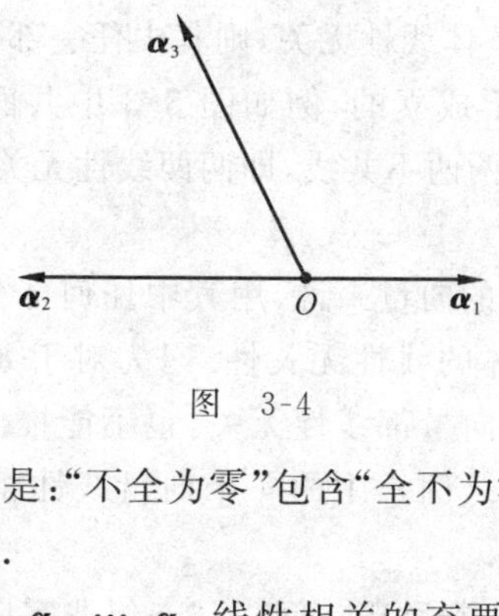

图 3-4

这里要注意的是："不全为零"包含"全不为零"，而"全不为零"不包含"不全为零".

② "向量组 $\boldsymbol{\alpha}_1,\boldsymbol{\alpha}_2,\cdots,\boldsymbol{\alpha}_m$ 线性相关的充要条件是，其中任一

个向量都可由其余向量线性表示". 这里充分性是成立的,即"任一个向量都可由其余向量线性表示时,则 $\boldsymbol{\alpha}_1,\boldsymbol{\alpha}_2,\cdots,\boldsymbol{\alpha}_m$ 是线性相关的"是正确的. 但必要性是不成立的,这里错在"任一个",正确的应该是"有一个"或说"至少有一个". 例如图 3-4 中的 $\boldsymbol{\alpha}_3$ 不能由 $\boldsymbol{\alpha}_1$,$\boldsymbol{\alpha}_2$ 线性表示. 这里的错误与①中的错误是一脉相承的,如果那里的 $k_1,k_2,\cdots,k_m$ 全不为零,自然就推出"任一个"向量都可由其余向量线性表示.

③"如果 $k_1,k_2,\cdots,k_m$ 全为零时,$k_1\boldsymbol{\alpha}_1+k_2\boldsymbol{\alpha}_2+\cdots+k_m\boldsymbol{\alpha}_m=\mathbf{0}$,则称 $\boldsymbol{\alpha}_1,\boldsymbol{\alpha}_2,\cdots,\boldsymbol{\alpha}_m$ 线性无关". 这个说法显然是错误的,因为 $k_1=k_2=\cdots=k_m=0$ 时,不论 $\boldsymbol{\alpha}_1,\boldsymbol{\alpha}_2,\cdots,\boldsymbol{\alpha}_m$ 是线性无关还是线性相关,$k_1\boldsymbol{\alpha}_1+k_2\boldsymbol{\alpha}_2+\cdots+k_m\boldsymbol{\alpha}_m=\mathbf{0}$ 总是成立的. 对于线性无关的向量正确的说法应该是:

"仅当 $k_1,k_2,\cdots,k_m$ 全为零时,才能使 $k_1\boldsymbol{\alpha}_1+k_2\boldsymbol{\alpha}_2+\cdots+k_3\boldsymbol{\alpha}_3=\mathbf{0}$ 成立,则称 $\boldsymbol{\alpha}_1,\boldsymbol{\alpha}_2,\cdots,\boldsymbol{\alpha}_m$ 线性无关". 或者说:"若 $k_1\boldsymbol{\alpha}_1+k_2\boldsymbol{\alpha}_2+\cdots+k_m\boldsymbol{\alpha}_m=\mathbf{0}$,则 $k_1,k_2,\cdots,k_m$ 必须全为零,就称 $\boldsymbol{\alpha}_1,\boldsymbol{\alpha}_2,\cdots,\boldsymbol{\alpha}_m$ 线性无关".

④"向量组 $\boldsymbol{\alpha}_1,\boldsymbol{\alpha}_2,\cdots,\boldsymbol{\alpha}_m$ 线性无关的充要条件是,其中任意两个向量都线性无关(或说两两线性无关)". 这里必要性是成立的,因为一组向量整体线性无关,则其中任一部分向量都是线性无关的. 但充分性是不成立的,例如图 3-3 中共面的 4 个非零向量 $\boldsymbol{\alpha}_1,\boldsymbol{\alpha}_2,\boldsymbol{\alpha}_3,\boldsymbol{\alpha}_4$,它们两两不共线,即两两线性无关,但整个向量组是线性相关的.

对于线性无关的向量来说,用其中任何部分向量的线性无关性,都不能推出整体的线性无关性. 因为对于 $\boldsymbol{\alpha}_1,\boldsymbol{\alpha}_2,\cdots,\boldsymbol{\alpha}_m$,即使其中任意 $m-1$ 个向量都线性无关,也不能推出 $\boldsymbol{\alpha}_1,\boldsymbol{\alpha}_2,\cdots,\boldsymbol{\alpha}_m$ 线性无关. 如前面例 2,例 4 中的 4 个向量线性相关,而其中任何 3 个向量都线性无关.

需要指出的是,在欧氏空间中:"一组非零向量 $\boldsymbol{\alpha}_1,\boldsymbol{\alpha}_2,\cdots,\boldsymbol{\alpha}_m$,

如果它们两两正交(即垂直),则 $\boldsymbol{\alpha}_1,\boldsymbol{\alpha}_2,\cdots,\boldsymbol{\alpha}_m$ 线性无关",这是正确的(见教材 p168 中定理 4.5).

⑤"若 $\boldsymbol{\alpha}_1,\boldsymbol{\alpha}_2$ 线性相关,$\boldsymbol{\beta}_1,\boldsymbol{\beta}_2$ 线性相关,则 $\boldsymbol{\alpha}_1+\boldsymbol{\beta}_1,\boldsymbol{\alpha}_2+\boldsymbol{\beta}_2$ 也线性相关".这是不正确的.例如,在几何向量中 $\boldsymbol{\alpha}_1$ 与 $\boldsymbol{\alpha}_2$ 共线,$\boldsymbol{\beta}_1$ 与 $\boldsymbol{\beta}_2$ 共线,并不意味着 $\boldsymbol{\alpha}_1+\boldsymbol{\beta}_1$ 与 $\boldsymbol{\alpha}_2+\boldsymbol{\beta}_2$ 也一定共线.如:

$$\boldsymbol{\alpha}_1=(1,0),\quad \boldsymbol{\alpha}_2=(-1,0);\quad \boldsymbol{\beta}_1=(1,1),\quad \boldsymbol{\beta}_2=(2,2).$$

而 $\boldsymbol{\alpha}_1+\boldsymbol{\beta}_1=(2,1),\boldsymbol{\alpha}_2+\boldsymbol{\beta}_2=(1,2)$ 不共线(或说不成比例),从而是线性无关的.

⑥"若 $\boldsymbol{\alpha}_1,\boldsymbol{\alpha}_2,\boldsymbol{\alpha}_3,\boldsymbol{\alpha}_4,\boldsymbol{\alpha}_5$ 线性无关,则 $\boldsymbol{\alpha}_1-\boldsymbol{\alpha}_2,\boldsymbol{\alpha}_2+\boldsymbol{\alpha}_3,\boldsymbol{\alpha}_3-\boldsymbol{\alpha}_4,\boldsymbol{\alpha}_4+\boldsymbol{\alpha}_5,\boldsymbol{\alpha}_5-\boldsymbol{\alpha}_1$ 也线性无关".这也是不正确的,因为,由

$$(\boldsymbol{\alpha}_1-\boldsymbol{\alpha}_2)+(\boldsymbol{\alpha}_2+\boldsymbol{\alpha}_3)-(\boldsymbol{\alpha}_3-\boldsymbol{\alpha}_4)-(\boldsymbol{\alpha}_4+\boldsymbol{\alpha}_5)+(\boldsymbol{\alpha}_5-\boldsymbol{\alpha}_1)=\mathbf{0},$$

可知 $\boldsymbol{\alpha}_1-\boldsymbol{\alpha}_2,\boldsymbol{\alpha}_2+\boldsymbol{\alpha}_3,\boldsymbol{\alpha}_3-\boldsymbol{\alpha}_4,\boldsymbol{\alpha}_4+\boldsymbol{\alpha}_5,\boldsymbol{\alpha}_5-\boldsymbol{\alpha}_1$ 是线性相关的.

⑦"若 $\boldsymbol{\alpha}_1,\boldsymbol{\alpha}_2,\cdots,\boldsymbol{\alpha}_n$ 线性相关,则 $\boldsymbol{\alpha}_1+\boldsymbol{\alpha}_2,\boldsymbol{\alpha}_2+\boldsymbol{\alpha}_3,\cdots,\boldsymbol{\alpha}_{n-1}+\boldsymbol{\alpha}_n,\boldsymbol{\alpha}_n+\boldsymbol{\alpha}_1$ 这 n 个向量不一定线性相关".这里不是"不一定",而是"一定"线性相关.因为:

$\boldsymbol{\alpha}_1,\boldsymbol{\alpha}_2,\cdots,\boldsymbol{\alpha}_n$ 线性相关的充要条件是,其中有一个向量可由其余向量线性表示,不妨设 $\boldsymbol{\alpha}_n=a_1\boldsymbol{\alpha}_1+a_2\boldsymbol{\alpha}_2+\cdots+a_{n-1}\boldsymbol{\alpha}_{n-1}$.于是 $\boldsymbol{\alpha}_1+\boldsymbol{\alpha}_2,\boldsymbol{\alpha}_2+\boldsymbol{\alpha}_3,\cdots,\boldsymbol{\alpha}_{n-1}+\boldsymbol{\alpha}_n,\boldsymbol{\alpha}_n+\boldsymbol{\alpha}_1$ 这 n 个向量都可以由 $n-1$ 个向量 $\boldsymbol{\alpha}_1,\boldsymbol{\alpha}_2,\cdots,\boldsymbol{\alpha}_{n-1}$ 线性表示,根据定理 3.4(教材 p120),它们是线性相关的.

3 小结

(1) 讨论一组向量 $\boldsymbol{\alpha}_1,\boldsymbol{\alpha}_2,\cdots,\boldsymbol{\alpha}_m$(不论是具体的还是抽象的向量)的线性相关性问题,一般都设

$$x_1\boldsymbol{\alpha}_1+x_2\boldsymbol{\alpha}_2+\cdots+x_m\boldsymbol{\alpha}_m=\mathbf{0},\tag{1}$$

然后得到关于 $x_1,x_2,\cdots,x_m$ 的一个齐次线性方程组

$$\boldsymbol{A}\boldsymbol{x}=\mathbf{0},\tag{2}$$

其中 $\boldsymbol{x}=(x_1,x_2,\cdots,x_m)^{\mathrm{T}}$.如果 $\boldsymbol{A}\boldsymbol{x}=\mathbf{0}$ 有非零解(只有零解),则

$\boldsymbol{\alpha}_1,\boldsymbol{\alpha}_2,\cdots,\boldsymbol{\alpha}_m$ 线性相关(线性无关).

当然,有的时候是可以直接看出有没有不全为零的 x_1, $x_2,\cdots,x_m$ 使(1)式成立的,如上面(2)段⑥的情况;再如,对于两个非零向量 $\boldsymbol{\alpha}=(a_1,\cdots,a_n)$, $\boldsymbol{\beta}=(b_1,\cdots,b_n)$,如果它们不成比例,就一定线性无关.

(2) 要熟悉定理3.1,定理3.3,定理3.4的结论及它们的推论,不仅要会证明它们,而且要会灵活地应用它们分析和解决一些向量的线性相关性的问题.前面的例子中多处用到它们.

(3) 要善于用反证法证明问题.如前面的例6,例8,例9,例10中都用反证法证明了有关的结论.

3.3 向量组的秩及其极大线性无关组

向量组的秩的概念在内容提要中已经叙述.向量组的秩也是线性代数中重要的概念.关于向量组的秩的基本理论,是以定理3.4为基础.

定理3.4 设向量组 $\boldsymbol{\beta}_1,\boldsymbol{\beta}_2,\cdots,\boldsymbol{\beta}_t$ 可由向量组 $\boldsymbol{\alpha}_1,\boldsymbol{\alpha}_2,\cdots,\boldsymbol{\alpha}_s$ 线性表示,如果 $t>s$,则 $\boldsymbol{\beta}_1,\boldsymbol{\beta}_2,\cdots,\boldsymbol{\beta}_t$ 线性相关.

这个定理的等价命题为:在如定理的所设下,如果 $\boldsymbol{\beta}_1,\boldsymbol{\beta}_2,\cdots,\boldsymbol{\beta}_t$ 线性无关,则 $t\leqslant s$.

由此即得:如果向量组 $\boldsymbol{\beta}_1,\boldsymbol{\beta}_2,\cdots,\boldsymbol{\beta}_t$ 可由向量组 $\boldsymbol{\alpha}_1,\boldsymbol{\alpha}_2,\cdots,\boldsymbol{\alpha}_s$ 线性表示,则

$$p=\text{秩}\{\boldsymbol{\beta}_1,\cdots,\boldsymbol{\beta}_t\}\leqslant\text{秩}\{\boldsymbol{\alpha}_1,\cdots,\boldsymbol{\alpha}_s\}=r.$$

因为 $\{\boldsymbol{\beta}_1,\cdots,\boldsymbol{\beta}_t\}$ 中由 p 个向量组成的极大线性无关组 $\{\boldsymbol{\beta}_{i_1},\boldsymbol{\beta}_{i_2},\cdots,\boldsymbol{\beta}_{i_p}\}$,可由 $\{\boldsymbol{\alpha}_1,\cdots,\boldsymbol{\alpha}_s\}$ 中由 r 个向量组成的极大线性无关组 $\{\boldsymbol{\alpha}_{j_1},\boldsymbol{\alpha}_{j_2},\cdots,\boldsymbol{\alpha}_{j_r}\}$ 线性表示.

进而就有:如果两个向量组 $\{\boldsymbol{\beta}_1,\boldsymbol{\beta}_2,\cdots,\boldsymbol{\beta}_t\}$ 与 $\{\boldsymbol{\alpha}_1,\boldsymbol{\alpha}_2,\cdots,\boldsymbol{\alpha}_s\}$ 是等价的(即它们可以互相线性表示),则它们的秩相等,即

$$秩\{\boldsymbol{\beta}_1,\cdots,\boldsymbol{\beta}_t\}=秩\{\boldsymbol{\alpha}_1,\cdots,\boldsymbol{\alpha}_s\}.$$

这正是：初等变换不改变矩阵的秩（即矩阵的秩是矩阵做初等变换时的一个不变量）的理论根据.

如何求向量组的秩及其极大线性无关组，在内容提要中已讲过.对于下面的阶梯形矩阵

$$\boldsymbol{U}=(\boldsymbol{\xi}_1\ \boldsymbol{\xi}_2\ \boldsymbol{\xi}_3\ \boldsymbol{\xi}_4\ \boldsymbol{\xi}_5)=\begin{pmatrix}1&-1&3&1&2\\0&2&1&-3&6\\0&0&0&5&-8\\0&0&0&0&0\end{pmatrix}$$

的列向量组 $\boldsymbol{\xi}_1,\boldsymbol{\xi}_2,\boldsymbol{\xi}_3,\boldsymbol{\xi}_4,\boldsymbol{\xi}_5$（此时都去掉第 4 个分量而视为三维向量，其线性相关性不变），显然存在 3 个列向量线性无关（例如：$\{\boldsymbol{\xi}_1,\boldsymbol{\xi}_2,\boldsymbol{\xi}_4\}$，$\{\boldsymbol{\xi}_1,\boldsymbol{\xi}_2,\boldsymbol{\xi}_5\}$，$\{\boldsymbol{\xi}_1,\boldsymbol{\xi}_3,\boldsymbol{\xi}_4\}$等都线性无关，因为它们去掉第 4 个分量后做成的三阶行列式都不等于零，相应的三阶矩阵是可逆的），而任何 4 个列向量都线性相关（因为任何 4 个三维向量必线性相关）. 所以 $\boldsymbol{U}$ 的列向量组的秩为 3，上面提到的 3 个线性无关的列向量（如 $\boldsymbol{\xi}_1,\boldsymbol{\xi}_2,\boldsymbol{\xi}_4$ 等）都是它的极大线性无关组.

再利用："对矩阵 $\boldsymbol{A}$ 做初等行变换将其化为阶梯形矩阵 $\boldsymbol{U}$ 时，$\boldsymbol{A}$ 与 $\boldsymbol{U}$ 的对应的列向量组有相同的线性相关性"（定理 3.6），就可容易地求得向量组的秩及其极大线性无关组.

例 1 求下列向量组的秩及其一个极大线性无关组，并将其余向量用这个极大线性无关组线性表示之.

$\boldsymbol{\alpha}_1=(1,2,3,4)^{\mathrm{T}}$，$\boldsymbol{\alpha}_2=(-1,-1,-2,-2)^{\mathrm{T}}$，$\boldsymbol{\alpha}_3=(2,3,5,6)^{\mathrm{T}}$，$\boldsymbol{\alpha}_4=(-2,-2,-1,-1)^{\mathrm{T}}$，$\boldsymbol{\alpha}_5=(1,1,3,3)^{\mathrm{T}}$.

解 将 $\boldsymbol{\alpha}_1,\boldsymbol{\alpha}_2,\boldsymbol{\alpha}_3,\boldsymbol{\alpha}_4,\boldsymbol{\alpha}_5$ 按列排成一个 4×5 矩阵 $\boldsymbol{A}$，对 $\boldsymbol{A}$ 做初等行变换将其化为阶梯形矩阵，即

$$
\boldsymbol{A}=\begin{pmatrix}1 & -1 & 2 & -2 & 1\\ 2 & -1 & 3 & -2 & 1\\ 3 & -2 & 5 & -1 & 3\\ 4 & -2 & 6 & -1 & 3\end{pmatrix}
\xrightarrow[\substack{③+①\times(-3)\\ ④+①\times(-4)}]{②+①\times(-2)}
\begin{pmatrix}1 & -1 & 2 & -2 & 1\\ 0 & 1 & -1 & 2 & -1\\ 0 & 1 & -1 & 5 & 0\\ 0 & 2 & -2 & 7 & -1\end{pmatrix}
$$

$$
\xrightarrow[④+②\times(-2)]{③+②\times(-1)}
\begin{pmatrix}1 & -1 & 2 & -2 & 1\\ 0 & 1 & -1 & 2 & -1\\ 0 & 0 & 0 & 3 & 1\\ 0 & 0 & 0 & 3 & 1\end{pmatrix}
\longrightarrow
\begin{pmatrix}1 & -1 & 2 & -2 & 1\\ 0 & 1 & -1 & 2 & -1\\ 0 & 0 & 0 & 3 & 1\\ 0 & 0 & 0 & 0 & 0\end{pmatrix}=\boldsymbol{U}. \tag{1}
$$

$\boldsymbol{U}$中第1,2,4三个列向量是$\boldsymbol{U}$的列向量组的一个极大线性无关组,所以$\boldsymbol{A}$的列向量组$\boldsymbol{\alpha}_1,\boldsymbol{\alpha}_2,\boldsymbol{\alpha}_3,\boldsymbol{\alpha}_4,\boldsymbol{\alpha}_5$的一个极大线性无关组为$\boldsymbol{\alpha}_1,\boldsymbol{\alpha}_2,\boldsymbol{\alpha}_4$,从而

$$
秩\{\boldsymbol{\alpha}_1,\boldsymbol{\alpha}_2,\boldsymbol{\alpha}_3,\boldsymbol{\alpha}_4,\boldsymbol{\alpha}_5\}=3.
$$

下面将$\boldsymbol{\alpha}_3$和$\boldsymbol{\alpha}_5$分别用$\{\boldsymbol{\alpha}_1,\boldsymbol{\alpha}_2,\boldsymbol{\alpha}_4\}$线性表示:设

$$
x_1\boldsymbol{\alpha}_1+x_2\boldsymbol{\alpha}_2+x_4\boldsymbol{\alpha}_4=\boldsymbol{\alpha}_3,
$$

由此得到非齐次线性方程组

$$
\boldsymbol{A}_1\boldsymbol{x}=\boldsymbol{\alpha}_3 \quad (其中\ \boldsymbol{x}=(x_1,x_2,x_4)^{\mathrm{T}}). \tag{2}
$$

对其增广矩阵$(\boldsymbol{A}_1,\boldsymbol{\alpha}_3^{\mathrm{T}})$做初等行变换化为阶梯矩阵,即

$$
(\boldsymbol{A}_1,\boldsymbol{\alpha}_3)=(\boldsymbol{\alpha}_1\ \boldsymbol{\alpha}_2\ \boldsymbol{\alpha}_4\ \vdots\ \boldsymbol{\alpha}_3)\xrightarrow[(1)式得]{利用}\left(\begin{array}{ccc:c}1 & -1 & -2 & 2\\ 0 & 1 & 2 & -1\\ 0 & 0 & 3 & 0\\ 0 & 0 & 0 & 0\end{array}\right). \tag{3}
$$

(3)式右端的阶梯阵,就是由(1)式$\boldsymbol{U}$中的第1,2,4,3四个列依次排成的阶梯矩阵(因为对矩阵做初等行变换时,列向量之间是互不影响的). 由(3)式得到方程组(2)的同解方程组

$$\begin{cases} x_1 - x_2 - 2x_4 = 2, \\ \quad x_2 + 2x_4 = -1, \\ \quad\quad 3x_4 = 0. \end{cases}$$

由此即得:$x_4=0, x_2=-1, x_1=1$,所以

$$\boldsymbol{\alpha}_3 = 1\cdot\boldsymbol{\alpha}_1 + (-1)\boldsymbol{\alpha}_2 = \boldsymbol{\alpha}_1 - \boldsymbol{\alpha}_2.$$

再设

$$x_1\boldsymbol{\alpha}_1 + x_2\boldsymbol{\alpha}_2 + x_4\boldsymbol{\alpha}_4 = \boldsymbol{\alpha}_5, \tag{4}$$

同理,(4)式对应的方程组$\boldsymbol{A}_1\boldsymbol{x}=\boldsymbol{\alpha}_5^{\mathrm{T}}$的增广矩阵$(\boldsymbol{A}_1, \boldsymbol{\alpha}_5^{\mathrm{T}})$做初等行变换,可化为

$$(\boldsymbol{A}_1, \boldsymbol{\alpha}_5^{\mathrm{T}}) \longrightarrow \left[\begin{array}{ccc:c} 1 & -1 & -2 & 1 \\ 0 & 1 & 2 & -1 \\ 0 & 0 & 3 & 1 \\ 0 & 0 & 0 & 0 \end{array}\right].$$

由此即得:$x_4=\dfrac{1}{3}, x_2=-\dfrac{5}{3}, x_1=0$,所以

$$\boldsymbol{\alpha}_5 = 0\cdot\boldsymbol{\alpha}_1 + \left(\frac{-5}{3}\right)\boldsymbol{\alpha}_2 + \frac{1}{3}\boldsymbol{\alpha}_4 = -\frac{5}{3}\boldsymbol{\alpha}_2 + \frac{1}{3}\boldsymbol{\alpha}_4.$$

3.4 矩阵的秩 *矩阵的相抵标准形

矩阵的秩也是线性代数中一个极为重要的概念,它在线性方程组解的理论中具有举足轻重的地位.

矩阵的列向量组的秩(简称列秩),矩阵行向量组的秩(简称行秩),矩阵的行列式秩(即矩阵非零子式的最高阶数),三者是相等的(定理3.8,定理3.10),我们把它们统称为矩阵的秩.

对矩阵 $\boldsymbol{A}$ 做初等行变换(即对 $\boldsymbol{A}$ 的行向量组做线性运算),将其化为矩阵 $\boldsymbol{B}$,即存在初等矩阵 $\boldsymbol{P}_1,\boldsymbol{P}_2,\cdots,\boldsymbol{P}_s$,使

$$\boldsymbol{P}_s\cdots\boldsymbol{P}_2\boldsymbol{P}_1\boldsymbol{A}=\boldsymbol{B}.$$

从而

$$\boldsymbol{P}_1^{-1}\boldsymbol{P}_2^{-1}\cdots\boldsymbol{P}_s^{-1}\boldsymbol{B}=\boldsymbol{A}$$

(其中 $\boldsymbol{P}_s^{-1},\cdots,\boldsymbol{P}_2^{-1},\boldsymbol{P}_1^{-1}$ 也是初等矩阵),这表明对 $\boldsymbol{B}$ 做初等行变换也可化为 $\boldsymbol{A}$. 所以 $\boldsymbol{B}$ 的行向量组是由 $\boldsymbol{A}$ 的行向量组线性表示的;反之,$\boldsymbol{A}$ 的行向量组也是由 $\boldsymbol{B}$ 的行向量组线性表示的. 因此,$\boldsymbol{A}$ 与 $\boldsymbol{B}$ 的行向量组是等价向量组,它们的行秩相等,这就是说,初等行变换不改变矩阵的行秩. 同样初等行变换也不改变矩阵的列秩(定理3.6). 同理,初等列变换也不改变矩阵的列秩和行秩. 综合起来就是,初等变换不改变矩阵的秩.

对矩阵做初等变换,矩阵的元素会呈现出各种各样的变化,但是它的秩始终是不变的. 所以,我们说,矩阵的秩是矩阵在初等变换下的一个不变量.

我们用高斯消元法求解线性方程组 $\boldsymbol{Ax}=\boldsymbol{b}$,其消元过程就是对增广矩阵$(\boldsymbol{A},\boldsymbol{b})$做初等行变换,将其化为阶梯形矩阵$(\boldsymbol{C},\boldsymbol{d})$. 此时,$\boldsymbol{Ax}=\boldsymbol{b}$ 的同解方程组

$$\boldsymbol{Cx}=\boldsymbol{d}$$

有解的充分必要条件是:阶梯形的系数矩阵 $\boldsymbol{C}$ 的非零行行数与阶梯形的增广矩阵$(\boldsymbol{C},\boldsymbol{d})$的非零行行数相等. 而阶梯形矩阵的非零行行数就是它的行秩,也就是矩阵的秩;再由于初等变换不改变矩阵的秩,所以 $\boldsymbol{Ax}=\boldsymbol{b}$ 有解的充分必要条件是,秩$(\boldsymbol{C})=$秩$(\boldsymbol{C},\boldsymbol{d})$,即

$$\text{秩}(\boldsymbol{A})=\text{秩}(\boldsymbol{A},\boldsymbol{b}).$$

如果 $\boldsymbol{A}$ 是 $m\times n$ 矩阵,秩$(\boldsymbol{A})=r$,那么不论做怎样的初等行变换将增广矩阵$(\boldsymbol{A},\boldsymbol{b})$化为阶梯形矩阵$(\boldsymbol{C},\boldsymbol{d})$时,其非零行行数都为 r,求解时都有且仅有 $n-r$ 个自由未知量. 以上就是矩阵的秩在线性方程组解的理论中所起到的重要作用.

对于 n 阶矩阵 $\boldsymbol{A}$，$\mathrm{r}(\boldsymbol{A})=n$ 的充要条件是 $\boldsymbol{A}$ 为可逆矩阵(也称非奇异矩阵)，即 $|\boldsymbol{A}|\neq 0$(定理 3.9).

求矩阵 $\boldsymbol{A}$ 的秩的方法：对 $\boldsymbol{A}$ 做初等行变换，将其化为阶梯形矩阵 $\boldsymbol{U}$，则 $\mathrm{r}(\boldsymbol{A})$ 就等于 $\boldsymbol{U}$ 的非零行行数.

例 1 设

$$\boldsymbol{A}=\begin{pmatrix}1 & -1 & 2 & -1 & 0\\ 2 & -2 & 4 & -2 & 0\\ 3 & 0 & 6 & -7 & 1\\ 0 & 3 & 0 & 0 & 1\end{pmatrix},$$

求秩($\boldsymbol{A}$)，并指出它的一个最高阶的非零子式.

解 对 $\boldsymbol{A}$ 做初等行变换，将其化为阶梯形矩阵 $\boldsymbol{U}$，即

$$\boldsymbol{A}\xrightarrow[③+①\times(-3)]{②+①\times(-2)}\begin{pmatrix}1 & -1 & 2 & 1 & 0\\ 0 & 0 & 0 & 0 & 0\\ 0 & 3 & 0 & -4 & 1\\ 0 & 3 & 0 & 0 & 1\end{pmatrix}$$

$$\xrightarrow[\text{再做两次行对换}]{④+③\times(-1)}\begin{pmatrix}1 & -1 & 2 & 1 & 0\\ 0 & 3 & 0 & -4 & 1\\ 0 & 0 & 0 & 4 & 0\\ 0 & 0 & 0 & 0 & 0\end{pmatrix}=\boldsymbol{U},$$

所以，秩($\boldsymbol{A}$)=3，$\boldsymbol{U}$ 中一个最高阶的非零子式为

$$\begin{vmatrix}1 & -1 & 1\\ 0 & 3 & -4\\ 0 & 0 & 4\end{vmatrix}=12\neq 0$$

它对应于 $\boldsymbol{A}$ 中第 1,3,4 行与第 1,2,4 列交点排成的三阶行列式

$$\begin{vmatrix}1 & -1 & -1\\ 3 & 0 & -7\\ 0 & 3 & 0\end{vmatrix}=-3\begin{vmatrix}1 & -1\\ 3 & -7\end{vmatrix}=12\neq 0.$$

例2 设

$$
\boldsymbol{A}=\begin{pmatrix}1 & -1 & 2 & -1 & 0\\ 2 & -2 & 4 & -2 & 0\\ 3 & 0 & 5 & -7 & 1\\ a & 3 & b & c & 2\end{pmatrix}.
$$

问：a,b,c 为何值时，$\boldsymbol{A}$ 的列向量组的极大线性无关组只有两个向量.

解 $\boldsymbol{A}$ 的列向量组的极大线性无关组所含向量个数就是 $\boldsymbol{A}$ 的列秩，也就是 $\boldsymbol{A}$ 的秩. 所以此题就是问：a,b,c 取何值时，$\mathrm{r}(\boldsymbol{A})=2$.

对 $\boldsymbol{A}$ 做初等行变换，将其化为矩阵 $\boldsymbol{B}$. 即

$$
\boldsymbol{A}\xrightarrow[\substack{③+①\times(-3)\\ ④+①\times(-a)}]{②+①\times(-2)}\begin{pmatrix}1 & -1 & 2 & -1 & 0\\ 0 & 0 & 0 & 0 & 0\\ 0 & 3 & -1 & -4 & 1\\ 0 & 3+a & b-2a & c+a & 2\end{pmatrix}=\boldsymbol{B}.
$$

由于 $\mathrm{r}(\boldsymbol{B})=\mathrm{r}(\boldsymbol{A})$，欲使 $\mathrm{r}(\boldsymbol{B})=2$，$\boldsymbol{B}$ 中第3行与第4行的行向量必须成比例，所以得

$$
\begin{aligned}
&3+a=2\times 3,\quad a=3;\\
&b-2a=-1\times 2,\quad b=-2+2a=4;\\
&c+a=-4\times 2,\quad c=-8-a=-11.
\end{aligned}
$$

即 $a=3,b=4,c=-11$ 时，$\mathrm{r}(\boldsymbol{A})=2$.

例3 设分块矩阵 $\boldsymbol{P}=\begin{pmatrix}\boldsymbol{A} & \boldsymbol{C}\\ \boldsymbol{0} & \boldsymbol{B}\end{pmatrix}$（其中 $\boldsymbol{C}$ 为任意矩阵），证明

$$
\mathrm{r}(\boldsymbol{P})\geqslant \mathrm{r}(\boldsymbol{A})+\mathrm{r}(\boldsymbol{B}).
$$

证 不妨设 $\boldsymbol{A}=(\boldsymbol{\alpha}_1,\cdots,\boldsymbol{\alpha}_s)$ 的列向量组的一个极大线性无关组为 $\{\boldsymbol{\alpha}_1,\boldsymbol{\alpha}_2,\cdots,\boldsymbol{\alpha}_m\}$（其中 $m\leqslant s$），从而 $\mathrm{r}(\boldsymbol{A})=m$；$\boldsymbol{B}=(\boldsymbol{\beta}_1,\cdots,\boldsymbol{\beta}_t)$ 的列向量组的一个极大线性无关组为 $\{\boldsymbol{\beta}_1,\boldsymbol{\beta}_2,\cdots,\boldsymbol{\beta}_n\}$（其中 $n\leqslant t$），从而 $\mathrm{r}(\boldsymbol{B})=n$.

(i) 当 $\boldsymbol{C}=\boldsymbol{0}$（为零矩阵）时，$\boldsymbol{P}$ 中 $\boldsymbol{\alpha}_1,\cdots,\boldsymbol{\alpha}_m$ 与 $\boldsymbol{\beta}_1,\cdots,\boldsymbol{\beta}_n$ 所在列的 $m+n$ 个列向量是 $\boldsymbol{P}$ 的列向量组的一个极大线性无关组，所以

$$r(\boldsymbol{P})=m+n=r(\boldsymbol{A})+r(\boldsymbol{B}).$$

(ii) 当 $\boldsymbol{C}\neq\boldsymbol{0}$ 时，$\boldsymbol{B}$ 中线性相关的列向量添加了 $\boldsymbol{C}$ 中的分量后，有可能是线性无关的，所以，$\boldsymbol{P}$ 的列向量组的极大线性无关组所含向量个数可能等于 $m+n$，也可能大于 $m+n$，因此

$$r(\boldsymbol{P})\geqslant m+n=r(\boldsymbol{A})+r(\boldsymbol{B}).$$

例 4 设 $\boldsymbol{A}$ 是 $m\times n$ 矩阵，且 $m<n$，证明：齐次线性方程组 $(\boldsymbol{A}^{\mathrm{T}}\boldsymbol{A})\boldsymbol{x}=\boldsymbol{0}$ 必有非零解.

证 $\boldsymbol{A}^{\mathrm{T}}\boldsymbol{A}$ 是 $n\times n$ 矩阵，由于 $r(\boldsymbol{A})=r(\boldsymbol{A}^{\mathrm{T}})\leqslant m$，$r(\boldsymbol{A}^{\mathrm{T}}\boldsymbol{A})\leqslant \min(r(\boldsymbol{A}),r(\boldsymbol{A}^{\mathrm{T}}))\leqslant m<n$，那么，用高斯消元法将系数矩阵 $\boldsymbol{A}^{\mathrm{T}}\boldsymbol{A}$ 通过初等行变换化为阶梯形矩阵时，其非零行行数小于 n，从而求解时有 $n-r(\boldsymbol{A}^{\mathrm{T}}\boldsymbol{A})$ 个自由未知量，所以必有非零解.

或者根据齐次线性方程组解的理论(定理 3.12)，以 n 阶矩阵 $\boldsymbol{A}^{\mathrm{T}}\boldsymbol{A}$ 为系数矩阵的齐次线性方程组 $(\boldsymbol{A}^{\mathrm{T}}\boldsymbol{A})\boldsymbol{x}=\boldsymbol{0}$ 有非零解的充要条件为 $r(\boldsymbol{A}^{\mathrm{T}}\boldsymbol{A})<n$.

例 5（习题 18） 设 $\boldsymbol{A}$ 是 $s\times n$ 矩阵，$\boldsymbol{B}$ 是由 $\boldsymbol{A}$ 的前 m 行构成的 $m\times n$ 矩阵. 证明：若 $\boldsymbol{A}$ 的行向量组的秩为 r，则 $r(\boldsymbol{B})\geqslant r+m-s$.

证 设 $\boldsymbol{\alpha}_i=(a_{i1},a_{i2},\cdots,a_{in})$， $i=1,2,\cdots,s$，

$$\boldsymbol{A}=\begin{pmatrix}\boldsymbol{\alpha}_1\\ \vdots\\ \boldsymbol{\alpha}_m\\ \boldsymbol{\alpha}_{m+1}\\ \vdots\\ \boldsymbol{\alpha}_s\end{pmatrix},\quad \boldsymbol{B}=\begin{pmatrix}\boldsymbol{\alpha}_1\\ \vdots\\ \boldsymbol{\alpha}_m\end{pmatrix}.$$

设 $r(\boldsymbol{B})=p$，于是 $\boldsymbol{B}$ 的行向量组的极大线性无关组 $\{\boldsymbol{\alpha}_{i_1},\boldsymbol{\alpha}_{i_2},\cdots,\boldsymbol{\alpha}_{i_p}\}$ 含 p 个向量. 因此，$\boldsymbol{A}$ 的行向量组的一个极大线性无关组是向量组 $\{\boldsymbol{\alpha}_{i_1},\boldsymbol{\alpha}_{i_2},\cdots,\boldsymbol{\alpha}_{i_p},\boldsymbol{\alpha}_{m+1},\cdots,\boldsymbol{\alpha}_s\}$ 的一个子集，也就是它所含向量个数 $\leqslant p+(s-m)$，即

$$r(\boldsymbol{A})=r\leqslant p+(s-m),$$

从而

$$\mathrm{r}(\boldsymbol{B})=p\geqslant r+m-s.$$

*例6（习题25）　设$\boldsymbol{A}$是$m\times n$矩阵$(m<n)$，$\mathrm{r}(\boldsymbol{A})=m$，证明：存在$n\times m$矩阵$\boldsymbol{B}$，使$\boldsymbol{AB}=\boldsymbol{I}_m$.

证　利用矩阵的相抵标准形和分块矩阵的乘法来证明.

由于$\mathrm{r}(\boldsymbol{A})=m$，所以存在$m$阶可逆阵$\boldsymbol{P}$和$n$阶可逆阵$\boldsymbol{Q}$，使得

$$\boldsymbol{PAQ}=(\boldsymbol{I}_m,\boldsymbol{0}_1)\quad（其中\ \boldsymbol{0}_1\ 是\ m\times(n-m)零矩阵），$$

即

$$\boldsymbol{A}=\boldsymbol{P}^{-1}(\boldsymbol{I}_m,\boldsymbol{0}_1)\boldsymbol{Q}^{-1}.$$

取

$$\boldsymbol{B}=\boldsymbol{Q}\begin{pmatrix}\boldsymbol{I}_m\\ \boldsymbol{0}_2\end{pmatrix}\boldsymbol{P},$$

其中：$\boldsymbol{0}_2$是$(n-m)\times m$零矩阵，$\boldsymbol{B}$是秩为m的$n\times m$矩阵. 于是

$$\boldsymbol{AB}=\boldsymbol{P}^{-1}(\boldsymbol{I}_m,\boldsymbol{0}_1)\boldsymbol{Q}^{-1}\boldsymbol{Q}\begin{pmatrix}\boldsymbol{I}_m\\ \boldsymbol{0}_2\end{pmatrix}\boldsymbol{P}=\boldsymbol{P}^{-1}\boldsymbol{I}_m\boldsymbol{P}=\boldsymbol{I}_m.$$

*例7（习题27）　证明：任何秩为r的矩阵$\boldsymbol{A}$可以表示为r个秩为1的矩阵之和，但不能表示为少于r个秩为1的矩阵之和.

证　不妨设$\boldsymbol{A}$为$m\times n$矩阵，证明时要用到："若$\boldsymbol{P},\boldsymbol{Q}$分别为$m$阶和$n$阶可逆矩阵，则$\mathrm{r}(\boldsymbol{PAQ})=\mathrm{r}(\boldsymbol{A})$"，以及矩阵的相抵标准形.

由于秩$(\boldsymbol{A})=r$，所以存在m阶可逆阵$\boldsymbol{P}$和n阶可逆阵$\boldsymbol{Q}$，使得

$$\boldsymbol{PAQ}=\begin{pmatrix}\boldsymbol{I}_r & \boldsymbol{0}\\ \boldsymbol{0} & \boldsymbol{0}\end{pmatrix}_{m\times n}\quad（其中\ \boldsymbol{I}_r\ 为\ r\ 阶单位阵），$$

从而

$$\boldsymbol{A}=\boldsymbol{P}^{-1}\begin{pmatrix}\boldsymbol{I}_r & \boldsymbol{0}\\ \boldsymbol{0} & \boldsymbol{0}\end{pmatrix}\boldsymbol{Q}^{-1}.$$

令r阶对角阵

$$\boldsymbol{\Lambda}_{r_i}=\begin{pmatrix}0&&&&\\&\ddots&&&\\&&1&&\\&&&\ddots&\\&&&&0\end{pmatrix},$$

其中第 i 个主对角元为 1,其余对角元均为零,如此则有

$$\boldsymbol{I}_r=\boldsymbol{\Lambda}_{r_1}+\boldsymbol{\Lambda}_{r_2}+\cdots+\boldsymbol{\Lambda}_{r_r},$$

于是,取

$$\boldsymbol{A}_i=\boldsymbol{P}^{-1}\begin{pmatrix}\boldsymbol{\Lambda}_{r_i}&\boldsymbol{0}\\\boldsymbol{0}&\boldsymbol{0}\end{pmatrix}\boldsymbol{Q}^{-1}\quad(i=1,2,\cdots,r),$$

则秩($\boldsymbol{A}_i$)=秩($\boldsymbol{\Lambda}_{r_i}$)=1,且有

$$\boldsymbol{A}=\boldsymbol{A}_1+\boldsymbol{A}_2+\cdots+\boldsymbol{A}_r.$$

所以 $\boldsymbol{A}$ 可表示为 r 个秩为 1 的矩阵 $A_1,\boldsymbol{A}_2,\cdots,\boldsymbol{A}_r$ 之和.

如果 $\boldsymbol{B}_1,\boldsymbol{B}_2,\cdots,\boldsymbol{B}_p$ 的秩均为 1,则

$$\mathrm{r}(\boldsymbol{B}_1+\boldsymbol{B}_2+\cdots+\boldsymbol{B}_p)\leqslant\mathrm{r}(\boldsymbol{B}_1)+\mathrm{r}(\boldsymbol{B}_2)+\cdots+\mathrm{r}(\boldsymbol{B}_p)=p.$$

因此,当 $p<r$ 时,秩为 r 的 $\boldsymbol{A}$ 不可能表示为 $\boldsymbol{B}_1,\boldsymbol{B}_2,\cdots,\boldsymbol{B}_p$ 之和.

3.5 齐次线性方程组有非零解的条件及解的结构

齐次线性方程组 $\boldsymbol{Ax}=\boldsymbol{0}$ 有非零解的条件,有非零解时,它的基础解系的概念,求基础解系的方法,以及它的一般解的结构,在内容提要中已经详述.

这里有两个重要的例题(教材 p137 上的例 3,例 4),要熟悉其结论并会证明.

(1) 若 $\boldsymbol{A},\boldsymbol{B}$ 分别是 $m\times n$ 和 $n\times s$ 矩阵,且 $\boldsymbol{AB}=\boldsymbol{0}$,则

$$\mathrm{r}(\boldsymbol{A})+\mathrm{r}(\boldsymbol{B})\leqslant n.$$

证明时,由 $\boldsymbol{AB}=\boldsymbol{0}$ 可知,$\boldsymbol{B}$ 的 s 个列向量是齐次线性方程组

$\boldsymbol{Ax}=\boldsymbol{0}$ 的解，再利用 $\boldsymbol{Ax}=\boldsymbol{0}$ 的基础解系含 $n-\mathrm{r}(\boldsymbol{A})$ 个解，即可证明之.

*(2) 若 $\boldsymbol{A}$ 是 $m\times n$ 实矩阵，则 $\mathrm{r}(\boldsymbol{A}^{\mathrm{T}}\boldsymbol{A})=\mathrm{r}(\boldsymbol{A})$.（证明见教材）.

例 1　设 $\boldsymbol{A}=\begin{bmatrix}1&1&2&2&7\\2&2&1&1&2\\5&5&1&2&0\end{bmatrix}$.

求齐次线性方程组 $\boldsymbol{Ax}=\boldsymbol{0}$ 的基础解系与一般解.

解　对系数矩阵 $\boldsymbol{A}$ 做初等行变换，将其化为行简化阶梯矩阵 $\boldsymbol{U}$，即

$$\boldsymbol{A}\xrightarrow[③+①\times(-5)]{②+①\times(-2)}\begin{bmatrix}1&1&2&2&7\\0&0&-3&-3&-12\\0&0&-9&-8&-35\end{bmatrix}$$

$$\xrightarrow[②\times\left(-\frac{1}{3}\right)]{③+②\times(-3)}\begin{bmatrix}1&1&2&2&7\\0&0&1&1&4\\0&0&0&1&1\end{bmatrix}\xrightarrow[①+③\times(-2)]{②+③\times(-1)}\begin{bmatrix}1&1&2&0&5\\0&0&1&0&3\\0&0&0&1&1\end{bmatrix}$$

$$\xrightarrow{①+②\times(-2)}\begin{bmatrix}1&1&0&0&-1\\0&0&1&0&3\\0&0&0&1&1\end{bmatrix}=\boldsymbol{U}.$$

$\boldsymbol{Ux}=\boldsymbol{0}$ 与 $\boldsymbol{Ax}=\boldsymbol{0}$ 是同解方程组，求基础解系时，取 x_2,x_5 为自由未知量，它们分别取 1,0 和 0,1 时，得基础解系中的两个解

$$\boldsymbol{x}_1=(-1,1,0,0,0)^{\mathrm{T}};\quad \boldsymbol{x}_2=(1,0,-3,-1,1)^{\mathrm{T}}.$$

方程组的一般解为

$$\boldsymbol{x}=k_1\boldsymbol{x}_1+k_2\boldsymbol{x}_2=k_1(-1,1,0,0,0)^{\mathrm{T}}+k_2(1,0,-3,-1,1)^{\mathrm{T}},$$

其中 k_1,k_2 为任意常数.

例 2（研 3-35. 教材 p381. 表示研究生入学试题汇编：3. 线性方程组中的 35 题. 以后用同样的简称）

设四元齐次线性方程组（Ⅰ）为

$$\begin{cases}2x_1+3x_2-x_3=0,\\ x_1+2x_2+x_3-x_4=0.\end{cases}$$

已知另一个四元齐次线性方程组(Ⅱ)的一个基础解系为

$$\boldsymbol{\alpha}_1=(2,-1,a+2,1)^{\mathrm{T}},\quad \boldsymbol{\alpha}_2=(-1,2,4,a+8)^{\mathrm{T}}.$$

(1) 求方程组(Ⅰ)的一个基础解系;

(2) 当 a 为何值时,方程组(Ⅰ)与(Ⅱ)有非零公共解?在有非零公共解时,求全部非零公共解.

解 (1) 对系数矩阵做初等行变换,将其化为行简化阶梯矩阵,即

$$\begin{pmatrix}2&3&-1&0\\1&2&1&-1\end{pmatrix}\longrightarrow\begin{pmatrix}1&2&1&-1\\2&3&-1&0\end{pmatrix}$$

$$\longrightarrow\begin{pmatrix}1&2&1&-1\\0&-1&-3&2\end{pmatrix}\longrightarrow\begin{pmatrix}1&0&-5&3\\0&-1&-3&2\end{pmatrix}$$

$$\longrightarrow\begin{pmatrix}1&0&-5&3\\0&1&3&-2\end{pmatrix}.$$

所以方程组(Ⅰ)的同解方程组为

$$\begin{cases}x_1-5x_3+3x_4=0,\\ x_2+3x_3-2x_4=0.\end{cases}$$

取 x_3,x_4 为自由未知量,它们分别取 1,0 与 0,1 得基础解系:

$$\boldsymbol{\beta}_1=(5,-3,1,0)^{\mathrm{T}},\quad \boldsymbol{\beta}_2=(-3,2,0,1)^{\mathrm{T}}.$$

(2) 方程组(Ⅰ)与(Ⅱ)的一般解分别为:

$$\boldsymbol{x}=k_1\boldsymbol{\beta}_1+k_2\boldsymbol{\beta}_2,\tag{1}$$

$$\boldsymbol{x}=k_3\boldsymbol{\alpha}_1+k_4\boldsymbol{\alpha}_2,\tag{2}$$

它们的公共解就是(1)式和(2)式中相等的解,即公共解为

$$\boldsymbol{x}=k_1\boldsymbol{\beta}_1+k_2\boldsymbol{\beta}_2=k_3\boldsymbol{\alpha}_1+k_4\boldsymbol{\alpha}_2.\tag{3}$$

由(3)式得

$$k_1\boldsymbol{\beta}_1+k_2\boldsymbol{\beta}_2-k_3\boldsymbol{\alpha}_1-k_4\boldsymbol{\alpha}_2=\mathbf{0}\quad(\text{零向量}).\tag{4}$$

(4) 式等价于一个齐次线性方程组

$$
(\boldsymbol{\beta}_1 \quad \boldsymbol{\beta}_2 \quad -\boldsymbol{\alpha}_1 \quad -\boldsymbol{\alpha}_2)\begin{pmatrix} k_1 \\ k_2 \\ k_3 \\ k_4 \end{pmatrix} = \begin{pmatrix} 5 & -3 & -2 & 1 \\ -3 & 2 & 1 & -2 \\ 1 & 0 & -a-2 & -4 \\ 0 & 1 & -1 & -a-8 \end{pmatrix}\begin{pmatrix} k_1 \\ k_2 \\ k_3 \\ k_4 \end{pmatrix} = \begin{pmatrix} 0 \\ 0 \\ 0 \\ 0 \end{pmatrix}. \tag{5}
$$

对方程组(5)的系数矩阵 $\boldsymbol{A}$ 做初等行变换,将其化为阶梯矩阵.如直接用第1列的5消去-3和1,将会出现分数,以后很不方便,所以先把第2行乘2加到第1行,得

$$
\boldsymbol{A} \longrightarrow \begin{pmatrix} -1 & 1 & 0 & -3 \\ -3 & 2 & 1 & -2 \\ 1 & 0 & -a-2 & -4 \\ 0 & 1 & -1 & -a-8 \end{pmatrix}
\xrightarrow[③+①]{②+①\times(-3)} \begin{pmatrix} -1 & 1 & 0 & -3 \\ 0 & -1 & 1 & 7 \\ 0 & 1 & -a-2 & -7 \\ 0 & 1 & -1 & -a-8 \end{pmatrix}
\xrightarrow[④+②]{③+②} \begin{pmatrix} -1 & 1 & 0 & -3 \\ 0 & -1 & 1 & 7 \\ 0 & 0 & -a-1 & 0 \\ 0 & 0 & 0 & -a-1 \end{pmatrix} = \boldsymbol{U} \tag{6}
$$

当 $a \neq -1$ 时,$|\boldsymbol{U}| \neq 0$,线性方程组 $\boldsymbol{Ak}=\boldsymbol{0}$ 只有零解,线性方程组(Ⅰ)与(Ⅱ)没有非零公共解.

当 $a=-1$ 时,

$$\boldsymbol{U}=\begin{pmatrix}-1&1&0&-3\\0&-1&1&7\\0&0&0&0\\0&0&0&0\end{pmatrix}\xrightarrow[\text{变换}]{\text{行}}\begin{pmatrix}-1&0&1&4\\0&-1&1&7\\0&0&0&0\\0&0&0&0\end{pmatrix}.$$

齐次线性方程组 $\boldsymbol{Uk}=\boldsymbol{0}$(与方程组(5)$\boldsymbol{Ak}=\boldsymbol{0}$ 是同解方程组,其中 $\boldsymbol{k}=(k_1,k_2,k_3,k_4)^{\mathrm{T}}$)有非零解,其基础解系为

$$\boldsymbol{k}_1=(1,1,1,0)^{\mathrm{T}},\quad \boldsymbol{k}_2=(4,7,0,1)^{\mathrm{T}},$$

一般解

$$\boldsymbol{k}=c_1\boldsymbol{k}_1+c_2\boldsymbol{k}_2=(c_1+4c_2,c_1+7c_2,c_1,c_2)^{\mathrm{T}}$$

(其中 c_1,c_2 为任意常数). 将 $k_3=c_1,k_4=c_2$ 代入(3)式,即得方程组(Ⅰ)与(Ⅱ)的全部非零公共解

$$\boldsymbol{x}=k_3\boldsymbol{\alpha}_1+k_4\boldsymbol{\alpha}_2=c_1\boldsymbol{\alpha}_1+c_2\boldsymbol{\alpha}_2.$$

当 $a=-1$ 时,$\boldsymbol{\alpha}_1=(2,-1,1,1)^{\mathrm{T}}$,$\boldsymbol{\alpha}_2=(-1,2,4,7)^{\mathrm{T}}$. 容易验证,此时 $\boldsymbol{\alpha}_1$ 与 $\boldsymbol{\alpha}_2$ 也是方程组(Ⅰ)的基础解系. 所以,$a=-1$ 时,方程组(Ⅰ)与(Ⅱ)是同解方程组,它们的全部公共解就是它们自身全部的解.

求方程组(Ⅰ)与(Ⅱ)的非零公共解的另一个解法为:先根据方程组(Ⅱ)的基础解系,反过来求一个方程组(Ⅱ).

设 $\boldsymbol{\alpha}_1=(2,-1,a+2,1)^{\mathrm{T}}$ 与 $\boldsymbol{\alpha}_2=(-1,2,4,a+8)^{\mathrm{T}}$ 是方程

$$a_1x_1+a_2x_2+a_3x_3+a_4x_4=0 \tag{7}$$

的解,于是,得

$$\begin{cases}2a_1-a_2+(a+2)a_3+a_4=0,\\-a_1+2a_2+4a_3+(a+8)a_4=0.\end{cases} \tag{8}$$

方程组(8)是关于 a_1,a_2,a_3,a_4 的四元齐次线性方程组,容易求得它的基础解系的两个解:

$$a_1=2a+8,\quad a_2=a+10,\quad a_3=-3,\quad a_4=0; \tag{9}$$

$$a_1=a+10,\quad a_2=2a+17,\quad a_3=0,\quad a_4=-3. \tag{10}$$

将(9)和(10)式分别代入方程(7),即可得到一个方程组(Ⅱ)

$$\begin{cases}(2a+8)x_1+(a+10)x_2-3x_3=0,\\(a+10)x_1+(2a+17)x_2-3x_4=0.\end{cases}\tag{11}$$

(读者不难验证 $\boldsymbol{\alpha}_1=(2,-1,a+2,1)^{\mathrm{T}}$ 与 $\boldsymbol{\alpha}_2=(-1,2,4,a+8)^{\mathrm{T}}$ 是方程组(11)的基础解系.)将方程组(11)与题给的方程组(Ⅰ)联立起来,这个联立方程组的非零解就是方程组(Ⅰ)与(Ⅱ)的共同的非零解.此时,同样可以得知:

当 $a=-1$ 时,全部共同的非零解为方程组(Ⅰ)与(Ⅱ)的自身全部非零解.当 $a\neq-1$ 时,方程组(Ⅰ)与(Ⅱ)没有共同的非零解.

例 3(研 3-28) 设 $\boldsymbol{A}=\begin{pmatrix}1&1&1\\a&b&c\\a^2&b^2&c^2\end{pmatrix}$,问:

(1) a,b,c 满足什么关系时,$\boldsymbol{Ax}=\boldsymbol{0}$ 只有零解;

(2) a,b,c 满足什么关系时,$\boldsymbol{Ax}=\boldsymbol{0}$ 有无穷多组解,并用基础解系表示通解.

解 (1) 当 $|\boldsymbol{A}|\neq0$ 时,$\boldsymbol{Ax}=\boldsymbol{0}$ 只有零解.这里的 $|\boldsymbol{A}|$ 是三阶范德蒙行列式,所以

$$|\boldsymbol{A}|=(b-a)(c-a)(c-b).$$

当 a,b,c 互不相等时,$|\boldsymbol{A}|\neq0$,从而 $\boldsymbol{Ax}=\boldsymbol{0}$ 只有零解.

(2) 当 $|\boldsymbol{A}|=0$ 时,$\boldsymbol{Ax}=\boldsymbol{0}$ 有无穷多组解,所以当 $a=b$ 或 $a=c$ 或 $b=c$ 或 $a=b=c$ 时均有无穷多组解.

(i) 当 $a=b$ 时,有

$$\boldsymbol{A}=\begin{pmatrix}1&1&1\\a&a&c\\a^2&a^2&c^2\end{pmatrix}\xrightarrow[\text{变换}]{\text{行}}\begin{pmatrix}1&1&1\\0&0&c-a\\0&0&c^2-a^2\end{pmatrix}\longrightarrow\begin{pmatrix}1&1&1\\0&0&c-a\\0&0&0\end{pmatrix}.$$

取 x_2 为自由未知量,基础解系为 $(-1,1,0)^{\mathrm{T}}$,通解为 $\boldsymbol{x}=k(-1,1,0)^{\mathrm{T}}$,$k$ 为任意常数.

同理,当 $a=c$ 时,通解为 $\boldsymbol{x}=k(-1,0,1)^{\mathrm{T}}$;当 $b=c$ 时,通解为 $\boldsymbol{x}=k(0,-1,1)^{\mathrm{T}}$,$k$ 均为任意常数.

(ii) 当 $a=b=c$ 时,有

$$\boldsymbol{A}=\begin{pmatrix}1&1&1\\a&a&a\\a^2&a^2&a^2\end{pmatrix}\longrightarrow\begin{pmatrix}1&1&1\\0&0&0\\0&0&0\end{pmatrix}.$$

取 x_2,x_3 为自由未知量,基础解系为$(-1,1,0)^{\mathrm{T}}$ 与$(-1,0,1)^{\mathrm{T}}$,通解为 $\boldsymbol{x}=k_1(-1,1,0)^{\mathrm{T}}+k_2(-1,0,1)^{\mathrm{T}}$,$k_1,k_2$ 为任意常数.

例 4 设 $\boldsymbol{A}=\begin{pmatrix}\lambda-1&1&\lambda\\1&\lambda-1&0\\\lambda&1&\lambda-1\end{pmatrix}$.

若存在三阶矩阵 $\boldsymbol{B}\neq\boldsymbol{0}$,使 $\boldsymbol{AB}=\boldsymbol{0}$,则必有(　).

(A) $\lambda=0$ 或 $\lambda=2$,$|\boldsymbol{B}|=0$;　(B) $\lambda=0$ 或 $\lambda=\dfrac{3}{2}$,$|\boldsymbol{B}|=0$;

(C) $\lambda=0$ 或 $\lambda=\dfrac{2}{3}$,$|\boldsymbol{B}|\neq0$;　(D) $\lambda=0$ 或 $\lambda=\dfrac{3}{2}$,$|\boldsymbol{B}|\neq0$.

解 设 $\boldsymbol{B}$ 的三个列向量为 $\boldsymbol{\beta}_1,\boldsymbol{\beta}_2,\boldsymbol{\beta}_3$,则由

$$\boldsymbol{AB}=\boldsymbol{A}(\boldsymbol{\beta}_1,\boldsymbol{\beta}_2,\boldsymbol{\beta}_3)=(\boldsymbol{A}\boldsymbol{\beta}_1,\boldsymbol{A}\boldsymbol{\beta}_2,\boldsymbol{A}\boldsymbol{\beta}_3)=(\boldsymbol{0},\boldsymbol{0},\boldsymbol{0})$$

(其中 3 个 $\boldsymbol{0}$ 均为三维零向量)可知,$\boldsymbol{\beta}_1,\boldsymbol{\beta}_2,\boldsymbol{\beta}_3$ 均为齐次线性方程组 $\boldsymbol{Ax}=\boldsymbol{0}$ 的解向量.

因此,题设中的三阶非零矩阵 $\boldsymbol{B}$ 的列向量至少有一个是 $\boldsymbol{Ax}=\boldsymbol{0}$ 的非零解(另外的列向量可以是零向量),所以必有

$$|\boldsymbol{A}|=\begin{vmatrix}\lambda-1&1&\lambda\\1&\lambda-1&0\\\lambda&1&\lambda-1\end{vmatrix}=(\lambda-1)^3+\lambda-\lambda^2(\lambda-1)-(\lambda-1)$$

$$=-2\lambda^2+3\lambda=0.$$

从而必有 $\lambda=0$ 或 $\lambda=\dfrac{3}{2}$.

当 $\lambda=0$ 或 $\lambda=\dfrac{3}{2}$时,秩$(\boldsymbol{A})=2$,因此 $\boldsymbol{Ax}=\boldsymbol{0}$ 的基础解系只有一个非零向量. 所以 $\boldsymbol{B}$ 的 3 个列向量的极大线性无关组只有一个

向量,即 $\boldsymbol{B}$ 的列秩=秩($\boldsymbol{B}$)=1.从而$|\boldsymbol{B}|=0$.

综上,答案应选(B).

例5(研3-37) 设齐次线性方程组

$$\begin{cases} ax_1+bx_2+bx_3+\cdots+bx_n=0, \\ bx_1+ax_2+bx_3+\cdots+bx_n=0, \\ \cdots\cdots\cdots\cdots\cdots\cdots\cdots\cdots \\ bx_1+bx_2+bx_3+\cdots+ax_n=0. \end{cases} \tag{1}$$

其中 $a\neq0,b\neq0,n\geqslant2$.试讨论 a,b 为何值时,方程组仅有零解、有无穷多组解?在有无穷多组解时,求出全部解,并用基础解系表示全部解.

解 从方程组(1)中依次有 $ax_1,ax_2,\cdots,ax_n$ 可见,n 元方程组(1)中有 n 个方程.它的系数行列式

$$|\boldsymbol{A}|=\begin{vmatrix} a & b & b & \cdots & b \\ b & a & b & \cdots & b \\ \vdots & \vdots & \vdots & & \vdots \\ b & b & b & \cdots & a \end{vmatrix}$$

$$=[a+(n-1)b]\begin{vmatrix} 1 & b & b & \cdots & b \\ 1 & a & b & \cdots & b \\ \vdots & \vdots & \vdots & & \vdots \\ 1 & b & b & \cdots & a \end{vmatrix}$$

$$=[a+(n-1)b]\begin{vmatrix} 1 & b & b & \cdots & b \\ 0 & a-b & 0 & \cdots & 0 \\ \vdots & \vdots & \vdots & & \vdots \\ 0 & 0 & 0 & \cdots & a-b \end{vmatrix}$$

$$=[a+(n-1)b](a-b)^{n-1}.$$

(1) 当$|\boldsymbol{A}|\neq0$,即 $a\neq b$ 且 $a\neq(1-n)b$ 时,方程组(1)仅有零解.

(2) 当$|\boldsymbol{A}|=0$,即 $a=b$ 或 $a=(1-n)b$ 时,方程组(1)有无穷

多组解.

当 $b=a$ 时,秩$(\boldsymbol{A})=1$,基础解系有 $n-1$ 个解向量:

$$(-1,1,0,\cdots,0)^{\mathrm{T}},(-1,0,1,\cdots,0)^{\mathrm{T}},\cdots,(-1,0,0,\cdots,1)^{\mathrm{T}}.$$

其全部解为

$$\boldsymbol{x}=k_1(-1,1,0,\cdots,0)^{\mathrm{T}}+k_2(-1,0,1,\cdots,0)^{\mathrm{T}}+\cdots+k_{n-1}(-1,0,0,\cdots,1)^{\mathrm{T}},$$

其中 $k_1,k_2,\cdots,k_{n-1}$ 为任意常数.

当 $a=(1-n)b$ 时,方程组(1)的系数矩阵

$$\boldsymbol{A}=\begin{pmatrix}(1-n)b & b & b & \cdots & b\\ b & (1-n)b & b & \cdots & b\\ b & b & (1-n)b & \cdots & b\\ \vdots & \vdots & & & \vdots\\ b & b & b & \cdots & (1-n)b\end{pmatrix}$$

$$\xrightarrow[\text{变换}]{\text{列}} b\begin{pmatrix}0 & 1 & 1 & \cdots & 1\\ 0 & 1-n & 1 & \cdots & 1\\ 0 & 1 & 1-n & \cdots & 1\\ \vdots & \vdots & \vdots & & \vdots\\ 0 & 1 & 1 & \cdots & 1-n\end{pmatrix} \tag{2}$$

$$\xrightarrow[\text{变换}]{\text{行}} \begin{pmatrix}0 & 1 & 1 & \cdots & 1\\ 0 & -n & 0 & \cdots & 0\\ 0 & 0 & -n & \cdots & 0\\ \vdots & \vdots & \vdots & & \vdots\\ 0 & 0 & 0 & \cdots & -n\end{pmatrix}_{n\times n}=\boldsymbol{B}.$$

由于 $\boldsymbol{B}$ 中非零子式最高阶数为 $n-1$,所以秩$(\boldsymbol{B})=$秩$(\boldsymbol{A})=n-1$. 因此,方程组(1)即 $\boldsymbol{Ax}=\boldsymbol{0}$ 的基础解系含 $n-\mathrm{r}(\boldsymbol{A})=n-(n-1)=1$ 个向量. 由(2)式的矩阵 $\boldsymbol{A}$ 可见,当 $x_1=x_2=\cdots=x_n=1$ 时,满足方程组 $\boldsymbol{Ax}=\boldsymbol{0}$,所以基础解系为$(1,1,1,\cdots,1)^{\mathrm{T}}$,其全部解为

$$\boldsymbol{x}=k(1,1,1,\cdots,1)^{\mathrm{T}},\text{其中 } k \text{ 为任意常数}.$$

例 6（研 3-38） 设 $\boldsymbol{\alpha}_1,\boldsymbol{\alpha}_2,\cdots,\boldsymbol{\alpha}_s$ 为线性方程组 $\boldsymbol{Ax}=\boldsymbol{0}$ 的一个基础解系，$\boldsymbol{\beta}_1=t_1\boldsymbol{\alpha}_1+t_2\boldsymbol{\alpha}_2,\boldsymbol{\beta}_2=t_1\boldsymbol{\alpha}_2+t_2\boldsymbol{\alpha}_3,\cdots,\boldsymbol{\beta}_s=t_1\boldsymbol{\alpha}_s+t_2\boldsymbol{\alpha}_1$，其中 t_1,t_2 为实常数，试问 t_1,t_2 满足什么关系时，$\boldsymbol{\beta}_1,\boldsymbol{\beta}_2,\cdots,\boldsymbol{\beta}_s$ 也为 $\boldsymbol{Ax}=\boldsymbol{0}$ 的一个基础解系.

解 已知齐次线性方程组 $\boldsymbol{Ax}=\boldsymbol{0}$ 的基础解系 $\boldsymbol{\alpha}_1,\boldsymbol{\alpha}_2,\cdots,\boldsymbol{\alpha}_s$ 有 s 个解向量，所以 $\boldsymbol{Ax}=\boldsymbol{0}$ 的任何 s 个线性无关的解都是其基础解系. 因此，只要证明：$\boldsymbol{\beta}_1,\boldsymbol{\beta}_2,\cdots,\boldsymbol{\beta}_s$ 是 $\boldsymbol{Ax}=\boldsymbol{0}$ 的解，而且 t_1,t_2 满足某种关系时，它们是线性无关的.

显然 $\boldsymbol{\beta}_i=t_1\boldsymbol{\alpha}_i+t_2\boldsymbol{\alpha}_{i+1}\quad(i=1,\cdots,s-1)$，$\boldsymbol{\beta}_s=t_1\boldsymbol{\alpha}_s+t_2\boldsymbol{\alpha}_1$ 都是 $\boldsymbol{Ax}=\boldsymbol{0}$ 的解，因为

$$\boldsymbol{A\beta}_i=\boldsymbol{A}(t_1\boldsymbol{\alpha}_i+t_2\boldsymbol{\alpha}_{i+1})=t_1\boldsymbol{A\alpha}_i+t_2\boldsymbol{A\alpha}_{i+1}=\boldsymbol{0}.$$

再讨论 t_1,t_2 满足什么关系时，$\boldsymbol{\beta}_1,\boldsymbol{\beta}_2,\cdots,\boldsymbol{\beta}_s$ 线性无关. 设

$$k_1\boldsymbol{\beta}_1+k_2\boldsymbol{\beta}_2+\cdots+k_{s-1}\boldsymbol{\beta}_{s-1}+k_s\boldsymbol{\beta}_s=0,\tag{1}$$

即

$$k_1(t_1\boldsymbol{\alpha}_1+t_2\boldsymbol{\alpha}_2)+k_2(t_1\boldsymbol{\alpha}_2+t_2\boldsymbol{\alpha}_3)+\cdots+k_{s-1}(t_1\boldsymbol{\alpha}_{s-1}+t_2\boldsymbol{\alpha}_s)+k_s(t_1\boldsymbol{\alpha}_s+t_2\boldsymbol{\alpha}_1)=\boldsymbol{0},$$

$$(t_1k_1+t_2k_s)\boldsymbol{\alpha}_1+(t_2k_1+t_1k_2)\boldsymbol{\alpha}_2+\cdots+(t_2k_{s-2}+t_1k_{s-1})\boldsymbol{\alpha}_{s-1}+(t_2k_{s-1}+t_1k_s)\boldsymbol{\alpha}_s=\boldsymbol{0}.\tag{2}$$

由于 $\boldsymbol{\alpha}_1,\boldsymbol{\alpha}_2,\cdots,\boldsymbol{\alpha}_s$ 线性无关（因为是基础解系），所以(2)式的系数必须全为零，即

$$\begin{cases}t_1k_1 & & +t_2k_s=0,\\ t_2k_1+t_1k_2 & & =0,\\ \cdots\cdots\cdots\cdots\cdots\cdots & & \\ & t_2k_{s-2}+t_1k_{s-1}=0, & \\ & t_2k_{s-1}+t_1k_s=0.\end{cases}\tag{3}$$

欲使 $\boldsymbol{\beta}_1,\boldsymbol{\beta}_2,\cdots,\boldsymbol{\beta}_s$ 线性无关，则(1)式中的 $k_1,k_2,\cdots,k_s$ 必须全为零，也就是以 $k_1,k_2,\cdots,k_s$ 为元的齐次线性方程组(3)只有零解，因此，它的系数行列式

$$\begin{vmatrix} t_1 & 0 & \cdots & 0 & t_2 \\ t_2 & t_1 & \cdots & 0 & 0 \\ & \ddots & \ddots & \vdots & \vdots \\ & & t_2 & t_1 & 0 \\ & & & t_2 & t_1 \end{vmatrix} \xlongequal[\text{展开}]{\text{按第1行}} t_1^n+(-1)^{n+1}t_2^n\neq 0,$$

即 t_1,t_2 满足 $t_1^n+(-1)^{n+1}t_2^n\neq 0$ 时,$\boldsymbol{\beta}_1,\boldsymbol{\beta}_2,\cdots,\boldsymbol{\beta}_s$ 也是 $\boldsymbol{Ax}=\boldsymbol{0}$ 的一个基础解系.

例 7（研 3-36） 设 $\boldsymbol{A}$ 是 $m\times n$ 矩阵,$\boldsymbol{B}$ 是 $n\times m$ 矩阵,则线性方程组$(\boldsymbol{AB})\boldsymbol{x}=\boldsymbol{0}$.

（A）当 $n>m$ 时仅有零解； （B）当 $n>m$ 时必有非零解；

（C）当 $m>n$ 时仅有零解； （D）当 $m>n$ 时必有非零解.

解 $\boldsymbol{AB}$ 是 $m\times m$ 矩阵,$(\boldsymbol{AB})\boldsymbol{x}=\boldsymbol{0}$ 是 m 元齐次线性方程组；当 $\mathrm{r}(\boldsymbol{AB})=m$ 时,它仅有零解；当 $\mathrm{r}(\boldsymbol{AB})<m$ 时它必有非零解.根据

$$\mathrm{r}(\boldsymbol{AB})\leqslant\min(\mathrm{r}(\boldsymbol{A}),\mathrm{r}(\boldsymbol{B})),$$

可得：

当 $m>n$ 时,$\mathrm{r}(\boldsymbol{A})\leqslant n$,$\mathrm{r}(\boldsymbol{B})\leqslant n$,从而 $\mathrm{r}(\boldsymbol{AB})\leqslant n<m$,所以$(\boldsymbol{AB})\boldsymbol{x}=\boldsymbol{0}$ 必有非零解.

当 $m<n$ 时,$\mathrm{r}(\boldsymbol{A})\leqslant m$,$\mathrm{r}(\boldsymbol{B})\leqslant m$,从而 $\mathrm{r}(\boldsymbol{AB})\leqslant m$,此时,可能有 $\mathrm{r}(\boldsymbol{AB})=m$,也可能有 $\mathrm{r}(\boldsymbol{AB})<m$,因此不能断言$(\boldsymbol{AB})\boldsymbol{x}=\boldsymbol{0}$ 仅有零解或必有非零解.

综上,答案应选(D).

例 8 已知 n 阶矩阵 $\boldsymbol{A}$ 满足 $\boldsymbol{A}^2=\boldsymbol{A}+2\boldsymbol{I}$,证明

$$\mathrm{r}(\boldsymbol{A}+\boldsymbol{I})+\mathrm{r}(\boldsymbol{A}-2\boldsymbol{I})=n.$$

证 由 $\boldsymbol{A}^2=\boldsymbol{A}+2\boldsymbol{I}$ 得 $\boldsymbol{A}^2-\boldsymbol{A}-2\boldsymbol{I}=(\boldsymbol{A}+\boldsymbol{I})(\boldsymbol{A}-2\boldsymbol{I})=\boldsymbol{0}$,所以

$$\mathrm{r}(\boldsymbol{A}+\boldsymbol{I})+\mathrm{r}(\boldsymbol{A}-2\boldsymbol{I})\leqslant n. \tag{1}$$

由于 $\boldsymbol{A}-2\boldsymbol{I}$ 与 $-(\boldsymbol{A}-2\boldsymbol{I})=2\boldsymbol{I}-\boldsymbol{A}$ 的秩相等,再利用

$$\mathrm{r}(\boldsymbol{A}+\boldsymbol{B})\leqslant\mathrm{r}(\boldsymbol{A})+\mathrm{r}(\boldsymbol{B}),$$

又得

$$\mathrm{r}(\boldsymbol{A}+\boldsymbol{I})+\mathrm{r}(\boldsymbol{A}-2\boldsymbol{I})=\mathrm{r}(\boldsymbol{A}+\boldsymbol{I})+\mathrm{r}(2\boldsymbol{I}-\boldsymbol{A})$$
$$\geqslant \mathrm{r}(\boldsymbol{A}+\boldsymbol{I}+2\boldsymbol{I}-\boldsymbol{A})=\mathrm{r}(3\boldsymbol{I})=n. \quad (2)$$

由(1)式和(2)式即得 $\mathrm{r}(\boldsymbol{A}+\boldsymbol{I})+\mathrm{r}(\boldsymbol{A}-2\boldsymbol{I})=n$.

3.6 非齐次线性方程组有解的条件及解的结构

以 $m\times n$ 矩阵 $\boldsymbol{A}$ 为系数矩阵的非齐次线性方程组

$$\boldsymbol{Ax}=\boldsymbol{b}, \quad (3.1)$$

如果将 $\boldsymbol{A}$ 按列分块为 $\boldsymbol{A}=(\boldsymbol{\alpha}_1,\boldsymbol{\alpha}_2,\cdots,\boldsymbol{\alpha}_n)$，则方程组(3.1)式即为

$$(\boldsymbol{\alpha}_1,\boldsymbol{\alpha}_2,\cdots,\boldsymbol{\alpha}_n)\begin{pmatrix}x_1\\x_2\\\vdots\\x_n\end{pmatrix}=\boldsymbol{b},$$

即

$$x_1\boldsymbol{\alpha}_1+x_2\boldsymbol{\alpha}_2+\cdots+x_n\boldsymbol{\alpha}_n=\boldsymbol{b}. \quad (3.2)$$

所谓方程组有解，也就是存在 $\boldsymbol{x}=(x_1,x_2,\cdots,x_n)^{\mathrm{T}}$ 使方程组(3.1)，即向量方程(3.2)成立. 所以方程组(3.1)有解的充分必要条件为，$\boldsymbol{b}$ 可由 $\boldsymbol{A}$ 的列向量组 $\boldsymbol{\alpha}_1,\boldsymbol{\alpha}_2,\cdots,\boldsymbol{\alpha}_n$ 线性表示. 这个条件在方程组(3.1)的增广矩阵

$$(\boldsymbol{A},\boldsymbol{b})=(\boldsymbol{\alpha}_1,\boldsymbol{\alpha}_2,\cdots,\boldsymbol{\alpha}_n,\boldsymbol{b})$$

上，就是系数矩阵 $\boldsymbol{A}$ 的列向量组的极大线性无关组也是增广矩阵 $(\boldsymbol{A},\boldsymbol{b})$ 的列向量组的极大线性无关组，因此它们的列秩相等，即

$$\text{秩}(\boldsymbol{A})=\text{秩}(\boldsymbol{A},\boldsymbol{b}) \quad (3.3)$$

也是方程组(3.1)有解的充要条件.

用高斯消元法求解方程组(3.1)是对增广矩阵 $(\boldsymbol{A},\boldsymbol{b})$ 做初等行变换将其化为阶梯形矩阵 $(\boldsymbol{U},\boldsymbol{d})$，得到易于求解的同解方程组

$\boldsymbol{Ux}=\boldsymbol{d}$,条件(3.3)表现在增广矩阵$(\boldsymbol{U},\boldsymbol{d})$上,就是

$$\text{秩}(\boldsymbol{U})=\text{秩}(\boldsymbol{U},\boldsymbol{d}),$$

即$\boldsymbol{U}$与$(\boldsymbol{U},\boldsymbol{d})$有相同的非零行行数.

如果$\boldsymbol{Ax}=\boldsymbol{b}$有惟一解,也就是$\boldsymbol{b}$可由$\boldsymbol{A}$的列向量组线性表示(如向量方程(3.2)),且表示法惟一,那么它的必要条件是$\boldsymbol{A}$的列向量组线性无关.因此,$\boldsymbol{Ax}=\boldsymbol{b}$有惟一解的充要条件是

$$\text{秩}(\boldsymbol{A},\boldsymbol{b})=\text{秩}(\boldsymbol{A})=\boldsymbol{A}\text{ 的列数}=n. \tag{3.4}$$

如果

$$\text{秩}(\boldsymbol{A},\boldsymbol{b})=\text{秩}(\boldsymbol{A})<\boldsymbol{A}\text{ 的列数}=n, \tag{3.5}$$

则(3.5)式中的等号意味着$\boldsymbol{Ax}=\boldsymbol{b}$有解,而"<"号意味着$\boldsymbol{b}$可由$\boldsymbol{A}$的列向量组线性表示的表示法不惟一,也就是$\boldsymbol{Ax}=\boldsymbol{b}$有无穷多组解.

当$\boldsymbol{Ax}=\boldsymbol{b}$有无穷多组解时,其一般解的结构为

$$\boldsymbol{x}=\boldsymbol{x}_0+\overline{\boldsymbol{x}}, \tag{3.6}$$

其中:$\boldsymbol{x}_0$是$\boldsymbol{Ax}=\boldsymbol{b}$的一个特解(某一个解);

$\overline{\boldsymbol{x}}=k_1\boldsymbol{x}_1+\cdots+k_p\boldsymbol{x}_p$是对应齐次方程组$\boldsymbol{Ax}=\boldsymbol{0}$的一般解.

证明(3.6)式要用到非齐次线性方程组$\boldsymbol{Ax}=\boldsymbol{b}$的解的一个重要性质:若$\boldsymbol{x}_1$与$\boldsymbol{x}_2$为$\boldsymbol{Ax}=\boldsymbol{b}$的两个解,则$\boldsymbol{x}_1-\boldsymbol{x}_2$为对应齐次线性方程组$\boldsymbol{Ax}=\boldsymbol{0}$的解.

必须注意,此时$\boldsymbol{x}_1+\boldsymbol{x}_2$不是$\boldsymbol{Ax}=\boldsymbol{b}$的解,而当$k_1+k_2=1$时则$k_1\boldsymbol{x}_1+k_2\boldsymbol{x}_2$是$\boldsymbol{Ax}=\boldsymbol{b}$的解.

以上是非齐次线性方程组解的基本理论,读者必须认真领会.

至于当$\boldsymbol{Ax}=\boldsymbol{b}$有无穷多组解时,如何求解的问题,在内容提要中已提及,这里不再重复.

例 1 设非齐次线性方程组

$$\begin{cases} x_1 - x_2 + 2x_3 = 1, \\ 2x_1 - x_2 + 3x_3 - x_4 = 4, \\ x_2 + px_3 + tx_4 = t, \\ x_1 - 3x_2 + (3-p)x_3 = -4. \end{cases}$$

试问：p,t 取何值时，方程组有解，无解，有解时求其解.

解 对方程组的增广矩阵做初等行变换，将其化为阶梯形矩阵，即

$$(\boldsymbol{A},\boldsymbol{b}) = \left(\begin{array}{cccc:c} 1 & -1 & 2 & 0 & 1 \\ 2 & -1 & 3 & -1 & 4 \\ 0 & 1 & p & t & t \\ 1 & -3 & 3-p & 0 & -4 \end{array}\right)$$

$$\longrightarrow \left(\begin{array}{cccc:c} 1 & -1 & 2 & 0 & 1 \\ 0 & 1 & -1 & -1 & 2 \\ 0 & 1 & p & t & t \\ 0 & -2 & 1-p & 0 & -5 \end{array}\right)$$

$$\longrightarrow \left(\begin{array}{cccc:c} 1 & -1 & 2 & 0 & 1 \\ 0 & 1 & -1 & -1 & 2 \\ 0 & 0 & 1+p & t+1 & t-2 \\ 0 & 0 & -1-p & -2 & -1 \end{array}\right)$$

$$\longrightarrow \left(\begin{array}{cccc:c} 1 & -1 & 2 & 0 & 1 \\ 0 & 1 & -1 & -1 & 2 \\ 0 & 0 & p+1 & t+1 & t-2 \\ 0 & 0 & 0 & t-1 & t-3 \end{array}\right). \tag{1}$$

由上面的阶梯形矩阵可见：

(1) 当 $p \neq -1$ 且 $t \neq 1$ 时，方程组有惟一解，

$$x_4 = \frac{t-3}{t-1}, \quad x_3 = \frac{1}{p+1}\,\frac{5-t}{t-1},$$

$$x_2 = \frac{1}{p+1}\,\frac{5-t}{t-1} + \frac{3t-5}{t-1}, \quad x_1 = -\frac{1}{p+1}\,\frac{5-t}{t-1} + 2\,\frac{2t-3}{t-1}.$$

(2) 当 $p+1=0$,即 $p=-1$ 且阶梯形矩阵中第 3,4 行成比例

$$\frac{t+1}{t-1}=\frac{t-2}{t-3}\Longrightarrow -2t-3=-3t+2\Longrightarrow t=5$$

时(此时第 3 行可将第 4 行化为全零行),有

$$(\boldsymbol{A},\boldsymbol{b})\longrightarrow\left[\begin{array}{cccc:c}1&-1&2&0&1\\0&1&-1&-1&2\\0&0&0&6&3\\0&0&0&4&2\end{array}\right]$$

$$\longrightarrow\left[\begin{array}{cccc:c}1&-1&2&0&1\\0&1&-1&-1&2\\0&0&0&1&1/2\\0&0&0&0&0\end{array}\right]$$

$$\longrightarrow\left[\begin{array}{cccc:c}1&0&1&0&7/2\\0&1&-1&0&5/2\\0&0&0&1&1/2\\0&0&0&0&0\end{array}\right].\tag{2}$$

阶梯形矩阵(2)所对应的原方程组的同解方程组为

$$\begin{cases}x_1+x_3=7/2,\\x_2-x_3=5/2,\\x_4=1/2.\end{cases}\tag{3}$$

取 $x_3=0$,得非齐次方程组的一个特解

$$\boldsymbol{x}_0=(7/2,5/2,0,1/2)^{\mathrm{T}};$$

取 x_3 为自由未知量,方程组(3)对应的齐次方程组的基础解系为

$$\boldsymbol{x}_1=(-1,1,1,0)^{\mathrm{T}}.$$

综上,当 $p=-1,t=5$ 时,方程组的一般解为

$$\begin{aligned}\boldsymbol{x}&=\boldsymbol{x}_0+k\boldsymbol{x}_1\\&=(7/2,5/2,0,1/2)^{\mathrm{T}}+k(-1,1,1,0)^{\mathrm{T}},\end{aligned}$$

其中 k 为任意常数.

(3) 当 $p=-1, t\neq 5$ 时,阶梯形矩阵(1)中第 3 行与第 4 行不成比例,此时

$$秩(\boldsymbol{A})=3\neq 秩(\boldsymbol{A},\boldsymbol{b})=4,$$

所以方程组无解.

例 2 已知 $\boldsymbol{\beta}_1,\boldsymbol{\beta}_2,\boldsymbol{\beta}_3$ 是非齐次线性方程组 $\boldsymbol{Ax}=\boldsymbol{b}$ 的 3 个不同的特解,$\boldsymbol{\alpha}_1,\boldsymbol{\alpha}_2,\boldsymbol{\alpha}_3$ 是对应齐次方程组 $\boldsymbol{Ax}=\boldsymbol{0}$ 的基础解系. 试写出 $\boldsymbol{Ax}=\boldsymbol{b}$ 的 3 种不同形式的一般解.

解 根据非齐次线性方程组解的结构,它的一般解的最简单的形式为

$$\boldsymbol{x}=k_1\boldsymbol{\alpha}_1+k_2\boldsymbol{\alpha}_2+k_3\boldsymbol{\alpha}_3+\boldsymbol{\beta}_1. \tag{1}$$

由于 $\boldsymbol{\alpha}_1+\boldsymbol{\alpha}_2,\boldsymbol{\alpha}_2+\boldsymbol{\alpha}_3,\boldsymbol{\alpha}_3+\boldsymbol{\alpha}_1$ 仍是 $\boldsymbol{Ax}=\boldsymbol{0}$ 的解,且线性无关;$\frac{1}{2}(\boldsymbol{\beta}_1+\boldsymbol{\beta}_2)$仍是 $\boldsymbol{Ax}=\boldsymbol{b}$ 的解,所以一般解也可表示为

$$\boldsymbol{x}=k_1(\boldsymbol{\alpha}_1+\boldsymbol{\alpha}_2)+k_2(\boldsymbol{\alpha}_2+\boldsymbol{\alpha}_3)+k_3(\boldsymbol{\alpha}_3+\boldsymbol{\alpha}_1)+\frac{1}{2}(\boldsymbol{\beta}_1+\boldsymbol{\beta}_2). \tag{2}$$

再由 $\boldsymbol{\alpha}_1+\boldsymbol{\alpha}_2,\boldsymbol{\alpha}_1-\boldsymbol{\alpha}_2,\boldsymbol{\alpha}_3$ 也线性无关,$\frac{1}{3}(2\boldsymbol{\beta}_1+5\boldsymbol{\beta}_2-4\boldsymbol{\beta}_3)$也是 $\boldsymbol{Ax}=\boldsymbol{b}$ 的解(因为 $\boldsymbol{\beta}_1,\boldsymbol{\beta}_2,\boldsymbol{\beta}_3$ 的系数和为 1),一般解也可表示为

$$\boldsymbol{x}=k_1(\boldsymbol{\alpha}_1+\boldsymbol{\alpha}_2)+k_2(\boldsymbol{\alpha}_1-\boldsymbol{\alpha}_2)+k_3\boldsymbol{\alpha}_3+\frac{1}{3}(2\boldsymbol{\beta}_1+5\boldsymbol{\beta}_2-4\boldsymbol{\beta}_3). \tag{3}$$

以上(1),(2),(3)式中的 k_1,k_2,k_3 均为任意常数.

例 3(研 3-39) 设 $\boldsymbol{B}=\begin{pmatrix}\boldsymbol{A} & \boldsymbol{\alpha}\\ \boldsymbol{\alpha}^{\mathrm{T}} & 0\end{pmatrix}$,$\boldsymbol{A}$ 是 n 阶矩阵,$\boldsymbol{\alpha}$ 是 n 维列向量. 若秩$(\boldsymbol{B})=$秩$(\boldsymbol{A})$,则线性方程组

(A) $\boldsymbol{Ax}=\boldsymbol{\alpha}$ 必有无穷多组解;

(B) $\boldsymbol{Ax}=\boldsymbol{\alpha}$ 必有惟一解;

(C) $\boldsymbol{By}=\boldsymbol{0}$ 仅有零解;

(D) $\boldsymbol{By}=\boldsymbol{0}$ 必有非零解,

其中 $\boldsymbol{x}=(x_1,\cdots,x_n)^{\mathrm{T}}$, $\boldsymbol{y}=(y_1,\cdots,y_n,y_{n+1})^{\mathrm{T}}$.

解 由于 $\boldsymbol{B}$ 是 $n+1$ 阶矩阵,而秩$(\boldsymbol{B})=$秩$(\boldsymbol{A})\leqslant n$,所以齐次线性方程组 $\boldsymbol{By}=\boldsymbol{0}$ 必有非零解.因此(D)是正确的,(C)是不正确的.

这里,读者还应理解(A),(B)也是不正确的,理由何在.

由秩$(\boldsymbol{B})=$秩$(\boldsymbol{A})$可知,$\boldsymbol{\alpha}$ 可以用 $\boldsymbol{A}$ 的列向量组线性表示(当 $\boldsymbol{A}$ 是实对称矩阵时,$\boldsymbol{\alpha}^{\mathrm{T}}$ 也可由 $\boldsymbol{A}$ 的行向量组线性表示),因此,非齐次线性方程组

$$\boldsymbol{Ax}=\boldsymbol{\alpha}$$

必有解.但是 $\boldsymbol{A}$ 可能是可逆的(此时 $\boldsymbol{Ax}=\boldsymbol{\alpha}$ 只有惟一解),例如

$$\boldsymbol{B}=\left(\begin{array}{ccc:c}1&0&0&1\\0&1&0&0\\0&0&-1&1\\ \hdashline 1&0&1&0\end{array}\right).$$

$\boldsymbol{A}$ 也可能是不可逆的(此时 $\boldsymbol{Ax}=\boldsymbol{\alpha}$ 有无穷多组解),例如

$$\boldsymbol{B}=\left(\begin{array}{ccc:c}1&1&0&1\\1&0&-1&0\\0&-1&-1&-1\\ \hdashline 1&0&-1&0\end{array}\right).$$

所以,在没有指明 $\boldsymbol{A}$ 是否可逆(即秩$(\boldsymbol{A})$是否等于 n)的情况下,都不能断言题中(A),(B)的结论是正确的.

例 4 设 n 阶矩阵 $\boldsymbol{A}=(\boldsymbol{\alpha}_1,\boldsymbol{\alpha}_2,\cdots,\boldsymbol{\alpha}_n)$ 的行列式 $|\boldsymbol{A}|=0$,且 $\boldsymbol{A}$ 的任何 $n-1$ 个列向量都线性无关,将 $\boldsymbol{A}$ 的前 $n-1$ 列构成的 $n\times(n-1)$ 矩阵记为 $\boldsymbol{A}_1=(\boldsymbol{\alpha}_1,\boldsymbol{\alpha}_2,\cdots,\boldsymbol{\alpha}_{n-1})$,问方程组 $\boldsymbol{A}_1\boldsymbol{x}=\boldsymbol{\alpha}_n$ 有解否?为什么?

解 由 $|\boldsymbol{A}|=0$ 及 $\boldsymbol{A}$ 的任何 $n-1$ 个列向量线性无关可知

$$秩(\boldsymbol{A})=秩\{\boldsymbol{\alpha}_1,\boldsymbol{\alpha}_2,\cdots,\boldsymbol{\alpha}_n\}=n-1,$$
$$秩(\boldsymbol{A}_1)=秩\{\boldsymbol{\alpha}_1,\boldsymbol{\alpha}_2,\cdots,\boldsymbol{\alpha}_{n-1}\}=n-1$$

而矩阵 $\boldsymbol{A}$ 就是方程组 $\boldsymbol{A}_1\boldsymbol{x}=\boldsymbol{\alpha}_n$ 的增广矩阵$(\boldsymbol{A}_1,\boldsymbol{\alpha}_n)$，所以增广矩阵的秩等于系数矩阵的秩，因此，方程组 $\boldsymbol{A}_1\boldsymbol{x}=\boldsymbol{\alpha}_n$ 有解.

另一解法：由 $|\boldsymbol{A}|=0$ 可知其列向量组 $\boldsymbol{\alpha}_1,\boldsymbol{\alpha}_2,\cdots,\boldsymbol{\alpha}_n$ 线性相关，而 $\boldsymbol{\alpha}_1,\boldsymbol{\alpha}_2,\cdots,\boldsymbol{\alpha}_{n-1}$ 线性无关，所以 $\boldsymbol{\alpha}_n$ 可由 $\boldsymbol{\alpha}_1,\boldsymbol{\alpha}_2,\cdots,\boldsymbol{\alpha}_{n-1}$ 线性表示（否则 $\boldsymbol{\alpha}_1,\boldsymbol{\alpha}_2,\cdots,\boldsymbol{\alpha}_{n-1},\boldsymbol{\alpha}_n$ 线性无关），且表示法惟一. 因此，方程组 $\boldsymbol{A}_1\boldsymbol{x}=\boldsymbol{\alpha}_n$ 有惟一解.

例 5（研 3-40）　已知四阶方阵 $\boldsymbol{A}=(\boldsymbol{\alpha}_1,\boldsymbol{\alpha}_2,\boldsymbol{\alpha}_3,\boldsymbol{\alpha}_4)$，其中四维列向量 $\boldsymbol{\alpha}_2,\boldsymbol{\alpha}_3,\boldsymbol{\alpha}_4$ 线性无关，$\boldsymbol{\alpha}_1=2\boldsymbol{\alpha}_2-\boldsymbol{\alpha}_3$. 如果 $\boldsymbol{\beta}=\boldsymbol{\alpha}_1+\boldsymbol{\alpha}_2+\boldsymbol{\alpha}_3+\boldsymbol{\alpha}_4$，求线性方程组 $\boldsymbol{A}\boldsymbol{x}=\boldsymbol{\beta}$ 的通解.

解　设 $\boldsymbol{x}=(x_1,x_2,x_3,x_4)^{\mathrm{T}}$，则 $\boldsymbol{A}\boldsymbol{x}=\boldsymbol{\beta}$ 即为

$$x_1\boldsymbol{\alpha}_1+x_2\boldsymbol{\alpha}_2+x_3\boldsymbol{\alpha}_3+x_4\boldsymbol{\alpha}_4=\boldsymbol{\alpha}_1+\boldsymbol{\alpha}_2+\boldsymbol{\alpha}_3+\boldsymbol{\alpha}_4. \tag{1}$$

将 $\boldsymbol{\alpha}_1=2\boldsymbol{\alpha}_2-\boldsymbol{\alpha}_3$ 代入(1)式，整理得

$$(2x_1+x_2)\boldsymbol{\alpha}_2+(-x_1+x_3)\boldsymbol{\alpha}_3+x_4\boldsymbol{\alpha}_4=3\boldsymbol{\alpha}_2+\boldsymbol{\alpha}_4. \tag{2}$$

向量方程(2)就是线性方程组 $\boldsymbol{A}\boldsymbol{x}=\boldsymbol{\beta}$. 先求它的一个特解 $\boldsymbol{x}_0$，由(2)式，取

$$x_4=1,$$

$$-x_1+x_3=0\Longrightarrow x_1=x_3\text{，可任取为 } x_1=x_3=1,$$

$$2x_1+x_2=3\Longrightarrow x_2=3-2x_1=3-2=1.$$

所以
$$\boldsymbol{x}_0=(1,1,1,1)^{\mathrm{T}}.$$

再求非齐次线性方程组 $\boldsymbol{A}\boldsymbol{x}=\boldsymbol{\beta}$ 对应的齐次线性方程组 $\boldsymbol{A}\boldsymbol{x}=\boldsymbol{0}$ 的通解 $\bar{\boldsymbol{x}}$.

$\boldsymbol{A}\boldsymbol{x}=\boldsymbol{0}$ 就是(2)式右端等于零向量，即

$$(2x_1+x_2)\boldsymbol{\alpha}_2+(-x_1+x_3)\boldsymbol{\alpha}_3+x_4\boldsymbol{\alpha}_4=\boldsymbol{0}. \tag{3}$$

由于 $\boldsymbol{\alpha}_2,\boldsymbol{\alpha}_3,\boldsymbol{\alpha}_4$ 线性无关，所以(3)式左端的 3 个系数必须全为 0，因此得到齐次线性方程组

$$\begin{cases}2x_1+x_2=0,\\-x_1+x_3=0,\\x_4=0.\end{cases} \tag{4}$$

易得(4)的通解为 $k(1,-2,1,0)^{\mathrm{T}}$，这也就是(3)式即 $\boldsymbol{Ax}=\boldsymbol{0}$ 的通解 $\bar{\boldsymbol{x}}$.

综上，即得 $\boldsymbol{Ax}=\boldsymbol{\beta}$ 的通解为

$$\boldsymbol{x}=\boldsymbol{x}_0+\bar{\boldsymbol{x}}=(1,1,1,1)^{\mathrm{T}}+k(1,-2,1,0)^{\mathrm{T}},$$

其中 k 为任意常数.

例 6 (补充题51) 已知下列线性方程组Ⅰ，Ⅱ为同解线性方程组，求参数 m,n,t 之值.

$$\text{Ⅰ}:\begin{cases}x_1+x_2\qquad\;\,-2x_4=-6,\\4x_1-x_2-x_3-x_4=1,\\3x_1-x_2-x_3\qquad\;\,=3;\end{cases}$$

$$\text{Ⅱ}:\begin{cases}x_1+mx_2-x_3-x_4=-5,\\\qquad\;\, nx_2-x_3-2x_4=-11,\\\qquad\qquad\quad\;\, x_3-2x_4=1-t.\end{cases}$$

解 对方程组Ⅰ的增广矩阵 $(\boldsymbol{A},\boldsymbol{b})$ 做初等行变换，将其化为行简化阶梯矩阵，即

$$(\boldsymbol{A},\boldsymbol{b})=\left[\begin{array}{cccc:c}1&1&0&-2&-6\\4&-1&-1&-1&1\\3&-1&-1&0&3\end{array}\right]$$

$$\longrightarrow\left[\begin{array}{cccc:c}1&0&0&-1&-2\\0&1&0&-1&-4\\0&0&1&-2&-5\end{array}\right]\tag{1}$$

由此易得：方程组Ⅰ的一个特解 $\boldsymbol{x}_0=(-2,-4,-5,0)^{\mathrm{T}}$，其对应齐次方程组的通解为 $k(1,1,2,1)^{\mathrm{T}}$. 方程组Ⅰ的通解为

$$\boldsymbol{x}=(-2,-4,-5,0)^{\mathrm{T}}+k(1,1,2,1)^{\mathrm{T}}\quad(k\text{ 为任意常数}).$$

由于方程组Ⅱ与Ⅰ是同解方程组，所以 $\boldsymbol{x}_0$ 也应是方程组Ⅱ的解，将其代入方程组Ⅱ，得

$$-2-4m+5=-5\Rightarrow m=2,$$

$$-4n+5=-11\Rightarrow n=4,$$

$$-5=1-t \Longrightarrow t=6.$$

这里必须注意，如果题目改为：是否存在 m,n,t 使方程组Ⅱ与方程组Ⅰ为同解方程组？此时解题方法应为：

将方程组Ⅱ的增广矩阵$(\boldsymbol{C},\boldsymbol{d})$也化为行简化阶梯矩阵

$$(\boldsymbol{C},\boldsymbol{d})=\left(\begin{array}{cccc:c}1 & m & -1 & -1 & -5\\ 0 & n & -1 & -2 & -11\\ 0 & 0 & 1 & -2 & 1-t\end{array}\right)$$

$$\longrightarrow\left(\begin{array}{cccc:c}1 & m & 0 & -3 & -4-t\\ 0 & n & 0 & -4 & -10-t\\ 0 & 0 & 1 & -2 & 1-t\end{array}\right). \tag{2}$$

如果存在 m,n,t，使(2)式中的行简化阶梯阵与(1)式中的行简化阶梯阵完全一样，那么方程组Ⅰ与Ⅱ肯定是同解方程组．更一般的情况，要判断两个方程组的解集合是否相同．

*__例7__（补充题64）　设 $\boldsymbol{A}=\begin{pmatrix}a_{11} & a_{12} & \cdots & a_{1n}\\ a_{21} & a_{22} & \cdots & a_{2n}\\ \vdots & \vdots & & \vdots\\ a_{m1} & a_{m2} & \cdots & a_{mn}\end{pmatrix}$，　$\boldsymbol{y}=\begin{pmatrix}y_1\\ y_2\\ \vdots\\ y_n\end{pmatrix}$，

$$\boldsymbol{b}=(b_1,b_2,\cdots,b_m)^{\mathrm{T}},\quad \boldsymbol{x}=(x_1,x_2,\cdots,x_m)^{\mathrm{T}}.$$

(1) 证明：若 $\boldsymbol{A}\boldsymbol{y}=\boldsymbol{b}$ 有解，则 $\boldsymbol{A}^{\mathrm{T}}\boldsymbol{x}=\boldsymbol{0}$ 的任一组解 $x_1,x_2,\cdots,x_m$ 必满足方程

$$b_1x_1+b_2x_2+\cdots+b_mx_m=0. \tag{1}$$

(2) 方程组 $\boldsymbol{A}\boldsymbol{y}=\boldsymbol{b}$ 有解的充要条件是方程组

$$\begin{pmatrix}\boldsymbol{A}^{\mathrm{T}}\\ \boldsymbol{b}^{\mathrm{T}}\end{pmatrix}\boldsymbol{x}=\begin{pmatrix}\boldsymbol{0}\\ 1\end{pmatrix} \tag{2}$$

无解（其中 $\boldsymbol{0}$ 是 $n\times1$ 零矩阵）．

证　(1) 由于要证明的(1)式左端等于 $\boldsymbol{b}^{\mathrm{T}}\boldsymbol{x}$，即要证明

$$\boldsymbol{b}^{\mathrm{T}}\boldsymbol{x}=b_1x_1+b_2x_2+\cdots+b_mx_m=0,$$

所以，把有解的方程组 $\boldsymbol{A}\boldsymbol{y}=\boldsymbol{b}$ 表示为转置形式

$$\boldsymbol{b}^{\mathrm{T}}=\boldsymbol{y}^{\mathrm{T}}\boldsymbol{A}^{\mathrm{T}}.$$

再由 $\boldsymbol{A}^{\mathrm{T}}\boldsymbol{x}=\boldsymbol{0}$,即得

$$\boldsymbol{b}^{\mathrm{T}}\boldsymbol{x}=\boldsymbol{y}^{\mathrm{T}}\boldsymbol{A}^{\mathrm{T}}\boldsymbol{x}=\boldsymbol{y}^{\mathrm{T}}(\boldsymbol{A}^{\mathrm{T}}\boldsymbol{x})=\boldsymbol{y}^{\mathrm{T}}\boldsymbol{0}=0$$

(上式中的 $\boldsymbol{x}=(x_1,x_2,\cdots,x_m)^{\mathrm{T}}$ 为 $\boldsymbol{A}^{\mathrm{T}}\boldsymbol{x}=\boldsymbol{0}$ 的任一个解),故(1)式成立.

(2) 先证必要性:已知 $\boldsymbol{Ay}=\boldsymbol{b}$ 有解,即

$$秩(\boldsymbol{A})=秩(\boldsymbol{A},\boldsymbol{b}),\quad 秩(\boldsymbol{A}^{\mathrm{T}})=秩\begin{pmatrix}\boldsymbol{A}^{\mathrm{T}}\\ \boldsymbol{b}^{\mathrm{T}}\end{pmatrix}. \tag{3}$$

(3)式表明,$\boldsymbol{b}^{\mathrm{T}}$ 可由 $\boldsymbol{A}^{\mathrm{T}}$ 的 n 个行向量线性表示,于是,方程组(2)的增广矩阵

$$\begin{pmatrix}\boldsymbol{A}^{\mathrm{T}} & \boldsymbol{0}\\ \boldsymbol{b}^{\mathrm{T}} & 1\end{pmatrix}\xrightarrow[\text{行变换}]{\text{初等}}\begin{pmatrix}\boldsymbol{A}^{\mathrm{T}} & \boldsymbol{0}\\ \boldsymbol{0} & 1\end{pmatrix}. \tag{4}$$

由此可见,方程组(2)的增广矩阵的秩为秩$(\boldsymbol{A}^{\mathrm{T}})+1$,而其系数矩阵的秩为秩$(\boldsymbol{A})$,二者不等,所以方程组(2)无解.

再证充分性:已知方程组(2)无解,即系数矩阵的秩不等于其增广矩阵的秩. 因此,系数矩阵中的 $\boldsymbol{b}^{\mathrm{T}}$ 可由 $\boldsymbol{A}^{\mathrm{T}}$ 的 n 个行向量线性表示(因为:如果 $\boldsymbol{b}^{\mathrm{T}}$ 不能由 $\boldsymbol{A}^{\mathrm{T}}$ 的 n 个行向量线性表示,则系数矩阵 $\begin{pmatrix}\boldsymbol{A}^{\mathrm{T}}\\ \boldsymbol{b}^{\mathrm{T}}\end{pmatrix}$ 的秩为秩$(\boldsymbol{A})+1$,它就与增广矩阵的秩相同,从而方程组(2)有解,与题设矛盾),也就是 $\boldsymbol{b}$ 可由 $\boldsymbol{A}$ 的 n 个列向量线性表示,所以方程组 $\boldsymbol{Ay}=\boldsymbol{b}$ 有解.

3.7 部分疑难习题和补充题的题解

1 (习题 26)* 证明:若 n 阶方阵 $\boldsymbol{A}$ 的秩为 r,则必有秩为 $n-r$ 的 n 阶方阵 $\boldsymbol{B}$,使 $\boldsymbol{BA}=\boldsymbol{0}$.

证 利用矩阵的相抵标准形. 由于 $\mathrm{r}(\boldsymbol{A})=r$,所以,存在 n 阶可逆矩阵 $\boldsymbol{P}$、$\boldsymbol{Q}$,使得

$$PAQ=\begin{pmatrix} I_r & 0 \\ 0 & 0 \end{pmatrix},\quad \text{即 } A=P^{-1}\begin{pmatrix} I_r & 0 \\ 0 & 0 \end{pmatrix}Q^{-1}.$$

于是,存在 n 阶矩阵 B(或说取 B)

$$B=\begin{pmatrix} 0 & 0 \\ 0 & I_{n-r} \end{pmatrix}P$$

就使

$$BA=\begin{pmatrix} 0 & 0 \\ 0 & I_{n-r} \end{pmatrix}PP^{-1}\begin{pmatrix} I_r & 0 \\ 0 & 0 \end{pmatrix}Q^{-1}$$

$$=\begin{pmatrix} 0 & 0 \\ 0 & I_{n-r} \end{pmatrix}\begin{pmatrix} I_r & 0 \\ 0 & 0 \end{pmatrix}Q^{-1}=0Q^{-1}=0.$$

2(习题34)* 设 A^* 是 n 阶矩阵 A 的伴随矩阵,证明:

(1) $r(A^*)=\begin{cases} n, & \text{当 } r(A)=n, \\ 1, & \text{当 } r(A)=n-1, \\ 0, & \text{当 } r(A)<n-1. \end{cases}$

(2) $|A^*|=|A|^{n-1}$.

证 伴随矩阵 A^* 的秩只有3种可能——$n,1,0$,这是一个重要的结论.证明时要利用 A^* 的定义及由此得到的重要结果

$$AA^*=A^*A=|A|I. \tag{1}$$

(1) 当 $r(A)=n$,即 $|A|\neq 0$ 时,由(1)式得

$$|AA^*|=|A||A^*|=|A|^n\neq 0,$$

所以,$|A^*|\neq 0$,即 $r(A^*)=n$.

当 $r(A)=n-1$ 时,$|A|=0$,但 A 中存在 $n-1$ 阶非零子式,而 $A^*=(A_{ij})_{n\times n}$ 的元素 A_{ij} 是 A 中元素 a_{ji} 的代数余子式,所以,此时 $A^*\neq 0$(即 A^* 为非零矩阵),因此 $r(A^*)\geqslant 1$;再由(1)式,又得

$$AA^*=0$$

(利用教材p137中例3的结论),于是

$$r(A)+r(A^*)\leqslant n,$$

从而

$$r(A^*)\leqslant n-r(A)=n-(n-1)=1.$$

综上,即得 $r(A^*)=1$.

当 $r(A)<n-1$ 时,A 中非零子式的最高阶数 $\leqslant n-2$,所以 A 中元素 a_{ji}

的代数余子式

$$A_{ij}=(-1)^{i+j}M_{ji}=0$$

(因为 M_{ji} 是 a_{ji} 的余子式,它是 $\boldsymbol{A}$ 的 $n-1$ 阶子式,所以 $M_{ji}=0$),因此,$\boldsymbol{A}^*=(A_{ij})_{n\times n}=0$,故 $\mathrm{r}(\boldsymbol{A}^*)=0$.

(2) 证明 $|\boldsymbol{A}^*|=|\boldsymbol{A}|^{n-1}$.

注意,$\boldsymbol{A}$ 可能是可逆的,也可能是不可逆的,应证明两种情况下,结论都成立.

当 $\boldsymbol{A}$ 可逆时,$|\boldsymbol{A}|\neq 0$,由(1)式得

$$|\boldsymbol{A}||\boldsymbol{A}^*|=|\boldsymbol{A}|^n,\text{所以,}|\boldsymbol{A}^*|=|\boldsymbol{A}|^{n-1};$$

当 $\boldsymbol{A}$ 不可逆时,$\mathrm{r}(\boldsymbol{A})\leqslant n-1$,$|\boldsymbol{A}|=0$,由(1)中结论又知 $\mathrm{r}(\boldsymbol{A}^*)=1$ 或 0,所以 $|\boldsymbol{A}^*|=0$. 因此,结论也成立.

3(习题 35) 设 $\boldsymbol{A}$ 是 n 阶可逆矩阵($n\geqslant 2$),证明:$(\boldsymbol{A}^*)^*=|\boldsymbol{A}|^{n-2}\boldsymbol{A}$.

证 当 $n=2$ 时,设

$$\boldsymbol{A}=\begin{pmatrix} a_1 & a_2 \\ a_3 & a_4 \end{pmatrix},$$

则

$$\boldsymbol{A}^*=\begin{pmatrix} a_4 & -a_2 \\ -a_3 & a_1 \end{pmatrix},\quad (\boldsymbol{A}^*)^*=\begin{pmatrix} a_1 & a_2 \\ a_3 & a_4 \end{pmatrix}=\boldsymbol{A}\text{(结论成立)}.$$

当 $n>2$ 时,显然不能如上那样证明,一般的证法如下:利用

$$\boldsymbol{A}^{-1}=\frac{1}{|\boldsymbol{A}|}\boldsymbol{A}^*,\text{即 }\boldsymbol{A}^*=|\boldsymbol{A}|\boldsymbol{A}^{-1}. \tag{1}$$

由题可知,$\mathrm{r}(\boldsymbol{A})=n$(即 $\boldsymbol{A}$ 可逆)时,$\mathrm{r}(\boldsymbol{A}^*)=n$(即 $\boldsymbol{A}^*$ 也可逆),所以(1)式中的 $\boldsymbol{A}$ 换为 $\boldsymbol{A}^*$ 时,等式也成立,即

$$(\boldsymbol{A}^*)^*=|\boldsymbol{A}^*|(\boldsymbol{A}^*)^{-1}. \tag{2}$$

由(1)式可得

$$(\boldsymbol{A}^*)^{-1}=(|\boldsymbol{A}|\boldsymbol{A}^{-1})^{-1}=\frac{1}{|\boldsymbol{A}|}(\boldsymbol{A}^{-1})^{-1}=\frac{1}{|\boldsymbol{A}|}\boldsymbol{A}. \tag{3}$$

再将上题的结果 $|\boldsymbol{A}^*|=|\boldsymbol{A}|^{n-1}$,连同(3)式,一起代入(2)式,即得

$$(\boldsymbol{A}^*)^*=|\boldsymbol{A}|^{n-1}\frac{1}{|\boldsymbol{A}|}\boldsymbol{A}=|\boldsymbol{A}|^{n-2}\boldsymbol{A}.$$

4(习题 36) 设 $\boldsymbol{A}$ 是 n 阶矩阵,证明:非齐次线性方程组 $\boldsymbol{A}\boldsymbol{x}=\boldsymbol{b}$ 对任何

$\boldsymbol{b}$ 都有解的充分必要条件是 $|\boldsymbol{A}|\neq 0$.

证 充分性是显然的,因为 $|\boldsymbol{A}|\neq 0$(即 $\boldsymbol{A}$ 可逆),所以方程组 $\boldsymbol{Ax}=\boldsymbol{b}$ 对任何 $\boldsymbol{b}$ 都有解

$$\boldsymbol{x}=\boldsymbol{A}^{-1}\boldsymbol{b}.$$

必要性:此时,只要用对 n 个线性无关的 $\boldsymbol{b}_1,\boldsymbol{b}_2,\cdots,\boldsymbol{b}_n$ 有解,就能证明 $|\boldsymbol{A}|\neq 0$. 最简单的情形就取 n 个单位向量,即

$$\boldsymbol{b}_j=\boldsymbol{e}_j=(0,\cdots,0,1,0,\cdots,0)^{\mathrm{T}},\quad j=1,2,\cdots,n.$$

设 $\boldsymbol{Ax}=\boldsymbol{e}_j$ 的解为 $\boldsymbol{x}_j=(x_{1j},x_{2j},\cdots,x_{nj})^{\mathrm{T}}(j=1,2,\cdots,n)$,于是就有

$$\boldsymbol{A}(\boldsymbol{x}_1,\boldsymbol{x}_2,\cdots,\boldsymbol{x}_n)=(\boldsymbol{e}_1,\boldsymbol{e}_2,\cdots,\boldsymbol{e}_n)=\boldsymbol{I}$$

(注意其中 $(\boldsymbol{x}_1,\boldsymbol{x}_2,\cdots,\boldsymbol{x}_n)$ 是 n 阶矩阵),从而

$$|\boldsymbol{A}|\,|\boldsymbol{x}_1,\boldsymbol{x}_2,\cdots,\boldsymbol{x}_n|=1,$$

因此,$|\boldsymbol{A}|\neq 0$,必要性得证.

5 (补充题 39) 已知

$$\boldsymbol{Q}=\begin{pmatrix}1&2&3\\2&4&t\\3&6&9\end{pmatrix},$$

$\boldsymbol{P}$ 为非零三阶矩阵,$\boldsymbol{PQ}=\boldsymbol{0}$,则:

(A) 当 $t=6$ 时,$\mathrm{r}(\boldsymbol{P})=1$; (B) 当 $t=6$ 时,$\mathrm{r}(\boldsymbol{P})=2$;

(C) 当 $t\neq 6$ 时,$\mathrm{r}(\boldsymbol{P})=1$; (D) 当 $t\neq 6$ 时,$\mathrm{r}(\boldsymbol{P})=2$.

解 利用:当 $\boldsymbol{PQ}=\boldsymbol{0}$ 时,$\mathrm{r}(\boldsymbol{P})+\mathrm{r}(\boldsymbol{Q})\leqslant 3$.

当 $t\neq 6$ 时,$\mathrm{r}(\boldsymbol{Q})=2$(因为 $|\boldsymbol{Q}|=0$,且 $\boldsymbol{Q}$ 中有两个列向量不成比例,从而线性无关),所以

$$\mathrm{r}(\boldsymbol{P})\leqslant 3-\mathrm{r}(\boldsymbol{Q})=3-2=1.$$

而 $\boldsymbol{P}$ 为非零矩阵,$\mathrm{r}(\boldsymbol{P})\geqslant 1$. 因此,$\mathrm{r}(\boldsymbol{P})=1$. 答案应选(C). 其中(D)显然是错误的,因为此时 $\mathrm{r}(\boldsymbol{P})+\mathrm{r}(\boldsymbol{Q})=4>3$.

(A),(B)也不是肯定正确的答案. 因为 $t=6$ 时,$\mathrm{r}(\boldsymbol{Q})=1$. 此时,$\mathrm{r}(\boldsymbol{P})\leqslant 3-\mathrm{r}(\boldsymbol{Q})=3-1=2$,所以 $\mathrm{r}(\boldsymbol{P})$ 可以等于 1,也可以等于 2. 例如:

$$\boldsymbol{P}_1=\begin{pmatrix}1&1&-1\\2&2&-2\\3&3&-3\end{pmatrix},\quad \boldsymbol{P}_2=\begin{pmatrix}1&1&-1\\4&1&-2\\2&2&-2\end{pmatrix}$$

都能使 $\boldsymbol{P}_1\boldsymbol{Q}=\boldsymbol{0}$,$\boldsymbol{P}_2\boldsymbol{Q}=\boldsymbol{0}$,而 $\mathrm{r}(\boldsymbol{P}_1)=1$,$\mathrm{r}(\boldsymbol{P}_2)=2$.

6（补充题 40） 设 $\boldsymbol{\alpha}_1=(a_1,a_2,a_3)^{\mathrm{T}}$，$\boldsymbol{\alpha}_2=(b_1,b_2,b_3)^{\mathrm{T}}$，$\boldsymbol{\alpha}_3=(c_1,c_2,c_3)^{\mathrm{T}}$，则 3 条直线 $a_ix+b_iy+c_i=0(a_i^2+b_i^2\neq 0)(i=1,2,3)$交于一点的充要条件是（ ）.

（A）$\boldsymbol{\alpha}_1,\boldsymbol{\alpha}_2,\boldsymbol{\alpha}_3$ 线性相关；

（B）$\boldsymbol{\alpha}_1,\boldsymbol{\alpha}_2,\boldsymbol{\alpha}_3$ 线性无关；

（C）$\mathrm{r}\{\boldsymbol{\alpha}_1,\boldsymbol{\alpha}_2,\boldsymbol{\alpha}_3\}=\mathrm{r}\{\boldsymbol{\alpha}_1,\boldsymbol{\alpha}_2\}$；

（D）$\boldsymbol{\alpha}_1,\boldsymbol{\alpha}_2,\boldsymbol{\alpha}_3$ 线性相关，且 $\boldsymbol{\alpha}_1,\boldsymbol{\alpha}_2$ 线性无关.

解 3 条直线交于一点 $P_0(x_0,y_0)$，也就是线性方程组

$$\begin{cases}a_1x+b_1y+c_1=0,\\a_2x+b_2y+c_2=0,\\a_3x+b_3y+c_3=0.\end{cases}\tag{1}$$

有惟一解(x_0,y_0). 要把方程组(1)有惟一解的充要条件归结为 x,y 的系数及常数项列向量(即 $\boldsymbol{\alpha}_1,\boldsymbol{\alpha}_2,\boldsymbol{\alpha}_3$)的线性相关性，其关键是要把方程组(1)等价地表示为 $\boldsymbol{\alpha}_1,\boldsymbol{\alpha}_2,\boldsymbol{\alpha}_3$ 的向量方程，即

$$x\boldsymbol{\alpha}_1+y\boldsymbol{\alpha}_2+\boldsymbol{\alpha}_3=\mathbf{0}.\tag{2}$$

方程组(1)有惟一解(x_0,y_0)，也就是存在不全为零的 $x_0,y_0,1$ 使

$$x_0\boldsymbol{\alpha}_1+y_0\boldsymbol{\alpha}_2+1\cdot\boldsymbol{\alpha}_3=\mathbf{0}.\tag{3}$$

所以 $\boldsymbol{\alpha}_1,\boldsymbol{\alpha}_2,\boldsymbol{\alpha}_3$ 必是线性相关的，而且 $\boldsymbol{\alpha}_1,\boldsymbol{\alpha}_2$ 是线性无关的，否则，存在不全为零的 x_1,y_1 使

$$x_1\boldsymbol{\alpha}_1+y_1\boldsymbol{\alpha}_2=\mathbf{0}.\tag{4}$$

将(3)，(4)式相加，就有

$$(x_0+x_1)\boldsymbol{\alpha}_1+(y_0+y_1)\boldsymbol{\alpha}_2+\boldsymbol{\alpha}_3=\mathbf{0}.$$

如此，$(x_0+x_1,y_0+y_1)(\neq(x_0,y_0))$也是方程组(1)的解，这与方程组(1)有惟一解矛盾.

所以，方程组(1)有惟一解的必要条件是，$\boldsymbol{\alpha}_1,\boldsymbol{\alpha}_2,\boldsymbol{\alpha}_3$ 线性相关，且 $\boldsymbol{\alpha}_1,\boldsymbol{\alpha}_2$ 线性无关. 这个条件也是方程组(1)有惟一解的充分条件.

因为 $\boldsymbol{\alpha}_1,\boldsymbol{\alpha}_2,\boldsymbol{\alpha}_3$ 线性相关，即存在不全为零的 k_1,k_2,k_3，使

$$k_1\boldsymbol{\alpha}_1+k_2\boldsymbol{\alpha}_2+k_3\boldsymbol{\alpha}_3=\mathbf{0}.\tag{5}$$

再由 $\boldsymbol{\alpha}_1,\boldsymbol{\alpha}_2$ 线性无关，又可知(5)式中的 $k_3\neq 0$(如果 $k_3=0$，就必有 $k_1=k_2=0$，这与 k_1,k_2,k_3 不全为 0 矛盾)，因此

$$\frac{k_1}{k_3}\boldsymbol{\alpha}_1+\frac{k_2}{k_3}\boldsymbol{\alpha}_2+\boldsymbol{\alpha}_3=\mathbf{0}.\tag{6}$$

(6)式表明，$(x_0,y_0)=\left(\frac{k_1}{k_3},\frac{k_2}{k_3}\right)$是方程组(1)的解，而且是惟一解(因为此时$\boldsymbol{\alpha}_3$由$\boldsymbol{\alpha}_1,\boldsymbol{\alpha}_2$的线性表示的表示法是惟一的，见教材p116中定理3.3).

所以答案应选(D). 注意(C)也是不正确的，因为$\mathrm{r}\{\boldsymbol{\alpha}_1,\boldsymbol{\alpha}_2,\boldsymbol{\alpha}_3\}=\mathrm{r}\{\boldsymbol{\alpha}_1,\boldsymbol{\alpha}_2\}$并不意味着$\boldsymbol{\alpha}_1,\boldsymbol{\alpha}_2$线性无关.

另一解法：将方程组(1)写成

$$\begin{cases}a_1x+b_1y+c_1z=0,\\a_2x+b_2y+c_2z=0,\\a_3x+b_3y+c_3z=0.\end{cases}\tag{1$'$}$$

其中$z=1$. 方程组(1)′有非零解$(x_0,y_0,1)$的充要条件是系数行列式等于零，即其中3个列向量$\boldsymbol{\alpha}_1,\boldsymbol{\alpha}_2,\boldsymbol{\alpha}_3$线性相关. 此时(1)′的系数矩阵的3个行向量也线性相关的，不妨设(a_3,b_3,c_3)可由(a_1,b_1,c_1)与(a_2,b_2,c_2)线性表示. 于是(1)′的同解方程组为

$$\begin{cases}a_1x+b_1y=-c_1z=-c_1,\\a_2x+b_2y=-c_2z=-c_2.\end{cases}\tag{2$'$}$$

非齐次线性方程组(2)′有惟一解(x_0,y_0)(即3直线有惟一交点)的充要条件为系数行列式

$$\begin{vmatrix}a_1&b_1\\a_2&b_2\end{vmatrix}\neq0,$$

即其列向量$\boldsymbol{\beta}_1=(a_1,a_2)^{\mathrm{T}},\boldsymbol{\beta}_2=(b_1,b_2)^{\mathrm{T}}$线性无关，它们各添分量$a_3,b_3$得到的向量$\boldsymbol{\alpha}_1=(a_1,a_2,a_3)^{\mathrm{T}},\boldsymbol{\alpha}_2=(b_1,b_2,b_3)^{\mathrm{T}}$也线性无关.

7(补充题43) 设向量$\boldsymbol{\alpha},\boldsymbol{\beta},\boldsymbol{\gamma}$线性无关，$\boldsymbol{\alpha},\boldsymbol{\beta},\boldsymbol{\delta}$线性相关，下列哪个成立？

(A) $\boldsymbol{\alpha}$必可由$\boldsymbol{\beta},\boldsymbol{\gamma},\boldsymbol{\delta}$线性表示；

(B) $\boldsymbol{\beta}$必不可由$\boldsymbol{\alpha},\boldsymbol{\gamma},\boldsymbol{\delta}$线性表示；

(C) $\boldsymbol{\delta}$必可由$\boldsymbol{\alpha},\boldsymbol{\beta},\boldsymbol{\gamma}$线性表示；

(D) $\boldsymbol{\delta}$必不可由$\boldsymbol{\alpha},\boldsymbol{\beta},\boldsymbol{\gamma}$线性表示.

解 由$\boldsymbol{\alpha},\boldsymbol{\beta},\boldsymbol{\gamma}$线性无关可知$\boldsymbol{\alpha},\boldsymbol{\beta}$也线性无关，再由$\boldsymbol{\alpha},\boldsymbol{\beta},\boldsymbol{\delta}$线性相关，又可知$\boldsymbol{\delta}$可由$\boldsymbol{\alpha},\boldsymbol{\beta}$线性表示，即

$$\boldsymbol{\delta}=k_1\boldsymbol{\alpha}+k_2\boldsymbol{\beta},$$

从而
$$\boldsymbol{\delta}=k_1\boldsymbol{\alpha}+k_2\boldsymbol{\beta}+0\cdot\boldsymbol{\gamma},$$

所以 $\boldsymbol{\delta}$ 也可由 $\boldsymbol{\alpha},\boldsymbol{\beta},\boldsymbol{\gamma}$ 线性表示. 即(C)是成立的,于是(D)自然就不成立.

(A)也不成立,因为 $\boldsymbol{\alpha}$ 不能由 $\boldsymbol{\beta},\boldsymbol{\gamma}$ 线性表示,如果 $\boldsymbol{\delta}=-\boldsymbol{\beta}$(此时 $\boldsymbol{\alpha},\boldsymbol{\beta},\boldsymbol{\delta}$ 线性相关),$\boldsymbol{\alpha}$ 就不能由 $\boldsymbol{\beta},\boldsymbol{\gamma},\boldsymbol{\delta}$ 线性表示. 而此时 $\boldsymbol{\beta}=0\cdot\boldsymbol{\alpha}+0\cdot\boldsymbol{\gamma}+(-1)\boldsymbol{\delta}$,$\boldsymbol{\beta}$ 可由 $\boldsymbol{\alpha},\boldsymbol{\gamma},\boldsymbol{\delta}$ 线性表示,所以(B)也不成立.

8 (补充题 46) 设 $\boldsymbol{A}$ 为 n 阶矩阵,若存在正整数 $k(k\geqslant 2)$ 使得 $\boldsymbol{A}^k\boldsymbol{\alpha}=\boldsymbol{0}$,但 $\boldsymbol{A}^{k-1}\boldsymbol{\alpha}\neq\boldsymbol{0}$(其中 $\boldsymbol{\alpha}$ 为 n 维非零列向量). 证明:$\boldsymbol{\alpha},\boldsymbol{A\alpha},\cdots,\boldsymbol{A}^{k-1}\boldsymbol{\alpha}$ 线性无关.

证 证明的思路:设

$$\lambda_0\boldsymbol{\alpha}+\lambda_1\boldsymbol{A\alpha}+\lambda_2\boldsymbol{A}^2\boldsymbol{\alpha}+\cdots+\lambda_{k-1}\boldsymbol{A}^{k-1}\boldsymbol{\alpha}=\boldsymbol{0}, \tag{1}$$

然后根据已知条件,由(1)式推出 $\lambda_0,\lambda_1,\lambda_2,\cdots,\lambda_{k-1}$ 必须全为零.

利用已知条件:$\boldsymbol{A}^{k-1}\boldsymbol{\alpha}\neq\boldsymbol{0},\boldsymbol{A}^k\boldsymbol{\alpha}=\boldsymbol{0}$,将(1)式两端左乘 $\boldsymbol{A}^{k-1}$,得

$$\lambda_0\boldsymbol{A}^{k-1}\boldsymbol{\alpha}+\lambda_1\boldsymbol{A}^k\boldsymbol{\alpha}+\lambda_2\boldsymbol{A}^{k+1}\boldsymbol{\alpha}+\cdots+\lambda_{k-1}\boldsymbol{A}^{2k-2}\boldsymbol{\alpha}=\boldsymbol{0}, \tag{2}$$

其中 $\boldsymbol{A}^k\boldsymbol{\alpha}=\boldsymbol{A}^{k+1}\boldsymbol{\alpha}=\cdots=\boldsymbol{A}^{2k-2}\boldsymbol{\alpha}=\boldsymbol{0}$,因此,由(2)式得

$$\lambda_0\boldsymbol{A}^{k-1}\boldsymbol{\alpha}=\boldsymbol{0},\text{从而 }\lambda_0=0\quad(\text{因为 }\boldsymbol{A}^{k-1}\boldsymbol{\alpha}\neq\boldsymbol{0}).$$

所以(1)式成立时,λ_0 必须等于 0. 再将(1)式两端左乘 $\boldsymbol{A}^{k-2}$(此时已有 $\lambda_0=0$),得

$$\lambda_1\boldsymbol{A}^{k-1}\boldsymbol{\alpha}+\lambda_2\boldsymbol{A}^k\boldsymbol{\alpha}+\cdots+\lambda_{k-1}\boldsymbol{A}^{2k-1}\boldsymbol{\alpha}=\boldsymbol{0}, \tag{3}$$

其中 $\boldsymbol{A}^k\boldsymbol{\alpha}=\cdots=\boldsymbol{A}^{2k-1}\boldsymbol{\alpha}=\boldsymbol{0}$,因此,由(3)式得

$$\lambda_1\boldsymbol{A}^{k-1}\boldsymbol{\alpha}=\boldsymbol{0},\text{从而 }\lambda_1=0\quad(\text{因为 }\boldsymbol{A}^{k-1}\boldsymbol{\alpha}\neq\boldsymbol{0}).$$

如此继续下去,就得:欲使(1)式成立,必须 $\lambda_0=\lambda_1=\lambda_2=\cdots=\lambda_{k-1}=0$. 所以 $\boldsymbol{\alpha},\boldsymbol{A\alpha},\boldsymbol{A}^2\boldsymbol{\alpha},\cdots,\boldsymbol{A}^{k-1}\boldsymbol{\alpha}$ 线性无关.

9 (补充题 49) 设 $\boldsymbol{A}=\begin{pmatrix}1 & a & \cdots & a\\ a & 1 & \cdots & a\\ \vdots & \vdots & \ddots & \vdots\\ a & a & \cdots & 1\end{pmatrix}$(主对角元全为 1,其余全为 a.)为 n 阶矩阵($n\geqslant 3$),$a\in\mathbb{R}$,且 $\mathrm{r}(\boldsymbol{A})=n-1$,求 a.

解 对矩阵 $\boldsymbol{A}$ 做初等变换时,$\boldsymbol{A}$ 的秩不变. 现将 $\boldsymbol{A}$ 的各列都加到第 1 列,得

$$A \longrightarrow \begin{pmatrix} 1+(n-1)a & a & \cdots & a \\ 1+(n-1)a & 1 & \cdots & a \\ \vdots & \vdots & \ddots & \vdots \\ 1+(n-1)a & a & \cdots & 1 \end{pmatrix} = A_1.$$

易知$|A|=[1+(n-1)a](1-a)^{n-1}$. 当 $r(A)=n-1$，即$|A|=0$时，必须$1+(n-1)a=0$，即$a=\dfrac{1}{1-n}$（注意，$a=1$时，$|A|=0$，但$r(A)=1$），此时，将A_1的第1行乘-1加到其余各行，得

$$A_1 \longrightarrow \begin{pmatrix} 0 & a & a & \cdots & a \\ 0 & 1-a & 0 & \cdots & 0 \\ 0 & 0 & 1-a & \cdots & 0 \\ \vdots & \vdots & \vdots & \ddots & \vdots \\ 0 & 0 & 0 & \cdots & 1-a \end{pmatrix} = A_2$$

$\left(其中 1-a=1-\dfrac{1}{1-n}=\dfrac{n}{n-1}\neq 0\right)$，所以秩$(A)$=秩$(A_2)=n-1$.

因此，当秩$(A)=n-1$时，$a=\dfrac{1}{1-n}$.

10（补充题55） 设n阶矩阵A分块为

$$A=\begin{pmatrix} A_{11} & A_{12} \\ A_{21} & A_{22} \end{pmatrix},$$

其中A_{11}为k阶可逆矩阵$(k<n)$，证明：存在主对角元为1的上三角矩阵U和下三角矩阵L，使得

$$LAU=\begin{pmatrix} A_{11} & 0 \\ 0 & B \end{pmatrix}. \tag{1}$$

证 利用A_{11}可逆，对A做初等行变换把A_{21}化为0，此时左乘的分块初等矩阵是主对角元为1的下三角矩阵；做初等列变换把A_{12}化为0，此时右乘的分块初等矩阵是主对角元为1的上三角矩阵，如此就得所要的结果. 即

$$\begin{pmatrix} I & 0 \\ -A_{21}A_{11}^{-1} & I \end{pmatrix} \begin{pmatrix} A_{11} & A_{12} \\ A_{21} & A_{22} \end{pmatrix} \begin{pmatrix} I & -A_{11}^{-1}A_{12} \\ 0 & I \end{pmatrix} \tag{2}$$

$$=\begin{pmatrix} A_{11} & A_{12} \\ 0 & A_{22}-A_{21}A_{11}^{-1}A_{12} \end{pmatrix}\begin{pmatrix} I & -A_{11}^{-1}A_{12} \\ 0 & I \end{pmatrix}$$

$$=\begin{pmatrix} A_{11} & 0 \\ 0 & A_{22}-A_{21}A_{11}^{-1}A_{12} \end{pmatrix},$$

其中(2)式的左边矩阵为L,右边矩阵为U,记$B=A_{22}-A_{21}A_{11}^{-1}A_{12}$,上式就是(1)式的结果.

11(补充题 56) 设A,B均为n阶矩阵,证明:

(1) $\begin{vmatrix} I & B \\ A & I \end{vmatrix}=|I-AB|$; (2) $|I-AB|=|I-BA|$.

(3) $\det(\lambda I-AB)=\det(\lambda I-BA)$($\lambda$为任意常数).

证 (1) 对式中的分块矩阵做初等行变换将A化为0,得到一个上三角块矩阵,就可得所要结果.即

$$\begin{pmatrix} I & 0 \\ -A & I \end{pmatrix}\begin{pmatrix} I & B \\ A & I \end{pmatrix}=\begin{pmatrix} I & B \\ 0 & I-AB \end{pmatrix}. \tag{1}$$

注意:(1)式中均为$2n$阶矩阵,不是$2n$阶行列式.根据矩阵乘积的行列式等于其行列式的乘积,由(1)式得

$$\begin{vmatrix} I & 0 \\ -A & I \end{vmatrix}\begin{vmatrix} I & B \\ A & I \end{vmatrix}=\begin{vmatrix} I & B \\ 0 & I-AB \end{vmatrix}. \tag{2}$$

利用教材1.2节中例9(p18~20)的结论,(2)式中下三角块矩阵和上三角块矩阵的行列式分别等于

$$|I||I|=1 \quad 和 \quad |I||I-AB|=|I-AB|,$$

于是由(2)式即得(1)所要证明的结果.

(2) 只要证明(1)中的行列式也等于$|I-BA|$.此时(1)式中的分块矩阵做初等行变换将B化为0,即

$$\begin{pmatrix} I & -B \\ 0 & I \end{pmatrix}\begin{pmatrix} I & B \\ A & I \end{pmatrix}=\begin{pmatrix} I-BA & 0 \\ A & I \end{pmatrix}. \tag{3}$$

由(3)式即得

$$\begin{vmatrix} I & B \\ A & I \end{vmatrix}=|I-BA||I|=|I-BA|.$$

再利用(1)的结果,即得$|I-BA|=|I-AB|$.

(3) 当$\lambda=0$时,显然有$|-AB|=|-BA|$,因为

$$|-\boldsymbol{AB}|=(-1)^n|\boldsymbol{AB}|=(-1)^n|\boldsymbol{A}||\boldsymbol{B}|=(-1)^n|\boldsymbol{B}||\boldsymbol{A}|=|-\boldsymbol{BA}|.$$

当 $\lambda\neq0$ 时,只要证明

$$\begin{vmatrix}\lambda\boldsymbol{I} & \boldsymbol{B}\\ \boldsymbol{A} & \boldsymbol{I}\end{vmatrix}=|\lambda\boldsymbol{I}-\boldsymbol{AB}| \quad 及 \quad \begin{vmatrix}\lambda\boldsymbol{I} & \boldsymbol{B}\\ \boldsymbol{A} & \boldsymbol{I}\end{vmatrix}=|\lambda\boldsymbol{I}-\boldsymbol{BA}|$$

证明的思路与(1),(2)类似. 由

$$\begin{pmatrix}\boldsymbol{I} & \boldsymbol{0}\\ -\frac{1}{\lambda}\boldsymbol{A} & \boldsymbol{I}\end{pmatrix}\begin{pmatrix}\lambda\boldsymbol{I} & \boldsymbol{B}\\ \boldsymbol{A} & \boldsymbol{I}\end{pmatrix}=\begin{pmatrix}\lambda\boldsymbol{I} & \boldsymbol{B}\\ \boldsymbol{0} & \boldsymbol{I}-\frac{1}{\lambda}\boldsymbol{AB}\end{pmatrix},$$

即得

$$\begin{aligned}\begin{vmatrix}\lambda\boldsymbol{I} & \boldsymbol{B}\\ \boldsymbol{A} & \boldsymbol{I}\end{vmatrix}&=|\lambda\boldsymbol{I}|\left|\boldsymbol{I}-\frac{1}{\lambda}\boldsymbol{AB}\right|=\left|\lambda\boldsymbol{I}\left(\boldsymbol{I}-\frac{1}{\lambda}\boldsymbol{AB}\right)\right|\\ &=|\lambda\boldsymbol{I}-\boldsymbol{AB}|.\end{aligned} \tag{4}$$

同理,再由

$$\begin{pmatrix}\boldsymbol{I} & -\boldsymbol{B}\\ \boldsymbol{0} & \boldsymbol{I}\end{pmatrix}\begin{pmatrix}\lambda\boldsymbol{I} & \boldsymbol{B}\\ \boldsymbol{A} & \boldsymbol{I}\end{pmatrix}=\begin{pmatrix}\lambda\boldsymbol{I}-\boldsymbol{BA} & \boldsymbol{0}\\ \boldsymbol{A} & \boldsymbol{I}\end{pmatrix},$$

又得

$$\begin{vmatrix}\lambda\boldsymbol{I} & \boldsymbol{B}\\ \boldsymbol{A} & \boldsymbol{I}\end{vmatrix}=|\lambda\boldsymbol{I}-\boldsymbol{BA}||\boldsymbol{I}|=|\lambda\boldsymbol{I}-\boldsymbol{BA}|. \tag{5}$$

由(4),(5)式即得:当 $\lambda\neq0$ 时,$|\lambda\boldsymbol{I}-\boldsymbol{AB}|=|\lambda\boldsymbol{I}-\boldsymbol{BA}|$.

* **12** (补充题57) 证明:若 $\boldsymbol{A}$ 是 $m\times n$ 矩阵,$\mathrm{r}(\boldsymbol{A})=r$,则存在 $m\times r$ 矩阵 $\boldsymbol{B}$,$r\times n$ 矩阵 $\boldsymbol{C}$,且 $\mathrm{r}(\boldsymbol{B})=\mathrm{r}(\boldsymbol{C})=r$,使得 $\boldsymbol{A}=\boldsymbol{BC}$.

证 利用相抵标准形. 对于矩阵 $\boldsymbol{A}$,存在 m 阶可逆矩阵 $\boldsymbol{P}$ 和 n 阶可逆矩阵 $\boldsymbol{Q}$,使得

$$\boldsymbol{PAQ}=\begin{pmatrix}\boldsymbol{I}_r & \boldsymbol{0}\\ \boldsymbol{0} & \boldsymbol{0}\end{pmatrix}, \quad 即 \quad \boldsymbol{A}=\boldsymbol{P}^{-1}\begin{pmatrix}\boldsymbol{I}_r & \boldsymbol{0}\\ \boldsymbol{0} & \boldsymbol{0}\end{pmatrix}\boldsymbol{Q}^{-1}. \tag{1}$$

将 $\boldsymbol{P}^{-1}$,$\boldsymbol{Q}^{-1}$ 分块表示为

$$\boldsymbol{P}^{-1}=(\boldsymbol{B},\boldsymbol{S}), \quad \boldsymbol{Q}^{-1}=\begin{pmatrix}\boldsymbol{C}\\ \boldsymbol{T}\end{pmatrix}, \tag{2}$$

其中:$\boldsymbol{B}$ 为 $m\times r$ 矩阵,$\mathrm{r}(\boldsymbol{B})=r$(因为 $\boldsymbol{B}$ 的 r 个列向量线性无关);$\boldsymbol{C}$ 为 $r\times n$ 矩阵,$\mathrm{r}(\boldsymbol{C})=r$(因为 $\boldsymbol{C}$ 的 r 个行向量线性无关). 于是由(1),(2)式得

$$\boldsymbol{A}=(\boldsymbol{B},\boldsymbol{S})\begin{pmatrix}\boldsymbol{I}_r & \boldsymbol{0}\\ \boldsymbol{0} & \boldsymbol{0}\end{pmatrix}\begin{pmatrix}\boldsymbol{C}\\ \boldsymbol{T}\end{pmatrix}=(\boldsymbol{B},\boldsymbol{0})\begin{pmatrix}\boldsymbol{C}\\ \boldsymbol{T}\end{pmatrix}=\boldsymbol{BC}.$$

13（补充题 60） 证明：非零向量组 $\boldsymbol{\alpha}_1,\boldsymbol{\alpha}_2,\cdots,\boldsymbol{\alpha}_s$ 线性无关的充要条件是

$$\boldsymbol{\alpha}_i \neq \sum_{j=1}^{i-1} k_j\boldsymbol{\alpha}_j \quad (i=2,3,\cdots,s).$$

证 必要性是显然的.因为如果存在 $i(i\in\{2,\cdots,s\})$，使得 $\boldsymbol{\alpha}_i=k_1\boldsymbol{\alpha}_1+\cdots+k_{i-1}\boldsymbol{\alpha}_{i-1}$，则 $\boldsymbol{\alpha}_1,\cdots,\boldsymbol{\alpha}_{i-1},\boldsymbol{\alpha}_i$ 线性相关，从而 $\boldsymbol{\alpha}_1,\boldsymbol{\alpha}_2,\cdots,\boldsymbol{\alpha}_s$ 线性相关.与题设矛盾.

充分性：$\boldsymbol{\alpha}_1\neq\boldsymbol{0},\boldsymbol{\alpha}_2\neq k_1\boldsymbol{\alpha}_1$，则 $\boldsymbol{\alpha}_1,\boldsymbol{\alpha}_2$ 线性无关$\Big($因为：设 $\lambda_1\boldsymbol{\alpha}_1+\lambda_2\boldsymbol{\alpha}_2=\boldsymbol{0}$，则 $\lambda_2=0\left(否则\ \boldsymbol{\alpha}_2=\frac{\lambda_1}{\lambda_2}\boldsymbol{\alpha}_1\right)$，从而 $\lambda_1=0\Big)$；再由

$$\boldsymbol{\alpha}_3\neq k_1\boldsymbol{\alpha}_1+k_2\boldsymbol{\alpha}_2,$$

又得 $\boldsymbol{\alpha}_1,\boldsymbol{\alpha}_2,\boldsymbol{\alpha}_3$ 线性无关；如此继续下去，由 $\boldsymbol{\alpha}_1,\boldsymbol{\alpha}_2,\cdots,\boldsymbol{\alpha}_{s-1}$ 线性无关，而

$$\boldsymbol{\alpha}_s\neq k_1\boldsymbol{\alpha}_1+k_2\boldsymbol{\alpha}_2+\cdots+k_{s-1}\boldsymbol{\alpha}_{s-1},$$

即得 $\boldsymbol{\alpha}_1,\boldsymbol{\alpha}_2,\cdots,\boldsymbol{\alpha}_{s-1},\boldsymbol{\alpha}_s$ 线性无关.

14（补充题 61） 设向量组 $\boldsymbol{\alpha}_1,\boldsymbol{\alpha}_2,\cdots,\boldsymbol{\alpha}_r$ 线性无关，如在向量组的前面加入一个向量 $\boldsymbol{\beta}$，证明：在向量组 $\boldsymbol{\beta},\boldsymbol{\alpha}_1,\boldsymbol{\alpha}_2,\cdots,\boldsymbol{\alpha}_r$ 中至多有一个向量 $\boldsymbol{\alpha}_i(1\leqslant i\leqslant r)$ 可由其前面的 i 个向量 $\boldsymbol{\beta},\boldsymbol{\alpha}_1,\boldsymbol{\alpha}_2,\cdots,\boldsymbol{\alpha}_{i-1}$ 线性表示.并在 $\mathbb{R}^3$ 中做几何解释.

证 如果 $\boldsymbol{\beta},\boldsymbol{\alpha}_1,\boldsymbol{\alpha}_2,\cdots,\boldsymbol{\alpha}_r$ 仍然线性无关，则任何 $\boldsymbol{\alpha}_i(1\leqslant i\leqslant r)$ 都不能由前面的 i 个向量线性表示；如果 $\boldsymbol{\beta},\boldsymbol{\alpha}_1,\boldsymbol{\alpha}_2,\cdots,\boldsymbol{\alpha}_r$ 线性相关，但 $\boldsymbol{\beta}=\boldsymbol{0}$，同样，任何 $\boldsymbol{\alpha}_i$ 都不能由前面的 i 个向量线性表示.

如果 $\boldsymbol{\beta}\neq\boldsymbol{0}$，且 $\boldsymbol{\beta},\boldsymbol{\alpha}_1,\boldsymbol{\alpha}_2,\cdots,\boldsymbol{\alpha}_r$ 线性相关.则存在 $\boldsymbol{\alpha}_i$ 可由前面的 i 个向量线性表示.因为从前往后考察，如果 $\boldsymbol{\beta},\boldsymbol{\alpha}_1,\cdots,\boldsymbol{\alpha}_{i-1}$ 仍线性无关，而 $\boldsymbol{\beta},\boldsymbol{\alpha}_1,\cdots,\boldsymbol{\alpha}_{i-1},\boldsymbol{\alpha}_i$ 线性相关，则 $\boldsymbol{\alpha}_i$ 可由 $\boldsymbol{\beta},\boldsymbol{\alpha}_1,\cdots,\boldsymbol{\alpha}_{i-1}$ 线性表示（这里的极端情况是：$\boldsymbol{\beta},\boldsymbol{\alpha}_1,\cdots,\boldsymbol{\alpha}_{r-1}$ 仍线性无关，而 $\boldsymbol{\beta},\boldsymbol{\alpha}_1,\cdots,\boldsymbol{\alpha}_{r-1},\boldsymbol{\alpha}_r$ 线性相关）.再证：至多有一个 $\boldsymbol{\alpha}_i(1\leqslant i\leqslant r)$ 可由前面的 i 个向量线性表示.

设 $\boldsymbol{\alpha}_i$ 与 $\boldsymbol{\alpha}_j(j>i)$ 均可由前面的 i 个与 j 个向量线性表示，即

$$\boldsymbol{\alpha}_i=k_0\boldsymbol{\beta}+k_1\boldsymbol{\alpha}_1+\cdots+k_{i-1}\boldsymbol{\alpha}_{i-1}, \tag{1}$$

$$\boldsymbol{\alpha}_j=l_0\boldsymbol{\beta}+l_1\boldsymbol{\alpha}_1+\cdots+l_{i-1}\boldsymbol{\alpha}_{i-1}+l_i\boldsymbol{\alpha}_i+\cdots+l_{j-1}\boldsymbol{\alpha}_{j-1}, \tag{2}$$

其中 $k_0\neq0, l_0\neq0$(否则 $\boldsymbol{\alpha}_1,\cdots,\boldsymbol{\alpha}_i,\cdots,\boldsymbol{\alpha}_j$ 线性相关),于是由(1),(2)式分别得

$$\boldsymbol{\beta}=k'_1\boldsymbol{\alpha}_1+\cdots+k'_{i-1}\boldsymbol{\alpha}_{i-1}+k'_i\boldsymbol{\alpha}_i, \tag{3}$$

$$\boldsymbol{\beta}=l'_1\boldsymbol{\alpha}_1+\cdots+l'_{i-1}\boldsymbol{\alpha}_{i-1}+l'_i\boldsymbol{\alpha}_i+\cdots+l'_{j-1}\boldsymbol{\alpha}_{j-1}+l'_j\boldsymbol{\alpha}_j. \tag{4}$$

由(3),(4)式得

$$(l'_1-k'_1)\boldsymbol{\alpha}_1+\cdots+(l'_{i-1}-k'_{i-1})\boldsymbol{\alpha}_{i-1}+(l'_i-k'_i)\boldsymbol{\alpha}_i+\cdots+l'_{j-1}\boldsymbol{\alpha}_{j-1}+l'_j\boldsymbol{\alpha}_j=\mathbf{0}. \tag{5}$$

由于 $\boldsymbol{\alpha}_1,\cdots,\boldsymbol{\alpha}_i,\cdots,\boldsymbol{\alpha}_j$ 线性无关,所以(5)式中的系数全等于0,于是 j 不大于 i,从而(2)式中的系数

$$l_0=k_0,\quad l_1=k_1,\quad \cdots\quad ,l_{i-1}=k_{i-1}\quad ,\quad l_i=\cdots=l_{j-1}=0$$

因此 $\boldsymbol{\alpha}_j=\boldsymbol{\alpha}_i$,这就证明了至多有一个 $\boldsymbol{\alpha}_i$ 可由前面的 i 个向量线性表示.

$\mathbb{R}^3$ 中几何解释:设 $\boldsymbol{\alpha}_1=(1,0,0),\boldsymbol{\alpha}_2=(0,1,0),\boldsymbol{\alpha}_3=(0,0,1)$. 当 $\boldsymbol{\beta}=(a,b,0)$ 与 $\boldsymbol{\alpha}_1,\boldsymbol{\alpha}_2$ 共面时,$\boldsymbol{\alpha}_1$ 不能由 $\boldsymbol{\beta}$ 线性表示,但 $\boldsymbol{\alpha}_2$ 可由 $\boldsymbol{\beta},\boldsymbol{\alpha}_1$ 线性表示,即

$$\boldsymbol{\alpha}_2=\frac{1}{b}\boldsymbol{\beta}-\frac{a}{b}\boldsymbol{\alpha}_1,$$

而 $\boldsymbol{\alpha}_3$ 不能由 $\boldsymbol{\beta},\boldsymbol{\alpha}_1,\boldsymbol{\alpha}_2$ 线性表示;当 $\boldsymbol{\beta}=(0,b,c)$ 与 $\boldsymbol{\alpha}_2,\boldsymbol{\alpha}_3$ 共面时,$\boldsymbol{\alpha}_2$ 不能由 $\boldsymbol{\beta},\boldsymbol{\alpha}_1$ 线性表示,而 $\boldsymbol{\alpha}_3$ 可由 $\boldsymbol{\beta}_1,\boldsymbol{\alpha}_1,\boldsymbol{\alpha}_2$ 线性表示,即

$$\boldsymbol{\alpha}_3=\frac{1}{c}\boldsymbol{\beta}+0\cdot\boldsymbol{\alpha}_1-\frac{b}{c}\boldsymbol{\alpha}_2;$$

当 $\boldsymbol{\beta}=(a,b,c)$ 与 $\boldsymbol{\alpha}_1,\boldsymbol{\alpha}_2,\boldsymbol{\alpha}_3$ 中任意两个都不共面,此时只有 $\boldsymbol{\alpha}_3$ 可由其前面的 $\boldsymbol{\beta},\boldsymbol{\alpha}_1,\boldsymbol{\alpha}_2$ 线性表示,即

$$\boldsymbol{\alpha}_3=\frac{1}{c}\boldsymbol{\beta}-\frac{a}{c}\boldsymbol{\alpha}_1-\frac{b}{c}\boldsymbol{\alpha}_2.$$

15 (补充题65)　设 $\boldsymbol{A}$ 是一个 $m\times n$ 矩阵,$m<n$,$\mathrm{r}(\boldsymbol{A})=m$,齐次线性方程组 $\boldsymbol{Ax}=\mathbf{0}$ 的一个基础解系为 $\boldsymbol{b}_1,\boldsymbol{b}_2,\cdots,\boldsymbol{b}_{n-m}$,其中

$$\boldsymbol{b}_i=(b_{i1},b_{i2},\cdots,b_{in})^{\mathrm{T}},\quad i=1,2,\cdots,n-m.$$

试求齐次线性方程组

$$\sum_{j=1}^{n}b_{ij}y_j=0,\quad i=1,2,\cdots,n-m \tag{1}$$

的基础解系所含解向量的个数,并求一个基础解系.

解　已知 $\boldsymbol{Ab}_i=\mathbf{0}$　$(i=1,2,\cdots,n-m)$. 记

$$\boldsymbol{B}=(\boldsymbol{b}_1,\boldsymbol{b}_2,\cdots,\boldsymbol{b}_{n-m})=\begin{pmatrix} b_{11} & b_{21} & \cdots & b_{n-m,1} \\ b_{12} & b_{22} & \cdots & b_{n-m,2} \\ \vdots & \vdots & & \vdots \\ b_{1n} & b_{2n} & \cdots & b_{n-m,n} \end{pmatrix}$$

则 $\mathrm{r}(\boldsymbol{B})=n-m$，$\boldsymbol{AB}=\boldsymbol{0}$，齐次线性方程组(1)为

$$\boldsymbol{B}^{\mathrm{T}}\boldsymbol{y}=\boldsymbol{0}, \qquad 其中\ \boldsymbol{y}=(y_1,y_2,\cdots,y_n)^{\mathrm{T}}.$$

它的基础解系所含解向量个数为 $n-\mathrm{r}(\boldsymbol{B}^{\mathrm{T}})=n-(n-m)=m$ 个. 再由

$$(\boldsymbol{AB})^{\mathrm{T}}=\boldsymbol{B}^{\mathrm{T}}\boldsymbol{A}^{\mathrm{T}}=\boldsymbol{0},$$

可知，$\boldsymbol{A}^{\mathrm{T}}$ 的 m 个线性无关的列向量(即 $\boldsymbol{A}$ 的 m 个线性无关的行向量)是齐次线性方程组 $\boldsymbol{B}^{\mathrm{T}}\boldsymbol{y}=\boldsymbol{0}$ 的 m 个解，从而也就是它的一个基础解系.

16 (补充题 68) 设 $\boldsymbol{A}$ 是 $(n-1)\times n$ 矩阵，$|A_j|$ 表示 $\boldsymbol{A}$ 中划去第 j 列所构成的行列式，证明：

(1) $(-|A_1|,|A_2|,\cdots,(-1)^n|A_n|)^{\mathrm{T}}$ 是 $\boldsymbol{Ax}=\boldsymbol{0}$ 的一个解；

(2) 若 $|A_j|$ $(j=1,2,\cdots,n)$ 不全为零，则(1)中的解是 $\boldsymbol{Ax}=\boldsymbol{0}$ 的一个基础解系.

证 (1) 在 $\boldsymbol{A}=(a_{ij})_{(n-1)\times n}$ 的第 1 行之前添加一行(添加之行就是 $\boldsymbol{A}$ 的第 1 行)，使之成为 n 阶矩阵，并记作 $\boldsymbol{B}$. 即

$$\boldsymbol{B}=\begin{pmatrix} a_{11} & a_{12} & \cdots & a_{1n} \\ a_{11} & a_{12} & \cdots & a_{1n} \\ a_{21} & a_{22} & \cdots & a_{2n} \\ \vdots & \vdots & & \vdots \\ a_{n-1,1} & a_{n-1,2} & \cdots & a_{n-1,n} \end{pmatrix}.$$

于是，$\boldsymbol{B}$ 的第 2 行元素的代数余子式：

$$B_{21}=-|A_1|, \quad B_{22}=|A_2|, \quad \cdots,$$
$$B_{2n}=(-1)^{2+n}|A_n|=(-1)^n|A_n|.$$

由于 $|\boldsymbol{B}|=0$，所以 $|\boldsymbol{B}|$ 中第 2 行元素分别乘其代数余子式之和等于零，即

$$|\boldsymbol{B}|=a_{11}(-|A_1|)+a_{12}(|A_2|)+\cdots+ a_{1n}((-1)^n|A_n|)=0. \tag{1}$$

又 $|\boldsymbol{B}|$ 中第 $3,\cdots,n$ 行元素乘第 2 行对应元素的代数余子式之和也等于零，即

$$a_{i1}(-|A_1|)+a_{i2}(|A_2|)+\cdots+a_{in}((-1)^n|A_n|)=0,$$
$$i=2,\cdots,n-1. \tag{2}$$

(1),(2)两式可统一写成

$$A\begin{pmatrix}-|A_1|\\|A_2|\\\vdots\\(-1)^n|A_n|\end{pmatrix}=\begin{pmatrix}a_{11}&a_{12}&\cdots&a_{1n}\\a_{21}&a_{22}&\cdots&a_{2n}\\\vdots&\vdots&&\vdots\\a_{n-1,1}&a_{n-1,2}&\cdots&a_{n-1,n}\end{pmatrix}\times$$
$$\begin{pmatrix}-|A_1|\\|A_2|\\\vdots\\(-1)^n|A_n|\end{pmatrix}=\begin{pmatrix}0\\0\\\vdots\\0\end{pmatrix}. \tag{3}$$

(3)式表明：$(-(A_1),|A_2|,\cdots,(-1)^n|A_n|)^{\mathrm{T}}$ 是齐次线性方程组 $\boldsymbol{Ax}=\boldsymbol{0}$ 的一个解.

(2) 若 $|A_j|(j=1,2,\cdots,n)$ 不全为零，由于 $|A_j|$ 均为矩阵 $\boldsymbol{A}$ 的 $n-1$ 阶子式，所以 $\boldsymbol{A}$ 的非零子式的最高阶数为 $n-1$，即 $\mathrm{r}(\boldsymbol{A})=n-1$. 于是 $\boldsymbol{Ax}=\boldsymbol{0}$ 的基础解系所含解向量的个数为 $n-\mathrm{r}(\boldsymbol{A})=n-(n-1)=1$ 个，因此，它的非零解

$$(-|A_1|,|A_2|,\cdots,(-1)^n|A_n|)^{\mathrm{T}}$$

就是 $\boldsymbol{Ax}=\boldsymbol{0}$ 的一个基础解系.

17（补充题71）　设 $\boldsymbol{A},\boldsymbol{B}$ 皆为 n 阶方阵，证明：

$$\mathrm{r}(\boldsymbol{AB})\geqslant\mathrm{r}(\boldsymbol{A})+\mathrm{r}(\boldsymbol{B})-n,$$

并问：若 $\boldsymbol{A}=(a_{ij})_{s\times n},\boldsymbol{B}=(b_{ij})_{n\times m}$，上述结论是否成立？

证　证法1：由3.4节中例3可知

$$\mathrm{r}(\boldsymbol{A})+\mathrm{r}(\boldsymbol{B})=\mathrm{r}\begin{pmatrix}\boldsymbol{A}&\boldsymbol{0}\\\boldsymbol{0}&\boldsymbol{B}\end{pmatrix}\leqslant\mathrm{r}\begin{pmatrix}\boldsymbol{A}&\boldsymbol{0}\\\boldsymbol{I}&\boldsymbol{B}\end{pmatrix}. \tag{1}$$

对(1)式右端的分块矩阵做初等行、列变换，使之化为“副”对角块矩阵，即

$$\begin{pmatrix}\boldsymbol{I}&-\boldsymbol{A}\\\boldsymbol{0}&\boldsymbol{I}\end{pmatrix}\begin{pmatrix}\boldsymbol{A}&\boldsymbol{0}\\\boldsymbol{I}&\boldsymbol{B}\end{pmatrix}\begin{pmatrix}\boldsymbol{I}&-\boldsymbol{B}\\\boldsymbol{0}&\boldsymbol{I}\end{pmatrix}$$
$$=\begin{pmatrix}\boldsymbol{0}&-\boldsymbol{AB}\\\boldsymbol{I}&\boldsymbol{B}\end{pmatrix}\begin{pmatrix}\boldsymbol{I}&-\boldsymbol{B}\\\boldsymbol{0}&\boldsymbol{I}\end{pmatrix}=\begin{pmatrix}\boldsymbol{0}&-\boldsymbol{AB}\\\boldsymbol{I}&\boldsymbol{0}\end{pmatrix}. \tag{2}$$

由(2)式即得

$$\mathrm{r}\begin{pmatrix} \boldsymbol{A} & \boldsymbol{0} \\ \boldsymbol{I} & \boldsymbol{B} \end{pmatrix} = \mathrm{r}\begin{pmatrix} \boldsymbol{0} & -\boldsymbol{AB} \\ \boldsymbol{I} & \boldsymbol{0} \end{pmatrix}$$

$$= \mathrm{r}(\boldsymbol{I}) + \mathrm{r}(-\boldsymbol{AB}) = n + \mathrm{r}(\boldsymbol{AB}). \tag{3}$$

由(3),(1)式,即得

$$\mathrm{r}(\boldsymbol{AB}) \geqslant \mathrm{r}(\boldsymbol{A}) + \mathrm{r}(\boldsymbol{B}) - n.$$

当 $\boldsymbol{A}$ 为 $s\times n$ 矩阵,$\boldsymbol{B}$ 为 $n\times m$ 矩阵时,上述结论仍成立.上面的证法仍适用,要注意的是,(2)式中的单位阵 $\boldsymbol{I}$,有的是 n 阶,有的是 m 阶.

证法 2:设 $\boldsymbol{A}=(a_{ij})_{s\times n}$,$\mathrm{r}(\boldsymbol{A})=l$;$\boldsymbol{B}=(b_{ij})_{n\times m}$,$\mathrm{r}(\boldsymbol{B})=k$;$\mathrm{r}(\boldsymbol{AB})=r$.利用 $\boldsymbol{A}$ 的相抵标准形.对于 $\boldsymbol{A}$,存在 s 阶可逆阵 $\boldsymbol{P}$ 和 n 阶可逆阵 $\boldsymbol{Q}$,使得

$$\boldsymbol{PAQ} = \begin{pmatrix} \boldsymbol{I}_l & \boldsymbol{0} \\ \boldsymbol{0} & \boldsymbol{0} \end{pmatrix}.$$

于是

$$(\boldsymbol{PAQ})(\boldsymbol{Q}^{-1}\boldsymbol{B}) = \begin{pmatrix} \boldsymbol{I}_l & \boldsymbol{0} \\ \boldsymbol{0} & \boldsymbol{0} \end{pmatrix} \begin{bmatrix} \bar{b}_{11} & \bar{b}_{12} & \cdots & \bar{b}_{1m} \\ \vdots & \vdots & & \vdots \\ \bar{b}_{l1} & \bar{b}_{l2} & \cdots & \bar{b}_{lm} \\ \vdots & \vdots & & \vdots \\ \bar{b}_{n1} & \bar{b}_{n2} & \cdots & \bar{b}_{nm} \end{bmatrix} \begin{matrix} \boldsymbol{\beta}_1 \\ \vdots \\ \boldsymbol{\beta}_l \\ \vdots \\ \boldsymbol{\beta}_n \end{matrix} \tag{4}$$

$$= \begin{bmatrix} \bar{b}_{11} & \bar{b}_{12} & \cdots & \bar{b}_{1m} \\ \vdots & \vdots & & \vdots \\ \bar{b}_{l1} & \bar{b}_{l2} & \cdots & \bar{b}_{lm} \\ 0 & 0 & \cdots & 0 \\ \vdots & \vdots & & \vdots \\ 0 & 0 & \cdots & 0 \end{bmatrix} \begin{matrix} \boldsymbol{\beta}_1 \\ \vdots \\ \boldsymbol{\beta}_l \\ \\ \\ \\ \end{matrix}, \tag{5}$$

其中:$\mathrm{r}(\boldsymbol{Q}^{-1}\boldsymbol{B})=\mathrm{r}(B)=k$,所以(4)式右边矩阵的行向量组的秩为 k,即秩$\{\boldsymbol{\beta}_1,\cdots,\boldsymbol{\beta}_l,\cdots,\boldsymbol{\beta}_n\}=k$;

$\mathrm{r}(\boldsymbol{PAQ})(\boldsymbol{Q}^{-1}\boldsymbol{B})=\mathrm{r}(\boldsymbol{PAB})=\mathrm{r}(\boldsymbol{AB})=r$,所以(5)式矩阵的行向量组的秩为 r,即秩$\{\boldsymbol{\beta}_1,\cdots,\boldsymbol{\beta}_l\}=r$.

由(4),(5)式可见,(5)式中行向量的极大线性无关组(含 r 个向量)与(4)式中后 $n-l$ 个向量 $\boldsymbol{\beta}_{l+1},\cdots,\boldsymbol{\beta}_n$ 合在一起,可能线性无关,也可能线性相关,所以它们的向量个数

$$r+(n-l)\geqslant 秩\{\boldsymbol{\beta}_1,\cdots,\boldsymbol{\beta}_l,\cdots,\boldsymbol{\beta}_n\}=k$$

即

$$\mathrm{r}(\boldsymbol{AB})=r\geqslant l+k-n=\mathrm{r}(\boldsymbol{A})+\mathrm{r}(\boldsymbol{B})-n.$$

18（补充题 72） 设向量组 $\boldsymbol{\alpha}_j=(a_{1j},a_{2j},\cdots,a_{nj})^{\mathrm{T}}\quad(j=1,2,\cdots,n)$. 证明：如果

$$|a_{ii}|>\sum_{\substack{j=1\\j\neq i}}^{n}|a_{ij}|,\quad i=1,2,\cdots,n, \tag{1}$$

则向量组 $\boldsymbol{\alpha}_1,\boldsymbol{\alpha}_2,\cdots,\boldsymbol{\alpha}_n$ 线性无关.

证 用反证法，设 $\boldsymbol{\alpha}_1,\boldsymbol{\alpha}_2,\cdots,\boldsymbol{\alpha}_n$ 线性相关，则矩阵

$$\boldsymbol{A}=(\boldsymbol{\alpha}_1,\boldsymbol{\alpha}_2,\cdots,\boldsymbol{\alpha}_n)$$

的秩小于 n（即 $|\boldsymbol{A}|=0$），于是齐次线性方程组

$$\boldsymbol{Ax}=\boldsymbol{0} \tag{2}$$

有非零解 $\boldsymbol{x}=(x_1,x_2,\cdots,x_n)^{\mathrm{T}}$，在 $\boldsymbol{x}$ 的 n 个分量中必有绝对值最大的. 设

$$|x_i|\geqslant|x_j|,\quad(j\neq i).$$

此时，在方程组(2)中的第 i 个方程为

$$a_{i1}x_1+\cdots+a_{ii}x_i+\cdots+a_{in}x_n=0,$$

于是

$$|a_{ii}x_i|=\left|-\sum_{\substack{j=1\\j\neq i}}^{n}a_{ij}x_j\right|\leqslant\sum_{\substack{j=1\\j\neq i}}^{n}|a_{ij}||x_j|,$$

从而

$$|a_{ii}|\leqslant\sum_{\substack{j=1\\j\neq i}}^{n}|a_{ij}|\frac{|x_j|}{|x_i|}\leqslant\sum_{\substack{j=1\\j\neq i}}^{n}|a_{ij}|.$$

这与题设(1)式矛盾. 所以 $\boldsymbol{\alpha}_1,\boldsymbol{\alpha}_2,\cdots,\boldsymbol{\alpha}_n$ 线性无关.

向量空间与线性变换

4.1 基本要求与内容提要

1 基本要求

(1) 要理解 n 维实向量空间$\mathbb{R}^n$的基(或基底)与向量关于基的坐标的概念,会求一组基到另一组基的过渡矩阵,以及基变换后向量的坐标变换.

(2) 要熟悉 n 维欧氏空间$\mathbb{R}^n$中向量的内积运算及其性质,会求向量的长度与向量间的夹角;要理解标准正交基的概念,会用施密特(Schmidt)正交化方法由一组基求一组标准正交基.

(3) 要熟知正交矩阵及其性质.

线性代数是研究线性空间(或称向量空间)结构与线性变换理论的一门学科.向量的线性相关性是研究线性空间结构与线性变换理论的基础;矩阵是有限维线性空间的线性变换的表示形式;以 $m\times n$ 矩阵 $\boldsymbol{A}$ 为系数矩阵的齐次和非齐次线性方程组 $\boldsymbol{A}x=\boldsymbol{0}$ 与 $\boldsymbol{A}x=\boldsymbol{b}$ 的求解问题,是 n 维线性空间到 m 维线性空间的线性映射求"核"和"全体原象"的问题;行列式是研究这些问题的一个有力工具.关于行列式,矩阵,向量的线性相关性以及线性方程组解的理论等具体问题,我们在前 3 章已经论述.而关于一般的(或说抽象的)线性空间的结构以及线性变换的概念与性质,我们以打"*"

的形式在本章4.3～4.6节只作了简要的介绍.课时在40左右的院校或专业可不作为基本要求,而课时在60～70的应有所要求.由于历年来考研试题都不包含这些内容,所以,我们在"基本要求"与"内容提要"中都不涉及这些内容,也不作分节辅导,只在部分疑难习题和补充题的题解中对一些基本概念题和较难的题作了题解.当然,必须指出,前面的3点基本要求应该掌握,它们也是考研的内容.

2 内容提要

(1) $\mathbb{R}^n$的基与向量的坐标:如果$B=\{\boldsymbol{\beta}_1,\boldsymbol{\beta}_2,\cdots,\boldsymbol{\beta}_n\}\subset\mathbb{R}^n$,且线性无关,又$\forall\boldsymbol{\alpha}\in\mathbb{R}^n$均可由$B$线性表示,即

$$\boldsymbol{\alpha}=a_1\boldsymbol{\beta}_1+a_2\boldsymbol{\beta}_2+\cdots+a_n\boldsymbol{\beta}_n,$$

则称B是$\mathbb{R}^n$的一组基(或基底),有序数组$(a_1,a_2,\cdots,a_n)$称为向量$\boldsymbol{\alpha}$关于基B的坐标,记作

$$\boldsymbol{\alpha}_B=(a_1,a_2,\cdots,a_n)\quad 或\quad \boldsymbol{\alpha}_B=(a_1,a_2,\cdots,a_n)^{\mathrm{T}}.$$

$\mathbb{R}^n$中任何n个线性无关的向量$\{\boldsymbol{\xi}_1,\boldsymbol{\xi}_2,\cdots,\boldsymbol{\xi}_n\}$都是$\mathbb{R}^n$的一组基,因为$\mathbb{R}^n$中任何$n+1$个向量都线性相关.$n$个单位向量$\{\boldsymbol{e}_i=(0,\cdots,1,\cdots,0)(i=1,2,\cdots,n)\}$称为$\mathbb{R}^n$的自然基.

(2) 过渡矩阵,基变换与坐标变换.

设$B_1=\{\boldsymbol{\alpha}_1,\boldsymbol{\alpha}_2,\cdots,\boldsymbol{\alpha}_n\}$与$B_2=\{\boldsymbol{\eta}_1,\boldsymbol{\eta}_2,\cdots,\boldsymbol{\eta}_n\}$是$\mathbb{R}^n$的两组基,且

$$(\boldsymbol{\eta}_1,\boldsymbol{\eta}_2,\cdots,\boldsymbol{\eta}_n)=(\boldsymbol{\alpha}_1,\boldsymbol{\alpha}_2,\cdots,\boldsymbol{\alpha}_n)\begin{pmatrix}a_{11}&a_{12}&\cdots&a_{1n}\\a_{21}&a_{22}&\cdots&a_{2n}\\\vdots&\vdots&&\vdots\\a_{n1}&a_{n2}&\cdots&a_{nn}\end{pmatrix},$$

其中右端矩阵$\boldsymbol{A}=(a_{ij})_{n\times n}$称为基$B_1$到基$B_2$的过渡矩阵(或称基$B_1$变为基$B_2$的变换矩阵),$\boldsymbol{A}$是可逆阵.

又$\boldsymbol{\alpha}$在两组基下的坐标分别为

$$\boldsymbol{\alpha}_{B_1}=\boldsymbol{x}=(x_1,x_2,\cdots,x_n)^{\mathrm{T}};\quad \boldsymbol{\alpha}_{B_2}=\boldsymbol{y}=(y_1,y_2,\cdots,y_n)^{\mathrm{T}}.$$

则坐标变换公式为

$$\boldsymbol{A}\boldsymbol{y}=\boldsymbol{x}\quad 或\quad \boldsymbol{y}=\boldsymbol{A}^{-1}\boldsymbol{x}.$$

(3) $\mathbb{R}^n$中向量的内积,向量的长度与夹角.

设$\boldsymbol{\alpha}=(a_1,a_2,\cdots,a_n)^{\mathrm{T}}$,$\boldsymbol{\beta}=(b_1,b_2,\cdots,b_n)^{\mathrm{T}}\in\mathbb{R}^n$,则$\boldsymbol{\alpha}$与$\boldsymbol{\beta}$的内积为

$$\begin{aligned}(\boldsymbol{\alpha},\boldsymbol{\beta})&=a_1b_1+a_2b_2+\cdots+a_nb_n\\&=\boldsymbol{\alpha}^{\mathrm{T}}\boldsymbol{\beta}=\boldsymbol{\beta}^{\mathrm{T}}\boldsymbol{\alpha}.\end{aligned}$$

向量$\boldsymbol{\alpha}$的长度:$\|\boldsymbol{\alpha}\|=\sqrt{(\boldsymbol{\alpha},\boldsymbol{\alpha})}=\sqrt{a_1^2+a_2^2+\cdots+a_n^2}$.

向量$\boldsymbol{\alpha}$与$\boldsymbol{\beta}$的夹角为

$$\begin{aligned}\langle\boldsymbol{\alpha},\boldsymbol{\beta}\rangle&=\arccos\frac{(\boldsymbol{\alpha},\boldsymbol{\beta})}{\|\boldsymbol{\alpha}\|\ \|\boldsymbol{\beta}\|}\\&=\arccos\frac{a_1b_1+a_2b_2+\cdots+a_nb_n}{\sqrt{a_1^2+\cdots+a_n^2}\ \sqrt{b_1^2+\cdots+b_n^2}}.\end{aligned}$$

向量$\boldsymbol{\alpha}$与$\boldsymbol{\beta}$正交(垂直),当且仅当$(\boldsymbol{\alpha},\boldsymbol{\beta})=0$.

向量的内积满足柯西-施瓦茨(Cauchy-Schwarz)公式

$$|(\boldsymbol{\alpha},\boldsymbol{\beta})|\leqslant\|\boldsymbol{\alpha}\|\ \|\boldsymbol{\beta}\|.$$

向量的内积具有以下性质:

① $(\boldsymbol{\alpha},\boldsymbol{\beta})=(\boldsymbol{\beta},\boldsymbol{\alpha})$;

② $(\boldsymbol{\alpha}+\boldsymbol{\beta},\boldsymbol{\gamma})=(\boldsymbol{\alpha},\boldsymbol{\gamma})+(\boldsymbol{\beta},\boldsymbol{\gamma})$;

③ $(k\boldsymbol{\alpha},\boldsymbol{\beta})=k(\boldsymbol{\alpha},\boldsymbol{\beta})$;

④ $(\boldsymbol{\alpha},\boldsymbol{\alpha})\geqslant0$,等号成立当且仅当$\boldsymbol{\alpha}=(0,0,\cdots,0)^{\mathrm{T}}$.

向量$\boldsymbol{\alpha}$与$\boldsymbol{\beta}$满足三角不等式

$$\|\boldsymbol{\alpha}+\boldsymbol{\beta}\|\leqslant\|\boldsymbol{\alpha}\|+\|\boldsymbol{\beta}\|;$$

当$\boldsymbol{\alpha}\perp\boldsymbol{\beta}$时,满足勾股定理

$$\|\boldsymbol{\alpha}+\boldsymbol{\beta}\|^2=\|\boldsymbol{\alpha}\|^2+\|\boldsymbol{\beta}\|^2.$$

(4) $\mathbb{R}^n$的标准正交基,施密特(Schmidt)正交化方法.

设$\boldsymbol{\varepsilon}_1,\boldsymbol{\varepsilon}_2,\cdots,\boldsymbol{\varepsilon}_n\in\mathbb{R}^n$,若

$$(\boldsymbol{\varepsilon}_i,\boldsymbol{\varepsilon}_j)=\begin{cases}1, & i=j,\\0, & i\neq j,\end{cases}\quad i,\ j=1,2,\cdots,n,$$

则$\{\boldsymbol{\varepsilon}_1,\boldsymbol{\varepsilon}_2,\cdots,\boldsymbol{\varepsilon}_n\}$线性无关,并称它为$\mathbb{R}^n$的一组标准正交基.

$\mathbb{R}^n$的自然基$\{\boldsymbol{e}_i=(0,\cdots,1,\cdots,0)(i=1,2,\cdots,n)\}$是最简单、最基本的标准正交基.

施密特正交化方法——由$\mathbb{R}^n$的一组基$\{\boldsymbol{\alpha}_1,\boldsymbol{\alpha}_2,\cdots,\boldsymbol{\alpha}_n\}$构造出一组标准正交基的方法:先正交化,即

$$\boldsymbol{\beta}_1=\boldsymbol{\alpha}_1,$$

$$\boldsymbol{\beta}_2=\boldsymbol{\alpha}_2-\frac{(\boldsymbol{\alpha}_2,\boldsymbol{\beta}_1)}{(\boldsymbol{\beta}_1,\boldsymbol{\beta}_1)}\boldsymbol{\beta}_1,$$

$$\boldsymbol{\beta}_3=\boldsymbol{\alpha}_3-\frac{(\boldsymbol{\alpha}_3,\boldsymbol{\beta}_1)}{(\boldsymbol{\beta}_1,\boldsymbol{\beta}_1)}\boldsymbol{\beta}_1-\frac{(\boldsymbol{\alpha}_3,\boldsymbol{\beta}_2)}{(\boldsymbol{\beta}_2,\boldsymbol{\beta}_2)}\boldsymbol{\beta}_2,$$

$$\cdots\cdots$$

$$\boldsymbol{\beta}_n=\boldsymbol{\alpha}_n-\frac{(\boldsymbol{\alpha}_n,\boldsymbol{\beta}_1)}{(\boldsymbol{\beta}_1,\boldsymbol{\beta}_1)}\boldsymbol{\beta}_1-\frac{(\boldsymbol{\alpha}_n,\boldsymbol{\beta}_2)}{(\boldsymbol{\beta}_2,\boldsymbol{\beta}_2)}\boldsymbol{\beta}_2-\cdots-\frac{(\boldsymbol{\alpha}_n,\boldsymbol{\beta}_{n-1})}{(\boldsymbol{\beta}_{n-1},\boldsymbol{\beta}_{n-1})}\boldsymbol{\beta}_{n-1},$$

其中$\{\boldsymbol{\beta}_1,\boldsymbol{\beta}_2,\cdots,\boldsymbol{\beta}_n\}$为非零的两两正交的向量组.

再单位化,即

$$\boldsymbol{\varepsilon}_i=\frac{1}{\|\boldsymbol{\beta}_i\|}\boldsymbol{\beta}_i,\quad i=1,2,\cdots,n.$$

则$\{\boldsymbol{\varepsilon}_1,\boldsymbol{\varepsilon}_2,\cdots,\boldsymbol{\varepsilon}_n\}$为一组标准正交基.

(5) 正交矩阵及其性质

设$\boldsymbol{A}\in\mathbb{R}^{n\times n}$,若$\boldsymbol{A}^{\mathrm{T}}\boldsymbol{A}=\boldsymbol{I}$,则称$\boldsymbol{A}$为正交矩阵.

正交矩阵$\boldsymbol{A},\boldsymbol{B}$的性质:

① $\det\boldsymbol{A}=1$或-1;　　② $\boldsymbol{A}^{-1}=\boldsymbol{A}^{\mathrm{T}}$;

③ $\boldsymbol{A}^{\mathrm{T}}$(即$\boldsymbol{A}^{-1}$)也是正交矩阵;　④ $\boldsymbol{AB}$也是正交矩阵.

$\boldsymbol{A}$为n阶正交矩阵的充要条件为:$\boldsymbol{A}$的列向量组与行向量组均为$\mathbb{R}^n$的标准正交基.

$\mathbb{R}^n$中的列向量$\boldsymbol{x},\boldsymbol{y}$由正交矩阵$\boldsymbol{A}$变换为$\boldsymbol{Ax}$和$\boldsymbol{Ay}$时,其向量的内积、长度及向量间的夹角保持不变.即

$(\boldsymbol{Ax},\boldsymbol{Ay})=(\boldsymbol{x},\boldsymbol{y})$；

$\|\boldsymbol{Ax}\|=\|\boldsymbol{x}\|$，$\|\boldsymbol{Ay}\|=\|\boldsymbol{y}\|$；

$\langle\boldsymbol{Ax},\boldsymbol{Ay}\rangle=\langle\boldsymbol{x},\boldsymbol{y}\rangle$.

4.2 $\mathbb{R}^n$的基与向量关于基的坐标

$\mathbb{R}^n$的基与向量关于基$B=\{\boldsymbol{\beta}_1,\boldsymbol{\beta}_2,\cdots,\boldsymbol{\beta}_n\}$的坐标的概念，以及同一个向量在两组不同基下的坐标之间的关系，在内容提要中已阐述.这里要进一步明确以下几个问题.

(1) 一个向量$\boldsymbol{\alpha}$关于基$B=\{\boldsymbol{\beta}_1,\boldsymbol{\beta}_2,\cdots,\boldsymbol{\beta}_n\}$的坐标$\boldsymbol{\alpha}_B=(a_1,a_2,\cdots,a_n)^{\mathrm{T}}$是惟一确定的.因为$\boldsymbol{\alpha}$由线性无关的基向量$\boldsymbol{\beta}_1,\boldsymbol{\beta}_2,\cdots,\boldsymbol{\beta}_n$线性表示的表示法是惟一的.

(2) 基$B=\{\boldsymbol{\beta}_1,\boldsymbol{\beta}_2,\cdots,\boldsymbol{\beta}_n\}$中的向量是有序的.同样的基向量，如果排序不一样就是不同的基.例如，如果$B_1=\{\boldsymbol{\beta}_1,\boldsymbol{\beta}_2,\boldsymbol{\beta}_3\}$是$\mathbb{R}^3$的一组基，则$B_2=\{\boldsymbol{\beta}_2,\boldsymbol{\beta}_1,\boldsymbol{\beta}_3\}$是$\mathbb{R}^3$的另一组基.因此，如果向量$\boldsymbol{\alpha}$关于基$B_1$的坐标$\boldsymbol{\alpha}_{B_1}=(2,-1,3)^{\mathrm{T}}$，则$\boldsymbol{\alpha}$关于基$B_2$的坐标$\boldsymbol{\alpha}_{B_2}=(-1,2,3)^{\mathrm{T}}$，因为

$$\boldsymbol{\alpha}=2\boldsymbol{\beta}_1-\boldsymbol{\beta}_2+3\boldsymbol{\beta}_3,$$
$$\boldsymbol{\alpha}=-\boldsymbol{\beta}_2+2\boldsymbol{\beta}_1+3\boldsymbol{\beta}_3.$$

同理，$\boldsymbol{\alpha}$关于基$B_3=\left\{-\boldsymbol{\beta}_3,4\boldsymbol{\beta}_1,-\frac{1}{2}\boldsymbol{\beta}_2\right\}$的坐标$\boldsymbol{\alpha}_{B_3}=\left(-3,\frac{1}{2},2\right)^{\mathrm{T}}$，因为

$$\boldsymbol{\alpha}=3\boldsymbol{\beta}_3+2\boldsymbol{\beta}_1-\boldsymbol{\beta}_2=(-3)(-\boldsymbol{\beta}_3)+\frac{1}{2}(4\boldsymbol{\beta}_1)+2\left(-\frac{1}{2}\boldsymbol{\beta}_2\right).$$

(3) 为什么$\mathbb{R}^n$中任何n个线性无关的向量$\{\boldsymbol{\xi}_1,\boldsymbol{\xi}_2,\cdots,\boldsymbol{\xi}_n\}$都是$\mathbb{R}^n$的一组基呢？因为$\mathbb{R}^n$中任何$n+1$个向量都是线性相关的，因此，$\forall\,\boldsymbol{\alpha}\in\mathbb{R}^n$，都有$\boldsymbol{\alpha},\boldsymbol{\xi}_1,\boldsymbol{\xi}_2,\cdots,\boldsymbol{\xi}_n$是线性相关的.根据定理3.3(教

材 p116)，$\boldsymbol{\alpha}$ 可由 $\boldsymbol{\xi}_1,\boldsymbol{\xi}_2,\cdots,\boldsymbol{\xi}_n$ 线性表示，即

$$\boldsymbol{\alpha}=x_1\boldsymbol{\xi}_1+x_2\boldsymbol{\xi}_2+\cdots+x_n\boldsymbol{\xi}_n,$$

且表示法惟一.

(4) 基 $B_1=\{\boldsymbol{\alpha}_1,\boldsymbol{\alpha}_2,\cdots,\boldsymbol{\alpha}_n\}$ 到基 $B_2=\{\boldsymbol{\eta}_1,\boldsymbol{\eta}_2,\cdots,\boldsymbol{\eta}_n\}$ 的过渡矩阵 $\mathbf{A}=(a_{ij})_{n\times n}$ 是可逆矩阵. 其证明见定理 4.1(教材 p160—161). 即

若 $\{\boldsymbol{\alpha}_1,\boldsymbol{\alpha}_2,\cdots,\boldsymbol{\alpha}_n\}$ 线性无关，且

$$(\boldsymbol{\eta}_1,\boldsymbol{\eta}_2,\cdots,\boldsymbol{\eta}_n)=(\boldsymbol{\alpha}_1,\boldsymbol{\alpha}_2,\cdots,\boldsymbol{\alpha}_n)(a_{ij})_{n\times n},$$

则 $\{\boldsymbol{\eta}_1,\boldsymbol{\eta}_2,\cdots,\boldsymbol{\eta}_n\}$ 线性无关的充要条件为 $\mathbf{A}=(a_{ij})_{n\times n}$ 可逆，即 $|\mathbf{A}|\neq 0$.

例如，设 $B=\{\boldsymbol{\alpha}_1,\boldsymbol{\alpha}_2,\boldsymbol{\alpha}_3\}$ 是线性无关的(或是 $\mathbb{R}^3$ 的一组基)，若

$$\begin{cases}\boldsymbol{\beta}_1=3\boldsymbol{\alpha}_1-\boldsymbol{\alpha}_2+2\boldsymbol{\alpha}_3,\\ \boldsymbol{\beta}_2=2\boldsymbol{\alpha}_1+\boldsymbol{\alpha}_2-\boldsymbol{\alpha}_3,\\ \boldsymbol{\beta}_3=5\boldsymbol{\alpha}_1\qquad\quad+\boldsymbol{\alpha}_3.\end{cases}$$

即

$$(\boldsymbol{\beta}_1,\boldsymbol{\beta}_2,\boldsymbol{\beta}_3)=(\boldsymbol{\alpha}_1,\boldsymbol{\alpha}_2,\boldsymbol{\alpha}_3)\begin{pmatrix}3&2&5\\-1&1&0\\2&-1&1\end{pmatrix},\qquad(*)$$

则由

$$|\mathbf{A}|=\begin{vmatrix}3&2&5\\-1&1&0\\2&-1&1\end{vmatrix}=3+5-10+2=0$$

(即 $\mathbf{A}$ 不可逆)可知，$\boldsymbol{\beta}_1,\boldsymbol{\beta}_2,\boldsymbol{\beta}_3$ 是线性相关的.

一般地，$(*)$式中 $\boldsymbol{\beta}_1,\boldsymbol{\beta}_2,\boldsymbol{\beta}_3$ 与右边矩阵 $\mathbf{A}$ 中对应的列向量组有相同的线性相关性. 例如，$\boldsymbol{\beta}_1,\boldsymbol{\beta}_2$ 是线性无关的，因为 $\mathbf{A}$ 中对应的 $(3,-1,2)^{\mathrm{T}}$ 与 $(2,1,-1)^{\mathrm{T}}$ 是线性无关的(不成比例的两个非零向量是线性无关的).

例 1 设 $\boldsymbol{\alpha}_1=(2,1,a,-13)^{\mathrm{T}},\boldsymbol{\alpha}_2=(0,1,2,2)^{\mathrm{T}},\boldsymbol{\alpha}_3=(-2,1,$

$11,11)^{\mathrm{T}}$，$\boldsymbol{\alpha}_4=(1,3,1,2)^{\mathrm{T}}$，求$a$，使$\{\boldsymbol{\alpha}_1,\boldsymbol{\alpha}_2,\boldsymbol{\alpha}_3,\boldsymbol{\alpha}_4\}$为$\mathbb{R}^4$的基，并求$\boldsymbol{\beta}=(3,8,0,6)^{\mathrm{T}}$关于这组基的坐标.

解 设$x_1\boldsymbol{\alpha}_1+x_2\boldsymbol{\alpha}_2+x_3\boldsymbol{\alpha}_3+x_4\boldsymbol{\alpha}_4=\boldsymbol{\beta}$.
这个向量方程等价于非齐次线性方程组

$$(\boldsymbol{\alpha}_1,\boldsymbol{\alpha}_2,\boldsymbol{\alpha}_3,\boldsymbol{\alpha}_4)\begin{pmatrix}x_1\\x_2\\x_3\\x_4\end{pmatrix}=\begin{pmatrix}2&0&-2&1\\1&1&1&3\\a&2&11&1\\-13&2&11&2\end{pmatrix}\begin{pmatrix}x_1\\x_2\\x_3\\x_4\end{pmatrix}=\begin{pmatrix}3\\8\\0\\6\end{pmatrix}. \quad (1)$$

方程组(1)有惟一解的充要条件为$\boldsymbol{\alpha}_1,\boldsymbol{\alpha}_2,\boldsymbol{\alpha}_3,\boldsymbol{\alpha}_4$线性无关(即它是$\mathbb{R}^4$的基).所以题中的两个问题可以通过求解方程组(1)一并回答.由于a在第1列，对增广矩阵做初等行变换时，在第3,4行上均会出现a，很不方便.为简便起见，我们把第1,4列对换，即设

$$x_4\boldsymbol{\alpha}_4+x_2\boldsymbol{\alpha}_2+x_3\boldsymbol{\alpha}_3+x_1\boldsymbol{\alpha}_1=\boldsymbol{\beta},$$

其对应的非齐次线性方程组的增广矩阵为

$$\left(\begin{array}{cccc:c}1&0&-2&2&3\\3&1&1&1&8\\1&2&11&a&0\\2&2&11&-13&6\end{array}\right)\rightarrow\left(\begin{array}{cccc:c}1&0&-2&2&3\\0&1&7&-5&-1\\0&2&13&a-2&-3\\0&2&15&-17&0\end{array}\right)$$

$$\rightarrow\left(\begin{array}{cccc:c}1&0&-2&2&3\\0&1&7&-5&-1\\0&0&-1&a+8&-1\\0&0&1&-7&2\end{array}\right)\rightarrow\left(\begin{array}{cccc:c}1&0&-2&2&3\\0&1&7&-5&-1\\0&0&1&-a-8&1\\0&0&0&a+1&1\end{array}\right). \quad (2)$$

由(2)式的阶梯形矩阵可见，当$a+1\neq0$即$a\neq-1$时，$\{\boldsymbol{\alpha}_1,\boldsymbol{\alpha}_2,\boldsymbol{\alpha}_3,\boldsymbol{\alpha}_4\}$为$\mathbb{R}^4$的基，$\boldsymbol{\beta}$关于这组基的坐标$(x_1,x_2,x_3,x_4)^{\mathrm{T}}$为：

$$x_1=\frac{1}{a+1}\quad\text{(注意(2)中第4列为}x_1\text{的系数)},$$

$$x_3=2+\frac{7}{a+1},\quad x_2=-15-\frac{44}{a+1},\quad x_4=7+\frac{12}{a+1}.$$

例如，当 $a=-2$ 时，$\boldsymbol{\beta}$ 的坐标为 $(-1,29,-5,-5)^{\mathrm{T}}$.

例2 在 $\mathbb{R}^3$ 中求非零向量使之在自然基 $\{\boldsymbol{e}_1,\boldsymbol{e}_2,\boldsymbol{e}_3\}$ 和基 $\{\boldsymbol{\alpha}_1,\boldsymbol{\alpha}_2,\boldsymbol{\alpha}_3\}$ 下的坐标相同. 其中

$$\boldsymbol{\alpha}_1=(1,-1,2),\quad \boldsymbol{\alpha}_2=(2,1,-1),\quad \boldsymbol{\alpha}_3=(-4,1,1).$$

解 设所求非零向量为 $(x_1,x_2,x_3)^{\mathrm{T}}$，由它在自然基和基 $\{\boldsymbol{\alpha}_1,\boldsymbol{\alpha}_2,\boldsymbol{\alpha}_3\}$ 下坐标相同，得

$$x_1\boldsymbol{\alpha}_1+x_2\boldsymbol{\alpha}_2+x_3\boldsymbol{\alpha}_3=x_1\boldsymbol{e}_1+x_2\boldsymbol{e}_2+x_3\boldsymbol{e}_3.$$

这个向量方程可表示为

$$(\boldsymbol{\alpha}_1\ \boldsymbol{\alpha}_2\ \boldsymbol{\alpha}_3)\begin{pmatrix}x_1\\x_2\\x_3\end{pmatrix}=(\boldsymbol{e}_1\ \boldsymbol{e}_2\ \boldsymbol{e}_3)\begin{pmatrix}x_1\\x_2\\x_3\end{pmatrix},$$

即

$$\begin{pmatrix}1&2&-4\\-1&1&1\\2&-1&1\end{pmatrix}\begin{pmatrix}x_1\\x_2\\x_3\end{pmatrix}=\begin{pmatrix}1&0&0\\0&1&0\\0&0&1\end{pmatrix}\begin{pmatrix}x_1\\x_2\\x_3\end{pmatrix}.$$

将右边移项到左边，得

$$\begin{pmatrix}0&2&-4\\-1&0&1\\2&-1&0\end{pmatrix}\begin{pmatrix}x_1\\x_2\\x_3\end{pmatrix}=\begin{pmatrix}0\\0\\0\end{pmatrix}.\tag{1}$$

解方程组(1)，得所求的非零向量为

$$(x_1,x_2,x_3)^{\mathrm{T}}=k(1,2,1)^{\mathrm{T}},k\text{ 为任意非零常数}.$$

例3 在 $\mathbb{R}^3$ 中，求由基 $B_1=\{\boldsymbol{\alpha}_1,\boldsymbol{\alpha}_2,\boldsymbol{\alpha}_3\}$ 到基 $B_2=\{\boldsymbol{\beta}_1,\boldsymbol{\beta}_2,\boldsymbol{\beta}_3\}$ 的过渡矩阵，其中

$$\boldsymbol{\alpha}_1=(1,1,-1),\quad \boldsymbol{\alpha}_2=(1,-1,1),\quad \boldsymbol{\alpha}_3=(-1,1,1);$$

$$\boldsymbol{\beta}_1=(1,1,1),\quad \boldsymbol{\beta}_2=(0,1,1),\quad \boldsymbol{\beta}_3=(0,0,1).$$

又已知 $\boldsymbol{\xi}$ 在基 B_1 下的坐标为 $\boldsymbol{\xi}_{B_1}=(x_1,x_2,x_3)^{\mathrm{T}}=(1,2,-1)^{\mathrm{T}}$，求 $\boldsymbol{\xi}_{B_2}=(y_1,y_2,y_3)^{\mathrm{T}}$.

解 由基 B_1 到基 B_2 的过渡矩阵为 $\mathbf{A}=(a_{ij})_{3\times 3}$，即

$$(\boldsymbol{\beta}_1,\boldsymbol{\beta}_2,\boldsymbol{\beta}_3)=(\boldsymbol{\alpha}_1,\boldsymbol{\alpha}_2,\boldsymbol{\alpha}_3)\begin{pmatrix}a_{11}&a_{12}&a_{13}\\a_{21}&a_{22}&a_{23}\\a_{31}&a_{32}&a_{33}\end{pmatrix}. \qquad (1)$$

将基 B_1,B_2 中向量按列向量代入(1)式,得

$$\begin{pmatrix}1&0&0\\1&1&0\\1&1&1\end{pmatrix}=\begin{pmatrix}1&1&-1\\1&-1&1\\-1&1&1\end{pmatrix}\begin{pmatrix}a_{11}&a_{12}&a_{13}\\a_{21}&a_{22}&a_{23}\\a_{31}&a_{32}&a_{33}\end{pmatrix}.$$

于是,过渡矩阵

$$\boldsymbol{A}=\begin{pmatrix}1&1&-1\\1&-1&1\\-1&1&1\end{pmatrix}^{-1}\begin{pmatrix}1&0&0\\1&1&0\\1&1&1\end{pmatrix}$$

$$=\frac{1}{2}\begin{pmatrix}1&1&0\\1&0&1\\0&1&1\end{pmatrix}\begin{pmatrix}1&0&0\\1&1&0\\1&1&1\end{pmatrix}=\frac{1}{2}\begin{pmatrix}2&1&0\\2&1&1\\2&2&1\end{pmatrix}.$$

基变换后,坐标变换的公式为 $\boldsymbol{\xi}_{B_2}=\boldsymbol{A}^{-1}\boldsymbol{\xi}_{B_1}$,即

$$\begin{pmatrix}y_1\\y_2\\y_3\end{pmatrix}=\boldsymbol{A}^{-1}\begin{pmatrix}x_1\\x_2\\x_3\end{pmatrix}=\begin{pmatrix}1&1&-1\\0&-2&2\\-2&2&0\end{pmatrix}\begin{pmatrix}1\\2\\-1\end{pmatrix}=\begin{pmatrix}4\\-6\\2\end{pmatrix}.$$

求 $\boldsymbol{\xi}_{B_2}$ 的另一方法:

根据$\boldsymbol{\xi}_{B_1}=(1,2,-1)^{\mathrm{T}}$,得

$$\boldsymbol{\xi}=\boldsymbol{\alpha}_1+2\boldsymbol{\alpha}_2-\boldsymbol{\alpha}_3=(4,-2,0).$$

设 $\boldsymbol{\xi}_{B_2}=(y_1,y_2,y_3)^{\mathrm{T}}$,则

$$y_1\boldsymbol{\beta}_1+y_2\boldsymbol{\beta}_2+y_3\boldsymbol{\beta}_3=\boldsymbol{\xi},$$

即

$$\begin{pmatrix}1&0&0\\1&1&0\\1&1&1\end{pmatrix}\begin{pmatrix}y_1\\y_2\\y_3\end{pmatrix}=\begin{pmatrix}4\\-2\\0\end{pmatrix},$$

所以

$$\begin{pmatrix} y_1 \\ y_2 \\ y_3 \end{pmatrix} = \begin{pmatrix} 1 & 0 & 0 \\ 1 & 1 & 0 \\ 1 & 1 & 1 \end{pmatrix}^{-1} \begin{pmatrix} 4 \\ -2 \\ 0 \end{pmatrix} = \begin{pmatrix} 1 & 0 & 0 \\ -1 & 1 & 0 \\ 0 & -1 & 1 \end{pmatrix} \begin{pmatrix} 4 \\ -2 \\ 0 \end{pmatrix} = \begin{pmatrix} 4 \\ -6 \\ 2 \end{pmatrix}.$$

例4 已知 $\boldsymbol{\xi}$ 在基 $B_1=\{\boldsymbol{\alpha}_1,\boldsymbol{\alpha}_2,\boldsymbol{\alpha}_3\}$ 下的坐标为 $\boldsymbol{\xi}_{B_1}=(1,-2,2)^{\mathrm{T}}$,求 $\boldsymbol{\xi}$ 在基 $B_2=\{\boldsymbol{\beta}_1,\boldsymbol{\beta}_2,\boldsymbol{\beta}_3\}$ 下的坐标 $\boldsymbol{\xi}_{B_2}$,其中 $\boldsymbol{\beta}_1=\boldsymbol{\alpha}_1+\boldsymbol{\alpha}_2,\boldsymbol{\beta}_2=\boldsymbol{\alpha}_2+\boldsymbol{\alpha}_3,\boldsymbol{\beta}_3=\boldsymbol{\alpha}_3+\boldsymbol{\alpha}_1$.

解 法1:设 $\boldsymbol{\xi}_{B_2}=(y_1,y_2,y_3)^{\mathrm{T}}$,则

$$\boldsymbol{\xi}=y_1\boldsymbol{\beta}_1+y_2\boldsymbol{\beta}_2+y_3\boldsymbol{\beta}_3=\boldsymbol{\alpha}_1-2\boldsymbol{\alpha}_2+2\boldsymbol{\alpha}_3,$$

即 $y_1(\boldsymbol{\alpha}_1+\boldsymbol{\alpha}_2)+y_2(\boldsymbol{\alpha}_2+\boldsymbol{\alpha}_3)+y_3(\boldsymbol{\alpha}_3+\boldsymbol{\alpha}_1)=\boldsymbol{\alpha}_1-2\boldsymbol{\alpha}_2+2\boldsymbol{\alpha}_3$

$$(y_1+y_3)\boldsymbol{\alpha}_1+(y_1+y_2)\boldsymbol{\alpha}_2+(y_2+y_3)\boldsymbol{\alpha}_3=\boldsymbol{\alpha}_1-2\boldsymbol{\alpha}_2+2\boldsymbol{\alpha}_3. \tag{1}$$

(1)式两边 $\boldsymbol{\alpha}_1,\boldsymbol{\alpha}_2,\boldsymbol{\alpha}_3$ 的系数应相等(因为两边的系数都是 $\boldsymbol{\xi}$ 关于基 B_1 的坐标),于是

$$\begin{cases} y_1+y_3=1, \\ y_1+y_2=-2, \\ y_2+y_3=2. \end{cases}$$

由此易得:$y_1=-\dfrac{3}{2},y_2=-\dfrac{1}{2},y_3=\dfrac{5}{2}$.即

$$\boldsymbol{\xi}_{B_2}=\left(-\frac{3}{2},-\frac{1}{2},\frac{5}{2}\right)^{\mathrm{T}}.$$

法2:求由基 B_1 到基 B_2 的过渡矩阵.由

$$\begin{cases} \boldsymbol{\beta}_1=\boldsymbol{\alpha}_1+\boldsymbol{\alpha}_2, \\ \boldsymbol{\beta}_2=\qquad\ \boldsymbol{\alpha}_2+\boldsymbol{\alpha}_3, \\ \boldsymbol{\beta}_3=\boldsymbol{\alpha}_1\qquad+\boldsymbol{\alpha}_3. \end{cases}$$

立即可得

$$(\boldsymbol{\beta}_1,\boldsymbol{\beta}_2,\boldsymbol{\beta}_3)=(\boldsymbol{\alpha}_1,\boldsymbol{\alpha}_2,\boldsymbol{\alpha}_3)\begin{pmatrix} 1 & 0 & 1 \\ 1 & 1 & 0 \\ 0 & 1 & 1 \end{pmatrix}.$$

上式右边的矩阵即为由基 B_1 到基 B_2 的过渡矩阵 $\mathbf{A}$,于是

$$\boldsymbol{\xi}_{B_2}=\boldsymbol{A}^{-1}\boldsymbol{\xi}_{B_1}=\begin{pmatrix}\frac{1}{2} & \frac{1}{2} & -\frac{1}{2}\\ -\frac{1}{2} & \frac{1}{2} & \frac{1}{2}\\ \frac{1}{2} & -\frac{1}{2} & \frac{1}{2}\end{pmatrix}\begin{pmatrix}1\\-2\\2\end{pmatrix}=\begin{pmatrix}-\frac{3}{2}\\-\frac{1}{2}\\\frac{5}{2}\end{pmatrix}.$$

4.3 $\mathbb{R}^n$中向量的内积 标准正交基和正交矩阵

除了在4.1节的内容提要(3),(4),(5)中所阐述的基本概念与理论外,读者还要进一步明确以下问题.

(1) 我们定义$\boldsymbol{\alpha}=(a_1,\cdots,a_n)$与$\boldsymbol{\beta}=(b_1,\cdots,b_n)$的内积为

$$(\boldsymbol{\alpha},\boldsymbol{\beta})=a_1b_1+\cdots+a_nb_n. \tag{1}$$

它只适用于n维实向量空间$\mathbb{R}^n$中的向量.此时,

$$(\boldsymbol{\alpha},\boldsymbol{\alpha})=a_1^2+\cdots+a_n^2\geqslant 0.$$

因此,可利用内积定义向量的长度$\|\boldsymbol{\alpha}\|=\sqrt{(\boldsymbol{\alpha},\boldsymbol{\alpha})}$.

对于n维复向量空间$\mathbb{C}^n$中向量$\boldsymbol{\alpha},\boldsymbol{\beta}$的内积不能如(1)式那样定义.如果如(1)式那样定义,对于$\boldsymbol{\alpha}=(1,2\mathrm{i})\in\mathbb{C}^2$,就有

$$(\boldsymbol{\alpha},\boldsymbol{\alpha})=1^2+(2\mathrm{i})^2=1-4=-3<0.$$

因此,我们就不能用向量自身的内积开方来定义其长度.

关于$\mathbb{C}^n$中向量$\boldsymbol{\alpha}$与$\boldsymbol{\beta}$的内积应定义为(见教材p351)

$$(\boldsymbol{\alpha},\boldsymbol{\beta})=a_1\bar{b}_1+a_2\bar{b}_2+\cdots+a_n\bar{b}_n, \tag{2}$$

其中,$\bar{b}_j$为b_j的共轭复数($j=1,2,\cdots,n$).此时,$(\boldsymbol{\alpha},\boldsymbol{\beta})\neq(\boldsymbol{\beta},\boldsymbol{\alpha})$,而是$(\boldsymbol{\alpha},\boldsymbol{\beta})=\overline{(\boldsymbol{\beta},\boldsymbol{\alpha})}$,后者为$(\boldsymbol{\beta},\boldsymbol{\alpha})$的共轭复数.

(2) 关于$\mathbb{R}^n$中向量$\boldsymbol{\alpha}$与$\boldsymbol{\beta}$的夹角.

在空间解析几何的向量代数中讲过:几何向量$\boldsymbol{a}$与$\boldsymbol{b}$的点积(内积)

$$\boldsymbol{a}\cdot\boldsymbol{b}=\|\boldsymbol{a}\|\,\|\boldsymbol{b}\|\cos\langle\boldsymbol{a},\boldsymbol{b}\rangle.$$

从而 $\boldsymbol{a}$ 与 $\boldsymbol{b}$ 的夹角

$$\langle \boldsymbol{a},\boldsymbol{b}\rangle=\arccos\frac{\boldsymbol{a}\cdot\boldsymbol{b}}{\|\boldsymbol{a}\|\,\|\boldsymbol{b}\|}.$$

因此,我们把$\mathbb{R}^n$中向量 $\boldsymbol{\alpha}$ 与 $\boldsymbol{\beta}$ 的夹角也定义为

$$\langle \boldsymbol{\alpha},\boldsymbol{\beta}\rangle=\arccos\frac{(\boldsymbol{\alpha},\boldsymbol{\beta})}{\|\boldsymbol{\alpha}\|\,\|\boldsymbol{\beta}\|}.$$

但是必须注意$|\cos\theta|\leqslant 1$,能如上定义夹角$\langle \boldsymbol{\alpha},\boldsymbol{\beta}\rangle$的前提是柯西-施瓦茨不等式成立,即

$$|(\boldsymbol{\alpha},\boldsymbol{\beta})|\leqslant\|\boldsymbol{\alpha}\|\,\|\boldsymbol{\beta}\|.$$

(3) 在$\mathbb{R}^n$中两两线性无关的非零向量组$\boldsymbol{\alpha}_1,\boldsymbol{\alpha}_2,\cdots,\boldsymbol{\alpha}_s$不一定是线性无关的,例如,$\mathbb{R}^3$中3个共面而互不共线的非零向量$\boldsymbol{\alpha}_1,\boldsymbol{\alpha}_2,\boldsymbol{\alpha}_3$,虽然两两线性无关,但整体是线性相关的.而在$\mathbb{R}^3$中3个两两正交的非零向量$\boldsymbol{\alpha}_1,\boldsymbol{\alpha}_2,\boldsymbol{\alpha}_3$一定不共面,其中任一个向量都不能用另外两个向量线性表示,所以整体是线性无关的.

一般地,若$\boldsymbol{\alpha}_1,\boldsymbol{\alpha}_2,\cdots,\boldsymbol{\alpha}_s$是$\mathbb{R}^n$中两两正交的非零向量组,则$\boldsymbol{\alpha}_1,\boldsymbol{\alpha}_2,\cdots,\boldsymbol{\alpha}_s$一定线性无关.(证明见教材 p168 中定理 4.5).附带说一句,这里为什么要强调非零向量组呢?因为零向量与任何非零向量的内积均为0,所以,我们也说零向量与任何非零向量都正交.因此,如果只说两两正交的向量组$\boldsymbol{\alpha}_1,\boldsymbol{\alpha}_2,\cdots,\boldsymbol{\alpha}_s$,就不能排除其中有一个零向量,从而不能保证$\boldsymbol{\alpha}_1,\boldsymbol{\alpha}_2,\cdots,\boldsymbol{\alpha}_s$线性无关.

(4) 对于一组线性无关的向量组$\boldsymbol{\alpha}_1,\boldsymbol{\alpha}_2,\cdots,\boldsymbol{\alpha}_n$,用施密特正交化方法,将其正交化时,得到的$\boldsymbol{\beta}_1,\boldsymbol{\beta}_2,\cdots,\boldsymbol{\beta}_n$必定是两两正交的非零向量.因为

$$\boldsymbol{\beta}_j=\boldsymbol{\alpha}_j-\frac{(\boldsymbol{\alpha}_j,\boldsymbol{\beta}_1)}{(\boldsymbol{\beta}_1,\boldsymbol{\beta}_1)}\boldsymbol{\beta}_1-\frac{(\boldsymbol{\alpha}_j,\boldsymbol{\beta}_2)}{(\boldsymbol{\beta}_2,\boldsymbol{\beta}_2)}\boldsymbol{\beta}_2-\cdots-\frac{(\boldsymbol{\alpha}_j,\boldsymbol{\beta}_{j-1})}{(\boldsymbol{\beta}_{j-1},\boldsymbol{\beta}_{j-1})}\boldsymbol{\beta}_{j-1},\quad j=1,2,\cdots,n. \tag{3}$$

此时,$\boldsymbol{\beta}_1,\boldsymbol{\beta}_2,\cdots,\boldsymbol{\beta}_j$两两正交,且都是非零向量.如果$\boldsymbol{\beta}_j=\boldsymbol{0}$,则由(3)式可见,$\boldsymbol{\alpha}_j$可由$\boldsymbol{\beta}_1,\boldsymbol{\beta}_2,\cdots,\boldsymbol{\beta}_{j-1}$线性表示,而后者是由$\boldsymbol{\alpha}_1$,

$\boldsymbol{\alpha}_2,\cdots,\boldsymbol{\alpha}_{j-1}$线性表示的,如此,$\boldsymbol{\alpha}_j$ 可由 $\boldsymbol{\alpha}_1,\boldsymbol{\alpha}_2,\cdots,\boldsymbol{\alpha}_{j-1}$线性表示,从而 $\boldsymbol{\alpha}_1,\boldsymbol{\alpha}_2,\cdots,\boldsymbol{\alpha}_{j-1},\boldsymbol{\alpha}_j$ 线性相关,与 $\boldsymbol{\alpha}_1,\boldsymbol{\alpha}_2,\cdots,\boldsymbol{\alpha}_n$ 线性无关矛盾.

由此也可见,如果对线性相关的向量组 $\boldsymbol{\alpha}_1,\boldsymbol{\alpha}_2,\cdots,\boldsymbol{\alpha}_n$ 来用施密特正交化方法,那么在正交化过程中至少出现一个 $\boldsymbol{\beta}_j=\mathbf{0}$. 如果 $\boldsymbol{\beta}_1,\boldsymbol{\beta}_2,\cdots,\boldsymbol{\beta}_{j-1}$均为非零向量,而 $\boldsymbol{\beta}_j=\mathbf{0}$,就说明 $\boldsymbol{\alpha}_1,\boldsymbol{\alpha}_2,\cdots,\boldsymbol{\alpha}_{j-1}$线性无关,而 $\boldsymbol{\alpha}_1,\boldsymbol{\alpha}_2,\cdots,\boldsymbol{\alpha}_{j-1},\boldsymbol{\alpha}_j$ 线性相关.

(5) 对于正交矩阵 $\boldsymbol{A}$ 需要明确: ①它是 n 阶实矩阵;②其定义为 $\boldsymbol{A}^{\mathrm{T}}\boldsymbol{A}=\boldsymbol{I}$(当然也可定义为 $\boldsymbol{A}\boldsymbol{A}^{\mathrm{T}}=\boldsymbol{I}$). 由这个定义可推出:

(i) $\boldsymbol{A}$ 为正交矩阵的充要条件是 $\boldsymbol{A}$ 的列向量组是$\mathbb{R}^n$的一组标准正交基(见教材 p173 定理 4.6).

(ii) 正交矩阵 $\boldsymbol{A}$ 的逆矩阵 $\boldsymbol{A}^{-1}=\boldsymbol{A}^{\mathrm{T}}$,从而

$$(\boldsymbol{A}^{\mathrm{T}})^{\mathrm{T}}\boldsymbol{A}^{\mathrm{T}}=\boldsymbol{A}\boldsymbol{A}^{\mathrm{T}}=\boldsymbol{A}\boldsymbol{A}^{-1}=\boldsymbol{I},$$

即 $\boldsymbol{A}^{\mathrm{T}}$ 也是正交矩阵,于是 $\boldsymbol{A}^{\mathrm{T}}$ 的列向量组也就是 $\boldsymbol{A}$ 的行向量组也是$\mathbb{R}^n$的一组标准正交基.

需要注意: 对于 $n\times m$ 实矩阵 $\boldsymbol{A}(m<n)$,当 $\boldsymbol{A}^{\mathrm{T}}\boldsymbol{A}=\boldsymbol{I}_m$ 时,不能说 $\boldsymbol{A}$ 为正交矩阵(因为这个 $\boldsymbol{A}$ 不是方阵),此时

$$\boldsymbol{A}=(\boldsymbol{\beta}_1,\boldsymbol{\beta}_2,\cdots,\boldsymbol{\beta}_m)$$

的列向量组 $\boldsymbol{\beta}_1,\boldsymbol{\beta}_2,\cdots,\boldsymbol{\beta}_m$(含 m 个列向量)是$\mathbb{R}^n$中一组标准正交的向量组(即两两正交,且每个向量的长度为 1),但不是$\mathbb{R}^n$的一组标准正交基(因为 $m<n$).

(6) 以 $\boldsymbol{A}=(a_{ij})_{m\times n}$为系数矩阵的齐次线性方程组

$$\begin{cases} a_{11}x_1+a_{12}x_2+\cdots+a_{1n}x_n=0, \\ a_{21}x_1+a_{22}x_2+\cdots+a_{2n}x_n=0, \\ \cdots\cdots\cdots\cdots\cdots\cdots\cdots\cdots \\ a_{m1}x_1+a_{m2}x_2+\cdots+a_{mn}x_n=0. \end{cases} \tag{4}$$

的解 $\boldsymbol{x}=(x_1,x_2,\cdots,x_n)^{\mathrm{T}}$ 的几何意义是: 每个解向量 $\boldsymbol{x}$ 与 $\boldsymbol{A}$ 的每个行向量 $\boldsymbol{\alpha}_i=(a_{i1},a_{i2},\cdots,a_{in})(i=1,2,\cdots,m)$都正交. 因为(4)中第 i 个方程就是 $\boldsymbol{\alpha}_i$ 与 $\boldsymbol{x}$ 的内积等于 0,即

$$\boldsymbol{\alpha}_i\boldsymbol{x}=(\boldsymbol{\alpha}_i,\boldsymbol{x})=a_{i1}x_1+a_{i2}x_2+\cdots+a_{in}x_n=0,\quad i=1,\cdots,m.$$

附带说一句：通常把 $\boldsymbol{A}\boldsymbol{x}=\boldsymbol{0}$ 的全体解向量构成的解集合称为 $\boldsymbol{A}\boldsymbol{x}=\boldsymbol{0}$ 的解空间，记作 $N(\boldsymbol{A})$；把 $\boldsymbol{A}$ 的 m 个行向量 $\boldsymbol{\alpha}_1,\boldsymbol{\alpha}_2,\cdots,\boldsymbol{\alpha}_m$ 所有线性组合

$$a_1\boldsymbol{\alpha}_1+a_2\boldsymbol{\alpha}_2+\cdots+a_m\boldsymbol{\alpha}_m$$

$(a_1,a_2,\cdots,a_m$ 为任意常数）形成的向量集合称为 $\boldsymbol{A}$ 的行空间，记作 $R(\boldsymbol{A}^{\mathrm{T}})$. 于是解空间 $N(\boldsymbol{A})$ 中每个解向量 $\boldsymbol{x}$ 与 $\boldsymbol{A}$ 的行空间 $R(\boldsymbol{A}^{\mathrm{T}})$ 中每个向量都正交，因为

$$\begin{aligned}&(a_1\boldsymbol{\alpha}_1+a_2\boldsymbol{\alpha}_2+\cdots+a_m\boldsymbol{\alpha}_m,\boldsymbol{x})\\&=a_1(\boldsymbol{\alpha}_1,\boldsymbol{x})+a_2(\boldsymbol{\alpha}_2,\boldsymbol{x})+\cdots+a_m(\boldsymbol{\alpha}_m,\boldsymbol{x})=0.\end{aligned}$$

因此，就说 $N(\boldsymbol{A})$ 与 $R(\boldsymbol{A}^{\mathrm{T}})$ 是正交的. 由于 $N(\boldsymbol{A})$ 与 $R(\boldsymbol{A}^{\mathrm{T}})$ 都包含于 $\mathbb{R}^n$ 之中，也说它们是 $\mathbb{R}^n$ 的子空间，所以 $N(\boldsymbol{A})$ 与 $R(\boldsymbol{A}^{\mathrm{T}})$ 是 $\mathbb{R}^n$ 的两个正交的子空间.

例 1 设 $\boldsymbol{\alpha}=(1,-1,0,-1)$，$\boldsymbol{\beta}=(1,-1,1,-1)$，$\boldsymbol{\gamma}=(1,-1,-1,-1)$.

(1) 求 $\boldsymbol{\alpha}$ 的长度及 $\boldsymbol{\beta}$ 与 $\boldsymbol{\gamma}$ 的夹角.

(2) 求与 $\boldsymbol{\alpha},\boldsymbol{\beta},\boldsymbol{\gamma}$ 都正交的所有向量，并将这些向量表示为标准正交向量组的线性组合.

解 (1) $\|\boldsymbol{\alpha}\|=\sqrt{(\boldsymbol{\alpha},\boldsymbol{\alpha})}=\sqrt{1^2+(-1)^2+0^2+(-1)^2}=\sqrt{3}.$

$$\begin{aligned}\langle\boldsymbol{\beta},\boldsymbol{\gamma}\rangle&=\arccos\frac{\langle\boldsymbol{\beta},\boldsymbol{\gamma}\rangle}{\|\boldsymbol{\beta}\|\,\|\boldsymbol{\gamma}\|}=\arccos\frac{1+1-1+1}{\sqrt{4}\cdot\sqrt{4}}\\&=\arccos\frac{1}{2}=\frac{\pi}{3}.\end{aligned}$$

(2) 设 $\boldsymbol{x}=(x_1,x_2,x_3,x_4)$ 与 $\boldsymbol{\alpha},\boldsymbol{\beta},\boldsymbol{\gamma}$ 都正交，于是

$$\begin{cases}(\boldsymbol{\alpha},\boldsymbol{x})=x_1-x_2\qquad-x_4=0,\\(\boldsymbol{\beta},\boldsymbol{x})=x_1-x_2+x_3-x_4=0,\\(\boldsymbol{\gamma},\boldsymbol{x})=x_1-x_2-x_3-x_4=0.\end{cases}\tag{1}$$

容易求得方程组(1)的基础解系为

$$\boldsymbol{\xi}_1=(1,1,0,0)^{\mathrm{T}},\quad \boldsymbol{\xi}_2=(1,0,0,1)^{\mathrm{T}}.$$

方程组(1)的解集合(也称解空间)

$$\begin{aligned}\boldsymbol{x}&=\{k_1\boldsymbol{\xi}_1+k_2\boldsymbol{\xi}_2\mid k_1,k_2\text{ 为任意常数}\}\\&=\{k_1(1,1,0,0)^{\mathrm{T}}+k_2(1,0,0,1)^{\mathrm{T}}\mid k_1,k_2\text{ 为任意常数}\}\end{aligned}\tag{2}$$

中所有向量是与$\boldsymbol{\alpha},\boldsymbol{\beta},\boldsymbol{\gamma}$都正交的全部向量.

但$\boldsymbol{\xi}_1$与$\boldsymbol{\xi}_2$不是标准正交的向量,所以(2)式中的线性组合$k_1\boldsymbol{\xi}_1+k_2\boldsymbol{\xi}_2$不是标准正交向量组的线性组合.由于$\boldsymbol{\xi}_1,\boldsymbol{\xi}_2$都与$\boldsymbol{\alpha},\boldsymbol{\beta},\boldsymbol{\gamma}$正交,所以$\boldsymbol{\xi}_1$与$\boldsymbol{\xi}_2$的线性组合也与$\boldsymbol{\alpha},\boldsymbol{\beta},\boldsymbol{\gamma}$正交.因此,用施密特正交化方法由$\boldsymbol{\xi}_1,\boldsymbol{\xi}_2$构造出的标准正交向量组$\boldsymbol{\varepsilon}_1,\boldsymbol{\varepsilon}_2$也都与$\boldsymbol{\alpha},\boldsymbol{\beta},\boldsymbol{\gamma}$正交.

令$\boldsymbol{\beta}_1=\boldsymbol{\xi}_1=(1,1,0,0)^{\mathrm{T}}$,

$$\begin{aligned}\boldsymbol{\beta}_2&=\boldsymbol{\xi}_2-\frac{(\boldsymbol{\xi}_2,\boldsymbol{\beta}_1)}{(\boldsymbol{\beta}_1,\boldsymbol{\beta}_1)}\boldsymbol{\beta}_1=(1,0,0,1)^{\mathrm{T}}-\frac{1}{2}(1,1,0,0)^{\mathrm{T}}\\&=\left(\frac{1}{2},-\frac{1}{2},0,1\right)^{\mathrm{T}},\end{aligned}$$

再单位化,得

$$\boldsymbol{\varepsilon}_1=\frac{1}{\|\boldsymbol{\xi}_1\|}\boldsymbol{\xi}_1=\frac{1}{\sqrt{2}}(1,1,0,0)^{\mathrm{T}}=\left(\frac{1}{\sqrt{2}},\frac{1}{\sqrt{2}},0,0\right)^{\mathrm{T}},$$

$$\boldsymbol{\varepsilon}_2=\frac{1}{\|\boldsymbol{\xi}_2\|}\boldsymbol{\xi}_2=\frac{\sqrt{2}}{\sqrt{3}}\left(\frac{1}{2},-\frac{1}{2},0,1\right)^{\mathrm{T}}=\left(\frac{1}{\sqrt{6}},-\frac{1}{\sqrt{6}},0,\frac{2}{\sqrt{6}}\right)^{\mathrm{T}}.$$

于是

$$\begin{aligned}\boldsymbol{x}&=\{k_1\boldsymbol{\varepsilon}_1+k_2\boldsymbol{\varepsilon}_2\mid k_1,k_2\text{ 为任意常数}\}\\&=\left\{k_1\left(\frac{1}{\sqrt{2}},\frac{1}{\sqrt{2}},0,0\right)^{\mathrm{T}}+k_2\left(\frac{1}{\sqrt{6}},-\frac{1}{\sqrt{6}},0,\frac{2}{\sqrt{6}}\right)^{\mathrm{T}}\;\middle|\;k_1,k_2\text{ 为任意常数}\right\}\end{aligned}\tag{3}$$

中所有向量也是与$\boldsymbol{\alpha},\boldsymbol{\beta},\boldsymbol{\gamma}$都正交的全部向量.

严格地讲,这里还要证明两个解集合(2)与集合(3)是相等的.先证,$\forall\boldsymbol{\beta}\in k_1\boldsymbol{\xi}_1+k_2\boldsymbol{\xi}_2$,均有$\boldsymbol{\beta}\in$集合(3),从而集合(2)$\subset$集合(3);再证;$\forall\boldsymbol{\beta}\in k_1\boldsymbol{\varepsilon}_1+k_2\boldsymbol{\varepsilon}_2$,均有$\boldsymbol{\beta}\in$集合(2),从而集合(3)$\subset$集

合(2). 于是集合(2)=集合(3). 理解了施密特正交化过程,这个证明是不困难的,我们略去其证明.

例2　设

$$\boldsymbol{A}=\begin{pmatrix}1 & -1 & 1 & 2 & 1\\ 2 & -2 & 3 & 5 & 4\\ 3 & -3 & 4 & 7 & 5\\ 4 & -4 & 5 & 9 & 6\end{pmatrix},$$

求齐次线性方程组 $\boldsymbol{A}\boldsymbol{x}=\boldsymbol{0}$ 的一个标准正交的基础解系(也称解空间的标准正交基).

解　对 $\boldsymbol{A}$ 做初等行变换,将其化为行简化阶梯阵. 即

$$\boldsymbol{A}\to\begin{pmatrix}1 & -1 & 0 & 1 & -1\\ 0 & 0 & 1 & 1 & 2\\ 0 & 0 & 0 & 0 & 0\\ 0 & 0 & 0 & 0 & 0\end{pmatrix}.$$

取(x_2,x_4,x_5)为自由未知量,依次分别取(1,0,0),(0,1,0),(0,0,1),易得 $\boldsymbol{A}\boldsymbol{x}=\boldsymbol{0}$ 的基础解系$\{\boldsymbol{\alpha}_1,\boldsymbol{\alpha}_2,\boldsymbol{\alpha}_3\}$为:

$$\boldsymbol{\alpha}_1=(1,1,0,0,0)^{\mathrm{T}},$$

$$\boldsymbol{\alpha}_2=(-1,0,-1,1,0)^{\mathrm{T}},$$

$$\boldsymbol{\alpha}_3=(1,0,-2,0,1)^{\mathrm{T}}.$$

用施密特正交化方法,由$\{\boldsymbol{\alpha}_1,\boldsymbol{\alpha}_2,\boldsymbol{\alpha}_3\}$得到的标准正交的向量组$\{\boldsymbol{\varepsilon}_1,\boldsymbol{\varepsilon}_2,\boldsymbol{\varepsilon}_3\}$仍然是 $\boldsymbol{A}\boldsymbol{x}=\boldsymbol{0}$ 的基础解系(因为 $\boldsymbol{\varepsilon}_1,\boldsymbol{\varepsilon}_2,\boldsymbol{\varepsilon}_3$ 都是 $\boldsymbol{\alpha}_1,\boldsymbol{\alpha}_2,\boldsymbol{\alpha}_3$ 的线性组合,所以它们仍然都是 $\boldsymbol{A}\boldsymbol{x}=\boldsymbol{0}$ 的解,从而也是基础解系). 先正交化,令

$$\boldsymbol{\beta}_1=\boldsymbol{\alpha}_1=(1,1,0,0,0)^{\mathrm{T}},$$

$$\boldsymbol{\beta}_2=\boldsymbol{\alpha}_2-\frac{(\boldsymbol{\alpha}_2,\boldsymbol{\beta}_1)}{(\boldsymbol{\beta}_1,\boldsymbol{\beta}_1)}\boldsymbol{\beta}_1=(-1,0,-1,1,0)^{\mathrm{T}}-\frac{-1}{2}(1,1,0,0,0)^{\mathrm{T}}$$

$$=\left(-\frac{1}{2},\frac{1}{2},-1,-1,0\right)^{\mathrm{T}},$$

$$\boldsymbol{\beta}_3=\boldsymbol{\alpha}_3-\frac{(\boldsymbol{\alpha}_3,\boldsymbol{\beta}_1)}{(\boldsymbol{\beta}_1,\boldsymbol{\beta}_1)}\boldsymbol{\beta}_1-\frac{(\boldsymbol{\alpha}_3,\boldsymbol{\beta}_2)}{(\boldsymbol{\beta}_2,\boldsymbol{\beta}_2)}\boldsymbol{\beta}_2$$

$$=(1,0,-2,0,1)^{\mathrm{T}}-\frac{1}{2}(1,1,0,0,0)^{\mathrm{T}}-\frac{3}{5}\left(-\frac{1}{2},\frac{1}{2},-1,-1,0\right)^{\mathrm{T}}$$

$$=\left(\frac{4}{5},-\frac{4}{5},-\frac{7}{5},\frac{3}{5},1\right)^{\mathrm{T}}.$$

再单位化,得

$$\boldsymbol{\varepsilon}_1=\frac{1}{\|\boldsymbol{\beta}_1\|}\boldsymbol{\beta}_1=\frac{1}{\sqrt{2}}\boldsymbol{\beta}_1=\left(\frac{1}{\sqrt{2}},\frac{1}{\sqrt{2}},0,0,0\right)^{\mathrm{T}},$$

$$\boldsymbol{\varepsilon}_2=\frac{1}{\|\boldsymbol{\beta}_2\|}\boldsymbol{\beta}_2=\frac{\sqrt{2}}{\sqrt{5}}\boldsymbol{\beta}_2=\left(-\frac{1}{\sqrt{10}},\frac{1}{\sqrt{10}},-\frac{2}{\sqrt{10}},-\frac{2}{\sqrt{10}},0\right)^{\mathrm{T}},$$

$$\boldsymbol{\varepsilon}_3=\frac{1}{\|\boldsymbol{\beta}_3\|}\boldsymbol{\beta}_3=\frac{\sqrt{5}}{\sqrt{23}}\boldsymbol{\beta}_3=\left(\frac{4}{\sqrt{115}},\frac{-4}{\sqrt{115}},-\frac{7}{\sqrt{115}},\frac{3}{\sqrt{115}},\frac{5}{\sqrt{115}}\right)^{\mathrm{T}}.$$

于是$\{\boldsymbol{\varepsilon}_1,\boldsymbol{\varepsilon}_2,\boldsymbol{\varepsilon}_3\}$就是$\boldsymbol{Ax}=\mathbf{0}$的解空间的标准正交基(即为标准正交的基础解系).

例 3 设$\{\boldsymbol{\alpha}_1,\boldsymbol{\alpha}_2,\boldsymbol{\alpha}_3,\boldsymbol{\alpha}_4\}$为$\mathbb{R}^4$的一组标准正交基,证明:$\{\boldsymbol{\beta}_1,\boldsymbol{\beta}_2,\boldsymbol{\beta}_3,\boldsymbol{\beta}_4\}$也为$\mathbb{R}^4$的一组标准正交基,其中:

$$\boldsymbol{\beta}_1=\frac{1}{2}(\boldsymbol{\alpha}_1+\boldsymbol{\alpha}_2+\boldsymbol{\alpha}_3+\boldsymbol{\alpha}_4),\quad \boldsymbol{\beta}_2=\frac{1}{2}(\boldsymbol{\alpha}_1+\boldsymbol{\alpha}_2-\boldsymbol{\alpha}_3-\boldsymbol{\alpha}_4),$$

$$\boldsymbol{\beta}_3=\frac{1}{2}(\boldsymbol{\alpha}_1-\boldsymbol{\alpha}_2+\boldsymbol{\alpha}_3-\boldsymbol{\alpha}_4),\quad \boldsymbol{\beta}_4=\frac{1}{2}(\boldsymbol{\alpha}_1-\boldsymbol{\alpha}_2-\boldsymbol{\alpha}_3+\boldsymbol{\alpha}_4).$$

证 需要证明:$(\boldsymbol{\beta}_i,\boldsymbol{\beta}_j)=0\ (i\neq j)$;$(\boldsymbol{\beta}_i,\boldsymbol{\beta}_i)=1\ (i=1,2,3,4)$.

$$(\boldsymbol{\beta}_1,\boldsymbol{\beta}_2)=\left(\frac{1}{2}(\boldsymbol{\alpha}_1+\boldsymbol{\alpha}_2+\boldsymbol{\alpha}_3+\boldsymbol{\alpha}_4),\frac{1}{2}(\boldsymbol{\alpha}_1+\boldsymbol{\alpha}_2-\boldsymbol{\alpha}_3-\boldsymbol{\alpha}_4)\right)$$

由于当$i\neq j$时,$(\boldsymbol{\alpha}_i,\boldsymbol{\alpha}_j)=0$;$(\boldsymbol{\alpha}_i,\boldsymbol{\alpha}_i)=1(i=1,2,3,4)$,所以

$$(\boldsymbol{\beta}_1,\boldsymbol{\beta}_2)=\frac{1}{4}[(\boldsymbol{\alpha}_1,\boldsymbol{\alpha}_1)+(\boldsymbol{\alpha}_2,\boldsymbol{\alpha}_2)+(\boldsymbol{\alpha}_3,-\boldsymbol{\alpha}_3)+(\boldsymbol{\alpha}_4,-\boldsymbol{\alpha}_4)]$$

$$=\frac{1}{4}(1+1-1-1)=0.$$

同理,可证当$i\neq j$时,所有的$(\boldsymbol{\beta}_i,\boldsymbol{\beta}_j)=0$. 因此,$\boldsymbol{\beta}_1,\boldsymbol{\beta}_2,\boldsymbol{\beta}_3,\boldsymbol{\beta}_4$两

两正交.

$$(\boldsymbol{\beta}_1,\boldsymbol{\beta}_1)=\left(\frac{1}{2}(\boldsymbol{\alpha}_1+\boldsymbol{\alpha}_2+\boldsymbol{\alpha}_3+\boldsymbol{\alpha}_4),\frac{1}{2}(\boldsymbol{\alpha}_1+\boldsymbol{\alpha}_2+\boldsymbol{\alpha}_3+\boldsymbol{\alpha}_4)\right)$$
$$=\frac{1}{4}[(\boldsymbol{\alpha}_1,\boldsymbol{\alpha}_1)+(\boldsymbol{\alpha}_2,\boldsymbol{\alpha}_2)+(\boldsymbol{\alpha}_3,\boldsymbol{\alpha}_3)+(\boldsymbol{\alpha}_4,\boldsymbol{\alpha}_4)]$$
$$=\frac{1}{4}(1+1+1+1)=1.$$

同理可证$(\boldsymbol{\beta}_i,\boldsymbol{\beta}_i)=1(i=2,3,4)$. 因此 $\boldsymbol{\beta}_1,\boldsymbol{\beta}_2,\boldsymbol{\beta}_3,\boldsymbol{\beta}_4$ 的长度都为 1.

综上,$\{\boldsymbol{\beta}_1,\boldsymbol{\beta}_2,\boldsymbol{\beta}_3,\boldsymbol{\beta}_4\}$为$\mathbb{R}^4$的一组标准正交基.

上述证法比较麻烦. 较为方便的证法为:

由于已知的$\{\boldsymbol{\beta}_1,\boldsymbol{\beta}_2,\boldsymbol{\beta}_3,\boldsymbol{\beta}_4\}$与$\{\boldsymbol{\alpha}_1,\boldsymbol{\alpha}_2,\boldsymbol{\alpha}_3,\boldsymbol{\alpha}_4\}$的关系可表示为

$$(\boldsymbol{\beta}_1,\boldsymbol{\beta}_2,\boldsymbol{\beta}_3,\boldsymbol{\beta}_4)=(\boldsymbol{\alpha}_1,\boldsymbol{\alpha}_2,\boldsymbol{\alpha}_3,\boldsymbol{\alpha}_4)\begin{pmatrix}\frac{1}{2}&\frac{1}{2}&\frac{1}{2}&\frac{1}{2}\\\frac{1}{2}&\frac{1}{2}&-\frac{1}{2}&-\frac{1}{2}\\\frac{1}{2}&-\frac{1}{2}&\frac{1}{2}&-\frac{1}{2}\\\frac{1}{2}&-\frac{1}{2}&-\frac{1}{2}&\frac{1}{2}\end{pmatrix}\tag{1}$$

将(1)式中的$\boldsymbol{\alpha}_i,\boldsymbol{\beta}_i(i=1,\cdots,4)$都按列排列,则

$$(\boldsymbol{\beta}_1,\boldsymbol{\beta}_2,\boldsymbol{\beta}_3,\boldsymbol{\beta}_4)=\boldsymbol{B},\quad(\boldsymbol{\alpha}_1,\boldsymbol{\alpha}_2,\boldsymbol{\alpha}_3,\boldsymbol{\alpha}_4)=\boldsymbol{A}$$

都是四阶矩阵. 再将(1)式右边的矩阵记为$\boldsymbol{P}$,则

$$\boldsymbol{B}=\boldsymbol{A}\boldsymbol{P}.\tag{2}$$

(2)式中的 $\boldsymbol{A}$ 为正交矩阵(因为 $\boldsymbol{A}$ 的列向量组为$\mathbb{R}^4$的标准正交基). 欲证 $\boldsymbol{\beta}_1,\boldsymbol{\beta}_2,\boldsymbol{\beta}_3,\boldsymbol{\beta}_4$ 为$\mathbb{R}^4$的标准正交基,只要证 $\boldsymbol{B}$ 为正交矩阵,而欲证 $\boldsymbol{B}$ 为正交阵,只要证 $\boldsymbol{P}$ 为正交阵(因为两个正交阵的乘积仍为正交阵). 由

$$P^{\mathrm{T}}P=\begin{pmatrix}\frac{1}{2}&\frac{1}{2}&\frac{1}{2}&\frac{1}{2}\\\frac{1}{2}&\frac{1}{2}&-\frac{1}{2}&-\frac{1}{2}\\\frac{1}{2}&-\frac{1}{2}&\frac{1}{2}&-\frac{1}{2}\\\frac{1}{2}&-\frac{1}{2}&-\frac{1}{2}&\frac{1}{2}\end{pmatrix}\begin{pmatrix}\frac{1}{2}&\frac{1}{2}&\frac{1}{2}&\frac{1}{2}\\\frac{1}{2}&\frac{1}{2}&-\frac{1}{2}&-\frac{1}{2}\\\frac{1}{2}&-\frac{1}{2}&\frac{1}{2}&-\frac{1}{2}\\\frac{1}{2}&-\frac{1}{2}&-\frac{1}{2}&\frac{1}{2}\end{pmatrix}$$

$$=\begin{pmatrix}1&0&0&0\\0&1&0&0\\0&0&1&0\\0&0&0&1\end{pmatrix}=\boldsymbol{I},$$

可知 $\boldsymbol{P}$ 为正交阵，所以 $\boldsymbol{B}=\boldsymbol{AP}$ 也为正交阵，从而 $\boldsymbol{B}$ 的列向量组 $\boldsymbol{\beta}_1,\boldsymbol{\beta}_2,\boldsymbol{\beta}_3,\boldsymbol{\beta}_4$ 为$\mathbb{R}^4$的一组标准正交基.

例 4　设 $\boldsymbol{\alpha}_1,\boldsymbol{\alpha}_2,\boldsymbol{\alpha}_3,\boldsymbol{\alpha}_4\in\mathbb{R}^n$，证明：四阶行列式

$$|\boldsymbol{A}|=\begin{vmatrix}(\boldsymbol{\alpha}_1,\boldsymbol{\alpha}_1)&(\boldsymbol{\alpha}_1,\boldsymbol{\alpha}_2)&(\boldsymbol{\alpha}_1,\boldsymbol{\alpha}_3)&(\boldsymbol{\alpha}_1,\boldsymbol{\alpha}_4)\\(\boldsymbol{\alpha}_2,\boldsymbol{\alpha}_1)&(\boldsymbol{\alpha}_2,\boldsymbol{\alpha}_2)&(\boldsymbol{\alpha}_2,\boldsymbol{\alpha}_3)&(\boldsymbol{\alpha}_2,\boldsymbol{\alpha}_4)\\(\boldsymbol{\alpha}_3,\boldsymbol{\alpha}_1)&(\boldsymbol{\alpha}_3,\boldsymbol{\alpha}_2)&(\boldsymbol{\alpha}_3,\boldsymbol{\alpha}_3)&(\boldsymbol{\alpha}_3,\boldsymbol{\alpha}_4)\\(\boldsymbol{\alpha}_4,\boldsymbol{\alpha}_1)&(\boldsymbol{\alpha}_4,\boldsymbol{\alpha}_2)&(\boldsymbol{\alpha}_4,\boldsymbol{\alpha}_3)&(\boldsymbol{\alpha}_4,\boldsymbol{\alpha}_4)\end{vmatrix}\neq 0 \qquad (1)$$

的充分必要条件为 $\boldsymbol{\alpha}_1,\boldsymbol{\alpha}_2,\boldsymbol{\alpha}_3,\boldsymbol{\alpha}_4$ 线性无关.

证　必要性：设 $x_1\boldsymbol{\alpha}_1+x_2\boldsymbol{\alpha}_2+x_3\boldsymbol{\alpha}_3+x_4\boldsymbol{\alpha}_4=\boldsymbol{0}.$　(2)

将 $\boldsymbol{\alpha}_i(i=1,2,3,4)$分别与(2)式两端的向量做内积，得

$$(\boldsymbol{\alpha}_i,x_1\boldsymbol{\alpha}_1+x_2\boldsymbol{\alpha}_2+x_3\boldsymbol{\alpha}_3+x_4\boldsymbol{\alpha}_4)$$
$$=x_1(\boldsymbol{\alpha}_i,\boldsymbol{\alpha}_1)+x_2(\boldsymbol{\alpha}_i,\boldsymbol{\alpha}_2)+x_3(\boldsymbol{\alpha}_i,\boldsymbol{\alpha}_3)+x_4(\boldsymbol{\alpha}_i,\boldsymbol{\alpha}_4)=0,$$
$$i=1,2,3,4.$$

于是得到一个四元齐次线性方程组

$$\begin{cases}(\boldsymbol{\alpha}_1,\boldsymbol{\alpha}_1)x_1+(\boldsymbol{\alpha}_1,\boldsymbol{\alpha}_2)x_2+(\boldsymbol{\alpha}_1,\boldsymbol{\alpha}_3)x_3+(\boldsymbol{\alpha}_1,\boldsymbol{\alpha}_4)x_4=0,\\(\boldsymbol{\alpha}_2,\boldsymbol{\alpha}_1)x_1+(\boldsymbol{\alpha}_2,\boldsymbol{\alpha}_2)x_2+(\boldsymbol{\alpha}_2,\boldsymbol{\alpha}_3)x_3+(\boldsymbol{\alpha}_2,\boldsymbol{\alpha}_4)x_4=0,\\(\boldsymbol{\alpha}_3,\boldsymbol{\alpha}_1)x_1+(\boldsymbol{\alpha}_3,\boldsymbol{\alpha}_2)x_2+(\boldsymbol{\alpha}_3,\boldsymbol{\alpha}_3)x_3+(\boldsymbol{\alpha}_3,\boldsymbol{\alpha}_4)x_4=0,\\(\boldsymbol{\alpha}_4,\boldsymbol{\alpha}_1)x_1+(\boldsymbol{\alpha}_4,\boldsymbol{\alpha}_2)x_2+(\boldsymbol{\alpha}_4,\boldsymbol{\alpha}_3)x_3+(\boldsymbol{\alpha}_4,\boldsymbol{\alpha}_4)x_4=0.\end{cases}\qquad(3)$$

由于方程组(3)的系数行列式(即(1)式中的行列式$|\boldsymbol{A}|$)不等于0，所以方程组(3)只有零解，即仅当$x_1=x_2=x_3=x_4=0$时(2)式才能成立，所以$\boldsymbol{\alpha}_1,\boldsymbol{\alpha}_2,\boldsymbol{\alpha}_3,\boldsymbol{\alpha}_4$线性无关. 必要性得证.

证必要性还可用反证法：设$\boldsymbol{\alpha}_1,\boldsymbol{\alpha}_2,\boldsymbol{\alpha}_3,\boldsymbol{\alpha}_4$线性相关，不妨设

$$\boldsymbol{\alpha}_1=k_2\boldsymbol{\alpha}_2+k_3\boldsymbol{\alpha}_3+k_4\boldsymbol{\alpha}_4.$$

将(1)式中的行列式$|\boldsymbol{A}|$的第2,3,4列分别乘$-k_2$，$-k_3$，$-k_4$加到第1列，则$|\boldsymbol{A}|$中第1列元素变为

$$(\boldsymbol{\alpha}_i,\boldsymbol{\alpha}_1-k_2\boldsymbol{\alpha}_2-k_3\boldsymbol{\alpha}_3-k_4\boldsymbol{\alpha}_4)=(\boldsymbol{\alpha}_i,\boldsymbol{0})=0,\quad i=1,2,3,4.$$ 于是

$$|\boldsymbol{A}|=\begin{vmatrix}0&(\boldsymbol{\alpha}_1,\boldsymbol{\alpha}_2)&(\boldsymbol{\alpha}_1,\boldsymbol{\alpha}_3)&(\boldsymbol{\alpha}_1,\boldsymbol{\alpha}_4)\\0&(\boldsymbol{\alpha}_2,\boldsymbol{\alpha}_2)&(\boldsymbol{\alpha}_2,\boldsymbol{\alpha}_3)&(\boldsymbol{\alpha}_2,\boldsymbol{\alpha}_4)\\0&(\boldsymbol{\alpha}_3,\boldsymbol{\alpha}_2)&(\boldsymbol{\alpha}_3,\boldsymbol{\alpha}_3)&(\boldsymbol{\alpha}_3,\boldsymbol{\alpha}_4)\\0&(\boldsymbol{\alpha}_4,\boldsymbol{\alpha}_2)&(\boldsymbol{\alpha}_4,\boldsymbol{\alpha}_3)&(\boldsymbol{\alpha}_4,\boldsymbol{\alpha}_4)\end{vmatrix}=0,$$

与题设矛盾. 所以$\boldsymbol{\alpha}_1,\boldsymbol{\alpha}_2,\boldsymbol{\alpha}_3,\boldsymbol{\alpha}_4$必须线性无关.

充分性：即要证明$\boldsymbol{\alpha}_1,\boldsymbol{\alpha}_2,\boldsymbol{\alpha}_3,\boldsymbol{\alpha}_4$线性无关时，$|\boldsymbol{A}|\neq0$一定成立. 此时如用直接证法，难以说清楚，所以要用反证法.

设$|\boldsymbol{A}|=0$，则矩阵$\boldsymbol{A}$的4个列向量$\boldsymbol{\beta}_1,\boldsymbol{\beta}_2,\boldsymbol{\beta}_3,\boldsymbol{\beta}_4$线性相关，(因为$\boldsymbol{A}$的列秩小于4)，于是存在不全为零的$k_1,k_2,k_3,k_4$，使得

$$k_1\boldsymbol{\beta}_1+k_2\boldsymbol{\beta}_2+k_3\boldsymbol{\beta}_3+k_4\boldsymbol{\beta}_4=\boldsymbol{0}.\qquad(4)$$

将$|\boldsymbol{A}|$中各列分别乘k_1,k_2,k_3,k_4加到第1列，则第1列的4个元素为

$$\left(\boldsymbol{\alpha}_i,\sum_{j=1}^{4}k_j\boldsymbol{\alpha}_j\right)=0,\quad i=1,2,3,4.\qquad(5)$$

再将(5)式分别乘$k_i(i=1,2,3,4)$并相加，得

$$\sum_{i=1}^{4} k_i\left(\boldsymbol{\alpha}_i, \sum_{j=1}^{4} k_j\boldsymbol{\alpha}_j\right) = \left(\sum_{i=1}^{4} k_i\boldsymbol{\alpha}_i, \sum_{j=1}^{4} k_j\boldsymbol{\alpha}_j\right) = 0. \tag{6}$$

根据$(\boldsymbol{\xi},\boldsymbol{\xi})=0$当且仅当$\boldsymbol{\xi}=\mathbf{0}$,由(6)式即得

$$\sum_{i=1}^{4} k_i\boldsymbol{\alpha}_i = \sum_{j=1}^{4} k_j\boldsymbol{\alpha}_j = k_1\boldsymbol{\alpha}_1 + k_2\boldsymbol{\alpha}_2 + k_3\boldsymbol{\alpha}_3 + k_4\boldsymbol{\alpha}_4 = \mathbf{0}. \tag{7}$$

由于(7)式中的k_1,k_2,k_3,k_4不全为零,所以$\boldsymbol{\alpha}_1,\boldsymbol{\alpha}_2,\boldsymbol{\alpha}_3,\boldsymbol{\alpha}_4$线性相关,与题设矛盾.因此,$\boldsymbol{\alpha}_1,\boldsymbol{\alpha}_2,\boldsymbol{\alpha}_3,\boldsymbol{\alpha}_4$线性无关时,必有$|\boldsymbol{A}|\neq 0$.充分性得证.

本题的结论也适用于$\mathbb{R}^n$中n个向量$\boldsymbol{\alpha}_1,\boldsymbol{\alpha}_2,\cdots,\boldsymbol{\alpha}_n$构成的$n$阶行列式$|\boldsymbol{A}|$.

作为练习.读者应能证明:(对$\boldsymbol{\alpha}_1,\cdots,\boldsymbol{\alpha}_n\in\mathbb{R}^n$而言)

$|\boldsymbol{A}|=0$的充分必要条件为$\boldsymbol{\alpha}_1,\boldsymbol{\alpha}_2,\cdots,\boldsymbol{\alpha}_n$线性相关.

例 5 设$\boldsymbol{\alpha}_1,\boldsymbol{\alpha}_2,\cdots,\boldsymbol{\alpha}_r$线性无关,非零向量$\boldsymbol{\beta}$与$\{\boldsymbol{\alpha}_1,\boldsymbol{\alpha}_2,\cdots,\boldsymbol{\alpha}_r\}$中的每个向量都正交,证明:$\boldsymbol{\beta},\boldsymbol{\alpha}_1,\boldsymbol{\alpha}_2,\cdots,\boldsymbol{\alpha}_r$线性无关,并在$\mathbb{R}^3$中作几何解释.

证 设$k\boldsymbol{\beta}+k_1\boldsymbol{\alpha}_1+k_2\boldsymbol{\alpha}_2+\cdots+k_r\boldsymbol{\alpha}_r=\mathbf{0}$, (1)

将$\boldsymbol{\beta}$与(1)中左端零向量做内积,得

$(\boldsymbol{\beta},k\boldsymbol{\beta}+k_1\boldsymbol{\alpha}_1+\cdots+k_r\boldsymbol{\alpha}_r)$ (2)

$=k(\boldsymbol{\beta},\boldsymbol{\beta})+k_1(\boldsymbol{\beta},\boldsymbol{\alpha}_1)+\cdots+k_r(\boldsymbol{\beta},\boldsymbol{\alpha}_r)$

$=k(\boldsymbol{\beta},\boldsymbol{\beta})+0+\cdots+0=0$(因为(2)中后者为零向量).

而$(\boldsymbol{\beta},\boldsymbol{\beta})>0$,所以$k=0$,代入(1)式,又得

$$k_1\boldsymbol{\alpha}_1+k_2\boldsymbol{\alpha}_2+\cdots+k_r\boldsymbol{\alpha}_r=\mathbf{0}.$$

因为$\boldsymbol{\alpha}_1,\boldsymbol{\alpha}_2,\cdots,\boldsymbol{\alpha}_r$线性无关,所以$k_1=k_2=\cdots=k_r=0$,因此(1)式成立时,必须其系数全为零.故$\boldsymbol{\beta},\boldsymbol{\alpha}_1,\boldsymbol{\alpha}_2,\cdots,\boldsymbol{\alpha}_r$线性无关.

$\mathbb{R}^3$中几何解释:$\boldsymbol{\alpha}_1,\boldsymbol{\alpha}_2$线性无关是两个非零且不共线的向量,$\boldsymbol{\beta}$与$\boldsymbol{\alpha}_1,\boldsymbol{\alpha}_2$正交.即$\boldsymbol{\beta}$垂直于$\boldsymbol{\alpha}_1,\boldsymbol{\alpha}_2$所确定的平面,所以$\boldsymbol{\beta},\boldsymbol{\alpha}_1,\boldsymbol{\alpha}_2$是不共面的3个向量,因而它们线性无关(即任一个向量都不能用另外两个向量线性表示).

例6　设$\boldsymbol{\alpha}_1,\boldsymbol{\alpha}_2,\cdots,\boldsymbol{\alpha}_r$线性无关，$\boldsymbol{\beta}_1,\boldsymbol{\beta}_2$也线性无关，且后者与前者中的每个向量都正交，证明：$\boldsymbol{\beta}_1,\boldsymbol{\beta}_2,\boldsymbol{\alpha}_1,\boldsymbol{\alpha}_2,\cdots,\boldsymbol{\alpha}_r$也线性无关.

证　设

$$x_1\boldsymbol{\beta}_1+x_2\boldsymbol{\beta}_2+k_1\boldsymbol{\alpha}_1+k_2\boldsymbol{\alpha}_2+\cdots+k_r\boldsymbol{\alpha}_r=\mathbf{0}. \tag{1}$$

将$\boldsymbol{\beta}_1,\boldsymbol{\beta}_2$分别与(1)式左端的零向量做内积，得

$$\begin{cases}(\boldsymbol{\beta}_1,x_1\boldsymbol{\beta}_1+x_2\boldsymbol{\beta}_2+k_1\boldsymbol{\alpha}_1+\cdots+k_r\boldsymbol{\alpha}_r)=(\boldsymbol{\beta}_1,\boldsymbol{\beta}_1)x_1+(\boldsymbol{\beta}_1,\boldsymbol{\beta}_2)x_2=0,\\(\boldsymbol{\beta}_2,x_1\boldsymbol{\beta}_1+x_2\boldsymbol{\beta}_2+k_1\boldsymbol{\alpha}_1+\cdots+k_r\boldsymbol{\alpha}_r)=(\boldsymbol{\beta}_2,\boldsymbol{\beta}_1)x_1+(\boldsymbol{\beta}_2,\boldsymbol{\beta}_2)x_2=0.\end{cases} \tag{2}$$

齐次线性方程组(2)的系数行列式

$$\begin{vmatrix}(\boldsymbol{\beta}_1,\boldsymbol{\beta}_1) & (\boldsymbol{\beta}_1,\boldsymbol{\beta}_2)\\(\boldsymbol{\beta}_2,\boldsymbol{\beta}_1) & (\boldsymbol{\beta}_2,\boldsymbol{\beta}_2)\end{vmatrix}=\|\boldsymbol{\beta}_1\|^2\|\boldsymbol{\beta}_2\|^2-(\boldsymbol{\beta}_1,\boldsymbol{\beta}_2)^2>0. \tag{3}$$

(3)式是根据柯西-施瓦茨不等式$|(\boldsymbol{\beta}_1,\boldsymbol{\beta}_2)|\leqslant\|\boldsymbol{\beta}_1\|\|\boldsymbol{\beta}_2\|$(等号成立当且仅当$\boldsymbol{\beta}_1,\boldsymbol{\beta}_2$线性相关).

由(3)式得方程组(2)只有零解，即$x_1=x_2=0$. 代入(1)式又得$k_1=k_2=\cdots=k_r=0$. 所以$\boldsymbol{\beta}_1,\boldsymbol{\beta}_2,\boldsymbol{\alpha}_1,\boldsymbol{\alpha}_2,\cdots,\boldsymbol{\alpha}_r$线性无关.

本题可以再推广为：

设$\boldsymbol{\beta}_1,\boldsymbol{\beta}_2,\cdots,\boldsymbol{\beta}_m$线性无关，$\boldsymbol{\alpha}_1,\boldsymbol{\alpha}_2,\cdots,\boldsymbol{\alpha}_r$也线性无关. 若$\{\boldsymbol{\beta}_1,\boldsymbol{\beta}_2,\cdots,\boldsymbol{\beta}_m\}$中每个向量与$\{\boldsymbol{\alpha}_1,\boldsymbol{\alpha}_2,\cdots,\boldsymbol{\alpha}_r\}$中每个向量都正交，则$\boldsymbol{\beta}_1,\boldsymbol{\beta}_2,\cdots,\boldsymbol{\beta}_m,\boldsymbol{\alpha}_1,\boldsymbol{\alpha}_2,\cdots,\boldsymbol{\alpha}_r$也线性无关.

证明时，设$x_1\boldsymbol{\beta}_1+\cdots+x_m\boldsymbol{\beta}_m+k_1\boldsymbol{\alpha}_1+\cdots+k_r\boldsymbol{\alpha}_r=\mathbf{0}$，会得到一个类似于(2)的一个$m$元$(x_1,\cdots,x_m)$的线性方程组，其系数行列式是例4中类型的$|\mathbf{A}|\neq0$，从而$x_1=x_2=\cdots=x_m=0$. 进而$k_1=k_2=\cdots=k_r=0$.

例7　已知$B=\{\boldsymbol{\alpha}_1,\boldsymbol{\alpha}_2,\boldsymbol{\alpha}_3\}$是$\mathbb{R}^3$的一个标准正交基，求$\boldsymbol{\xi}=(1,2,3)^{\mathrm{T}}$在基$B$下的坐标. 其中：

$$\boldsymbol{\alpha}_1=\left(\frac{1}{3},-\frac{2}{3},-\frac{2}{3}\right)^{\mathrm{T}},\quad\boldsymbol{\alpha}_2=\left(-\frac{2}{3},\frac{1}{3},-\frac{2}{3}\right)^{\mathrm{T}},$$

$$\boldsymbol{\alpha}_3=\left(-\frac{2}{3},-\frac{2}{3},\frac{1}{3}\right)^{\mathrm{T}}.$$

解 如果 B 不是标准正交基,求 $\boldsymbol{\xi}$ 在基 B 下的坐标 $\boldsymbol{\xi}_B=(x_1,x_2,x_3)^{\mathrm{T}}$ 的方法为:求解下列非齐次线性方程组

$$(\boldsymbol{\alpha}_1,\boldsymbol{\alpha}_2,\boldsymbol{\alpha}_3)\begin{pmatrix}x_1\\x_2\\x_3\end{pmatrix}=\boldsymbol{\xi}.$$

而当 B 为标准正交基时,可用下列简便的方法:

设 $\boldsymbol{\xi}=x_1\boldsymbol{\alpha}_1+x_2\boldsymbol{\alpha}_2+x_3\boldsymbol{\alpha}_3$,则

$$\begin{aligned}(\boldsymbol{\xi},\boldsymbol{\alpha}_i)&=(x_1\boldsymbol{\alpha}_1+x_2\boldsymbol{\alpha}_2+x_3\boldsymbol{\alpha}_3,\boldsymbol{\alpha}_i)\\&=x_1(\boldsymbol{\alpha}_1,\boldsymbol{\alpha}_i)+x_2(\boldsymbol{\alpha}_2,\boldsymbol{\alpha}_i)+x_3(\boldsymbol{\alpha}_3,\boldsymbol{\alpha}_i).\end{aligned}\tag{1}$$

(1)式右端的 3 个内积有两个为零,只有 x_i 那一项为非零,且$(\boldsymbol{\alpha}_i,\boldsymbol{\alpha}_i)=1$,即

$$(\boldsymbol{\xi},\boldsymbol{\alpha}_i)=x_i(\boldsymbol{\alpha}_i,\boldsymbol{\alpha}_i)=x_i\quad(i=1,2,3).$$

所以

$$x_1=(\boldsymbol{\xi},\boldsymbol{\alpha}_1)=\frac{1}{3}-\frac{4}{3}-\frac{6}{3}=-3,$$

$$x_2=(\boldsymbol{\xi},\boldsymbol{\alpha}_2)=-\frac{2}{3}+\frac{2}{3}-\frac{6}{3}=-2,$$

$$x_3=(\boldsymbol{\xi},\boldsymbol{\alpha}_3)=-\frac{2}{3}-\frac{4}{3}+\frac{3}{3}=-1,$$

即 $\boldsymbol{\xi}_B=(x_1,x_2,x_3)^{\mathrm{T}}=(-3,-2,-1)^{\mathrm{T}}$.

例 8 已知

$$\boldsymbol{P}=\begin{pmatrix}a&-\frac{3}{7}&d\\-\frac{3}{7}&c&\frac{2}{7}\\b&\frac{2}{7}&-\frac{3}{7}\end{pmatrix}$$

为正交矩阵,求 a,b,c,d.

解 根据 $\boldsymbol{P}$ 的 3 个列向量 $\boldsymbol{\beta}_1,\boldsymbol{\beta}_2,\boldsymbol{\beta}_3$ 为$\mathbb{R}^3$的标准正交基.立即可得:

$$\|\boldsymbol{\beta}_2\|^2=\frac{9}{49}+c^2+\frac{4}{49}=1,\text{所以 } c=\pm\frac{6}{7};\tag{1}$$

$$\|\boldsymbol{\beta}_3\|^2=d^2+\frac{4}{49}+\frac{9}{49}=1,\text{所以 } d=\pm\frac{6}{7}.\tag{2}$$

再由$(\boldsymbol{\beta}_2,\boldsymbol{\beta}_3)=0$，即

$$-\frac{3}{7}d+\frac{2}{7}c-\frac{6}{49}=0.\tag{3}$$

当$c=\frac{6}{7}$时，由(3)式得$d=\frac{2}{7}$，这不符合(2)式必须满足的要求. 所以$c\neq\frac{6}{7}$.

当$c=-\frac{6}{7}$时，得$d=-\frac{6}{7}$(满足(2)式的要求).

$d\neq\frac{6}{7}$，否则由(3)式得$c=\frac{12}{7}$，这不满足(1)式.

综上，$c=d=-\frac{6}{7}$.

再由$(\boldsymbol{\beta}_1,\boldsymbol{\beta}_2)=(\boldsymbol{\beta}_1,\boldsymbol{\beta}_3)=0$，得

$$\begin{cases}-\frac{3}{7}a+\frac{18}{49}+\frac{2}{7}b=0,\\ -\frac{6}{7}a-\frac{6}{49}-\frac{3}{7}b=0.\end{cases}\tag{4}$$

求解方程组(4)，得$a=\frac{2}{7}$，$b=-\frac{6}{7}$. 此时，$\|\boldsymbol{\beta}_1\|=1$.

结论：当$a=\frac{2}{7}$，$b=c=d=-\frac{6}{7}$时，$\boldsymbol{P}$为正交矩阵. 检验结论是否正确，可计算$\boldsymbol{P}^{\mathrm{T}}\boldsymbol{P}$，看它是否等于单位矩阵$\boldsymbol{I}$.

例 9　试问：正交矩阵$\boldsymbol{A}=(a_{ij})_{n\times n}$的元素$a_{ij}$与其代数余子式$A_{ij}$之间是否有某种确定的关系？

解　由于$\boldsymbol{A}^{\mathrm{T}}\boldsymbol{A}=\boldsymbol{I}$，所以$\boldsymbol{A}^{-1}=\boldsymbol{A}^{\mathrm{T}}$，且$|\boldsymbol{A}^{\mathrm{T}}\boldsymbol{A}|=|\boldsymbol{A}^{\mathrm{T}}||\boldsymbol{A}|=|\boldsymbol{A}|^2=1$，即$|\boldsymbol{A}|=\pm1$；又因为

$$\boldsymbol{A}^{-1}=\frac{1}{|\boldsymbol{A}|}\boldsymbol{A}^*=\pm\boldsymbol{A}^*,\tag{1}$$

其中$\boldsymbol{A}^*$为$\boldsymbol{A}$的元素a_{ij}的代数余子式A_{ij}构成的矩阵$(A_{ij})_{n\times n}$的转置.即

$$\boldsymbol{A}^*=(A_{ij})_{n\times n}^{\mathrm{T}}.\tag{2}$$

于是由(1),(2)式及$\boldsymbol{A}^{-1}=\boldsymbol{A}^{\mathrm{T}}=(a_{ij})_{n\times n}^{\mathrm{T}}$,即得

$$\begin{pmatrix} a_{11} & a_{21} & \cdots & a_{n1} \\ a_{12} & a_{22} & \cdots & a_{n2} \\ \vdots & \vdots & & \vdots \\ a_{1n} & a_{2n} & \cdots & a_{nn} \end{pmatrix}=\pm\begin{pmatrix} A_{11} & A_{21} & \cdots & A_{n1} \\ A_{12} & A_{22} & \cdots & A_{n2} \\ \vdots & \vdots & & \vdots \\ A_{1n} & A_{2n} & \cdots & A_{nn} \end{pmatrix}.\tag{3}$$

由(3)式可见,正交矩阵$\boldsymbol{A}$的元素a_{ij}与其代数余子式A_{ij}之间有下列确定的关系:

当$|\boldsymbol{A}|=1$时,$a_{ij}=A_{ij}\quad(i,j=1,2,\cdots,n)$;

当$|\boldsymbol{A}|=-1$时,$a_{ij}=-A_{ij}\quad(i,j=1,2,\cdots,n)$.

例 10　证明:如果下三角矩阵$\boldsymbol{A}=(a_{ij})_{n\times n}$为正交矩阵,则$\boldsymbol{A}$必为主对角元为$\pm1$的对角矩阵.

证　用数学归纳法证明之.当$n=2$时,由

$$\boldsymbol{A}^{\mathrm{T}}\boldsymbol{A}=\begin{pmatrix} a_{11} & a_{21} \\ 0 & a_{22} \end{pmatrix}\begin{pmatrix} a_{11} & 0 \\ a_{21} & a_{22} \end{pmatrix}=\begin{pmatrix} a_{11}^2+a_{21}^2 & a_{21}a_{22} \\ a_{22}a_{21} & a_{22}^2 \end{pmatrix}=\boldsymbol{I},$$

易得:　$a_{22}^2=1$,所以$a_{22}=\pm1$;

$a_{21}a_{22}=0$,所以$a_{21}=0$;

$a_{11}^2+a_{21}^2=a_{11}^2=1$,所以$a_{11}=\pm1$.

因此,结论对$n=2$成立.假设结论对$n-1$阶下三角矩阵成立.下面证明对n阶下三角矩阵也成立.

现将n阶下三角矩阵$\boldsymbol{A}$分块表示为

$$\boldsymbol{A}=\begin{pmatrix} \boldsymbol{A}_{11} & \boldsymbol{0} \\ \boldsymbol{\alpha} & a_{nn} \end{pmatrix},\tag{4}$$

其中$\boldsymbol{\alpha}$为$1\times(n-1)$矩阵,$\boldsymbol{A}_{11}$为$n-1$阶下三角矩阵.于是由

$$A^{T}A=\begin{pmatrix} A_{11}^{T} & \alpha^{T} \\ 0 & a_{nn} \end{pmatrix}\begin{pmatrix} A_{11} & 0 \\ \alpha & a_{nn} \end{pmatrix}$$

$$=\begin{pmatrix} A_{11}^{T}A_{11}+\alpha^{T}\alpha & \alpha^{T}a_{nn} \\ a_{nn}\alpha & a_{nn}^{2} \end{pmatrix}=\begin{bmatrix} I_{n-1} & 0 \\ 0 & 1 \end{bmatrix},$$

即得：$a_{nn}^2=1$，所以 $a_{nn}=\pm 1$；$a_{nn}\alpha=0$，所以 $\alpha=0$；

$A_{11}^{T}A_{11}+\alpha^{T}\alpha=A_{11}^{T}A_{11}=I_{n-1}$，即 A_{11} 为 $n-1$ 阶正交矩阵．根据归纳假设 A_{11} 为主对角元为 ± 1 的对角矩阵．

综上，由(4)式可知 A 也是主对角元为 ± 1 的对角矩阵．

例 11（补充题 51） 设 A 为正交矩阵，$I+A$ 可逆，证明：

(1) $(I-A)(I+A)^{-1}$ 可交换；

(2) $(I-A)(I+A)^{-1}$ 为反对称矩阵．

证 (1) 因为 $I-A^2=(I-A)(I+A)=(I+A)(I-A)$，所以

$(I+A)^{-1}(I-A)(I+A)=(I+A)^{-1}(I+A)(I-A)$，

即
$$(I+A)^{-1}(I-A)(I+A)=(I-A),$$

在等式两端右乘 $(I+A)^{-1}$，从而就有

$$(I+A)^{-1}(I-A)=(I-A)(I+A)^{-1}.$$

故 $(I-A)(I+A)^{-1}$ 可交换．

(2) 当 $B^{T}=-B$ 时，称 B 为反对称矩阵．于是，由

$$\left((I-A)(I+A)^{-1}\right)^{T}=\left((I+A)^{-1}\right)^{T}(I-A)^{T}$$
$$=(I+A^{T})^{-1}(I-A^{T})\text{（利用 } A^{T}A=I\text{）}$$
$$=\left(A^{T}(A+I)\right)^{-1}A^{T}(A-I)=(A+I)^{-1}(A^{T})^{-1}A^{T}(A-I)$$
$$=(A+I)^{-1}(A-I)=-(I+A)^{-1}(I-A)$$
$$=-(I-A)(I+A)^{-1}\text{（最后的等号利用(1)的结论）}.$$

故 $(I-A)(I+A)^{-1}$ 为反对称矩阵．

*4.4 部分疑难习题和补充题的题解

1（习题 17） 检验下列集合对指定的加法和数量乘法运算，是否构成实数域上的线性空间：

(1) 全体 n 阶正交矩阵,对矩阵的加法和数量乘法;

(2) 平面上全体向量,对通常的向量加法和如下定义的数量乘法

$$k\cdot\boldsymbol{\alpha}=\mathbf{0}$$

其中 $k\in\mathbb{R}$,$\boldsymbol{\alpha}$ 为任意的平面向量,$\mathbf{0}$ 为零向量.

(3) 全体正实数$\mathbb{R}^+$,加法与数量乘法定义为

$$a\oplus b=ab,\qquad k\cdot a=a^k,$$

其中 $a,b\in\mathbb{R}^+$,$k\in\mathbb{R}$.

解 检验一个非空集合 V 在数域 F 上对定义的加法和数量乘法(简称数乘)是否构成一个线性空间,需要检查:集合对两种运算是否封闭以及两种运算是否满足定义中指出的 8 条运算规则.只要有一点不满足,V 在 F 上就不构成线性空间.

(1) 两个正交矩阵相加不一定是正交矩阵(例如,单位矩阵 $\boldsymbol{I}$ 是正交矩阵,但 $\boldsymbol{I}+\boldsymbol{I}=2\boldsymbol{I}$ 不是正交矩阵);数 k 与正交矩阵 $\boldsymbol{A}$ 相乘,当 $k\neq1$ 时,$k\boldsymbol{A}$ 也不是正交矩阵.所以全体正交矩阵的集合对矩阵的加法和数乘运算都不封闭,因此,它不构成一个线性空间.

(2) 平面上全体向量,对定义的数量乘法 $k\cdot\boldsymbol{\alpha}=\mathbf{0}$,不满足 8 条规则中的第 5 条,即 $\forall\boldsymbol{\alpha}$,

$$1\cdot\boldsymbol{\alpha}=\mathbf{0}\neq\boldsymbol{\alpha}.$$

所以,此时平面上的全体向量也不构成线性空间.

(3) 这里$\mathbb{R}^+$对定义的加法和数乘在实数域$\mathbb{R}$上构成一个线性空间.因为:

$$\forall a,b\in\mathbb{R}^+,\text{和}\ \forall k\in\mathbb{R},$$
$$a\oplus b=ab\in\mathbb{R}^+;\quad k\cdot a=a^k\in\mathbb{R}^+.$$

即$\mathbb{R}^+$对定义的加法和数乘运算是封闭的.而且两种运算也满足 8 条规则,即 $\forall a,b,c\in\mathbb{R}^+$,$k,l\in\mathbb{R}$,有

① $a\oplus b=ab=ba=b\oplus a$;

② $(a\oplus b)\oplus c=ab\oplus c=abc=a\oplus bc=a\oplus(b\oplus c)$;

③ $\mathbb{R}^+$ 中的 1 为加法零元 θ,它对于任意的 $a\in\mathbb{R}^+$,均有 $a\oplus\theta=a\oplus1=a1=a$;

④ $\forall a\in\mathbb{R}^+$,它的加法$\oplus$负元为$\dfrac{1}{a}\in\mathbb{R}^+$,即

$$a \oplus \frac{1}{a} = a\,\frac{1}{a} = 1 = \theta;$$

⑤ $1 \cdot a = a^1 = a$;

⑥ $k \cdot (l \cdot a) = k \cdot a^l = (a^l)^k = a^{kl} = (kl) \cdot a$;

⑦ $(k+l) \cdot a = a^{k+l} = a^k a^l = a^k \oplus a^l = k \cdot a \oplus l \cdot a$;

注意:这里“$+$”是实数域$\mathbb{R}$中的数的加法,而“$\oplus$”是$\mathbb{R}^+$中定义的加法.

⑧ $k \cdot (a \oplus b) = k \cdot (ab) = (ab)^k = a^k b^k$

$= a^k \oplus b^k = k \cdot a \oplus k \cdot b$.

2(习题18) 全体复数$\mathbb{C}$在实数域$\mathbb{R}$上和在复数域$\mathbb{C}$上,对通常的数的加法和数乘运算是否都构成线性空间?如构成线性空间,其维数是多少?并给出一组基.

解 全体复数$\mathbb{C}$在实数域$\mathbb{R}$上(记作$\mathbb{C}(\mathbb{R})$)和全体复数$\mathbb{C}$在复数域$\mathbb{C}$上(记作$\mathbb{C}(\mathbb{C})$),它们的加法都是复数的加法,而其数乘则有区别:

在$\mathbb{C}(\mathbb{R})$上的数乘为kz(其中$k \in \mathbb{R}, z \in \mathbb{C}$);

在$\mathbb{C}(\mathbb{C})$上的数乘为kz(其中$k \in \mathbb{C}, z \in \mathbb{C}$).

容易验证,$\mathbb{C}(\mathbb{R})$和$\mathbb{C}(\mathbb{C})$对复数的加法和数乘运算都封闭,而且两种运算满足定义中规定的8条规则,所以它们都构成线性空间.

但是它们的维数是不同的.

$\dim\mathbb{C}(\mathbb{R}) = 2$,因为$\mathbb{C}(\mathbb{R})$中数乘$kz$的数$k$为实数,所以$\forall\, a+b\mathrm{i} \in \mathbb{C}$(其中$a, b \in \mathbb{R}$),它是$a$与1相乘加上$b$与i相乘,即它是1与i的线性组合,而1与i是线性无关的.因此$\{1, \mathrm{i}\}$是$\mathbb{C}(\mathbb{R})$的一组基.

$\dim\mathbb{C}(\mathbb{C}) = 1$,因为$\mathbb{C}(\mathbb{C})$中数乘$kz$的数$k$为复数.所以$\forall\, a+b\mathrm{i} \in \mathbb{C}$均可视为$a+b\mathrm{i}$与1相乘.因此,$\{1\}$是$\mathbb{C}(\mathbb{C})$的一个基.当然,$\{2\}$也可以是$\mathbb{C}(\mathbb{C})$的基,此时,$\forall\, a+b\mathrm{i} \in \mathbb{C}$

$$a+b\mathrm{i} = k(2) = \frac{a+b\mathrm{i}}{2} \cdot 2 \quad \left(\text{即 } k = \frac{a+b\mathrm{i}}{2} \in \mathbb{C}\right).$$

3(关于线性空间的子空间) 设V是数域F上的一个线性空间,W是V的一个子集合,如何判断W是否是域F上的一个线性子空间?

根据定理4.9(主教材p178),“W是V的一个子空间的充要条件是W关于V中的两种运算(加法与数量乘法)封闭”.因此判断W是否是V的子空间,只要判断W关于V中的两种运算是否封闭.例如:

(1) 以 $m\times n$ 实矩阵 $\boldsymbol{A}$ 为系数矩阵的齐次线性方程组 $\boldsymbol{Ax}=\boldsymbol{0}$ 的解集合

$$S_0=\{\boldsymbol{x}\mid\boldsymbol{Ax}=\boldsymbol{0}\}$$

是$\mathbb{R}^n$的一个子空间.因为 $\boldsymbol{Ax}=\boldsymbol{0}$ 的解是 n 维实向量,而且 $\forall\boldsymbol{\alpha},\boldsymbol{\beta}\in S_0$ 与 $\forall k\in\mathbb{R}$,均有

$$\boldsymbol{A}(\boldsymbol{\alpha}+\boldsymbol{\beta})=\boldsymbol{A\alpha}+\boldsymbol{A\beta}=\boldsymbol{0}+\boldsymbol{0}=\boldsymbol{0},\text{即 }\boldsymbol{\alpha}+\boldsymbol{\beta}\in S_0,$$

$$\boldsymbol{A}(k\,\boldsymbol{\alpha})=k\boldsymbol{A\alpha}=k\boldsymbol{0}=\boldsymbol{0},\text{即 }k\,\boldsymbol{\alpha}\in S_0.$$

所以解集合 S_0 关于向量的加法和数乘运算封闭.因此,S_0 是$\mathbb{R}^n$的一个子空间,也称 $\boldsymbol{Ax}=\boldsymbol{0}$ 的解空间.$\boldsymbol{Ax}=\boldsymbol{0}$ 的基础解系就是它的解空间的基.

而非齐次线性方程组 $\boldsymbol{Ax}=\boldsymbol{b}$ 的解集合

$$S=\{\boldsymbol{x}\mid\boldsymbol{Ax}=\boldsymbol{b}\}$$

不是$\mathbb{R}^n$的一个子空间.因为 $\forall\boldsymbol{\alpha},\boldsymbol{\beta}\in S$,

$$\boldsymbol{A}(\boldsymbol{\alpha}+\boldsymbol{\beta})=\boldsymbol{A\alpha}+\boldsymbol{A\beta}=\boldsymbol{b}+\boldsymbol{b}=2\boldsymbol{b}\neq\boldsymbol{b},$$

即 $\boldsymbol{\alpha}+\boldsymbol{\beta}\overline{\in}S$,所以 S 关于向量加法不封闭,因此 S 不是$\mathbb{R}^n$的一个子空间.

(2) 下列$\mathbb{R}^3$的子集合,哪些是$\mathbb{R}^3$的子空间?并求一组基.

① $W_1=\{(x,y,z)\mid x-2y+3z=0\}$;

② $W_2=\{(x,y,z)\mid x-2y+3z=1\}$;

③ $W_3=\{(1,2,z)\mid z\in\mathbb{R}\}$;

④ $W_4=\left\{(x,y,z)\,\middle|\,\dfrac{x}{2}=\dfrac{y}{-3}=\dfrac{z}{4}\right\}$;

⑤ $W_5=\left\{(x,y,z)\,\middle|\,\dfrac{x-1}{2}=\dfrac{y+1}{-3}=\dfrac{z-2}{4}\right\}$.

解 W_1 是$\mathbb{R}^3$的子空间,因为W_1是齐次线性方程 $x-2y+3z=0$ 的解集合.它的基础解系(即解空间的基)为:$\boldsymbol{\alpha}=(2,1,0)^{\mathrm{T}}$,$\boldsymbol{\beta}=(-3,0,1)^{\mathrm{T}}$.

W_1 的几何意义是空间直角坐标系中过原点的平面 $x-2y+3z=0$ 上的全体向量(x,y,z).显然,它关于向量的加法和数乘运算是封闭的,即这个平面上任意两个向量相加仍在这个平面上,任意向量乘常数 k 也在这个平面上(注意向量的起点都在原点,终点为(x,y,z)).

W_2 不是$\mathbb{R}^3$的子空间,它是非齐次线性方程 $x-2y+3z=1$ 的解集合.W_3 的几何意义是平面 $x-2y+3z=1$ 上的全体向量(起点在原点,终点坐标为(x,y,z)),显然这个平面上的向量关于向量的加法和数乘都不封闭,例如(x,y,z)在平面上,数乘 $2(x,y,z)=(2x,2y,2z)$就不在平面上.

$W_3=\{(1,2,z)\mid z\in\mathbb{R}\}$也不是$\mathbb{R}^3$的子空间，它是过点(1,2,0)且平行于$z$坐标轴的直线上的全体向量. 从几何上易见，它关于向量加法和数乘均不封闭. 如$(1,2,3)\in W_3$，而$k\neq1$时，$k(1,2,3)=(k,2k,3k)\overline{\in}W_3$(因为$k\neq1,2k\neq2$).

W_4是$\mathbb{R}^3$的一个子空间，它是齐次线性方程组$3x+2y=0,2x+z=0$的解集合，这个解空间的基为$\boldsymbol{\alpha}=\left(-\frac{1}{2},\frac{3}{4},1\right)^{\mathrm{T}}$. 它的几何意义是过原点的直线$\frac{x}{2}=\frac{y}{-3}=\frac{z}{4}$上的全体向量，显然，它关于向量加法和数乘运算是封闭的.

W_5不是$\mathbb{R}^3$的一个子空间，它是非齐次线性方程组

$$\begin{cases}-3(x-1)=2(y+1),\\4(x-1)=2(z-2).\end{cases}\quad 即\begin{cases}3x+2y=1,\\2x-z=0.\end{cases}$$

的解集合. 它的几何意义是不过原点的直线$\frac{x-1}{2}=\frac{x+1}{-3}=\frac{z-2}{4}$上的全体向量. 它关于向量加法和数乘向量运算不封闭.

(3) 在数域F上的线性空间V中，一个向量组$\{\boldsymbol{\alpha}_1,\boldsymbol{\alpha}_2,\cdots,\boldsymbol{\alpha}_r\}$的所有线性组合构成的集合$W$，是$V$的一个子空间，称为由$\boldsymbol{\alpha}_1,\boldsymbol{\alpha}_2,\cdots,\boldsymbol{\alpha}_r$生成的子空间，记作$W=L(\boldsymbol{\alpha}_1,\boldsymbol{\alpha}_2,\cdots,\boldsymbol{\alpha}_r)$，即

$$L(\boldsymbol{\alpha}_1,\boldsymbol{\alpha}_2,\cdots,\boldsymbol{\alpha}_r)=\{\boldsymbol{\xi}\mid\boldsymbol{\xi}=k_1\boldsymbol{\alpha}_1+k_2\boldsymbol{\alpha}_2+\cdots+k_r\boldsymbol{\alpha}_r,k_1,\cdots,k_r\in F\}.$$

如果向量组$\{\boldsymbol{\alpha}_1,\boldsymbol{\alpha}_2,\cdots,\boldsymbol{\alpha}_r\}$的一个极大线性无关组为

$$\{\boldsymbol{\alpha}_{i_1},\boldsymbol{\alpha}_{i_2},\cdots,\boldsymbol{\alpha}_{i_k}\}\quad(1\leqslant i_1<i_2<\cdots<i_k\leqslant r),$$

则$W=L(\boldsymbol{\alpha}_1,\boldsymbol{\alpha}_2,\cdots,\boldsymbol{\alpha}_r)=L(\boldsymbol{\alpha}_{i_1},\boldsymbol{\alpha}_{i_2},\cdots,\boldsymbol{\alpha}_{i_k})$，并称$\{\boldsymbol{\alpha}_{i_1},\boldsymbol{\alpha}_{i_2},\cdots,\boldsymbol{\alpha}_{i_k}\}$为子空间$W$的一组基，$\dim W=k$，即$W$为$V$的一个$k$维子空间.

用施密特正交化方法，由W的基$\{\boldsymbol{\alpha}_{i_1},\boldsymbol{\alpha}_{i_2},\cdots,\boldsymbol{\alpha}_{i_k}\}$可以求得$W$的一组标准正交基$\{\boldsymbol{\varepsilon}_1,\boldsymbol{\varepsilon}_2,\cdots,\boldsymbol{\varepsilon}_k\}$.

4 (习题24) 在$\mathbb{R}^4$中，求向量组$\{\boldsymbol{\alpha}_1,\boldsymbol{\alpha}_2,\boldsymbol{\alpha}_3,\boldsymbol{\alpha}_4\}$生成的子空间的基和维数，并求子空间的一组标准正交基. 其中：$\boldsymbol{\alpha}_1=(2,1,3,1)$，$\boldsymbol{\alpha}_2=(1,2,0,1)$，$\boldsymbol{\alpha}_3=(-1,1,-3,0)$，$\boldsymbol{\alpha}_4=(1,1,1,1)$.

解 法1：利用第3章中求极大线性无关组的方法. 可求得$\{\boldsymbol{\alpha}_1,\boldsymbol{\alpha}_2,\boldsymbol{\alpha}_3,\boldsymbol{\alpha}_4\}$的一个极大线性无关组为$\{\boldsymbol{\alpha}_1,\boldsymbol{\alpha}_2,\boldsymbol{\alpha}_4\}$. 所以$\dim L(\boldsymbol{\alpha}_1,\boldsymbol{\alpha}_2,\boldsymbol{\alpha}_3,\boldsymbol{\alpha}_4)=3$. 再利用施密特正交化方法由$\{\boldsymbol{\alpha}_1,\boldsymbol{\alpha}_2,\boldsymbol{\alpha}_4\}$求得子空间的一组标准正交基$\{\boldsymbol{\varepsilon}_1,\boldsymbol{\varepsilon}_2,\boldsymbol{\varepsilon}_3\}$.

法2：直接对$\{\boldsymbol{\alpha}_1,\boldsymbol{\alpha}_2,\boldsymbol{\alpha}_3,\boldsymbol{\alpha}_4\}$来用施密特正交化方法求$L(\boldsymbol{\alpha}_1,\boldsymbol{\alpha}_2,\boldsymbol{\alpha}_3,\boldsymbol{\alpha}_4)$

的一组标准正交基.先正交化,令

$$\boldsymbol{\beta}_1=\boldsymbol{\alpha}_1=(2,1,3,1),$$

$$\boldsymbol{\beta}_2=\boldsymbol{\alpha}_2-\frac{(\boldsymbol{\alpha}_2,\boldsymbol{\beta}_1)}{(\boldsymbol{\beta}_1,\boldsymbol{\beta}_1)}\boldsymbol{\beta}_1=(1,2,0,1)-\frac{1}{3}(2,1,3,1)$$

$$=\left(\frac{1}{3},\frac{5}{3},-1,\frac{2}{3}\right),$$

$$\boldsymbol{\beta}_3=\boldsymbol{\alpha}_3-\frac{(\boldsymbol{\alpha}_3,\boldsymbol{\beta}_1)}{(\boldsymbol{\beta}_1,\boldsymbol{\beta}_1)}\boldsymbol{\beta}_1-\frac{(\boldsymbol{\alpha}_3,\boldsymbol{\beta}_2)}{(\boldsymbol{\beta}_2,\boldsymbol{\beta}_2)}\boldsymbol{\beta}_2$$

$$=(-1,1,-3,0)-\frac{-10}{15}(2,1,3,1)-\left(\frac{1}{3},\frac{5}{3},-1,\frac{2}{3}\right)$$

$$=(0,0,0,0).$$

这里求得的 $\boldsymbol{\beta}_3=\mathbf{0}$,表示 $\boldsymbol{\alpha}_3$ 可由 $\boldsymbol{\alpha}_1,\boldsymbol{\alpha}_2$ 线性表示,即 $\boldsymbol{\alpha}_1,\boldsymbol{\alpha}_2,\boldsymbol{\alpha}_3$ 是线性相关的.继续作正交化,求 $\boldsymbol{\beta}_4$,使 $\boldsymbol{\beta}_4$ 与 $\boldsymbol{\beta}_1,\boldsymbol{\beta}_2$ 都正交.得

$$\boldsymbol{\beta}_4=\boldsymbol{\alpha}_4-\frac{(\boldsymbol{\alpha}_4,\boldsymbol{\beta}_1)}{(\boldsymbol{\beta}_1,\boldsymbol{\beta}_1)}\boldsymbol{\beta}_1-\frac{(\boldsymbol{\alpha}_4,\boldsymbol{\beta}_2)}{(\boldsymbol{\beta}_2,\boldsymbol{\beta}_2)}\boldsymbol{\beta}_2$$

$$=(1,1,1,1)-\frac{7}{15}(2,1,3,1)-\frac{5}{13}\left(\frac{1}{3},\frac{5}{3},-1,\frac{2}{3}\right)$$

$$=\frac{1}{65}(-4,-7,-1,18).$$

再单位化,得

$$\boldsymbol{\varepsilon}_1=\frac{1}{\|\boldsymbol{\beta}_1\|}\boldsymbol{\beta}_1=\frac{1}{\sqrt{15}}(2,1,3,1),$$

$$\boldsymbol{\varepsilon}_2=\frac{1}{\|\boldsymbol{\beta}_2\|}\boldsymbol{\beta}_2=\frac{\sqrt{3}}{\sqrt{13}}\left(\frac{1}{3},\frac{5}{3},-1,\frac{2}{3}\right)=\frac{1}{\sqrt{39}}(1,5,-3,2),$$

$$\boldsymbol{\varepsilon}_4=\frac{1}{\|\boldsymbol{\beta}_4\|}\boldsymbol{\beta}_4=\frac{65}{\sqrt{390}}\left(\frac{-4}{65},\frac{-7}{65},\frac{-1}{65},\frac{18}{65}\right)=\frac{1}{\sqrt{390}}(-4,-7,-1,18).$$

所以,$\dim L(\boldsymbol{\alpha}_1,\boldsymbol{\alpha}_2,\boldsymbol{\alpha}_3,\boldsymbol{\alpha}_4)=3$,它的一组标准正交基为$\{\boldsymbol{\varepsilon}_1,\boldsymbol{\varepsilon}_2,\boldsymbol{\varepsilon}_4\}$.

5(习题 33) 设 $V_1=L(\boldsymbol{\alpha}_1,\boldsymbol{\alpha}_2,\boldsymbol{\alpha}_3)$,$V_2=L(\boldsymbol{\beta}_1,\boldsymbol{\beta}_2)$,求 $V_1\cap V_2$,V_1+V_2 的基和维数,其中:$\boldsymbol{\alpha}_1=(1,2,-1,-2)$,$\boldsymbol{\alpha}_2=(3,1,1,1)$,$\boldsymbol{\alpha}_3=(-1,0,1,-1)$;$\boldsymbol{\beta}_1=(2,6,-6,-5)$,$\boldsymbol{\beta}_2=(-1,2,-7,3)$.

解 设 $\boldsymbol{\xi}\in V_1\cap V_2$,即 $\boldsymbol{\xi}\in V_1$ 且 $\boldsymbol{\xi}\in V_2$,于是

$$\boldsymbol{\xi}=x_1\boldsymbol{\alpha}_1+x_2\boldsymbol{\alpha}_2+x_3\boldsymbol{\alpha}_3=-x_4\boldsymbol{\beta}_1-x_5\boldsymbol{\beta}_5,\tag{1}$$

即

$$x_1\boldsymbol{\alpha}_1+x_2\boldsymbol{\alpha}_2+x_3\boldsymbol{\alpha}_3+x_4\boldsymbol{\beta}_1+x_5\boldsymbol{\beta}_5=\mathbf{0}. \tag{2}$$

(2)式等价于下列齐次线性方程组 $\boldsymbol{Ax}=\mathbf{0}$,即

$$(\boldsymbol{\alpha}_1,\boldsymbol{\alpha}_2,\boldsymbol{\alpha}_3,\boldsymbol{\beta}_1,\boldsymbol{\beta}_2)\begin{pmatrix}x_1\\x_2\\x_3\\x_4\\x_5\end{pmatrix}=\begin{pmatrix}1&3&-1&2&-1\\2&1&0&6&2\\-1&1&1&-6&-7\\-2&1&-1&-5&3\end{pmatrix}\begin{pmatrix}x_1\\x_2\\x_3\\x_4\\x_5\end{pmatrix}=\begin{pmatrix}0\\0\\0\\0\end{pmatrix}. \tag{3}$$

对方程组(3)中系数矩阵 $\boldsymbol{A}$ 做初等行变换,将其化为阶梯形矩阵 $\boldsymbol{U}$,即

$$\boldsymbol{A}\to\begin{pmatrix}1&3&-1&2&-1\\0&1&0&-1&-2\\0&0&1&-3&-9\\0&0&0&1&4\end{pmatrix}\to\begin{pmatrix}1&0&0&0&-12\\0&1&0&0&2\\0&0&1&0&3\\0&0&0&1&4\end{pmatrix}=\boldsymbol{U}. \tag{4}$$

由(4)式得 $\boldsymbol{Ax}=\mathbf{0}$ 的一般解为

$$\boldsymbol{x}=(x_1,x_2,x_3,x_4,x_5)^{\mathrm{T}}=k(12,-2,-3,-4,1)^{\mathrm{T}}. \tag{5}$$

将(5)式中的 x_4,x_5 代入(1)式右端(或将 x_1,x_2,x_3 代入(1)式左端),即得 $V_1\cap V_2$ 中全部向量,即

$$\begin{aligned}V_1\cap V_2&=\{\boldsymbol{\xi}\mid\boldsymbol{\xi}=k(4\boldsymbol{\beta}_1-\boldsymbol{\beta}_5),k\text{ 为任意常数}\}\\&=\{\boldsymbol{\xi}\mid\boldsymbol{\xi}=k(9,22,-17,-23),k\text{ 为任意常数}\}.\end{aligned}$$

所以,$\dim(V_1\cap V_2)=1$. 它的基向量为 $\boldsymbol{\eta}=(9,22,-17,-23)$.

$$\begin{aligned}V_1+V_2&=L(\boldsymbol{\alpha}_1,\boldsymbol{\alpha}_2,\boldsymbol{\alpha}_3)+L(\boldsymbol{\beta}_1,\boldsymbol{\beta}_2)\\&=L(\boldsymbol{\alpha}_1,\boldsymbol{\alpha}_2,\boldsymbol{\alpha}_3,\boldsymbol{\beta}_1,\boldsymbol{\beta}_2).\end{aligned}$$

由(4)式可见,$\{\boldsymbol{\alpha}_1,\boldsymbol{\alpha}_2,\boldsymbol{\alpha}_3,\boldsymbol{\beta}_1,\boldsymbol{\beta}_2\}$ 的一个极大线性无关组为 $\{\boldsymbol{\alpha}_1,\boldsymbol{\alpha}_2,\boldsymbol{\alpha}_3,\boldsymbol{\beta}_1\}$,所以

$$\dim(V_1+V_2)=4,\quad\text{即}\quad V_1+V_2=\mathbb{R}^4,$$

$\{\boldsymbol{\alpha}_1,\boldsymbol{\alpha}_2,\boldsymbol{\alpha}_3,\boldsymbol{\beta}_1\}$ 是它的一组基. 当然,既然 $V_1+V_2=\mathbb{R}^4$,那么,$\mathbb{R}^4$ 的任何基(例如自然基 $\boldsymbol{\varepsilon}_1,\boldsymbol{\varepsilon}_2,\boldsymbol{\varepsilon}_3,\boldsymbol{\varepsilon}_4$)也都是 V_1+V_2 的基.

6 (习题 30) 设 $\boldsymbol{A}=\begin{pmatrix}1&0&0\\0&\omega&0\\0&0&\omega^2\end{pmatrix}$,其中 $\omega=\dfrac{-1+\sqrt{3}\mathrm{i}}{2}$.

(1) 证明 $\boldsymbol{A}$ 的全体实系数多项式,对于矩阵多项式的加法和数量乘法构成实数域上的线性空间.

(2) 求这个线性空间的维数及一组基.

解 (1) $\mathbf{A}$ 的全体实系数多项式构成的集合,记为

$$P(\mathbf{A})=\{p(\mathbf{A})\mid p(\mathbf{A})=a_0\boldsymbol{I}+a_1\mathbf{A}+\cdots+a_n\mathbf{A}^n, n\in\mathbb{N}, a_i\in\mathbb{R}\}.$$

欲证明 $P(\mathbf{A})$关于矩阵多项式的加法和数量乘法构成实数域上的线性空间,应按定义,证明 $P(\mathbf{A})$关于两种运算封闭,而且满足两种运算的 8 条规则.

设 $p_1(\mathbf{A}),p_2(\mathbf{A})\in P(\mathbf{A}),k\in\mathbb{R}$,且

$$p_1(\mathbf{A})=a_0\boldsymbol{I}+a_1\mathbf{A}+\cdots+a_m\mathbf{A}^m,$$

$$p_2(\mathbf{A})=b_0\boldsymbol{I}+b_1\mathbf{A}+\cdots+b_m\mathbf{A}^m+\cdots+b_n\mathbf{A}^n$$

(其中 m,n 为任意自然数,$\boldsymbol{I}=\mathbf{A}^0$),则

$$p_1(\mathbf{A})+p_2(\mathbf{A})=(a_0+b_0)\boldsymbol{I}+(a_1+b_1)\mathbf{A}+\cdots+(a_m+b_m)\mathbf{A}^m+\cdots+b_n\mathbf{A}^n\in P(\mathbf{A}),$$

$$kp_1(\mathbf{A})=ka_0\boldsymbol{I}+ka_1\mathbf{A}+\cdots+ka_m\mathbf{A}^m\in P(\mathbf{A}).$$

所以,$P(\mathbf{A})$关于矩阵多项式的加法和数量乘法的两种运算封闭.而且两种运算显然满足定义中规定的 8 条规则(不详述),其中:

第 3 条,加法的零元素为 $\mathbf{A}$ 的零多项式 $\theta(\mathbf{A})$(即系数全为 0 的多项式),因此,$\forall\, p(\mathbf{A})$,均有 $p(\mathbf{A})+\theta(\mathbf{A})=p(\mathbf{A})$.

第 4 条,$p(\mathbf{A})$ 的负元为 $-p(\mathbf{A})$,于是 $\forall\, p(\mathbf{A})$,均有 $p(\mathbf{A})+(-p(\mathbf{A}))=\theta(\mathbf{A})$.

因此,$P(\mathbf{A})$关于上述两种运算构成实数域上的一个线性空间.

(2) 由于 $\omega^3=1$,即 ω 是方程 $x^3-1=0$ 的一个根,所以

$$\mathbf{A}^2=\begin{pmatrix}1&0&0\\0&\omega^2&0\\0&0&\omega\end{pmatrix},\quad \mathbf{A}^3=\begin{pmatrix}1&0&0\\0&1&0\\0&0&1\end{pmatrix}=\boldsymbol{I}.$$

因此,$\mathbf{A}$ 的任意实系数多项式 $p(\mathbf{A})$均可由 $\boldsymbol{I},\mathbf{A},\mathbf{A}^2$ 线性表示,而 $\boldsymbol{I},\mathbf{A},\mathbf{A}^2$ 是线性无关的,即,设

$$k_1\boldsymbol{I}+k_2\mathbf{A}+k_3\mathbf{A}^2=\mathbf{0}(\text{零矩阵}).\tag{1}$$

(1)式即为

$$\begin{pmatrix}k_1+k_2+k_3&0&0\\0&k_1+k_2\omega+k_3\omega^2&0\\0&0&k_1+k_2\omega^2+k_3\omega\end{pmatrix}=\mathbf{0}_{3\times3}.$$

于是

$$\begin{cases} k_1+k_2+k_3=0, \\ k_1+k_2\omega+k_3\omega^2=0, \\ k_1+k_2\omega^2+k_3\omega=0. \end{cases} \tag{2}$$

方程组(2)只有零解,因为系数系列式

$$\begin{vmatrix} 1 & 1 & 1 \\ 1 & \omega & \omega^2 \\ 1 & \omega^2 & \omega \end{vmatrix} = 3\omega^2-3\omega=3\left(\frac{-1-\sqrt{3}\mathrm{i}}{2}-\frac{1+\sqrt{3}\mathrm{i}}{2}\right)\neq 0.$$

综上,$P(\boldsymbol{A})$为三维线性空间,它的一组基为$\{\boldsymbol{I},\boldsymbol{A},\boldsymbol{A}^2\}$.

7 (习题32)　设

$$\boldsymbol{A}=\begin{pmatrix} 1 & 0 & 0 \\ 0 & 1 & 0 \\ 3 & 2 & 2 \end{pmatrix}.$$

求$\mathbb{R}^{3\times 3}$中全体与$\boldsymbol{A}$可交换的矩阵所组成的子空间的维数及一组基.

解　设$\boldsymbol{B}=(b_{ij})_{3\times 3}$与$\boldsymbol{A}$可交换,即$\boldsymbol{AB}=\boldsymbol{BA}$,于是

$$\begin{pmatrix} 1 & 0 & 0 \\ 0 & 1 & 0 \\ 3 & 2 & 2 \end{pmatrix}\begin{pmatrix} b_{11} & b_{12} & b_{13} \\ b_{21} & b_{22} & b_{23} \\ b_{31} & b_{32} & b_{33} \end{pmatrix}=\begin{pmatrix} b_{11} & b_{12} & b_{13} \\ b_{21} & b_{22} & b_{23} \\ b_{31} & b_{32} & b_{33} \end{pmatrix}\begin{pmatrix} 1 & 0 & 0 \\ 0 & 1 & 0 \\ 3 & 2 & 2 \end{pmatrix},$$

即

$$\begin{pmatrix} b_{11} & b_{12} & b_{13} \\ b_{21} & b_{22} & b_{23} \\ 3b_{11}+2b_{21}+2b_{31} & 3b_{12}+2b_{22}+2b_{32} & 3b_{13}+2b_{23}+2b_{33} \end{pmatrix}$$

$$=\begin{pmatrix} b_{11}+3b_{13} & b_{12}+2b_{13} & 2b_{13} \\ b_{21}+3b_{23} & b_{22}+2b_{23} & 2b_{23} \\ b_{31}+3b_{33} & b_{32}+2b_{33} & 2b_{33} \end{pmatrix}. \tag{1}$$

由(1)式两端矩阵对应元素相等,得

$$b_{13}=b_{23}=0,$$

$$\begin{cases} -b_{31}+3b_{33}=3b_{11}+2b_{21}, \\ -b_{32}+2b_{33}=3b_{12}+2b_{22}, \end{cases} \tag{2}$$

其中$b_{11},b_{12},b_{21},b_{22}$可任取.再由第3行第3列元素相等,得$2b_{33}=2b_{33}$,这表

明 b_{33} 也可任取.如此,由方程组(2)可解得:

$$b_{31}=-3b_{11}-2b_{21}+3b_{33},$$
$$b_{32}=-3b_{12}-2b_{22}+2b_{33}.$$

综上,与 $\boldsymbol{A}$ 可交换的所有矩阵 $\boldsymbol{B}$ 为

$$\boldsymbol{B}=\begin{pmatrix} b_{11} & b_{12} & 0 \\ b_{21} & b_{22} & 0 \\ -3b_{11}-2b_{21}+3b_{33} & -3b_{12}-2b_{22}+2b_{33} & b_{33} \end{pmatrix}. \tag{3}$$

(3)式的 $\boldsymbol{B}$ 可表示为

$$\boldsymbol{B}=b_{11}\begin{pmatrix} 1 & 0 & 0 \\ 0 & 0 & 0 \\ -3 & 0 & 0 \end{pmatrix}+b_{12}\begin{pmatrix} 0 & 1 & 0 \\ 0 & 0 & 0 \\ 0 & -3 & 0 \end{pmatrix}+b_{21}\begin{pmatrix} 0 & 0 & 0 \\ 1 & 0 & 0 \\ -2 & 0 & 0 \end{pmatrix}+$$
$$b_{22}\begin{pmatrix} 0 & 0 & 0 \\ 0 & 1 & 0 \\ 0 & -2 & 0 \end{pmatrix}+b_{33}\begin{pmatrix} 0 & 0 & 0 \\ 0 & 0 & 0 \\ 3 & 2 & 1 \end{pmatrix}, \tag{4}$$

其中:$b_{11},b_{12},b_{21},b_{22},b_{33}$ 为任意常数.

结论:与 $\boldsymbol{A}$ 可交换的所有矩阵 $\boldsymbol{B}$,是(4)式中 5 个矩阵的所有线性组合,即是由这 5 个矩阵生成的 $\mathbb{R}^{3\times 3}$ 的一个子空间.这 5 个矩阵是线性无关的,因为设(4)式等于零矩阵,即(3)式为零矩阵,则必有 $b_{11}=b_{12}=b_{21}=b_{22}=b_{33}=0$.因此,这个子空间的维数为 5,而(4)式中的 5 个矩阵就是它的一组基.

8(习题 28) 设 $\mathbb{R}[x]_5$ 的旧基为 $B_1=\{1,x,x^2,x^3,x^4\}$;新基 $B_2=\{1,1+x,1+x+x^2,1+x+x^2+x^3,1+x+x^2+x^3+x^4\}$.

(1) 求由旧基到新基的过渡矩阵;

(2) 求多项式 $p(x)=1+2x+3x^2+4x^3+5x^4$ 在 B_2 下的坐标;

(3) 若多项式 $f(x)$ 在基 B_2 下的坐标为 $(1,2,3,4,5)^{\mathrm{T}}$,求它在基 B_1 下的坐标.

解 (1) 记基 B_2 中的 5 个多项式依次为 $p_0(x),p_1(x),p_2(x),p_3(x),p_4(x)$.则

$$(p_0(x),p_1(x),p_2(x),p_3(x),p_4(x))$$
$$=(1,x,x^2,x^3,x^4)\begin{pmatrix} 1 & 1 & 1 & 1 & 1 \\ 0 & 1 & 1 & 1 & 1 \\ 0 & 0 & 1 & 1 & 1 \\ 0 & 0 & 0 & 1 & 1 \\ 0 & 0 & 0 & 0 & 1 \end{pmatrix}. \tag{1}$$

(1)式右端矩阵 $\boldsymbol{A}$ 就是旧基 $\boldsymbol{B}_1$ 到新基 $\boldsymbol{B}_2$ 的过渡矩阵.

(2) 设 $p(x)$ 在基 B_1,B_2 下的坐标依次为 $\{p(x)\}_{B_1}=(x_1,x_2,x_3,x_4,x_5)^{\mathrm{T}}=(1,2,3,4,5)^{\mathrm{T}}$, $\{p(x)\}_{B_2}=(y_1,y_2,y_3,y_4,y_5)^{\mathrm{T}}$,则

$$\begin{pmatrix}y_1\\y_2\\y_3\\y_4\\y_5\end{pmatrix}=\boldsymbol{A}^{-1}\begin{pmatrix}x_1\\x_2\\x_3\\x_4\\x_5\end{pmatrix}=\begin{pmatrix}1&-1&0&0&0\\0&1&-1&0&0\\0&0&1&-1&0\\0&0&0&1&-1\\0&0&0&0&1\end{pmatrix}\begin{pmatrix}1\\2\\3\\4\\5\end{pmatrix}=\begin{pmatrix}-1\\-1\\-1\\-1\\5\end{pmatrix}.$$

(3) 法 1:也设 $\{f(x)\}_{B_1}=(x_1,x_2,x_3,x_4,x_5)^{\mathrm{T}}$, $\{f(x)\}_{B_2}=(y_1,y_2,y_3,y_4,y_5)^{\mathrm{T}}=(1,2,3,4,5)^{\mathrm{T}}$,则

$$\begin{pmatrix}x_1\\x_2\\x_3\\x_4\\x_5\end{pmatrix}=\boldsymbol{A}\begin{pmatrix}1\\2\\3\\4\\5\end{pmatrix}=\begin{pmatrix}1&1&1&1&1\\0&1&1&1&1\\0&0&1&1&1\\0&0&0&1&1\\0&0&0&0&1\end{pmatrix}\begin{pmatrix}1\\2\\3\\4\\5\end{pmatrix}=\begin{pmatrix}15\\14\\12\\9\\5\end{pmatrix}.$$

法 2:由 $\{f(x)\}_{B_2}=(1,2,3,4,5)^{\mathrm{T}}$,得

$$\begin{aligned}f(x)&=1\cdot p_0(x)+2p_1(x)+3p_2(x)+4p_3(x)+5p_4(x)\\&=1+2(1+x)+3(1+x+x^2)+4(1+x+x^2+x^3)+\\&\quad 5(1+x+x^2+x^3+x^4)\\&=15+14x+12x^2+9x^3+5x^4.\end{aligned}$$

所以 $\{f(x)\}_{B_1}=(15,14,12,9,5)^{\mathrm{T}}$.

9 (习题 25) 设 $\boldsymbol{\alpha},\boldsymbol{\beta},\boldsymbol{\gamma}\in\mathbb{R}^n$, $c_1,c_2,c_3\in\mathbb{R}$,且 $c_1c_3\neq0$,证明:若 $c_1\boldsymbol{\alpha}+c_2\boldsymbol{\beta}+c_3\boldsymbol{\gamma}=\boldsymbol{0}$,则 $L(\boldsymbol{\alpha},\boldsymbol{\beta})=L(\boldsymbol{\beta},\boldsymbol{\gamma})$.

证 由于子空间是向量的集合,因此要证明两个子空间相等,必须证明它们互相包含.

先证: $L(\boldsymbol{\alpha},\boldsymbol{\beta})\subset L(\boldsymbol{\beta},\boldsymbol{\gamma})$.

设 $\boldsymbol{\xi}\in L(\boldsymbol{\alpha},\boldsymbol{\beta})$ 即 $\boldsymbol{\xi}=k_1\boldsymbol{\alpha}+k_2\boldsymbol{\beta}$,由于

$$c_1\boldsymbol{\alpha}+c_2\boldsymbol{\beta}+c_3\boldsymbol{\gamma}=\boldsymbol{0}\quad(c_1\neq0),$$

所以 $\boldsymbol{\alpha}=-\frac{c_2}{c_1}\boldsymbol{\beta}-\frac{c_3}{c_1}\boldsymbol{\gamma}$,因此

$$\boldsymbol{\xi}=\left(-\frac{c_2}{c_1}k_1+k_2\right)\boldsymbol{\beta}-\frac{c_3}{c_1}k_1\boldsymbol{\gamma}\in L(\boldsymbol{\beta},\boldsymbol{\gamma}),$$

故 $L(\boldsymbol{\alpha},\boldsymbol{\beta})\subset L(\boldsymbol{\beta},\boldsymbol{\gamma})$，

再证：$L(\boldsymbol{\beta},\boldsymbol{\gamma})\subset L(\boldsymbol{\alpha},\boldsymbol{\beta})$.

设 $\boldsymbol{\eta}\in L(\boldsymbol{\beta},\boldsymbol{\gamma})$，即 $\boldsymbol{\eta}=k_1\boldsymbol{\beta}+k_2\boldsymbol{\gamma}$，再由 $c_1\boldsymbol{\alpha}+c_2\boldsymbol{\beta}+c_3\boldsymbol{\gamma}=\mathbf{0}(c_3\neq0)$，得

$$\boldsymbol{\gamma}=-\frac{c_1}{c_3}\boldsymbol{\alpha}-\frac{c_2}{c_3}\boldsymbol{\beta},$$

因此
$$\boldsymbol{\eta}=-\frac{c_1}{c_3}k_2\boldsymbol{\alpha}+\left(k_1-\frac{c_2}{c_3}k_2\right)\boldsymbol{\beta}\in L(\boldsymbol{\alpha},\boldsymbol{\beta}),$$

故 $L(\boldsymbol{\beta},\boldsymbol{\gamma})\subset L(\boldsymbol{\alpha},\boldsymbol{\beta})$.

综上，即得 $L(\boldsymbol{\alpha},\boldsymbol{\beta})=L(\boldsymbol{\beta},\boldsymbol{\gamma})$.

10（习题 27） 设$\{\boldsymbol{\alpha}_1,\boldsymbol{\alpha}_2,\cdots,\boldsymbol{\alpha}_n\}$是 n 维线性空间 V 的一组基，又 V 中向量 $\boldsymbol{\alpha}_{n+1}$ 在这组基下的坐标$(x_1,x_2,\cdots,x_n)$全不为零. 证明 $\boldsymbol{\alpha}_1,\boldsymbol{\alpha}_2,\cdots,\boldsymbol{\alpha}_n,\boldsymbol{\alpha}_{n+1}$ 中任意 n 个向量必构成 V 的一组基，并求 $\boldsymbol{\alpha}_1$ 在基$\{\boldsymbol{\alpha}_2,\cdots,\boldsymbol{\alpha}_n,\boldsymbol{\alpha}_{n+1}\}$下的坐标.

证 先证明 $\boldsymbol{\alpha}_1,\cdots,\boldsymbol{\alpha}_{i-1},\boldsymbol{\alpha}_{i+1},\cdots,\boldsymbol{\alpha}_n,\boldsymbol{\alpha}_{n+1}(1\leqslant i\leqslant n)$线性无关(即是 V 的一组基). 设

$$k_1\boldsymbol{\alpha}_1+\cdots+k_{i-1}\boldsymbol{\alpha}_{i-1}+k_{i+1}\boldsymbol{\alpha}_{i+1}+\cdots+k_n\boldsymbol{\alpha}_n+k_{n+1}\boldsymbol{\alpha}_{n+1}=\mathbf{0}, \tag{1}$$

则 $k_{n+1}=0$（否则 $\boldsymbol{\alpha}_{n+1}=\dfrac{-1}{k_{n+1}}(k_1\boldsymbol{\alpha}_1+\cdots+k_{i-1}\boldsymbol{\alpha}_{i-1}+0\cdot\boldsymbol{\alpha}_i+k_{i+1}\boldsymbol{\alpha}_{i+1}+\cdots+k_n\boldsymbol{\alpha}_n)$，这与 $\boldsymbol{\alpha}_{n+1}$ 在基$\{\boldsymbol{\alpha}_1,\cdots,\boldsymbol{\alpha}_n\}$下的坐标全不为零矛盾），从而(1)式中的其余系数也必须全为零(因为 $\boldsymbol{\alpha}_1,\cdots,\boldsymbol{\alpha}_{i-1},\boldsymbol{\alpha}_{i+1},\cdots,\boldsymbol{\alpha}_n$ 线性无关). 故 $\boldsymbol{\alpha}_1,\boldsymbol{\alpha}_2,\cdots,\boldsymbol{\alpha}_n,\boldsymbol{\alpha}_{n+1}$ 中任何 n 个向量都是 V 的一组基.

再由 $\boldsymbol{\alpha}_{n+1}=x_1\boldsymbol{\alpha}_1+x_2\boldsymbol{\alpha}_2+\cdots+x_n\boldsymbol{\alpha}_n(x_i\neq0,i=1,2,\cdots,n)$，得

$$\boldsymbol{\alpha}_1=-\frac{1}{x_1}(x_2\boldsymbol{\alpha}_2+\cdots+x_n\boldsymbol{\alpha}_n)+\boldsymbol{\alpha}_{n+1},$$

所以 $\boldsymbol{\alpha}_1$ 在基$\{\boldsymbol{\alpha}_2,\cdots,\boldsymbol{\alpha}_n,\boldsymbol{\alpha}_{n+1}\}$下的坐标为$\left(-\dfrac{x_2}{x_1},\cdots,-\dfrac{x_n}{x_1},1\right)$.

11（习题 36） 设 $\boldsymbol{A}=\begin{pmatrix}1&1&-1&0&1\\2&3&1&-1&0\\0&1&3&-1&-2\\4&1&-13&3&10\end{pmatrix}$.

(1) 求矩阵 $\boldsymbol{A}$ 的列空间和行空间的基和维数;

(2) 求矩阵 $\boldsymbol{A}$ 的零空间的基和维数;

(3) 求 $\boldsymbol{A}$ 的行空间的正交补的维数.

解 (1) 矩阵 $\boldsymbol{A}$ 的列空间 $R(\boldsymbol{A})$ 和行空间 $R(\boldsymbol{A}^{\mathrm{T}})$,分别是 $\boldsymbol{A}$ 的列向量组 $\{\boldsymbol{\beta}_1,\boldsymbol{\beta}_2,\boldsymbol{\beta}_3,\boldsymbol{\beta}_4,\boldsymbol{\beta}_5\}$ 和行向量组 $\{\boldsymbol{\alpha}_1,\boldsymbol{\alpha}_2,\boldsymbol{\alpha}_3,\boldsymbol{\alpha}_4\}$ 生成的子空间. 所以 $\boldsymbol{A}$ 列(行)向量组的极大线性无关组就是 $\boldsymbol{A}$ 的列(行)空间的基. 对 $\boldsymbol{A}$ 做初等行变换,将其化为阶梯形矩阵 $\boldsymbol{U}$,即

$$\boldsymbol{A}\xrightarrow[\text{行变换}]{\text{初等}}\begin{bmatrix}1 & 0 & -4 & 1 & 3\\ 0 & 1 & 3 & -1 & -2\\ 0 & 0 & 0 & 0 & 0\\ 0 & 0 & 0 & 0 & 0\end{bmatrix}=\boldsymbol{U}. \tag{1}$$

由此可见,秩$(\boldsymbol{A})$=秩$(\boldsymbol{U})=2$. 所以,$\dim R(\boldsymbol{A})=\dim R(\boldsymbol{A}^{\mathrm{T}})=2$. 由于 $\boldsymbol{A}$ 的列向量与 $\boldsymbol{U}$ 的对应的列向量有相同的线性相关性,所以 $\boldsymbol{A}$ 的第1,2列 $\boldsymbol{\beta}_1,\boldsymbol{\beta}_2$ 是 $\boldsymbol{A}$ 的列向量组的极大线性无关组,也就是 $\boldsymbol{A}$ 的列空间 $R(\boldsymbol{A})$ 的基. 事实上,由于秩$(\boldsymbol{A})=2$,而 $\boldsymbol{A}$ 的任意两个列向量都是不成比例的非零向量,所以,$\boldsymbol{A}$ 的任意两个列向量都是 $R(\boldsymbol{A})$ 的基. 同理,$\boldsymbol{A}$ 的任意两个行向量也都是 $\boldsymbol{A}$ 的行空间 $R(\boldsymbol{A}^{\mathrm{T}})$ 的基.

(2) $\boldsymbol{A}$ 的零空间 $N(\boldsymbol{A})$ 就是齐次线性方程组 $\boldsymbol{Ax}=\boldsymbol{0}$ 的解空间. 由(1)易得 $\boldsymbol{Ax}=\boldsymbol{0}$ 的基础解系,即 $N(\boldsymbol{A})$ 的基为 $\{\boldsymbol{x}_1,\boldsymbol{x}_2,\boldsymbol{x}_3\}$. 其中

$$\boldsymbol{x}_1=(4,-3,1,0,0)^{\mathrm{T}},\quad \boldsymbol{x}_2=(-1,1,0,1,0)^{\mathrm{T}},\quad \boldsymbol{x}_3=(-3,2,0,0,1)^{\mathrm{T}}.$$

$\dim N(\boldsymbol{A})=3$.

(3) $\boldsymbol{A}$ 的行空间的正交补 $R(\boldsymbol{A}^{\mathrm{T}})^{\perp}$ 就是 $\boldsymbol{A}$ 的零空间,于是 $\dim R(\boldsymbol{A}^{\mathrm{T}})^{\perp}=\dim N(\boldsymbol{A})=3$. 因为: $\boldsymbol{Ax}=\boldsymbol{0}$ 的解向量与 $\boldsymbol{A}$ 的行向量都正交,所以 $N(\boldsymbol{A})\perp R(\boldsymbol{A}^{\mathrm{T}})$,而且秩$(\boldsymbol{A})+\dim N(\boldsymbol{A})=n=5$,即 $\dim R(\boldsymbol{A}^{\mathrm{T}})+\dim N(\boldsymbol{A})=5$,于是 $R(\boldsymbol{A}^{\mathrm{T}})\oplus N(\boldsymbol{A})=\mathbb{R}^n$.

12 (习题37) 在 $\mathbb{R}^3$ 中,下列子空间哪些是正交子空间? 哪些互为正交补? 并说明理由.

(1) $W_1=\{(x,y,z)\mid 3x-y+2z=0\}$;

(2) $W_2=\{(x,y,z)\mid x-y-2z=0\}$;

(3) $W_3=\left\{(x,y,z)\mid \dfrac{x}{3}=\dfrac{y}{-1}=\dfrac{z}{2}\right\}$;

(4) $W_4=\left\{(x,y,z)\mid \frac{x}{3}=\frac{y}{5}=\frac{z}{-2}\right\}$.

解 $W_1\perp W_3$，且互为正交补，其理由有两种说法：

一是：W_1 与 W_3 分别是过原点的平面 $3x-y+2z=0$ 与过原点的直线 $\frac{x}{3}=\frac{y}{-1}=\frac{z}{2}$ 上的全体向量，而平面的法向量 $\boldsymbol{n}_1=(3,-1,2)=\boldsymbol{s}_3$（直线的方向向量），即直线垂直于平面，所以直线上的向量与平面上的向量都互相垂直，即 $W_1\perp W_3$；而且 $\dim W_1+\dim W_3=2+1=3$. $W_1\cap W_3=\{0\}$，即 $W_1\oplus W_3=\mathbb{R}^3$. 因此，$W_1$ 与 W_3 互为正交补.

二是：W_1 是齐次线性方程 $3x-y+2z=0$ 的解空间，它与该方程的系数矩阵 $(3,-1,2)$ 的行空间 $L(3,-1,2)$ 互为正交补；W_3 是齐次线性方程组 $\frac{x}{3}=\frac{y}{-1}=\frac{z}{2}$ 的解空间，它的基向量为 $(3,-1,2)$，它的全部解为 $k(3,-1,2)$（k 为任意常数），所以 $W_3=L(3,-1,2)$ 就是前者的行空间，因此，W_1 与 W_3 互为正交补.

这两种说法，前者是从 $\mathbb{R}^3$ 中子空间的几何意义上而言，后者是从齐次线性方程的解空间来阐述.

W_3 与 W_4 是正交子空间，即 $W_3\perp W_4$，但不是互为正交补. 从几何意义上说，W_3 与 W_4 分别是过原点的两条直线上的全体向量，而两条直线的方向向量 $\boldsymbol{s}_3=(3,-1,2)$ 与 $\boldsymbol{s}_4=(3,5,-2)$ 是正交的（因为 $(\boldsymbol{s}_3,\boldsymbol{s}_4)=9-5-4=0$），所以 $W_3\perp W_4$，但是 $\dim W_3+\dim W_4=2$，即 $W_3\oplus W_4\neq\mathbb{R}^3$，因此，它们不是互为正交补.

但要注意：W_1 与 W_2 不是正交子空间. 虽然两个过原点的平面 $3x-y+2z=0$ 与 $x-y-2z=0$ 是垂直的（因为它们的法向量 $\boldsymbol{n}_1=(3,-1,2)$ 与 $\boldsymbol{n}_2=(1,-1,-2)$ 是垂直的），但这两个平面的交线上的全体向量 $k(2,4,-1)\in W_1\cap W_2$（k 为任意常数），而 $k(2,4,-1)$ 与其自身是不正交的. 所以 W_1 与 W_2 不是正交子空间.

13（习题 38,40） 设 $\boldsymbol{\alpha}=(x_1,x_2,x_3)\in\mathbb{R}^3$，证明：

$$\sigma(\boldsymbol{\alpha})=(x_1,x_2,-x_3)$$

是线性变换，并分别求它在自然基 $B_1=\{\boldsymbol{\varepsilon}_1,\boldsymbol{\varepsilon}_2,\boldsymbol{\varepsilon}_3\}$ 和基 $B_2=\{\boldsymbol{\alpha}_1,\boldsymbol{\alpha}_2,\boldsymbol{\alpha}_3\}$ 下的

对应矩阵.其中:$\boldsymbol{\alpha}_1=(1,0,0)$,$\boldsymbol{\alpha}_2=(-1,1,0)$,$\boldsymbol{\alpha}_3=(1,-1,1)$.

解 证明$\sigma(\boldsymbol{\alpha})$为$\mathbb{R}^3$的一个线性变换,按定义,需要证明:$\forall \boldsymbol{\alpha},\boldsymbol{\beta}\in\mathbb{R}^3$,$k\in\mathbb{R}$,恒有

$$\sigma(\boldsymbol{\alpha}+\boldsymbol{\beta})=\sigma(\boldsymbol{\alpha})+\sigma(\boldsymbol{\beta});\quad \sigma(k\boldsymbol{\alpha})=k\sigma(\boldsymbol{\alpha}).$$

设$\boldsymbol{\alpha}=(x_1,x_2,x_3)$, $\boldsymbol{\beta}=(y_1,y_2,y_3)\in\mathbb{R}^3$, $k\in\mathbb{R}$,则

$$\begin{aligned}\sigma(\boldsymbol{\alpha}+\boldsymbol{\beta})&=\sigma(x_1+y_1,x_2+y_2,x_3+y_3)\\&=(x_1+y_1,x_2+y_2,-x_3-y_3)\\&=(x_1+x_2-x_3)+(y_1+y_2-y_3)=\sigma(\boldsymbol{\alpha})+\sigma(\boldsymbol{\beta}),\end{aligned}\tag{1}$$

$$\begin{aligned}\sigma(k\boldsymbol{\alpha})&=\sigma(kx_1,kx_2,kx_3)\\&=(kx_1,kx_2,-kx_3)=k(x_1,x_2,-x_3)=k\sigma(\boldsymbol{\alpha}).\end{aligned}\tag{2}$$

由(1),(2)式可见,$\sigma(\boldsymbol{\alpha})=(x_1,x_2,-x_3)$是$\mathbb{R}^3$的一个线性变换.

如果$\boldsymbol{\alpha}=(x_1,x_2,x_3)$是$\boldsymbol{\alpha}$在自然基$\{\boldsymbol{\varepsilon}_1,\boldsymbol{\varepsilon}_2,\boldsymbol{\varepsilon}_3\}$下的坐标,则

$$\sigma(x_1,x_2,x_3)=(x_1,x_2,-x_3)$$

的几何意义是:σ把向量$\boldsymbol{\alpha}=(x_1,x_2,x_3)$变换为与$\boldsymbol{\varepsilon}_1,\boldsymbol{\varepsilon}_2$所确定的平面相对称的向量$\boldsymbol{\xi}=(x_1,x_2,-x_3)$,所以$\sigma$是关于$\{\boldsymbol{\varepsilon}_1,\boldsymbol{\varepsilon}_2\}$平面的镜像变换(或称镜面反射).

根据线性变换σ在一组基$B=\{\boldsymbol{\beta}_1,\boldsymbol{\beta}_2,\boldsymbol{\beta}_3\}$下对应的矩阵的定义

$$\begin{aligned}\sigma(\boldsymbol{\beta}_1,\boldsymbol{\beta}_2,\boldsymbol{\beta}_3)&=(\sigma(\boldsymbol{\beta}_1),\sigma(\boldsymbol{\beta}_2),\sigma(\boldsymbol{\beta}_3))\\&=(\boldsymbol{\beta}_1,\boldsymbol{\beta}_2,\boldsymbol{\beta}_3)\begin{pmatrix}a_{11}&a_{12}&a_{13}\\a_{21}&a_{22}&a_{23}\\a_{31}&a_{32}&a_{33}\end{pmatrix}.\end{aligned}\tag{3}$$

(3)中右端矩阵$\mathbf{A}=(a_{ij})_{3\times3}$称为$\sigma$在基$B$下对应的矩阵.求$\mathbf{A}$的关键是求$\sigma$关于基$B$的象$\sigma(\boldsymbol{\beta}_1)$,$\sigma(\boldsymbol{\beta}_2)$,$\sigma(\boldsymbol{\beta}_3)$,并将它们表示为基$B$的线性组合.

先求σ关于自然基$B_1=\{\boldsymbol{\varepsilon}_1,\boldsymbol{\varepsilon}_2,\boldsymbol{\varepsilon}_3\}$对应的矩阵$\mathbf{A}$,由

$$\begin{aligned}\sigma(\boldsymbol{\varepsilon}_1)&=\sigma(1,0,0)=(1,0,0)=\boldsymbol{\varepsilon}_1,\\\sigma(\boldsymbol{\varepsilon}_2)&=\sigma(0,1,0)=(0,1,0)=\boldsymbol{\varepsilon}_2,\\\sigma(\boldsymbol{\varepsilon}_3)&=\sigma(0,0,1)=(0,0,-1)=-\boldsymbol{\varepsilon}_3,\end{aligned}$$

即得

$$\sigma(\boldsymbol{\varepsilon}_1,\boldsymbol{\varepsilon}_2,\boldsymbol{\varepsilon}_3)=(\boldsymbol{\varepsilon}_1,\boldsymbol{\varepsilon}_2,\boldsymbol{\varepsilon}_3)\begin{pmatrix}1&0&0\\0&1&0\\0&0&-1\end{pmatrix}.\tag{4}$$

(4)式右端的矩阵即为所求的矩阵 $\boldsymbol{A}$.

再求 σ 关于基 $B_2=\{\boldsymbol{\alpha}_1,\boldsymbol{\alpha}_2,\boldsymbol{\alpha}_3\}$ 对应的矩阵 $\boldsymbol{B}$,由

$$\begin{cases}\sigma(\boldsymbol{\alpha}_1)=\sigma(1,0,0)=(1,0,0)=\boldsymbol{\alpha}_1,\\ \sigma(\boldsymbol{\alpha}_2)=\sigma(-1,1,0)=(-1,1,0)=\boldsymbol{\alpha}_2,\\ \sigma(\boldsymbol{\alpha}_3)=\sigma(1,-1,1)=(1,-1,-1)=\boldsymbol{\xi}.\end{cases} \tag{5}$$

这里的关键是要把 $\boldsymbol{\xi}$ 表示为 $\boldsymbol{\alpha}_1,\boldsymbol{\alpha}_2,\boldsymbol{\alpha}_3$ 的线性组合,此时容易看出

$$\begin{aligned}\boldsymbol{\xi}&=(1,-1,-1)=-(1,-1,1)+(2,-2,0)\\&=-2(-1,1,0)-(1,-1,1)=-2\boldsymbol{\alpha}_2-\boldsymbol{\alpha}_3.\end{aligned} \tag{6}$$

将(6)式代入(5)式中第3式子,即得

$$\sigma(\boldsymbol{\alpha}_1,\boldsymbol{\alpha}_2,\boldsymbol{\alpha}_3)=(\boldsymbol{\alpha}_1,\boldsymbol{\alpha}_2,\boldsymbol{\alpha}_3)\begin{pmatrix}1&0&0\\0&1&-2\\0&0&-1\end{pmatrix}. \tag{7}$$

(7)式右端的矩阵即为所求的矩阵 $\boldsymbol{B}$. 求 $\boldsymbol{B}$ 的一般方法为:

$$\sigma(\boldsymbol{\alpha}_1,\boldsymbol{\alpha}_2,\boldsymbol{\alpha}_3)=\begin{pmatrix}1&-1&1\\0&1&-1\\0&0&-1\end{pmatrix}=(\boldsymbol{\alpha}_1,\boldsymbol{\alpha}_2,\boldsymbol{\alpha}_3)\boldsymbol{B}. \tag{8}$$

将 $\boldsymbol{\alpha}_1,\boldsymbol{\alpha}_2,\boldsymbol{\alpha}_3$ 按列向量代入(8)式,即得

$$\begin{aligned}\boldsymbol{B}&=\begin{pmatrix}1&-1&1\\0&1&-1\\0&0&1\end{pmatrix}^{-1}\begin{pmatrix}1&-1&1\\0&1&-1\\0&0&-1\end{pmatrix}\\&=\begin{pmatrix}1&1&0\\0&1&1\\0&0&1\end{pmatrix}\begin{pmatrix}1&-1&1\\0&1&-1\\0&0&-1\end{pmatrix}=\begin{pmatrix}1&0&0\\0&1&-2\\0&0&-1\end{pmatrix}.\end{aligned} \tag{9}$$

(9)式的结果与(7)式中的 $\boldsymbol{B}$ 是一样的.

14 (习题42) 设 $B_1=\{\boldsymbol{\alpha}_1,\boldsymbol{\alpha}_2,\boldsymbol{\alpha}_3\}$ 和 $B_2=\{\boldsymbol{\beta}_1,\boldsymbol{\beta}_2,\boldsymbol{\beta}_3\}$ 是 $\mathbb{R}^3$ 的两组基,已知 $\boldsymbol{\beta}_1=2\boldsymbol{\alpha}_1+\boldsymbol{\alpha}_2+3\boldsymbol{\alpha}_3$, $\boldsymbol{\beta}_2=\boldsymbol{\alpha}_1+\boldsymbol{\alpha}_2+2\boldsymbol{\alpha}_3$, $\boldsymbol{\beta}_3=-\boldsymbol{\alpha}_1+\boldsymbol{\alpha}_2+\boldsymbol{\alpha}_3$; σ 在基 B_1 下的对应矩阵为

$$\boldsymbol{A}=\begin{pmatrix}5&7&-5\\0&4&-1\\2&8&3\end{pmatrix}.$$

试求：(1) σ 在基 $B_3=\{-\boldsymbol{\alpha}_2, 2\boldsymbol{\alpha}_1, \boldsymbol{\alpha}_3\}$ 下的对应矩阵；

(2) σ 在基 B_2 下的对应矩阵 $\boldsymbol{B}$.

解　(1) 已知

$$\sigma(\boldsymbol{\alpha}_1,\boldsymbol{\alpha}_2,\boldsymbol{\alpha}_3)=(\boldsymbol{\alpha}_1,\boldsymbol{\alpha}_2,\boldsymbol{\alpha}_3)\begin{bmatrix}5 & 7 & -5\\ 0 & 4 & -1\\ 2 & 8 & 3\end{bmatrix}. \tag{1}$$

现在要将 $\sigma(-\boldsymbol{\alpha}_2)$,$\sigma(2\boldsymbol{\alpha}_1)$,$\sigma(\boldsymbol{\alpha}_3)$分别用基 B_3 线性表示，然后即可求得 σ 在基 B_3 下的对应矩阵. 由(1)式易得：

$$\begin{aligned}\sigma(-\boldsymbol{\alpha}_2)&=-\sigma(\boldsymbol{\alpha}_2)=-7\boldsymbol{\alpha}_1-4\boldsymbol{\alpha}_2-8\boldsymbol{\alpha}_3\\ &=4(-\boldsymbol{\alpha}_2)-\frac{7}{2}(2\boldsymbol{\alpha}_1)-8\boldsymbol{\alpha}_3,\end{aligned} \tag{2}$$

$$\begin{aligned}\sigma(2\boldsymbol{\alpha}_1)&=2\sigma(\boldsymbol{\alpha}_1)=10\boldsymbol{\alpha}_1+4\boldsymbol{\alpha}_3\\ &=0(-\boldsymbol{\alpha}_2)+5(2\boldsymbol{\alpha}_1)+4\boldsymbol{\alpha}_3,\end{aligned} \tag{3}$$

$$\begin{aligned}\sigma(\boldsymbol{\alpha}_3)&=-5\boldsymbol{\alpha}_1-\boldsymbol{\alpha}_2+3\boldsymbol{\alpha}_3\\ &=1(-\boldsymbol{\alpha}_2)-\frac{5}{2}(2\boldsymbol{\alpha}_1)+3\boldsymbol{\alpha}_3.\end{aligned} \tag{4}$$

于是由(2),(3),(4)式即得

$$\sigma(-\boldsymbol{\alpha}_2,2\boldsymbol{\alpha}_1,\boldsymbol{\alpha}_3)=(-\boldsymbol{\alpha}_2,2\boldsymbol{\alpha}_1,\boldsymbol{\alpha}_3)\begin{bmatrix}4 & 0 & 1\\ -\frac{7}{2} & 5 & -\frac{5}{2}\\ -8 & 4 & 3\end{bmatrix}. \tag{5}$$

(5)式右端矩阵就是 σ 在基 $B_3=\{-\boldsymbol{\alpha}_2, 2\boldsymbol{\alpha}_1, \boldsymbol{\alpha}_3\}$下的对应矩阵.

(2) σ 在基 B_1,B_2 下的对应矩阵 $\boldsymbol{A}$,$\boldsymbol{B}$ 间的关系为

$$\boldsymbol{B}=\boldsymbol{C}^{-1}\boldsymbol{A}\boldsymbol{C}, \tag{6}$$

其中 $\boldsymbol{C}$ 为基 B_1 到基 B_2 的过渡矩阵，即

$$(\boldsymbol{\beta}_1,\boldsymbol{\beta}_2,\boldsymbol{\beta}_3)=(\boldsymbol{\alpha}_1,\boldsymbol{\alpha}_2,\boldsymbol{\alpha}_3)\boldsymbol{C}.$$

由已知条件易得

$$(\boldsymbol{\beta}_1,\boldsymbol{\beta}_2,\boldsymbol{\beta}_3)=(\boldsymbol{\alpha}_1,\boldsymbol{\alpha}_2,\boldsymbol{\alpha}_3)\begin{bmatrix}2 & 1 & -1\\ 1 & 1 & 1\\ 3 & 2 & 1\end{bmatrix}. \tag{7}$$

(7)式右端矩阵即为过渡矩阵 $\boldsymbol{C}$，其逆矩阵为

$$C^{-1}=\begin{pmatrix}-1&-3&2\\2&5&-3\\-1&-1&1\end{pmatrix}.$$

于是

$$\begin{aligned}B&=\begin{pmatrix}-1&-3&2\\2&5&-3\\-1&-1&1\end{pmatrix}\begin{pmatrix}5&7&-5\\0&4&-1\\2&8&3\end{pmatrix}\begin{pmatrix}2&1&-1\\1&1&1\\3&2&1\end{pmatrix}\\&=\begin{pmatrix}37&24&12\\-54&-34&-18\\18&12&9\end{pmatrix}.\end{aligned}$$

15 (习题 43) 已知$\mathbb{R}^3$的线性变换对于基 $\boldsymbol{\alpha}_1=(-1,0,2)^{\mathrm{T}},\boldsymbol{\alpha}_2=(0,1,1)^{\mathrm{T}},\boldsymbol{\alpha}_3=(3,-1,-6)^{\mathrm{T}}$ 的象为

$\sigma(\boldsymbol{\alpha}_1)=\boldsymbol{\beta}_1=(-1,0,1)^{\mathrm{T}}$, $\sigma(\boldsymbol{\alpha}_2)=\boldsymbol{\beta}_2=(0,-1,2)^{\mathrm{T}}$,

$\sigma(\boldsymbol{\alpha}_3)=\boldsymbol{\beta}_3=(-1,-1,3)^{\mathrm{T}}$.

(1) 求 σ 在基$\{\boldsymbol{\alpha}_1,\boldsymbol{\alpha}_2,\boldsymbol{\alpha}_3\}$下的矩阵表示(即对应矩阵);

(2) 求 $\sigma(\boldsymbol{\beta}_1),\sigma(\boldsymbol{\beta}_2),\sigma(\boldsymbol{\beta}_3)$;

(3) $\boldsymbol{\alpha}$ 在基$\{\boldsymbol{\alpha}_1,\boldsymbol{\alpha}_2,\boldsymbol{\alpha}_3\}$下的坐标向量为$(5,1,1)^{\mathrm{T}}$,求 $\sigma(\boldsymbol{\alpha})$ 在基$\{\boldsymbol{\alpha}_1,\boldsymbol{\alpha}_2,\boldsymbol{\alpha}_3\}$下的坐标向量;

(4) $\boldsymbol{\beta}=(1,1,1)^{\mathrm{T}}$,求 $\sigma(\boldsymbol{\beta})$;

(5) $\sigma(\boldsymbol{\gamma})$在基$\{\boldsymbol{\alpha}_1,\boldsymbol{\alpha}_2,\boldsymbol{\alpha}_3\}$下的坐标向量为$(2,-4,-2)^{\mathrm{T}}$,问: 原象 $\boldsymbol{\gamma}$ 是否惟一? 如不惟一,求所有的原象 $\boldsymbol{\gamma}$.

解 (1) 由已知条件,得

$$\begin{aligned}\sigma(\boldsymbol{\alpha}_1,\boldsymbol{\alpha}_2,\boldsymbol{\alpha}_3)&=(\boldsymbol{\beta}_1,\boldsymbol{\beta}_2,\boldsymbol{\beta}_3)\\&=\begin{pmatrix}-1&0&-1\\0&-1&-1\\1&2&3\end{pmatrix}=(\boldsymbol{\alpha}_1,\boldsymbol{\alpha}_2,\boldsymbol{\alpha}_3)\boldsymbol{A}.\end{aligned}\tag{1}$$

(1)式中的 $\boldsymbol{A}$ 即为 σ 在基$\{\boldsymbol{\alpha}_1,\boldsymbol{\alpha}_2,\boldsymbol{\alpha}_3\}$下的对应矩阵. 将 $\boldsymbol{\alpha}_1,\boldsymbol{\alpha}_2,\boldsymbol{\alpha}_3$ 代入(1)式,即得

$$\boldsymbol{A}=\begin{pmatrix}-1&0&3\\0&1&-1\\2&1&-6\end{pmatrix}^{-1}\begin{pmatrix}-1&0&-1\\0&-1&-1\\1&2&3\end{pmatrix}$$

$$=\begin{pmatrix}5&-3&3\\2&0&1\\2&-1&1\end{pmatrix}\begin{pmatrix}-1&0&-1\\0&-1&-1\\1&2&3\end{pmatrix}=\begin{pmatrix}-2&9&7\\-1&2&1\\-1&3&2\end{pmatrix}.$$

(2) $\big(\sigma(\boldsymbol{\beta}_1),\sigma(\boldsymbol{\beta}_2),\sigma(\boldsymbol{\beta}_3)\big)=\sigma(\boldsymbol{\beta}_1,\boldsymbol{\beta}_2,\boldsymbol{\beta}_3)$

$=\sigma\big(\sigma(\boldsymbol{\alpha}_1,\boldsymbol{\alpha}_2,\boldsymbol{\alpha}_3)\big)=\sigma\big((\boldsymbol{\alpha}_1,\boldsymbol{\alpha}_2,\boldsymbol{\alpha}_3)\boldsymbol{A}\big)$

$=\big(\sigma(\boldsymbol{\alpha}_1,\boldsymbol{\alpha}_2,\boldsymbol{\alpha}_3)\big)\boldsymbol{A}=\big((\boldsymbol{\alpha}_1,\boldsymbol{\alpha}_2,\boldsymbol{\alpha}_3)\boldsymbol{A}\big)\boldsymbol{A}$

$=(\boldsymbol{\alpha}_1,\boldsymbol{\alpha}_2,\boldsymbol{\alpha}_3)\boldsymbol{A}^2$

$$=\begin{pmatrix}-1&0&3\\0&1&-1\\2&1&-6\end{pmatrix}\begin{pmatrix}-2&9&7\\-1&2&1\\-1&3&2\end{pmatrix}^2$$

$$=\begin{pmatrix}-1&0&3\\0&1&-1\\2&1&-6\end{pmatrix}\begin{pmatrix}-12&21&9\\-1&-2&-3\\-3&3&0\end{pmatrix}=\begin{pmatrix}3&-12&-9\\2&-5&-3\\-7&22&15\end{pmatrix},$$

所以，$\sigma(\boldsymbol{\beta}_1)=(3,2,-7)^{\mathrm{T}},\sigma(\boldsymbol{\beta}_2)=(-12,-5,22)^{\mathrm{T}},\sigma(\boldsymbol{\beta}_3)=(-9,-3,15)^{\mathrm{T}}$.

(3) 已知

$$\boldsymbol{\alpha}=5\boldsymbol{\alpha}_1+\boldsymbol{\alpha}_2+\boldsymbol{\alpha}_3=(\boldsymbol{\alpha}_1,\boldsymbol{\alpha}_2,\boldsymbol{\alpha}_3)\begin{pmatrix}5\\1\\1\end{pmatrix},$$

所以

$$\sigma(\boldsymbol{\alpha})=\sigma(\boldsymbol{\alpha}_1,\boldsymbol{\alpha}_2,\boldsymbol{\alpha}_3)\begin{pmatrix}5\\1\\1\end{pmatrix}=(\boldsymbol{\alpha}_1,\boldsymbol{\alpha}_2,\boldsymbol{\alpha}_3)\boldsymbol{A}\begin{pmatrix}5\\1\\1\end{pmatrix}$$

因此，$\sigma(\boldsymbol{\alpha})$在基$\{\boldsymbol{\alpha}_1,\boldsymbol{\alpha}_2,\boldsymbol{\alpha}_3\}$下的坐标向量为

$$\boldsymbol{A}\begin{pmatrix}5\\1\\1\end{pmatrix}=\begin{pmatrix}-2&9&7\\-1&2&1\\-1&3&2\end{pmatrix}\begin{pmatrix}5\\1\\1\end{pmatrix}=\begin{pmatrix}6\\-2\\0\end{pmatrix}.$$

(4) 先求$\boldsymbol{\beta}$在基$\{\boldsymbol{\alpha}_1,\boldsymbol{\alpha}_2,\boldsymbol{\alpha}_3\}$下的坐标向量，设

$$\boldsymbol{\beta}=x_1\boldsymbol{\alpha}_1+x_2\boldsymbol{\alpha}_2+x_3\boldsymbol{\alpha}_3,$$

即

$$(\boldsymbol{\alpha}_1,\boldsymbol{\alpha}_2,\boldsymbol{\alpha}_3)\begin{pmatrix}x_1\\x_2\\x_3\end{pmatrix}=\begin{pmatrix}-1&0&3\\0&1&-1\\2&1&-6\end{pmatrix}\begin{pmatrix}x_1\\x_2\\x_3\end{pmatrix}=\begin{pmatrix}1\\1\\1\end{pmatrix}.\qquad(2)$$

解方程组(2),得$(x_1,x_2,x_3)^{\mathrm{T}}=(5,3,2)^{\mathrm{T}}$,于是

$$\begin{aligned}\sigma(\boldsymbol{\beta})\sigma(\boldsymbol{\alpha}_1,\boldsymbol{\alpha}_2,\boldsymbol{\alpha}_3)(x_1,x_2,x_3)^{\mathrm{T}}&=(\boldsymbol{\alpha}_1,\boldsymbol{\alpha}_2,\boldsymbol{\alpha}_3)\boldsymbol{A}(x_1,x_2,x_3)^{\mathrm{T}}\\&=\begin{pmatrix}-1&0&3\\0&1&-1\\2&1&-6\end{pmatrix}\begin{pmatrix}-2&9&7\\-1&2&1\\-1&3&2\end{pmatrix}\begin{pmatrix}5\\3\\2\end{pmatrix}\\&=\begin{pmatrix}-1&0&-1\\0&-1&-1\\1&2&3\end{pmatrix}\begin{pmatrix}5\\3\\2\end{pmatrix}=\begin{pmatrix}-7\\-5\\17\end{pmatrix}.\end{aligned}$$

(5) 设$\boldsymbol{\gamma}$在基$\{\boldsymbol{\alpha}_1,\boldsymbol{\alpha}_2,\boldsymbol{\alpha}_3\}$下的坐标向量为$\boldsymbol{x}=(x_1,x_2,x_3)^{\mathrm{T}}$,$\sigma(\boldsymbol{\gamma})$在基$\{\boldsymbol{\alpha}_1,\boldsymbol{\alpha}_2,\boldsymbol{\alpha}_3\}$下的坐标向量为$\boldsymbol{y}=(y_1,y_2,y_3)^{\mathrm{T}}=(2,-4,-2)^{\mathrm{T}}$,则$\boldsymbol{A}\boldsymbol{x}=\boldsymbol{y}$,即

$$\begin{pmatrix}-2&9&7\\-1&2&1\\-1&3&2\end{pmatrix}\begin{pmatrix}x_1\\x_2\\x_3\end{pmatrix}=\begin{pmatrix}2\\-4\\-2\end{pmatrix}. \tag{3}$$

求解非齐次线性方程组(3),得其全部解为

$$\begin{aligned}(x_1,x_2,x_3)^{\mathrm{T}}&=(8,2,0)^{\mathrm{T}}+k(-1,-1,1)^{\mathrm{T}}\\&=(8-k,2-k,k)^{\mathrm{T}},k\text{ 为任意常数}.\end{aligned}$$

所以原象$\boldsymbol{\gamma}$不惟一,所有的原象$\boldsymbol{\gamma}$为

$$\begin{aligned}\boldsymbol{\gamma}&=x_1\boldsymbol{\alpha}_1+x_2\boldsymbol{\alpha}_2+x_3\boldsymbol{\alpha}_3\\&=(8-k)(-1,0,2)^{\mathrm{T}}+(2-k)(0,1,1)^{\mathrm{T}}+k(3,-1,-6)^{\mathrm{T}}\\&=(4k-8,2-2k,18-9k)^{\mathrm{T}},k\text{ 为任意常数}.\end{aligned}$$

16 (习题46) 在$\mathbb{R}^{n\times n}$中定义线性变换

$$\sigma(\boldsymbol{X})=\boldsymbol{BXC},$$

其中

$$\boldsymbol{B}=\boldsymbol{C}=\begin{pmatrix}a&b\\c&d\end{pmatrix}.$$

求$\sigma(\boldsymbol{X})$在基$\{\boldsymbol{E}_{11},\boldsymbol{E}_{12},\boldsymbol{E}_{21},\boldsymbol{E}_{22}\}$下的对应矩阵.其中$\boldsymbol{E}_{ij}$为$i$行$j$列元素为1,其余元素全为0的二阶矩阵.

解 这里先要求出σ关于基的象,并将它表示为基的线性组合.即

$$\sigma(\boldsymbol{E}_{11})=\begin{pmatrix}a&b\\c&d\end{pmatrix}\begin{pmatrix}1&0\\0&0\end{pmatrix}\begin{pmatrix}a&b\\c&d\end{pmatrix}=\begin{pmatrix}a^2&ab\\ac&bc\end{pmatrix}$$

$$=a^2\boldsymbol{E}_{11}+ab\boldsymbol{E}_{12}+ac\boldsymbol{E}_{21}+bc\boldsymbol{E}_{22}, \tag{1}$$

$$\sigma(\boldsymbol{E}_{12})=\begin{pmatrix}a&b\\c&d\end{pmatrix}\begin{pmatrix}0&1\\0&0\end{pmatrix}\begin{pmatrix}a&b\\c&d\end{pmatrix}=\begin{pmatrix}ac&ad\\c^2&cd\end{pmatrix}$$

$$=ac\boldsymbol{E}_{11}+ad\boldsymbol{E}_{12}+c^2\boldsymbol{E}_{21}+cd\boldsymbol{E}_{22}, \tag{2}$$

$$\sigma(\boldsymbol{E}_{21})=\begin{pmatrix}a&b\\c&d\end{pmatrix}\begin{pmatrix}0&0\\1&0\end{pmatrix}\begin{pmatrix}a&b\\c&d\end{pmatrix}=\begin{pmatrix}ab&b^2\\ad&bd\end{pmatrix}$$

$$=ab\boldsymbol{E}_{11}+b^2\boldsymbol{E}_{12}+ad\boldsymbol{E}_{21}+bd\boldsymbol{E}_{22}, \tag{3}$$

$$\sigma(\boldsymbol{E}_{22})=\begin{pmatrix}a&b\\c&d\end{pmatrix}\begin{pmatrix}0&0\\0&1\end{pmatrix}\begin{pmatrix}a&b\\c&d\end{pmatrix}=\begin{pmatrix}bc&bd\\cd&d^2\end{pmatrix}$$

$$=bc\boldsymbol{E}_{11}+bd\boldsymbol{E}_{12}+cd\boldsymbol{E}_{21}+d^2\boldsymbol{E}_{22}. \tag{4}$$

由(1),(2),(3),(4)式可得(即将它们形式地表示为矩阵等式)

$$\sigma(\boldsymbol{E}_{11},\boldsymbol{E}_{12},\boldsymbol{E}_{21},\boldsymbol{E}_{22})=(\boldsymbol{E}_{11},\boldsymbol{E}_{12},\boldsymbol{E}_{21},\boldsymbol{E}_{22})\begin{pmatrix}a^2&ac&ab&bc\\ab&ad&b^2&bd\\ac&c^2&ad&cd\\bc&cd&bd&d^2\end{pmatrix}. \tag{5}$$

(5)式右端的矩阵就是$\sigma(\boldsymbol{X})$在基$\{\boldsymbol{E}_{11},\boldsymbol{E}_{12},\boldsymbol{E}_{21},\boldsymbol{E}_{22}\}$下的对应矩阵.

17（习题47）　设σ是线性空间V上的线性变换,如果$\sigma^{k-1}(\boldsymbol{\xi})\neq\boldsymbol{0}$,但$\sigma^k(\boldsymbol{\xi})=\boldsymbol{0}$,证明:$\boldsymbol{\xi},\sigma(\boldsymbol{\xi}),\sigma^2(\boldsymbol{\xi}),\cdots,\sigma^{k-1}(\boldsymbol{\xi})$线性无关($k>1$).

证　证明的思路为:设

$$c_0\boldsymbol{\xi}+c_1\sigma(\boldsymbol{\xi})+c_2\sigma^2(\boldsymbol{\xi})+\cdots+c_{k-1}\sigma^{k-1}(\boldsymbol{\xi})=\boldsymbol{0}. \tag{1}$$

然后由(1)式成立,推出其系数$c_0,c_1,c_2,\cdots,c_{k-1}$必须全为零.

先将线性变换σ^{k-1}作用于(1)式两端的向量(即求σ^{k-1}关于(1)式两端向量的象,它们应相等),得

$$\sigma^{k-1}(c_0\boldsymbol{\xi}+c_1\sigma(\boldsymbol{\xi})+c_2\sigma^2(\boldsymbol{\xi})+\cdots+c_{k-1}\sigma^{k-1}(\boldsymbol{\xi}))=\sigma^{k-1}(\boldsymbol{0}),$$

即

$$c_0\sigma^{k-1}(\boldsymbol{\xi})+c_1\sigma^k(\boldsymbol{\xi})+c_2\sigma^{k+1}(\boldsymbol{\xi})+\cdots+c_{k-1}\sigma^{2k-2}(\boldsymbol{\xi})=\boldsymbol{0}. \tag{2}$$

由于$\sigma^{k-1}(\boldsymbol{\xi})\neq\boldsymbol{0}$,而$\sigma^k(\boldsymbol{\xi})=\sigma^{k+1}(\boldsymbol{\xi})=\cdots=\sigma^{2k-2}(\boldsymbol{\xi})=\boldsymbol{0}$,所以由(2)式即得$c_0=0$.

再将σ^{k-2}作用于(1)式两端的向量(此时已有$c_0=0$),得

$$c_1\sigma^{k-1}(\boldsymbol{\xi})+c_2\sigma^k(\boldsymbol{\xi})+\cdots+c_{k-1}\sigma^{2k-3}(\boldsymbol{\xi})=\mathbf{0}. \tag{3}$$

由(3)式又得 $c_1=0$.

如此继续作下去,在得到 $c_0=c_1=c_2=\cdots=c_{k-3}=0$ 后,此时(1)式已成为

$$c_{k-2}\sigma^{k-2}(\boldsymbol{\xi})+c_{k-1}\sigma^{k-1}(\boldsymbol{\xi})=\mathbf{0} \tag{1$'$}$$

然后用 σ 作用于(1)′两端向量,得

$$c_{k-2}\sigma^{k-1}(\boldsymbol{\xi})+c_{k-1}\sigma^k(\boldsymbol{\xi})=c_{k-2}\sigma^{k-1}(\boldsymbol{\xi})=\mathbf{0}.$$

因为 $\sigma^{k-1}(\boldsymbol{\xi})\neq 0$,所以 $c_{k-2}=0$,代入(1)′后,又得 $c_{k-1}=0$.

这就证明了(1)式成立时,其系数 $c_0,c_1,c_2,\cdots,c_{k-1}$ 必须全为零,所以向量组 $\boldsymbol{\xi},\sigma(\boldsymbol{\xi}),\sigma^2(\boldsymbol{\xi}),\cdots,\sigma^{k-1}(\boldsymbol{\xi})$ 线性无关.

18 (习题 48) 求 $\mathbb{R}^3$ 的线性变换

$$\sigma(x_1,x_2,x_3)=(x_1+x_2+x_3,-x_1-2x_3,x_2-x_3) \tag{1}$$

的象(值域)和核以及 σ 的秩.

解 σ 的象(值域)就是 σ 关于 $\mathbb{R}^3$ 中全部向量的象的集合.由(1)式得

$$\sigma(x_1,x_2,x_3)=x_1(1,-1,0)+x_2(1,0,1)+x_3(1,-2,-1), \tag{1$'$}$$

上式 $\forall(x_1,x_2,x_3)\in\mathbb{R}^3$ 都成立,即(1)′右端的 x_1,x_2,x_3 为任意实数.将(1)′式右端的 3 个向量依次记为 $\boldsymbol{\alpha}_1,\boldsymbol{\alpha}_2,\boldsymbol{\alpha}_3$,则 σ 的全部象的集合就是 $\boldsymbol{\alpha}_1,\boldsymbol{\alpha}_2,\boldsymbol{\alpha}_3$ 的所有线性组合,也就是 σ 的值域是由 $\boldsymbol{\alpha}_1,\boldsymbol{\alpha}_2,\boldsymbol{\alpha}_3$ 生成的子空间,即

$$\sigma(\mathbb{R}^3)=L(\boldsymbol{\alpha}_1,\boldsymbol{\alpha}_2,\boldsymbol{\alpha}_3).$$

由于 $\boldsymbol{\alpha}_3=2\boldsymbol{\alpha}_1-\boldsymbol{\alpha}_2$,而 $\boldsymbol{\alpha}_1,\boldsymbol{\alpha}_2$ 线性无关,所以 $\boldsymbol{\alpha}_1,\boldsymbol{\alpha}_2$ 是 $\boldsymbol{\alpha}_1,\boldsymbol{\alpha}_2,\boldsymbol{\alpha}_3$ 的一个极大线性无关组.因此

$$\sigma(\mathbb{R}^3)=L(\boldsymbol{\alpha}_1,\boldsymbol{\alpha}_2).$$

即 σ 的值域是由向量 $\boldsymbol{\alpha}_1=(1,-1,0)$ 和 $\boldsymbol{\alpha}_2=(1,0,1)$ 所确定的平面上的全部向量.

秩$(\sigma)=\dim\sigma(\mathbb{R}^3)=2$.

σ 的核是象为零向量的全体原象.即为满足

$$\sigma(x_1,x_2,x_3)=(x_1+x_2+x_3,-x_1-2x_3,x_2-x_3)=(0,0,0)$$

的全体 (x_1,x_2,x_3),也就是齐次线性方程组

$$\begin{cases} x_1+x_2+x_3=0, \\ -x_1-\quad 2x_3=0, \\ x_2-x_3=0 \end{cases} \tag{2}$$

的解空间.

方程组(2)的基础解系为$\boldsymbol{\xi}=(-2,1,1)^{\mathrm{T}}$.所以$\sigma$的核为

$$\ker\sigma=L(\boldsymbol{\xi})=L(-2,1,1).$$

19（习题49）　求$\mathbb{R}^3$的一个线性变换σ,使得σ的象为$\sigma(\mathbb{R}^3)=L(\boldsymbol{\alpha}_1,\boldsymbol{\alpha}_2)$,其中$\boldsymbol{\alpha}_1=(1,0,-1)$,$\boldsymbol{\alpha}_2=(1,2,2)$.

解　$\sigma(\mathbb{R}^3)=L(\boldsymbol{\alpha}_1,\boldsymbol{\alpha}_2)$指的是：$\forall(x_1,x_2,x_3)\in\mathbb{R}^3$,$\sigma(x_1,x_2,x_3)$都是$\boldsymbol{\alpha}_1,\boldsymbol{\alpha}_2$的线性组合.因此可取

$$\begin{aligned}\sigma(x_1,x_2,x_3)&=x_1\boldsymbol{\alpha}_1+x_2\boldsymbol{\alpha}_2\\&=x_1(1,0,-1)+x_2(1,2,2)\\&=(x_1+x_2,2x_2,-x_1+2x_2).\end{aligned}\tag{1}$$

(1)式就是值域为$L(\boldsymbol{\alpha}_1,\boldsymbol{\alpha}_2)$的一个线性变换.

此题的答案不是惟一的,也可取

$$\begin{aligned}\sigma(x_1,x_2,x_3)&=x_1\boldsymbol{\alpha}_1+x_3\boldsymbol{\alpha}_2\\&=(x_1+x_3,2x_3,-x_1+2x_3).\end{aligned}$$

如果$\boldsymbol{\alpha}_3=\boldsymbol{\alpha}_1+\boldsymbol{\alpha}_2=(2,2,1)$,也可取

$$\begin{aligned}\sigma(x_1,x_2,x_3)&=x_1\boldsymbol{\alpha}_1+x_2\boldsymbol{\alpha}_2+x_3\boldsymbol{\alpha}_3\\&=(x_1+x_2+2x_3,2x_2+2x_3,-x_1+2x_2+x_3).\end{aligned}$$

20（习题50）　已知$\mathbb{R}^2$的线性变换

$$\sigma(x_1,x_2)=(x_1-x_2,x_1+x_2).\tag{1$'$}$$

(1) 求$\sigma^2(x_1,x_2)=$?

(2) 问σ是否可逆？如可逆,求$\sigma^{-1}(x_1,x_2)=$?

解　法1：(1) 由于$\sigma^2(x_1,x_2)=\sigma(\sigma(x_1,x_2))$,所以

$$\begin{aligned}\sigma^2(x_1,x_2)&=\sigma(x_1-x_2,x_1+x_2)\text{(利用(1)$'$式得)}\\&=(x_1-x_2-x_1-x_2,x_1-x_2+x_1+x_2)\\&=(-2x_2,2x_1).\end{aligned}$$

(2) 由　$$\begin{aligned}\sigma(x_1,x_2)&=(x_1-x_2,x_1+x_2)\\&=x_1(1,1)+x_2(-1,1),\end{aligned}$$

可见$\mathrm{r}(\sigma)=2$(因为$(1,1),(-1,1)$线性无关),因此σ是可逆的,于是存在线性变换τ,使$\tau\sigma=I$(恒等变换),即

$$\tau\sigma(x_1,x_2)=\tau(x_1-x_2,x_1+x_2)=(x_1,x_2).\tag{2}$$

在(2)式中,令$x_1-x_2=y_1$,$x_1+x_2=y_2$,则得

$$\tau(y_1,y_2)=\left(\frac{y_1+y_2}{2},\frac{-y_1+y_2}{2}\right).$$

所以σ的逆变换σ^{-1}为

$$\sigma^{-1}(x_1,x_2)=\tau(x_1,x_2)=\left(\frac{x_1+x_2}{2},\frac{-x_1+x_2}{2}\right).$$

法 2：利用σ与其对应的矩阵$\boldsymbol{A}$有相同的可逆性，以及σ^{-1}对应$\boldsymbol{A}^{-1}$. 也可求解.

先求σ在自然基$\{\boldsymbol{e}_1,\boldsymbol{e}_2\}$下的对应矩阵$\boldsymbol{A}$.

$$\begin{cases}\sigma(\boldsymbol{e}_1)=\sigma(1,0)=(1,1)=\boldsymbol{e}_1+\boldsymbol{e}_2,\\ \sigma(\boldsymbol{e}_2)=\sigma(0,1)=(-1,1)=-\boldsymbol{e}_1+\boldsymbol{e}_2.\end{cases}$$

于是

$$\sigma(\boldsymbol{e}_1,\boldsymbol{e}_2)=(\boldsymbol{e}_1,\boldsymbol{e}_2)\begin{pmatrix}1&-1\\1&1\end{pmatrix}.$$

σ对应的矩阵$\boldsymbol{A}=\begin{pmatrix}1&-1\\1&1\end{pmatrix}$是可逆的，所以$\sigma$可逆. 再由

$$\boldsymbol{A}^{-1}=\begin{pmatrix}\frac{1}{2}&\frac{1}{2}\\-\frac{1}{2}&\frac{1}{2}\end{pmatrix},$$

得

$$\sigma^{-1}(\boldsymbol{e}_1,\boldsymbol{e}_2)=(\boldsymbol{e}_1,\boldsymbol{e}_2)\begin{pmatrix}\frac{1}{2}&\frac{1}{2}\\-\frac{1}{2}&\frac{1}{2}\end{pmatrix}.$$

从而

$$\sigma^{-1}(\boldsymbol{e}_1)=\frac{1}{2}\boldsymbol{e}_1-\frac{1}{2}\boldsymbol{e}_2,$$

$$\sigma^{-1}(\boldsymbol{e}_2)=\frac{1}{2}\boldsymbol{e}_1+\frac{1}{2}\boldsymbol{e}_2.$$

于是

$$\begin{aligned}\sigma^{-1}(x_1,x_2)&=\sigma^{-1}(x_1\boldsymbol{e}_1+x_2\boldsymbol{e}_2)\\&=x_1\sigma^{-1}(\boldsymbol{e}_1)+x_2\sigma^{-1}(\boldsymbol{e}_2)\end{aligned}$$

$$=x_1\left(\frac{1}{2}\boldsymbol{e}_1-\frac{1}{2}\boldsymbol{e}_2\right)+x_2\left(\frac{1}{2}\boldsymbol{e}_1+\frac{1}{2}\boldsymbol{e}_2\right)$$

$$=\frac{1}{2}(x_1+x_2)\boldsymbol{e}_1+\frac{1}{2}(-x_1+x_2)\boldsymbol{e}_2=\left(\frac{x_1+x_2}{2},\frac{-x_1+x_2}{2}\right).$$

21（补充题56）　设 $\boldsymbol{A}$ 是 $m\times n$ 矩阵，$\boldsymbol{B}$ 是 $s\times n$ 矩阵，两个齐次线性方程组 $\boldsymbol{Ax}=\boldsymbol{0}$，$\boldsymbol{Bx}=\boldsymbol{0}$ 的解空间的交是什么意义？如何求它们的交？

解　两个解空间 S_1 与 S_2 的交中的向量 $\boldsymbol{x}\in S_1$ 且 $\boldsymbol{x}\in S_2$，即 $\boldsymbol{x}$ 既是 $\boldsymbol{Ax}=\boldsymbol{0}$ 的解，也是 $\boldsymbol{Bx}=\boldsymbol{0}$ 的解．因此，将两个齐次线性方程组联立起来的方程组

$$\begin{pmatrix}\boldsymbol{A}\\\boldsymbol{B}\end{pmatrix}\boldsymbol{x}=\boldsymbol{0}\tag{1}$$

的解空间就是两个解空间的交 $S_1\cap S_2$．所以求 $S_1\cap S_2$，就只要求齐次线性方程组(1)的解空间．

22（补充题58）　设 $\mathbf{A}$ 为 n 阶实矩阵，问：下列命题是否正确？并说明理由．

(1) 若 $\dim R(\mathbf{A})=n$，则 $R(\mathbf{A})=R(\mathbf{A}^{\mathrm{T}})$；

(2) 若 $\dim R(\mathbf{A})=m<n$，则 $R(\mathbf{A})\neq R(\mathbf{A}^{\mathrm{T}})$．

解　(1) 命题正确．因为：当 $\dim R(\mathbf{A})=n$ 时，$\mathbf{A}$ 的 n 个 n 维列向量线性无关．所以 $\mathbf{A}$ 的列空间 $R(\mathbf{A})=\mathbb{R}^n$．又因为：秩$(\mathbf{A})=n$，$\mathbf{A}$ 的 n 个 n 维行向量也线性无关，从而 $\mathbf{A}$ 的行空间 $R(\mathbf{A}^{\mathrm{T}})=\mathbb{R}^n$．因此，$R(\mathbf{A})=R(\mathbf{A}^{\mathrm{T}})$．

(2) 命题不正确．反例：

$$\mathbf{A}=\begin{pmatrix}1&1&1\\1&-1&1\\1&1&1\end{pmatrix},$$

此时，$R(\mathbf{A})=L((1,1,1),(1,-1,1))=R(\mathbf{A}^{\mathrm{T}})$．

当然最简单的反例为

$$\mathbf{A}=\begin{pmatrix}1&0\\0&0\end{pmatrix}.$$

记 $\boldsymbol{e}_1=(1,0)$，此时 $R(\mathbf{A})=L(\boldsymbol{e}_1)=R(\mathbf{A}^{\mathrm{T}})$．

23（补充题59）　设 V_1,V_2 是 $\mathbb{R}^n$ 的两个非平凡子空间，证明：在 $\mathbb{R}^n$ 中存在向量 $\boldsymbol{\alpha}$，使 $\boldsymbol{\alpha}\overline{\in}V_1$，且 $\boldsymbol{\alpha}\overline{\in}V_2$，并在 $\mathbb{R}^3$ 中举例说明此结论．

证　因为 V_1,V_2 是 $\mathbb{R}^n$ 的两个非平凡子空间，所以 $\exists\boldsymbol{\beta}\overline{\in}V_1$，如果 $\boldsymbol{\beta}\overline{\in}V_2$，

命题得证，不妨设 $\boldsymbol{\beta}\in V_2$.

又 $\exists\,\boldsymbol{\gamma}\overline{\in}V_2$，如果 $\boldsymbol{\gamma}\overline{\in}V_1$，命题也得证，不妨设 $\boldsymbol{\gamma}\in V_1$.

于是 $\boldsymbol{\alpha}=\boldsymbol{\beta}+\boldsymbol{\gamma}\overline{\in}V_1$，因为：如果 $\boldsymbol{\alpha}\in V_1$，由 $\boldsymbol{\gamma}\in V_1$，可推出 $\boldsymbol{\alpha}-\boldsymbol{\gamma}=\boldsymbol{\beta}\in V_1$，与前面的假设矛盾.

同样，$\boldsymbol{\alpha}=\boldsymbol{\beta}+\boldsymbol{\gamma}\overline{\in}V_2$，因为：如果 $\boldsymbol{\alpha}\in V_2$，由 $\boldsymbol{\beta}\in V_2$，可推出 $\boldsymbol{\alpha}-\boldsymbol{\beta}=\boldsymbol{\gamma}\in V_2$，与前面的假设矛盾.

综上，$\exists\,\boldsymbol{\alpha}=\boldsymbol{\beta}+\boldsymbol{\gamma}\overline{\in}V_1$，且 $\boldsymbol{\alpha}=\boldsymbol{\beta}+\boldsymbol{\gamma}\overline{\in}V_2$.

$\mathbb{R}^3$ 中的例子，设 $\{\boldsymbol{e}_1,\boldsymbol{e}_2,\boldsymbol{e}_3\}$ 为 $\mathbb{R}^3$ 的自然基.

$$V_1=L(\boldsymbol{e}_1,\boldsymbol{e}_2),\quad V_2=L(\boldsymbol{e}_2,\boldsymbol{e}_3),$$

则 $\boldsymbol{\alpha}=(1,1,1)$ 既不属于 V_1，也不属于 V_2. 这样的 $\boldsymbol{\alpha}$ 有很多很多，只要既不是 $\{\boldsymbol{e}_1,\boldsymbol{e}_2\}$ 所确定的平面上的向量，又不是 $\{\boldsymbol{e}_2,\boldsymbol{e}_3\}$ 所确定的平面上的向量，都是符合题意的 $\boldsymbol{\alpha}$.

第5章

特征值和特征向量　矩阵的对角化

5.1　基本要求与内容提要

1　基本要求

(1) 准确理解矩阵的特征值与特征向量的概念和性质;

(2) 熟练掌握矩阵的特征值与特征向量的求法;

(3) 理解两个矩阵相似的概念和性质;

(4) 熟练掌握矩阵可对角化的充分必要条件.对可对角化矩阵会求其相似标准形;

(5) 熟悉:实对称矩阵必可以对角化,其特征值均为实数,不同特征值对应的特征向量正交;

(6) 对实对称矩阵 $\boldsymbol{A}$,会求正交阵 $\boldsymbol{T}$ 和对角阵 $\boldsymbol{\Lambda}$,使得 $\boldsymbol{T}^{-1}\boldsymbol{A}\boldsymbol{T}=\boldsymbol{\Lambda}$.

2　内容提要

(1) 特征值和特征向量的概念

① 设 $\boldsymbol{A}=(a_{ij})\in\mathbb{C}^{n\times n}$,若存在数 $\lambda\in\mathbb{C}$(复数域)和向量 $\boldsymbol{x}\neq\boldsymbol{0}$,使得 $\boldsymbol{A}\boldsymbol{x}=\lambda\boldsymbol{x}$,则称数 λ 为 $\boldsymbol{A}$ 的一个特征值,$\boldsymbol{x}$ 为 $\boldsymbol{A}$ 的属于(对应于)特征值 λ 的特征向量.

$f(\lambda)=|\lambda\boldsymbol{I}-\boldsymbol{A}|$ 叫做矩阵 $\boldsymbol{A}$ 的特征多项式.称 $|\lambda\boldsymbol{I}-\boldsymbol{A}|=0$ 为

$\boldsymbol{A}$ 的特征方程. 线性方程组$(\lambda\boldsymbol{I}-\boldsymbol{A})\boldsymbol{x}=\boldsymbol{0}$ 有非零解 $\boldsymbol{x}$ 的充要条件是$|\lambda\boldsymbol{I}-\boldsymbol{A}|=0$,即特征值 λ 是 n 次代数方程$|\lambda\boldsymbol{I}-\boldsymbol{A}|=0$ 的根. 特征向量 $\boldsymbol{x}$ 是$(\lambda\boldsymbol{I}-\boldsymbol{A})\boldsymbol{x}=\boldsymbol{0}$ 的非零解.

② 矩阵 $\boldsymbol{A}$ 的属于特征值 λ 的全体特征向量加上零向量 $\boldsymbol{0}$ 构成的线性空间,即$(\lambda\boldsymbol{I}-\boldsymbol{A})\boldsymbol{x}=\boldsymbol{0}$ 的解空间称为 $\boldsymbol{A}$ 的关于特征值 λ 的特征子空间,记做 $V_\lambda=\{\boldsymbol{x}\,|\,\boldsymbol{A}\boldsymbol{x}=\lambda\boldsymbol{x}\}$.

(2) 特征值与特征向量的性质:

① 若 λ_0 是 $\boldsymbol{A}$ 的一个特征值,$\boldsymbol{x}$ 是 $\boldsymbol{A}$ 的对应于 λ_0 的特征向量,即 $\boldsymbol{A}\boldsymbol{x}=\lambda_0\boldsymbol{x}(\boldsymbol{x}\neq\boldsymbol{0})$, 则

(i) λ_0 也是 $\boldsymbol{A}^{\mathrm{T}}$ 的一个特征值;

(ii) $k\lambda_0$ 为 $k\boldsymbol{A}$ 的一个特征值(k 为任意常数);

(iii) λ_0^m 是 $\boldsymbol{A}^m$ 的一个特征值(m 为任意正整数);

(iv) 若 $f(t)$是 t 的一个多项式,则 $f(\lambda_0)$是 $f(\boldsymbol{A})$的一个特征值;

(v) 若 $\boldsymbol{A}$ 可逆,则 $\lambda_0\neq0$,且 λ_0^{-1} 为 $\boldsymbol{A}^{-1}$的一个特征值. $\lambda_0^{-1}|\boldsymbol{A}|$ 为 $\boldsymbol{A}^*$($\boldsymbol{A}$ 的伴随矩阵)的一个特征值;而且特征向量 $\boldsymbol{x}$ 仍然是矩阵 $k\boldsymbol{A}$, $\boldsymbol{A}^m$, $f(\boldsymbol{A})$, $\boldsymbol{A}^{-1}$ 和 $\boldsymbol{A}^*$ 的分别对应于特征值 $k\lambda_0$, λ_0^m, $f(\lambda_0)$, λ_0^{-1} 和 $\lambda_0^{-1}|\boldsymbol{A}|$的特征向量.

② 若 $\boldsymbol{x}_1$, $\boldsymbol{x}_2$ 都是 $\boldsymbol{A}$ 的属于特征值 λ_0 的特征向量,则 $k_1\boldsymbol{x}_1+k_2\boldsymbol{x}_2(\neq\boldsymbol{0})$($k_1,k_2$ 为任意常数)也是 $\boldsymbol{A}$ 的属于特征值 λ_0 的特征向量.

③ 不同特征值对应的特征向量线性无关.

④ k 重特征值至多有 k 个线性无关的特征向量.

⑤ 若 n 阶矩阵 $\boldsymbol{A}=(a_{ij})_{n\times n}$的 n 个特征值为 $\lambda_1,\lambda_2,\cdots,\lambda_n$,则

$$\text{(i)}\quad \sum_{i=1}^{n}\lambda_i=\sum_{i=1}^{n}a_{ii},\qquad \text{(ii)}\quad \prod_{i=1}^{n}\lambda_i=|\boldsymbol{A}|.$$

⑥ $\boldsymbol{A}$ 可逆的充分必要条件为 0 不是 $\boldsymbol{A}$ 的特征值.

(3) 矩阵的相似关系

① 矩阵相似的定义：对于矩阵 $\boldsymbol{A}$，$\boldsymbol{B}$，若存在可逆矩阵 $\boldsymbol{P}$，使得 $\boldsymbol{P}^{-1}\boldsymbol{AP}=\boldsymbol{B}$，则称 $\boldsymbol{A}$ 相似于 $\boldsymbol{B}$，记作 $\boldsymbol{A}\sim\boldsymbol{B}$. 矩阵的相似关系是一种等价关系，具有：自反性($\boldsymbol{A}\sim\boldsymbol{A}$)；对称性(若 $\boldsymbol{A}\sim\boldsymbol{B}$，则 $\boldsymbol{B}\sim\boldsymbol{A}$)和传递性(若 $\boldsymbol{A}_1\sim\boldsymbol{A}_2$，$\boldsymbol{A}_2\sim\boldsymbol{A}_3$，则 $\boldsymbol{A}_1\sim\boldsymbol{A}_3$).

② 矩阵的相似有以下性质：

(i) 若 $\boldsymbol{A}\sim\boldsymbol{B}$，则 $\boldsymbol{A}^m\sim\boldsymbol{B}^m$($m$ 为任意正整数)；

(ii) 若 $\boldsymbol{A}\sim\boldsymbol{B}$，则 $f(\boldsymbol{A})\sim f(\boldsymbol{B})$(其中 $f(t)$ 为 t 的多项式)；

(其证明利用下面性质：$\boldsymbol{P}^{-1}(\boldsymbol{AB})\boldsymbol{P}=(\boldsymbol{P}^{-1}\boldsymbol{AP})(\boldsymbol{P}^{-1}\boldsymbol{BP})$；

$\boldsymbol{P}^{-1}(k\boldsymbol{A}+l\boldsymbol{B})\boldsymbol{P}=k\boldsymbol{P}^{-1}\boldsymbol{AP}+l\boldsymbol{P}^{-1}\boldsymbol{BP}\qquad(\forall k,l\in\mathbb{C}$(复数域))

(iii) 相似矩阵的特征值都相同.

(4) 矩阵可对角化的条件

① n 阶矩阵 $\boldsymbol{A}$ 与对角阵相似的充要条件是 $\boldsymbol{A}$ 有 n 个线性无关的特征向量，或 $\boldsymbol{A}$ 的每个特征值对应的线性无关的特征向量的最大个数等于该特征值的重数，即 $\boldsymbol{A}$ 的每个特征值的重数等于其特征子空间的维数，而且不同特征值的重数之和等于 n.

② n 阶矩阵 $\boldsymbol{A}$ 有 n 个互不相同的特征值，则 $\boldsymbol{A}$ 可对角化(因为不同特征值对应的特征向量线性无关). 此条件是充分的，但不是必要的.

③ 若 $\boldsymbol{A}$ 存在一个特征值，其特征子空间的维数小于特征值的重数，则 $\boldsymbol{A}$ 不能与对角阵相似.

(5) 对 n 阶可对角化矩阵 $\boldsymbol{A}$，求变换矩阵 $\boldsymbol{P}$，使 $\boldsymbol{P}^{-1}\boldsymbol{AP}=\boldsymbol{\Lambda}$(对角阵)的解题步骤：

① 求出 $\boldsymbol{A}$ 的互异特征值 $\lambda_1,\cdots,\lambda_m$，其重数分别为 $r_1,\cdots,r_m$(它们的和等于 n)；

② 求特征子空间 N_{λ_i} 的基 $\{\boldsymbol{x}_{i_1},\boldsymbol{x}_{i_2},\cdots,\boldsymbol{x}_{i_{r_i}}\}$，即 $(\lambda_i\boldsymbol{I}-\boldsymbol{A})\boldsymbol{x}=\boldsymbol{0}$ 的基础解系($i=1,2,\cdots,m$)；

③ 将 m 个特征子空间的基向量依次按列排成矩阵 $\boldsymbol{P}=(\boldsymbol{x}_{11},\cdots,\boldsymbol{x}_{1r_1},\cdots,\boldsymbol{x}_{m1},\cdots,\boldsymbol{x}_{mr_m})$($n$ 个列向量线性无关，变换矩阵 $\boldsymbol{P}$ 可逆)，则

$$P^{-1}AP=\Lambda=\mathrm{diag}(\lambda_1,\cdots,\lambda_1,\cdots,\lambda_m,\cdots,\lambda_m).$$

(6) 实对称矩阵的特征值都是实数;属于不同特征值的特征向量是正交的,一定是线性无关的.

(7) 实对称矩阵是可对角化的矩阵(一定和对角阵相似),即它的 k 重特征值一定对应有 k 个线性无关的特征向量.实对称矩阵 $\boldsymbol{A}$,必存在正交阵 $\boldsymbol{T}$,使得使 $\boldsymbol{T}^{-1}\boldsymbol{AT}=\boldsymbol{T}^{\mathrm{T}}\boldsymbol{AT}=\mathrm{diag}(\lambda_1,\lambda_2,\cdots,\lambda_n)$.

(8) 对实对称矩阵 $\boldsymbol{A}$,求正交阵 $\boldsymbol{T}$,使得 $\boldsymbol{T}^{-1}\boldsymbol{AT}$ 为对角阵的解题步骤大致相同于求变换矩阵 $\boldsymbol{P}$,使 $\boldsymbol{P}^{-1}\boldsymbol{AP}$ 为对角阵的解题步骤,只是在求了特征向量后,必须把 $k(>1)$重特征值对应的 k 个线性无关的特征向量用施密特正交化方法将其正交化,再把全部 n 个特征向量单位化,然后把所有特征值对应的标准正交特征向量按列排成正交矩阵 $\boldsymbol{T}(\boldsymbol{T}^{-1}=\boldsymbol{T}^{\mathrm{T}})$.

5.2 矩阵的特征值和特征向量 相似矩阵

1 矩阵的特征值和特征向量的概念和计算

(1) 设 $\boldsymbol{A}$ 为 n 阶方阵,若存在数 λ 和向量 $\boldsymbol{x}\neq\boldsymbol{0}$,使得 $\boldsymbol{Ax}=\lambda\boldsymbol{x}$,则称数 λ 为$\boldsymbol{A}$ 的一个特征值,$\boldsymbol{x}$ 为 $\boldsymbol{A}$ 的属于(对应于)特征值 λ 的特征向量.矩阵的特征值与特征向量在其他学科和工程技术中都有重要的应用,且有计算特征值与特征向量的现成的软件.这里要求同学会求一些二、三阶和某些特殊的 n 阶矩阵的特征值与特征向量.求特征值,即求方程 $|\lambda\boldsymbol{I}-\boldsymbol{A}|=0$ 的根,求特征向量,即解线性方程组$(\lambda\boldsymbol{I}-\boldsymbol{A})\boldsymbol{x}=\boldsymbol{0}$,求其基础解系.

(2) 特征值可以是零(当矩阵不可逆时),但是特征向量一定不是零向量;每一个特征向量只属于一个特征值,但一个特征值 λ 可以有无数个特征向量,因为属于 λ 的特征向量的非零线性组合仍然是属于λ的特征向量.

(3) $\boldsymbol{A}$的特征值λ是方程

$$f(\lambda)=|\lambda\boldsymbol{I}-\boldsymbol{A}|=\begin{vmatrix}\lambda-a_{11} & -a_{12} & \cdots & -a_{1n}\\ -a_{21} & \lambda-a_{22} & \cdots & -a_{2n}\\ \vdots & \vdots & & \vdots\\ -a_{n1} & -a_{n2} & \cdots & \lambda-a_{nn}\end{vmatrix}=0$$

的根. $f(\lambda)=0$是λ的n次代数方程,在复数域中有n个根(可以有重根). 每个特征值λ必有对应的特征向量,即$(\lambda\boldsymbol{I}-\boldsymbol{A})\boldsymbol{x}=\boldsymbol{0}$必存在非零解. 若计算中出现矩阵$(\lambda\boldsymbol{I}-\boldsymbol{A})$满秩,说明你计算错误或这里的$\lambda$不是$\boldsymbol{A}$的特征值.

(4) 求特征值的方法有两个:一是应用定义:$\boldsymbol{Ax}=\lambda\boldsymbol{x}(\boldsymbol{x}\neq\boldsymbol{0})$,例如,若$\boldsymbol{Ax}=\boldsymbol{0}$存在非零解$\boldsymbol{x}$,即$(0\boldsymbol{I}-\boldsymbol{A})\boldsymbol{x}=\boldsymbol{0}$存在非零解$\boldsymbol{x}$,则0是$\boldsymbol{A}$的一个特征值;又例如,当$\boldsymbol{A}$的每行的行和都是$k$时,则由

$$\begin{pmatrix}a_{11} & \cdots & a_{1n}\\ \vdots & & \vdots\\ a_{n1} & \cdots & a_{nn}\end{pmatrix}\begin{pmatrix}1\\ \vdots\\ 1\end{pmatrix}=\begin{pmatrix}k\\ \vdots\\ k\end{pmatrix}=k\begin{pmatrix}1\\ \vdots\\ 1\end{pmatrix},\quad 即\quad \boldsymbol{Ax}=k\boldsymbol{x},\quad \boldsymbol{x}=\begin{pmatrix}1\\ \vdots\\ 1\end{pmatrix},$$

可见k是$\boldsymbol{A}$的一个特征值,其对应的特征向量是元素全部为1的n维列向量.

另一求特征值的方法,也是主要的方法是计算行列式$|\lambda\boldsymbol{I}-\boldsymbol{A}|=0$的根. 这里特征多项式$|\lambda\boldsymbol{I}-\boldsymbol{A}|$是$n$阶行列式,其展开式是$\lambda$的$n$次多项式. 一般情况下,它的因式分解是很困难的. 在线性代数课程中能求特征值的矩阵$\boldsymbol{A}$都是在行列式$|\lambda\boldsymbol{I}-\boldsymbol{A}|$的计算(利用行列式的性质和展开)过程中能够分解因式的. 如果随便给一个矩阵,$|\lambda\boldsymbol{I}-\boldsymbol{A}|$又难以分解因式,那只好借助于计算机软件或求特征值的近似值(可以查看《计算方法》的教材).

2 特征值和特征向量的性质

关于特征值与特征向量的性质,以及相似矩阵及其性质,在内

容提要中已经阐述,这里再明确以下几个问题:

(1) 矩阵 $\boldsymbol{A}$ 的特征子空间 V_λ 中的向量都是 $\boldsymbol{A}$ 的对应于特征值 λ 的特征向量吗?答案是否定的.

因为特征子空间 V_λ 是齐次线性方程组 $(\lambda\boldsymbol{I}-\boldsymbol{A})\boldsymbol{x}=\boldsymbol{0}$ 的解空间,零向量属于解空间,但零向量不是特征向量,所以,正确的说法是:$\boldsymbol{A}$ 的特征子空间 V_λ 中的非零向量都是 $\boldsymbol{A}$ 的对应于特征值 λ 的特征向量.

(2) $\boldsymbol{A}$ 的两个不同特征值 λ_1,λ_2 的特征子空间的交 $V_{\lambda_1}\cap V_{\lambda_2}=?$

设 $\boldsymbol{x}\in V_{\lambda_1}\cap V_{\lambda_2}$,则 $\boldsymbol{A}\boldsymbol{x}=\lambda_1\boldsymbol{x}$,且 $\boldsymbol{A}\boldsymbol{x}=\lambda_2\boldsymbol{x}$,于是

$$\lambda_1\boldsymbol{x}=\lambda_2\boldsymbol{x},\quad \text{即}\quad (\lambda_1-\lambda_2)\boldsymbol{x}=\boldsymbol{0},$$

由于 $\lambda_1-\lambda_2\neq 0$,所以,$\boldsymbol{x}=\boldsymbol{0}$,因此,$V_{\lambda_1}\cap V_{\lambda_2}=\{\boldsymbol{0}\}$. 这表明属于 λ_1 的特征向量一定不是属于 λ_2 的特征向量,也就是说任何一个非零向量不可能是两个不同特征值对应的特征向量.

(3) 相似矩阵 $\boldsymbol{A},\boldsymbol{B}$ 之间的特征值有何关系?

若 $\boldsymbol{A}\sim\boldsymbol{B}$,则 $\boldsymbol{A},\boldsymbol{B}$ 具有相同的特征值. 因为 $\boldsymbol{A}\sim\boldsymbol{B}$,即存在可逆矩阵 $\boldsymbol{P}$,使得 $\boldsymbol{P}^{-1}\boldsymbol{A}\boldsymbol{P}=\boldsymbol{B}$,于是

$$\begin{aligned}|\lambda\boldsymbol{I}-\boldsymbol{B}|&=|\lambda\boldsymbol{I}-\boldsymbol{P}^{-1}\boldsymbol{A}\boldsymbol{P}|=|\boldsymbol{P}^{-1}(\lambda\boldsymbol{I}-\boldsymbol{A})\boldsymbol{P}|\\&=|\boldsymbol{P}^{-1}||\lambda\boldsymbol{I}-\boldsymbol{A}||\boldsymbol{P}|=|\lambda\boldsymbol{I}-\boldsymbol{A}|.\end{aligned}$$

即 $\boldsymbol{A},\boldsymbol{B}$ 的特征多项式相等,所以特征值也相同. 同时有行列式 $|\boldsymbol{B}|=|\boldsymbol{A}|$,迹相等,即 $\mathrm{tr}(\boldsymbol{A})=\mathrm{tr}(\boldsymbol{B})$,秩相等,即 $\mathrm{r}(\boldsymbol{B})=\mathrm{r}(\boldsymbol{A})$,但特征值相同的矩阵不一定是相似矩阵. 例如

$$\boldsymbol{A}=\begin{bmatrix}2&0\\0&2\end{bmatrix},\quad \boldsymbol{B}=\begin{bmatrix}2&1\\0&2\end{bmatrix}.$$

$\boldsymbol{A},\boldsymbol{B}$ 的特征值都是 2(二重),但对任何可逆矩阵 $\boldsymbol{P}$,$\boldsymbol{P}^{-1}\boldsymbol{A}\boldsymbol{P}=\boldsymbol{P}^{-1}2\boldsymbol{I}\boldsymbol{P}=2\boldsymbol{I}\neq\boldsymbol{B}$. 所以,$\boldsymbol{A}$ 与 $\boldsymbol{B}$ 不相似.

例 1 已知矩阵 $\boldsymbol{A}=\begin{bmatrix}0&-2&-2\\2&-4&-2\\-2&2&0\end{bmatrix}$,求 $\boldsymbol{A}$ 的特征值及特征

向量.

解　将$|\lambda\boldsymbol{I}-\boldsymbol{A}|$中第1,3行对换后,第1行加到第2行,再将第1行乘$\left(-\frac{\lambda}{2}\right)$加到第3行,然后按第1列展开,得

$$|\lambda\boldsymbol{I}-\boldsymbol{A}|=\begin{vmatrix}\lambda & 2 & 2\\ -2 & \lambda+4 & 2\\ 2 & -2 & \lambda\end{vmatrix}=-\begin{vmatrix}2 & -2 & \lambda\\ -2 & \lambda+4 & 2\\ \lambda & 2 & 2\end{vmatrix}$$

$$=-\begin{vmatrix}2 & -2 & \lambda\\ 0 & \lambda+2 & \lambda+2\\ 0 & \lambda+2 & 2-\frac{\lambda^2}{2}\end{vmatrix}=-2(\lambda+2)\begin{vmatrix}1 & \lambda+2\\ 1 & 2-\frac{\lambda^2}{2}\end{vmatrix}$$

$$=-2(\lambda+2)\left(2-\frac{\lambda^2}{2}-\lambda-2\right)=\lambda(\lambda+2)^2=0.$$

另一方法:$|\lambda\boldsymbol{I}-\boldsymbol{A}|$中第3行加到第2行,提出第2行的公因子$(\lambda+2)$后,再将第2列乘$(-1)$加到第3列,最后按第3列展开,得

$$|\lambda\boldsymbol{I}-\boldsymbol{A}|=\begin{vmatrix}\lambda & 2 & 2\\ -2 & \lambda+4 & 2\\ 2 & -2 & \lambda\end{vmatrix}=\begin{vmatrix}\lambda & 2 & 2\\ 0 & \lambda+2 & \lambda+2\\ 2 & -2 & \lambda\end{vmatrix}$$

$$=(\lambda+2)\begin{vmatrix}\lambda & 2 & 2\\ 0 & 1 & 1\\ 2 & -2 & \lambda\end{vmatrix}=(\lambda+2)\begin{vmatrix}\lambda & 2 & 0\\ 0 & 1 & 0\\ 2 & -2 & \lambda+2\end{vmatrix}$$

$$=\lambda(\lambda+2)^2=0.$$

从而得$\boldsymbol{A}$的特征值为$\lambda_1=0,\lambda_2=-2$(二重特征值). 对于$\lambda_1=0$,求解$(\lambda_1\boldsymbol{I}-\boldsymbol{A})\boldsymbol{x}=\boldsymbol{0}$,即

$$\begin{pmatrix}0 & 2 & 2\\ -2 & 4 & 2\\ 2 & -2 & 0\end{pmatrix}\begin{pmatrix}x_1\\ x_2\\ x_3\end{pmatrix}=\begin{pmatrix}0\\ 0\\ 0\end{pmatrix},$$

得基础解系：$\boldsymbol{x}_1=(-1,-1,1)^{\mathrm{T}}$. 故 $\boldsymbol{A}$ 的属于 λ_1 的全部特征向量为 $k_1\boldsymbol{x}_1$（k_1 为任意非 0 常数）.

对于 $\lambda_2=-2$，求解 $(\lambda_2\boldsymbol{I}-\boldsymbol{A})\boldsymbol{x}=\boldsymbol{0}$，即

$$\begin{pmatrix}-2 & 2 & 2\\ -2 & 2 & 2\\ 2 & -2 & -2\end{pmatrix}\begin{pmatrix}x_1\\ x_2\\ x_3\end{pmatrix}=\begin{pmatrix}0\\ 0\\ 0\end{pmatrix}$$（3 行成比例，解第 1 个方程即可）

得基础解系：$\boldsymbol{x}_2=(1,1,0)^{\mathrm{T}}$，$\boldsymbol{x}_3=(1,0,1)^{\mathrm{T}}$，则 $k_2\boldsymbol{x}_2+k_3\boldsymbol{x}_3$（$k_2,k_3$ 为任意不全为 0 的常数）是 $\boldsymbol{A}$ 属于 λ_2 的全部特征向量.

例 2 对下列矩阵 $\boldsymbol{A}$ 的特征值，能做怎样的断言？

(1) $\boldsymbol{A}$ 不可逆； (2) $\det(\boldsymbol{I}-\boldsymbol{A}^2)=0$；

(3) $\boldsymbol{A}^k=\boldsymbol{0}$（幂零矩阵）； (4) $\boldsymbol{A}=k\boldsymbol{I}-\boldsymbol{B}$（$\lambda_0$ 为 $\boldsymbol{B}$ 的特征值）.

解 (1) 由 $|\boldsymbol{A}|=\lambda_1\lambda_2\cdots\lambda_n=0$ 可知，$\boldsymbol{A}$ 至少有一个特征值为零.

(2) 由 $|\boldsymbol{I}^2-\boldsymbol{A}|=|\boldsymbol{I}-\boldsymbol{A}||\boldsymbol{I}+\boldsymbol{A}|=0$，得

$$|\boldsymbol{I}-A|=0,\text{或}|\boldsymbol{I}+\boldsymbol{A}|=(-1)^n|-\boldsymbol{I}-\boldsymbol{A}|=0.$$

所以，1 或 -1 是 $\boldsymbol{A}$ 的一个特征值.

(3) 设 λ 为 $\boldsymbol{A}$ 的特征值，即 $\boldsymbol{A}\boldsymbol{x}=\lambda\boldsymbol{x}$（$\boldsymbol{x}\neq\boldsymbol{0}$）. 由 $\boldsymbol{A}^k=\boldsymbol{0}$，得

$$\boldsymbol{A}^k\boldsymbol{x}=\lambda^k\boldsymbol{x}=\boldsymbol{0},\text{于是 }\lambda^k=0,\text{所以 }\lambda=0.$$

(4) 设 λ_0 为 $\boldsymbol{B}$ 的特征值，即 $\boldsymbol{B}\boldsymbol{x}=\lambda_0\boldsymbol{x}$（$\boldsymbol{x}\neq\boldsymbol{0}$），由 $\boldsymbol{A}=k\boldsymbol{I}-\boldsymbol{B}$，得

$$\boldsymbol{A}\boldsymbol{x}=(k\boldsymbol{I}-\boldsymbol{B})\boldsymbol{x}=(k\boldsymbol{x}-\boldsymbol{B}\boldsymbol{x})=(k-\lambda_0)\boldsymbol{x},$$

所以，$(k-\lambda_0)$ 是 $\boldsymbol{A}$ 的一个特征值.

例 3 设 $\boldsymbol{A}=\begin{pmatrix}1 & 1 & 0\\ 1 & 0 & 1\\ 0 & 1 & 1\end{pmatrix}$，则 $\boldsymbol{A}$ 的特征值是______.

(A) 1,0,1； (B) 1,1,2； (C) -1,1,2； (D) -1,1,1.

答 利用 $\prod\limits_{i=1}^{3}\lambda_i=|\boldsymbol{A}|=-2$ 和 $\sum\limits_{i=1}^{3}\lambda_i=\sum\limits_{i=1}^{3}a_{ii}=2$，排除(A)，(B)，(D)，所以，选(C).

例 4（习题 6） 设 λ 为 n 阶矩阵 $\boldsymbol{A}$ 的特征值，且 $\boldsymbol{A}$ 可逆，证明：

(1) λ^{-1} 为 $\boldsymbol{A}^{-1}$ 的特征值；

(2) $|\boldsymbol{A}|\lambda^{-1}$ 为 $\boldsymbol{A}$ 的伴随矩阵 $\boldsymbol{A}^*$ 的特征值.

证 (1) 法 1：利用 $\boldsymbol{Ax}=\lambda\boldsymbol{x}\quad(\boldsymbol{x}\neq\boldsymbol{0})$.

因为 $\boldsymbol{A}$ 可逆，$|\boldsymbol{A}|=\lambda_1\lambda_2\cdots\lambda_n\neq 0$，故 $\boldsymbol{A}$ 的特征值全不为零.

在 $\boldsymbol{Ax}=\lambda\boldsymbol{x}$ 的两边左乘 $\boldsymbol{A}^{-1}$ 得

$$\boldsymbol{x}=\lambda\boldsymbol{A}^{-1}\boldsymbol{x},$$

所以
$$\boldsymbol{A}^{-1}\boldsymbol{x}=\lambda^{-1}\boldsymbol{x}\quad(\boldsymbol{x}\neq\boldsymbol{0}),$$

即 λ^{-1} 为 $\boldsymbol{A}^{-1}$ 的特征值，对应的特征向量仍是 $\boldsymbol{x}$.

法 2：利用行列式. 由

$$\begin{aligned}|\lambda\boldsymbol{I}-\boldsymbol{A}|&=|\lambda\boldsymbol{A}\boldsymbol{A}^{-1}-\boldsymbol{A}|=|\boldsymbol{A}||\lambda\boldsymbol{A}^{-1}-\boldsymbol{I}|\\&=|\boldsymbol{A}||-\lambda(\lambda^{-1}\boldsymbol{I}-\boldsymbol{A}^{-1})|\\&=(-\lambda)^n|\boldsymbol{A}||\lambda^{-1}\boldsymbol{I}-\boldsymbol{A}^{-1}|=0.\end{aligned}$$

因为 $|\boldsymbol{A}|\neq 0$，$\lambda\neq 0$，所以，$|\lambda^{-1}\boldsymbol{I}-\boldsymbol{A}^{-1}|=0$，即 λ^{-1} 为 $\boldsymbol{A}^{-1}$ 的特征值.

证 (2) 法 1：将 $\boldsymbol{A}^{-1}=|\boldsymbol{A}|^{-1}\boldsymbol{A}^*$ 代入 $\boldsymbol{A}^{-1}\boldsymbol{x}=\lambda^{-1}\boldsymbol{x}$ 中，得

$|\boldsymbol{A}|^{-1}\boldsymbol{A}^*\boldsymbol{x}=\lambda^{-1}\boldsymbol{x}$，所以，$\boldsymbol{A}^*\boldsymbol{x}=\lambda^{-1}|\boldsymbol{A}|\boldsymbol{x}\quad(\boldsymbol{x}\neq\boldsymbol{0})$，

即 $\lambda^{-1}|\boldsymbol{A}|$ 为 $\boldsymbol{A}^*$ 的特征值，其对应的特征向量仍是 $\boldsymbol{x}$.

法 2：在 $\boldsymbol{Ax}=\lambda\boldsymbol{x}$ 的两边左乘 $\boldsymbol{A}^*$，利用 $\boldsymbol{A}^*\boldsymbol{A}=|\boldsymbol{A}|\boldsymbol{I}$ 得

$$\boldsymbol{A}^*\boldsymbol{Ax}=\lambda\boldsymbol{A}^*\boldsymbol{x},$$

即
$$|\boldsymbol{A}|\boldsymbol{Ix}=\lambda\boldsymbol{A}^*\boldsymbol{x},$$

移项得

$$\boldsymbol{A}^*\boldsymbol{x}=(\lambda^{-1}|\boldsymbol{A}|)\boldsymbol{x}\quad(\boldsymbol{x}\neq\boldsymbol{0}).$$

例 5 设 $\boldsymbol{A},\boldsymbol{B}$ 均为 n 阶矩阵，证明：若 $\lambda_1\neq 0$ 是 $\boldsymbol{AB}$ 的特征值，则 λ_1 也是 $\boldsymbol{BA}$ 的特征值.

证 设 λ_1 为 $\boldsymbol{AB}$ 的非零特征值，对应的特征向量是 $\boldsymbol{x}_1$，即

$$(\boldsymbol{AB})\boldsymbol{x}_1=\lambda_1\boldsymbol{x}_1\quad(\boldsymbol{x}_1\neq\boldsymbol{0},\lambda_1\neq 0).$$

所以，$\lambda_1 \boldsymbol{x}_1 \neq \mathbf{0}$. 上式两边左乘 $\boldsymbol{B}$，得

$$\boldsymbol{BA}(\boldsymbol{Bx}_1)=\lambda_1(\boldsymbol{Bx}_1) \quad (\boldsymbol{x}_1 \neq \mathbf{0}).$$

显然 $\boldsymbol{Bx}_1 \neq \mathbf{0}$（否则，由 $\boldsymbol{Bx}_1=\mathbf{0}$，得 $\boldsymbol{ABx}_1=\boldsymbol{A0}=\mathbf{0}$，与 $\lambda_1 \boldsymbol{x}_1 \neq \mathbf{0}$ 矛盾），所以 λ_1 为 $\boldsymbol{BA}$ 的一个特征值，对应的特征向量是 $\boldsymbol{Bx}_1$.

更一般的结论：$\boldsymbol{AB}$ 与 $\boldsymbol{BA}$ 有相同的特征值. 因为它们的特征多项式相等，即 $|\lambda \boldsymbol{I}-\boldsymbol{AB}|=|\lambda \boldsymbol{I}-\boldsymbol{BA}|$（证明见第 3 章 3.7 节中第 11 题）.

例 6 设 λ_1, λ_2 为 n 阶矩阵 $\boldsymbol{A}$ 的特征值，其对应的特征向量分别为 $\boldsymbol{x}_1, \boldsymbol{x}_2$，则________成立.

(A) $\lambda_1=\lambda_2$ 时，$\boldsymbol{x}_1, \boldsymbol{x}_2$ 一定成比例；

(B) $\lambda_1 \neq \lambda_2$ 时，$\lambda_3=\lambda_1+\lambda_2$ 也是 $\boldsymbol{A}$ 的特征值，且对应的特征向量是 $\boldsymbol{x}_1+\boldsymbol{x}_2$；

(C) $\lambda_1 \neq \lambda_2$ 时，$\boldsymbol{x}_1+\boldsymbol{x}_2$ 不可能是 $\boldsymbol{A}$ 的特征向量；

(D) $\lambda_1=0$ 时，有 $\boldsymbol{x}_1=\mathbf{0}$.

答 (C)正确.

因为二重根可能有两个线性无关的特征向量，所以(A)不正确.

(B)也不正确. 因为若 $\boldsymbol{x}_1+\boldsymbol{x}_2$ 是 $\boldsymbol{A}$ 的对应于 λ_3 的特征向量，即

$$\boldsymbol{A}(\boldsymbol{x}_1+\boldsymbol{x}_2)=\lambda_3(\boldsymbol{x}_1+\boldsymbol{x}_2)=\lambda_1 \boldsymbol{x}_1+\lambda_2 \boldsymbol{x}_2,$$

则

$$(\lambda_3-\lambda_1)\boldsymbol{x}_1+(\lambda_3-\lambda_2)\boldsymbol{x}_2=\mathbf{0},$$

当 $\lambda_1 \neq \lambda_2$ 时，$\boldsymbol{x}_1, \boldsymbol{x}_2$ 线性无关，所以 $\lambda_3=\lambda_1=\lambda_2$，矛盾. 所以 $\boldsymbol{x}_1+\boldsymbol{x}_2$ 不可能是 $\boldsymbol{A}$ 的特征向量. 因此(B)不正确.

零向量一定不是特征向量，所以(D)也不正确.

例 7 与可逆矩阵 $\boldsymbol{A}$ 有相同特征值的矩阵是________.

(A) $\boldsymbol{A}^{-1}$； (B) $\boldsymbol{A}^2$； (C) $\boldsymbol{A}^{\mathrm{T}}$； (D) $\boldsymbol{A}^*$.

答 (C) 正确. 因为

$$|\lambda \boldsymbol{I}-\boldsymbol{A}|=|(\lambda \boldsymbol{I}-\boldsymbol{A})^{\mathrm{T}}|=|\lambda \boldsymbol{I}-\boldsymbol{A}^{\mathrm{T}}|.$$

设 $\boldsymbol{A}$ 的特征值为 λ，则 $\boldsymbol{A}^{-1},\boldsymbol{A}^2,\boldsymbol{A}^{\mathrm{T}},\boldsymbol{A}^*$ 的特征值分别为 λ^{-1}，$\lambda^2,\lambda,|\boldsymbol{A}|\lambda^{-1}$.

例 8（习题 42）　已知 $\boldsymbol{\alpha}=(a_1,\cdots,a_n)^{\mathrm{T}},\boldsymbol{\beta}=(b_1,\cdots,b_n)^{\mathrm{T}}$ 是 $\mathbb{R}^n$ 中两个向量，且 $\boldsymbol{\alpha}^{\mathrm{T}}\boldsymbol{\beta}=a_1b_1+\cdots+a_nb_n=k$. 求矩阵 $\boldsymbol{A}=\boldsymbol{\alpha}\boldsymbol{\beta}^{\mathrm{T}}$ 的特征值.

解　$\boldsymbol{A}^2=\boldsymbol{\alpha}\boldsymbol{\beta}^{\mathrm{T}}(\boldsymbol{\alpha}\boldsymbol{\beta}^{\mathrm{T}})=\boldsymbol{\alpha}(\boldsymbol{\beta}^{\mathrm{T}}\boldsymbol{\alpha})\boldsymbol{\beta}^{\mathrm{T}}=k(\boldsymbol{\alpha}\boldsymbol{\beta}^{\mathrm{T}})=k\boldsymbol{A}$　（其中 $k=\boldsymbol{\beta}^{\mathrm{T}}\boldsymbol{\alpha}=\boldsymbol{\alpha}^{\mathrm{T}}\boldsymbol{\beta}=\sum\limits_{i=1}^{n}a_ib_i$）.

设　$\boldsymbol{A}\boldsymbol{x}=\boldsymbol{\lambda}\boldsymbol{x}$　$(\boldsymbol{x}\neq\boldsymbol{0})$，则

$$\boldsymbol{A}^2\boldsymbol{x}=\lambda^2\boldsymbol{x},$$

即　$k\boldsymbol{A}\boldsymbol{x}=k\lambda\boldsymbol{x}=\lambda^2\boldsymbol{x}$. 由 $\boldsymbol{x}\neq\boldsymbol{0}$ 得

$\lambda^2=k\lambda$，　即　$\lambda_1=0$　或　$\lambda_2=k$　为　$\boldsymbol{A}=\boldsymbol{\alpha}\boldsymbol{\beta}^{\mathrm{T}}$的特征值.

例 9（习题 18）　设 n 阶矩阵 $\boldsymbol{A}$ 的元素均为 1，则 $\boldsymbol{A}$ 的 n 个特征值是________.

解　由秩$(\boldsymbol{A})=1$，得 $\det\boldsymbol{A}=0$，所以 0 是特征值.

$$(0\boldsymbol{I}-\boldsymbol{A})\boldsymbol{x}=\boldsymbol{0},\quad \text{即}\quad \boldsymbol{A}\boldsymbol{x}=\boldsymbol{0},$$

有 $n-\mathrm{r}(\boldsymbol{A})=n-1$ 个线性无关的特征向量，所以 0 至少是 $n-1$ 重特征值，又 $\mathrm{tr}(\boldsymbol{A})=\lambda_1+\cdots+\lambda_n=n$，所以有一个非 0 特征值为 n，0 是 $n-1$ 重特征值.

由 $\boldsymbol{A}$ 每行的行和都是 n，也可得

$$\begin{pmatrix} a_{11} & \cdots & a_{1n} \\ \vdots & & \vdots \\ a_{n1} & \cdots & a_{nn} \end{pmatrix}\begin{pmatrix} 1 \\ \vdots \\ 1 \end{pmatrix}=\begin{pmatrix} n \\ \vdots \\ n \end{pmatrix}=n\begin{pmatrix} 1 \\ \vdots \\ 1 \end{pmatrix},\quad \text{即}\quad \boldsymbol{A}\boldsymbol{x}=n\boldsymbol{x},\quad \boldsymbol{x}=\begin{pmatrix} 1 \\ \vdots \\ 1 \end{pmatrix},$$

所以，$\boldsymbol{A}$ 有一个特征值为 n，其对应的特征向量是元素全部为 1 的 n 维列向量.

例 10　设 $\boldsymbol{A},\boldsymbol{P}$ 都是三阶方阵，$\boldsymbol{P}$ 可逆，已知 $\boldsymbol{A}$ 的特征值：$\lambda_1=1,\lambda_2=-1,\lambda_3=2$. $\boldsymbol{B}=\boldsymbol{A}^3-5\boldsymbol{A}^2$，求$|\boldsymbol{B}|$，$|\boldsymbol{A}+5\boldsymbol{I}|$和$|5\boldsymbol{I}+\boldsymbol{P}^{-1}\boldsymbol{A}\boldsymbol{P}|$.

解　$\boldsymbol{B}$ 的特征值 $\mu_i=\lambda_i^3-5\lambda_i^2(i=1,2,3)$. 所以，$\boldsymbol{B}$ 的 3 个特征

值为$-4,-6,-12$,故

$$|\boldsymbol{B}|=(-4)(-6)(-12)=-288.$$

同理,$\boldsymbol{A}+5\boldsymbol{I}$ 的 3 个特征值为 $1+5=6,-1+5=4,2+5=7$,所以,$|\boldsymbol{A}+5\boldsymbol{I}|=6\cdot4\cdot7=168$. $|5\boldsymbol{I}+\boldsymbol{P}^{-1}\boldsymbol{A}\boldsymbol{P}|=|5\boldsymbol{P}^{-1}\boldsymbol{P}+\boldsymbol{P}^{-1}\boldsymbol{A}\boldsymbol{P}|=|\boldsymbol{P}^{-1}||5\boldsymbol{I}+\boldsymbol{A}||\boldsymbol{P}|=|5\boldsymbol{I}+\boldsymbol{A}|=168$.

例 11 下列命题哪个是正确的?

(A) 若 0 是某个矩阵的特征值,与它对应的特征向量是零向量.

(B) 若两个矩阵有相同的特征值,则它们对应的特征向量必相同.

(C) 若两个矩阵有相同的特征向量,则它们对应的特征值必相同.

(D) 不同的矩阵必有不同的特征多项式.

(E) 不同的矩阵有不同的特征值,则它们对应的特征向量必不同.

(F) 矩阵的一个特征值可以对应多个特征向量,但一个特征向量只可以属于一个特征值.

答 (F)正确,其余都不正确.

5.3 矩阵可对角化的条件

对 n 阶矩阵 $\boldsymbol{A}$,若存在可逆矩阵 $\boldsymbol{P}$,使 $\boldsymbol{P}^{-1}\boldsymbol{A}\boldsymbol{P}=\mathrm{diag}(\lambda_1,\lambda_2,\cdots,\lambda_n)$,则称 $\boldsymbol{A}$ 可对角化(即 $\boldsymbol{A}$ 与对角阵 $\mathrm{diag}(\lambda_1,\lambda_2,\cdots,\lambda_n)$ 相似).关于矩阵可对角化的充要条件,相似矩阵的性质,以及对可对角化矩阵 $\boldsymbol{A}$ 如何求可逆阵 $\boldsymbol{P}$,使 $\boldsymbol{P}^{-1}\boldsymbol{A}\boldsymbol{P}=\mathrm{diag}(\lambda_1,\lambda_2,\cdots,\lambda_n)$,在内容提要中都已涉及,这里不复述.读者应该掌握教材中有关定理(定理5.4,定理5.5,定理5.6,*定理5.7,*定理 5.8,*定理 5.9).

例 1 $\boldsymbol{A}$ 是二阶实矩阵.(1) 若 $|\boldsymbol{A}|<0$,问 $\boldsymbol{A}$ 与对角阵

相似否?

(2) 若 $\boldsymbol{A}=\begin{pmatrix} a & b \\ c & d \end{pmatrix}$, $ad-bc=1$, $|a+d|>2$, 问 $\boldsymbol{A}$ 可对角化否?

解 (1) 由 $|\boldsymbol{A}|=\lambda_1\lambda_2<0$, 得知 $\lambda_1\neq\lambda_2$, 两个特征值都是一重的, 所以, $\boldsymbol{A}$ 与对角阵相似.

(2) $|\lambda\boldsymbol{I}-\boldsymbol{A}|=\begin{vmatrix} \lambda-a & -b \\ -c & \lambda-d \end{vmatrix}=\lambda^2-(a+d)\lambda+1=0$,

此时, 特征方程的判别式 $\Delta=(a+d)^2-4>0$, 所以 $\boldsymbol{A}$ 有两个互异的实特征值 λ_1,λ_2, 因此, $\boldsymbol{A}$ 可对角化.

例2 (习题46) 已知 $\boldsymbol{A}=\begin{pmatrix} 2 & 0 & 0 \\ 0 & 0 & 1 \\ 0 & 1 & x \end{pmatrix}$ 与 $\boldsymbol{B}=\begin{pmatrix} 2 & 0 & 0 \\ 0 & y & 0 \\ 0 & 0 & -1 \end{pmatrix}$ 相似.

(1) 求 x 和 y;

(2) 求一个可逆矩阵 $\boldsymbol{P}$, 使 $\boldsymbol{P}^{-1}\boldsymbol{A}\boldsymbol{P}$ 为对角矩阵.

解 (1) 由 $\boldsymbol{A}\sim\boldsymbol{B}$, 则 $\boldsymbol{A}$, $\boldsymbol{B}$ 的特征值相同, 从而 $|\boldsymbol{A}|=|\boldsymbol{B}|=\lambda_1\lambda_2\lambda_3$, $\mathrm{tr}\boldsymbol{A}=\mathrm{tr}\boldsymbol{B}=\lambda_1+\lambda_2+\lambda_3$.

由 $|\boldsymbol{A}|=-2=|\boldsymbol{B}|=-2y$; 得 $y=1$.

再由 $\mathrm{tr}\boldsymbol{A}=\mathrm{tr}\boldsymbol{B}$, 又得 $2+0+x=2+y+(-1)$, 所以, $x=0$. 显然, $\boldsymbol{A}$ 的特征值为 $2,1,-1$.

(2) 当 $\lambda_1=2$ 时, 有

$$(2\boldsymbol{I}-\boldsymbol{A})=\begin{pmatrix} 0 & 0 & 0 \\ 0 & 2 & -1 \\ 0 & -1 & 2 \end{pmatrix}\rightarrow\begin{pmatrix} 0 & 1 & -2 \\ 0 & 0 & 1 \\ 0 & 0 & 0 \end{pmatrix},$$

得特征向量 $\boldsymbol{x}_1=(1,0,0)^{\mathrm{T}}$;

当 $\lambda_2=1$ 时, 有

$$(\boldsymbol{I}-\boldsymbol{A})=\begin{pmatrix}-1&0&0\\0&1&-1\\0&-1&1\end{pmatrix}\to\begin{pmatrix}1&0&0\\0&1&-1\\0&0&0\end{pmatrix},$$

得特征向量$\boldsymbol{x}_2=(0,1,1)^{\mathrm{T}}$；

当$\lambda_3=-1$时，有

$$(-\boldsymbol{I}-\boldsymbol{A})=\begin{pmatrix}-3&0&0\\0&-1&-1\\0&-1&-1\end{pmatrix}\to\begin{pmatrix}1&0&0\\0&1&1\\0&0&0\end{pmatrix},$$

得特征向量$\boldsymbol{x}_3=(0,1,-1)^{\mathrm{T}}$.

取 $\boldsymbol{P}=(\boldsymbol{x}_1,\boldsymbol{x}_2,\boldsymbol{x}_3)=\begin{pmatrix}1&0&0\\0&1&1\\0&1&-1\end{pmatrix}$,则

$$\boldsymbol{P}^{-1}\boldsymbol{A}\boldsymbol{P}=\begin{pmatrix}2&0&0\\0&1&0\\0&0&-1\end{pmatrix}.$$

例 3（习题 41） 设 $\boldsymbol{A}=\begin{pmatrix}1&-1&1\\x&4&y\\-3&-3&5\end{pmatrix}$,已知 $\boldsymbol{A}$ 有 3 个线性无关的特征向量，$\lambda=2$ 为 $\boldsymbol{A}$ 的二重特征值. 求可逆矩阵 $\boldsymbol{P}$，使$\boldsymbol{P}^{-1}\boldsymbol{A}\boldsymbol{P}$为对角形矩阵.

解 因为三阶矩阵 $\boldsymbol{A}$ 有 3 个线性无关的特征向量，所以 $\boldsymbol{A}$ 与对角矩阵相似，二重特征值恰对应两个线性无关的特征向量，即秩$(2\boldsymbol{I}-\boldsymbol{A})=1$.

$$2\boldsymbol{I}-\boldsymbol{A}=\begin{pmatrix}1&1&-1\\-x&-2&-y\\3&3&-3\end{pmatrix}\to\begin{pmatrix}1&1&-1\\0&x-2&-x-y\\0&0&0\end{pmatrix},$$

由 $\mathrm{r}(2\boldsymbol{I}-\boldsymbol{A})=1$，得

$x-2=0$； $-x-y=0$. 所以，$x=2$； $y=-2$.

当 $\lambda_1=2$ 时，求解 $(2\boldsymbol{I}-\boldsymbol{A})\boldsymbol{x}=\boldsymbol{0}$. 由

$$(2\boldsymbol{I}-\boldsymbol{A})=\begin{pmatrix}1 & 1 & -1\\ -2 & -2 & 2\\ 3 & 3 & -3\end{pmatrix}\to\begin{pmatrix}1 & 1 & -1\\ 0 & 0 & 0\\ 0 & 0 & 0\end{pmatrix},$$

得特征向量 $\boldsymbol{x}_1=(-1,1,0)^{\mathrm{T}},\boldsymbol{x}_2=(1,0,1)^{\mathrm{T}}$.

再由 $\lambda_1+\lambda_2+\lambda_3=\mathrm{tr}\boldsymbol{A}$，即 $4+\lambda_3=1+4+5$，得 $\lambda_3=6$. 求解 $(6\boldsymbol{I}-\boldsymbol{A})\boldsymbol{x}=\boldsymbol{0}$. 由

$$(6\boldsymbol{I}-\boldsymbol{A})=\begin{pmatrix}5 & 1 & -1\\ -2 & 2 & 2\\ 3 & 3 & 1\end{pmatrix}\to\begin{pmatrix}1 & 0 & -\frac{1}{3}\\ 0 & 1 & \frac{2}{3}\\ 0 & 0 & 0\end{pmatrix},$$

得特征向量 $\boldsymbol{x}_3=(1,-2,3)^{\mathrm{T}}$.

取 $\boldsymbol{P}=(\boldsymbol{x}_1,\boldsymbol{x}_2,\boldsymbol{x}_3)=\begin{pmatrix}-1 & 1 & 1\\ 1 & 0 & -2\\ 0 & 1 & 3\end{pmatrix}$，则

$$\boldsymbol{P}^{-1}\boldsymbol{A}\boldsymbol{P}=\begin{pmatrix}2 & 0 & 0\\ 0 & 2 & 0\\ 0 & 0 & 6\end{pmatrix}.$$

例 4（研 5-18）　已知三阶矩阵 $\boldsymbol{A}$ 和三维向量 $\boldsymbol{x}$，使得向量组 $\boldsymbol{x},\boldsymbol{A}\boldsymbol{x},\boldsymbol{A}^2\boldsymbol{x}$ 线性无关，且满足

$$\boldsymbol{A}^3\boldsymbol{x}=3\boldsymbol{A}\boldsymbol{x}-2\boldsymbol{A}^2\boldsymbol{x}.$$

(1) 记 $\boldsymbol{P}=(\boldsymbol{x},\boldsymbol{A}\boldsymbol{x},\boldsymbol{A}^2\boldsymbol{x})$，求三阶矩阵 $\boldsymbol{B}$，使得 $\boldsymbol{A}=\boldsymbol{P}\boldsymbol{B}\boldsymbol{P}^{-1}$.

(2) 计算行列式 $|\boldsymbol{A}+\boldsymbol{I}|$.

解　(1) 法 1：由于 $\boldsymbol{x},\boldsymbol{A}\boldsymbol{x},\boldsymbol{A}^2\boldsymbol{x}$ 线性无关，它是 $\mathbb{R}^3$ 的一组基，且 $\boldsymbol{P}=(\boldsymbol{x},\boldsymbol{A}\boldsymbol{x},\boldsymbol{A}^2\boldsymbol{x})$ 可逆. 所求的 $\boldsymbol{B}$ 与 $\boldsymbol{A}$ 相似，且满足 $\boldsymbol{A}=\boldsymbol{P}\boldsymbol{B}\boldsymbol{P}^{-1}$，即

$$\boldsymbol{P}\boldsymbol{B}=\boldsymbol{A}\boldsymbol{P}=\boldsymbol{A}(\boldsymbol{x},\boldsymbol{A}\boldsymbol{x},\boldsymbol{A}^2\boldsymbol{x})=(\boldsymbol{A}\boldsymbol{x},\boldsymbol{A}^2\boldsymbol{x},\boldsymbol{A}^3\boldsymbol{x}).$$

将 $\boldsymbol{A}^3\boldsymbol{x}=3\boldsymbol{A}\boldsymbol{x}-2\boldsymbol{A}^2\boldsymbol{x}$ 代入上式，得

$$\boldsymbol{PB}=(\boldsymbol{Ax},\boldsymbol{A}^2\boldsymbol{x},3\boldsymbol{Ax}-2\boldsymbol{A}^2\boldsymbol{x}).$$

再将$(\boldsymbol{Ax},\boldsymbol{A}^2\boldsymbol{x},3\boldsymbol{Ax}-2\boldsymbol{A}^2\boldsymbol{x})$用$\mathbb{R}^3$的基$(\boldsymbol{x},\boldsymbol{Ax},\boldsymbol{A}^2\boldsymbol{x})$线性表示，得

$$\boldsymbol{PB}=(\boldsymbol{Ax},\boldsymbol{A}^2\boldsymbol{x},3\boldsymbol{Ax}-2\boldsymbol{A}^2\boldsymbol{x})=(\boldsymbol{x},\boldsymbol{Ax},\boldsymbol{A}^2\boldsymbol{x})\begin{pmatrix}0&0&0\\1&0&3\\0&1&-2\end{pmatrix}.$$

由于 $\boldsymbol{P}$ 可逆，上式两边左乘 $\boldsymbol{P}^{-1}$ 得

$$\boldsymbol{B}=\begin{pmatrix}0&0&0\\1&0&3\\0&1&-2\end{pmatrix}.$$

法 2：令 $\boldsymbol{B}=(b_{ij})$，由 $\boldsymbol{AP}=\boldsymbol{PB}$，即得

$$\boldsymbol{A}(\boldsymbol{x},\boldsymbol{Ax},\boldsymbol{A}^2\boldsymbol{x})=(\boldsymbol{x},\boldsymbol{Ax},\boldsymbol{A}^2\boldsymbol{x})\begin{pmatrix}b_{11}&b_{12}&b_{13}\\b_{21}&b_{22}&b_{23}\\b_{31}&b_{32}&b_{33}\end{pmatrix}.$$

比较上式两边，得
$$\begin{cases}\boldsymbol{Ax}=b_{11}\boldsymbol{x}+b_{21}\boldsymbol{Ax}+b_{31}\boldsymbol{A}^2\boldsymbol{x}, & (1)\\ \boldsymbol{A}^2\boldsymbol{x}=b_{12}\boldsymbol{x}+b_{22}\boldsymbol{Ax}+b_{32}\boldsymbol{A}^2\boldsymbol{x}, & (2)\\ \boldsymbol{A}^3\boldsymbol{x}=b_{13}\boldsymbol{x}+b_{23}\boldsymbol{Ax}+b_{33}\boldsymbol{A}^2\boldsymbol{x}. & (3)\end{cases}$$

将 $\boldsymbol{A}^3\boldsymbol{x}=3\boldsymbol{Ax}-2\boldsymbol{A}^2\boldsymbol{x}$ 代入上面的方程(3)，得

$$3\boldsymbol{Ax}-2\boldsymbol{Ax}^2=b_{13}\boldsymbol{x}+b_{23}\boldsymbol{Ax}+b_{33}\boldsymbol{A}^2\boldsymbol{x}. \quad (4)$$

再改写方程(1)，(2)，(4)为

$$\begin{cases}b_{11}\boldsymbol{x}+(b_{21}-1)\boldsymbol{Ax}+b_{31}\boldsymbol{A}^2\boldsymbol{x}=\boldsymbol{0},\\ b_{12}\boldsymbol{x}+b_{22}\boldsymbol{Ax}+(b_{32}-1)\boldsymbol{A}^2\boldsymbol{x}=\boldsymbol{0},\\ b_{13}\boldsymbol{x}+(b_{23}-3)\boldsymbol{Ax}+(b_{33}+2)\boldsymbol{A}^2\boldsymbol{x}=\boldsymbol{0}.\end{cases}$$

由于 $\boldsymbol{x},\boldsymbol{Ax},\boldsymbol{A}^2\boldsymbol{x}$ 线性无关，上式各个系数必全部为 0，故得

$$b_{11}=b_{12}=b_{13}=b_{22}=b_{31}=0,\quad b_{21}=b_{32}=1,\quad b_{23}=3,\quad b_{33}=-2,$$

故
$$\boldsymbol{B}=\begin{pmatrix}0&0&0\\1&0&3\\0&1&-2\end{pmatrix}.$$

(2) 因为 $\boldsymbol{A}\sim\boldsymbol{B}$, 所以它们的特征值相同.

由 $|\lambda\boldsymbol{I}-\boldsymbol{B}|=\begin{vmatrix}\lambda & 0 & 0\\ -1 & \lambda & -3\\ 0 & -1 & \lambda+2\end{vmatrix}=\lambda(\lambda+3)(\lambda-1)=0$,得

$\lambda_1=0,\lambda_2=-3,\lambda_3=1$.

故 $\boldsymbol{A}$ 的特征值也是 $0,-3,1$,$\boldsymbol{A}+\boldsymbol{I}$ 的特征值为 $1,-2,2$,于是

$$|\boldsymbol{A}+\boldsymbol{I}|=1\cdot(-2)\cdot 2=-4.$$

例 5 设 $\boldsymbol{A}=\begin{pmatrix}0 & 1 & -1\\ 1 & 0 & 1\\ -1 & 1 & 0\end{pmatrix}$.

(1)求变换矩阵 $\boldsymbol{P}$,使 $\boldsymbol{P}^{-1}\boldsymbol{A}\boldsymbol{P}$ 为对角矩阵;(2)求 $|3\boldsymbol{I}-\boldsymbol{A}|$.

解 (1)由

$$|\lambda\boldsymbol{I}-\boldsymbol{A}|=\begin{vmatrix}\lambda & -1 & 1\\ -1 & \lambda & -1\\ 1 & -1 & \lambda\end{vmatrix}=(\lambda+2)(\lambda-1)^2=0,$$

得 $\lambda_1=-2,\lambda_2=1$(二重).

对 $\lambda_1=-2$,$(\lambda_1\boldsymbol{I}-\boldsymbol{A})\boldsymbol{x}=\boldsymbol{0}$ 的基础解系为 $\boldsymbol{x}_1=(1,-1,1)^{\mathrm{T}}$.

对 $\lambda_2=1$,$(\lambda_2\boldsymbol{I}-\boldsymbol{A})\boldsymbol{x}=\boldsymbol{0}$ 的基础解系为 $\boldsymbol{x}_2=(1,1,0)^{\mathrm{T}}$,$\boldsymbol{x}_3=(-1,0,1)^{\mathrm{T}}$.

取
$$\boldsymbol{P}=(\boldsymbol{x}_1,\boldsymbol{x}_2,\boldsymbol{x}_3)=\begin{pmatrix}1 & 1 & -1\\ -1 & 1 & 0\\ 1 & 0 & 1\end{pmatrix},$$

则有
$$\boldsymbol{P}^{-1}\boldsymbol{A}\boldsymbol{P}=\boldsymbol{\Lambda}=\mathrm{diag}(-2,1,1).$$

(2) $3\boldsymbol{I}-\boldsymbol{A}$ 的 3 个特征值为 $3-(-2)=5$,$3-1=2$(二重),所以 $|3\boldsymbol{I}-\boldsymbol{A}|=5\cdot 2^2=20$.

例 6(习题 38) 设 $\boldsymbol{B}=\boldsymbol{\alpha}\boldsymbol{\alpha}^{\mathrm{T}}$,其中 $\boldsymbol{\alpha}=(a_1,\cdots,a_n)^{\mathrm{T}}$,$\boldsymbol{\alpha}\neq\boldsymbol{0}$,$a_i\in\mathbb{R}\quad(i=1,2,\cdots,n)$.

(1) 证明 $\boldsymbol{B}^k=t\boldsymbol{B}$,其中 k 为正整数,t 为常数,并求 t;

(2) 求可逆阵 $\boldsymbol{P}$,使 $\boldsymbol{P}^{-1}\boldsymbol{BP}$ 为对角阵,并写出此对角阵.

解 (1) $\boldsymbol{B}^2=\boldsymbol{\alpha}(\boldsymbol{\alpha}^{\mathrm{T}}\boldsymbol{\alpha})\boldsymbol{\alpha}^{\mathrm{T}}=(\boldsymbol{\alpha}^{\mathrm{T}}\boldsymbol{\alpha})\boldsymbol{\alpha}\boldsymbol{\alpha}^{\mathrm{T}}=m\,\boldsymbol{\alpha}\boldsymbol{\alpha}^{\mathrm{T}}=m\,\boldsymbol{B}$(其中$m=\boldsymbol{\alpha}^{\mathrm{T}}\boldsymbol{\alpha}=a_1^2+\cdots+a_n^2=\mathrm{tr}\boldsymbol{B}$).

$\boldsymbol{B}^3=\boldsymbol{B}^2\boldsymbol{B}=m\boldsymbol{B}^2=m^2\boldsymbol{B},\cdots$,由归纳法可以得到 $\boldsymbol{B}^k=m^{k-1}\boldsymbol{B}=t\boldsymbol{B}$,其中 $t=(\mathrm{tr}\boldsymbol{B})^{k-1}$.

(2) 先求特征值.

法 1:设$\boldsymbol{Bx}=\lambda\boldsymbol{x}(\boldsymbol{x}\neq\boldsymbol{0})$,则

$$\boldsymbol{B}^2\boldsymbol{x}=\lambda^2\boldsymbol{x}=m\boldsymbol{Bx}=m\lambda\boldsymbol{x}.$$

由 $\boldsymbol{x}\neq\boldsymbol{0}$ 得 $\lambda^2=m\lambda$ 即 $\lambda_1=0$ 或 $\lambda_2=m$.

$\lambda_1=0$ 时,$(\lambda_1\boldsymbol{I}-\boldsymbol{B})\boldsymbol{x}=-\boldsymbol{Bx}=-\boldsymbol{\alpha}\boldsymbol{\alpha}^{\mathrm{T}}\boldsymbol{x}=\boldsymbol{0}$. 由 $\mathrm{r}(\boldsymbol{B})=1$,得基础解系含 $n-1$ 个线性无关的解,即 $\lambda_1=0$ 对应 $n-1$ 个线性无关的特征向量,所以,$\lambda_1=0$ 至少是 $\boldsymbol{B}$ 的 $n-1$ 重特征值. 由

$$\sum_{i=1}^{n}\lambda_i=\mathrm{tr}\boldsymbol{B}=m,\quad \text{得}\quad \lambda_2=m \text{ 是一个一重特征值}.$$

法 2:因 $\boldsymbol{\alpha}\neq\boldsymbol{0}$,不妨设 $a_1\neq0$,于是在 $|\lambda\boldsymbol{I}-\boldsymbol{B}|$ 中第一行乘 $\left(-\dfrac{a_i}{a_1}\right)$加到第 i 行$(i=2,\cdots,n)$,再将第 i 列乘$\left(\dfrac{a_i}{a_1}\right)$都加到第 1 列$(i=2,\cdots,n)$,则有

$$|\lambda\boldsymbol{I}-\boldsymbol{B}|=\begin{vmatrix}\lambda-a_1^2 & -a_1a_2 & \cdots & -a_1a_n\\ -a_2a_1 & \lambda-a_2^2 & \cdots & -a_2a_n\\ \vdots & \vdots & \ddots & \vdots\\ -a_na_1 & -a_na_2 & \cdots & \lambda-a_n^2\end{vmatrix}$$

$$=\begin{vmatrix}\lambda-a_1^2 & -a_1a_2 & \cdots & -a_1a_n\\ -\dfrac{a_2}{a_1}\lambda & \lambda & \cdots & 0\\ \vdots & \vdots & \ddots & \vdots\\ -\dfrac{a_n}{a_1}\lambda & 0 & \cdots & \lambda\end{vmatrix}$$

$$= \begin{vmatrix} \lambda - \sum_{i=1}^{n} a_i^2 & -a_1a_2 & \cdots & -a_1a_n \\ 0 & \lambda & \cdots & 0 \\ \vdots & \vdots & \ddots & \vdots \\ 0 & 0 & \cdots & \lambda \end{vmatrix}$$

$$= \lambda^{n-1}\left(\lambda - \sum_{i=1}^{n} a_i^2\right) = 0,$$

所以，$\lambda_1 = \lambda_2 = \cdots \lambda_{n-1} = 0$，$\lambda_n = \sum_{i=1}^{n} a_i^2 = m$.

再求特征向量.

当 $\lambda_1 = 0$ 时，$(\lambda_1 \boldsymbol{I} - \boldsymbol{B})\boldsymbol{x} = -\boldsymbol{B}\boldsymbol{x} = \boldsymbol{0}$，由 $\mathrm{r}(\boldsymbol{B}) = 1$，故只需解第 1 个方程

$$a_1^2 x_1 + a_1 a_2 x_2 + \cdots + a_1 a_n x_n = 0.$$

基础解系含 $n-1$ 个线性无关的解向量，所以，$\lambda_1 = 0$ 对应的特征向量为：

$\boldsymbol{x}_1 = (-a_2, a_1, 0, \cdots, 0)^{\mathrm{T}}$，　$\boldsymbol{x}_2 = (-a_3, 0, a_1, \cdots, 0)^{\mathrm{T}}$，$\cdots$，$\boldsymbol{x}_{n-1} = (-a_n, 0, \cdots, 0, a_1)^{\mathrm{T}}$，

$\lambda = m$ 时，$(m\boldsymbol{I} - \boldsymbol{B})\boldsymbol{x} = (\boldsymbol{\alpha}^{\mathrm{T}}\boldsymbol{\alpha}\boldsymbol{I} - \boldsymbol{\alpha}\boldsymbol{\alpha}^{\mathrm{T}})\boldsymbol{x} = \boldsymbol{0}$，即

$$\boldsymbol{\alpha}^{\mathrm{T}}\boldsymbol{\alpha}\boldsymbol{x} - \boldsymbol{\alpha}\boldsymbol{\alpha}^{\mathrm{T}}\boldsymbol{x} = \boldsymbol{0}.$$

观察出 $\boldsymbol{x} = \boldsymbol{\alpha}$ 满足此方程，因为$(\boldsymbol{\alpha}^{\mathrm{T}}\boldsymbol{\alpha})\boldsymbol{\alpha} - \boldsymbol{\alpha}(\boldsymbol{\alpha}^{\mathrm{T}}\boldsymbol{\alpha}) = \boldsymbol{0}$（其中 $\boldsymbol{\alpha}^{\mathrm{T}}\boldsymbol{\alpha} = m$ 是一个数）. 所以，$\lambda_n = m$ 对应的特征向量为 $\boldsymbol{x}_n = (a_1, \cdots, a_n)^{\mathrm{T}}$.

令 $\boldsymbol{P} = (\boldsymbol{x}_1, \cdots, \boldsymbol{x}_{n-1}, \boldsymbol{x}_n) = \begin{pmatrix} -a_2 & -a_3 & \cdots & -a_n & a_1 \\ a_1 & 0 & \cdots & 0 & a_2 \\ 0 & a_1 & \cdots & 0 & a_3 \\ \vdots & \vdots & \ddots & \vdots & \vdots \\ 0 & 0 & \cdots & a_1 & a_n \end{pmatrix}$，

则
$$\boldsymbol{P}^{-1}\boldsymbol{B}\boldsymbol{P} = \mathrm{diag}\left(0, \cdots, 0, \sum_{i=1}^{n} a_i^2\right).$$

5.4 实对称矩阵的对角化

(1) 实对称矩阵的特征值都是实数,且特征向量也是实向量;属于不同特征值的特征向量是正交的(正交向量组一定是线性无关的向量组);对于实向量 $\boldsymbol{x}\neq\boldsymbol{0}$,必有 $\boldsymbol{x}^{\mathrm{T}}\boldsymbol{x}>0$,而对复向量 $\boldsymbol{x}\neq\boldsymbol{0}$,未必有 $\boldsymbol{x}^{\mathrm{T}}\boldsymbol{x}>0$(例如 $\boldsymbol{x}=(1,\mathrm{i})^{T}$,有 $\boldsymbol{x}^{\mathrm{T}}\boldsymbol{x}=0$),但必有$(\bar{\boldsymbol{x}})^{\mathrm{T}}\boldsymbol{x}>0$. 在做证明题时,若未知特征值是实数时,就必须把特征向量当成复向量来处理.

(2) 实对称矩阵一定和对角阵相似. 对 n 阶实对称矩阵 $\boldsymbol{A}$,它的 k 重特征值 λ 恰对应有 k 个线性无关的特征向量,即 $\dim V_{\lambda}=n-\mathrm{r}(\lambda\boldsymbol{I}-\boldsymbol{A})=k$. 实对称矩阵不仅存在可逆矩阵 $\boldsymbol{P}$,使得 $\boldsymbol{P}^{-1}\boldsymbol{A}\boldsymbol{P}=\mathrm{diag}(\lambda_1,\lambda_2,\cdots,\lambda_n)$;而且存在正交阵 $\boldsymbol{T}$,使得 $\boldsymbol{T}^{-1}\boldsymbol{A}\boldsymbol{T}=\boldsymbol{T}^{\mathrm{T}}\boldsymbol{A}\boldsymbol{T}=\mathrm{diag}(\lambda_1,\lambda_2,\cdots,\lambda_n)$;这里对角阵是惟一的(是 $\boldsymbol{A}$ 的相似标准形),但 $\boldsymbol{T}$ 不是惟一的. 为什么要求正交阵 $\boldsymbol{T}$,使 $\boldsymbol{A}$ 对角化? 到下一章学习二次型时,可以知道正交阵对应的线性变换是保长度保角度的正交变换,在二次曲面化标准形中及其他问题中都有重要的应用.

(3) 对 n 阶实对称矩阵 $\boldsymbol{A}$,求正交阵 $\boldsymbol{T}$,使得使 $\boldsymbol{T}^{-1}\boldsymbol{A}\boldsymbol{T}$ 为对角阵的解题步骤:

① 求出 $\boldsymbol{A}$ 的互异特征值 $\lambda_1,\cdots,\lambda_m$,其重数分别为 $r_1,\cdots,r_m$(它们的和等于 n).

② 求特征子空间 N_{λ_i} 的基$\{\boldsymbol{x}_{i_1},\boldsymbol{x}_{i_2},\cdots,\boldsymbol{x}_{i_{r_i}}\}$,即$(\lambda_i\boldsymbol{I}-\boldsymbol{A})\boldsymbol{x}=\boldsymbol{0}$的基础解系($i=1,2,\cdots,m$).

③ 对应于同一个特征值 λ_i(λ_i 的重数 $r_i>1$)的特征向量$\{\boldsymbol{x}_{i_1},\boldsymbol{x}_{i_2},\cdots,\boldsymbol{x}_{i_{r_i}}\}$,用施密特正交化方法将其正交化;将已经正交化的特征向量单位化,再把一重特征值对应的特征向量也单位化,得到 n 个相互正交的单位向量 $\boldsymbol{\gamma}_1,\cdots,\boldsymbol{\gamma}_n$(注意要先正交化再单位化,不能先单位化再正交化,因为正交化后可能不是单位向量了);再排

成正交矩阵 $\boldsymbol{T}(\boldsymbol{T}^{-1}=\boldsymbol{T}^{\mathrm{T}})$. $\boldsymbol{T}$ 的任意两行(列)向量的内积为0,每行(列)向量的长度为1.

④ 将 $\boldsymbol{\gamma}_1,\cdots,\boldsymbol{\gamma}_n$ 依次按列排成矩阵 $\boldsymbol{T}=(\boldsymbol{\gamma}_1,\cdots,\boldsymbol{\gamma}_n)$(变换矩阵 $\boldsymbol{T}$ 一定可逆),则

$$\boldsymbol{T}^{-1}\boldsymbol{AP}=\boldsymbol{T}^{\mathrm{T}}\boldsymbol{AT}=\mathrm{diag}(\lambda_1,\cdots,\lambda_1,\cdots,\lambda_m,\cdots,\lambda_m).$$

注意:对角矩阵的对角元的排序要使得第 i 个 λ_i 对应的特征向量 $\boldsymbol{\gamma}_i$ 排在 $\boldsymbol{T}$ 矩阵的第 i 列.

例1 设
$$\boldsymbol{A}=\begin{pmatrix}1 & -2 & 2\\ -2 & -2 & 4\\ 2 & 4 & -2\end{pmatrix},$$
求正交矩阵 $\boldsymbol{T}$,使 $\boldsymbol{T}^{-1}\boldsymbol{AT}$ 为对角矩阵.

解 先求特征值.

$$|\lambda\boldsymbol{I}-\boldsymbol{A}|=\begin{vmatrix}\lambda-1 & 2 & -2\\ 2 & \lambda+2 & -4\\ -2 & -4 & \lambda+2\end{vmatrix}$$
$$=-\begin{vmatrix}-2 & -4 & \lambda+2\\ 0 & \lambda-2 & \lambda-2\\ 0 & -2(\lambda-2) & (\lambda+3)(\lambda-2)/2\end{vmatrix}$$
$$=-(\lambda-2)^2\begin{vmatrix}-2 & -4 & \lambda+2\\ 0 & 1 & 1\\ 0 & -2 & (\lambda+3)/2\end{vmatrix}$$
$$=-(\lambda-2)^2(-2)\begin{vmatrix}1 & 1\\ 0 & (\lambda+7)/2\end{vmatrix}$$
$$=(\lambda-2)^2(\lambda+7)=0.$$

得 $\lambda_1=2,\lambda_2=-7$.

对于特征值 $\lambda_1=2$(二重),$(\lambda_1\boldsymbol{I}-\boldsymbol{A})\boldsymbol{x}=\boldsymbol{0}$,即

$$\begin{pmatrix}1 & 2 & -2\\ 2 & 4 & -4\\ -2 & -4 & 4\end{pmatrix}\begin{pmatrix}x_1\\ x_2\\ x_3\end{pmatrix}=\begin{pmatrix}0\\ 0\\ 0\end{pmatrix}.$$

因为实对称矩阵的二重特征值必对应两个线性无关的特征向量，所以 $\mathrm{r}((\lambda_1 \boldsymbol{I}-\boldsymbol{A}))=1$，解第1个方程可得 N_{λ_1} 的基，即由

$$x_1+2x_2-2x_3=0，得：\boldsymbol{x}_1=(-2,1,0)^{\mathrm{T}},\boldsymbol{x}_2=(2,0,1)^{\mathrm{T}}.$$

用施密特正交化方法求 N_{λ_1} 的单位正交基：先正交化，取

$$\boldsymbol{\beta}_1=\boldsymbol{x}_1=(-2,1,0)^{\mathrm{T}},$$

$$\boldsymbol{\beta}_2=\boldsymbol{x}_2-\frac{(\boldsymbol{x}_2,\boldsymbol{\beta}_1)}{(\boldsymbol{\beta}_1,\boldsymbol{\beta}_1)}\boldsymbol{\beta}_1=(2,0,1)^{\mathrm{T}}-\frac{-4}{5}(-2,1,0)^{\mathrm{T}}=\left(\frac{2}{5},\frac{4}{5},1\right)^{\mathrm{T}}.$$

再将 $\boldsymbol{\beta}_1,\boldsymbol{\beta}_2$ 单位化，得

$$\boldsymbol{\gamma}_1=\left(\frac{-2\sqrt{5}}{5},\frac{\sqrt{5}}{5},0\right)^{\mathrm{T}},\qquad \boldsymbol{\gamma}_2=\left(\frac{2\sqrt{5}}{15},\frac{4\sqrt{5}}{15},\frac{\sqrt{5}}{3}\right)^{\mathrm{T}}.$$

对于特征值 $\lambda_2=-7$，由 $(\lambda_2\boldsymbol{I}-\boldsymbol{A})\boldsymbol{x}=\boldsymbol{0}$，即

$$\begin{pmatrix}-8 & 2 & -2\\ 2 & -5 & -4\\ -2 & -4 & -5\end{pmatrix}\begin{pmatrix}x_1\\ x_2\\ x_3\end{pmatrix}=\begin{pmatrix}0\\ 0\\ 0\end{pmatrix},$$

解得特征子空间 N_{λ_2} 的一组基 $\boldsymbol{x}_3=(1,2,-2)^{\mathrm{T}}$，将其单位化，得 N_{λ_2} 的单位正交基

$$\boldsymbol{\gamma}_3=(1/3,2/3,-2/3)^{\mathrm{T}}.$$

取正交矩阵

$$\boldsymbol{T}=(\boldsymbol{\gamma}_1,\boldsymbol{\gamma}_2,\boldsymbol{\gamma}_3)=\begin{pmatrix}\frac{2\sqrt{5}}{5} & \frac{2\sqrt{5}}{15} & \frac{1}{3}\\ \frac{-\sqrt{5}}{5} & \frac{4\sqrt{5}}{15} & \frac{2}{3}\\ 0 & \frac{\sqrt{5}}{3} & \frac{-2}{3}\end{pmatrix},$$

则有 $\quad \boldsymbol{T}^{-1}\boldsymbol{A}\boldsymbol{T}=\mathrm{diag}(\lambda_1,\lambda_2,\lambda_3)=\mathrm{diag}(2,2,-7).$

例 2 设 $\boldsymbol{A}$ 是 n 阶正交矩阵，λ 是 $\boldsymbol{A}$ 的实特征值，$\boldsymbol{x}$ 是 $\boldsymbol{A}$ 的对应于 λ 的特征向量.证明：λ 只能是 ± 1，且 $\boldsymbol{x}$ 也是 $\boldsymbol{A}^{\mathrm{T}}$ 的特征向量.

证 由 $\boldsymbol{A}$ 是正交矩阵知，$\boldsymbol{A}^{\mathrm{T}}=\boldsymbol{A}^{-1}$.

设$\boldsymbol{Ax}=\lambda\boldsymbol{x}$($\boldsymbol{x}\neq\boldsymbol{0},\lambda\neq0$,因为$|\boldsymbol{A}|=\pm1\neq0$),两边转置再右乘$\boldsymbol{x}$(注意$\boldsymbol{A}^{-1}\boldsymbol{x}=\lambda^{-1}\boldsymbol{x}$),得

$$\boldsymbol{x}^{\mathrm{T}}\boldsymbol{A}^{\mathrm{T}}\boldsymbol{x}=\lambda\boldsymbol{x}^{\mathrm{T}}\boldsymbol{x},$$

即
$$\boldsymbol{x}^{\mathrm{T}}\boldsymbol{A}^{-1}\boldsymbol{x}=\boldsymbol{x}^{\mathrm{T}}\lambda^{-1}\boldsymbol{x}=\lambda\boldsymbol{x}^{\mathrm{T}}\boldsymbol{x},$$

从而
$$(\lambda^{-1}-\lambda)\boldsymbol{x}^{\mathrm{T}}\boldsymbol{x}=0.$$

因为λ是$\boldsymbol{A}$的实特征值,$\boldsymbol{x}$也是实的特征向量,$\boldsymbol{x}\neq\boldsymbol{0}$,所以,$\boldsymbol{x}^{\mathrm{T}}\boldsymbol{x}>0$,故$\lambda^{-1}=\lambda$,$\lambda$只能是$\pm1$.

当$\lambda=\pm1$时,在$\boldsymbol{Ax}=\lambda\boldsymbol{x}=(\pm1)\boldsymbol{x}$($\boldsymbol{x}\neq\boldsymbol{0}$)的两边左乘$\boldsymbol{A}^{\mathrm{T}}$(注意到$\boldsymbol{A}^{\mathrm{T}}\boldsymbol{A}=\boldsymbol{I}$),得

$$\boldsymbol{A}^{\mathrm{T}}\boldsymbol{Ax}=(\pm1)\boldsymbol{A}^{\mathrm{T}}\boldsymbol{x},$$

即
$$\boldsymbol{x}=(\pm1)\boldsymbol{A}^{\mathrm{T}}\boldsymbol{x}\text{ 或 }\boldsymbol{A}^{\mathrm{T}}\boldsymbol{x}=\pm\boldsymbol{x},$$

所以,$\boldsymbol{x}$也是$\boldsymbol{A}^{\mathrm{T}}$的特征向量.

例3(研5-19)　设$\boldsymbol{A}=\begin{pmatrix}1&1&a\\1&a&1\\a&1&1\end{pmatrix}$,$\boldsymbol{\beta}=\begin{pmatrix}1\\1\\-2\end{pmatrix}$,已知线性方程组$\boldsymbol{Ax}=\boldsymbol{\beta}$有解但不惟一.

(1)求a的值;(2)求正交矩阵$\boldsymbol{Q}$,使$\boldsymbol{Q}^{-1}\boldsymbol{AQ}$为对角矩阵.

解　(1) 由$\boldsymbol{Ax}=\boldsymbol{\beta}$有解但不惟一,知$\mathrm{r}(\boldsymbol{A},\boldsymbol{\beta})=\mathrm{r}(\boldsymbol{A})<3$.用初等行变换求秩$(\boldsymbol{A},\boldsymbol{\beta})$.

$$(\boldsymbol{A},\boldsymbol{\beta})=\left(\begin{array}{ccc:c}1&1&a&1\\1&a&1&1\\a&1&1&-2\end{array}\right)\rightarrow\left(\begin{array}{ccc:c}1&1&a&1\\0&a-1&1-a&0\\0&0&(a-1)(a+2)&a+2\end{array}\right).$$

由$\mathrm{r}(\boldsymbol{A},\boldsymbol{\beta})=\mathrm{r}(\boldsymbol{A})<3$,得$a=-2$.

(2) 由
$$|\lambda\boldsymbol{I}-\boldsymbol{A}|=\begin{vmatrix}\lambda-1&-1&2\\-1&\lambda+2&-1\\2&-1&\lambda-1\end{vmatrix}=\lambda(\lambda-3)(\lambda+3)=0,$$

得$\lambda_1=0,\lambda_2=3,\lambda_3=-3$.

当 $\lambda_1=1$ 时,求解 $(0\boldsymbol{I}-\boldsymbol{A})\boldsymbol{x}=\boldsymbol{0}$,得特征向量 $\boldsymbol{x}_1=(1,1,1)^{\mathrm{T}}$,单位化得 $\boldsymbol{\varepsilon}_1=\left(\frac{1}{\sqrt{3}},\frac{1}{\sqrt{3}},\frac{1}{\sqrt{3}}\right)^{\mathrm{T}}$;

当 $\lambda_2=3$ 时,求解 $(3\boldsymbol{I}-\boldsymbol{A})\boldsymbol{x}=\boldsymbol{0}$,得特征向量 $\boldsymbol{x}_2=(-1,0,1)^{\mathrm{T}}$,单位化得 $\boldsymbol{\varepsilon}_2=\left(\frac{-1}{\sqrt{2}},0,\frac{1}{\sqrt{2}}\right)^{\mathrm{T}}$;

当 $\lambda_3=-3$ 时,求解 $(-3\boldsymbol{I}-\boldsymbol{A})\boldsymbol{x}=\boldsymbol{0}$,得特征向量 $\boldsymbol{x}_3=(1,-2,1)^{\mathrm{T}}$,单位化得 $\boldsymbol{\varepsilon}_3=\left(\frac{1}{\sqrt{6}},\frac{-2}{\sqrt{6}},\frac{1}{\sqrt{6}}\right)^{\mathrm{T}}$.

取
$$\boldsymbol{Q}=(\boldsymbol{\varepsilon}_1,\boldsymbol{\varepsilon}_2,\boldsymbol{\varepsilon}_3)=\begin{pmatrix}\frac{1}{\sqrt{3}} & \frac{-1}{\sqrt{2}} & \frac{1}{\sqrt{6}}\\ \frac{1}{\sqrt{3}} & 0 & \frac{-2}{\sqrt{6}}\\ \frac{1}{\sqrt{3}} & \frac{1}{\sqrt{2}} & \frac{1}{\sqrt{6}}\end{pmatrix},$$

则
$$\boldsymbol{Q}^{-1}\boldsymbol{A}\boldsymbol{Q}=\begin{pmatrix}0 & & \\ & 3 & \\ & & -3\end{pmatrix}.$$

例 4 三阶实对称矩阵 $\boldsymbol{A}$ 的特征值为 $\lambda_1=-1,\lambda_2=\lambda_3=1$,对应于 $\lambda_1=-1$ 的特征向量为 $\boldsymbol{\alpha}_1=(0,1,1)^{\mathrm{T}}$,求 $\boldsymbol{A}$.

解 实对称矩阵 $\boldsymbol{A}$ 一定与对角矩阵 $\boldsymbol{\Lambda}=\mathrm{diag}(-1,1,1)$ 相似.不同的特征值对应的特征向量正交.在与 $\boldsymbol{\alpha}_1$ 正交的平面上取两个线性无关的向量,如 $\boldsymbol{\alpha}_2=(1,0,0)^{\mathrm{T}}$,$\boldsymbol{\alpha}_3=(0,1,-1)^{\mathrm{T}}$,则

$\boldsymbol{A}\boldsymbol{\alpha}_1=-\boldsymbol{\alpha}_1$,$\boldsymbol{A}\boldsymbol{\alpha}_2=\boldsymbol{\alpha}_2$,$\boldsymbol{A}\boldsymbol{\alpha}_3=\boldsymbol{\alpha}_3$,写成矩阵等式得

$$\boldsymbol{A}(\boldsymbol{\alpha}_1,\boldsymbol{\alpha}_2,\boldsymbol{\alpha}_3)=(\boldsymbol{\alpha}_1,\boldsymbol{\alpha}_2,\boldsymbol{\alpha}_3)\begin{pmatrix}-1 & & \\ & 1 & \\ & & 1\end{pmatrix}.$$

记 $\boldsymbol{P}=(\boldsymbol{\alpha}_1,\boldsymbol{\alpha}_2,\boldsymbol{\alpha}_3)$,则 $\boldsymbol{P}^{-1}\boldsymbol{A}\boldsymbol{P}=\boldsymbol{\Lambda}$,故得 $\boldsymbol{A}=\boldsymbol{P}\boldsymbol{\Lambda}\boldsymbol{P}^{-1}$.

注意：$\boldsymbol{\alpha}_1,\boldsymbol{\alpha}_2,\boldsymbol{\alpha}_3$ 是正交的向量组，只需单位化即得单位正交向量组：$\boldsymbol{\gamma}_1=\frac{1}{\sqrt{2}}(0,1,1)^{\mathrm{T}}$，$\boldsymbol{\gamma}_2=\boldsymbol{\alpha}_2$，$\boldsymbol{\gamma}_3=\frac{1}{\sqrt{2}}(0,1,-1)^{\mathrm{T}}$. 记 $\boldsymbol{T}=(\boldsymbol{\gamma}_1,\boldsymbol{\gamma}_2,\boldsymbol{\gamma}_3)$，则 $\boldsymbol{T}^{-1}=\boldsymbol{T}^{\mathrm{T}}$（省略了求逆矩阵的运算），且 $\boldsymbol{T}^{-1}\boldsymbol{A}\boldsymbol{T}=\boldsymbol{\Lambda}$，从而得

$$\boldsymbol{A}=\boldsymbol{T}\boldsymbol{\Lambda}\boldsymbol{T}^{-1}=\boldsymbol{T}\boldsymbol{\Lambda}\boldsymbol{T}^{\mathrm{T}}$$

$$=\begin{pmatrix}0&1&0\\ \frac{1}{\sqrt{2}}&0&\frac{1}{\sqrt{2}}\\ \frac{1}{\sqrt{2}}&0&-\frac{1}{\sqrt{2}}\end{pmatrix}\begin{pmatrix}-1&&\\&1&\\&&1\end{pmatrix}\begin{pmatrix}0&\frac{1}{\sqrt{2}}&\frac{1}{\sqrt{2}}\\1&0&0\\0&\frac{1}{\sqrt{2}}&-\frac{1}{\sqrt{2}}\end{pmatrix}$$

$$=\begin{pmatrix}1&0&0\\0&0&-1\\0&-1&0\end{pmatrix}.$$

例5　设 $\boldsymbol{A}$ 是 n 阶实对称矩阵，证明：

(1) 若存在可逆矩阵 $\boldsymbol{B}$，使得 $\boldsymbol{A}=\boldsymbol{B}^{\mathrm{T}}\boldsymbol{B}$，则 $\boldsymbol{A}$ 的主对角线上的元素全部大于零；

(2) 设 $\boldsymbol{\alpha}_1,\boldsymbol{\alpha}_2,\cdots,\boldsymbol{\alpha}_n$ 是 $\boldsymbol{A}$ 的 n 个正交单位特征向量，对应的特征值是 $\lambda_1,\lambda_2,\cdots,\lambda_n$，则

$$\boldsymbol{A}=\lambda_1\boldsymbol{\alpha}_1\boldsymbol{\alpha}_1^{\mathrm{T}}+\lambda_2\boldsymbol{\alpha}_2\boldsymbol{\alpha}_2^{\mathrm{T}}+\cdots+\lambda_n\boldsymbol{\alpha}_n\boldsymbol{\alpha}_n^{\mathrm{T}};$$

(3) 当 $n=3$ 时，已知 $\boldsymbol{A}$ 的特征值为 $\lambda_1=1,\lambda_2=2,\lambda_3=3$，对应的特征向量为

$$\boldsymbol{\alpha}_1=(1,1,1)^{\mathrm{T}},\boldsymbol{\alpha}_2=(1,-2,1)^{\mathrm{T}},\boldsymbol{\alpha}_3=(1,0,-1)^{\mathrm{T}}，求 \boldsymbol{A}.$$

解　令 $\boldsymbol{B}=(b_{ij})$，则

$$\boldsymbol{A}=\boldsymbol{B}^{\mathrm{T}}\boldsymbol{B}=\begin{pmatrix}b_{11}&b_{21}&\cdots&b_{n1}\\b_{12}&b_{22}&\cdots&b_{n2}\\\vdots&\vdots&&\vdots\\b_{1n}&b_{2n}&\cdots&b_{nn}\end{pmatrix}\begin{pmatrix}b_{11}&b_{12}&\cdots&b_{1n}\\b_{21}&b_{22}&\cdots&b_{2n}\\\vdots&\vdots&&\vdots\\b_{n1}&b_{n2}&\cdots&b_{nn}\end{pmatrix}$$

$$
=\begin{pmatrix}
\sum_{i=1}^{n} b_{i1}^2 & \sum_{i=1}^{n} b_{i1}b_{i2} & \cdots & \sum_{i=1}^{n} b_{i1}b_{in} \\
\sum_{i=1}^{n} b_{i1}b_{i2} & \sum_{i=1}^{n} b_{i2}^2 & \cdots & \sum_{i=1}^{n} b_{i2}b_{in} \\
\vdots & \vdots & & \vdots \\
\sum_{i=1}^{n} b_{i1}b_{in} & \sum_{i=1}^{n} b_{i2}b_{in} & \cdots & \sum_{i=1}^{n} b_{in}^2
\end{pmatrix},
$$

$\boldsymbol{A}=\boldsymbol{B}^{\mathrm{T}}\boldsymbol{B}$ 的对角元为 $\sum_{i=1}^{n} b_{i1}^2,\sum_{i=1}^{n} b_{i2}^2,\cdots,\sum_{i=1}^{n} b_{in}^2$. 因为 $\boldsymbol{B}$ 可逆，$\det\boldsymbol{B}\neq 0$. 所以 $b_{1j},b_{2j},\cdots,b_{nj}\,(j=1,\cdots,n)$ 不全为0. 所以，$\boldsymbol{A}$ 的主对角线上的元素全部大于零.

(2) 令 $\boldsymbol{T}=(\boldsymbol{\alpha}_1,\boldsymbol{\alpha}_2,\cdots,\boldsymbol{\alpha}_n)$，因为 $\boldsymbol{\alpha}_1,\boldsymbol{\alpha}_2,\cdots,\boldsymbol{\alpha}_n$ 是单位正交向量组，所以 $\boldsymbol{T}$ 是正交矩阵，即

$\boldsymbol{T}^{-1}=\boldsymbol{T}^{\mathrm{T}}=(\boldsymbol{\alpha}_1,\boldsymbol{\alpha}_2,\cdots,\boldsymbol{\alpha}_n)^{\mathrm{T}}$，且

$\boldsymbol{T}^{-1}\boldsymbol{A}\boldsymbol{T}=\boldsymbol{\Lambda}=\mathrm{diag}(\lambda_1,\lambda_2,\cdots,\lambda_n)$，所以

$$
\boldsymbol{A}=\boldsymbol{T}\boldsymbol{\Lambda}\boldsymbol{T}^{-1}=\boldsymbol{T}\boldsymbol{\Lambda}\boldsymbol{T}^{\mathrm{T}}=(\boldsymbol{\alpha}_1,\boldsymbol{\alpha}_2,\cdots,\boldsymbol{\alpha}_n)\begin{pmatrix}\lambda_1 & & & \\ & \lambda_2 & & \\ & & \ddots & \\ & & & \lambda_n\end{pmatrix}\begin{pmatrix}\boldsymbol{\alpha}_1^{\mathrm{T}} \\ \boldsymbol{\alpha}_2^{\mathrm{T}} \\ \vdots \\ \boldsymbol{\alpha}_n^{\mathrm{T}}\end{pmatrix},
$$

从而得 $$\boldsymbol{A}=\lambda_1\boldsymbol{\alpha}_1\boldsymbol{\alpha}_1^{\mathrm{T}}+\lambda_2\boldsymbol{\alpha}_2\boldsymbol{\alpha}_2^{\mathrm{T}}+\cdots+\lambda_n\boldsymbol{\alpha}_n\boldsymbol{\alpha}_n^{\mathrm{T}}.$$

(3) 由于 $\boldsymbol{\alpha}_1,\boldsymbol{\alpha}_2,\boldsymbol{\alpha}_3$ 是不同的特征值对应的特征向量，所以正交，即 $\boldsymbol{\alpha}_1,\boldsymbol{\alpha}_2,\boldsymbol{\alpha}_3$ 是正交向量组.

令 $$\boldsymbol{\gamma}_i=\frac{\boldsymbol{\alpha}_i}{|\boldsymbol{\alpha}_i|}\quad(i=1,2,3),$$

则 $$\boldsymbol{\gamma}_1=\frac{1}{\sqrt{3}}(1,1,1)^{\mathrm{T}},\boldsymbol{\gamma}_2=\frac{1}{\sqrt{6}}(1,-2,1)^{\mathrm{T}},\boldsymbol{\gamma}_3=\frac{1}{\sqrt{2}}(1,0,-1)^{\mathrm{T}}$$

是正交单位特征向量组，由(2)得

$$A=\lambda_1\gamma_1\gamma_1^{\mathrm{T}}+\lambda_2\gamma_2\gamma_2^{\mathrm{T}}+\lambda_3\gamma_3\gamma_3^{\mathrm{T}}=\frac{1}{6}\begin{pmatrix}13 & -2 & -5\\ -2 & 10 & -2\\ -5 & -2 & 13\end{pmatrix}.$$

例 6（习题 18）　设 n 阶矩阵 $\boldsymbol{A}$ 的元素均为 1.

(1) 求 $\boldsymbol{A}$ 的特征值和特征向量；

(2) $\boldsymbol{A}$ 可否对角化？若可以，求矩阵 $\boldsymbol{P}$ 使得 $\boldsymbol{P}^{-1}\boldsymbol{A}\boldsymbol{P}=\boldsymbol{\Lambda}$（对角矩阵）；

(3) 若 $f(x)$ 是 x 的 m 次多项式，且常数项为 0. 证明存在 $k\in\mathbb{R}$，使得 $f(\boldsymbol{A})=k\boldsymbol{A}$，并求出 k.

解　(1) 由 5.2 例 9 知：$\boldsymbol{A}$ 有一个非 0 特征值为行和 n，0 是 $n-1$ 重特征值.

$\boldsymbol{A}$ 的每行行和都是 n，由

$$\begin{pmatrix}1 & \cdots & 1\\ \vdots & & \vdots\\ 1 & \cdots & 1\end{pmatrix}\begin{pmatrix}1\\ \vdots\\ 1\end{pmatrix}=\begin{pmatrix}n\\ \vdots\\ n\end{pmatrix}=n\begin{pmatrix}1\\ \vdots\\ 1\end{pmatrix},$$

可见 $\lambda_1=n$ 时，对应的特征向量是元素全部为 1 的 n 维列向量，记为 $\boldsymbol{x}_n=(1,1,\cdots,1)^{\mathrm{T}}$；

$\lambda_2=0$ 时，由 $(\lambda_2\boldsymbol{I}-\boldsymbol{A})\boldsymbol{x}=-\boldsymbol{A}\boldsymbol{x}=\boldsymbol{0}$ 的同解方程

$$x_1+x_2+\cdots+x_n=0,$$

得 $n-1$ 个线性无关的特征向量为：

$$\boldsymbol{x}_1=(-1,1,0,\cdots,0)^{\mathrm{T}},\quad \boldsymbol{x}_2=(-1,0,1,\cdots,0)^{\mathrm{T}},\quad \cdots,$$
$$\boldsymbol{x}_{n-1}=(-1,0,\cdots,0,1)^{\mathrm{T}}.$$

(2) 令
$$\boldsymbol{P}=(\boldsymbol{x}_1,\cdots,\boldsymbol{x}_{n-1},\boldsymbol{x}_n)=\begin{pmatrix}-1 & -1 & \cdots & -1 & 1\\ 1 & 0 & \cdots & 0 & 1\\ 0 & 1 & \cdots & 0 & 1\\ \vdots & \vdots & \ddots & \vdots & \vdots\\ 0 & 0 & \cdots & 1 & 1\end{pmatrix},$$

则
$$\boldsymbol{P}^{-1}\boldsymbol{A}\boldsymbol{P}=\mathrm{diag}(0,\cdots,0,n)=\boldsymbol{\Lambda}.$$

(3) 由(2)的结果，$\boldsymbol{A}=\boldsymbol{P\Lambda P}^{-1}$，$\boldsymbol{A}$ 的特征值为 λ，则 $f(\boldsymbol{A})$ 的特征值为 $f(\lambda)$，即 $f(n)$ 和 $f(0)=0$($n-1$ 重).

因为当 $k, l\in\mathbb{N}$ 时，有

$$\boldsymbol{A}^k=\boldsymbol{P\Lambda}^k\boldsymbol{P}^{-1},$$

和

$$a\boldsymbol{A}^k+b\boldsymbol{A}^l=\boldsymbol{P}(a\boldsymbol{\Lambda}^k+b\boldsymbol{\Lambda}^l)\boldsymbol{P}^{-1}.$$

所以

$$f(\boldsymbol{A})=\boldsymbol{P}f(\boldsymbol{\Lambda})\boldsymbol{P}^{-1},$$

即

$$f(\boldsymbol{A})=\boldsymbol{P}\begin{pmatrix}0 & & & \\ & 0 & & \\ & & \ddots & \\ & & & f(n)\end{pmatrix}\boldsymbol{P}^{-1}$$

$$=\frac{f(n)}{n}\boldsymbol{P}\begin{pmatrix}0 & & & \\ & 0 & & \\ & & \ddots & \\ & & & n\end{pmatrix}\boldsymbol{P}^{-1}$$

$$=\frac{f(n)}{n}\boldsymbol{P\Lambda P}^{-1}=k\boldsymbol{A}.$$

其中 $k=\dfrac{f(n)}{n}$，所以，$f(\boldsymbol{A})=k\boldsymbol{A}$.

例 7 试验性生产线每年一月进行熟练工和非熟练工的人数统计，然后将 1/6 熟练工支援其他部门，其缺额由招收新的非熟练工补齐. 新老非熟练工经培训及实践至年终考核有 2/5 成为熟练工. 设第 n 年一月份统计熟练工和非熟练工所占百分比分别为 x_n, y_n，记成向量 $\boldsymbol{x}_n=(x_n, y_n)^{\mathrm{T}}$.

(1) 求 $\begin{pmatrix}x_{n+1}\\ y_{n+1}\end{pmatrix}$ 与 $\begin{pmatrix}x_n\\ y_n\end{pmatrix}$ 的关系式，并写成矩阵形式 $\begin{pmatrix}x_{n+1}\\ y_{n+1}\end{pmatrix}=\boldsymbol{A}\begin{pmatrix}x_n\\ y_n\end{pmatrix}$；

(2) 验证 $\boldsymbol{\eta}_1=\begin{pmatrix}4\\1\end{pmatrix},\boldsymbol{\eta}_2=\begin{pmatrix}-1\\1\end{pmatrix}$ 是 $\boldsymbol{A}$ 的两个线性无关的特征向量，并求出相应的特征值；

(3) 当 $\begin{pmatrix}x_1\\y_1\end{pmatrix}=\begin{pmatrix}\frac{1}{2}\\\frac{1}{2}\end{pmatrix}$ 时，求 $\begin{pmatrix}x_{n+1}\\y_{n+1}\end{pmatrix}$.

解　(1)第 n 年熟练工和非熟练工所占百分比分别为 x_n，y_n，第 $n+1$ 年的熟练工所占百分比 x_{n+1} 是由上一年留下的熟练工 $\frac{5}{6}x_n$ 加上新招的 $\frac{1}{6}x_n$ 和上一年非熟练工 y_n 两者经培训考核后的 2/5(成为熟练工)组成，即 $x_{n+1}=\frac{5}{6}x_n+\frac{2}{5}\left(\frac{1}{6}x_n+y_n\right)$；第 $n+1$ 年的非熟练工所占百分比 y_{n+1} 是由新招的 $\frac{1}{6}x_n$ 和上一年非熟练工 y_n 两者经培训考核后余下的 3/5(为非熟练工)组成，即 $y_{n+1}=\frac{3}{5}\left(\frac{1}{6}x_n+y_n\right)$. 所以

$$\begin{cases}x_{n+1}=\frac{5}{6}x_n+\frac{2}{5}\left(\frac{1}{6}x_n+y_n\right)=\frac{9}{10}x_n+\frac{2}{5}y_n,\\ y_{n+1}=\frac{3}{5}\left(\frac{1}{6}x_n+y_n\right)=\frac{1}{10}x_n+\frac{3}{5}y_n.\end{cases}$$

即 $\begin{pmatrix}x_{n+1}\\y_{n+1}\end{pmatrix}=\begin{pmatrix}\frac{9}{10}&\frac{2}{5}\\\frac{1}{10}&\frac{3}{5}\end{pmatrix}\begin{pmatrix}x_n\\y_n\end{pmatrix}=\boldsymbol{A}\begin{pmatrix}x_n\\y_n\end{pmatrix}$，　其中 $\boldsymbol{A}=\begin{pmatrix}\frac{9}{10}&\frac{2}{5}\\\frac{1}{10}&\frac{3}{5}\end{pmatrix}$.

(2) 求特征值. 法1：由

$$|\lambda\boldsymbol{I}-\boldsymbol{A}|=\begin{vmatrix}\lambda-\frac{9}{10}&-\frac{2}{5}\\-\frac{1}{10}&\lambda-\frac{3}{5}\end{vmatrix}=(\lambda-1)\left(\lambda-\frac{1}{2}\right)=0,$$

得 $\lambda_1=1,\lambda_2=\frac{1}{2}$. 可以求得 $\lambda_1=1$ 对应的特征向量 $\boldsymbol{\eta}_1=\begin{pmatrix}4\\1\end{pmatrix}$，$\lambda_2=\frac{1}{2}$对应的特征向量 $\boldsymbol{\eta}_2=\begin{pmatrix}-1\\1\end{pmatrix}$.

法 2：

$$\boldsymbol{A\eta}_1=\begin{pmatrix}\frac{9}{10}&\frac{2}{5}\\ \frac{1}{10}&\frac{3}{5}\end{pmatrix}\begin{pmatrix}4\\1\end{pmatrix}=\begin{pmatrix}4\\1\end{pmatrix}=\boldsymbol{\eta}_1,$$

$$\boldsymbol{A\eta}_2=\begin{pmatrix}\frac{9}{10}&\frac{2}{5}\\ \frac{1}{10}&\frac{3}{5}\end{pmatrix}\begin{pmatrix}-1\\1\end{pmatrix}=\frac{1}{2}\begin{pmatrix}-1\\1\end{pmatrix}=\frac{1}{2}\boldsymbol{\eta}_2.$$

所以，$\lambda_1=1$ 为一个特征值，对应的特征向量为 $\boldsymbol{\eta}_1$，$\lambda_2=\frac{1}{2}$为另一个特征值，对应的特征向量为 $\boldsymbol{\eta}_2$.

由于 $\lambda_1\neq\lambda_2$，A 与对角矩阵相似，令 $\boldsymbol{P}=(\boldsymbol{\eta}_1,\boldsymbol{\eta}_2)$，则

$$\boldsymbol{P}^{-1}\boldsymbol{AP}=\mathrm{diag}\left(1,\frac{1}{2}\right).$$

(3) $$\begin{pmatrix}x_{n+1}\\y_{n+1}\end{pmatrix}=\boldsymbol{A}\begin{pmatrix}x_n\\y_n\end{pmatrix}=\boldsymbol{A}^2\begin{pmatrix}x_{n-1}\\y_{n-1}\end{pmatrix}=\cdots=\boldsymbol{A}^n\begin{pmatrix}x_1\\y_1\end{pmatrix},$$

由(2)的结果得 $\boldsymbol{A}=\boldsymbol{P}\begin{pmatrix}1&\\&\frac{1}{2}\end{pmatrix}\boldsymbol{P}^{-1}$，其中 $\boldsymbol{P}^{-1}=\frac{1}{5}\begin{pmatrix}1&1\\-1&4\end{pmatrix}$，

所以
$$\boldsymbol{A}^n=\boldsymbol{P}\begin{pmatrix}1&\\&\frac{1}{2}\end{pmatrix}^n\boldsymbol{P}^{-1}$$

$$=\frac{1}{5}\begin{pmatrix}4&-1\\1&1\end{pmatrix}\begin{pmatrix}1&\\&\left(\frac{1}{2}\right)^n\end{pmatrix}\begin{pmatrix}1&1\\-1&4\end{pmatrix}$$

$$=\frac{1}{5}\begin{pmatrix}4+\left(\frac{1}{2}\right)^n & 4-4\left(\frac{1}{2}\right)^n\\ 1-\left(\frac{1}{2}\right)^n & 1+4\left(\frac{1}{2}\right)^n\end{pmatrix}.$$

于是
$$\begin{pmatrix}x_{n+1}\\ y_{n+1}\end{pmatrix}=\boldsymbol{A}^n\begin{pmatrix}\frac{1}{2}\\ \frac{1}{2}\end{pmatrix}=\frac{1}{10}\begin{pmatrix}8-3\left(\frac{1}{2}\right)^n\\ 2+3\left(\frac{1}{2}\right)^n\end{pmatrix}.$$

这里的3个小题实际上给出求 x_{n+1}，y_{n+1} 这个应用问题的3个步骤.一般来说,这类应用问题的解决大都要经过这3个步骤，即先列出 x_{n+1}，y_{n+1} 的表达式;再用一个向量 $\boldsymbol{\alpha}_n$ 的等式表示之,然后找到 $\boldsymbol{\alpha}_{n+1}$ 与 $\boldsymbol{\alpha}_n$ 的递推关系式,一般是用矩阵表示;若矩阵与对角矩阵相似,求矩阵的 n 次方就是求特征值,特征向量和做矩阵乘法的运算.

5.5　部分疑难习题和补充题的题解

1（习题4）　设 $\boldsymbol{x}_1$，$\boldsymbol{x}_2$，$\boldsymbol{x}_3$ 是矩阵 $\boldsymbol{A}$ 的不同特征值 $\lambda_1,\lambda_2,\lambda_3$ 对应的特征向量,证明 $\boldsymbol{x}_1+\boldsymbol{x}_2+\boldsymbol{x}_3$ 不是 $\boldsymbol{A}$ 的特征向量.

证　反证法.设 $\boldsymbol{x}_1+\boldsymbol{x}_2+\boldsymbol{x}_3$ 是 $\boldsymbol{A}$ 的特征向量,对应的特征值为 λ,即

$$\boldsymbol{A}(\boldsymbol{x}_1+\boldsymbol{x}_2+\boldsymbol{x}_3)=\lambda(\boldsymbol{x}_1+\boldsymbol{x}_2+\boldsymbol{x}_3),$$

$$\boldsymbol{A}\boldsymbol{x}_1+\boldsymbol{A}\boldsymbol{x}_2+\boldsymbol{A}\boldsymbol{x}_3=\lambda_1\boldsymbol{x}_1+\lambda_2\boldsymbol{x}_2+\lambda_3\boldsymbol{x}_3=\lambda(\boldsymbol{x}_1+\boldsymbol{x}_2+\boldsymbol{x}_3),$$

得
$$(\lambda-\lambda_1)\boldsymbol{x}_1+(\lambda-\lambda_2)\boldsymbol{x}_2+(\lambda-\lambda_3)\boldsymbol{x}_3=\boldsymbol{0}.$$

因为不同特征值对应的特征向量 $\boldsymbol{x}_1$，$\boldsymbol{x}_2$，$\boldsymbol{x}_3$ 线性无关,所以 $\lambda-\lambda_i=0$,即 $\lambda=\lambda_1=\lambda_2=\lambda_3$,这与题设矛盾,故 $\boldsymbol{x}_1+\boldsymbol{x}_2+\boldsymbol{x}_3$ 不是 $\boldsymbol{A}$ 的特征向量.

2（习题5）　证明对合矩阵 $\boldsymbol{A}(\boldsymbol{A}^2=\boldsymbol{I})$ 的特征值只能是1或-1.

证　设 λ 是 $\boldsymbol{A}$ 的一个特征值,即

$$\boldsymbol{A}\boldsymbol{x}=\lambda\boldsymbol{x}\quad(\boldsymbol{x}\neq\boldsymbol{0}),$$

则
$$\boldsymbol{x}=\boldsymbol{I}\boldsymbol{x}=\boldsymbol{A}^2\boldsymbol{x}=\lambda^2\boldsymbol{x}\quad(\boldsymbol{x}\neq\boldsymbol{0}).$$

所以,$\lambda^2=1$,即 $\boldsymbol{A}$ 的特征值 $\lambda=1$ 或 -1.

3（习题10）　设 $\boldsymbol{B}=\boldsymbol{P}^{-1}\boldsymbol{A}\boldsymbol{P}$，$\boldsymbol{x}$ 是矩阵 $\boldsymbol{A}$ 属于特征值 λ_0 的特征向量.证明:$\boldsymbol{P}^{-1}\boldsymbol{x}$ 是矩阵 $\boldsymbol{B}$ 的对应其特征值 λ_0 的一个特征向量.

证 由 $\boldsymbol{Ax}=\lambda_0\boldsymbol{x}$ ($\boldsymbol{x}\neq\boldsymbol{0}$, $\boldsymbol{P}^{-1}\boldsymbol{x}\neq\boldsymbol{0}$),得

$$\begin{aligned}\boldsymbol{B}(\boldsymbol{P}^{-1}\boldsymbol{x})&=(\boldsymbol{P}^{-1}\boldsymbol{A}\boldsymbol{P})(\boldsymbol{P}^{-1}\boldsymbol{x})\\&=\boldsymbol{P}^{-1}\boldsymbol{A}\boldsymbol{x}=\boldsymbol{P}^{-1}(\lambda_0\boldsymbol{x})=\lambda_0(\boldsymbol{P}^{-1}\boldsymbol{x}).\end{aligned}$$

所以,$\boldsymbol{P}^{-1}\boldsymbol{x}$ 是矩阵 $\boldsymbol{B}$ 的对应其特征值 $\boldsymbol{\lambda}_0$ 的一个特征向量.

4(习题 12) 设 $\boldsymbol{A}\sim\boldsymbol{B},\boldsymbol{C}\sim\boldsymbol{D}$, 证明:$\begin{pmatrix}\boldsymbol{A}&\boldsymbol{0}\\\boldsymbol{0}&\boldsymbol{C}\end{pmatrix}\sim\begin{pmatrix}\boldsymbol{B}&\boldsymbol{0}\\\boldsymbol{0}&\boldsymbol{D}\end{pmatrix}$.

证 由 $\boldsymbol{A}\sim\boldsymbol{B},\boldsymbol{C}\sim\boldsymbol{D}$,可知存在 $\boldsymbol{P}$, $\boldsymbol{Q}$,使得 $\boldsymbol{B}=\boldsymbol{P}^{-1}\boldsymbol{A}\boldsymbol{P},\boldsymbol{D}=\boldsymbol{Q}^{-1}\boldsymbol{C}\boldsymbol{Q}$,所以

$$\begin{pmatrix}\boldsymbol{P}&\boldsymbol{0}\\\boldsymbol{0}&\boldsymbol{Q}\end{pmatrix}^{-1}\begin{pmatrix}\boldsymbol{A}&\boldsymbol{0}\\\boldsymbol{0}&\boldsymbol{C}\end{pmatrix}\begin{pmatrix}\boldsymbol{P}&\boldsymbol{0}\\\boldsymbol{0}&\boldsymbol{Q}\end{pmatrix}=\begin{pmatrix}\boldsymbol{P}^{-1}\boldsymbol{A}\boldsymbol{P}&\boldsymbol{0}\\\boldsymbol{0}&\boldsymbol{Q}^{-1}\boldsymbol{C}\boldsymbol{Q}\end{pmatrix}=\begin{pmatrix}\boldsymbol{B}&\boldsymbol{0}\\\boldsymbol{0}&\boldsymbol{D}\end{pmatrix}.$$

于是命题得证.

5(习题 13) 证明 m 阶矩阵

$$\boldsymbol{J}=\begin{pmatrix}0&1&&\\&0&\ddots&\\&&\ddots&1\\&&&0\end{pmatrix}$$

只有零特征值,其特征子空间是 $\mathbb{R}^m$ 的一维子空间,并求它的基.

解 由 $|\lambda\boldsymbol{I}-\boldsymbol{J}|=\lambda^m=0$,可知 $\lambda=0$,即 $\boldsymbol{A}$ 只有零特征值.

由 $\boldsymbol{Jx}=0\boldsymbol{x}=\boldsymbol{0}$ 及 $\mathrm{r}(\boldsymbol{J})=n-1$,得 $\boldsymbol{x}=(1,0,\cdots,0)^{\mathrm{T}}$ 是 $\lambda=0$ 对应的特征子空间的基. 所以,特征子空间是 $\mathbb{R}^m$ 的一维子空间.

6(习题 20) 设三阶实矩阵 $\boldsymbol{A}$ 有二重特征值 λ_1,如果 $\boldsymbol{x}_1=(1,0,1)^{\mathrm{T}}$, $\boldsymbol{x}_2=(-1,0,-1)^{\mathrm{T}}$, $\boldsymbol{x}_3=(1,1,0)^{\mathrm{T}}$, $\boldsymbol{x}_4=(0,1,-1)^{\mathrm{T}}$ 都是对应于 λ_1 的特征向量,问 $\boldsymbol{A}$ 可否对角化?

解 三阶实矩阵的特征方程是三次方程,必有一个实根 λ_0. 又 λ_1 是 $\boldsymbol{A}$ 的二重特征值,所以 $\boldsymbol{\lambda}_0$ 是单根. 设对应于 $\boldsymbol{\lambda}_0$ 的特征向量为 $\boldsymbol{x}_0$. λ_1 对应的线性无关(不成比例)的特征向量有两个,如 $\boldsymbol{x}_1$, $\boldsymbol{x}_3$(或 $\boldsymbol{x}_1$, $\boldsymbol{x}_4$,或 $\boldsymbol{x}_3$, $\boldsymbol{x}_4$,或 $\boldsymbol{x}_2$, $\boldsymbol{x}_3$)(注意不可能有多于两个的线性无关的特征向量). 不同特征值对应的特征向量线性无关. 所以,三阶矩阵 $\boldsymbol{A}$ 有 3 个线性无关的特征向量,$\boldsymbol{A}$ 可对角化.

7(习题 21) 已知 $\boldsymbol{A}=\begin{pmatrix}-3&2\\-2&2\end{pmatrix}$. 若 $f(x)=\begin{vmatrix}x^4-1&x\\x^3&x^6+1\end{vmatrix}$,求 $f(\boldsymbol{A})$.

解 由 $f(x)=(x^4-1)(x^6+1)-x^4$,得

$$f(\boldsymbol{A})=(\boldsymbol{A}^4-\boldsymbol{I})(\boldsymbol{A}^6+\boldsymbol{I})-\boldsymbol{A}^4=\boldsymbol{A}^{10}-\boldsymbol{A}^6-\boldsymbol{I}.$$

由$|\lambda \boldsymbol{I}-\boldsymbol{A}|=\begin{vmatrix}\lambda+3 & -2\\ 2 & \lambda-2\end{vmatrix}=0$，得$\boldsymbol{A}$的特征值$\lambda_1=1,\lambda_2=-2$. λ_1,λ_2对应的特征向量分别为：$\boldsymbol{x}_1=\begin{pmatrix}1\\2\end{pmatrix},\boldsymbol{x}_2=\begin{pmatrix}2\\1\end{pmatrix}$.

令　　$\boldsymbol{P}=\begin{pmatrix}1 & 2\\ 2 & 1\end{pmatrix}$，则$\boldsymbol{P}^{-1}\boldsymbol{A}\boldsymbol{P}=\begin{pmatrix}1 & \\ & -2\end{pmatrix}=\boldsymbol{\Lambda}$.

于是　　$\boldsymbol{P}^{-1}\boldsymbol{A}^k\boldsymbol{P}=\boldsymbol{\Lambda}^k$，　即　$\boldsymbol{A}^k=\boldsymbol{P}\boldsymbol{\Lambda}^k\boldsymbol{P}^{-1}$. 从而

$$\begin{aligned}f(\boldsymbol{A})&=\boldsymbol{P}\boldsymbol{\Lambda}^{10}\boldsymbol{P}^{-1}-\boldsymbol{P}\boldsymbol{\Lambda}^{6}\boldsymbol{P}^{-1}-\boldsymbol{P}\boldsymbol{P}^{-1}=\boldsymbol{P}(\boldsymbol{\Lambda}^{10}-\boldsymbol{\Lambda}^{6}-\boldsymbol{I})\boldsymbol{P}^{-1}\\&=\boldsymbol{P}f(\boldsymbol{\Lambda})\boldsymbol{P}^{-1}\\&=\boldsymbol{P}\left(\begin{pmatrix}1 & \\ & (-2)^{10}\end{pmatrix}-\begin{pmatrix}1 & \\ & (-2)^{6}\end{pmatrix}-\begin{pmatrix}1 & \\ & 1\end{pmatrix}\right)\boldsymbol{P}^{-1}\\&=\boldsymbol{P}\begin{pmatrix}-1 & \\ & 2^{10}-2^6-1\end{pmatrix}\boldsymbol{P}^{-1}\\&=\frac{1}{-3}\begin{pmatrix}1 & 2\\ 2 & 1\end{pmatrix}\begin{pmatrix}-1 & \\ & 959\end{pmatrix}\begin{pmatrix}1 & -2\\ -2 & 1\end{pmatrix}=\begin{pmatrix}1279 & -640\\ 640 & -321\end{pmatrix}.\end{aligned}$$

8（习题22）　设$\boldsymbol{A}=\begin{bmatrix}3 & 4 & 0 & 0\\ 4 & -3 & 0 & 0\\ 0 & 0 & 2 & 4\\ 0 & 0 & 0 & 2\end{bmatrix}$，求$\boldsymbol{A}^k$（$k$为正整数）.

解　令

$\boldsymbol{A}=\begin{pmatrix}\boldsymbol{B} & \boldsymbol{0}\\ \boldsymbol{0} & \boldsymbol{C}\end{pmatrix}$，其中$\boldsymbol{B}=\begin{pmatrix}3 & 4\\ 4 & -3\end{pmatrix}$，$\boldsymbol{C}=\begin{pmatrix}2 & 4\\ 0 & 2\end{pmatrix}$，则

$$\boldsymbol{A}^k=\begin{pmatrix}\boldsymbol{B}^k & \boldsymbol{0}\\ \boldsymbol{0} & \boldsymbol{C}^k\end{pmatrix}.$$

$\boldsymbol{B}$的特征值为$\lambda_1=5,\lambda_2=-5$，它们对应的特征向量分别为

$$\boldsymbol{x}_1=\begin{pmatrix}2\\1\end{pmatrix},\quad \boldsymbol{x}_2=\begin{pmatrix}1\\-2\end{pmatrix}.$$

令$\boldsymbol{P}=(\boldsymbol{x}_1,\boldsymbol{x}_2)=\begin{pmatrix}2 & 1\\ 1 & -2\end{pmatrix}$，则

$$\boldsymbol{P}^{-1}\boldsymbol{BP}=\begin{pmatrix}5 & 0\\ 0 & -5\end{pmatrix},$$

$$\begin{aligned}\boldsymbol{B}^k &=\boldsymbol{P}\begin{pmatrix}5^k & 0\\ 0 & (-5)^k\end{pmatrix}\boldsymbol{P}^{-1}\\ &=-\frac{1}{5}\begin{pmatrix}2 & 1\\ 1 & -2\end{pmatrix}\begin{pmatrix}5^k & 0\\ 0 & (-5)^k\end{pmatrix}\begin{pmatrix}-2 & -1\\ -1 & 2\end{pmatrix}\\ &=-5^{k-1}\begin{pmatrix}2 & 1\\ 1 & -2\end{pmatrix}\begin{pmatrix}1 & 0\\ 0 & (-1)^k\end{pmatrix}\begin{pmatrix}-2 & -1\\ -1 & 2\end{pmatrix}\\ &=5^{k-1}\begin{pmatrix}4+(-1)^k & 2-2(-1)^k\\ 2+2(-1)^k & 1+4(-1)^k\end{pmatrix}.\end{aligned}$$

$\boldsymbol{C}$不可对角化，记$\boldsymbol{C}=2\boldsymbol{I}+\boldsymbol{D}$，其中$\boldsymbol{D}=\begin{pmatrix}0 & 4\\ 0 & 0\end{pmatrix}$，则$\boldsymbol{D}^2=\boldsymbol{0}$.

用二项式展开计算$\boldsymbol{C}^k$得

$$\boldsymbol{C}^k=(2\boldsymbol{I}+\boldsymbol{D})^k=2^k\boldsymbol{I}+\mathrm{C}_k^1 2^{k-1}\boldsymbol{D}+\boldsymbol{0}=\begin{pmatrix}2^k & 4k2^{k-1}\\ 0 & 2^k\end{pmatrix}.$$

于是，

$$\begin{aligned}\boldsymbol{A}^k &=\begin{pmatrix}\boldsymbol{B}^k & \boldsymbol{0}\\ \boldsymbol{0} & \boldsymbol{C}^k\end{pmatrix}\\ &=\begin{bmatrix}4\cdot 5^{k-1}-(-5)^{k-1} & 2\cdot 5^{k-1}+2(-5)^{k-1} & 0 & 0\\ 2\cdot 5^{k-1}-2(-5)^{k-1} & 5^{k-1}-4(-5)^{k-1} & 0 & 0\\ 0 & 0 & 2^k & 4k2^{k-1}\\ 0 & 0 & 0 & 2^k\end{bmatrix}.\end{aligned}$$

9（习题 26） 设n阶实对称矩阵$\boldsymbol{A}$的特征值$\lambda_i\geqslant 0$ $(i=1,\cdots,n)$. 证明：存在特征值都是非负数的实对称矩阵$\boldsymbol{B}$，使得$\boldsymbol{A}=\boldsymbol{B}^2$.

证 $\boldsymbol{A}$为实对称矩阵，故存在$\boldsymbol{T}$（正交阵）使$\boldsymbol{T}^{-1}\boldsymbol{AT}=\mathrm{diag}(\lambda_1,\cdots,\lambda_n)$. 于是

$$\boldsymbol{A}=\boldsymbol{T}\,\mathrm{diag}(\lambda_1,\cdots,\lambda_n)\,\boldsymbol{T}^{-1}.$$

注意：$\lambda_i\geqslant 0(i=1,\cdots,n)$，得

$$\boldsymbol{A}=\boldsymbol{T}\mathrm{diag}(\sqrt{\lambda_1},\cdots,\sqrt{\lambda_n})\boldsymbol{T}^{-1}\boldsymbol{T}\mathrm{diag}(\sqrt{\lambda_1},\cdots,\sqrt{\lambda_{n1}})\boldsymbol{T}^{-1}=\boldsymbol{B}^2,$$

其中实对称矩阵$\boldsymbol{B}=\boldsymbol{T}\mathrm{diag}(\sqrt{\lambda_1},\cdots,\sqrt{\lambda_n})\boldsymbol{T}^{-1}$的特征值$\sqrt{\lambda_i}\geqslant 0(i=1,\cdots,n)$.

10（习题 27） 设$\boldsymbol{A}$为n阶实对称幂等矩阵，$\mathrm{r}(\boldsymbol{A})=r$，求$|\boldsymbol{A}-2\boldsymbol{I}|$.

解 利用25题结果：$T^{-1}AT=\mathrm{diag}(1,\cdots,1,0,\cdots,0)$（其中1有$r$个）.

由 $T^{-1}(A-2I)T=T^{-1}AT-2I=\mathrm{diag}(-1,\cdots,-1,-2,\cdots,-2)$,

得 $$|A-2I|=|T^{-1}(A-2I)T|=(-1)^r(-2)^{n-r}.$$

11（补充题30） 设$A=(a_{ij})_{4\times4}$，已知0是A的二重特征值，1是A的单重特征值，求矩阵A的特征多项式$\det(\lambda I-A)$.

解 利用$\sum\limits_{i=1}^{4}\lambda_i=\sum\limits_{i=1}^{4}a_{ii}$，即$0+0+1+\lambda_4=\sum\limits_{i=1}^{4}a_{ii}$，得$\lambda_4=\sum\limits_{i=1}^{4}a_{ii}-1$. 所以

$$|\lambda I-A|=\lambda^2(\lambda-1)\left(\lambda-\sum_{i=1}^{4}a_{ii}+1\right).$$

12（补充题32） 设$\lambda_1,\lambda_2,\cdots,\lambda_n$是矩阵$A=(a_{ij})_{n\times n}$的$n$个特征值. 证明

$$\sum_{i=1}^{n}\lambda_i^2=\sum_{i=1}^{n}\sum_{k=1}^{n}a_{ik}a_{ki}.$$

证 由$|\lambda I-A|=(\lambda-\lambda_1)(\lambda-\lambda_2)\cdots(\lambda-\lambda_n)$，知

$$\begin{aligned}|\lambda I+A|&=(-1)^n|-\lambda I-A|\\&=(-1)^n(-\lambda-\lambda_1)(-\lambda-\lambda_2)\cdots(-\lambda-\lambda_n),\end{aligned}$$

于是

$$\begin{aligned}|\lambda I-A||\lambda I+A|&=|\lambda^2I-A^2|\\&=(\lambda^2-\lambda_1^2)(\lambda^2-\lambda_2^2)\cdots(\lambda^2-\lambda_n^2),\end{aligned}$$

即

$$|\mu I-A^2|=(\mu-\lambda_1^2)(\mu-\lambda_2^2)\cdots(\mu-\lambda_n^2).$$

所以，$\lambda_1^2,\cdots,\lambda_n^2$是$A^2$的特征值. $\sum\limits_{i=1}^{n}\lambda_i^2$是$A^2$的迹. 即

$$\sum_{i=1}^{n}\lambda_i^2=\mathrm{tr}A^2=\sum_{i=1}^{n}\sum_{k=1}^{n}a_{ik}a_{ki}.$$

13（补充题34） 设A,B都是n阶矩阵，A有n个互不相同的特征值. 证明：$AB=BA$的充分必要条件是A的特征向量也是B的特征向量.

证 必要性：因A有n个互不相同的特征值，所以A有n个线性无关的特征向量，故A可对角化.

设 $$Ax_i=\lambda_ix_i\quad(x_i\neq0,\quad i=1,2,\cdots,n),$$

则 $$A(Bx_i)=B(Ax_i)=B(\lambda_ix_i)=\lambda_i(Bx_i),$$

即
$$\boldsymbol{B}\boldsymbol{x}_i \in V_{\lambda_i}(\boldsymbol{A}).$$

因 λ_i 是 $\boldsymbol{A}$ 的单重特征值,对应的特征子空间是一维的,所以,$V_{\lambda_i}(\boldsymbol{A})$中任两个向量成比例,于是
$$\boldsymbol{B}\boldsymbol{x}_i=\mu_i\boldsymbol{x}_i \quad (i=1,2,\cdots,n).$$
故 $\boldsymbol{x}_i$ 也是 $\boldsymbol{B}$ 的对应于特征值 $\mu_i(i=1,2,\cdots,n)$的特征向量.

充分性:因为 $\boldsymbol{A}$ 可对角化,所以,$\boldsymbol{A}$ 有 n 个线性无关的特征向量,记 $\boldsymbol{A}$ 的 n 个线性无关的特征向量为 $\boldsymbol{x}_1,\cdots,\boldsymbol{x}_n$(也是 $\boldsymbol{B}$ 的特征向量),其对应的 $\boldsymbol{A}$ 和 $\boldsymbol{B}$ 特征值分别为 $\lambda_1,\cdots,\lambda_n;\mu_1,\cdots,\mu_n$,即
$$\boldsymbol{A}\boldsymbol{x}_i=\lambda_i\boldsymbol{x}_i,\quad \boldsymbol{B}\boldsymbol{x}_i=\mu_i\boldsymbol{x}_i \quad (\boldsymbol{x}_i\neq\boldsymbol{0},\quad i=1,2,\cdots,n).$$
令 $\boldsymbol{P}=(\boldsymbol{x}_1,\cdots,\boldsymbol{x}_n)$,则
$$\boldsymbol{P}^{-1}\boldsymbol{A}\boldsymbol{P}=\operatorname{diag}(\lambda_1,\lambda_2,\cdots,\lambda_n)=\boldsymbol{\Lambda}_1,$$
$$\boldsymbol{P}^{-1}\boldsymbol{B}\boldsymbol{P}=\operatorname{diag}(\mu_1,\mu_2,\cdots,\mu_n)=\boldsymbol{\Lambda}_2.$$
利用对角矩阵 $\boldsymbol{\Lambda}_1$ 与 $\boldsymbol{\Lambda}_2$ 的乘积可以交换,得到
$$(\boldsymbol{P}^{-1}\boldsymbol{A}\boldsymbol{P})(\boldsymbol{P}^{-1}\boldsymbol{B}\boldsymbol{P})=\boldsymbol{\Lambda}_1\boldsymbol{\Lambda}_2=\boldsymbol{\Lambda}_2\boldsymbol{\Lambda}_1=(\boldsymbol{P}^{-1}\boldsymbol{B}\boldsymbol{P})(\boldsymbol{P}^{-1}\boldsymbol{A}\boldsymbol{P}).$$
上式两边左乘 $\boldsymbol{P}$,右乘 $\boldsymbol{P}^{-1}$,即得 $\boldsymbol{AB}=\boldsymbol{BA}$.

14(补充题 35) 设 $\boldsymbol{A},\boldsymbol{B}$ 都是 n 阶矩阵,$\boldsymbol{B}$ 的特征多项式 $f(\lambda)=|\lambda\boldsymbol{I}-\boldsymbol{B}|$.证明:$f(\boldsymbol{A})$可逆的充要条件为 $\boldsymbol{B}$ 的任一特征值都不是 $\boldsymbol{A}$ 的特征值.

证 必要性:设 $\boldsymbol{B}$ 的特征值为 $\lambda_1,\lambda_2,\cdots,\lambda_n$,即 $\boldsymbol{B}$ 的特征多项式为
$$f(\lambda)=|\lambda\boldsymbol{I}-\boldsymbol{B}|=(\lambda-\lambda_1)(\lambda-\lambda_2)\cdots(\lambda-\lambda_n),$$
于是,$f(\boldsymbol{A})=(\boldsymbol{A}-\lambda_1\boldsymbol{I})(\boldsymbol{A}-\lambda_2\boldsymbol{I})\cdots(\boldsymbol{A}-\lambda_n\boldsymbol{I})$,由 $f(\boldsymbol{A})$可逆,即
$$\begin{aligned}|f(\boldsymbol{A})|&=|(\boldsymbol{A}-\lambda_1\boldsymbol{I})(\boldsymbol{A}-\lambda_2\boldsymbol{I})\cdots(\boldsymbol{A}-\lambda_n\boldsymbol{I})|\\&=|\boldsymbol{A}-\lambda_1\boldsymbol{I}||\boldsymbol{A}-\lambda_2\boldsymbol{I}|\cdots|\boldsymbol{A}-\lambda_n\boldsymbol{I}|\neq0,\end{aligned}$$
可得
$$|\boldsymbol{A}-\lambda_i\boldsymbol{I}|=(-1)^n|\lambda_i\boldsymbol{I}-\boldsymbol{A}|\neq0 \quad (i=1,2,\cdots,n).$$
所以,$\boldsymbol{B}$ 的特征值 $\lambda_i(i=1,2,\cdots,n)$ 都不是 $\boldsymbol{A}$ 的特征值. 必要性得证.

其逆亦真.因为由
$$|\lambda_i\boldsymbol{I}-\boldsymbol{A}|\neq0 \quad (i=1,2,\cdots,n),$$
即得
$$|f(\boldsymbol{A})|=|\boldsymbol{A}-\lambda_1\boldsymbol{I}||\boldsymbol{A}-\lambda_2\boldsymbol{I}|\cdots|\boldsymbol{A}-\lambda_n\boldsymbol{I}|\neq0.$$
所以,$f(\boldsymbol{A})$可逆.

注意 不能把 $\boldsymbol{A}$ 代入 $f(\lambda)=|\lambda\boldsymbol{I}-\boldsymbol{B}|$中的 λ 而去求 $f(\boldsymbol{A})=|\boldsymbol{A}\boldsymbol{I}-\boldsymbol{B}|$,这样 $f(\boldsymbol{A})$成了一个数而不是矩阵了.

15(补充题 36) 证明反对称实矩阵 $\boldsymbol{A}$ 的特征值 λ 必是零或纯虚数.

证　已知 $\boldsymbol{A}^{\mathrm{T}}=-\boldsymbol{A}$, $\overline{\boldsymbol{A}}=\boldsymbol{A}$, 得 $\overline{\boldsymbol{A}}^{\mathrm{T}}=-\boldsymbol{A}$.

设

$$\boldsymbol{A}\boldsymbol{x}=\lambda\boldsymbol{x}\quad(\boldsymbol{x}\neq\boldsymbol{0}),$$

上式两边取共轭和转置,然后再右乘 $\boldsymbol{x}$,将 $\overline{\boldsymbol{A}}^{\mathrm{T}}=-\boldsymbol{A}$ 代入,得

$$(\overline{\boldsymbol{A}\boldsymbol{x}})^{\mathrm{T}}\boldsymbol{x}=(\overline{\lambda\boldsymbol{x}})^{\mathrm{T}}\boldsymbol{x},$$

$$(\overline{\boldsymbol{x}})^{\mathrm{T}}\overline{\boldsymbol{A}}^{\mathrm{T}}\boldsymbol{x}=\overline{\lambda}(\overline{\boldsymbol{x}})^{\mathrm{T}}\boldsymbol{x},$$

$$-(\overline{\boldsymbol{x}})^{\mathrm{T}}\boldsymbol{A}\boldsymbol{x}=\overline{\lambda}(\overline{\boldsymbol{x}})^{\mathrm{T}}\boldsymbol{x},$$

$$-\lambda(\overline{\boldsymbol{x}})^{\mathrm{T}}\boldsymbol{x}=\overline{\lambda}(\overline{\boldsymbol{x}})^{\mathrm{T}}\boldsymbol{x}.$$

由于 $\boldsymbol{x}\neq\boldsymbol{0}$ 时,$\overline{\boldsymbol{x}}^{\mathrm{T}}\boldsymbol{x}>0$,所以,$-\lambda=\overline{\lambda}$. 因此,$\lambda$ 必是零或纯虚数.

16(补充题37)　已知 $\boldsymbol{\alpha}=(a_1,\cdots,a_n)$,$\boldsymbol{\beta}=(b_1,\cdots,b_n)$是$\mathbb{R}^n$中两个非零的正交向量,证明:矩阵 $\boldsymbol{A}=\boldsymbol{\alpha}^{\mathrm{T}}\boldsymbol{\beta}$ 的特征值全为零,且 $\boldsymbol{A}$ 不可对角化.

证　由 $\boldsymbol{\alpha},\boldsymbol{\beta}$ 正交,知 $\boldsymbol{\beta}\boldsymbol{\alpha}^{\mathrm{T}}=0$,所以

$$\boldsymbol{A}^2=\boldsymbol{\alpha}^{\mathrm{T}}(\boldsymbol{\beta}\boldsymbol{\alpha}^{\mathrm{T}})\boldsymbol{\beta}=\boldsymbol{\alpha}^{\mathrm{T}}\boldsymbol{0}\boldsymbol{\beta}=\boldsymbol{0}.$$

设 λ 为 $\boldsymbol{A}$ 的任意一个特征值,即

$$\boldsymbol{A}\boldsymbol{x}=\lambda\boldsymbol{x}\quad(\boldsymbol{x}\neq\boldsymbol{0}),$$

则

$$\boldsymbol{A}^2\boldsymbol{x}=\lambda^2\boldsymbol{x}=\boldsymbol{0}\boldsymbol{x}=\boldsymbol{0}.$$

由于 $\boldsymbol{x}\neq\boldsymbol{0}$,故 $\lambda=0$,所以 $\boldsymbol{A}$ 的特征值全为零.

当 $\lambda=0$ 时,则$(\lambda\boldsymbol{I}-\boldsymbol{A})\boldsymbol{x}=-\boldsymbol{A}\boldsymbol{x}=\boldsymbol{0}$.

因为 $\boldsymbol{\alpha},\boldsymbol{\beta}$ 为非零向量,故 $\boldsymbol{A}=\boldsymbol{\alpha}^{\mathrm{T}}\boldsymbol{\beta}\neq\boldsymbol{0}$(零矩阵),所以 $\mathrm{r}(\boldsymbol{A})\geqslant1$. 又 $\mathrm{r}(\boldsymbol{A})=\mathrm{r}(\boldsymbol{\alpha}^{\mathrm{T}}\boldsymbol{\beta})\leqslant\mathrm{r}(\boldsymbol{\beta})=1$,故 $\mathrm{r}(\boldsymbol{A})=1$. $\boldsymbol{A}\boldsymbol{x}=\boldsymbol{0}$ 的基础解系仅含 $n-1$ 个线性无关的解向量,即 $\boldsymbol{A}$ 没有 n 个线性无关的特征向量,所以 $\boldsymbol{A}$ 不可对角化.

第6章

二 次 型

6.1 基本要求与内容提要

1 基本要求

(1) 理解实二次型与实对称矩阵间的一一对应关系;熟练掌握二次型的矩阵表示

$$f(\boldsymbol{x})=\boldsymbol{x}^{\mathrm{T}}\boldsymbol{A}\boldsymbol{x},\quad 其中\ \boldsymbol{A}^{\mathrm{T}}=\boldsymbol{A}.$$

(2) 熟悉矩阵 $\boldsymbol{A}$ 合同(或相合)于 $\boldsymbol{B}$ 的定义,理解合同关系是等价关系.

(3) 熟练掌握化二次型 $\boldsymbol{x}^{\mathrm{T}}\boldsymbol{A}\boldsymbol{x}$ 为平方和(标准形)或求实对称矩阵 $\boldsymbol{A}$ 的相合标准形的3种方法: 正交变换法;配方法;和同型初等行、列变换法.

(4) 了解惯性定理,会求矩阵 $\boldsymbol{A}$ 的正、负惯性指数和符号差,会求二次型的规范形.

(5) 熟练掌握正定二次型(正定矩阵)的定义和判别方法.

(6) 熟悉实对称矩阵 $\boldsymbol{A}$ 正定(二次型正定)的各种等价命题(正定的充要条件).

(7) 理解 $\boldsymbol{A}$ 正定的必要条件: $a_{ii}>0\ (i=1,\cdots,n)$;$\det\boldsymbol{A}>0$.

(8) 会利用正交变换化二次型为平方和及坐标平移方法判别一般二次曲线和曲面的类型.

2 内容提要

(1) 实二次型 $\boldsymbol{x}^{\mathrm{T}}\boldsymbol{A}\boldsymbol{x}$(简称二次型)与实对称矩阵 $\boldsymbol{A}$ 之间的一一对应.

n 元二次型(n 元二次齐次函数)

$$f(x_1,x_2,\cdots,x_n)=\sum_{i=1}^{n}a_{ii}x_i^2+\sum_{1\leqslant i<j\leqslant n}2a_{ij}x_ix_j$$

可以用矩阵乘积 $\boldsymbol{x}^{\mathrm{T}}\boldsymbol{A}\boldsymbol{x}$ 来表示(其中 $\boldsymbol{A}=(a_{ij})_{n\times n}$ 为实对称矩阵,称为二次型 $f(x_1,x_2,\cdots,x_n)$ 对应的矩阵,$\boldsymbol{x}=(x_1,x_2,\cdots,x_n)^{\mathrm{T}}$).

若 $\boldsymbol{A}$ 为对角矩阵,对应的二次型 $\boldsymbol{x}^{\mathrm{T}}\boldsymbol{A}\boldsymbol{x}=\sum\limits_{i=1}^{n}a_{ii}x_i^2$ 为平方和.

二次型 $\boldsymbol{x}^{\mathrm{T}}\boldsymbol{A}\boldsymbol{x}$ 经过坐标变换(或说非退化线性变换) $\boldsymbol{x}=\boldsymbol{C}\boldsymbol{y}$ ($\boldsymbol{C}$ 为可逆矩阵),化为 $y_1, y_2,\cdots, y_n$ 的二次型

$$\boldsymbol{x}^{\mathrm{T}}\boldsymbol{A}\boldsymbol{x}=\boldsymbol{y}^{\mathrm{T}}(\boldsymbol{C}^{\mathrm{T}}\boldsymbol{A}\boldsymbol{C})\boldsymbol{y}=\boldsymbol{y}^{\mathrm{T}}\boldsymbol{B}\boldsymbol{y},\quad 其中\ \boldsymbol{B}=\boldsymbol{C}^{\mathrm{T}}\boldsymbol{A}\boldsymbol{C}.$$

(2) 矩阵 $\boldsymbol{A},\boldsymbol{B}$ 合同(或相合)($\boldsymbol{A}\simeq\boldsymbol{B}$),即存在可逆矩阵 $\boldsymbol{C}$,使得 $\boldsymbol{B}=\boldsymbol{C}^{\mathrm{T}}\boldsymbol{A}\boldsymbol{C}$.

合同关系是等价关系,即具有:自反性($\forall\boldsymbol{A},\boldsymbol{A}\simeq\boldsymbol{A}$);对称性(若 $\boldsymbol{A}\simeq\boldsymbol{B}$,则 $\boldsymbol{B}\simeq\boldsymbol{A}$);和传递性(若 $\boldsymbol{A}\simeq\boldsymbol{B},\boldsymbol{B}\simeq\boldsymbol{C}$,则 $\boldsymbol{A}\simeq\boldsymbol{C}$).

(3) 实二次型 $\boldsymbol{x}^{\mathrm{T}}\boldsymbol{A}\boldsymbol{x}$ 化为平方和(标准形),即求实对称矩阵 $\boldsymbol{A}$ 的相合标准形有 3 种方法:正交变换法;配方法;和同型初等行、列变换法.

① 正交变换法(主轴定理) 实对称矩阵 $\boldsymbol{A}$,必存在正交矩阵 $\boldsymbol{Q}$,使得

$$\boldsymbol{Q}^{-1}\boldsymbol{A}\boldsymbol{Q}=\boldsymbol{Q}^{\mathrm{T}}\boldsymbol{A}\boldsymbol{Q}=\mathrm{diag}(\lambda_1,\lambda_2,\cdots,\lambda_n).$$

正交变换法得到的 $\boldsymbol{A}$ 的相合标准形也是 $\boldsymbol{A}$ 的相似标准形(见第5章5.4).若令 $\boldsymbol{x}=\boldsymbol{Q}\boldsymbol{y}$,则二次型化为平方和

$$\begin{aligned}f(x_1,x_2,\cdots,x_n)&=\boldsymbol{x}^{\mathrm{T}}\boldsymbol{A}\boldsymbol{x}=\boldsymbol{y}^{\mathrm{T}}(\boldsymbol{Q}^{\mathrm{T}}\boldsymbol{A}\boldsymbol{Q})\boldsymbol{y}\\&=\lambda_1y_1^2+\lambda_2y_2^2+\cdots+\lambda_ny_n^2,\end{aligned}$$

其中 $\lambda_1,\lambda_2,\cdots,\lambda_n$（$y_1^2,y_2^2,\cdots,y_n^2$ 项的系数）必是 $\boldsymbol{A}$ 的特征值. 正交变换所得标准形（不计 $\lambda_1,\lambda_2,\cdots,\lambda_n$ 的排序）是惟一的.

② 配方法　先将含 x_1^2 及 x_1x_i 的项配成完全平方，再将含 x_2^2 及 x_2x_i 的项配成完全平方，继续之，直到化为平方和为止. 即

$$f(x_1,x_2,\cdots,x_n)=a_{11}(x_1+b_{12}x_2+\cdots+b_{1n}x_n)^2+a'_{22}(x_2+b_{23}x_3+\cdots+b_{2n}x_n)^2+\cdots+a'_{nn}x_n^2.$$

如果 $f(x_1,x_2,\cdots,x_n)$ 中没有 $x_1^2,\cdots,x_n^2$ 的项，但有 $a_{12}x_1x_2$ 的项，则先令 $x_1=y_1+y_2$，$x_2=y_1-y_2$，$x_i=y_i(i=3,\cdots,n)$，将二次型 $f(x_1,x_2,\cdots,x_n)$ 化为二次型 $g(y_1,y_2,\cdots,y_n)$，然后再用配方法.

③ 同型初等行、列变换法　设二次型 $f(x_1,x_2,\cdots,x_n)=\boldsymbol{x}^{\mathrm{T}}\boldsymbol{A}\boldsymbol{x}$，对 $\boldsymbol{A}$ 做若干同型的初等行、列变换化 $\boldsymbol{A}$ 为对角形，对单位矩阵 $\boldsymbol{I}$ 只做同样的初等列变换. 即

$$\begin{pmatrix}\boldsymbol{A}\\ \boldsymbol{I}\end{pmatrix}\xrightarrow[\text{列变换}]{\text{同型行列变换}}\begin{pmatrix}\Lambda\\ C\end{pmatrix},$$

则　$\boldsymbol{C}^{\mathrm{T}}\boldsymbol{A}\boldsymbol{C}=\boldsymbol{\Lambda}=\mathrm{diag}(d_1,d_2,\cdots,d_n)$（对角阵）.

令 $\boldsymbol{x}=\boldsymbol{C}\boldsymbol{y}$，则 $\boldsymbol{x}^{\mathrm{T}}\boldsymbol{A}\boldsymbol{x}=\boldsymbol{y}^{\mathrm{T}}\boldsymbol{\Lambda}\boldsymbol{y}=d_1y_1^2+d_2y_2^2+\cdots+d_ny_n^2$.

(4) 惯性定理，二次型的规范形.

实二次型 $\boldsymbol{x}^{\mathrm{T}}\boldsymbol{A}\boldsymbol{x}$ 化为平方和（实对称矩阵 $\boldsymbol{A}$ 相合于对角阵）所得标准形不是惟一的. 但是对角元中正数的个数 p（正惯性指数）和负数的个数 $r-p$（负惯性指数，其中 r 是 $\boldsymbol{A}$ 的秩）是由 $\boldsymbol{A}$ 惟一确定的. 符号差 $=p-(r-p)=2p-r$.

若 $\boldsymbol{A}$ 的正惯性指数 $=p$，秩$(\boldsymbol{A})=r$，则 $\boldsymbol{A}$ 一定相合于对角阵 $\boldsymbol{\Lambda}=\mathrm{diag}(1,\cdots,1,-1\cdots,-1,0,\cdots,0)$，其中$(+1)$是 p 个，(-1)是$(r-p)$个，0 是$(n-r)$个. 称此对角矩阵为 $\boldsymbol{A}$ 的合同规范形.

(5) 正定二次型（正定矩阵）.

若 $\forall\,\boldsymbol{x}\neq\boldsymbol{0}(\boldsymbol{x}\in\mathbb{R}^n)$，$n$ 元实二次型 $f(x_1,x_2,\cdots,x_n)=\boldsymbol{x}^{\mathrm{T}}\boldsymbol{A}\boldsymbol{x}$ 恒大于 0，则称 $\boldsymbol{x}^{\mathrm{T}}\boldsymbol{A}\boldsymbol{x}$ 为正定二次型，称对应的矩阵 $\boldsymbol{A}$ 为正定矩阵. 例

如，$f(x_1,x_2,\cdots,x_n)=d_1x_1^2+d_2x_2^2+\cdots+d_nx_n^2$ 正定的充要条件是 $d_i>0(i=1,2,\cdots,n)$. $\boldsymbol{A}=(a_{ij})_{n\times n}$ 正定的必要条件是 $a_{ii}>0(i=1,\cdots,n)$，$\det\boldsymbol{A}>0$.

(6) 对于 n 阶实对称矩阵 $\boldsymbol{A}=(a_{ij})_{n\times n}$，下列命题等价：

① $\boldsymbol{A}$ 是正定矩阵，或 $\boldsymbol{x}^{\mathrm{T}}\boldsymbol{A}\boldsymbol{x}$ 是正定二次型；

② $\boldsymbol{A}$ 的正惯性指数为 n，即 $\boldsymbol{A}\simeq\boldsymbol{I}$；

③ 存在可逆矩阵 $\boldsymbol{P}$，使得 $\boldsymbol{A}=\boldsymbol{P}^{\mathrm{T}}\boldsymbol{P}$；

④ $\boldsymbol{A}$ 的 n 个特征值 $\lambda_1,\lambda_2,\cdots,\lambda_n$ 都大于零；

⑤ $\boldsymbol{A}$ 的 n 个顺序主子式(左上角主子式)都大于零，即

$$|\boldsymbol{A}_k|=\begin{vmatrix} a_{11} & \cdots & a_{1k} \\ \vdots & & \vdots \\ a_{k1} & \cdots & a_{kk} \end{vmatrix}>0,\quad k=1,2,\cdots,n.$$

(7) 若 $\forall\, \boldsymbol{x}\neq\boldsymbol{0}(\boldsymbol{x}\in\mathbb{R}^n)$，有 $f(\boldsymbol{x})=\boldsymbol{x}^{\mathrm{T}}\boldsymbol{A}\boldsymbol{x}<0$，称 $f(\boldsymbol{x})$ 为负定二次型，且称对应的矩阵 $\boldsymbol{A}$ 为负定矩阵. 若 $\forall\, \boldsymbol{x}\neq\boldsymbol{0}(\boldsymbol{x}\in\mathbb{R}^n)$，有 $f(\boldsymbol{x})=\boldsymbol{x}^{\mathrm{T}}\boldsymbol{A}\boldsymbol{x}\geqslant 0(\leqslant 0)$ 且存在 $\boldsymbol{x}_0\neq\boldsymbol{0}$ 使得 $\boldsymbol{x}_0^{\mathrm{T}}\boldsymbol{A}\boldsymbol{x}_0=0$，称 $f(\boldsymbol{x})$ 为半正定(半负定)二次型，并称对应的矩阵 $\boldsymbol{A}$ 为半正定(半负定)矩阵.

6.2 二次型的定义和矩阵表示 合同矩阵

1 二次型的定义和矩阵表示

(1) n 元二次齐次多项式

$$\begin{aligned} f(x_1,x_2,\cdots,x_n) &= \sum_{i=1}^{n} a_{ii}x_i^2+\sum_{1\leqslant i<j\leqslant n} 2a_{ij}x_ix_j \\ &= a_{11}x_1^2+2a_{12}x_1x_2+2a_{13}x_1x_3+\cdots+2a_{1n}x_1x_n+ \\ &\quad\ a_{22}x_2^2+2a_{23}x_2x_3+\cdots+2a_{2n}x_2x_n+\cdots+ \\ &\quad\ a_{n-1,n-1}x_{n-1}^2+2a_{n-1,n}x_{n-1}x_n+a_{nn}x_n^2 \end{aligned}$$

(其中 $a_{ij}\in F,i,j=1,2,\cdots,n$)称为数域 F 上的 n 元二次型. $F=\mathbb{R}$ 时,称为实二次型,简称二次型. 令 $\boldsymbol{A}=(a_{ij})_{n\times n}$,其中 $a_{ji}=a_{ij}$ ($1\leqslant i<j\leqslant n$),$\boldsymbol{x}=(x_1,x_2,\cdots,x_n)^{\mathrm{T}}$,则

$$f(x_1,x_2,\cdots,x_n)=\sum_{i=1}^{n}\sum_{j=1}^{n}a_{ij}x_ix_j=\boldsymbol{x}^{\mathrm{T}}\boldsymbol{A}\boldsymbol{x}.$$

这是二次型的矩阵表示,并称实对称矩阵 $\boldsymbol{A}$ 为二次型对应的矩阵. 这样,研究二次型的性质,就可转化为研究实对称矩阵 $\boldsymbol{A}$ 的性质.

(2) 必须注意,二次型对应的矩阵是实对称矩阵. 例如三元二次型

$$\begin{aligned}f(x_1,x_2,x_3)&=x_1^2+2x_2^2-x_3^2+x_1x_2-2x_1x_3+2x_2x_3\\&=(x_1,x_2,x_3)\begin{pmatrix}1&\frac{1}{2}&-1\\\frac{1}{2}&2&1\\-1&1&-1\end{pmatrix}\begin{pmatrix}x_1\\x_2\\x_3\end{pmatrix}\\&=(x_1,x_2,x_3)\begin{pmatrix}1&1&-2\\0&2&2\\0&0&-1\end{pmatrix}\begin{pmatrix}x_1\\x_2\\x_3\end{pmatrix}\\&=(x_1,x_2,x_3)\begin{pmatrix}1&3&1\\-2&2&3\\-3&-1&-1\end{pmatrix}\begin{pmatrix}x_1\\x_2\\x_3\end{pmatrix}.\end{aligned}$$

上式中只有第一个实对称矩阵才是二次型对应的矩阵,其余两个(可以有无穷多个)都不是此二次型对应的矩阵. 给出二次型 $f(x_1,x_2,\cdots,x_n)$,根据其系数可以写出 $\boldsymbol{A}=(a_{ij})_{n\times n}$,得到矩阵表示: $\boldsymbol{x}^{\mathrm{T}}\boldsymbol{A}\boldsymbol{x}$.

当 $\boldsymbol{x}=(b_1,b_2,\cdots,b_n)^{\mathrm{T}}\in\mathbb{R}^n$ 时,由 $\boldsymbol{x}^{\mathrm{T}}\boldsymbol{x}=(\boldsymbol{x},\boldsymbol{x})$($\boldsymbol{x}$ 与 $\boldsymbol{x}$ 的内积或模的平方),可知 $\boldsymbol{x}^{\mathrm{T}}\boldsymbol{x}\geqslant 0$,而 $\boldsymbol{x}^{\mathrm{T}}\boldsymbol{x}=0$ 的充分必要条件是 $\boldsymbol{x}=\boldsymbol{0}$.

同样,二次型也可以用内积表示为

$$\boldsymbol{x}^{\mathrm{T}}\boldsymbol{A}\boldsymbol{x}=(\boldsymbol{A}\boldsymbol{x})^{\mathrm{T}}\boldsymbol{x}=(\boldsymbol{A}\boldsymbol{x},\boldsymbol{x}).$$

(3) n 元二次型 $\boldsymbol{x}^{\mathrm{T}}\boldsymbol{A}\boldsymbol{x}$ 经过坐标变换 $\boldsymbol{x}=\boldsymbol{C}\boldsymbol{y}$($\boldsymbol{C}$ 为 n 阶可逆矩阵)可以化为 $y_1,y_2,\cdots,y_n$ 的二次型

$$\boldsymbol{x}^{\mathrm{T}}\boldsymbol{A}\boldsymbol{x}=(\boldsymbol{C}\boldsymbol{y})^{\mathrm{T}}\boldsymbol{A}\boldsymbol{C}\boldsymbol{y}=\boldsymbol{y}^{\mathrm{T}}(\boldsymbol{C}^{\mathrm{T}}\boldsymbol{A}\boldsymbol{C})\boldsymbol{y}=\boldsymbol{y}^{\mathrm{T}}\boldsymbol{B}\boldsymbol{y},$$

其中 $\boldsymbol{B}=\boldsymbol{C}^{\mathrm{T}}\boldsymbol{A}\boldsymbol{C}$ 仍然是实对称矩阵.

若 $\boldsymbol{B}=\operatorname{diag}(b_1,b_2,\cdots,b_n)$,则对应的二次型 $\boldsymbol{y}^{\mathrm{T}}\boldsymbol{B}\boldsymbol{y}=\sum\limits_{i=1}^{n}b_iy_i^2$ 为纯平方项的和.

若 $\boldsymbol{x},\boldsymbol{y}$ 看成是向量 $\boldsymbol{\alpha}$ 在两组基 B_1,B_2 下的坐标,则非退化线性变换 $\boldsymbol{x}=\boldsymbol{C}\boldsymbol{y}$ 就是坐标变换公式,$\boldsymbol{C}$ 是从基 B_1 到基 B_2 的过渡矩阵.

2　矩阵合同关系及其性质

实对称矩阵 $\boldsymbol{A},\boldsymbol{B}$ 的合同概念及其性质,在内容提要中已陈述,这里不再重复.不过还要指出两点.

(1) 任意的实对称矩阵都与对角阵合同,但对角阵不惟一.

(2) 若实对称矩阵 $\boldsymbol{A},\boldsymbol{B}$ 合同,则 $\boldsymbol{A},\boldsymbol{B}$ 一定等价(相抵).若实对称矩阵 $\boldsymbol{A},\boldsymbol{B}$ 相似,则 $\boldsymbol{A},\boldsymbol{B}$ 必合同.因为 $\boldsymbol{A}\simeq\boldsymbol{B}$,则 $\boldsymbol{A},\boldsymbol{B}$ 的特征值 $\lambda_1,\cdots,\lambda_n$ 相同,于是,存在正交矩阵 $\boldsymbol{Q}_1,\boldsymbol{Q}_2$,使得

$$\boldsymbol{Q}_1^{-1}\boldsymbol{A}\boldsymbol{Q}_1=\boldsymbol{Q}_1^{\mathrm{T}}\boldsymbol{A}\boldsymbol{Q}_1=\operatorname{diag}(\lambda_1,\cdots,\lambda_n)=\boldsymbol{Q}_2^{\mathrm{T}}\boldsymbol{B}\boldsymbol{Q}_2,$$

从而

$$(\boldsymbol{Q}_2^{\mathrm{T}})^{-1}\boldsymbol{Q}_1^{\mathrm{T}}\boldsymbol{A}(\boldsymbol{Q}_1\boldsymbol{Q}_2^{-1})=\boldsymbol{Q}^{\mathrm{T}}\boldsymbol{A}\boldsymbol{Q}=\boldsymbol{B},$$

其中

$$\boldsymbol{Q}=\boldsymbol{Q}_1\boldsymbol{Q}_2^{-1},\quad \boldsymbol{Q}^{\mathrm{T}}=(\boldsymbol{Q}_2^{-1})^{\mathrm{T}}\boldsymbol{Q}_1^{\mathrm{T}}=(\boldsymbol{Q}_2^{\mathrm{T}})^{-1}\boldsymbol{Q}_1^{\mathrm{T}}.$$

反之不成立,即 $\boldsymbol{A},\boldsymbol{B}$ 合同不一定相似.$\boldsymbol{A},\boldsymbol{B}$ 合同而不相似的例子如下:

$$\boldsymbol{A}=\begin{pmatrix}1&\\&-1\end{pmatrix},\quad \boldsymbol{B}=\begin{pmatrix}1&\\&-2\end{pmatrix}.$$

例 1 问 $A=\begin{pmatrix}1 & -2 & 0\\ -2 & 5 & 1\\ 0 & 1 & -1\end{pmatrix}$对应的二次型是______.

答 $f(x_1,x_2,x_3)=x_1^2+5x_2^2-x_3^2-4x_1x_2+2x_2x_3$.

例 2 问矩阵

$$A=\begin{pmatrix}2 & 1 & 0\\ 1 & 2 & 0\\ 0 & 0 & 3\end{pmatrix},\quad B=\begin{pmatrix}3 & 0 & 0\\ 0 & 1 & 0\\ 0 & 0 & 3\end{pmatrix}\text{ 与 }D=\begin{pmatrix}1 & 0 & 0\\ 0 & 1 & 0\\ 0 & 0 & 3\end{pmatrix}$$

中哪些相似？哪些合同？为什么？

解 B,D 均为对角阵,特征值就是其对角元. B 和 D 的特征值分别为 3,1,3 和 1,1,3. 特征值不同的矩阵必不相似,所以 B 和 D 不相似. 但 B 与 D 是合同的,因为若取 $C=\mathrm{diag}\left(\frac{1}{\sqrt{3}},1,1\right)$,则 $C^{\mathrm{T}}BC=D$.

$$|\lambda I-A|=\begin{vmatrix}\lambda-2 & -1 & 0\\ -1 & \lambda-2 & 0\\ 0 & 0 & \lambda-3\end{vmatrix}$$

$$=(\lambda-3)(\lambda^2-4\lambda+3)=(\lambda-3)^2(\lambda-1)$$

$$=0,$$

故知 A 的特征值为：$\lambda_1=\lambda_2=3,\lambda_3=1$,所以 A 和 D 不相似.

因为 A 为实对称矩阵,必存在正交阵 $Q=(\gamma_1,\gamma_2,\gamma_3)$,使得

$$Q^{-1}AQ=Q^{\mathrm{T}}AQ=\mathrm{diag}(\lambda_1,\lambda_2,\lambda_3)=\mathrm{diag}(3,3,1).$$

若取 $T_1=(\gamma_1,\gamma_3,\gamma_2)$,则

$$T_1^{-1}AT_1=T_1^{\mathrm{T}}AT_1=\mathrm{diag}(3,1,3)=B.$$

所以,A 与 B 既相似又合同. 从而,A 与 D 合同而不相似.

例 3 设矩阵

$$A=\begin{pmatrix}1&1&1&1\\1&1&1&1\\1&1&1&1\\1&1&1&1\end{pmatrix} \quad 与 \quad B=\begin{pmatrix}4&&&\\&0&&\\&&0&\\&&&0\end{pmatrix},$$

则 $\boldsymbol{A}$ 与 $\boldsymbol{B}$( ).

(A) 合同且相似； (B) 合同但不相似；

(C) 不合同但相似； (D) 不合同且不相似.

答 选(A). 因为 $\boldsymbol{A}$ 是实对称矩阵,所以 $\boldsymbol{A}\sim\mathrm{diag}(\lambda_1,\lambda_2,\lambda_3,\lambda_4)$,其中 $\lambda_1,\lambda_2,\lambda_3,\lambda_4$ 为 $\boldsymbol{A}$ 的特征值. $\boldsymbol{A}$ 的各行行和都是4,得 $\lambda_1=4$;由 $\mathrm{r}(\boldsymbol{A})=1,\det\boldsymbol{A}=0$,得 $\lambda_2=0$ 是 $\boldsymbol{A}$ 的3重特征值($4-\mathrm{r}(\lambda_2\boldsymbol{I}-\boldsymbol{A})=3$),所以 $\lambda_2=\lambda_3=\lambda_4=0,\boldsymbol{A}\sim\mathrm{diag}(4,0,0,0)=\boldsymbol{B}$. 实对称矩阵 $\boldsymbol{A}$ 与 $\boldsymbol{B}$ 相似必合同,故(A)成立.

6.3 化二次型为标准形

(1) 二次型的标准形

n 元二次型 $f=\boldsymbol{x}^{\mathrm{T}}\boldsymbol{A}\boldsymbol{x}$ 总可以经过坐标变换 $\boldsymbol{x}=\boldsymbol{C}\boldsymbol{y}$($\boldsymbol{C}$ 为 n 阶可逆矩阵)化为 $\boldsymbol{y}$ 的二次型: $f=\boldsymbol{x}^{\mathrm{T}}\boldsymbol{A}\boldsymbol{x}=(\boldsymbol{C}\boldsymbol{y})^{\mathrm{T}}\boldsymbol{A}\boldsymbol{C}\boldsymbol{y}=\boldsymbol{y}^{\mathrm{T}}(\boldsymbol{C}^{\mathrm{T}}\boldsymbol{A}\boldsymbol{C})\boldsymbol{y}=\boldsymbol{y}^{\mathrm{T}}\boldsymbol{\Lambda}\boldsymbol{y}$,其中 $\boldsymbol{\Lambda}=\boldsymbol{C}^{\mathrm{T}}\boldsymbol{A}\boldsymbol{C}=\mathrm{diag}(d_1,d_2,\cdots,d_n)$为对角矩阵. 这时对应的二次型为纯平方项之和,即

$$f=\boldsymbol{x}^{\mathrm{T}}\boldsymbol{A}\boldsymbol{x}=\boldsymbol{y}^{\mathrm{T}}\boldsymbol{\Lambda}\boldsymbol{y}=\sum_{i=1}^{n}d_iy_i^2,$$

称平方和的形式为二次型 f 的标准形. 求 f 的标准形就是要求与 $\boldsymbol{A}$ 合同的对角矩阵 $\boldsymbol{\Lambda}$.

(2) 求实二次型 $f=\boldsymbol{x}^{\mathrm{T}}\boldsymbol{A}\boldsymbol{x}$ 的标准形(化为平方和)有3种方法: 正交变换法;配方法;同型初等行、列变换法(在内容提要中已经说过).

正交变换 $\boldsymbol{x}=\boldsymbol{Q}\boldsymbol{y}$ 是保长度,保角度的变换,即 $\boldsymbol{x}^{\mathrm{T}}\boldsymbol{x}=(\boldsymbol{Q}\boldsymbol{y})^{\mathrm{T}}\boldsymbol{Q}\boldsymbol{y}=$

$\boldsymbol{y}^{\mathrm{T}}(\boldsymbol{Q}^{\mathrm{T}}\boldsymbol{Q})\boldsymbol{y}=\boldsymbol{y}^{\mathrm{T}}\boldsymbol{y}\quad(\boldsymbol{Q}^{\mathrm{T}}\boldsymbol{Q}=\boldsymbol{I})$. 这个性质在几何问题中很有用. 例如,在$\mathbb{R}^3$中,曲面

$$\begin{aligned}f(x_1,x_2,x_3)&=\boldsymbol{x}^{\mathrm{T}}\boldsymbol{A}\boldsymbol{x}\\&=a_{11}x_1^2+a_{22}x_2^2+a_{33}x_3^2+2a_{12}x_1x_2+\\&\quad 2a_{13}x_1x_3+2a_{23}x_2x_3=1\end{aligned}$$

经正交变换 $\boldsymbol{x}=\boldsymbol{Q}\boldsymbol{y}$,得到标准形

$$f=\boldsymbol{x}^{\mathrm{T}}\boldsymbol{A}\boldsymbol{x}=\lambda_1y_1^2+\lambda_2y_2^2+\lambda_3y_3^2=1.$$

所以由特征值 $\lambda_1,\lambda_2,\lambda_3$ 的符号即可以判别曲面的类型. 若 $\lambda_1,\lambda_2,\lambda_3$ 全为正数,则上式是椭球面方程;若 $\lambda_1,\lambda_2,\lambda_3$ 中一个负的两个正的,则表示单叶双曲面;一个正的两个负的,则表示双叶双曲面;若 $\lambda_1=0,\lambda_2,\lambda_3$ 均为正的,则表示母线平行于 Ox 轴的椭圆柱面等. 在$\mathbb{R}^2$ 或$\mathbb{R}^3$ 空间中,判别曲线或曲面的类型时,必须用正交变换法(即做坐标系旋转,保证图形在变换前后不变形),而不能用配方法和初等变换法.

例 1 求三元二次齐次函数

$$f(\boldsymbol{x})=f(x_1,x_2,x_3)=2x_1x_2-2x_1x_3+2x_2x_3 \tag{1}$$

在 $\boldsymbol{x}=(x_1,x_2,x_3)^{\mathrm{T}}$ 满足: $\boldsymbol{x}^{\mathrm{T}}\boldsymbol{x}=x_1^2+x_2^2+x_3^2=1$ 时的最小值.

解 所给二次型对应的矩阵为

$$\boldsymbol{A}=\begin{pmatrix}0&1&-1\\1&0&1\\-1&1&0\end{pmatrix},$$

$$|\lambda\boldsymbol{I}-\boldsymbol{A}|=\begin{vmatrix}\lambda&-1&1\\-1&\lambda&-1\\1&-1&\lambda\end{vmatrix}=(\lambda+2)(\lambda-1)^2=0,$$

得 $\lambda_1=-2,\quad \lambda_2=1$(二重).

对 $\lambda_1=-2$,对应的特征向量为$(1,-1,1)^{\mathrm{T}}$,单位化后得

$$\boldsymbol{\xi}_1=\left(\frac{1}{\sqrt{3}},-\frac{1}{\sqrt{3}},\frac{1}{\sqrt{3}}\right)^{\mathrm{T}};$$

对 $\lambda_2=1$，基础解系为：$(1,1,0)^{\mathrm{T}}$，$(-1,0,1)^{\mathrm{T}}$；用施密特正交化方法，得单位正交的特征向量

$$\boldsymbol{\xi}_2=\left(\frac{1}{\sqrt{2}},\frac{1}{\sqrt{2}},0\right)^{\mathrm{T}},\qquad \boldsymbol{\xi}_3=\left(-\frac{1}{\sqrt{6}},\frac{1}{\sqrt{6}},\frac{2}{\sqrt{6}}\right)^{\mathrm{T}}.$$

取正交矩阵

$$\boldsymbol{Q}=(\boldsymbol{\xi}_1,\boldsymbol{\xi}_2,\boldsymbol{\xi}_3)=\begin{pmatrix}\frac{1}{\sqrt{3}} & \frac{1}{\sqrt{2}} & -\frac{1}{\sqrt{6}}\\ -\frac{1}{\sqrt{3}} & \frac{1}{\sqrt{2}} & \frac{1}{\sqrt{6}}\\ \frac{1}{\sqrt{3}} & 0 & \frac{2}{\sqrt{6}}\end{pmatrix},$$

则有
$$\boldsymbol{Q}^{\mathrm{T}}\boldsymbol{A}\boldsymbol{Q}=\boldsymbol{Q}^{-1}\boldsymbol{A}\boldsymbol{Q}=\mathrm{diag}(-2,1,1).$$

对二次型(1)，做正交变换 $\boldsymbol{x}=\boldsymbol{Q}\boldsymbol{y}$，得

$$f(\boldsymbol{x})=\boldsymbol{x}^{\mathrm{T}}\boldsymbol{A}\boldsymbol{x}=\boldsymbol{y}^{\mathrm{T}}(\boldsymbol{Q}^{\mathrm{T}}\boldsymbol{A}\boldsymbol{Q})\boldsymbol{y}=-2y_1^2+y_2^2+y_3^2=\varphi(\boldsymbol{y}).$$

相应地，条件 $\boldsymbol{x}^{\mathrm{T}}\boldsymbol{x}=x_1^2+x_2^2+x_3^2=1$ 化为

$$\boldsymbol{y}^{\mathrm{T}}(\boldsymbol{Q}^{\mathrm{T}}\boldsymbol{Q})\boldsymbol{y}=\boldsymbol{y}^{\mathrm{T}}\boldsymbol{y}=y_1^2+y_2^2+y_3^2=1. \tag{2}$$

原题化为 $\varphi(\boldsymbol{y})=-2y_1^2+y_2^2+y_3^2$ 在条件(2)下求最小值. 由

$$\varphi(\boldsymbol{y})=-2y_1^2+y_2^2+y_3^2\geqslant-2(y_1^2+y_2^2+y_3^2)=-2,$$

得当 $\boldsymbol{y}_1=(\pm1,0,0)^{\mathrm{T}}$ 时，$\varphi(\boldsymbol{y}_1)=-2$ 是 $\varphi(\boldsymbol{y})$的最小值. 所以

$$\boldsymbol{x}_1=\boldsymbol{Q}\boldsymbol{y}_1=\begin{pmatrix}\frac{1}{\sqrt{3}} & \frac{1}{\sqrt{2}} & -\frac{1}{\sqrt{6}}\\ -\frac{1}{\sqrt{3}} & \frac{1}{\sqrt{2}} & \frac{1}{\sqrt{6}}\\ \frac{1}{\sqrt{3}} & 0 & \frac{2}{\sqrt{6}}\end{pmatrix}\begin{pmatrix}\pm1\\0\\0\end{pmatrix}=\pm\begin{pmatrix}\frac{1}{\sqrt{3}}\\ -\frac{1}{\sqrt{3}}\\ \frac{1}{\sqrt{3}}\end{pmatrix}$$

时，$f(\boldsymbol{x})$取得最小值 $f_{\min}=f(\boldsymbol{x}_1)=-2$.

例 2 对例 1 中的 $f(x_1,x_2,x_3)$用配方法，将其化为标准形，并求变换矩阵 $\boldsymbol{C}$.

解 因为所有的平方项的系数全部为 0,所以先做一个变换,使之出现非 0 系数的平方项.令

$$\begin{cases} x_1 = y_1 + y_2, \\ x_2 = y_1 - y_2, \\ x_3 = y_3. \end{cases}$$

即

$$\begin{pmatrix} x_1 \\ x_2 \\ x_3 \end{pmatrix} = \begin{pmatrix} 1 & 1 & 0 \\ 1 & -1 & 0 \\ 0 & 0 & 1 \end{pmatrix} \begin{pmatrix} y_1 \\ y_2 \\ y_3 \end{pmatrix},$$

记作

$$\boldsymbol{x} = \boldsymbol{C}_1 \boldsymbol{y}. \tag{3}$$

将(3)式代入(1)式,得

$$\begin{aligned} f(x_1, x_2, x_3) &= 2x_1x_2 - 2x_1x_3 + 2x_2x_3 \\ &= 2(y_1 + y_2)(y_1 - y_2) - 2(y_1 + y_2)y_3 + \\ &\quad 2(y_1 - y_2)y_3 \\ &= 2y_1^2 - 2y_2^2 - 4y_2y_3. \end{aligned}$$

再将含 y_2^2 及 y_2y_3 的项配成完全平方,得

$$f(x_1, x_2, x_3) = 2y_1^2 - 2y_2^2 - 4y_2y_3 = 2y_1^2 - 2(y_2 + y_3)^2 + 2y_3^2.$$

令

$$\begin{cases} z_1 = y_1, \\ z_2 = y_2 + y_3, \\ z_3 = y_3. \end{cases} \quad 即 \begin{cases} y_1 = z_1, \\ y_2 = z_2 - z_3, \\ y_3 = z_3. \end{cases}$$

或

$$\begin{pmatrix} y_1 \\ y_2 \\ y_3 \end{pmatrix} = \begin{pmatrix} 1 & 0 & 0 \\ 0 & 1 & -1 \\ 0 & 0 & 1 \end{pmatrix} \begin{pmatrix} z_1 \\ z_2 \\ z_3 \end{pmatrix},$$

记作

$$\boldsymbol{y} = \boldsymbol{C}_2 \boldsymbol{z}. \tag{4}$$

则得到二次型的标准形为

$$f(x_1,x_2,x_3)=2z_1^2-2z_2+2z_3^2.$$

将(4)式代入(3)式(注意 $\boldsymbol{C}_1$ 和 $\boldsymbol{C}_2$ 都是可逆矩阵),得到

$$\boldsymbol{x}=\boldsymbol{C}_1\boldsymbol{y}=\boldsymbol{C}_1(\boldsymbol{C}_2\boldsymbol{z})=(\boldsymbol{C}_1\boldsymbol{C}_2)\boldsymbol{z}=\boldsymbol{C}\,\boldsymbol{z},$$

其中

$$\boldsymbol{C}=(\boldsymbol{C}_1\boldsymbol{C}_2)=\begin{pmatrix}1&1&0\\1&-1&0\\0&0&1\end{pmatrix}\begin{pmatrix}1&0&0\\0&1&-1\\0&0&1\end{pmatrix}=\begin{pmatrix}1&1&-1\\1&-1&1\\0&0&1\end{pmatrix}.$$

可逆矩阵的乘积仍然可逆,所以变换矩阵 $\boldsymbol{C}$ 可逆.

例 3 用初等变换法重做例 1.

$$f(\boldsymbol{x})=f(x_1,x_2,x_3)=2x_1x_2-2x_1x_3+2x_2x_3. \tag{1}$$

解 若 $\begin{pmatrix}\boldsymbol{A}\\\boldsymbol{I}\end{pmatrix}\xrightarrow[\text{列变换}]{\text{同型行列变换}}\begin{pmatrix}\boldsymbol{\Lambda}\\\boldsymbol{C}\end{pmatrix}$, 则

$$\boldsymbol{C}^{\mathrm{T}}\boldsymbol{A}\boldsymbol{C}=\boldsymbol{\Lambda}=\operatorname{diag}(d_1,d_2,\cdots,d_n).$$

以下$[i]$和(j)分别表示第 i 列和第 j 行,则

$$\begin{pmatrix}\boldsymbol{A}\\\boldsymbol{I}\end{pmatrix}=\left(\begin{array}{ccc}0&1&-1\\1&0&1\\-1&1&0\\\hdashline 1&0&0\\0&1&0\\0&0&1\end{array}\right)\xrightarrow[{[1]+[2]}]{\substack{[1]+[2]\\(1)+(2)}}\left(\begin{array}{ccc}2&1&0\\1&0&1\\0&1&0\\\hdashline 1&0&0\\1&1&0\\0&0&1\end{array}\right)\xrightarrow[{[2]+[1]\times(-1/2)}]{\substack{[2]+[1]\times(-1/2)\\(2)+(1)\times(-1/2)}}$$

$$\left(\begin{array}{ccc}2&0&0\\0&-1/2&1\\0&1&0\\\hdashline 1&-1/2&0\\1&1/2&0\\0&0&1\end{array}\right)\xrightarrow[{[3]+[2]\times 2}]{\substack{[3]+[2]\times 2\\(3)+(2)\times 2}}\left(\begin{array}{ccc}2&0&0\\0&-1/2&0\\0&0&2\\\hdashline 1&-1/2&-1\\1&1/2&1\\0&0&1\end{array}\right).$$

于是,取

$$C=\begin{pmatrix}1 & -1/2 & -1\\ 1 & 1/2 & 1\\ 0 & 0 & 1\end{pmatrix},$$

就有 $\boldsymbol{C}^{\mathrm{T}}\boldsymbol{A}\boldsymbol{C}=\mathrm{diag}\left(2,-\dfrac{1}{2},2\right)$，相应地做坐标变换 $\boldsymbol{x}=\boldsymbol{C}\boldsymbol{y}$，则二次型化为标准形

$$\boldsymbol{x}^{\mathrm{T}}\boldsymbol{A}\boldsymbol{x}=2y_1^2-\frac{1}{2}y_2^2+2y_3^2.$$

从例 1、例 2 和例 3 可见，用 3 种不同的方法把同一个二次型化成了 3 个不同的标准形，即同一个三阶实对称矩阵 $\boldsymbol{A}$ 相合于 3 个不同的对角阵：

$$\mathrm{diag}(-2,1,1);\qquad \mathrm{diag}(2,-2,2);\qquad \mathrm{diag}\left(2,-\frac{1}{2},2\right).$$

但是它们的对角元中都有两个正数，一个负数. 3 个对角阵都相合于对角阵 $\mathrm{diag}(1,1,-1)$.

例 4　求一个正交变换，化二次型

$f(x_1,x_2,x_3)=x_1^2+4x_2^2+4x_3^2-4x_1x_2+4x_1x_3-8x_2x_3$ 为标准型.

解　所给二次型对应的矩阵为

$$\boldsymbol{A}=\begin{pmatrix}1 & -2 & 2\\ -2 & 4 & -4\\ 2 & -4 & 4\end{pmatrix}.$$

由

$$|\lambda\boldsymbol{I}-\boldsymbol{A}|=\begin{vmatrix}\lambda-1 & 2 & -2\\ 2 & \lambda-4 & 4\\ -2 & 4 & \lambda-4\end{vmatrix}=\lambda^2(\lambda-9)=0,$$

得 $\lambda_1=0$（二重），　$\lambda_2=9$.

$\lambda_1=0$（二重根）有两个线性无关的特征向量. 由 $(0\boldsymbol{I}-\boldsymbol{A})\boldsymbol{x}=\boldsymbol{0}$，即

$$-x_1+2x_2-2x_3=0,$$

得基础解系为：$\boldsymbol{\alpha}_1=(2,1,0)^{\mathrm{T}},\boldsymbol{\alpha}_2=(-2,0,1)^{\mathrm{T}}$；用施密特正交化方法，得正交的特征向量：

$$\boldsymbol{\beta}_1=(2,1,0)^{\mathrm{T}},$$

$$\boldsymbol{\beta}_2=\boldsymbol{\alpha}_2-\frac{(\boldsymbol{\alpha}_2,\boldsymbol{\alpha}_1)}{(\boldsymbol{\alpha}_1,\boldsymbol{\alpha}_1)}\boldsymbol{\alpha}_2=\begin{pmatrix}-2\\0\\1\end{pmatrix}-\frac{-4}{5}\begin{pmatrix}2\\1\\0\end{pmatrix}=\begin{pmatrix}\frac{-2}{5}\\\frac{4}{5}\\1\end{pmatrix},$$

单位化得

$$\boldsymbol{\xi}_1=\left(\frac{2}{\sqrt{5}},\frac{1}{\sqrt{5}},0\right)^{\mathrm{T}},\qquad \boldsymbol{\xi}_2=\left(-\frac{2}{3\sqrt{5}},\frac{4}{3\sqrt{5}},\frac{5}{3\sqrt{5}}\right)^{\mathrm{T}}.$$

$\lambda_2=9$ 的特征向量为$(1,-2,2)^{\mathrm{T}}$，单位化后得

$$\boldsymbol{\xi}_3=\left(\frac{1}{3},-\frac{2}{3},\frac{2}{3}\right)^{\mathrm{T}}.$$

取正交矩阵

$$\boldsymbol{Q}=(\boldsymbol{\xi}_1,\boldsymbol{\xi}_2,\boldsymbol{\xi}_3)=\begin{pmatrix}\frac{2}{\sqrt{5}}&\frac{-2}{3\sqrt{5}}&\frac{1}{3}\\\frac{1}{\sqrt{5}}&\frac{4}{3\sqrt{5}}&\frac{-2}{3}\\0&\frac{5}{3\sqrt{5}}&\frac{2}{3}\end{pmatrix},$$

则有 $$\boldsymbol{Q}^{\mathrm{T}}\boldsymbol{A}\boldsymbol{Q}=\boldsymbol{Q}^{-1}\boldsymbol{A}\boldsymbol{Q}=\mathrm{diag}(0,0,9).$$

做正交变换 $\boldsymbol{x}=\boldsymbol{Q}\boldsymbol{y}$，得

$$f(x_1,x_2,x_3)=\boldsymbol{x}^{\mathrm{T}}\boldsymbol{A}\boldsymbol{x}=\boldsymbol{y}^{\mathrm{T}}(\boldsymbol{Q}^{\mathrm{T}}\boldsymbol{A}\boldsymbol{Q})\boldsymbol{y}=9{y_3}^2.$$

此为所求的标准型.

例 5 已知二次型

$$f(x_1,x_2,x_3)=5x_1^2+5x_2^2+cx_3^2-2x_1x_2+6x_1x_3-6x_2x_3$$

的秩为 2.(1)求参数 c 及二次型对应矩阵的特征值；(2)指出方程

$f(x_1,x_2,x_3)=1$ 表示何种二次曲面.

解 (1) 所给二次型对应的矩阵为

$$\boldsymbol{A}=\begin{pmatrix}5 & -1 & 3\\ -1 & 5 & -3\\ 3 & -3 & c\end{pmatrix}.$$

由秩$(\boldsymbol{A})=2$,知 $\det\boldsymbol{A}=0$. 即$|\boldsymbol{A}|=24(c-3)=0$,故得 $c=3$.
由

$$|\lambda\boldsymbol{I}-\boldsymbol{A}|=\begin{vmatrix}\lambda-5 & 1 & -3\\ 1 & \lambda-5 & 3\\ -3 & 3 & \lambda-3\end{vmatrix}=\lambda(\lambda-4)(\lambda-9)=0,$$

得 $\lambda_1=0,\lambda_2=4,\lambda_3=9$.

(2) 对于实对称矩阵 $\boldsymbol{A}$,必存在正交矩阵 $\boldsymbol{Q}$,使得

$$\boldsymbol{Q}^{-1}\boldsymbol{A}\boldsymbol{Q}=\boldsymbol{Q}^{\mathrm{T}}\boldsymbol{A}\boldsymbol{Q}=\mathrm{diag}(\lambda_1,\lambda_2,\lambda_3)=\mathrm{diag}(0,4,9).$$

做坐标变换 $\boldsymbol{x}=\boldsymbol{Q}\boldsymbol{y}$,则方程 $f(x_1,x_2,x_3)=1$ 化为

$$\boldsymbol{x}^{\mathrm{T}}\boldsymbol{A}\boldsymbol{x}=\boldsymbol{y}^{\mathrm{T}}(\boldsymbol{Q}^{\mathrm{T}}\boldsymbol{A}\boldsymbol{Q})\boldsymbol{y}=\lambda_1y_1^2+\lambda_2y_2^2+\lambda_3y_3^2=4y_2^2+9y_3^2=1.$$

所以,$f(x_1,x_2,x_3)=1$ 表示母线平行于 Oy_1 轴的椭圆柱面.

例 6 已知二次曲面

$$x^2+ay^2+z^2+2bxy+2xz+2yz=4$$

可以经过正交变换

$$\begin{pmatrix}x\\ y\\ z\end{pmatrix}=\boldsymbol{P}\begin{pmatrix}\xi\\ \eta\\ \zeta\end{pmatrix}$$

化为椭圆柱面方程 $\eta^2+4\zeta^2=4$. 求 a,b 的值和正交矩阵 $\boldsymbol{P}$.

解 所给二次曲面可以表示为 $\boldsymbol{x}^{\mathrm{T}}\boldsymbol{A}\boldsymbol{x}=4$,其中 $\boldsymbol{x}=(x,y,z)^{\mathrm{T}}$,对应的矩阵为

$$\boldsymbol{A}=\begin{pmatrix}1 & b & 1\\ b & a & 1\\ 1 & 1 & 1\end{pmatrix}.$$

已知经过正交变换 $\boldsymbol{x}=\boldsymbol{P}\boldsymbol{y}$(其中 $\boldsymbol{y}=(\xi,\eta,\zeta)^{\mathrm{T}}$)化为椭圆柱面方程 $\eta^2+4\zeta^2=4$,即

$$\boldsymbol{x}^{\mathrm{T}}\boldsymbol{A}\boldsymbol{x}=(\boldsymbol{P}\boldsymbol{y})^{\mathrm{T}}\boldsymbol{A}\boldsymbol{P}\boldsymbol{y}=\boldsymbol{y}^{\mathrm{T}}\boldsymbol{\Lambda}\boldsymbol{y}=\eta^2+4\zeta^2=4.$$

所以,矩阵 $\boldsymbol{A}\sim\mathrm{diag}(0,1,4)=\boldsymbol{\Lambda}$. 利用相似矩阵有相同的迹和相同的行列式,得

$$\mathrm{tr}\boldsymbol{A}=1+a+1=0+1+4=\mathrm{tr}\boldsymbol{\Lambda},\text{得 } a=3,$$

$$\det A=-(b-1)^2=\det\Lambda=0,\text{得 } b=1.$$

所以

$$\boldsymbol{A}=\begin{pmatrix}1&1&1\\1&3&1\\1&1&1\end{pmatrix}.$$

由

$$|\lambda\boldsymbol{I}-\boldsymbol{A}|=\begin{vmatrix}\lambda-1&-1&-1\\-1&\lambda-3&-1\\-1&-1&\lambda-1\end{vmatrix}=\lambda(\lambda-1)(\lambda-4)=0,$$

得 $\lambda_1=0,\lambda_2=1,\lambda_3=4$.

$\lambda=0,1,4$ 对应的特征向量分别为 $(1,0,-1)^{\mathrm{T}},(1,-1,1)^{\mathrm{T}}$ 和 $(1,2,1)^{\mathrm{T}}$. 由于不同的特征值对应的特征向量正交,只须单位化,得

$$\boldsymbol{\xi}_2=\left(\frac{1}{\sqrt{2}},0,-\frac{1}{\sqrt{2}}\right)^{\mathrm{T}},\quad \boldsymbol{\xi}_2=\left(\frac{1}{\sqrt{3}},-\frac{1}{\sqrt{3}},\frac{1}{\sqrt{3}}\right)^{\mathrm{T}},\quad \boldsymbol{\xi}_3=\left(\frac{1}{\sqrt{6}},\frac{2}{\sqrt{6}},\frac{1}{\sqrt{6}}\right)^{\mathrm{T}}.$$

所求正交矩阵为

$$\boldsymbol{P}=(\boldsymbol{\xi}_1,\boldsymbol{\xi}_2,\boldsymbol{\xi}_3)=\begin{pmatrix}\frac{1}{\sqrt{2}}&\frac{1}{\sqrt{3}}&\frac{1}{\sqrt{6}}\\0&\frac{-1}{\sqrt{3}}&\frac{2}{\sqrt{6}}\\\frac{-1}{\sqrt{2}}&\frac{1}{\sqrt{3}}&\frac{1}{\sqrt{6}}\end{pmatrix}.$$

例 7 设四元二次型 $f(x_1,x_2,x_3,x_4)=\boldsymbol{x}^{\mathrm{T}}\boldsymbol{A}\boldsymbol{x}$,其中

$$\boldsymbol{A}=\begin{pmatrix}0&1&0&0\\1&0&0&0\\0&0&y&1\\0&0&1&2\end{pmatrix}.$$

(1) 已知 $\boldsymbol{A}$ 的一个特征值为 3,求 y;

(2) 求矩阵 $\boldsymbol{P}$,使 $(\boldsymbol{AP})^{\mathrm{T}}(\boldsymbol{AP})$ 为对角矩阵.

解 (1) 已知 3 是 $\boldsymbol{A}$ 的特征值,则 $|3\boldsymbol{I}-\boldsymbol{A}|=0$,即

$$|3\boldsymbol{I}-\boldsymbol{A}|=\begin{vmatrix}3&-1&0&0\\-1&3&0&0\\0&0&3-y&-1\\0&0&-1&1\end{vmatrix}=\begin{vmatrix}3&-1\\-1&3\end{vmatrix}\begin{vmatrix}3-y&-1\\-1&1\end{vmatrix}$$

$$=8(2-y)=0,$$

从而得 $y=2$.

(2) 因为 $\boldsymbol{A}^{\mathrm{T}}=\boldsymbol{A}$,所以,$(\boldsymbol{A}^2)^{\mathrm{T}}=\boldsymbol{A}^2$ 为实对称矩阵. 由于

$$(\boldsymbol{AP})^{\mathrm{T}}(\boldsymbol{AP})=\boldsymbol{P}^{\mathrm{T}}(\boldsymbol{A}^{\mathrm{T}}\boldsymbol{AP})=\boldsymbol{P}^{\mathrm{T}}\boldsymbol{A}^2\boldsymbol{P},$$

所以题目就是求 $\boldsymbol{A}^2$ 的合同标准形.

利用分块矩阵的运算:

$$\boldsymbol{A}=\begin{pmatrix}\boldsymbol{A}_1&\\&\boldsymbol{A}_2\end{pmatrix},\quad 其中\ \boldsymbol{A}_1=\begin{pmatrix}0&1\\1&0\end{pmatrix},\quad \boldsymbol{A}_2=\begin{pmatrix}2&1\\1&2\end{pmatrix},$$

得

$$\boldsymbol{A}^2=\begin{pmatrix}A_1^2&\\&A_2^2\end{pmatrix},\quad 其中\ \boldsymbol{A}_1^2=\begin{pmatrix}1&0\\0&1\end{pmatrix}=\boldsymbol{I}_2,\quad \boldsymbol{A}_2^2=\begin{pmatrix}5&4\\4&5\end{pmatrix}.$$

用配方法或同型初等行、列变换法或正交变换法,都可求 $\boldsymbol{A}_2^2$ 的合同标准形.

(1) 配方法

$$\boldsymbol{x}^{\mathrm{T}}\boldsymbol{A}_2^2\boldsymbol{x}=5x_1^2+5x_2^2+8x_1x_2=5\left(x_1+\frac{4}{5}x_2\right)^2+\frac{9}{5}x_2^2$$

$$=5y_1^2+\frac{9}{5}y_2^2,$$

其中 $y_1=x_1+\frac{4}{5}x_2, y_2=x_2$，即

$$\boldsymbol{x}=\begin{pmatrix}x_1\\x_2\end{pmatrix}=\begin{pmatrix}1&-\frac{4}{5}\\0&1\end{pmatrix}\begin{pmatrix}y_1\\y_2\end{pmatrix}\xlongequal{\text{记作}}\boldsymbol{C}_1\boldsymbol{y},$$

则
$$\boldsymbol{C}_1^{\mathrm{T}}\boldsymbol{A}_2^2\boldsymbol{C}_1=\begin{pmatrix}5&\\&\frac{9}{5}\end{pmatrix}=\boldsymbol{\Lambda}_2.$$

取
$$\boldsymbol{P}=\begin{pmatrix}\boldsymbol{I}_2&\\&\boldsymbol{C}_1\end{pmatrix}=\begin{pmatrix}1&0&&\\0&1&&\\&&1&-\frac{4}{5}\\&&0&1\end{pmatrix},$$

则

$$(\boldsymbol{AP})^{\mathrm{T}}(\boldsymbol{AP})=\boldsymbol{P}^{\mathrm{T}}\boldsymbol{A}^2\boldsymbol{P}=\begin{pmatrix}\boldsymbol{I}_2&\\&\boldsymbol{C}_1^{\mathrm{T}}\end{pmatrix}\begin{pmatrix}\boldsymbol{A}_1^2&\\&\boldsymbol{A}_2^2\end{pmatrix}\begin{pmatrix}\boldsymbol{I}_2&\\&\boldsymbol{C}_1\end{pmatrix}$$

$$=\begin{pmatrix}\boldsymbol{I}_2&\\&\boldsymbol{C}_1^{\mathrm{T}}\boldsymbol{A}_2^2\boldsymbol{C}_1\end{pmatrix}=\begin{pmatrix}\boldsymbol{I}_2&\\&\boldsymbol{\Lambda}_2\end{pmatrix}=\mathrm{diag}\left(1,1,5,\frac{9}{5}\right).$$

(2) 同型初等行、列变换法

$$\begin{pmatrix}\boldsymbol{A}_2^2\\\boldsymbol{I}\end{pmatrix}=\begin{pmatrix}5&4\\4&5\\\hdashline 1&0\\0&1\end{pmatrix}\xrightarrow[-\frac{4}{5}[1]+[2]]{\substack{-\frac{4}{5}[1]+[2]\\-\frac{4}{5}(1)+(2)}}\begin{pmatrix}5&0\\0&\frac{9}{5}\\\hdashline 1&-\frac{4}{5}\\0&1\end{pmatrix}.$$

取 $\boldsymbol{C}_1=\begin{pmatrix}1&-\frac{4}{5}\\0&1\end{pmatrix}$，则 $\boldsymbol{C}_1^{\mathrm{T}}\boldsymbol{A}_2^2\boldsymbol{C}_1=\begin{pmatrix}5&\\&\frac{9}{5}\end{pmatrix}$.

以下同配方法.

(3) 用正交变换法求 $\boldsymbol{A}$ 的合同标准形,得 $\boldsymbol{P}^{\mathrm{T}}\boldsymbol{A}\boldsymbol{P}=\boldsymbol{\Lambda}$($\boldsymbol{P}$ 为正交矩阵),则

$$(\boldsymbol{A}\boldsymbol{P})^{\mathrm{T}}(\boldsymbol{A}\boldsymbol{P})=(\boldsymbol{P}^{\mathrm{T}}\boldsymbol{A}\boldsymbol{P})^2=\boldsymbol{\Lambda}^2.$$

由 $$|\lambda\boldsymbol{I}-\boldsymbol{A}_1|=\begin{vmatrix}\lambda & -1\\ -1 & \lambda\end{vmatrix}=\lambda^2-1=0,\quad 得\ \lambda_1=1,\lambda_2=-1.$$

对应于 $\lambda_1=1$ 和 $\lambda_2=-1$ 的单位特征向量为

$$\boldsymbol{x}_1=\frac{1}{\sqrt{2}}\begin{pmatrix}1\\1\end{pmatrix}\quad 和\quad \boldsymbol{x}_2=\frac{1}{\sqrt{2}}\begin{pmatrix}1\\-1\end{pmatrix}.$$

令 $\boldsymbol{P}_1=(\boldsymbol{x}_1,\boldsymbol{x}_2)$,则

$$\boldsymbol{P}_1^{\mathrm{T}}\boldsymbol{A}_1\boldsymbol{P}_1=\begin{pmatrix}1 & \\ & -1\end{pmatrix}=\boldsymbol{\Lambda}_1.$$

由 $$|\lambda\boldsymbol{I}-\boldsymbol{A}_2|=\begin{vmatrix}\lambda-2 & -1\\ -1 & \lambda-2\end{vmatrix}=\lambda^2-4\lambda+3=(\lambda-3)(\lambda-1)=0,$$

得 $\lambda_3=3,\lambda_4=1$. 对应于 $\lambda_3=3$ 和 $\lambda_4=1$ 的单位特征向量为

$$\boldsymbol{x}_3=\frac{1}{\sqrt{2}}\begin{pmatrix}1\\1\end{pmatrix}\quad 和\quad \boldsymbol{x}_4=\frac{1}{\sqrt{2}}\begin{pmatrix}1\\-1\end{pmatrix}.$$

令 $$\boldsymbol{P}_2=(\boldsymbol{x}_3,\boldsymbol{x}_4),$$

则 $$\boldsymbol{P}_2^{\mathrm{T}}\boldsymbol{A}_2\boldsymbol{P}_2=\begin{pmatrix}3 & \\ & 1\end{pmatrix}=\boldsymbol{\Lambda}_2.$$

取 $$\boldsymbol{P}=\begin{pmatrix}\boldsymbol{P}_1 & \\ & \boldsymbol{P}_2\end{pmatrix}=\begin{pmatrix}\frac{1}{\sqrt{2}} & \frac{1}{\sqrt{2}} & 0 & 0\\ \frac{1}{\sqrt{2}} & -\frac{1}{\sqrt{2}} & 0 & 0\\ 0 & 0 & \frac{1}{\sqrt{2}} & \frac{1}{\sqrt{2}}\\ 0 & 0 & \frac{1}{\sqrt{2}} & -\frac{1}{\sqrt{2}}\end{pmatrix},$$

则

$$\boldsymbol{P}^{\mathrm{T}}\boldsymbol{AP}=\begin{pmatrix}\boldsymbol{P}_1^{\mathrm{T}} & \\ & \boldsymbol{P}_2^{\mathrm{T}}\end{pmatrix}\begin{pmatrix}\boldsymbol{A}_1 & \\ & \boldsymbol{A}_2\end{pmatrix}\begin{pmatrix}\boldsymbol{P}_1 & \\ & \boldsymbol{P}_2\end{pmatrix}$$

$$=\begin{pmatrix}\boldsymbol{P}_1^{\mathrm{T}}\boldsymbol{A}_1\boldsymbol{P}_1 & \\ & \boldsymbol{P}_2^{\mathrm{T}}\boldsymbol{A}_2\boldsymbol{P}_2\end{pmatrix}=\begin{pmatrix}\boldsymbol{\Lambda}_1 & \\ & \boldsymbol{\Lambda}_2\end{pmatrix},$$

$$(\boldsymbol{AP})^{\mathrm{T}}(\boldsymbol{AP})=\boldsymbol{P}^{\mathrm{T}}\boldsymbol{A}^2\boldsymbol{P}=(\boldsymbol{P}^{\mathrm{T}}\boldsymbol{AP})^2$$

$$=\begin{pmatrix}\boldsymbol{\Lambda}_1 & \\ & \boldsymbol{\Lambda}_2\end{pmatrix}^2=\begin{pmatrix}\boldsymbol{\Lambda}_1^2 & \\ & \boldsymbol{\Lambda}_2^2\end{pmatrix}$$

$$=\mathrm{diag}(1,1,9,1).$$

*6.4　惯性定理和二次型的规范形

(1) 实二次型 $\boldsymbol{x}^{\mathrm{T}}\boldsymbol{Ax}$ 化为平方和(实对称矩阵 $\boldsymbol{A}$ 合同于对角阵)所得标准形不是惟一的. 但据惯性定理,对角元中正数的个数 p(称为正惯性指数)和负数的个数 $r-p$(称为负惯性指数,其中 r 是 $\boldsymbol{A}$ 的秩)是由 $\boldsymbol{A}$ 惟一确定的.

实对称矩阵 $\boldsymbol{A}$ 的合同标准形 $\boldsymbol{C}_1^{\mathrm{T}}\boldsymbol{AC}_1=\mathrm{diag}(d_1,d_2,\cdots,d_n)$中,对角元依正数,负数和零排序,即

$$\boldsymbol{C}_1^{\mathrm{T}}\boldsymbol{AC}_1=\mathrm{diag}(d_1,\cdots,d_p,-d_{p+1},\cdots,-d_r,0,\cdots,0),$$

其中,$d_i>0(i=1,\cdots,r)$. 若取

$$\boldsymbol{C}_2=\mathrm{diag}\left(\frac{1}{\sqrt{d_1}},\cdots,\frac{1}{\sqrt{d_r}},1,\cdots,1\right),$$

则 $\boldsymbol{C}_2^{\mathrm{T}}(\boldsymbol{C}_1^{\mathrm{T}}\boldsymbol{AC}_1)\boldsymbol{C}_2=\boldsymbol{C}^{\mathrm{T}}\boldsymbol{AC}=\mathrm{diag}(1,\cdots,1,-1,\cdots,-1,0,\cdots,0)$,其中 $\boldsymbol{C}=\boldsymbol{C}_1\boldsymbol{C}_2$. 称 $\mathrm{diag}(1,\cdots,1,-1,\cdots,-1,0,\cdots,0)$为 $\boldsymbol{A}$ 的合同(相合)规范形,其中有 p 个$(+1)$,$(r-p)$个(-1)和$(n-r)$个 0 ($r=$秩$(\boldsymbol{A})=\boldsymbol{A}$ 的正、负惯性指数之和).

(2) 任意两个 n 阶实对称矩阵合同的充分必要条件是它们有相同的规范形,或相等的正惯性指数和相等的秩,或有相等的正惯性指数和相等的负惯性指数.

(3) 全体 n 阶实对称矩阵按其规范型(不考虑 1,−1,0 的排序)分类,共有$\frac{1}{2}(n+1)(n+2)$类.因为规范型中秩 $r=i$ 时,正惯性指数 p 可以取 $0,1,\cdots,i$,共有 $i+1$ 类(负惯性指数$=r-p$),$(i=0,1,\cdots,n)$,所以,共有 $\sum_{i=0}^{n}(i+1)=1+2+\cdots+(n+1)=\frac{1}{2}(n+1)(n+2)$ 类.

例 1 设 $\boldsymbol{A}$ 为 n 阶实对称矩阵,$\mathrm{r}(\boldsymbol{A})=n$, A_{ij} 是 $\boldsymbol{A}=(a_{ij})_{n\times n}$ 中元素 a_{ij} 的代数余子式$(i,j=1,2,\cdots,n)$,二次型

$$f(x_1,x_2,\cdots,x_n)=\sum_{i=1}^{n}\sum_{j=1}^{n}\frac{A_{ij}}{|\boldsymbol{A}|}x_ix_j.$$

(1) 记 $\boldsymbol{x}=(x_1,x_2,\cdots,x_n)$,把 $f(x_1,x_2,\cdots,x_n)$写成矩阵形式,并证明二次型 $f(\boldsymbol{x})$的矩阵是 $\boldsymbol{A}^{-1}$.

(2) 二次型 $g(\boldsymbol{x})=\boldsymbol{x}^{\mathrm{T}}\boldsymbol{A}\boldsymbol{x}$ 与 $f(\boldsymbol{x})$的规范形是否相同?说明理由.

解 (1) 设二次型 $f(\boldsymbol{x})$的矩阵是 $\boldsymbol{B}$,则 $f(\boldsymbol{x})=\boldsymbol{x}^{\mathrm{T}}\boldsymbol{B}\boldsymbol{x}$. 已知 $b_{ij}=|\boldsymbol{A}|^{-1}A_{ij}$,利用 $\boldsymbol{A}$ 的伴随矩阵是 $\boldsymbol{A}$ 的代数余子式矩阵的转置 $\boldsymbol{A}^*=(A_{ij})^{\mathrm{T}}$ 和 $\boldsymbol{A}^{-1}=|\boldsymbol{A}|^{-1}\boldsymbol{A}^*$,得

$$\boldsymbol{B}^{\mathrm{T}}=(|\boldsymbol{A}|^{-1}A_{ij})^{\mathrm{T}}=|\boldsymbol{A}|^{-1}\boldsymbol{A}^*=\boldsymbol{A}^{-1}.$$

所以

$$\boldsymbol{B}=(\boldsymbol{A}^{-1})^{\mathrm{T}}=(\boldsymbol{A}^{\mathrm{T}})^{-1}=\boldsymbol{A}^{-1}.$$

(2) 法 1:利用定义.由于$|\boldsymbol{A}|^{-1}\neq 0$,故 $\boldsymbol{A}$ 可逆,令 $\boldsymbol{x}=\boldsymbol{A}^{-1}\boldsymbol{y}$,$\forall\,\boldsymbol{x}\neq\boldsymbol{0}$,则 $\boldsymbol{y}\neq\boldsymbol{0}$,且

$$g(\boldsymbol{x})=\boldsymbol{x}^{\mathrm{T}}\boldsymbol{A}\boldsymbol{x}=(\boldsymbol{A}^{-1}\boldsymbol{y})^{\mathrm{T}}\boldsymbol{A}(\boldsymbol{A}^{-1}\boldsymbol{y})=\boldsymbol{y}^{\mathrm{T}}\boldsymbol{A}^{-1}\boldsymbol{y}=f(\boldsymbol{y}),$$

故 $g(\boldsymbol{x})$与 $f(\boldsymbol{x})$合同,它们有相同的规范形.

法 2:$\boldsymbol{A}^{-1}=\boldsymbol{A}^{-1}\boldsymbol{A}\boldsymbol{A}^{-1}=(\boldsymbol{A}^{-1})^{\mathrm{T}}\boldsymbol{A}\boldsymbol{A}^{-1}$,所以,$\boldsymbol{A}^{-1}$ 与 $\boldsymbol{A}$ 合同,$f(\boldsymbol{x})$与 $g(\boldsymbol{x})$合同,它们有相同的规范形.

法 3:利用特征值.设 $\boldsymbol{A}\boldsymbol{x}=\lambda\boldsymbol{x}$ $(\boldsymbol{x}\neq\boldsymbol{0})$,则 $\boldsymbol{A}^{-1}\boldsymbol{x}=\lambda^{-1}\boldsymbol{x}$,$\lambda$ 与 λ^{-1}同为正或负.所以,$\boldsymbol{x}^{\mathrm{T}}\boldsymbol{A}\boldsymbol{x}$ 和 $\boldsymbol{x}^{\mathrm{T}}\boldsymbol{A}^{-1}\boldsymbol{x}$ 的标准形中有相同的正

(负)惯性指数,即 $f(\boldsymbol{x})$ 与 $g(\boldsymbol{x})$ 有相同的规范形.

6.5 正定二次型和正定矩阵

关于正定二次型(正定矩阵)、负定二次型(负定矩阵)、半正(负)定二次型(半正(负)定矩阵)的定义,以及实对称矩阵正定的等价命题(或说充分必要条件),在内容提要中已陈述,这里不再重复. 需要指出:一个二次型 $f(\boldsymbol{x})=\boldsymbol{x}^{\mathrm{T}}\boldsymbol{A}\boldsymbol{x}$,经坐标变换 $\boldsymbol{x}=\boldsymbol{C}\boldsymbol{y}$($\boldsymbol{C}$ 为可逆矩阵),化为 $\boldsymbol{y}$ 的二次型 $g(\boldsymbol{y})$,则 $f(\boldsymbol{x})$ 和 $g(\boldsymbol{y})$ 有相同的正定性. 因为

$$f(\boldsymbol{x})=\boldsymbol{x}^{\mathrm{T}}\boldsymbol{A}\boldsymbol{x}=(\boldsymbol{C}\boldsymbol{y})^{\mathrm{T}}\boldsymbol{A}\,\boldsymbol{C}\boldsymbol{y}=\boldsymbol{y}^{\mathrm{T}}(\boldsymbol{C}^{\mathrm{T}}\boldsymbol{A}\boldsymbol{C})\boldsymbol{y}=g(\boldsymbol{y}).$$

由 $f(\boldsymbol{x})$ 正定,可知:$\forall\,\boldsymbol{y}\neq\boldsymbol{0},\boldsymbol{x}=\boldsymbol{C}\boldsymbol{y}\neq\boldsymbol{0},g(\boldsymbol{y})=f(\boldsymbol{x})>0$,所以 $g(\boldsymbol{y})$ 正定;再由 $g(\boldsymbol{y})$ 正定又可知,$\forall\,\boldsymbol{x}\neq\boldsymbol{0},\boldsymbol{y}=\boldsymbol{C}^{-1}\boldsymbol{x}\neq 0$,$f(\boldsymbol{x})=g(\boldsymbol{y})>0$,所以,$f(\boldsymbol{x})$ 正定.

同理,$f(\boldsymbol{x})$ 和 $g(\boldsymbol{y})$ 的负定性、半正(负)定性也相同. 也就是说,合同矩阵的正(负)定性、半正(负)定性是相同的.

此外,对于 n 阶实对称正定矩阵 $\boldsymbol{A}$(或正定二次型 $\boldsymbol{x}^{\mathrm{T}}\boldsymbol{A}\boldsymbol{x}$),一定存在正定矩阵 $\boldsymbol{B}$,使得

$$\boldsymbol{A}=\boldsymbol{B}^2.$$

因为存在正交矩阵 $\boldsymbol{Q}$(注意 $\boldsymbol{Q}^{-1}=\boldsymbol{Q}^{\mathrm{T}}$),使得

$$\boldsymbol{Q}^{\mathrm{T}}\boldsymbol{A}\boldsymbol{Q}=\operatorname{diag}(\lambda_1,\lambda_2,\cdots,\lambda_n)\quad(\lambda_i>0,\ i=1,2,\cdots,n).$$

则
$$\begin{aligned}\boldsymbol{A}&=\boldsymbol{Q}\operatorname{diag}(\lambda_1,\lambda_2,\cdots,\lambda_n)\boldsymbol{Q}^{\mathrm{T}}\\&=\boldsymbol{Q}\operatorname{diag}(\sqrt{\lambda_1},\cdots,\sqrt{\lambda_n})\boldsymbol{Q}^{\mathrm{T}}\boldsymbol{Q}\operatorname{diag}(\sqrt{\lambda_1},\cdots,\sqrt{\lambda_n})\boldsymbol{Q}^{\mathrm{T}}\\&=\boldsymbol{B}^2,\end{aligned}$$

其中 $\boldsymbol{B}=\boldsymbol{Q}\operatorname{diag}(\sqrt{\lambda_1},\cdots,\sqrt{\lambda_n})\boldsymbol{Q}^{\mathrm{T}}$ 仍然是正定矩阵.

例 1 判断下列三元二次型

$$f(x_1,x_2,x_3)=x_1^2+x_2^2+x_3^2-x_1x_2+x_2x_3$$

是不是正定二次型.

解 法 1：二次型的对应矩阵为

$$A=\begin{pmatrix} 1 & -\frac{1}{2} & 0 \\ -\frac{1}{2} & 1 & \frac{1}{2} \\ 0 & \frac{1}{2} & 1 \end{pmatrix}.$$

A 的特征多项式为 $|\lambda I-A|=(\lambda-1)\left[(\lambda-1)^2-\frac{1}{2}\right]$,从而得其特征值为 $\lambda_1=1,\lambda_2=1+\frac{\sqrt{2}}{2},\lambda_3=1-\frac{\sqrt{2}}{2}$ 都大于零,所以二次型正定.

法 2：用配方法得

$$\begin{aligned} f(x_1,x_2,x_3) &= \left(x_1-\frac{x_2}{2}\right)^2+\frac{3}{4}\left(x_2+\frac{2}{3}x_3\right)^2+\frac{2}{3}x_3^2 \\ &= y_1^2+\frac{3}{4}y_2^2+\frac{2}{3}y_3^2\geqslant 0. \end{aligned}$$

故

$$f(x_1,x_2,x_3)=0 \Leftrightarrow \left(x_1-\frac{x_2}{2}\right)=0,\quad \left(x_2+\frac{2}{3}x_3\right)=0 \text{ 和 } x_3=0,$$

即 $x_1=x_2=x_3=0$. 故 $x\neq 0$ 时,$f(x_1,x_2,x_3)>0$,所以此二次型正定.

法 3：利用 A 的 3 个顺序主子式都大于零.

$$\det A_1=1>0,\quad \det A_2=\begin{vmatrix} 1 & \frac{-1}{2} \\ \frac{-1}{2} & 1 \end{vmatrix}=\frac{3}{4}>0,\quad \det A_3=|A|=\frac{1}{2}>0.$$

所以此二次型正定.

法 4：利用同型初等行、列变换化 A 为对角形.

$$\begin{pmatrix}A\\I\end{pmatrix}=\begin{pmatrix}1&\frac{-1}{2}&0\\\frac{-1}{2}&1&\frac{1}{2}\\0&\frac{1}{2}&1\\\hdashline 1&0&0\\0&1&0\\0&0&1\end{pmatrix}\xrightarrow[\text{[2]+[1]}\times\frac{1}{2}]{\text{[2]+[1]}\times\frac{1}{2}\atop (2)+(1)\times\frac{1}{2}}\begin{pmatrix}1&0&0\\0&\frac{3}{4}&\frac{1}{2}\\0&\frac{1}{2}&1\\\hdashline 1&\frac{1}{2}&0\\0&1&0\\0&0&1\end{pmatrix}$$

$$\xrightarrow[\text{[3]+[2]}\times\frac{-2}{3}]{\text{[3]+[2]}\times\frac{-2}{3}\atop (3)+(2)\times\frac{-2}{3}}\begin{pmatrix}2&0&0\\0&\frac{3}{4}&0\\0&0&\frac{2}{3}\\\hdashline 1&\frac{1}{2}&-\frac{1}{3}\\1&1&-\frac{2}{3}\\0&0&1\end{pmatrix}.$$

取 $C=\begin{pmatrix}1&\frac{1}{2}&-\frac{1}{3}\\1&1&-\frac{2}{3}\\0&0&1\end{pmatrix}$， 则 $C^{\mathrm{T}}AC=\begin{pmatrix}2&&\\&\frac{3}{4}&\\&&\frac{2}{3}\end{pmatrix}$.

A 的正惯性指数为3,所以此二次型正定.

例 2（研 6-2） 设 A 为 n 阶正定矩阵,I 是 n 阶单位矩阵. 证明 $A+I$ 的行列式大于1.

解 因为 A 为正定矩阵,则存在正交矩阵 Q（注意 $Q^{\mathrm{T}}Q=I$）,使得

$$Q^{\mathrm{T}}AQ=\mathrm{diag}(\lambda_1,\lambda_2,\cdots,\lambda_n),$$

其中 $\lambda_i>0\quad(i=1,2,\cdots,n)$是 $\boldsymbol{A}$ 的特征值. 于是

$$\begin{aligned}\boldsymbol{Q}^{\mathrm{T}}(\boldsymbol{A}+\boldsymbol{I})\boldsymbol{Q}&=\mathrm{diag}(\lambda_1,\lambda_2,\cdots,\lambda_n)+\boldsymbol{I}\\&=\mathrm{diag}(\lambda_1+1,\lambda_2+1,\cdots,\lambda_n+1).\end{aligned}$$

上式两边取行列式得

$$\begin{aligned}|\boldsymbol{Q}^{\mathrm{T}}(\boldsymbol{A}+\boldsymbol{I})\boldsymbol{Q}|&=|\boldsymbol{Q}^{\mathrm{T}}||\boldsymbol{A}+\boldsymbol{I}||\boldsymbol{Q}|=|\boldsymbol{Q}^{\mathrm{T}}\boldsymbol{Q}||\boldsymbol{A}+\boldsymbol{I}|\\&=(\lambda_1+1)(\lambda_2+1)\cdots(\lambda_n+1),\end{aligned}$$

所以,$|\boldsymbol{A}+\boldsymbol{I}|=(\lambda_1+1)(\lambda_2+1)\cdots(\lambda_n+1)>1$.

例 3 (补充题 49,研 6-7)　设有 n 元二次型

$$\begin{aligned}f(x_1,x_2,\cdots,x_n)=(x_1+a_1x_2)^2+(x_2+a_2x_3)^2+\cdots+\\(x_{n-1}+a_{n-1}x_n)^2+(x_n+a_nx_1)^2,\end{aligned}$$

其中 $a_i(i=1,2,\cdots,n)$为实数. 试问当 $a_1,a_2,\cdots,a_n$ 满足何种条件时,二次型为正定二次型.

解　因为 $f(\boldsymbol{x})$是完全平方项的和,所以 $f(\boldsymbol{x})\geqslant 0$. $f(\boldsymbol{x})=0$ 的充要条件是

$$x_1+a_1x_2=x_2+a_2x_3=\cdots=x_{n-1}+a_{n-1}x_n=x_n+a_nx_1=0.\quad(1)$$

若方程组(1)只有零解,则 $\forall\,\boldsymbol{x}\neq\boldsymbol{0}\quad f(\boldsymbol{x})>0$,即二次型正定. 方程组(1)只有零解的充要条件是其系数行列式不等于零,即

$$\begin{vmatrix}1 & a_1 & & & \\ & 1 & a_2 & & \\ & & \ddots & & \\ & & & 1 & a_{n-1}\\ a_n & & & & 1\end{vmatrix}=1+(-1)^{n+1}a_1a_2\cdots a_n\neq 0$$

(对第一列展开),

因此,当 $a_1a_2\cdots a_n\neq(-1)^n$ 时,二次型正定.

例 4 (补充题 50,研 6-8)　设 $\boldsymbol{A}$ 为 m 阶实对称正定矩阵,$\boldsymbol{B}$ 是 $m\times n$ 实矩阵,$\boldsymbol{B}^{\mathrm{T}}$ 为 $\boldsymbol{B}$ 的转置,试证:$\boldsymbol{B}^{\mathrm{T}}\boldsymbol{A}\boldsymbol{B}$ 为正定矩阵的充分必要条件是秩 $\mathrm{r}(\boldsymbol{B})=n$.

证　充分性: 首先 $\boldsymbol{B}^{\mathrm{T}}\boldsymbol{A}\boldsymbol{B}$ 是实对称矩阵,因为$(\boldsymbol{B}^{\mathrm{T}}\boldsymbol{A}\boldsymbol{B})^{\mathrm{T}}=\boldsymbol{B}^{\mathrm{T}}\boldsymbol{A}\boldsymbol{B}$.

由于 $\boldsymbol{B}$ 不是方阵,判别矩阵正定的一些定理都不好用,要利

用二次型正定的定义来判别. 由于

$$\boldsymbol{x}^{\mathrm{T}}(\boldsymbol{B}^{\mathrm{T}}\boldsymbol{A}\boldsymbol{B})\boldsymbol{x}=(\boldsymbol{B}\boldsymbol{x})^{\mathrm{T}}\boldsymbol{A}(\boldsymbol{B}\boldsymbol{x})=\boldsymbol{y}^{\mathrm{T}}\boldsymbol{A}\boldsymbol{y},$$

当秩$(\boldsymbol{B})=n$时，$\forall\,\boldsymbol{x}\neq\boldsymbol{0}$，均有$\boldsymbol{y}=\boldsymbol{B}\boldsymbol{x}\neq\boldsymbol{0}$(因为秩$(\boldsymbol{B})=n$，$\boldsymbol{B}\boldsymbol{x}=\boldsymbol{0}$只有零解)，从而$\boldsymbol{y}^{\mathrm{T}}\boldsymbol{A}\boldsymbol{y}>0$(因为$\boldsymbol{A}$正定). 所以，$\boldsymbol{B}^{\mathrm{T}}\boldsymbol{A}\boldsymbol{B}$正定.

必要性：由$\boldsymbol{B}^{\mathrm{T}}\boldsymbol{A}\boldsymbol{B}$正定，即$\forall\,\boldsymbol{x}\neq\boldsymbol{0}$，$\boldsymbol{x}^{\mathrm{T}}(\boldsymbol{B}^{\mathrm{T}}\boldsymbol{A}\boldsymbol{B})\boldsymbol{x}=(\boldsymbol{B}\boldsymbol{x})^{\mathrm{T}}\boldsymbol{A}(\boldsymbol{B}\boldsymbol{x})>0$，可知必须有$\boldsymbol{B}\boldsymbol{x}\neq\boldsymbol{0}$，即$\boldsymbol{B}\boldsymbol{x}=\boldsymbol{0}$没有非零解，所以，$\mathrm{r}(\boldsymbol{B})=n$(此时也必有$m\geqslant n$).

注意　下列证明是错误的："由$\boldsymbol{A}$正定，存在可逆矩阵$\boldsymbol{P}$，使得$\boldsymbol{A}=\boldsymbol{P}^{\mathrm{T}}\boldsymbol{P}$，于是，$(\boldsymbol{B}^{\mathrm{T}}\boldsymbol{A}\boldsymbol{B})=(\boldsymbol{B}^{\mathrm{T}}\boldsymbol{P}^{\mathrm{T}}\boldsymbol{P}\boldsymbol{B})=(\boldsymbol{P}\boldsymbol{B})^{\mathrm{T}}(\boldsymbol{P}\boldsymbol{B})$，所以$(\boldsymbol{B}^{\mathrm{T}}\boldsymbol{A}\boldsymbol{B})$正定."错在$(\boldsymbol{P}\boldsymbol{B})_{m\times n}$不是方阵，从而不是可逆矩阵. 如果$\boldsymbol{B}$是$m$阶方阵，这样证明是可以的(即$\boldsymbol{B}^{\mathrm{T}}\boldsymbol{A}\boldsymbol{B}$正定的充要条件是$\boldsymbol{P}\boldsymbol{B}$可逆，而$\boldsymbol{P}\boldsymbol{B}$可逆的充要条件是$\boldsymbol{B}$可逆，即$\mathrm{r}(\boldsymbol{B})=m$).

例5　设$\boldsymbol{A}$是$m\times n$实矩阵，$\boldsymbol{I}$是n阶单位阵. 已知$\boldsymbol{B}=\lambda\boldsymbol{I}+\boldsymbol{A}^{\mathrm{T}}\boldsymbol{A}$，试证：当$\lambda>0$时，矩阵$\boldsymbol{B}$为正定矩阵.

证　首先$\boldsymbol{B}=\lambda\boldsymbol{I}+\boldsymbol{A}^{\mathrm{T}}\boldsymbol{A}$是实对称矩阵，因为$\boldsymbol{B}^{\mathrm{T}}=(\lambda\boldsymbol{I}+\boldsymbol{A}^{\mathrm{T}}\boldsymbol{A})^{\mathrm{T}}=\lambda\boldsymbol{I}+\boldsymbol{A}^{\mathrm{T}}\boldsymbol{A}=\boldsymbol{B}$.

法1：利用定义. 由于二次型

$$\boldsymbol{x}^{\mathrm{T}}\boldsymbol{B}\boldsymbol{x}=\boldsymbol{x}^{\mathrm{T}}(\lambda\boldsymbol{I}+\boldsymbol{A}^{\mathrm{T}}\boldsymbol{A})\boldsymbol{x}=\lambda\boldsymbol{x}^{\mathrm{T}}\boldsymbol{x}+\boldsymbol{x}^{\mathrm{T}}\boldsymbol{A}^{\mathrm{T}}\boldsymbol{A}\boldsymbol{x}=\lambda\boldsymbol{x}^{\mathrm{T}}\boldsymbol{x}+(\boldsymbol{A}\boldsymbol{x})^{\mathrm{T}}\boldsymbol{A}\boldsymbol{x},$$

而$\forall\,\boldsymbol{x}\neq\boldsymbol{0}$，$\boldsymbol{A}\boldsymbol{x}$的内积$(\boldsymbol{A}\boldsymbol{x},\boldsymbol{A}\boldsymbol{x})=(\boldsymbol{A}\boldsymbol{x})^{\mathrm{T}}\boldsymbol{A}\boldsymbol{x}\geqslant 0$，且$\lambda>0$时，$\lambda\boldsymbol{x}^{\mathrm{T}}\boldsymbol{x}>0$，因此，$\forall\,\boldsymbol{x}\neq 0$，有

$$\boldsymbol{x}^{\mathrm{T}}\boldsymbol{B}\boldsymbol{x}=\lambda\boldsymbol{x}^{\mathrm{T}}\boldsymbol{x}+(\boldsymbol{A}\boldsymbol{x})^{\mathrm{T}}\boldsymbol{A}\boldsymbol{x}>0.$$

所以$\boldsymbol{B}$为正定矩阵.

法2：利用特征值全部大于零. 因为$\boldsymbol{A}^{\mathrm{T}}\boldsymbol{A}$是实对称矩阵，设$\mu$是$\boldsymbol{A}^{\mathrm{T}}\boldsymbol{A}$的任一特征值，对应的特征向量是$\boldsymbol{x}$，即

$$\boldsymbol{A}^{\mathrm{T}}\boldsymbol{A}\boldsymbol{x}=\mu\,\boldsymbol{x}\quad(\boldsymbol{x}\neq\boldsymbol{0}).$$

两边左乘$\boldsymbol{x}^{\mathrm{T}}$，有

$$\boldsymbol{x}^{\mathrm{T}}\boldsymbol{A}^{\mathrm{T}}\boldsymbol{A}\boldsymbol{x}=\mu\,\boldsymbol{x}^{\mathrm{T}}\boldsymbol{x}，即\quad(\boldsymbol{A}\boldsymbol{x})^{\mathrm{T}}\boldsymbol{A}\boldsymbol{x}=\mu\,\boldsymbol{x}^{\mathrm{T}}\boldsymbol{x},$$

所以，$\mu=\dfrac{(\boldsymbol{Ax})^{\mathrm{T}}\boldsymbol{Ax}}{\boldsymbol{x}^{\mathrm{T}}\boldsymbol{x}}\geqslant 0$ （因为：$\boldsymbol{x}\neq\boldsymbol{0},\boldsymbol{x}^{\mathrm{T}}\boldsymbol{x}>0$； $(\boldsymbol{Ax})^{\mathrm{T}}\boldsymbol{Ax}\geqslant 0$）.

$(\lambda\boldsymbol{I}+\boldsymbol{A}^{\mathrm{T}}\boldsymbol{A})$的特征值为$(\lambda+\mu)$. 当$\lambda>0$时，$\boldsymbol{B}$的任一特征值$(\lambda+\mu)>0$，所以$\boldsymbol{B}$为正定矩阵.

***例 6** 设$\boldsymbol{A}$为n阶正定矩阵，$\boldsymbol{x}=(x_1,\cdots,x_n)^{\mathrm{T}}\in\mathbb{R}^n$，$\boldsymbol{b}$是一固定的实$n$维列向量. 证明：

$$p(\boldsymbol{x})=\frac{1}{2}\boldsymbol{x}^{\mathrm{T}}\boldsymbol{Ax}-\boldsymbol{x}^{\mathrm{T}}\boldsymbol{b}$$

在$\boldsymbol{x}_0=\boldsymbol{A}^{-1}\boldsymbol{b}$处取得最小值，且$p_{\min}=-\dfrac{1}{2}\boldsymbol{b}^{\mathrm{T}}\boldsymbol{A}^{-1}\boldsymbol{b}$.

证 这是把一元二次函数的最小值问题推广到n元二次函数（二次项部分是正定二次型）. 当$n=1$时，$A=(a)$，$a>0$，一元二次函数$p(x)=\dfrac{1}{2}ax^2-bx$的图形是条抛物线，在顶点$x_0=\dfrac{b}{a}$处，取得最小值$p_{\min}=-\dfrac{b^2}{2a}$.

对于一般的n，欲证$p(\boldsymbol{x}_0)$是$p(\boldsymbol{x})$的最小值，只需证$\forall\,\boldsymbol{x}\neq\boldsymbol{x}_0$，$p(\boldsymbol{x})-p(\boldsymbol{x}_0)>0$.

将$\boldsymbol{b}=\boldsymbol{Ax}_0$代入$p(\boldsymbol{x})=\dfrac{1}{2}\boldsymbol{x}^{\mathrm{T}}\boldsymbol{Ax}-\boldsymbol{x}^{\mathrm{T}}\boldsymbol{b}$，得

$$\begin{aligned}p(\boldsymbol{x})-p(\boldsymbol{x}_0)&=\frac{1}{2}\boldsymbol{x}^{\mathrm{T}}\boldsymbol{Ax}-\boldsymbol{x}^{\mathrm{T}}\boldsymbol{b}-\frac{1}{2}\boldsymbol{x}_0^{\mathrm{T}}\boldsymbol{Ax}_0+\boldsymbol{x}_0^{\mathrm{T}}\boldsymbol{b}\\&=\frac{1}{2}\boldsymbol{x}^{\mathrm{T}}\boldsymbol{Ax}-\boldsymbol{x}^{\mathrm{T}}\boldsymbol{Ax}_0+\frac{1}{2}\boldsymbol{x}_0^{\mathrm{T}}\boldsymbol{Ax}_0.\end{aligned}\tag{1}$$

因为
$$\boldsymbol{x}^{\mathrm{T}}\boldsymbol{Ax}_0=(\boldsymbol{x}^{\mathrm{T}}\boldsymbol{Ax}_0)^{\mathrm{T}}=\boldsymbol{x}_0^{\mathrm{T}}\boldsymbol{Ax},$$

所以
$$\boldsymbol{x}^{\mathrm{T}}\boldsymbol{Ax}_0=\frac{1}{2}\boldsymbol{x}^{\mathrm{T}}\boldsymbol{Ax}_0+\frac{1}{2}\boldsymbol{x}_0^{\mathrm{T}}\boldsymbol{Ax}.\tag{2}$$

将(2)式代入(1)式，得

$$p(\boldsymbol{x})-p(\boldsymbol{x}_0)=\frac{1}{2}(\boldsymbol{x}^{\mathrm{T}}\boldsymbol{Ax}-\boldsymbol{x}^{\mathrm{T}}\boldsymbol{Ax}_0-\boldsymbol{x}_0^{\mathrm{T}}\boldsymbol{Ax}+\boldsymbol{x}_0^{\mathrm{T}}\boldsymbol{Ax}_0)$$

$$=\frac{1}{2}[\boldsymbol{x}^{\mathrm{T}}\boldsymbol{A}(\boldsymbol{x}-\boldsymbol{x}_0)-\boldsymbol{x}_0^{\mathrm{T}}\boldsymbol{A}(\boldsymbol{x}-\boldsymbol{x}_0)]$$

$$=\frac{1}{2}(\boldsymbol{x}-\boldsymbol{x}_0)^{\mathrm{T}}\boldsymbol{A}(\boldsymbol{x}-\boldsymbol{x}_0).$$

由于 $\boldsymbol{A}$ 正定,所以 $\forall(\boldsymbol{x}-\boldsymbol{x}_0)\neq\boldsymbol{0}$,即 $\boldsymbol{x}\neq\boldsymbol{x}_0$,恒有 $p(\boldsymbol{x})-p(\boldsymbol{x}_0)=\frac{1}{2}(\boldsymbol{x}-\boldsymbol{x}_0)^{\mathrm{T}}\boldsymbol{A}(\boldsymbol{x}-\boldsymbol{x}_0)>0$,因此

$$p_{\min}=p(\boldsymbol{x}_0)=\frac{1}{2}\boldsymbol{x}_0^{\mathrm{T}}\boldsymbol{A}\boldsymbol{x}_0-\boldsymbol{x}_0^{\mathrm{T}}\boldsymbol{b}.$$

将 $\boldsymbol{A}\boldsymbol{x}_0=\boldsymbol{b}$ 与 $\boldsymbol{x}_0=\boldsymbol{A}^{-1}\boldsymbol{b}$ 依次代入上式,得

$$p_{\min}=\frac{1}{2}\boldsymbol{x}_0^{\mathrm{T}}\boldsymbol{b}-\boldsymbol{x}_0^{\mathrm{T}}\boldsymbol{b}=-\frac{1}{2}\boldsymbol{x}_0^{\mathrm{T}}\boldsymbol{b}=-\frac{1}{2}(\boldsymbol{A}^{-1}\boldsymbol{b})^{\mathrm{T}}\boldsymbol{b}$$

$$=-\frac{1}{2}\boldsymbol{b}^{\mathrm{T}}\boldsymbol{A}^{-1}\boldsymbol{b}.$$

***例 7** 设 $\boldsymbol{A}$ 为 n 阶实对称矩阵,$\boldsymbol{A}$ 的 n 个特征值 $\lambda_1\leqslant\lambda_2\leqslant\cdots\leqslant\lambda_n$. 证明: $\forall\boldsymbol{x}\in\mathbb{R}^n$,

$$\lambda_1(\boldsymbol{x},\boldsymbol{x})\leqslant(\boldsymbol{A}\boldsymbol{x},\boldsymbol{x})\leqslant\lambda_n(\boldsymbol{x},\boldsymbol{x})$$

(其中$(\boldsymbol{x},\boldsymbol{y})=\boldsymbol{x}^{\mathrm{T}}\boldsymbol{y}$ 表示 $\boldsymbol{x}$ 与 $\boldsymbol{y}$ 的内积),并指出分别取怎样的非零向量 $\boldsymbol{x}$ 使两个等号成立.

证 对于实对称矩阵 $\boldsymbol{A}$,存在正交阵 $\boldsymbol{Q}$,使得 $\boldsymbol{Q}^{\mathrm{T}}\boldsymbol{A}\boldsymbol{Q}=\operatorname{diag}(\lambda_1,\cdots,\lambda_n)=\boldsymbol{\Lambda}$. 令 $\boldsymbol{x}=\boldsymbol{Q}\boldsymbol{y}$,则

$$(\boldsymbol{x},\boldsymbol{x})=\boldsymbol{x}^{\mathrm{T}}\boldsymbol{x}=\boldsymbol{y}^{\mathrm{T}}\boldsymbol{Q}^{\mathrm{T}}\boldsymbol{Q}\boldsymbol{y}=\boldsymbol{y}^{\mathrm{T}}\boldsymbol{y},$$

即
$$(\boldsymbol{x},\boldsymbol{x})=x_1^2+\cdots+x_n^2=y_1^2+\cdots+y_n^2=(\boldsymbol{y},\boldsymbol{y}).$$

于是

$$(\boldsymbol{A}\boldsymbol{x},\boldsymbol{x})=(\boldsymbol{A}\boldsymbol{x})^{\mathrm{T}}\boldsymbol{x}=\boldsymbol{x}^{\mathrm{T}}\boldsymbol{A}\boldsymbol{x}=\boldsymbol{y}^{\mathrm{T}}\boldsymbol{Q}^{\mathrm{T}}\boldsymbol{A}\boldsymbol{Q}\boldsymbol{y}=\lambda_1 y_1^2+\cdots+\lambda_n y_n^2,$$

$$\lambda_1(\boldsymbol{x},\boldsymbol{x})=\lambda_1(y_1^2+\cdots+y_n^2)\leqslant\lambda_1 y_1^2+\cdots+\lambda_n y_n^2$$

$$\leqslant\lambda_n(y_1^2+\cdots+y_n^2)=\lambda_n(\boldsymbol{y},\boldsymbol{y})=\lambda_n(\boldsymbol{x},\boldsymbol{x}).$$

所以
$$\lambda_1(\boldsymbol{x},\boldsymbol{x})\leqslant(\boldsymbol{A}\boldsymbol{x},\boldsymbol{x})\leqslant\lambda_n(\boldsymbol{x},\boldsymbol{x}).$$

当 $\boldsymbol{A}\boldsymbol{x}=\lambda_n\boldsymbol{x}$,即 $\boldsymbol{x}$ 是 $\boldsymbol{A}$ 的对应于 λ_n 的特征向量时,$(\boldsymbol{A}\boldsymbol{x},\boldsymbol{x})=$

$\lambda_n(\boldsymbol{x},\boldsymbol{x})$成立;当$\boldsymbol{A}\boldsymbol{x}=\lambda_1\boldsymbol{x}$,即$\boldsymbol{x}$是$\boldsymbol{A}$的对应于$\lambda_1$的特征向量时,$(\boldsymbol{A}\boldsymbol{x},\boldsymbol{x})=\lambda_1(\boldsymbol{x},\boldsymbol{x})$成立.

* **例 8**　设$\boldsymbol{A},\boldsymbol{B}$为$n$阶正定矩阵.证明:$\boldsymbol{A}+\boldsymbol{B}$的最大特征值$\rho$大于$\boldsymbol{A}$的最大特征值.

证　设μ_1和λ_n分别是$\boldsymbol{B}$的最小和$\boldsymbol{A}$的最大特征值(因为$\boldsymbol{A},\boldsymbol{B}$正定,$\mu_1,\lambda_n$都大于零),$\boldsymbol{x}_n$是$\boldsymbol{A}$的对应于特征值$\lambda_n$的特征向量,则

$$\boldsymbol{A}\boldsymbol{x}_n=\lambda_n\boldsymbol{x}_n,\quad(\boldsymbol{x}_n\neq\boldsymbol{0}),$$

即

$$\boldsymbol{x}_n^{\mathrm{T}}\boldsymbol{A}\boldsymbol{x}_n=\lambda_n\boldsymbol{x}_n^{\mathrm{T}}\boldsymbol{x}_n,\tag{1}$$

故

$$\lambda_n=\frac{\boldsymbol{x}_n^{\mathrm{T}}\boldsymbol{A}\boldsymbol{x}_n}{\boldsymbol{x}_n^{\mathrm{T}}\boldsymbol{x}_n}.\tag{2}$$

由于正定矩阵是实对称矩阵,所以$\boldsymbol{A}+\boldsymbol{B}$为实对称矩阵.由例7知,$\boldsymbol{x}_n\neq\boldsymbol{0}$时,有

$$((\boldsymbol{A}+\boldsymbol{B})\boldsymbol{x}_n,\boldsymbol{x}_n)\leqslant\rho(\boldsymbol{x}_n,\boldsymbol{x}_n),$$
$$\mu_1(\boldsymbol{x}_n,\boldsymbol{x}_n)\leqslant(\boldsymbol{B}\boldsymbol{x}_n,\boldsymbol{x}_n),$$

即

$$\boldsymbol{x}_n^{\mathrm{T}}(\boldsymbol{A}+\boldsymbol{B})\boldsymbol{x}_n\leqslant\rho\,\boldsymbol{x}_n^{\mathrm{T}}\boldsymbol{x}_n,$$
$$\mu_1\boldsymbol{x}_n^{\mathrm{T}}\boldsymbol{x}_n\leqslant\boldsymbol{x}_n^{\mathrm{T}}\boldsymbol{B}\boldsymbol{x}_n.$$

所以

$$\rho\geqslant\frac{\boldsymbol{x}_n^{\mathrm{T}}(\boldsymbol{A}+\boldsymbol{B})\boldsymbol{x}_n}{\boldsymbol{x}_n^{\mathrm{T}}\boldsymbol{x}_n}=\frac{\boldsymbol{x}_n^{\mathrm{T}}\boldsymbol{A}\boldsymbol{x}_n+\boldsymbol{x}_n^{\mathrm{T}}\boldsymbol{B}\boldsymbol{x}_n}{\boldsymbol{x}_n^{\mathrm{T}}\boldsymbol{x}_n}$$
$$\geqslant\frac{\lambda_n\boldsymbol{x}_n^{\mathrm{T}}\boldsymbol{x}_n+\mu_1\boldsymbol{x}_n^{\mathrm{T}}\boldsymbol{x}_n}{\boldsymbol{x}_n^{\mathrm{T}}\boldsymbol{x}_n}=\lambda_n+\mu_1>\lambda_n.$$

* **例 9**　设λ_1和μ_1分别是n阶实对称矩阵$\boldsymbol{A}$和$\boldsymbol{B}$的最小特征值.证明:$\boldsymbol{A}+\boldsymbol{B}$的最小特征值$\omega$大于或等于$\lambda_1+\mu_1$.

证　设ω为$\boldsymbol{A}+\boldsymbol{B}$的最小特征值,对应的特征向量为$\boldsymbol{x}_0$,即

$$(\boldsymbol{A}+\boldsymbol{B})\boldsymbol{x}_0=\omega\boldsymbol{x}_0\quad(\boldsymbol{x}_0\neq\boldsymbol{0}),$$

于是

$$\boldsymbol{x}_0^{\mathrm{T}}(\boldsymbol{A}+\boldsymbol{B})\boldsymbol{x}_0=\omega\boldsymbol{x}_0^{\mathrm{T}}\boldsymbol{x}_0.$$

显然,$\boldsymbol{A}+\boldsymbol{B}$ 为实对称矩阵,由例 7 知,$\boldsymbol{x}_0\neq\boldsymbol{0}$ 时,有

$$\lambda_1(\boldsymbol{x}_0,\boldsymbol{x}_0)\leqslant(\boldsymbol{A}\boldsymbol{x}_0,\boldsymbol{x}_0),\quad \mu_1(\boldsymbol{x}_0,\boldsymbol{x}_0)\leqslant(\boldsymbol{B}\boldsymbol{x}_0,\boldsymbol{x}_0).$$

所以

$$\begin{aligned}\omega&=\frac{\boldsymbol{x}_0^{\mathrm{T}}(\boldsymbol{A}+\boldsymbol{B})\boldsymbol{x}_0}{\boldsymbol{x}_0^{\mathrm{T}}\boldsymbol{x}_0}=\frac{\boldsymbol{x}_0^{\mathrm{T}}\boldsymbol{A}\boldsymbol{x}_0+\boldsymbol{x}_0^{\mathrm{T}}\boldsymbol{B}\boldsymbol{x}_0}{\boldsymbol{x}_0^{\mathrm{T}}\boldsymbol{x}_0}\\&\geqslant\frac{\lambda_1\boldsymbol{x}_0^{\mathrm{T}}\boldsymbol{x}_0+\mu_1\boldsymbol{x}_0^{\mathrm{T}}\boldsymbol{x}_0}{\boldsymbol{x}_0^{\mathrm{T}}\boldsymbol{x}_0}=\lambda_1+\mu_1.\end{aligned}$$

例 10 设 $\boldsymbol{A},\boldsymbol{B}$ 皆是正定矩阵,且 $\boldsymbol{AB}=\boldsymbol{BA}$. 证明:$\boldsymbol{AB}$ 也是正定矩阵.

证 由 $\boldsymbol{AB}=\boldsymbol{BA}$,得 $\boldsymbol{AB}$ 是实对称矩阵,因为

$$(\boldsymbol{AB})^{\mathrm{T}}=\boldsymbol{B}^{\mathrm{T}}\boldsymbol{A}^{\mathrm{T}}=\boldsymbol{BA}=\boldsymbol{AB}.$$

证明 $\boldsymbol{AB}$ 也是正定矩阵. 有以下方法.

法 1: 证明 $\boldsymbol{AB}$ 的特征值全部大于零. 设 λ 为 $\boldsymbol{AB}$ 的任意一个特征值,其对应的特征向量为 $\boldsymbol{x}$,即

$$\boldsymbol{ABx}=\lambda\boldsymbol{x}\quad(\boldsymbol{x}\neq\boldsymbol{0}),$$

于是

$$\boldsymbol{Bx}=\lambda\boldsymbol{A}^{-1}\boldsymbol{x}.$$

两边左乘有 $\boldsymbol{x}^{\mathrm{T}}$,得

$$\boldsymbol{x}^{\mathrm{T}}\boldsymbol{Bx}=\lambda\boldsymbol{x}^{\mathrm{T}}\boldsymbol{A}^{-1}\boldsymbol{x}.$$

由于 $\boldsymbol{B}$ 正定,$\boldsymbol{A}^{-1}$ 也正定($\boldsymbol{A}$ 正定,则 $\boldsymbol{A}^{-1}$ 也正定的证明见教材 6.4 例 1),所以,$\forall\,\boldsymbol{x}\neq\boldsymbol{0},\boldsymbol{x}^{\mathrm{T}}\boldsymbol{Bx}>0,\boldsymbol{x}^{\mathrm{T}}\boldsymbol{A}^{-1}\boldsymbol{x}>0$,因此

$$\lambda=\frac{\boldsymbol{x}^{\mathrm{T}}\boldsymbol{Bx}}{\boldsymbol{x}^{\mathrm{T}}\boldsymbol{A}^{-1}\boldsymbol{x}}>0.$$

由 λ 的任意性得 $\boldsymbol{AB}$ 为正定阵.

法 2: 证明 $\boldsymbol{AB}$ 与正定矩阵合同.

由 $\boldsymbol{A},\boldsymbol{B}$ 皆正定,存在可逆阵 $\boldsymbol{C}$,使得

$$\boldsymbol{C}^{\mathrm{T}}\boldsymbol{AC}=\boldsymbol{I},\quad 即\ \boldsymbol{C}^{\mathrm{T}}\boldsymbol{A}=\boldsymbol{C}^{-1}.$$

两边右乘 $\boldsymbol{BC}$,得

$$C^{\mathrm{T}}(AB)C=C^{-1}BC,$$

从而得知：$C^{\mathrm{T}}(AB)C$ 与 B 相似，$C^{\mathrm{T}}(AB)C$ 和 B 有相同的全都大于零的特征值，故 $C^{\mathrm{T}}(AB)C$ 正定. 而 AB 与 $C^{\mathrm{T}}(AB)C$ 合同，所以 AB 也正定.

法 3：证明存在可逆 D，使得 $AB\simeq D^{\mathrm{T}}D$.

由于 A，B 皆正定，所以存在可逆阵 P，Q，使得 $A=P^{\mathrm{T}}P$，$B=Q^{\mathrm{T}}Q$，于是

$$\begin{aligned}AB&=(P^{\mathrm{T}}P)(Q^{\mathrm{T}}Q)=(Q^{-1}Q)(P^{\mathrm{T}}PQ^{\mathrm{T}}Q)\\&=Q^{-1}(QP^{\mathrm{T}}PQ^{\mathrm{T}})Q,\end{aligned}$$

即 AB 与 $QP^{\mathrm{T}}PQ^{\mathrm{T}}$ 相似，必合同. 而 $QP^{\mathrm{T}}PQ^{\mathrm{T}}$ 正定（因为 $QP^{\mathrm{T}}PQ^{\mathrm{T}}=(PQ^{\mathrm{T}})^{\mathrm{T}}(PQ^{\mathrm{T}})=D^{\mathrm{T}}D$，其中 $D=(QP^{\mathrm{T}})$ 可逆），所以 AB 也正定.

法 4：同法 3，由 $A=P^{\mathrm{T}}P$，$B=Q^{\mathrm{T}}Q$（其中 P，Q 为可逆矩阵），得

$$AB=(P^{\mathrm{T}}P)(Q^{\mathrm{T}}Q).$$

两边左乘 $(P^{\mathrm{T}})^{-1}$，右乘 P^{T} 得

$$\begin{aligned}(P^{\mathrm{T}})^{-1}(AB)P^{\mathrm{T}}&=(P^{\mathrm{T}})^{-1}(P^{\mathrm{T}}P)(Q^{\mathrm{T}}Q)P^{\mathrm{T}}=(PQ^{\mathrm{T}})(QP^{\mathrm{T}})\\&=(QP^{\mathrm{T}})^{\mathrm{T}}(QP^{\mathrm{T}})=D^{\mathrm{T}}D\quad(\text{其中 }D=QP^{\mathrm{T}}\text{ 可逆}).\end{aligned}$$

所以，$(P^{\mathrm{T}})^{-1}(AB)P^{\mathrm{T}}$ 正定，而 AB 与 $(P^{\mathrm{T}})^{-1}(AB)P^{\mathrm{T}}$ 相似，必合同. 所以，AB 也为正定阵.

法 5：利用：对实对称正定矩阵 A，B，分别存在实对称正定矩阵 C，D，使得 $A=C^2$，$B=D^2$. 从而得

$$\begin{aligned}C^{-1}(AB)C&=C^{-1}(CCDD)C=CDDC\\&=C^{\mathrm{T}}D^{\mathrm{T}}DC=(DC)^{\mathrm{T}}DC=F^{\mathrm{T}}F,\end{aligned}$$

（其中 $F=DC$ 可逆）. 所以 $C^{-1}(AB)C$ 正定，而 AB 与其相似，因此 AB 也正定.

*6.6 其他有定二次型

（1）定义 如果 n 元实二次型 $f(x)=x^{\mathrm{T}}Ax$，$\forall x\neq 0$（$x\in\mathbb{R}^n$），恒有：

① $\boldsymbol{x}^{\mathrm{T}}\boldsymbol{A}\boldsymbol{x}<0$,则称 $f(\boldsymbol{x})$为负定二次型($\boldsymbol{A}$ 为负定矩阵);

② $\boldsymbol{x}^{\mathrm{T}}\boldsymbol{A}\boldsymbol{x}\geqslant 0$,且存在 $\boldsymbol{x}_0$ 使得 $f(\boldsymbol{x}_0)=0$,则称 $f(\boldsymbol{x})$为半正定二次型($\boldsymbol{A}$ 为半正定矩阵);

③ $\boldsymbol{x}^{\mathrm{T}}\boldsymbol{A}\boldsymbol{x}\leqslant 0$,且存在 $\boldsymbol{x}_0$ 使得 $f(\boldsymbol{x}_0)=0$,则称 $f(\boldsymbol{x})$为半负定二次型($\boldsymbol{A}$ 为半负定矩阵).

正定、负定、半正定、半负定二次型统称为有定二次型.不是有定的二次型叫做不定二次型.

(2) n 元二次型 $\boldsymbol{x}^{\mathrm{T}}\boldsymbol{A}\boldsymbol{x}$ 负定与以下各命题等价:

① $(-\boldsymbol{A})$正定;

② $\boldsymbol{A}$ 的负惯性指数为 n,即 $\boldsymbol{A}\simeq(-\boldsymbol{I})$;

③ 存在可逆矩阵 $\boldsymbol{P}$,使得 $\boldsymbol{A}=-\boldsymbol{P}^{\mathrm{T}}\boldsymbol{P}$;

④ $\boldsymbol{A}$ 的 n 个特征值 $\lambda_1,\lambda_2,\cdots,\lambda_n$ 都小于零;

⑤ $\boldsymbol{A}$ 的奇数阶顺序主子式 $\det\boldsymbol{A}_k$ 都小于零,偶数阶顺序主子式 $\det\boldsymbol{A}_k$ 都大于零.

(3) n 元二次型 $\boldsymbol{x}^{\mathrm{T}}\boldsymbol{A}\boldsymbol{x}$ 半正定(或半负定)与以下各命题等价:

① $\boldsymbol{A}$ 的正(或负)惯性指数为 $\mathrm{r}(\boldsymbol{A})<n$,即

$\boldsymbol{A}\simeq\mathrm{diag}(1,\cdots,1,0,\cdots,0)$(或 $\boldsymbol{A}\simeq\mathrm{diag}(-1,\cdots,-1,0,\cdots,0)$),其中 1(或 -1)有 r 个.

② $\boldsymbol{A}$ 的 n 个特征值 $\lambda_1,\lambda_2,\cdots,\lambda_n$ 都$\geqslant 0$(或$\leqslant 0$),至少有一个等于零.

③ $\boldsymbol{A}$ 的各阶主子式都$\geqslant 0$(或:奇数阶的主子式$\leqslant 0$;偶数阶主子式$\geqslant 0$),至少有一个等于零(注意,这里是“各阶主子式”不是“各阶顺序主子式”).

例 1 设 $\boldsymbol{x}^{\mathrm{T}}\boldsymbol{A}\boldsymbol{x}$ 为半负定二次型,问:(1) $\boldsymbol{x}^{\mathrm{T}}(-\boldsymbol{A})\boldsymbol{x}$ 是否半正定?(2) $\boldsymbol{A}$ 的各阶主子式是否都$\leqslant 0$?

答 (1) $\boldsymbol{x}^{\mathrm{T}}\boldsymbol{A}\boldsymbol{x}$ 为半负定,则 $\boldsymbol{x}^{\mathrm{T}}(-\boldsymbol{A})\boldsymbol{x}$ 半正定;

(2) 否.$(-\boldsymbol{A})$的各阶主子式都$\geqslant 0$,即 $\boldsymbol{A}$ 的偶数阶主子式都$\geqslant 0$;$\boldsymbol{A}$ 的奇数阶主子式都$\leqslant 0$.

例 2 设 $\boldsymbol{B}$ 是 n 阶实矩阵，$\mathrm{r}(\boldsymbol{B})<n$. 证明 $\boldsymbol{B}^{\mathrm{T}}\boldsymbol{B}$ 是半正定矩阵.

证 由于$(\boldsymbol{B}^{\mathrm{T}}\boldsymbol{B})^{\mathrm{T}}=\boldsymbol{B}^{\mathrm{T}}\boldsymbol{B}$，所以 $\boldsymbol{B}^{\mathrm{T}}\boldsymbol{B}$ 是实对称矩阵.

因为 $\forall\, \boldsymbol{x}\neq\boldsymbol{0}(\boldsymbol{x}\in\mathbb{R}^n)$，恒有内积$(\boldsymbol{Bx},\boldsymbol{Bx})=(\boldsymbol{Bx})^{\mathrm{T}}(\boldsymbol{Bx})=\boldsymbol{x}^{\mathrm{T}}\boldsymbol{B}^{\mathrm{T}}\boldsymbol{Bx}\geqslant 0$. 又 $\boldsymbol{Bx}=\boldsymbol{0}$ 有非零解，即存在 $\boldsymbol{x}\neq\boldsymbol{0}$，使 $\boldsymbol{Bx}=\boldsymbol{0}$，从而 $\boldsymbol{x}^{\mathrm{T}}\boldsymbol{B}^{\mathrm{T}}\boldsymbol{Bx}=0$. 所以，二次型 $\boldsymbol{x}^{\mathrm{T}}\boldsymbol{B}^{\mathrm{T}}\boldsymbol{Bx}$ 半正定，即 $\boldsymbol{B}^{\mathrm{T}}\boldsymbol{B}$ 是半正定矩阵.

6.7 部分疑难习题和补充题的题解

1（习题 5） 若二次型 $f(x_1,\cdots,x_n)=\boldsymbol{x}^{\mathrm{T}}\boldsymbol{Ax}$ 对一切 $\boldsymbol{x}=(x_1,\cdots,x_n)^{\mathrm{T}}$ 恒有 $f(x_1,\cdots,x_n)=0$，证明 $\boldsymbol{A}$ 为 n 阶零矩阵.

证 取 $\boldsymbol{x}_i=(0,\cdots,1,\cdots,0)^{\mathrm{T}}$（其中第 i 个分量为 1，其余分量全为零），则有

$$f(\boldsymbol{x}_i)=\boldsymbol{x}_i^{\mathrm{T}}\boldsymbol{A}\boldsymbol{x}_i=\sum_{i=1}^{n}\sum_{j=1}^{n}a_{ij}x_ix_j=a_{ii}=0,\quad i=1,2,\cdots,n.$$

再取 $\boldsymbol{x}_{ij}=(0,\cdots,1,\cdots,1,\cdots,0)^{\mathrm{T}}$（其中第 i 和第 j 个分量为 1，其余分量全为零），则有

$$f(\boldsymbol{x}_{ij})=\boldsymbol{x}_{ij}^{\mathrm{T}}\boldsymbol{A}\boldsymbol{x}_{ij}=2a_{ij}=0,\quad i,j=1,2,\cdots,n.$$

所以，$\boldsymbol{A}$ 的 n^2 个元素全为 0，即 $\boldsymbol{A}$ 为 n 阶零矩阵.

2（习题 6） 设 $\boldsymbol{A},\boldsymbol{B}$ 均为 n 阶对称矩阵，且对一切 $\boldsymbol{x}$ 有 $\boldsymbol{x}^{\mathrm{T}}\boldsymbol{Ax}=\boldsymbol{x}^{\mathrm{T}}\boldsymbol{Bx}$，则 $\boldsymbol{A}=\boldsymbol{B}$.

提示：由 $f(x_1,\cdots,x_n)=\boldsymbol{x}^{\mathrm{T}}(\boldsymbol{A}-\boldsymbol{B})\boldsymbol{x}$，对一切 $\boldsymbol{x}=(x_1,\cdots,x_n)^{\mathrm{T}}$ 恒有 $f(\boldsymbol{x})=0$. 利用上题结果得 $\boldsymbol{A}-\boldsymbol{B}=\boldsymbol{0}$.

3（习题 7） 设 $\boldsymbol{A}\simeq\boldsymbol{B},\boldsymbol{C}\simeq\boldsymbol{D}$，且它们都是 n 阶实对称矩阵，下列结论成立吗？

(1) $(\boldsymbol{A}+\boldsymbol{C})\simeq(\boldsymbol{B}+\boldsymbol{D})$； (2) $\begin{pmatrix}\boldsymbol{A}&\boldsymbol{0}\\\boldsymbol{0}&\boldsymbol{C}\end{pmatrix}\simeq\begin{pmatrix}\boldsymbol{B}&\boldsymbol{0}\\\boldsymbol{0}&\boldsymbol{D}\end{pmatrix}$.

答 (1) 不成立；如

$$\boldsymbol{A}=\begin{pmatrix}1&\\&0\end{pmatrix},\quad \boldsymbol{B}=\begin{pmatrix}0&\\&1\end{pmatrix},\quad \boldsymbol{C}=\begin{pmatrix}0&\\&-1\end{pmatrix},\quad \boldsymbol{D}=\begin{pmatrix}0&\\&-1\end{pmatrix}.$$

此时，$A+C$ 与 $B+D=0$ 不合同.

(2) 成立. 由 $C_1^T A C_1 = B$，$C_2^T C C_2 = D$（其中 C_1, C_2 为可逆矩阵），得

$$\begin{pmatrix} C_1 & \\ & C_2 \end{pmatrix}^T \begin{pmatrix} A & 0 \\ 0 & C \end{pmatrix} \begin{pmatrix} C_1 & \\ & C_2 \end{pmatrix} = \begin{pmatrix} C_1^T A C_1 & 0 \\ 0 & C_2^T C C_2 \end{pmatrix} = \begin{pmatrix} B & 0 \\ 0 & D \end{pmatrix},$$

其中 $\begin{pmatrix} C_1 & \\ & C_2 \end{pmatrix}$ 仍然可逆. 所以结论成立.

4（习题 9） 设 $A = \begin{pmatrix} 4 & -2 & 0 & 0 & 0 \\ -2 & 1 & 0 & 0 & 0 \\ 0 & 0 & 5 & 0 & 0 \\ 0 & 0 & 0 & -4 & 6 \\ 0 & 0 & 0 & 6 & 1 \end{pmatrix}$，求正交矩阵 Q，使得 $Q^T A Q$ 为对角矩阵.

解 利用上题分块矩阵合同的结论. 令

$$A = \begin{pmatrix} A_1 & & \\ & A_0 & \\ & & A_2 \end{pmatrix},$$

其中 $A_1 = \begin{pmatrix} 4 & -2 \\ -2 & 1 \end{pmatrix}$，$A_0 = (5)$，$A_2 = \begin{pmatrix} -4 & 6 \\ 6 & 1 \end{pmatrix}$.

对 $A_1 = \begin{pmatrix} 4 & -2 \\ -2 & 1 \end{pmatrix}$，存在 $P_1 = \begin{pmatrix} 1 & 2 \\ 2 & -1 \end{pmatrix}$，使得 $P_1^{-1} A_1 P_1 = \begin{pmatrix} 0 & \\ & 5 \end{pmatrix} = \Lambda_1$；

对 $A_2 = \begin{pmatrix} -4 & 6 \\ 6 & 1 \end{pmatrix}$，存在 $P_2 = \begin{pmatrix} 2 & 3 \\ 3 & -2 \end{pmatrix}$，使得 $P_2^{-1} A_2 P_2 = \begin{pmatrix} 5 & \\ & -8 \end{pmatrix} = \Lambda_2$.

不同特征值对应的特征向量已经正交，只需单位化. 取

$$Q_1 = \begin{pmatrix} \frac{1}{\sqrt{5}} & \frac{2}{\sqrt{5}} \\ \frac{2}{\sqrt{5}} & -\frac{1}{\sqrt{5}} \end{pmatrix}, \quad Q_2 = \begin{pmatrix} \frac{2}{\sqrt{13}} & \frac{3}{\sqrt{13}} \\ \frac{3}{\sqrt{13}} & -\frac{2}{\sqrt{13}} \end{pmatrix},$$

令 $$Q=\begin{pmatrix} Q_1 & & \\ & 1 & \\ & & Q_2 \end{pmatrix}=\begin{pmatrix} \frac{1}{\sqrt{5}} & \frac{2}{\sqrt{5}} & & & \\ \frac{2}{\sqrt{5}} & -\frac{1}{\sqrt{5}} & & & \\ & & 1 & & \\ & & & \frac{2}{\sqrt{13}} & \frac{3}{\sqrt{13}} \\ & & & \frac{3}{\sqrt{13}} & -\frac{2}{\sqrt{13}} \end{pmatrix}.$$

则有 $$Q^{-1}AQ=\Lambda=\begin{pmatrix} 0 & & & & \\ & 5 & & & \\ & & 5 & & \\ & & & 5 & \\ & & & & -8 \end{pmatrix}.$$

5（习题 13） 设 n 阶实对称矩阵 $\boldsymbol{A}$ 的秩为 $r(r<n)$，试证明：

(1) 存在可逆矩阵 $\boldsymbol{C}$，使得 $\boldsymbol{C}^{\mathrm{T}}\boldsymbol{A}\boldsymbol{C}=\mathrm{diag}(d_1,\cdots,d_r,0,\cdots,0)(d_i\neq 0,i=1,2,\cdots,r)$，

(2) $\boldsymbol{A}$ 可以表示为 r 个秩为 1 的实对称矩阵之和.

证 (1) 实对称矩阵 $\boldsymbol{A}$ 存在正交矩阵 $\boldsymbol{Q}$，使得 $\boldsymbol{Q}^{-1}\boldsymbol{A}\boldsymbol{Q}=\boldsymbol{Q}^{\mathrm{T}}\boldsymbol{A}\boldsymbol{Q}$ 为对角矩阵

$$\boldsymbol{\Lambda}=\mathrm{diag}(\lambda_1,\cdots,\lambda_r,0,\cdots,0),$$

其中 $\lambda_i\neq 0(i=1,2,\cdots,r)$ 为 $\boldsymbol{A}$ 的非零特征值.

(2) 由(1)的结论，有 $\boldsymbol{A}=\boldsymbol{Q}\boldsymbol{\Lambda}\boldsymbol{Q}^{-1}=(\boldsymbol{Q}^{-1})^{\mathrm{T}}(\boldsymbol{\Lambda}_1+\boldsymbol{\Lambda}_2+\cdots+\boldsymbol{\Lambda}_r)\boldsymbol{Q}^{-1}$，其中

$\boldsymbol{\Lambda}_i=\mathrm{diag}(0,\cdots,\lambda_i,\cdots,0)$（第 i 个元素为 λ_i 其余元素全为 $0,i=1,\cdots,r$），

则 $$\begin{aligned}\boldsymbol{A}&=(\boldsymbol{Q}^{-1})^{\mathrm{T}}\boldsymbol{\Lambda}_1\boldsymbol{Q}^{-1}+(\boldsymbol{Q}^{-1})^{\mathrm{T}}\boldsymbol{\Lambda}_2\boldsymbol{Q}^{-1}+\cdots+(\boldsymbol{Q}^{-1})^{\mathrm{T}}\boldsymbol{\Lambda}_r\boldsymbol{Q}^{-1}\\&=\boldsymbol{D}_1+\boldsymbol{D}_2+\cdots+\boldsymbol{D}_r,\end{aligned}$$

其中 $\boldsymbol{D}_i=(\boldsymbol{Q}^{-1})^{\mathrm{T}}\boldsymbol{\Lambda}_i\boldsymbol{Q}^{-1}=\boldsymbol{D}_i^{\mathrm{T}}(i=1,\cdots,r)$ 是秩为 1 的实对称矩阵. 因为 $\mathrm{r}(\boldsymbol{D}_i)=\mathrm{r}(\boldsymbol{\Lambda}_i)=1$.

6（习题 14） 设 n 阶实对称幂等矩阵 $\boldsymbol{A}(\boldsymbol{A}^2=\boldsymbol{A})$ 的秩为 r，试求：

(1) 二次型 $\boldsymbol{x}^{\mathrm{T}}\boldsymbol{A}\boldsymbol{x}$ 的一个标准形；

(2) $\det(\boldsymbol{I}+\boldsymbol{A}+\boldsymbol{A}^2+\cdots+\boldsymbol{A}^n)$.

解 (1)(见主教材第5章5.2中例4)对n阶实对称幂等矩阵$\boldsymbol{A}$存在正交阵$\boldsymbol{P}(\boldsymbol{P}^{\mathrm{T}}=\boldsymbol{P}^{-1})$,使得$\boldsymbol{P}^{\mathrm{T}}\boldsymbol{A}\boldsymbol{P}=\mathrm{diag}(1,\cdots,1,0,\cdots,0)=\boldsymbol{\Lambda}$(1是$r$重特征值,0是$n-r$重特征值).

令$\boldsymbol{x}=\boldsymbol{P}\boldsymbol{y}$,则$\boldsymbol{x}^{\mathrm{T}}\boldsymbol{A}\boldsymbol{x}=\boldsymbol{y}^{\mathrm{T}}(\boldsymbol{P}^{\mathrm{T}}\boldsymbol{A}\boldsymbol{P})\boldsymbol{y}=y_1^2+\cdots+y_r^2$为二次型$\boldsymbol{x}^{\mathrm{T}}\boldsymbol{A}\boldsymbol{x}$的一个标准形.

(2) 由$\boldsymbol{A}^2=\boldsymbol{A}$,得$\boldsymbol{A}^k=\boldsymbol{A}(k=1,\cdots,n)$,于是,$\boldsymbol{A}^k=\boldsymbol{A}=\boldsymbol{P}\boldsymbol{\Lambda}\boldsymbol{P}^{-1}$,且

$$\begin{aligned}\det(\boldsymbol{I}+\boldsymbol{A}+\boldsymbol{A}^2+\cdots+\boldsymbol{A}^n)&=\det(\boldsymbol{I}+n\boldsymbol{A})\\&=|\boldsymbol{P}\boldsymbol{P}^{-1}+n\boldsymbol{P}\boldsymbol{\Lambda}\boldsymbol{P}^{-1}|=|\boldsymbol{P}(\boldsymbol{I}+n\boldsymbol{\Lambda})\boldsymbol{P}^{-1}|\\&=|\boldsymbol{P}||\boldsymbol{I}+n\boldsymbol{\Lambda}||\boldsymbol{P}^{-1}|=|\boldsymbol{P}^{-1}\boldsymbol{P}||\boldsymbol{I}+n\boldsymbol{\Lambda}|\\&=\begin{vmatrix}n+1&&&&&\\&\ddots&&&&\\&&n+1&&&\\&&&1&&\\&&&&\ddots&\\&&&&&1\end{vmatrix}=(n+1)^r.\end{aligned}$$

7(习题15) 设n阶实对称矩阵$\boldsymbol{A}$的正负惯性指数都不为零.证明:存在非零向量$\boldsymbol{x}_1,\boldsymbol{x}_2$和$\boldsymbol{x}_3$,使得$\boldsymbol{x}_1^{\mathrm{T}}\boldsymbol{A}\boldsymbol{x}_1>0,\boldsymbol{x}_2^{\mathrm{T}}\boldsymbol{A}\boldsymbol{x}_2=0$和$\boldsymbol{x}_3^{\mathrm{T}}\boldsymbol{A}\boldsymbol{x}_3<0$.

证 设$\boldsymbol{A}$的正、负惯性指数分别为$p,r-p$.则存在可逆阵$\boldsymbol{C}$,使得

$$\boldsymbol{C}^{\mathrm{T}}\boldsymbol{A}\boldsymbol{C}=\mathrm{diag}(1,\cdots,1,-1,\cdots,-1,0,\cdots,0),$$

其中1的个数为$p>0$,(-1)的个数为$r-p>0$.令$\boldsymbol{x}=\boldsymbol{C}\boldsymbol{y}$,则

$$\boldsymbol{x}^{\mathrm{T}}\boldsymbol{A}\boldsymbol{x}=\boldsymbol{y}^{\mathrm{T}}(\boldsymbol{C}^{\mathrm{T}}\boldsymbol{A}\boldsymbol{C})\boldsymbol{y}=y_1^2+\cdots+y_p^2-y_{p+1}^2-\cdots-y_r^2.$$

取$\boldsymbol{y}_1=(1,0,\cdots,0)^{\mathrm{T}},\boldsymbol{y}_3=(0,\cdots,0,1,\cdots,0)^{\mathrm{T}}$(第$r$个分量为1,其余分量全部为0),$\boldsymbol{y}_2=(1,0,\cdots,0,1,0,\cdots,0)^{\mathrm{T}}$(第一和第$r$个分量为1,其余分量全部为0),代入$\boldsymbol{x}_i=\boldsymbol{C}\boldsymbol{y}_i(i=1,2,3)$,则得

$$\boldsymbol{x}_1^{\mathrm{T}}\boldsymbol{A}\boldsymbol{x}_1=1>0,\quad \boldsymbol{x}_3^{\mathrm{T}}\boldsymbol{A}\boldsymbol{x}_3=-1<0,\quad \boldsymbol{x}_2^{\mathrm{T}}\boldsymbol{A}\boldsymbol{x}_2=0.$$

8(习题16) 设$\boldsymbol{A}$是奇数阶实对称矩阵,且$\det(\boldsymbol{A})>0$.证明:存在非零的向量$\boldsymbol{x}_0$,使$\boldsymbol{x}_0^{\mathrm{T}}\boldsymbol{A}\boldsymbol{x}_0>0$.

证 若矩阵$\boldsymbol{A}$的全部(奇数个)特征值都小于或等于零,则$\boldsymbol{A}$的行列式(等于所有特征值的乘积)也小于或等于零,这与已知的$\det(\boldsymbol{A})>0$矛盾.所以存在特征值(不妨设)$\lambda_1>0$.

由于$\boldsymbol{A}$是实对称矩阵,存在正交阵$\boldsymbol{Q}$,当$\boldsymbol{x}=\boldsymbol{Q}\boldsymbol{y}$时,有

$$\boldsymbol{x}^{\mathrm{T}}\boldsymbol{A}\boldsymbol{x}=\boldsymbol{y}^{\mathrm{T}}(\boldsymbol{Q}^{\mathrm{T}}\boldsymbol{A}\boldsymbol{Q})\boldsymbol{y}=\lambda_1 y_1^2+\cdots+\lambda_n y_n^2.$$

取 $\boldsymbol{y}_0=(1,0,\cdots,0)^{\mathrm{T}}$,代入 $\boldsymbol{x}_0=\boldsymbol{Q}\boldsymbol{y}_0\neq\boldsymbol{0}$,则 $\boldsymbol{x}_0^{\mathrm{T}}\boldsymbol{A}\boldsymbol{x}_0=\lambda_1>0$.

或 设特征值 $\lambda_1>0$ 所对应的特征向量为 $\boldsymbol{x}_0$,即

$$\boldsymbol{A}\boldsymbol{x}_0=\lambda_1\boldsymbol{x}_0,$$

则

$$\boldsymbol{x}_0^{\mathrm{T}}\boldsymbol{A}\boldsymbol{x}_0=\boldsymbol{x}_0^{\mathrm{T}}\lambda_1\boldsymbol{x}_0=\lambda_1\boldsymbol{x}_0^{\mathrm{T}}\boldsymbol{x}_0>0.$$

9(习题 23,24) 用正交变换法化二次型 $\sum_{i=1}^{n}x_i^2+\sum_{1\leqslant i<j\leqslant n}x_ix_j$ 为标准型,并说明它是否正定.在 $n=3$ 的情况下求正交变换的矩阵 $\boldsymbol{Q}$.

解 二次型对应的矩阵为

$$\boldsymbol{A}=\begin{pmatrix}1&\frac{1}{2}&\cdots&\frac{1}{2}\\ \frac{1}{2}&1&\cdots&\frac{1}{2}\\ \vdots&\vdots&\ddots&\vdots\\ \frac{1}{2}&\frac{1}{2}&\cdots&1\end{pmatrix}.$$

由

$$|\lambda\boldsymbol{I}-\boldsymbol{A}|=\begin{vmatrix}\lambda-1&-\frac{1}{2}&\cdots&-\frac{1}{2}\\ -\frac{1}{2}&\lambda-1&\cdots&-\frac{1}{2}\\ \vdots&\vdots&\ddots&\vdots\\ -\frac{1}{2}&-\frac{1}{2}&\cdots&\lambda-1\end{vmatrix}$$

$$=\left(\lambda-\frac{n+1}{2}\right)\begin{vmatrix}1&-\frac{1}{2}&\cdots&-\frac{1}{2}\\ 1&\lambda-1&\cdots&-\frac{1}{2}\\ \vdots&\vdots&\ddots&\vdots\\ 1&-\frac{1}{2}&\cdots&\lambda-1\end{vmatrix}$$

$$=\left(\lambda-\frac{n+1}{2}\right)\begin{vmatrix} 1 & -\frac{1}{2} & \cdots & -\frac{1}{2} \\ 0 & \lambda-\frac{1}{2} & \cdots & 0 \\ \vdots & \vdots & \ddots & \vdots \\ 0 & 0 & \cdots & \lambda-\frac{1}{2} \end{vmatrix}$$

$$=\left(\lambda-\frac{n+1}{2}\right)\left(\lambda-\frac{1}{2}\right)^{n-1}=0,$$

得：$\lambda_1=\frac{1}{2}(n+1),\lambda_2=\frac{1}{2}(n-1\text{ 重})$. 由此可得 $\boldsymbol{A}$ 正定.

由于 $\boldsymbol{A}$ 的每行行和均为$\frac{1}{2}(n+1)$，由$(\lambda_1\boldsymbol{I}-\boldsymbol{A})\boldsymbol{x}=\boldsymbol{0}$（其中 $\boldsymbol{x}=(1,\cdots,1)^{\mathrm{T}}$）得 $\lambda_1=\frac{1}{2}(n+1)$对应的特征向量为 $\boldsymbol{x}_1=(1,\cdots,1)^{\mathrm{T}}$.

当 $\lambda_2=\frac{1}{2}(n-1\text{ 重根})$时，由$(\lambda_2\boldsymbol{I}-\boldsymbol{A})\boldsymbol{x}=\boldsymbol{0}$ 的同解方程组

$$x_1+x_2+\cdots+x_2=0,$$

得 λ_2 对应的 $n-1$ 个线性无关的特征向量：

$\boldsymbol{x}_2=(1,-1,0,\cdots,0)^{\mathrm{T}}$，$\boldsymbol{x}_3=(1,1,-2,0,\cdots,0)^{\mathrm{T}}$，$\cdots$，$\boldsymbol{x}_n=(1,\cdots,1,-n)^{\mathrm{T}}$.

$\boldsymbol{x}_1,\cdots,\boldsymbol{x}_n$ 已经为正交向量组，只须单位化. 令

$$\boldsymbol{\gamma}_i=\frac{\boldsymbol{x}_i}{\|\boldsymbol{x}_i\|}\quad(i=1,2,\cdots,n),\quad \boldsymbol{Q}=(\boldsymbol{\gamma}_1,\cdots,\boldsymbol{\gamma}_n),$$

则 $\boldsymbol{Q}$ 为正交阵，且

$$\boldsymbol{Q}^{\mathrm{T}}\boldsymbol{A}\boldsymbol{Q}=\operatorname{diag}\left(\frac{1}{2}(n+1),\frac{1}{2},\cdots,\frac{1}{2}\right)$$

为所求的标准形.

（习题 24） 当 $n=3$ 时，求正定矩阵 $\boldsymbol{B}$，使得 $\boldsymbol{A}=\boldsymbol{B}^2$（其中 $\boldsymbol{A}$ 为上题的 $\boldsymbol{A}$）.

当 $n=3$ 时，取 $\boldsymbol{Q}=\begin{pmatrix} \frac{1}{\sqrt{3}} & \frac{1}{\sqrt{2}} & \frac{1}{\sqrt{6}} \\ \frac{1}{\sqrt{3}} & -\frac{1}{\sqrt{2}} & \frac{1}{\sqrt{6}} \\ \frac{1}{\sqrt{3}} & 0 & \frac{-2}{\sqrt{6}} \end{pmatrix}$， 则 $\boldsymbol{Q}^{-1}\boldsymbol{A}\boldsymbol{Q}=\begin{pmatrix} 2 & & \\ & \frac{1}{2} & \\ & & \frac{1}{2} \end{pmatrix}$.

所以
$$A=Q\begin{pmatrix}2 & & \\ & \frac{1}{2} & \\ & & \frac{1}{2}\end{pmatrix}Q^{-1}$$
$$=Q\begin{pmatrix}\sqrt{2} & & \\ & \frac{1}{\sqrt{2}} & \\ & & \frac{1}{\sqrt{2}}\end{pmatrix}Q^{-1}Q\begin{pmatrix}\sqrt{2} & & \\ & \frac{1}{\sqrt{2}} & \\ & & \frac{1}{\sqrt{2}}\end{pmatrix}Q^{-1}.$$

令正定矩阵 $B=Q\begin{pmatrix}\sqrt{2} & & \\ & \frac{1}{\sqrt{2}} & \\ & & \frac{1}{\sqrt{2}}\end{pmatrix}Q^{-1}$，则 $B^2=A$.

10（习题 27） 若 P 是可逆矩阵.用定义证明：P^TP 是正定矩阵.

证 $\forall x\neq 0$，因为 P 可逆，所以，$y=Px\neq 0$，且
$$x^T(P^TP)x=(Px)^TPx=y^Ty>0,$$
因此，矩阵 P^TP 正定.

11（习题 38） 若对于任意的全不为 0 的 $x_1,\cdots,x_n$，二次型 $f(x_1,\cdots,x_n)$ 恒大于 0，问二次型 f 是否正定？

答 否."$\forall x\neq 0$"指的是任意的 $x=(x_1,\cdots,x_n)^T$ 中 $x_1,\cdots,x_n$ 不全为 0，而不是"全不为 0"的 $x_1,\cdots,x_n$.例如，二次型
$$f(x_1,x_2,x_3)=x_1^2+(x_2-x_3)^2.$$
对于任意的全不为 0 的 x_1,x_2,x_3，恒有 $f(x_1,x_2,x_3)>0$，但 $f(x)$ 不是正定，而是半正定（因为，$x_1=0,x_2=x_3=1$ 时，$f(x_1,x_2,x_3)=0$）.

12（习题 41） 设 A 是实对称矩阵，B 是正定矩阵.证明：存在可逆阵 C，使得 C^TAC 和 C^TBC 都成对角形.

证 因为 B 正定，所以，存在可逆阵 C_1，使得 $C_1^TBC_1=I$.

因为 $(C_1^TAC_1)^T=C_1^TAC_1$，所以，$C_1^TAC_1$ 为实对称阵.于是，存在正交阵 C_2（注意 $C_2^TC_2=I$），使得

$$C_2^{\mathrm{T}}(C_1^{\mathrm{T}}AC_1)C_2=\mathrm{diag}(\lambda_1,\lambda_2,\cdots,\lambda_n),$$

其中 $\lambda_1,\lambda_2,\cdots,\lambda_n$ 为 $(C_1^{\mathrm{T}}AC_1)$ 的特征值.

令 $C=C_1C_2$，则

$$C^{\mathrm{T}}AC=C_2^{\mathrm{T}}(C_1^{\mathrm{T}}AC_1)C_2=\mathrm{diag}(\lambda_1,\lambda_2,\cdots,\lambda_n),$$

$$C^{\mathrm{T}}BC=C_2^{\mathrm{T}}C_1^{\mathrm{T}}BC_1C_2=C_2^{\mathrm{T}}IC_2=I.$$

于是，$C^{\mathrm{T}}AC$ 和 $C^{\mathrm{T}}BC$ 都成对角形.

13（习题43） 设 A 是 n 阶正定矩阵，$x=(x_1,x_2,\cdots,x_n)^{\mathrm{T}}$，证明：

$$f(x)=\det\begin{pmatrix}0 & x^{\mathrm{T}}\\ x & A\end{pmatrix}$$

是一个负定二次型.

证 法1：对分块矩阵做初等行变换，将其化为下三角块阵，即

$$\begin{pmatrix}1 & -x^{\mathrm{T}}A^{-1}\\ 0 & I_n\end{pmatrix}\begin{pmatrix}0 & x^{\mathrm{T}}\\ x & A\end{pmatrix}=\begin{pmatrix}-x^{\mathrm{T}}A^{-1}x & 0\\ x & A\end{pmatrix}.$$

两边取行列式，得

$$\begin{vmatrix}1 & -x^{\mathrm{T}}A^{-1}\\ 0 & I_n\end{vmatrix}\begin{vmatrix}0 & x^{\mathrm{T}}\\ x & A\end{vmatrix}=\begin{vmatrix}-x^{\mathrm{T}}A^{-1}x & 0\\ x & A\end{vmatrix},$$

即
$$f(x)=\begin{vmatrix}0 & x^{\mathrm{T}}\\ x & A\end{vmatrix}=-(x^{\mathrm{T}}A^{-1}x)|A|$$

因为 A 正定，所以 $|A|>0$，且 A^{-1} 也正定，于是，$\forall x\neq 0$，$x^{\mathrm{T}}A^{-1}x>0$，从而

$$f(x)=-(x^{\mathrm{T}}A^{-1}x)|A|<0,$$

即 $f(x)$ 负定.

法2：因为 A 可逆，做非退化线性变换 $x=Ay(y=A^{-1}x)$，即

$$x_i=\sum_{j=1}^{n}a_{ij}y_j,\text{于是 } x_i-\sum_{j=1}^{n}a_{ij}y_j=0\quad(i=1,2,\cdots,n).$$

在
$$|B|=\begin{vmatrix}0 & x_1 & x_2 & \cdots & x_n\\ x_1 & a_{11} & a_{12} & \cdots & a_{1n}\\ x_2 & a_{21} & a_{22} & \cdots & a_{2n}\\ \vdots & \vdots & \vdots & & \vdots\\ x_n & a_{n1} & a_{n2} & \cdots & a_{nn}\end{vmatrix}$$

中,第 $i+1$ 列(x_i 所在列)乘($-y_i$)都加到第 1 列,则第 1 列变换成 $\left(-\sum_{i=1}^{n}x_iy_i,0,\cdots,0\right)^{\mathrm{T}}$,再对第 1 列展开,$\left(\text{注意: }\sum_{i=1}^{n}x_iy_i=\boldsymbol{x}^{\mathrm{T}}\boldsymbol{y},\text{而 }\boldsymbol{y}=\boldsymbol{A}^{-1}x\right)$,得

$$|\boldsymbol{B}|=-|\boldsymbol{A}|\sum_{i=1}^{n}x_iy_i=-|\boldsymbol{A}|\boldsymbol{x}^{\mathrm{T}}\boldsymbol{y}=-|\boldsymbol{A}|\boldsymbol{x}^{\mathrm{T}}\boldsymbol{A}^{-1}\boldsymbol{x}.$$

由于 $|\boldsymbol{A}|>0$ 和 $\boldsymbol{A}^{-1}$ 正定,所以,$\forall\,\boldsymbol{x}\neq\boldsymbol{0}$,$f(\boldsymbol{x})=-|\boldsymbol{A}|(\boldsymbol{x}^{\mathrm{T}}\boldsymbol{A}^{-1}\boldsymbol{x})<0$,即 $f(\boldsymbol{x})$ 负定.

14 (习题 44) 设 $\boldsymbol{A}=(a_{ij})_{n\times n}$ 是 n 阶正定矩阵,证明: $|\boldsymbol{A}|\leqslant a_{11}a_{22}\cdots a_{nn}$.

证 将 $\boldsymbol{A}$ 分块为

$$\boldsymbol{A}=\begin{pmatrix}\boldsymbol{A}_{n-1} & \boldsymbol{\alpha}\\ \boldsymbol{\alpha}^{\mathrm{T}} & a_{nn}\end{pmatrix},\quad \text{其中 }\boldsymbol{\alpha}=(a_{1n},a_{2n},\cdots,a_{n-1,n})^{\mathrm{T}}.$$

因为 $\boldsymbol{A}$ 正定,$\boldsymbol{A}$ 的 k 阶顺序主子式 $\det\boldsymbol{A}_k$ 大于零($k=1,2,\cdots,n$),所以,矩阵 $\boldsymbol{A}_{n-1}$ 正定(A_{n-1}^{-1} 也正定),且 $\boldsymbol{A}_{n-1}$ 可逆. 对分块矩阵做初等行变换,将矩阵 $\boldsymbol{A}$ 化为上三角块阵,即

$$\begin{pmatrix}\boldsymbol{I}_{n-1} & \boldsymbol{0}\\ -\boldsymbol{\alpha}^{\mathrm{T}}\boldsymbol{A}_{n-1}^{-1} & 1\end{pmatrix}\begin{pmatrix}\boldsymbol{A}_{n-1} & \boldsymbol{\alpha}\\ \boldsymbol{\alpha}^{\mathrm{T}} & a_{nn}\end{pmatrix}=\begin{pmatrix}\boldsymbol{A}_{n-1} & \boldsymbol{\alpha}\\ \boldsymbol{0} & a_{nn}-\boldsymbol{\alpha}^{\mathrm{T}}\boldsymbol{A}_{n-1}^{-1}\boldsymbol{\alpha}\end{pmatrix}.$$

上式两边取行列式(上三角块矩阵的行列式等于对角块的行列式的乘积),得

$$|\boldsymbol{A}|=|\boldsymbol{A}_{n-1}|(a_{nn}-\boldsymbol{\alpha}^{\mathrm{T}}\boldsymbol{A}_{n-1}^{-1}\boldsymbol{\alpha}).$$

因为 $\boldsymbol{A}_{n-1}^{-1}$ 也正定,当 $\boldsymbol{\alpha}\neq\boldsymbol{0}$ 时,有 $\boldsymbol{\alpha}^{\mathrm{T}}\boldsymbol{A}_{n-1}^{-1}\boldsymbol{\alpha}>0$,$a_{nn}-\boldsymbol{\alpha}^{\mathrm{T}}\boldsymbol{A}_{n-1}^{-1}\boldsymbol{\alpha}<a_{nn}$,所以

$$|\boldsymbol{A}|\leqslant a_{nn}|\boldsymbol{A}_{n-1}|.$$

同理,在 $\boldsymbol{A}_{n-1}$ 中,有 $|\boldsymbol{A}_{n-1}|\leqslant a_{n-1,n-1}|\boldsymbol{A}_{n-2}|$. 如此类推,得

$$|\boldsymbol{A}|\leqslant a_{nn}|\boldsymbol{A}_{n-1}|\leqslant a_{nn}a_{n-1,n-1}|\boldsymbol{A}_{n-2}|\leqslant\cdots\leqslant a_{nn}a_{n-1,n-1}\cdots a_{22}|\boldsymbol{A}_1|$$

其中 $|\boldsymbol{A}_1|=a_{11}$,所以 $|\boldsymbol{A}|\leqslant a_{11}a_{22}\cdots a_{nn}$.

历年硕士研究生入学考试中线性代数试题的题解

1 行列式

1. 设 $\boldsymbol{A}=(\boldsymbol{\alpha},\boldsymbol{\gamma}_2,\boldsymbol{\gamma}_3,\boldsymbol{\gamma}_4)$，$\boldsymbol{B}=(\boldsymbol{\beta},\boldsymbol{\gamma}_2,\boldsymbol{\gamma}_3,\boldsymbol{\gamma}_4)$，其中 $\boldsymbol{\alpha},\boldsymbol{\beta},\boldsymbol{\gamma}_2,\boldsymbol{\gamma}_3,\boldsymbol{\gamma}_4$ 为四维列向量，已知 $|\boldsymbol{A}|=4$，$|\boldsymbol{B}|=1$，求 $|\boldsymbol{A}+\boldsymbol{B}|$.

解

$$\begin{aligned}|\boldsymbol{A}+\boldsymbol{B}|&=|\boldsymbol{\alpha}+\boldsymbol{\beta},2\boldsymbol{\gamma}_2,2\boldsymbol{\gamma}_3,2\boldsymbol{\gamma}_4|\\&=|\boldsymbol{\alpha},2\boldsymbol{\gamma}_2,2\boldsymbol{\gamma}_3,2\boldsymbol{\gamma}_4|+|\boldsymbol{\beta},2\boldsymbol{\gamma}_2,2\boldsymbol{\gamma}_3,2\boldsymbol{\gamma}_4|\\&=2^3|\boldsymbol{\alpha},\boldsymbol{\gamma}_2,\boldsymbol{\gamma}_3,\boldsymbol{\gamma}_4|+2^3|\boldsymbol{\beta},\boldsymbol{\gamma}_2,\boldsymbol{\gamma}_3,\boldsymbol{\gamma}_4|\\&=8|\boldsymbol{A}|+8|\boldsymbol{B}|=8\times4+8\times1=40.\end{aligned}$$

2. 计算行列式 $D=\begin{vmatrix}a_1&0&0&b_1\\0&a_2&b_2&0\\0&b_3&a_3&0\\b_4&0&0&a_4\end{vmatrix}$.

解 先将第 4 行依次与第 3、第 2 行对换两次，再将第 4 列与第 3、第 2 列依次对换两次，得

$$D=(-1)^4\begin{vmatrix}a_1&b_1&0&0\\b_4&a_4&0&0\\0&0&a_2&b_2\\0&0&b_3&a_3\end{vmatrix}=\begin{vmatrix}a_1&b_1\\b_4&a_4\end{vmatrix}\begin{vmatrix}a_2&b_2\\b_3&a_3\end{vmatrix}$$

$$=(a_1a_4-b_1b_4)(a_2a_3-b_2b_3).$$

3. 设 $\boldsymbol{A}\in\mathbb{R}^{m\times n}$，$\boldsymbol{B}\in\mathbb{R}^{n\times m}$，则下列命题必成立的是（　）.

① 若 $m>n$，则 $|\boldsymbol{AB}|\neq0$；　② 若 $m>n$，则 $|\boldsymbol{AB}|=0$；

③ 若 $n>m$，则 $|\boldsymbol{AB}|\neq0$；　④ 若 $n>m$，则 $|\boldsymbol{AB}|=0$.

答 命题②必成立.因为:$\boldsymbol{AB}$是m阶矩阵,且

$$\text{秩}(\boldsymbol{AB})\leqslant\min(\text{秩}(\boldsymbol{A}),\text{秩}(\boldsymbol{B}))\leqslant n<m.$$

所以$|\boldsymbol{AB}|=0$.

4. 方程 $f(x)=\begin{vmatrix} x-2 & x-1 & x-2 & x-3 \\ 2x-2 & 2x-1 & 2x-2 & 2x-3 \\ 3x-3 & 3x-2 & 4x-5 & 3x-5 \\ 4x & 4x-3 & 5x-7 & 4x-3 \end{vmatrix}=0$ 的根的个数有几个?

解 法1:第1列乘(-1)分别加到第2,3,4列,然后再将第2列加到第4列,得

$$f(x)=\begin{vmatrix} x-2 & 1 & 0 & -1 \\ 2x-2 & 1 & 0 & -1 \\ 3x-3 & 1 & x-2 & -2 \\ 4x & -3 & x-7 & -3 \end{vmatrix}=\begin{vmatrix} x-2 & 1 & 0 & 0 \\ 2x-2 & 1 & 0 & 0 \\ 3x-3 & 1 & x-2 & -1 \\ 4x & -3 & x-7 & -6 \end{vmatrix}$$

$$=\begin{vmatrix} x-2 & 1 \\ 2x-2 & 1 \end{vmatrix}\begin{vmatrix} x-2 & -1 \\ x-7 & -6 \end{vmatrix}$$

$$=(x-2-2x+2)(-6x+12+x-7)=-x(-5x+5)=0,$$

从而$x=0,1$,所以方程$f(x)=0$有两个根.

法2:将第3列加到第1列,第4列加到第2列,然后,第2列乘(-1)加到第1列,第3列乘(-2)加到第2列,得

$$f(x)=\begin{vmatrix} 2x-4 & 2x-4 & x-2 & x-3 \\ 4x-4 & 4x-4 & 2x-2 & 2x-3 \\ 7x-8 & 6x-7 & 4x-5 & 3x-5 \\ 9x-7 & 8x-6 & 5x-7 & 4x-3 \end{vmatrix}$$

$$=\begin{vmatrix} 0 & 0 & x-2 & x-3 \\ 0 & 0 & 2x-2 & 2x-3 \\ x-1 & -2x+3 & 4x-5 & 3x-5 \\ x-1 & -2x+8 & 5x-7 & 4x-3 \end{vmatrix}=0.$$

看得出$f(x)$是x的二次多项式,且$x=1$时,第1列全部为0,所以,1是$f(x)=0$的一个根;当$x=0$时,行列式的第1与第2行相同,所以,0是$f(x)=0$的又一个根.

法 3：第 1 行乘(-1)加到第 2 行，然后第 2 行乘(-1)，(-3)，(-4)分别加到第 1,3,4 行，再提出第 2 行的公因子 x 得

$$f(x)=\begin{vmatrix} x-2 & x-1 & x-2 & x-3 \\ x & x & x & x \\ 3x-3 & 3x-2 & 4x-5 & 3x-5 \\ 4x & 4x-3 & 5x-7 & 4x-3 \end{vmatrix}$$

$$=x\begin{vmatrix} -2 & -1 & -2 & -3 \\ 1 & 1 & 1 & 1 \\ -3 & -2 & x-5 & -5 \\ 0 & -3 & x-7 & -3 \end{vmatrix}=0.$$

看得出 $f(x)$是个二次多项式，在复数域上有两个根.

5. 设 $\boldsymbol{A},\boldsymbol{B}$ 均为 n 阶矩阵，$|\boldsymbol{A}|=2$，$|\boldsymbol{B}|=-3$，求$|2\boldsymbol{A}^*\boldsymbol{B}^{-1}|$.

解　由 $\boldsymbol{A}\boldsymbol{A}^*=|\boldsymbol{A}|\boldsymbol{I}$，得$|\boldsymbol{A}||\boldsymbol{A}^*|=|\boldsymbol{A}|^n$. 而$|\boldsymbol{A}|=2\neq 0$，所以

$$|\boldsymbol{A}^*|=|\boldsymbol{A}|^{n-1}.$$

于是

$$|2\boldsymbol{A}^*\boldsymbol{B}^{-1}|=2^n|\boldsymbol{A}^*||\boldsymbol{B}^{-1}|=2^n|\boldsymbol{A}|^{n-1}|\boldsymbol{B}|^{-1}$$

$$=2^n\cdot 2^{n-1}\frac{1}{-3}=-\frac{1}{3}2^{2n-1}.$$

6. 设 $\boldsymbol{\alpha}=(1,0,-1)^{\mathrm{T}}$，矩阵 $\boldsymbol{A}=\boldsymbol{\alpha}\boldsymbol{\alpha}^{\mathrm{T}}$，$n$ 为正整数，$\boldsymbol{I}$ 为三阶单位矩阵，则$|a\boldsymbol{I}-\boldsymbol{A}^n|=$______.

解　由于 $\boldsymbol{\alpha}^{\mathrm{T}}\boldsymbol{\alpha}=2$，所以，有

$$\boldsymbol{A}^2=\boldsymbol{\alpha}(\boldsymbol{\alpha}^{\mathrm{T}}\boldsymbol{\alpha})\boldsymbol{\alpha}^{\mathrm{T}}=2\boldsymbol{\alpha}\boldsymbol{\alpha}^{\mathrm{T}}=2\boldsymbol{A}.$$

由归纳法得

$$\boldsymbol{A}^n=2^{n-1}\boldsymbol{A},$$

故

$$|a\boldsymbol{I}-\boldsymbol{A}^n|=|a\boldsymbol{I}-2^{n-1}\boldsymbol{\alpha}\boldsymbol{\alpha}^{\mathrm{T}}|=\left|a\boldsymbol{I}-2^{n-1}\begin{pmatrix}1\\0\\-1\end{pmatrix}(1,0,-1)\right|$$

$$=\left|\begin{pmatrix}a & & \\ & a & \\ & & a\end{pmatrix}-2^{n-1}\begin{pmatrix}1 & 0 & -1\\0 & 0 & 0\\-1 & 0 & 1\end{pmatrix}\right|$$

$$=\begin{vmatrix} a-2^{n-1} & 0 & 2^{n-1} \\ 0 & a & 0 \\ 2^{n-1} & 0 & a-2^{n-1} \end{vmatrix} = a\left((a-2^{n-1})^2-(2^{n-1})^2\right)$$

$$=a^2(a-2^n).$$

7. 设四阶矩阵 $\boldsymbol{A}\sim\boldsymbol{B}$,$\boldsymbol{A}$ 的特征值为 2,3,4,5,计算$|\boldsymbol{B}-\boldsymbol{I}|$.

解 四阶矩阵 $\boldsymbol{A}$ 有 4 个互不相同的特征值,所以 $\boldsymbol{A}$ 相似于对角阵 diag(2,3,4,5). 由于 $\boldsymbol{B}\sim\boldsymbol{A}$,所以 $\boldsymbol{B}$ 也相似于 diag(2,3,4,5),因此,存在可逆矩阵 $\boldsymbol{P}$,使

$$\boldsymbol{P}^{-1}\boldsymbol{B}\boldsymbol{P}=\mathrm{diag}(2,3,4,5),$$

从而

$$\boldsymbol{B}=\boldsymbol{P}\,\mathrm{diag}(2,3,4,5)\boldsymbol{P}^{-1},$$

故

$$\begin{aligned}|\boldsymbol{B}-\boldsymbol{I}|&=|\boldsymbol{P}\,\mathrm{diag}(2,3,4,5)\boldsymbol{P}^{-1}-\boldsymbol{P}\boldsymbol{P}^{-1}|\\&=|\boldsymbol{P}(\mathrm{diag}(2,3,4,5)-\boldsymbol{I})\boldsymbol{P}^{-1}|\\&=|\boldsymbol{P}|\,|\mathrm{diag}(1,2,3,4)|\,|\boldsymbol{P}^{-1}|=4!\ =24.\end{aligned}$$

8. 设行列式

$$D=\begin{vmatrix} 3 & 0 & 4 & 0 \\ 2 & 2 & 2 & 2 \\ 0 & -7 & 0 & 0 \\ 5 & 3 & -2 & 2 \end{vmatrix},$$

则第 4 行各元素代数余子式之和的值为______.

解

$$A_{41}=-\begin{vmatrix} 0 & 4 & 0 \\ 2 & 2 & 2 \\ -7 & 0 & 0 \end{vmatrix}=56;\qquad A_{42}=\begin{vmatrix} 3 & 4 & 0 \\ 2 & 2 & 2 \\ 0 & 0 & 0 \end{vmatrix}=0;$$

$$A_{43}=-\begin{vmatrix} 3 & 0 & 0 \\ 2 & 2 & 2 \\ 0 & -7 & 0 \end{vmatrix}=-42;\quad A_{44}=\begin{vmatrix} 3 & 0 & 4 \\ 2 & 2 & 2 \\ 0 & -7 & 0 \end{vmatrix}=-14.$$

第 4 行各元素代数余子式之和为 $A_{41}+A_{42}+A_{43}+A_{44}=0$.

2 矩阵

1. 给定 $\boldsymbol{A}$,且 $\boldsymbol{A}-2\boldsymbol{I}$ 可逆,已知 $\boldsymbol{AB}=\boldsymbol{A}+2\boldsymbol{B}$,求 $\boldsymbol{B}$.

解 由$\boldsymbol{AB}=\boldsymbol{A}+2\boldsymbol{B}$ 得 $\boldsymbol{AB}-2\boldsymbol{B}=\boldsymbol{A}$,即

$$(\boldsymbol{A}-2\boldsymbol{I})\boldsymbol{B}=\boldsymbol{A},$$

所以
$$\boldsymbol{B}=(\boldsymbol{A}-2\boldsymbol{I})^{-1}\boldsymbol{A}.$$

2. 设 n 阶矩阵 $\boldsymbol{A}$ 的行列式 $|\boldsymbol{A}|=a\neq0$，求 $|\boldsymbol{A}^*|$.

解 $|\boldsymbol{A}^*|=|\boldsymbol{A}|^{n-1}=a^{n-1}$ （见行列式中第 5 题）.

3. 已知 $\boldsymbol{AP}=\boldsymbol{PB}$，$\boldsymbol{B}$ 为对角矩阵，$\boldsymbol{P}$ 为下三角形可逆矩阵，求 $\boldsymbol{A}$，$\boldsymbol{A}^5$.

解 由 $\boldsymbol{AP}=\boldsymbol{PB}$ 得 $\boldsymbol{A}=\boldsymbol{PBP}^{-1}$，从而

$$\begin{aligned}\boldsymbol{A}^5&=(\boldsymbol{PBP}^{-1})(\boldsymbol{PBP}^{-1})(\boldsymbol{PBP}^{-1})(\boldsymbol{PBP}^{-1})(\boldsymbol{PBP}^{-1})\\&=\boldsymbol{PB}^5\boldsymbol{P}^{-1}.\end{aligned}$$

4. 设 $\boldsymbol{A}=\begin{pmatrix}3&0&0\\1&4&0\\0&0&3\end{pmatrix}$，求 $(\boldsymbol{A}-2\boldsymbol{I})^{-1}$.

解 $\boldsymbol{A}-2\boldsymbol{I}=\begin{pmatrix}1&0&0\\1&2&0\\0&0&1\end{pmatrix}$，$(\boldsymbol{A}-2\boldsymbol{I})^{-1}=\begin{pmatrix}1&0&0\\-\frac{1}{2}&\frac{1}{2}&0\\0&0&1\end{pmatrix}$.

5. 设 $\boldsymbol{A}=\begin{pmatrix}5&2&0&0\\2&1&0&0\\0&0&1&-2\\0&0&1&1\end{pmatrix}$，求 $\boldsymbol{A}^{-1}$.

解 用分块的方法求其逆矩阵. 即

$$\boldsymbol{A}^{-1}=\begin{pmatrix}\boldsymbol{A}_1&\boldsymbol{0}\\\boldsymbol{0}&\boldsymbol{A}_2\end{pmatrix}^{-1}=\begin{pmatrix}\boldsymbol{A}_1^{-1}&\boldsymbol{0}\\\boldsymbol{0}&\boldsymbol{A}_2^{-1}\end{pmatrix}$$

$$=\begin{pmatrix}1&-2&0&0\\-2&5&0&0\\0&0&\frac{1}{3}&\frac{2}{3}\\0&0&-\frac{1}{3}&\frac{1}{3}\end{pmatrix}.$$

6. 设 $\boldsymbol{B}=\begin{pmatrix}1&-1&0&0\\0&1&-1&0\\0&0&1&-1\\0&0&0&1\end{pmatrix}$，$\boldsymbol{C}=\begin{pmatrix}2&1&3&4\\0&2&1&3\\0&0&2&1\\0&0&0&2\end{pmatrix}$，

且矩阵 $\boldsymbol{A}$ 满足 $\boldsymbol{A}(\boldsymbol{I}-\boldsymbol{C}^{-1}\boldsymbol{B})^{\mathrm{T}}\boldsymbol{C}^{\mathrm{T}}=\boldsymbol{I}$,试化简方程,并求 $\boldsymbol{A}$.

解 思路:先利用转置和逆的运算规律:

$$\boldsymbol{C}^{\mathrm{T}}\boldsymbol{A}^{\mathrm{T}}=(\boldsymbol{AC})^{\mathrm{T}},\quad (\boldsymbol{A}-\boldsymbol{B})^{\mathrm{T}}=\boldsymbol{A}^{\mathrm{T}}-\boldsymbol{B}^{\mathrm{T}},(\boldsymbol{AB})^{-1}=\boldsymbol{B}^{-1}\boldsymbol{A}^{-1},$$

化简左式. 再利用 $\boldsymbol{AP}=\boldsymbol{I}$,则 $\boldsymbol{A}^{-1}=\boldsymbol{P}$.

$$\text{左}=\boldsymbol{A}(\boldsymbol{I}-\boldsymbol{C}^{-1}\boldsymbol{B})^{\mathrm{T}}\boldsymbol{C}^{\mathrm{T}}=\boldsymbol{A}[\boldsymbol{C}(\boldsymbol{I}-\boldsymbol{C}^{-1}\boldsymbol{B})]^{\mathrm{T}}.$$

$$=\boldsymbol{A}(\boldsymbol{C}-\boldsymbol{B})^{\mathrm{T}}=\text{右边}=\boldsymbol{I},$$

从而得 $\boldsymbol{A}^{-1}=(\boldsymbol{C}-\boldsymbol{B})^{\mathrm{T}}$, $\boldsymbol{A}=((\boldsymbol{C}-\boldsymbol{B})^{\mathrm{T}})^{-1}$. 故

$$\boldsymbol{A}^{-1}=(\boldsymbol{C}-\boldsymbol{B})^{\mathrm{T}}=\begin{pmatrix}1&0&0&0\\2&1&0&0\\3&2&1&0\\4&3&2&1\end{pmatrix},\boldsymbol{A}=(\boldsymbol{A}^{-1})^{-1}=\begin{pmatrix}1&0&0&0\\-2&1&0&0\\1&-2&1&0\\0&1&-2&1\end{pmatrix}.$$

7. 设 $\boldsymbol{A},\boldsymbol{B},\boldsymbol{C}$ 均为 n 阶矩阵,且 $\boldsymbol{ABC}=\boldsymbol{I}$,则必有( ).

① $\boldsymbol{ACB}=\boldsymbol{I}$; ② $\boldsymbol{CBA}=\boldsymbol{I}$; ③ $\boldsymbol{BAC}=\boldsymbol{I}$; ④ $\boldsymbol{BCA}=\boldsymbol{I}$.

解 必有 $\boldsymbol{BCA}=\boldsymbol{I}$. 因为

$$\boldsymbol{ABC}=\boldsymbol{A}(\boldsymbol{BC})=\boldsymbol{I},$$

所以 $\boldsymbol{BC}=\boldsymbol{A}^{-1}$,从而有 $\boldsymbol{BCA}=(\boldsymbol{BC})\boldsymbol{A}=\boldsymbol{A}^{-1}\boldsymbol{A}=\boldsymbol{I}$.

8. 设 $\boldsymbol{A},\boldsymbol{B}$ 为三阶矩阵,且 $\boldsymbol{AB}+\boldsymbol{I}=\boldsymbol{A}^2+\boldsymbol{B}$,其中

$$\boldsymbol{A}=\begin{pmatrix}1&0&1\\0&2&0\\-1&0&1\end{pmatrix}.$$

求 $\boldsymbol{B}$.

解 由 $\boldsymbol{AB}+\boldsymbol{I}=\boldsymbol{A}^2+\boldsymbol{B}$ 得 $\boldsymbol{AB}-\boldsymbol{B}=\boldsymbol{A}^2-\boldsymbol{I}$,即 $(\boldsymbol{A}-\boldsymbol{I})\boldsymbol{B}=\boldsymbol{A}^2-\boldsymbol{I}$,所以

$$\boldsymbol{B}=(\boldsymbol{A}-\boldsymbol{I})^{-1}(\boldsymbol{A}^2-\boldsymbol{I})=\begin{pmatrix}0&0&1\\0&1&0\\-1&0&0\end{pmatrix}^{-1}\begin{pmatrix}-1&0&2\\0&3&0\\-2&0&-1\end{pmatrix}$$

$$=\begin{pmatrix}0&0&-1\\0&1&0\\1&0&0\end{pmatrix}\begin{pmatrix}-1&0&2\\0&3&0\\-2&0&-1\end{pmatrix}=\begin{pmatrix}2&0&1\\0&3&0\\-1&0&2\end{pmatrix}.$$

9. 设 $\boldsymbol{A}=\begin{pmatrix}a_1b_1&a_1b_2&\cdots&a_1b_n\\a_2b_1&a_2b_2&\cdots&a_2b_n\\\vdots&\vdots&&\vdots\\a_nb_1&a_nb_2&\cdots&a_nb_n\end{pmatrix}$,

其中 $a_ib_i\neq 0(i=1,2,\cdots,n)$,求 $\mathrm{r}(\boldsymbol{A})$.

解　设 $\boldsymbol{\alpha}=(a_1,a_2,\cdots,a_n)^{\mathrm{T}},\boldsymbol{\beta}=(b_1,b_2\cdots,b_n)$,则

$$\boldsymbol{A}=\boldsymbol{\alpha\beta}.$$

于是,$\mathrm{r}(\boldsymbol{A})\leqslant\min(\mathrm{r}(\boldsymbol{\alpha}),\mathrm{r}(\boldsymbol{\beta}))$. 由于 $\boldsymbol{\alpha}\neq\boldsymbol{0},\boldsymbol{\beta}\neq\boldsymbol{0}$,所以,$\mathrm{r}(\boldsymbol{\alpha})=1,\mathrm{r}(\boldsymbol{\beta})=1$. 又 $\boldsymbol{A}$ 为非零矩阵,故 $\mathrm{r}(\boldsymbol{A})\geqslant 1$. 因此

$$1\leqslant\mathrm{r}(\boldsymbol{A})\leqslant\min(\mathrm{r}(\boldsymbol{\alpha}),\mathrm{r}(\boldsymbol{\beta}))=1.$$

从而即得 $\mathrm{r}(\boldsymbol{A})=1$.

10. 设 $\boldsymbol{\alpha}=(1,2,3),\boldsymbol{\beta}=\left(1,\frac{1}{2},\frac{1}{3}\right),\boldsymbol{A}=\boldsymbol{\alpha}^{\mathrm{T}}\boldsymbol{\beta}$,则 $\boldsymbol{A}^n=$______.

解　因为 $\boldsymbol{A}^2=(\boldsymbol{\alpha}^{\mathrm{T}}\boldsymbol{\beta})(\boldsymbol{\alpha}^{\mathrm{T}}\boldsymbol{\beta})=\boldsymbol{\alpha}^{\mathrm{T}}(\boldsymbol{\beta}\boldsymbol{\alpha}^{\mathrm{T}})\boldsymbol{\beta}=(\boldsymbol{\beta}\boldsymbol{\alpha}^{\mathrm{T}})\boldsymbol{\alpha}^{\mathrm{T}}\boldsymbol{\beta}=(\boldsymbol{\beta}\boldsymbol{\alpha}^{\mathrm{T}})\boldsymbol{A}$,所以

$$\begin{aligned}\boldsymbol{A}^n&=(\boldsymbol{\alpha}^{\mathrm{T}}\boldsymbol{\beta})(\boldsymbol{\alpha}^{\mathrm{T}}\boldsymbol{\beta})\cdots(\boldsymbol{\alpha}^{\mathrm{T}}\boldsymbol{\beta})(\boldsymbol{\alpha}^{\mathrm{T}}\boldsymbol{\beta})\\&=\boldsymbol{\alpha}^{\mathrm{T}}(\boldsymbol{\beta}\boldsymbol{\alpha}^{\mathrm{T}})(\boldsymbol{\beta}\boldsymbol{\alpha}^{\mathrm{T}})\cdots(\boldsymbol{\beta}\boldsymbol{\alpha}^{\mathrm{T}})\boldsymbol{\beta}=(\boldsymbol{\beta}\boldsymbol{\alpha}^{\mathrm{T}})^{n-1}\boldsymbol{\alpha}^{\mathrm{T}}\boldsymbol{\beta}=(\boldsymbol{\beta}\boldsymbol{\alpha}^{\mathrm{T}})^{n-1}\boldsymbol{A}.\end{aligned}$$

而

$$\boldsymbol{\beta\alpha}^{\mathrm{T}}=\begin{pmatrix}1 & \frac{1}{2} & \frac{1}{3}\end{pmatrix}\begin{pmatrix}1\\2\\3\end{pmatrix}=3,$$

故
$$\boldsymbol{A}^n=3^{n-1}(\boldsymbol{\alpha}^{\mathrm{T}}\boldsymbol{\beta})=3^{n-1}\begin{pmatrix}1\\2\\3\end{pmatrix}\begin{pmatrix}1 & \frac{1}{2} & \frac{1}{3}\end{pmatrix}=3^{n-1}\begin{pmatrix}1 & \frac{1}{2} & \frac{1}{3}\\2 & 1 & \frac{2}{3}\\3 & \frac{3}{2} & 1\end{pmatrix}.$$

11. 设 $\boldsymbol{A}$ 为 n 阶非零实矩阵,当 $\boldsymbol{A}^*=\boldsymbol{A}^{\mathrm{T}}$ 时,证明 $|\boldsymbol{A}|\neq 0$.

证　法 1:由 $\boldsymbol{A}^*=\boldsymbol{A}^{\mathrm{T}}$ 得 $a_{ij}=A_{ij}$(A_{ij} 是 a_{ij} 的代数余子式). 因为 $\boldsymbol{A}$ 为非零实矩阵,所以存在 $a_{ij}\neq 0$,将行列式 $|\boldsymbol{A}|$ 对第 i 行展开,即得

$$\begin{aligned}|\boldsymbol{A}|&=\sum_{k=1}^{n}a_{ik}A_{ik}=\sum_{k=1}^{n}a_{ik}^2\\&=a_{i1}^2+\cdots+a_{ij}^2+\cdots+a_{in}^2>0\quad(\text{因为 } a_{ij}\neq 0).\end{aligned}$$

法 2:由 $\boldsymbol{A}^*\boldsymbol{A}=\boldsymbol{A}^{\mathrm{T}}\boldsymbol{A}=|\boldsymbol{A}|\boldsymbol{I}$ 可知,欲证 $|\boldsymbol{A}|\neq 0$,只要证 $\boldsymbol{A}^{\mathrm{T}}\boldsymbol{A}\neq\boldsymbol{0}$(零矩阵).

设 $\boldsymbol{A}=(\boldsymbol{\alpha}_1,\boldsymbol{\alpha}_2,\cdots,\boldsymbol{\alpha}_n)$,其中 $\boldsymbol{\alpha}_j=(a_{1j},a_{2j},\cdots,a_{nj})^{\mathrm{T}}(j=1,\cdots,n)$,则

$$\boldsymbol{A}^{\mathrm{T}}\boldsymbol{A}=\begin{pmatrix}\boldsymbol{\alpha}_1^{\mathrm{T}}\\ \boldsymbol{\alpha}_2^{\mathrm{T}}\\ \vdots\\ \boldsymbol{\alpha}_n^{\mathrm{T}}\end{pmatrix}(\boldsymbol{\alpha}_1,\boldsymbol{\alpha}_2,\cdots,\boldsymbol{\alpha}_n)=(\boldsymbol{\alpha}_i^{\mathrm{T}}\boldsymbol{\alpha}_j)_{n\times n}.$$

由于 $\boldsymbol{A}=(\boldsymbol{\alpha}_{ij})_{n\times n}\neq\boldsymbol{0}$,所以存在 $a_{ij}\neq 0$,即存在 $\boldsymbol{\alpha}_j\neq\boldsymbol{0}$,从而有

$$\boldsymbol{\alpha}_j^{\mathrm{T}}\boldsymbol{\alpha}_j=\sum_{i=1}^{n}a_{ij}^2=\|\boldsymbol{\alpha}_j\|^2\neq 0.$$

因此,$\boldsymbol{A}^{\mathrm{T}}\boldsymbol{A}\neq\boldsymbol{0}$,于是 $|\boldsymbol{A}|\neq 0$ 得证(因为若 $|\boldsymbol{A}|=0$,则 $\boldsymbol{A}^*\boldsymbol{A}=\boldsymbol{A}^{\mathrm{T}}\boldsymbol{A}=|\boldsymbol{A}|\boldsymbol{I}=\boldsymbol{0}$).

12. 设 $\boldsymbol{A}=\mathrm{diag}\left(\frac{1}{3},\frac{1}{4},\frac{1}{7}\right)$,且 $\boldsymbol{A}^{-1}\boldsymbol{B}\boldsymbol{A}=6\boldsymbol{A}+\boldsymbol{B}\boldsymbol{A}$,求 $\boldsymbol{B}$.

解 由 $\boldsymbol{A}^{-1}\boldsymbol{B}\boldsymbol{A}=6\boldsymbol{A}+\boldsymbol{B}\boldsymbol{A}$,得

$$(\boldsymbol{A}^{-1}-\boldsymbol{I})\boldsymbol{B}\boldsymbol{A}=6\boldsymbol{A}.$$

注意到 $\boldsymbol{A}$ 可逆,等式两边右乘 $\boldsymbol{A}^{-1}$,又得

$$(\boldsymbol{A}^{-1}-\boldsymbol{I})\boldsymbol{B}=6\boldsymbol{I}.$$

于是

$$\begin{aligned}\boldsymbol{B}&=6(\boldsymbol{A}^{-1}-\boldsymbol{I})^{-1}=6[\mathrm{diag}(3,4,7)-\boldsymbol{I}]^{-1}\\&=6[\mathrm{diag}(2,3,6)]^{-1}=6\mathrm{diag}\left(\frac{1}{2},\frac{1}{3},\frac{1}{6}\right)=\mathrm{diag}(3,2,1).\end{aligned}$$

13. 设 $\boldsymbol{A}=\begin{pmatrix}1&1&-1\\0&1&1\\0&0&-1\end{pmatrix}$,且 $\boldsymbol{A}^2-\boldsymbol{A}\boldsymbol{B}=\boldsymbol{I}$,求 $\boldsymbol{B}$.

解 由 $\boldsymbol{A}^2-\boldsymbol{A}\boldsymbol{B}=\boldsymbol{I}$,即 $\boldsymbol{A}\boldsymbol{B}=\boldsymbol{A}^2-\boldsymbol{I}$,得

$$\begin{aligned}\boldsymbol{B}&=\boldsymbol{A}^{-1}(\boldsymbol{A}^2-\boldsymbol{I})=\boldsymbol{A}-\boldsymbol{A}^{-1}.\\&=\begin{pmatrix}1&1&-1\\0&1&1\\0&0&-1\end{pmatrix}-\begin{pmatrix}1&-1&-2\\0&1&1\\0&0&-1\end{pmatrix}=\begin{pmatrix}0&2&1\\0&0&0\\0&0&0\end{pmatrix}.\end{aligned}$$

14. 设 $\boldsymbol{B}=\begin{pmatrix}1&2&-3&-2\\0&1&2&-3\\0&0&1&2\\0&0&0&1\end{pmatrix}$, $\boldsymbol{C}=\begin{pmatrix}1&2&0&1\\0&1&2&0\\0&0&1&2\\0&0&0&1\end{pmatrix}$,

且 $(2\boldsymbol{I}-\boldsymbol{C}^{-1}\boldsymbol{B})\boldsymbol{A}^{\mathrm{T}}=\boldsymbol{C}^{-1}$,求 $\boldsymbol{A}$.

解　由$(2\boldsymbol{I}-\boldsymbol{C}^{-1}\boldsymbol{B})\boldsymbol{A}^{\mathrm{T}}=\boldsymbol{C}^{-1}$,得

$$\boldsymbol{A}^{\mathrm{T}}=(2\boldsymbol{I}-\boldsymbol{C}^{-1}\boldsymbol{B})^{-1}\boldsymbol{C}^{-1}=[\boldsymbol{C}(2\boldsymbol{I}-\boldsymbol{C}^{-1}\boldsymbol{B})]^{-1}=(2\boldsymbol{C}-\boldsymbol{B})^{-1}.$$

计算过程略去,答案为

$$\boldsymbol{A}^{\mathrm{T}}=\begin{pmatrix}1&-2&1&0\\0&1&-2&1\\0&0&1&-2\\0&0&0&1\end{pmatrix},\quad \boldsymbol{A}=\begin{pmatrix}1&0&0&0\\-2&1&0&0\\1&-2&1&0\\0&1&-2&1\end{pmatrix}.$$

15. 设$\boldsymbol{A}=\begin{pmatrix}1&1&-1\\-1&1&1\\1&-1&1\end{pmatrix}$,

求矩阵$\boldsymbol{X}$,使之满足$\boldsymbol{A}^*\boldsymbol{X}=\boldsymbol{A}^{-1}+2\boldsymbol{X}$.

解　由$\boldsymbol{A}^*\boldsymbol{X}=\boldsymbol{A}^{-1}+2\boldsymbol{X}$,即$(\boldsymbol{A}^*-2\boldsymbol{I})\boldsymbol{X}=\boldsymbol{A}^{-1}$,得

$$\begin{aligned}\boldsymbol{X}&=(\boldsymbol{A}^*-2\boldsymbol{I})^{-1}\boldsymbol{A}^{-1}=(\boldsymbol{A}(\boldsymbol{A}^*-2\boldsymbol{I}))^{-1}\\&=(|\boldsymbol{A}|\boldsymbol{I}-2\boldsymbol{A})^{-1}\\&=\begin{pmatrix}2&-2&2\\2&2&-2\\-2&2&2\end{pmatrix}^{-1}=\frac{1}{4}\begin{pmatrix}1&1&0\\0&1&1\\1&0&1\end{pmatrix}.\end{aligned}$$

16. 设$\boldsymbol{A}=\mathrm{diag}(1,-2,1)$,且$\boldsymbol{A}^*\boldsymbol{B}\boldsymbol{A}=2\boldsymbol{B}\boldsymbol{A}-8\boldsymbol{I}$,求$\boldsymbol{B}$.

解　由$\boldsymbol{A}^*\boldsymbol{B}\boldsymbol{A}=2\boldsymbol{B}\boldsymbol{A}-8\boldsymbol{I}$,即$(\boldsymbol{A}^*-2\boldsymbol{I})\boldsymbol{B}\boldsymbol{A}=-8\boldsymbol{I}$,得

$$\begin{aligned}\boldsymbol{B}&=-8(\boldsymbol{A}^*-2\boldsymbol{I})^{-1}\boldsymbol{A}^{-1}=-8(\boldsymbol{A}(\boldsymbol{A}^*-2\boldsymbol{I}))^{-1}\\&=-8(\boldsymbol{A}\boldsymbol{A}^*-2\boldsymbol{A})^{-1}=-8(|\boldsymbol{A}|\boldsymbol{I}-2\boldsymbol{A})^{-1}\quad(|\boldsymbol{A}|=-2)\\&=-8(-2\boldsymbol{I}-2\boldsymbol{A})^{-1}=-8\times\frac{1}{-2}(\boldsymbol{I}+\boldsymbol{A})^{-1}\\&=4(\mathrm{diag}(2,-1,2))^{-1}=4\mathrm{diag}\left(\frac{1}{2},-1,\frac{1}{2}\right)\\&=\mathrm{diag}(2,-4,2).\end{aligned}$$

17. 设矩阵$\boldsymbol{A}$的伴随矩阵为

$$\boldsymbol{A}^*=\begin{pmatrix}1&0&0&0\\0&1&0&0\\1&0&1&0\\0&-3&0&8\end{pmatrix},$$

且 $\boldsymbol{ABA}^{-1}=\boldsymbol{BA}^{-1}+3\boldsymbol{I}$,求 $\boldsymbol{B}$.

解 由 $|\boldsymbol{A}^*|=8=|\boldsymbol{A}|^{4-1}$,得$|\boldsymbol{A}|=2$(后面要用).

再由 $\boldsymbol{ABA}^{-1}=\boldsymbol{BA}^{-1}+3\boldsymbol{I}$,得

$$(\boldsymbol{A}-\boldsymbol{I})\boldsymbol{BA}^{-1}=3\boldsymbol{I},$$

于是,

$$\begin{aligned}\boldsymbol{B}&=3(\boldsymbol{A}-\boldsymbol{I})^{-1}\boldsymbol{A} & (1)\\ &=3(\boldsymbol{A}-\boldsymbol{I})^{-1}(\boldsymbol{A}^{-1})^{-1}=3(\boldsymbol{A}^{-1}(\boldsymbol{A}-\boldsymbol{I}))^{-1}\\ &=3(\boldsymbol{I}-\boldsymbol{A}^{-1})^{-1} & (2)\end{aligned}$$

法 1:将 $\boldsymbol{A}^{-1}=|\boldsymbol{A}|^{-1}\boldsymbol{A}^*=\frac{1}{2}\boldsymbol{A}^*$ 代入(2)式,得

$$\boldsymbol{B}=3\left(\boldsymbol{I}-\frac{\boldsymbol{A}^*}{2}\right)^{-1}=3\left(\frac{2\boldsymbol{I}-\boldsymbol{A}^*}{2}\right)^{-1}=6(2\boldsymbol{I}-\boldsymbol{A}^*)^{-1}.$$

所以

$$\boldsymbol{B}=6\begin{pmatrix}1&0&0&0\\0&1&0&0\\-1&0&1&0\\0&3&0&-6\end{pmatrix}^{-1}=6\begin{pmatrix}1&0&0&0\\0&1&0&0\\1&0&1&0\\0&\frac{1}{2}&0&-\frac{1}{6}\end{pmatrix}=\begin{pmatrix}6&0&0&0\\0&6&0&0\\6&0&6&0\\0&3&0&-1\end{pmatrix}.$$

法 2:由 $\boldsymbol{A}^{-1}=\frac{1}{|\boldsymbol{A}|}\boldsymbol{A}^*$,得

$$\boldsymbol{A}=|\boldsymbol{A}|(\boldsymbol{A}^*)^{-1}=2(\boldsymbol{A}^*)^{-1}.$$

将 $\boldsymbol{A}=2\begin{pmatrix}1&0&0&0\\0&1&0&0\\1&0&1&0\\0&-3&0&8\end{pmatrix}^{-1}=\begin{pmatrix}2&0&0&0\\0&2&0&0\\-2&0&2&0\\0&\frac{3}{4}&0&\frac{1}{4}\end{pmatrix}$ 代入(1),得

$$\boldsymbol{B}=3(\boldsymbol{A}-\boldsymbol{I})^{-1}\boldsymbol{A}=3\begin{pmatrix}1&0&0&0\\0&1&0&0\\-2&0&1&0\\0&\frac{3}{4}&0&\frac{-3}{4}\end{pmatrix}^{-1}\begin{pmatrix}2&0&0&0\\0&2&0&0\\-2&0&2&0\\0&\frac{3}{4}&0&\frac{1}{4}\end{pmatrix}$$

$$=\begin{pmatrix}6&0&0&0\\0&6&0&0\\6&0&6&0\\0&3&0&1\end{pmatrix}.$$

18. 设

$$\boldsymbol{A}=\begin{pmatrix}1&0&0&0\\-2&3&0&0\\0&-4&5&0\\0&0&-6&7\end{pmatrix},$$

且 $\boldsymbol{B}=(\boldsymbol{I}+\boldsymbol{A})^{-1}(\boldsymbol{I}-\boldsymbol{A})$，则 $(\boldsymbol{I}+\boldsymbol{B})^{-1}=$______.

解 由 $\boldsymbol{B}=(\boldsymbol{I}+\boldsymbol{A})^{-1}(\boldsymbol{I}-\boldsymbol{A})$，即 $(\boldsymbol{I}+\boldsymbol{A})\boldsymbol{B}=\boldsymbol{I}-\boldsymbol{A}$，得

$$(\boldsymbol{I}+\boldsymbol{A})\boldsymbol{B}+(\boldsymbol{I}+\boldsymbol{A})=2\boldsymbol{I}.$$

于是

$$(\boldsymbol{I}+\boldsymbol{A})(\boldsymbol{I}+\boldsymbol{B})=2\boldsymbol{I},$$

所以

$$(\boldsymbol{I}+\boldsymbol{B})^{-1}=\frac{1}{2}(\boldsymbol{I}+\boldsymbol{A})=\begin{pmatrix}1&0&0&0\\-1&2&0&0\\0&-2&3&0\\0&0&-3&4\end{pmatrix}.$$

19. 设 $\boldsymbol{A}=(a_{ij})_{3\times3}$，$\boldsymbol{B}=\begin{pmatrix}a_{21}&a_{22}&a_{23}\\a_{11}&a_{12}&a_{13}\\a_{31}+a_{11}&a_{32}+a_{12}&a_{33}+a_{13}\end{pmatrix}$，

$$\boldsymbol{P}_1=\begin{pmatrix}0&1&0\\1&0&0\\0&0&1\end{pmatrix},\quad \boldsymbol{P}_2=\begin{pmatrix}1&0&0\\0&1&0\\1&0&1\end{pmatrix},$$

则必有（ ）.

① $\boldsymbol{A}\boldsymbol{P}_1\boldsymbol{P}_2=\boldsymbol{B}$； ② $\boldsymbol{A}\boldsymbol{P}_2\boldsymbol{P}_1=\boldsymbol{B}$；

③ $\boldsymbol{P}_1\boldsymbol{P}_2\boldsymbol{A}=\boldsymbol{B}$； ④ $\boldsymbol{P}_2\boldsymbol{P}_1\boldsymbol{A}=\boldsymbol{B}$.

解 $\boldsymbol{B}$ 是由 $\boldsymbol{A}$ 经初等行变换——(1)第 1 行加到第 3 行，(2)第 1 与第 2 行对换而得到的. 这里 $\boldsymbol{P}_2$ 是倍加初等阵，它左乘 $\boldsymbol{A}$（即 $\boldsymbol{P}_2\boldsymbol{A}$）是把 $\boldsymbol{A}$ 的第 1 行乘 1 加到第 3 行；$\boldsymbol{P}_1$ 是对换初等阵，它左乘 $\boldsymbol{P}_2\boldsymbol{A}$ 是将 $\boldsymbol{P}_2\boldsymbol{A}$ 的第 1 与第 2 行对换. 所以③成立，即

$$\boldsymbol{P}_1(\boldsymbol{P}_2\boldsymbol{A})=\boldsymbol{P}_1\boldsymbol{P}_2\boldsymbol{A}=\boldsymbol{B}.$$

20. 设 $\boldsymbol{A}$ 是 4×3 矩阵，且 $\boldsymbol{A}$ 的秩 $\mathrm{r}(\boldsymbol{A})=2$，而

$$\boldsymbol{B}=\begin{pmatrix} 1 & 0 & 2 \\ 0 & 2 & 0 \\ -1 & 0 & 3 \end{pmatrix},$$

则 $\mathrm{r}(\boldsymbol{AB})=$______.

解　由于 $|\boldsymbol{B}|=10\neq 0$，所以 $\boldsymbol{B}$ 可逆，即 $\mathrm{r}(\boldsymbol{B})=3$.

法 1：因为 $\boldsymbol{B}$ 满秩，所以，$\mathrm{r}(\boldsymbol{AB})=\mathrm{r}(\boldsymbol{A})=2$.

法 2：利用 $\mathrm{r}(\boldsymbol{A})+\mathrm{r}(\boldsymbol{B})-3\leqslant \mathrm{r}(\boldsymbol{AB})\leqslant \min\{\mathrm{r}(\boldsymbol{A}),\mathrm{r}(\boldsymbol{B})\}$，

$$2+3-3\leqslant \mathrm{r}(\boldsymbol{AB})\leqslant \min\{2,3\}=2,$$

所以，$\mathrm{r}(\boldsymbol{AB})=2$.

21. 设 $\boldsymbol{A}$ 为 n 阶矩阵（$n\geqslant 3$），k 为常数（$k\neq 0,\pm 1$），则 $(k\boldsymbol{A})^*=$（　）.

① $k\boldsymbol{A}^*$；　② $k^{n-1}\boldsymbol{A}^*$；　③ $k^n\boldsymbol{A}^*$；　④ $k^{-1}\boldsymbol{A}^*$.

解　$(k\boldsymbol{A})^*=k^{n-1}\boldsymbol{A}^*$. 因为：$k\boldsymbol{A}$ 的第 i 行第 j 列元素 ka_{ij} 的代数余子式 $(kA)_{ij}$（是 $n-1$ 阶行列式），是 $\boldsymbol{A}$ 的元素 a_{ij} 的代数余子式 A_{ij} 的 k^{n-1} 倍，即

$$(kA)_{ij}=\begin{vmatrix} ka_{11} & \cdots & ka_{1j-1} & ka_{1j+1} & \cdots & ka_{1n} \\ \vdots & & \vdots & \vdots & & \vdots \\ ka_{i-1,1} & \cdots & ka_{i-1,j-1} & ka_{i-1,j+1} & \cdots & ka_{i-1,n} \\ ka_{i+1,1} & \cdots & ka_{i+1,j-1} & ka_{i+1,j+1} & \cdots & ka_{i+1,n} \\ \vdots & & \vdots & \vdots & & \vdots \\ ka_{n1} & \cdots & ka_{n,j-1} & ka_{n,j+1} & \cdots & ka_{nn} \end{vmatrix}=k^{n-1}A_{ij}.$$

于是　$(k\boldsymbol{A})^*=((kA)_{ij})_{n\times n}^{\mathrm{T}}=(k^{n-1}A_{ij})_{n\times n}^{\mathrm{T}}=k^{n-1}(A_{ij})_{n\times n}^{\mathrm{T}}=k^{n-1}\boldsymbol{A}^*$. 故选②.

22. 设 $\boldsymbol{A}$ 为 n 阶可逆矩阵，$\boldsymbol{A}$ 的第 i,j 行对换后得 $\boldsymbol{B}$.

(1) 证明 $\boldsymbol{B}$ 可逆；　(2) 求 $\boldsymbol{AB}^{-1}$.

解　(1) 因为 $\boldsymbol{A}$ 可逆 $\Leftrightarrow |\boldsymbol{A}|\neq 0$，又 $|\boldsymbol{B}|=-|\boldsymbol{A}|\neq 0$，所以 $\boldsymbol{B}$ 可逆.

(2) 第 i,j 行对换的初等矩阵为 $\boldsymbol{E}_{ij}$，因为

$$\boldsymbol{E}_{ij}\boldsymbol{E}_{ij}=\boldsymbol{I},\quad \text{所以 } \boldsymbol{E}_{ij}^{-1}=\boldsymbol{E}_{ij}.$$

由于 $\boldsymbol{B}=\boldsymbol{E}_{ij}\boldsymbol{A}$，　$\boldsymbol{B}^{-1}=\boldsymbol{A}^{-1}\boldsymbol{E}_{ij}^{-1}=\boldsymbol{A}^{-1}\boldsymbol{E}_{ij}$，所以

$$\boldsymbol{AB}^{-1}=\boldsymbol{A}(\boldsymbol{A}^{-1}\boldsymbol{E}_{ij})=\boldsymbol{E}_{ij}.$$

23. $\boldsymbol{\beta}=(x_1,\cdots,x_n)^{\mathrm{T}}\neq \boldsymbol{0}$，$\boldsymbol{A}=\boldsymbol{I}-\boldsymbol{\beta}\boldsymbol{\beta}^{\mathrm{T}}$，证明：

(1) $\boldsymbol{A}^2=\boldsymbol{A}$ 的充分必要条件是 $\boldsymbol{\beta}^{\mathrm{T}}\boldsymbol{\beta}=1$;

(2) 当 $\boldsymbol{\beta}^{\mathrm{T}}\boldsymbol{\beta}=1$ 时,$\boldsymbol{A}$ 不可逆.

证　思路:注意　$\boldsymbol{\beta}\boldsymbol{\beta}^{\mathrm{T}}$ 是 $n\times n$ 矩阵,而 $\boldsymbol{\beta}^{\mathrm{T}}\boldsymbol{\beta}$ 是 1×1 矩阵,可以看成一个数 k.

$$(\boldsymbol{\beta}\boldsymbol{\beta}^{\mathrm{T}})^2=(\boldsymbol{\beta}\boldsymbol{\beta}^{\mathrm{T}})(\boldsymbol{\beta}\boldsymbol{\beta}^{\mathrm{T}})=\boldsymbol{\beta}(\boldsymbol{\beta}^{\mathrm{T}}\boldsymbol{\beta})\boldsymbol{\beta}^{\mathrm{T}}=k\,\boldsymbol{\beta}\boldsymbol{\beta}^{\mathrm{T}}.$$

(1) 设 $\boldsymbol{\beta}^{\mathrm{T}}\boldsymbol{\beta}=k$,则

$$\begin{aligned}\boldsymbol{A}^2&=(\boldsymbol{I}-\boldsymbol{\beta}\boldsymbol{\beta}^{\mathrm{T}})^2\\&=\boldsymbol{I}-2\boldsymbol{\beta}\boldsymbol{\beta}^{\mathrm{T}}+\boldsymbol{\beta}(\boldsymbol{\beta}^{\mathrm{T}}\boldsymbol{\beta})\boldsymbol{\beta}^{\mathrm{T}}\\&=\boldsymbol{I}+(k-2)\boldsymbol{\beta}\boldsymbol{\beta}^{\mathrm{T}}.\end{aligned}$$

由于 $\boldsymbol{A}^2=\boldsymbol{A}$,即得 $\boldsymbol{I}+(k-2)\boldsymbol{\beta}\boldsymbol{\beta}^{\mathrm{T}}=\boldsymbol{I}-\boldsymbol{\beta}\boldsymbol{\beta}^{\mathrm{T}}$ 的充分必要条件为

$$k-2=-1,\quad 即\ \boldsymbol{\beta}\boldsymbol{\beta}^{\mathrm{T}}=k=1.$$

(2) 由(1)的结论,$\boldsymbol{A}^2=\boldsymbol{A}$ 的充分必要条件是 $\boldsymbol{\beta}^{\mathrm{T}}\boldsymbol{\beta}=1$.

反证法:若 $\boldsymbol{A}$ 可逆,在 $\boldsymbol{A}^2=\boldsymbol{A}$ 等式两边左乘 $\boldsymbol{A}^{-1}$,得 $\boldsymbol{A}=\boldsymbol{I}$,这与 $\boldsymbol{A}=(\boldsymbol{I}-\boldsymbol{\beta}\boldsymbol{\beta}^{\mathrm{T}})$ 矛盾(因为 $\boldsymbol{\beta}\boldsymbol{\beta}^{\mathrm{T}}\neq\boldsymbol{0}$),所以 $\boldsymbol{A}$ 不可逆.

另一证法:　由于 $\boldsymbol{\beta}^{\mathrm{T}}\boldsymbol{\beta}=1$ 时,$\boldsymbol{A}^2=\boldsymbol{A}$,即

$$\boldsymbol{A}^2-\boldsymbol{A}=(\boldsymbol{A}-\boldsymbol{I})\boldsymbol{A}=\boldsymbol{0},$$

所以

$$\mathrm{r}(\boldsymbol{A}-\boldsymbol{I})+\mathrm{r}(\boldsymbol{A})\leqslant n.$$

又 $\boldsymbol{A}-\boldsymbol{I}=-\boldsymbol{\beta}\boldsymbol{\beta}^{\mathrm{T}}$,故 $\mathrm{r}(\boldsymbol{A}-\boldsymbol{I})=1$,
所以 $\mathrm{r}(\boldsymbol{A})\leqslant n-1$,从而 $\boldsymbol{A}$ 不可逆.

24. 设 $\boldsymbol{A},\boldsymbol{B}$ 为 n 阶矩阵,$\boldsymbol{A}^*,\boldsymbol{B}^*$ 分别为 $\boldsymbol{A},\boldsymbol{B}$ 对应的伴随矩阵,分块矩阵 $\boldsymbol{C}=\begin{pmatrix}\boldsymbol{A}&\boldsymbol{0}\\\boldsymbol{0}&\boldsymbol{B}\end{pmatrix}$,则 $\boldsymbol{C}$ 的伴随矩阵 $\boldsymbol{C}^*=$______.

(A) $\begin{pmatrix}|\boldsymbol{A}|\boldsymbol{A}^*&\boldsymbol{0}\\\boldsymbol{0}&|\boldsymbol{B}|\boldsymbol{B}^*\end{pmatrix}$;　(B) $\begin{pmatrix}|\boldsymbol{B}|\boldsymbol{B}^*&\boldsymbol{0}\\\boldsymbol{0}&|\boldsymbol{A}|\boldsymbol{A}^*\end{pmatrix}$;

(C) $\begin{pmatrix}|\boldsymbol{A}|\boldsymbol{B}^*&\boldsymbol{0}\\\boldsymbol{0}&|\boldsymbol{B}|\boldsymbol{A}^*\end{pmatrix}$;　(D) $\begin{pmatrix}|\boldsymbol{B}|\boldsymbol{A}^*&\boldsymbol{0}\\\boldsymbol{0}&|\boldsymbol{A}|\boldsymbol{B}^*\end{pmatrix}$.

解　$\boldsymbol{C}$ 矩阵在 $\boldsymbol{A}$ 的第 i 行、第 j 列处的代数余子式为

$$(\boldsymbol{C}(\boldsymbol{A}))_{ij}=\boldsymbol{A}_{ij}\,|\boldsymbol{B}|,$$

其中 $\boldsymbol{A}_{ij}$ 是 $\boldsymbol{A}$ 的元素 a_{ij} 的代数余子式.

$\boldsymbol{C}$ 矩阵在 $\boldsymbol{B}$ 的第 i 行、第 j 列处的代数余子式为

$$(\boldsymbol{C}(\boldsymbol{B}))_{ij}=\boldsymbol{B}_{ij}\,|\boldsymbol{A}|,$$

其中 $\boldsymbol{B}_{ij}$ 是 $\boldsymbol{B}$ 的元素 b_{ij} 的代数余子式. 所以

$$\boldsymbol{C}^* = \begin{pmatrix} |\boldsymbol{B}|\boldsymbol{A}^* & \boldsymbol{0} \\ \boldsymbol{0} & |\boldsymbol{A}|\boldsymbol{B}^* \end{pmatrix}.\text{(答案为(D))}$$

25. 设矩阵
$$A=\begin{pmatrix} k & 1 & 1 & 1 \\ 1 & k & 1 & 1 \\ 1 & 1 & k & 1 \\ 1 & 1 & 1 & k \end{pmatrix},$$
且 $\mathrm{r}(\boldsymbol{A})=3$,则 $k=$______.

解 做初等变换:先将第 1,4 列对换,再做行变换,将其化为阶梯形矩阵,即

$$\boldsymbol{A}=\begin{pmatrix} k & 1 & 1 & 1 \\ 1 & k & 1 & 1 \\ 1 & 1 & k & 1 \\ 1 & 1 & 1 & k \end{pmatrix} \rightarrow \begin{pmatrix} 1 & 1 & 1 & k \\ 0 & k-1 & 0 & 1-k \\ 0 & 0 & k-1 & 1-k \\ 0 & 1-k & 1-k & 1-k^2 \end{pmatrix}$$

$$\xrightarrow{k\neq 1} \begin{pmatrix} 1 & 1 & 1 & k \\ 0 & 1 & 0 & -1 \\ 0 & 0 & 1 & -1 \\ 0 & 1 & 1 & 1+k \end{pmatrix} \rightarrow \begin{pmatrix} 1 & 1 & 1 & k \\ 0 & 1 & 0 & -1 \\ 0 & 0 & 1 & -1 \\ 0 & 0 & 0 & 3+k \end{pmatrix}.$$

显然,$k\neq 1$(若 $k=1$,则 $\mathrm{r}(\boldsymbol{A})=1$). 已知 $\mathrm{r}(\boldsymbol{A})=3$,所以,$3+k=0$,即 $k=-3$.

26. 设

$$\boldsymbol{A}=\begin{pmatrix} a_{11} & a_{12} & a_{13} & a_{14} \\ a_{21} & a_{22} & a_{23} & a_{24} \\ a_{31} & a_{32} & a_{33} & a_{34} \\ a_{41} & a_{42} & a_{43} & a_{44} \end{pmatrix}, \quad \boldsymbol{B}=\begin{pmatrix} a_{14} & a_{13} & a_{12} & a_{11} \\ a_{24} & a_{23} & a_{22} & a_{21} \\ a_{34} & a_{33} & a_{32} & a_{31} \\ a_{44} & a_{43} & a_{42} & a_{41} \end{pmatrix},$$

$$\boldsymbol{P}_1=\begin{pmatrix} 0 & 0 & 0 & 1 \\ 0 & 1 & 0 & 0 \\ 0 & 0 & 1 & 0 \\ 1 & 0 & 0 & 0 \end{pmatrix}, \quad \boldsymbol{P}_2=\begin{pmatrix} 1 & 0 & 0 & 0 \\ 0 & 0 & 1 & 0 \\ 0 & 1 & 0 & 0 \\ 0 & 0 & 0 & 1 \end{pmatrix},$$

其中 $\boldsymbol{A}$ 可逆,则 $\boldsymbol{B}^{-1}$ 等于______.

(A) $\boldsymbol{A}^{-1}\boldsymbol{P}_1\boldsymbol{P}_2$; (B) $\boldsymbol{P}_1\boldsymbol{A}^{-1}\boldsymbol{P}_2$;

(C) $P_1P_2A^{-1}$；　　　　　(D) $P_2A^{-1}P_1$.

解　矩阵 B 是 A 经过第1,4列对换和第2,3列对换而得到的,所以

$$B=AP_1P_2,\quad \text{或}\quad B=AP_2P_1.$$

而初等对换阵 P_1,P_2 的逆矩阵还是自身,即 $P_1^{-1}=P_1,P_2^{-1}=P_2$,于是

$$B^{-1}=(AP_1P_2)^{-1}=P_2^{-1}P_1^{-1}A^{-1}=P_2P_1A^{-1},$$

或

$$B^{-1}=(AP_2P_1)^{-1}=P_1^{-1}P_2^{-1}A^{-1}=P_1P_2A^{-1}.$$

答案为(C).

27.　已知 A,B 为三阶矩阵,且满足 $2A^{-1}B=B-4I$.

(1) 证明:矩阵 $A-2I$ 可逆;

(2) 若 $B=\begin{pmatrix}1&-2&0\\1&2&0\\0&0&2\end{pmatrix}$,求矩阵 A.

解　(1) 在 $2A^{-1}B=B-4I$ 两边左乘 A,得

$$2B=AB-4A,\quad \text{即}\quad (A-2I)B=4A. \tag{1}$$

已知条件中有 A^{-1},表示 A 可逆,在(1)式两边右乘 A^{-1},得

$$(A-2I)BA^{-1}=4I,\quad \text{即}\quad (A-2I)\frac{1}{4}BA^{-1}=I. \tag{2}$$

由(2)式可知:$A-2I$ 可逆,且 $(A-2I)^{-1}=\frac{1}{4}BA^{-1}$.

(2) 在 $2A^{-1}B=B-4I$ 两边右乘 $\frac{1}{2}B^{-1}$,得

$$A^{-1}=\frac{1}{2}I-2B^{-1}.$$

从而得(计算过程略去)

$$A^{-1}=\begin{pmatrix}-\frac{1}{2}&-1&0\\\frac{1}{2}&0&0\\0&0&-\frac{1}{2}\end{pmatrix},\quad A=(A^{-1})^{-1}=\begin{pmatrix}0&2&0\\-1&-1&0\\0&0&-2\end{pmatrix}.$$

3　线性方程组

1. n 维向量 $\alpha_1,\alpha_2,\cdots,\alpha_s(s\geqslant3)$ 线性无关的条件是什么?

解　$\alpha_1,\alpha_2,\cdots,\alpha_s$ 线性无关,即:若

$$x_1\boldsymbol{\alpha}_1+x_2\boldsymbol{\alpha}_2+\cdots+x_s\boldsymbol{\alpha}_s=\mathbf{0}, \tag{1}$$

则 $x_1,x_2,\cdots,x_s$ 必须全为零. 这里(1)式的向量方程可以表示为(或说等价于)一个齐次线性方程组

$$\boldsymbol{Ax}=\mathbf{0} \quad 即 \quad (\boldsymbol{\alpha}_1,\boldsymbol{\alpha}_2,\cdots,\boldsymbol{\alpha}_s)\begin{pmatrix}x_1\\x_2\\\vdots\\x_s\end{pmatrix}=\begin{pmatrix}0\\0\\\vdots\\0\end{pmatrix}, \tag{2}$$

其中 $\boldsymbol{A}$ 是将 $\boldsymbol{\alpha}_1,\boldsymbol{\alpha}_2,\cdots,\boldsymbol{\alpha}_s$ 按列排成的 $n\times s$ 矩阵.

所以,$\boldsymbol{\alpha}_1,\boldsymbol{\alpha}_2,\cdots,\boldsymbol{\alpha}_s$ 线性无关的充要条件是齐次线性方程组 $\boldsymbol{Ax}=\mathbf{0}$ 只有零解.

2. 设四阶矩阵 $\boldsymbol{A}$ 的行列式 $|\boldsymbol{A}|=0$,则 $\boldsymbol{A}$ 中必有(　).

① $\boldsymbol{A}$ 的列向量线性相关,且任意 3 个列向量也线性相关;

② $\boldsymbol{A}$ 的 4 个列向量两两线性相关;

③ $\boldsymbol{A}$ 中必有一个列向量是其余向量的线性组合;

④ $\boldsymbol{A}$ 中任意 3 个行向量线性无关,但其 4 个行向量线性相关.

答　答案为③. 这里要注意:题中 4 个条件都能保证 $|\boldsymbol{A}|=0$,但 $|\boldsymbol{A}|=0$ 时,并不必须是①,②,④的情况,而必须是③的情况.

3. 已知 $\boldsymbol{\alpha}_1,\boldsymbol{\alpha}_2,\boldsymbol{\alpha}_3,\boldsymbol{\alpha}_4$ 线性无关,则(　).

① $\boldsymbol{\alpha}_1+\boldsymbol{\alpha}_2,\boldsymbol{\alpha}_2+\boldsymbol{\alpha}_3,\boldsymbol{\alpha}_3+\boldsymbol{\alpha}_4,\boldsymbol{\alpha}_4+\boldsymbol{\alpha}_1$ 也线性无关;

② $\boldsymbol{\alpha}_1-\boldsymbol{\alpha}_2,\boldsymbol{\alpha}_2-\boldsymbol{\alpha}_3,\boldsymbol{\alpha}_3-\boldsymbol{\alpha}_4,\boldsymbol{\alpha}_4-\boldsymbol{\alpha}_1$ 也线性无关;

③ $\boldsymbol{\alpha}_1+\boldsymbol{\alpha}_2,\boldsymbol{\alpha}_2+\boldsymbol{\alpha}_3,\boldsymbol{\alpha}_3+\boldsymbol{\alpha}_4,\boldsymbol{\alpha}_4-\boldsymbol{\alpha}_1$ 也线性无关;

④ $\boldsymbol{\alpha}_1+\boldsymbol{\alpha}_2,\boldsymbol{\alpha}_2+\boldsymbol{\alpha}_3,\boldsymbol{\alpha}_3-\boldsymbol{\alpha}_4,\boldsymbol{\alpha}_4-\boldsymbol{\alpha}_1$ 也线性无关.

解　① $(\boldsymbol{\alpha}_1+\boldsymbol{\alpha}_2)-(\boldsymbol{\alpha}_2+\boldsymbol{\alpha}_3)+(\boldsymbol{\alpha}_3+\boldsymbol{\alpha}_4)-(\boldsymbol{\alpha}_4+\boldsymbol{\alpha}_1)=\mathbf{0}$,所以①组向量线性相关;

② $(\boldsymbol{\alpha}_1-\boldsymbol{\alpha}_2)+(\boldsymbol{\alpha}_2-\boldsymbol{\alpha}_3)+(\boldsymbol{\alpha}_3-\boldsymbol{\alpha}_4)+(\boldsymbol{\alpha}_4-\boldsymbol{\alpha}_1)=\mathbf{0}$,所以②组向量线性相关;

④ $(\boldsymbol{\alpha}_1+\boldsymbol{\alpha}_2)-(\boldsymbol{\alpha}_2+\boldsymbol{\alpha}_3)+(\boldsymbol{\alpha}_3-\boldsymbol{\alpha}_4)+(\boldsymbol{\alpha}_4-\boldsymbol{\alpha}_1)=\mathbf{0}$,所以④组向量线性相关;

作为考题,排除了①,②,④,则③组向量必是线性无关的. 其证明为:设

$$x_1(\boldsymbol{\alpha}_1+\boldsymbol{\alpha}_2)+x_2(\boldsymbol{\alpha}_2+\boldsymbol{\alpha}_3)+x_3(\boldsymbol{\alpha}_3+\boldsymbol{\alpha}_4)+x_4(\boldsymbol{\alpha}_4-\boldsymbol{\alpha}_1)=\mathbf{0},$$

即

$$(x_1-x_4)\boldsymbol{\alpha}_1+(x_1+x_2)\boldsymbol{\alpha}_2+(x_2+x_3)\boldsymbol{\alpha}_3+(x_3+x_4)\boldsymbol{\alpha}_4=\mathbf{0}.$$

由于$\boldsymbol{\alpha}_1,\boldsymbol{\alpha}_2,\boldsymbol{\alpha}_3,\boldsymbol{\alpha}_4$线性无关,所以上式中它们的系数必须全为0,得齐次线性方程组:

$$x_1-x_4=0,\quad x_1+x_2=0,\quad x_2+x_3=0,\quad x_3+x_4=0. \tag{1}$$

方程组(1)的系数行列式

$$\begin{vmatrix}1&0&0&-1\\1&1&0&0\\0&1&1&0\\0&0&1&1\end{vmatrix}=\begin{vmatrix}1&0&0\\1&1&0\\0&1&1\end{vmatrix}-(-1)\begin{vmatrix}1&1&0\\0&1&1\\0&0&1\end{vmatrix}=2\neq0,$$

所以方程组(1)只有零解,因此向量组③线性无关.

4. 设$\boldsymbol{\alpha}_1=(1,0,2,3)$,$\boldsymbol{\alpha}_2=(1,1,3,5)$,$\boldsymbol{\alpha}_3=(1,-1,a+2,1)$,$\boldsymbol{\alpha}_4=(1,2,4,a+8)$,$\boldsymbol{\beta}=(1,1,b+3,5)$.试问:

① a,b为何值时,$\boldsymbol{\beta}$不能由$\boldsymbol{\alpha}_1,\boldsymbol{\alpha}_2,\boldsymbol{\alpha}_3,\boldsymbol{\alpha}_4$线性表示;

② a,b为何值时,$\boldsymbol{\beta}$可由$\boldsymbol{\alpha}_1,\boldsymbol{\alpha}_2,\boldsymbol{\alpha}_3,\boldsymbol{\alpha}_4$惟一地线性表示.

解 这个问题是讨论:向量方程$x_1\boldsymbol{\alpha}_1+x_2\boldsymbol{\alpha}_2+x_3\boldsymbol{\alpha}_3+x_4\boldsymbol{\alpha}_4=\boldsymbol{\beta}$,何时无解,何时有惟一解.这个向量方程可表示为一个非齐次线性方程组$\boldsymbol{Ax}=\boldsymbol{\beta}^{\mathrm{T}}$,其增广矩阵为

$$(\boldsymbol{\alpha}_1^{\mathrm{T}},\boldsymbol{\alpha}_2^{\mathrm{T}},\boldsymbol{\alpha}_3^{\mathrm{T}},\boldsymbol{\alpha}_4^{\mathrm{T}}\ \vdots\ \boldsymbol{\beta}^{\mathrm{T}})\xrightarrow[\text{行变换}]{\text{初等}}\left(\begin{array}{cccc:c}1&1&1&1&1\\0&1&-1&2&1\\0&0&a+1&0&b\\0&0&0&a+1&0\end{array}\right).$$

由此可见:① $a+1=0$即$a=-1$,且$b\neq0$时,方程组$\boldsymbol{Ax}=\boldsymbol{\beta}^{\mathrm{T}}$无解,即$\boldsymbol{\beta}$不能由$\boldsymbol{\alpha}_1,\boldsymbol{\alpha}_2,\boldsymbol{\alpha}_3,\boldsymbol{\alpha}_4$线性表示;

② $a+1\neq0$,即$a\neq-1$时,$\boldsymbol{Ax}=\boldsymbol{\beta}^{\mathrm{T}}$有惟一解,即$\boldsymbol{\beta}$可由$\boldsymbol{\alpha}_1,\boldsymbol{\alpha}_2,\boldsymbol{\alpha}_3,\boldsymbol{\alpha}_4$惟一地线性表示.此时,方程组的解为:$x_4=0,x_3=\dfrac{b}{a+1},x_2=1+x_3=\dfrac{a+b+1}{a+1}$,

$x_1=1-x_2-x_3-x_4=1-(1+x_3)-x_3-0=-2x_3=\dfrac{-2b}{a+1}$.所以

$$\boldsymbol{\beta}=\frac{1}{a+1}[-2b\,\boldsymbol{\alpha}_1+(a+b+1)\boldsymbol{\alpha}_2+b\,\boldsymbol{\alpha}_3].$$

5. 题型与4相同(略去).

6. 设$\boldsymbol{\alpha}_1=(1,1,1,3)^{\mathrm{T}}$,$\boldsymbol{\alpha}_2=(-1,-3,5,1)^{\mathrm{T}}$,$\boldsymbol{\alpha}_3=(3,2,-1,p+2)^{\mathrm{T}}$,

$\boldsymbol{\alpha}_4=(-2,-6,10,p)^{\mathrm{T}}$,试求:

① p 为何值时,$\boldsymbol{\alpha}_1,\boldsymbol{\alpha}_2,\boldsymbol{\alpha}_3,\boldsymbol{\alpha}_4$ 线性无关,并将 $\boldsymbol{\alpha}=(4,1,6,10)$用它们线性表示.

② p 为何值时,$\boldsymbol{\alpha}_1,\boldsymbol{\alpha}_2,\boldsymbol{\alpha}_3,\boldsymbol{\alpha}_4$ 线性相关,并求一个极大线性无关组.

解

$$(\boldsymbol{A},\boldsymbol{\alpha})=(\boldsymbol{\alpha}_1,\boldsymbol{\alpha}_2,\boldsymbol{\alpha}_3,\boldsymbol{\alpha}_4 \mid \boldsymbol{\alpha})\xrightarrow[\text{行变换}]{\text{初等}}$$

$$\left(\begin{array}{cccc:c} 1 & -1 & 3 & -2 & 4 \\ 0 & -2 & -1 & -4 & -3 \\ 0 & 0 & 1 & 0 & 1 \\ 0 & 0 & 0 & p-2 & 1-p \end{array}\right). \tag{1}$$

① $\boldsymbol{\alpha}_1,\boldsymbol{\alpha}_2,\boldsymbol{\alpha}_3,\boldsymbol{\alpha}_4$ 线性无关的充要条件是齐次线性方程组 $\boldsymbol{Ax}=\boldsymbol{0}$ 只有零解,由(1)式可见,$p-2\neq0$,即 $p\neq2$ 时,$\boldsymbol{Ax}=\boldsymbol{0}$ 只有零解,从而 $\boldsymbol{\alpha}_1,\boldsymbol{\alpha}_2,\boldsymbol{\alpha}_3,\boldsymbol{\alpha}_4$ 线性无关.此时,非齐次线性方程组 $\boldsymbol{Ax}=\boldsymbol{\alpha}$ 的解为

$$x_4=\frac{1-p}{p-2},\quad x_3=1,\quad x_2=\frac{3p-4}{p-2},\quad x_1=2.$$

所以

$$\boldsymbol{\alpha}=2\boldsymbol{\alpha}_1+\frac{3p-4}{p-2}\boldsymbol{\alpha}_2+\boldsymbol{\alpha}_3+\frac{1-p}{p-2}\boldsymbol{\alpha}_4.$$

② 当 $p-2=0$,即 $p=2$ 时,$\boldsymbol{\alpha}_1,\boldsymbol{\alpha}_2,\boldsymbol{\alpha}_3,\boldsymbol{\alpha}_4$ 线性相关.上面矩阵经初等行变换后,对应的列向量组有相同的线性相关性.在阶梯形矩阵中前 3 列线性无关,所以$\{\boldsymbol{\alpha}_1,\boldsymbol{\alpha}_2,\boldsymbol{\alpha}_3\}$是 $\boldsymbol{\alpha}_1,\boldsymbol{\alpha}_2,\boldsymbol{\alpha}_3,\boldsymbol{\alpha}_4$ 的一个极大线性无关组.

7. 设 $\boldsymbol{\beta}$ 可由$\{\boldsymbol{\alpha}_1,\cdots,\boldsymbol{\alpha}_m\}$线性表示,记(Ⅰ):$\{\boldsymbol{\alpha}_1,\cdots,\boldsymbol{\alpha}_{m-1}\}$,(Ⅱ):$\{\boldsymbol{\alpha}_1,\cdots,\boldsymbol{\alpha}_{m-1},\boldsymbol{\beta}\}$,若 $\boldsymbol{\beta}$ 不能由(Ⅰ)线性表示,则(　).

① $\boldsymbol{\alpha}_m$ 不能由(Ⅰ)表示,也不能由(Ⅱ)表示;

② $\boldsymbol{\alpha}_m$ 不能由(Ⅰ)表示,但可由(Ⅱ)表示;

③ $\boldsymbol{\alpha}_m$ 可由(Ⅰ)表示,也可由(Ⅱ)表示;

④ $\boldsymbol{\alpha}_m$ 可由(Ⅰ)表示,但不可由(Ⅱ)表示.

解　题设为:存在 $x_1,\cdots,x_{m-1},x_m$,使

$$\boldsymbol{\beta}=x_1\boldsymbol{\alpha}_1+\cdots+x_{m-1}\boldsymbol{\alpha}_{m-1}+x_m\boldsymbol{\alpha}_m. \tag{1}$$

若 $\boldsymbol{\beta}$ 不能由(Ⅰ):$\{\boldsymbol{\alpha}_1,\cdots,\boldsymbol{\alpha}_{m-1}\}$线性表示,则由(1)式可见 $x_m\neq0$,且 $\boldsymbol{\alpha}_m$ 也不能由(Ⅰ)表示(否则 $\boldsymbol{\beta}$ 可由(Ⅰ)表示);此时,由(1)式又可得

$$\boldsymbol{\alpha}_m=\frac{1}{x_m}(\boldsymbol{\beta}-x_1\boldsymbol{\alpha}_1-\cdots-x_{m-1}\boldsymbol{\alpha}_{m-1}).$$

因此 $\boldsymbol{\alpha}_m$ 可由(Ⅱ)表示.所以答案为②.

8. n 维向量 $\boldsymbol{\alpha}_1,\cdots,\boldsymbol{\alpha}_m(m<n)$ 线性无关,则 n 维向量 $\boldsymbol{\beta}_1,\boldsymbol{\beta}_2,\cdots,\boldsymbol{\beta}_m$ 线性无关的充要条件为(　).

① 向量组 $\boldsymbol{\alpha}_1,\cdots,\boldsymbol{\alpha}_m$ 可以由向量组 $\boldsymbol{\beta}_1,\boldsymbol{\beta}_2,\cdots,\boldsymbol{\beta}_m$ 线性表示;

② 向量组 $\boldsymbol{\beta}_1,\boldsymbol{\beta}_2,\cdots,\boldsymbol{\beta}_m$ 可以由向量组 $\boldsymbol{\alpha}_1,\cdots,\boldsymbol{\alpha}_m$ 线性表示;

③ 向量组 $\boldsymbol{\alpha}_1,\cdots,\boldsymbol{\alpha}_m$ 与向量组 $\boldsymbol{\beta}_1,\boldsymbol{\beta}_2,\cdots,\boldsymbol{\beta}_m$ 等价;

④ 矩阵 $\boldsymbol{A}=(\boldsymbol{\alpha}_1,\cdots,\boldsymbol{\alpha}_m)$ 可以经过初等变换化为矩阵 $\boldsymbol{B}=(\boldsymbol{\beta}_1,\boldsymbol{\beta}_2,\cdots,\boldsymbol{\beta}_m)$,即 $\boldsymbol{A}\cong\boldsymbol{B}$.

解　答案为④.因为初等变换不改变矩阵的秩,所以,

$\mathrm{r}(\boldsymbol{B})=\mathrm{r}(\boldsymbol{A})=m$(即 $\boldsymbol{\beta}_1,\boldsymbol{\beta}_2,\cdots,\boldsymbol{\beta}_m$ 线性无关)的充要条件为 $\boldsymbol{A}\cong\boldsymbol{B}$.

①,②,③都不正确是因为:两组线性无关的向量相互间并不一定可以线性表示.例如:

$$\boldsymbol{\alpha}_1=(1,0,0)^{\mathrm{T}},\quad \boldsymbol{\alpha}_2=(1,1,1)^{\mathrm{T}};\quad \boldsymbol{\beta}_1=(0,1,0)^{\mathrm{T}},\quad \boldsymbol{\beta}_2=(0,0,1)^{\mathrm{T}}.$$

这里$\{\boldsymbol{\alpha}_1,\boldsymbol{\alpha}_2\}$,$\{\boldsymbol{\beta}_1,\boldsymbol{\beta}_2\}$都是线性无关的向量组,它们相互间不能线性表示.然而

$$\boldsymbol{A}=\begin{pmatrix}1&1\\0&1\\0&1\end{pmatrix}\cong\begin{pmatrix}1&0\\0&1\\0&0\end{pmatrix}\cong\begin{pmatrix}0&0\\1&0\\0&1\end{pmatrix}=\boldsymbol{B}.$$

9. 设 $\boldsymbol{\alpha}_1=(1,2,3,4)$,$\boldsymbol{\alpha}_2=(2,3,4,5)$,$\boldsymbol{\alpha}_3=(3,4,5,6)$,$\boldsymbol{\alpha}_4=(4,5,6,7)$,求秩$\{\boldsymbol{\alpha}_1,\boldsymbol{\alpha}_2,\boldsymbol{\alpha}_3,\boldsymbol{\alpha}_4\}=$?

解　$$(\boldsymbol{\alpha}_1,\boldsymbol{\alpha}_2,\boldsymbol{\alpha}_3,\boldsymbol{\alpha}_4)\xrightarrow[\text{行变换}]{\text{初等}}\begin{bmatrix}1&2&3&4\\0&-1&-2&-3\\0&0&0&0\\0&0&0&0\end{bmatrix},$$

所以,秩$\{\boldsymbol{\alpha}_1,\boldsymbol{\alpha}_2,\boldsymbol{\alpha}_3,\boldsymbol{\alpha}_4\}=2$(上列阶梯阵的非零行行数).

10. 设 $\boldsymbol{\alpha}_1=(1,2,-1,1)$,$\boldsymbol{\alpha}_2=(2,0,t,0)$,$\boldsymbol{\alpha}_3=(0,-4,5,-2)$,若秩$\{\boldsymbol{\alpha}_1,\boldsymbol{\alpha}_2,\boldsymbol{\alpha}_3\}=2$,则 $t=$______.

解　方法同上,得 $t=3$.

11. 第 3 章 3.7 节中第 9 题.

12. 第 3 章 3.7 节中第 8 题.

13. (补充题 3-52) 设 $\boldsymbol{\alpha}=(1,2,1)^{\mathrm{T}}$, $\boldsymbol{\beta}=\left(1,\frac{1}{2},0\right)^{\mathrm{T}}$, $\boldsymbol{\gamma}=(0,0,8)^{\mathrm{T}}$, $\boldsymbol{A}=\boldsymbol{\alpha}\boldsymbol{\beta}^{\mathrm{T}}$, $B=\boldsymbol{\beta}^{\mathrm{T}}\boldsymbol{\alpha}$,求解方程 $2B^2\boldsymbol{A}^2\boldsymbol{x}=\boldsymbol{A}^4\boldsymbol{x}+B^4\boldsymbol{x}+\boldsymbol{\gamma}$.

解
$$\boldsymbol{A}=\begin{pmatrix}1\\2\\1\end{pmatrix}\left(1,\frac{1}{2},0\right)=\begin{pmatrix}1&\frac{1}{2}&0\\2&1&0\\1&\frac{1}{2}&0\end{pmatrix},$$

$$B=\left(1,\frac{1}{2},0\right)\begin{pmatrix}1\\2\\1\end{pmatrix}=1+1=2,$$

$$\boldsymbol{A}^2=(\boldsymbol{\alpha}\boldsymbol{\beta}^{\mathrm{T}})(\boldsymbol{\alpha}\boldsymbol{\beta}^{\mathrm{T}})=(\boldsymbol{\beta}^{\mathrm{T}}\boldsymbol{\alpha})(\boldsymbol{\alpha}\boldsymbol{\beta}^{\mathrm{T}})=B\boldsymbol{A}=2\boldsymbol{A},$$

$$\boldsymbol{A}^4=(\boldsymbol{\alpha}\boldsymbol{\beta}^{\mathrm{T}})(\boldsymbol{\alpha}\boldsymbol{\beta}^{\mathrm{T}})(\boldsymbol{\alpha}\boldsymbol{\beta}^{\mathrm{T}})(\boldsymbol{\alpha}\boldsymbol{\beta}^{\mathrm{T}})=(\boldsymbol{\beta}^{\mathrm{T}}\boldsymbol{\alpha})^3(\boldsymbol{\alpha}\boldsymbol{\beta}^{\mathrm{T}})=B^3\boldsymbol{A}=8\boldsymbol{A}.$$

由方程 $2B^2\boldsymbol{A}^2\boldsymbol{x}=\boldsymbol{A}^4\boldsymbol{x}+B^4\boldsymbol{x}+\boldsymbol{\gamma}$,得

$$(2B^2\boldsymbol{A}^2-\boldsymbol{A}^4-B^4\boldsymbol{I})\boldsymbol{x}=\boldsymbol{\gamma},$$

即
$$(8\boldsymbol{A}-16\boldsymbol{I})\boldsymbol{x}=\boldsymbol{\gamma},$$

从而得

$$\begin{pmatrix}-8&4&0\\16&-8&0\\8&4&-16\end{pmatrix}\begin{pmatrix}x_1\\x_2\\x_3\end{pmatrix}=\begin{pmatrix}0\\0\\8\end{pmatrix}.$$

该方程有惟一解 $\boldsymbol{x}=(x_1,x_2,x_3)^{\mathrm{T}}=\left(0,0,-\frac{1}{2}\right)^{\mathrm{T}}$.

14. 已知 $\boldsymbol{\alpha}_1,\boldsymbol{\alpha}_2,\boldsymbol{\alpha}_3$ 是 $\boldsymbol{A}\boldsymbol{x}=\boldsymbol{b}$ 的 3 个解($\boldsymbol{A}\in\mathbb{R}^{4\times4}$),$\mathrm{r}(\boldsymbol{A})=3$. $\boldsymbol{\alpha}_1=(1,2,3,4)^{\mathrm{T}}$, $\boldsymbol{\alpha}_2+\boldsymbol{\alpha}_3=(0,1,2,3)^{\mathrm{T}}$, c 为任意常数,则 $\boldsymbol{A}\boldsymbol{x}=\boldsymbol{b}$ 的通解 $\boldsymbol{x}=$______.

① $\boldsymbol{\alpha}_1+c(1,1,1,1)^{\mathrm{T}}$; ② $\boldsymbol{\alpha}_1+c(0,1,2,3)^{\mathrm{T}}$;

③ $\boldsymbol{\alpha}_1+c(2,3,4,5)^{\mathrm{T}}$; ④ $\boldsymbol{\alpha}_1+c(1,3,5,7)^{\mathrm{T}}$.

解 答案为③. 因为:

对应齐次方程组 $\boldsymbol{A}\boldsymbol{x}=\boldsymbol{0}$ 的基础解系含 $4-\mathrm{r}(\boldsymbol{A})=4-3=1$ 个向量. 由 $\boldsymbol{A}\boldsymbol{\alpha}_i=\boldsymbol{b}(i=1,2,3)$,得

$$\boldsymbol{A}\boldsymbol{\alpha}_1=\boldsymbol{b},\quad \boldsymbol{A}(\boldsymbol{\alpha}_2+\boldsymbol{\alpha}_3)=2\boldsymbol{b}.$$

从而

$$\boldsymbol{A}(2\boldsymbol{\alpha}_1-\boldsymbol{\alpha}_2-\boldsymbol{\alpha}_3)=2\boldsymbol{b}-2\boldsymbol{b}=\boldsymbol{0},$$

故 $\boldsymbol{x}_1=2\boldsymbol{\alpha}_1-\boldsymbol{\alpha}_2-\boldsymbol{\alpha}_3=(2,3,4,5)^{\mathrm{T}}$ 是 $\boldsymbol{Ax}=\boldsymbol{0}$ 的基础解系，因此，$\boldsymbol{Ax}=\boldsymbol{b}$ 的通解为 $\boldsymbol{\alpha}_1+c(2,3,4,5)^{\mathrm{T}}$.

15. 已知向量组 $\boldsymbol{\alpha}_1=(1,2,-3)^{\mathrm{T}},\boldsymbol{\alpha}_2=(3,0,1)^{\mathrm{T}},\boldsymbol{\alpha}_3=(9,6,-7)^{\mathrm{T}},\boldsymbol{\beta}_1=(0,1,-1)^{\mathrm{T}},\boldsymbol{\beta}_2=(a,2,1)^{\mathrm{T}},\boldsymbol{\beta}_3=(b,1,0)^{\mathrm{T}}$，且秩$(\boldsymbol{\alpha}_1,\boldsymbol{\alpha}_2,\boldsymbol{\alpha}_3)=$秩$(\boldsymbol{\beta}_1,\boldsymbol{\beta}_2,\boldsymbol{\beta}_3)$. 又 $\boldsymbol{\beta}_3$ 可由 $\boldsymbol{\alpha}_1,\boldsymbol{\alpha}_2,\boldsymbol{\alpha}_3$ 线性表示. 求 a,b 的值.

解　$\boldsymbol{\beta}_3$ 可由 $\boldsymbol{\alpha}_1,\boldsymbol{\alpha}_2,\boldsymbol{\alpha}_3$ 线性表示，向量组 $\{\boldsymbol{\beta}_3,\boldsymbol{\alpha}_1,\boldsymbol{\alpha}_2,\boldsymbol{\alpha}_3\}$ 与 $\{\boldsymbol{\alpha}_1,\boldsymbol{\alpha}_2,\boldsymbol{\alpha}_3\}$ 等价，即等秩.

由观察法看出 $\boldsymbol{\alpha}_1,\boldsymbol{\alpha}_2$ 线性无关(因为 $\boldsymbol{\alpha}_1,\boldsymbol{\alpha}_2$ 不成比例)，$\boldsymbol{\alpha}_1,\boldsymbol{\alpha}_2,\boldsymbol{\alpha}_3$ 线性相关. 事实上 $\boldsymbol{\alpha}_3=3\boldsymbol{\alpha}_1+2\boldsymbol{\alpha}_2$. 因为若令 $k_1(1,2,-3)^{\mathrm{T}}+k_2(3,0,1)^{\mathrm{T}}=(9,6,-7)^{\mathrm{T}}$，从第 2 个分量看得出 $2k_1+0=6,k_1=3$；再从第一个分量看得出 $3+3k_2=9,k_2=2$. 从而得秩$(\boldsymbol{\alpha}_1,\boldsymbol{\alpha}_2,\boldsymbol{\alpha}_3)=$秩$(\boldsymbol{\beta}_1,\boldsymbol{\beta}_2,\boldsymbol{\beta}_3)=2$.

由 $\boldsymbol{\beta}_1=(0,1,-1)^{\mathrm{T}},\boldsymbol{\beta}_2=(a,2,1)^{\mathrm{T}},\boldsymbol{\beta}_3=(b,1,0)^{\mathrm{T}}$，看出 $\boldsymbol{\beta}_1,\boldsymbol{\beta}_2$ 线性无关(不成比例). 而秩$(\boldsymbol{\beta}_1,\boldsymbol{\beta}_2,\boldsymbol{\beta}_3)=2$，故 $\boldsymbol{\beta}_1,\boldsymbol{\beta}_2,\boldsymbol{\beta}_3$ 线性相关. 令 $\boldsymbol{\beta}_3=k_1\boldsymbol{\beta}_1+k_2\boldsymbol{\beta}_2$，即

$$(b,1,0)^{\mathrm{T}}=k_1(0,1,-1)^{\mathrm{T}}+k_2(a,2,1)^{\mathrm{T}},$$

从而得
$$\begin{cases}b=k_2a,\\k_1+2k_2=1,\\-k_1+k_2=0.\end{cases}$$

解得
$$k_1=k_2=\frac{1}{3};b=\frac{a}{3}.$$

已知 $\boldsymbol{\beta}_3$ 可由 $\boldsymbol{\alpha}_1,\boldsymbol{\alpha}_2,\boldsymbol{\alpha}_3$ 线性表示，所以，$\boldsymbol{\beta}_3$ 也可由 $\boldsymbol{\alpha}_1,\boldsymbol{\alpha}_2$ 线性表示. 令

$$(b,1,0)^{\mathrm{T}}=k_1(1,2,-3)^{\mathrm{T}}+k_2(3,0,1)^{\mathrm{T}},$$

解得 $k_1=\dfrac{1}{2},k_2=\dfrac{3}{2},b=5$，所以 $a=3b=15$.

16. 已知 $\mathbb{R}^3$ 中向量组 $\boldsymbol{\alpha}_1=(a,2,10)^{\mathrm{T}},\boldsymbol{\alpha}_2=(-2,1,5)^{\mathrm{T}},\boldsymbol{\alpha}_3=(-1,1,4)^{\mathrm{T}},\boldsymbol{\beta}=(1,b,c)^{\mathrm{T}}$. 试问：$a,b,c$ 满足什么条件时，有

(1) $\boldsymbol{\beta}$ 可由 $\boldsymbol{\alpha}_1,\boldsymbol{\alpha}_2,\boldsymbol{\alpha}_3$ 线性表示，且表示法惟一；

(2) $\boldsymbol{\beta}$ 不能由 $\boldsymbol{\alpha}_1,\boldsymbol{\alpha}_2,\boldsymbol{\alpha}_3$ 线性表示；

(3) $\boldsymbol{\beta}$ 可由 $\boldsymbol{\alpha}_1,\boldsymbol{\alpha}_2,\boldsymbol{\alpha}_3$ 线性表示，但表示法不惟一，并求出一般表达式.

解　(1) 设 $\boldsymbol{\beta}=x_1\boldsymbol{\alpha}_1+x_2\boldsymbol{\alpha}_2+x_3\boldsymbol{\alpha}_3$. 此方程组的增广矩阵

$$\begin{pmatrix} a & -2 & -1 & \vdots & 1 \\ 2 & 1 & 1 & \vdots & b \\ 10 & 5 & 4 & \vdots & c \end{pmatrix} \Rightarrow \begin{pmatrix} 2 & 1 & 1 & \vdots & b \\ 0 & 0 & -1 & \vdots & c-5b \\ 0 & -2-\frac{a}{2} & -1-\frac{a}{2} & \vdots & 1-\frac{ab}{2} \end{pmatrix}$$

$$\Rightarrow \begin{pmatrix} 2 & 1 & 1 & \vdots & b \\ 0 & -2-\frac{a}{2} & -1-\frac{a}{2} & \vdots & 1-\frac{ab}{2} \\ 0 & 0 & -1 & \vdots & c-5b \end{pmatrix}.$$

当$-2-\frac{a}{2}\neq 0$,即$a\neq -4$时,得惟一解,$\boldsymbol{\beta}$可经$\boldsymbol{\alpha}_1,\boldsymbol{\alpha}_2,\boldsymbol{\alpha}_3$线性表示,且表示法惟一.

(2) 当$a=-4$时,此时增广矩阵变换为

$$\begin{pmatrix} 2 & 1 & 1 & \vdots & b \\ 0 & 0 & 1 & \vdots & 1+2b \\ 0 & 0 & -1 & \vdots & c-5b \end{pmatrix} \Rightarrow \begin{pmatrix} 2 & 1 & 0 & \vdots & -1-b \\ 0 & 0 & 1 & \vdots & 1+2b \\ 0 & 0 & 0 & \vdots & 1-3b+c \end{pmatrix}.$$

当$1-3b+c\neq 0$时,$\boldsymbol{\beta}$不能由$\boldsymbol{\alpha}_1,\boldsymbol{\alpha}_2,\boldsymbol{\alpha}_3$线性表示.

(3) 当$a=-4,1-3b+c=0$时,方程组有无穷多组解,$\boldsymbol{\beta}$可由$\boldsymbol{\alpha}_1,\boldsymbol{\alpha}_2,\boldsymbol{\alpha}_3$线性表示,且表示法不惟一.其一般表达式为

$$\boldsymbol{\beta}=k\,\boldsymbol{\alpha}_1-(1+b+2k)\boldsymbol{\alpha}_2+(1+2b)\boldsymbol{\alpha}_3,\ k\text{ 为任意常数}.$$

17. (习题 3-45) 设向量组$\{\boldsymbol{\alpha}_1,\boldsymbol{\alpha}_2,\boldsymbol{\alpha}_3\}$线性相关,$\{\boldsymbol{\alpha}_2,\boldsymbol{\alpha}_3,\boldsymbol{\alpha}_4\}$线性无关.回答下列问题,并证明之.

(1) $\boldsymbol{\alpha}_1$能否由$\{\boldsymbol{\alpha}_2,\boldsymbol{\alpha}_3\}$线性表示?

(2) $\boldsymbol{\alpha}_4$能否由$\{\boldsymbol{\alpha}_1,\boldsymbol{\alpha}_2,\boldsymbol{\alpha}_3\}$线性表示?

解 (1) 因为$\boldsymbol{\alpha}_2,\boldsymbol{\alpha}_3$线性无关,而$\boldsymbol{\alpha}_1,\boldsymbol{\alpha}_2,\boldsymbol{\alpha}_3$线性相关,所以$\boldsymbol{\alpha}_1$可由$\boldsymbol{\alpha}_2$,$\boldsymbol{\alpha}_3$线性表示(证明见定理 3.3).

(2) $\boldsymbol{\alpha}_4$不能由$\{\boldsymbol{\alpha}_1,\boldsymbol{\alpha}_2,\boldsymbol{\alpha}_3\}$线性表示.因为如果$\boldsymbol{\alpha}_4$能由$\{\boldsymbol{\alpha}_1,\boldsymbol{\alpha}_2,\boldsymbol{\alpha}_3\}$线性表示,则$\boldsymbol{\alpha}_4$就能由$\boldsymbol{\alpha}_2,\boldsymbol{\alpha}_3$线性表示(因为$\boldsymbol{\alpha}_1$能由$\boldsymbol{\alpha}_2,\boldsymbol{\alpha}_3$线性表示),这与$\boldsymbol{\alpha}_2$,$\boldsymbol{\alpha}_3,\boldsymbol{\alpha}_4$线性无关矛盾.

18. 设$\boldsymbol{A}\in\mathbb{R}^{n\times m},\boldsymbol{B}\in\mathbb{R}^{m\times n},n<m$,证明:若$\boldsymbol{AB}=\boldsymbol{I}$,则$\boldsymbol{B}$的列向量组线性无关.

证 $\boldsymbol{AB}$是n阶矩阵,已知$\mathrm{r}(\boldsymbol{AB})=\mathrm{r}(\boldsymbol{I})=n$,而$\mathrm{r}(\boldsymbol{AB})\leqslant\min(\mathrm{r}(\boldsymbol{A}),\mathrm{r}(\boldsymbol{B}))$,所以$\mathrm{r}(\boldsymbol{B})=n$,因此,$\boldsymbol{B}$的$n$个列向量的秩为$n$,即$\boldsymbol{B}$的列向量组线性

无关.

19. 设非齐次线性方程组 $\boldsymbol{Ax}=\boldsymbol{b}$ 的增广矩阵如下,问其中参数(a,b,λ 等)取何值时,方程无解,有惟一解,有无穷多组解? 当有无穷多组解时,求其一般解.

(1) $\left(\begin{array}{cccc:c} 1 & 1 & 1 & 1 & 0 \\ 0 & 1 & 2 & 2 & 1 \\ 0 & -1 & a-3 & -2 & b \\ 0 & 2 & 1 & a & -1 \end{array}\right)$; (2) $\left(\begin{array}{ccc:c} 1 & 0 & 1 & \lambda \\ 4 & 1 & 1 & \lambda+2 \\ 6 & 1 & 4 & 2\lambda+3 \end{array}\right)$;

(3) $\left(\begin{array}{cccc:c} 1 & 3 & 2 & 4 & 1 \\ 0 & 1 & a & -a & -1 \\ 1 & 2 & 0 & 3 & 3 \end{array}\right)$; (4) $\left(\begin{array}{ccc:c} 2 & \lambda & -1 & 1 \\ \lambda & -1 & 1 & 2 \\ 4 & 5 & -5 & -1 \end{array}\right)$;

(5) $\left(\begin{array}{ccc:c} 1 & 2 & 1 & 1 \\ 2 & 3 & a+2 & 3 \\ 1 & a & -2 & 0 \end{array}\right)$.

这些题与我们在第 3 章 3.6 节中的例 1,以及教材第 3 章 3.5 节中的例 2 都是同样类型的.这里不再给出题解.留给读者自己独立完成.

20. (补充题 3-38) 已知 $\boldsymbol{\beta}_1,\boldsymbol{\beta}_2$ 是方程 $\boldsymbol{Ax}=\boldsymbol{b}$ 的两个不同解,$\boldsymbol{\alpha}_1,\boldsymbol{\alpha}_2$ 是对应齐次方程 $\boldsymbol{Ax}=\boldsymbol{0}$ 的基础解系,则 $\boldsymbol{Ax}=\boldsymbol{b}$ 的一般解是( ).

(A) $k_1\boldsymbol{\alpha}_1+k_2(\boldsymbol{\alpha}_1+\boldsymbol{\alpha}_2)+\dfrac{\boldsymbol{\beta}_1-\boldsymbol{\beta}_2}{2}$;

(B) $k_1\boldsymbol{\alpha}_1+k_2(\boldsymbol{\alpha}_2-\boldsymbol{\alpha}_1)+\dfrac{\boldsymbol{\beta}_1+\boldsymbol{\beta}_2}{2}$;

(C) $k_1\boldsymbol{\alpha}_1+k_2(\boldsymbol{\beta}_1+\boldsymbol{\beta}_2)+\dfrac{\boldsymbol{\beta}_1-\boldsymbol{\beta}_2}{2}$;

(D) $k_1\boldsymbol{\alpha}_1+k_2(\boldsymbol{\beta}_1-\boldsymbol{\beta}_2)+\dfrac{\boldsymbol{\beta}_1+\boldsymbol{\beta}_2}{2}$.

解 答案为(B).因为 $\boldsymbol{\alpha}_1,\boldsymbol{\alpha}_2-\boldsymbol{\alpha}_1$ 是 $\boldsymbol{Ax}=\boldsymbol{0}$ 的两个线性无关的解,从而是它的基础解系;$\dfrac{\boldsymbol{\beta}_1+\boldsymbol{\beta}_2}{2}$ 是 $\boldsymbol{Ax}=\boldsymbol{b}$ 的一个解,即 $\boldsymbol{A}\dfrac{\boldsymbol{\beta}_1+\boldsymbol{\beta}_2}{2}=\dfrac{1}{2}\boldsymbol{A\beta}_1+\dfrac{1}{2}\boldsymbol{A\beta}_2=\dfrac{\boldsymbol{b}}{2}+\dfrac{\boldsymbol{b}}{2}=\boldsymbol{b}$.所以 $\boldsymbol{Ax}=\boldsymbol{b}$ 的一般解为(B).

21. 见第 3 章 3.7 节中第 5 题.

22. 见第 3 章 3.7 节中第 6 题.

23. (补充题 3-50) 设 n 阶矩阵 $\boldsymbol{A}$ 的每行元素之和均为零,又 $\mathrm{r}(\boldsymbol{A})=n-1$,求齐次线性方程组 $\boldsymbol{Ax}=\boldsymbol{0}$ 的通解.

解 由 $\mathrm{r}(\boldsymbol{A})=n-1$ 可知,$\boldsymbol{Ax}=\boldsymbol{0}$ 的基础解系只含 $n-\mathrm{r}(\boldsymbol{A})=1$ 个解向量;再由 $\boldsymbol{A}$ 的每行元素之和均为零又可知,$\boldsymbol{x}=(1,1,\cdots,1)^{\mathrm{T}}$ 是 $\boldsymbol{Ax}=\boldsymbol{0}$ 的解,从而也是其基础解系,因此 $\boldsymbol{Ax}=\boldsymbol{0}$ 的通解为

$$\boldsymbol{x}=k(1,1,1,1)^{\mathrm{T}},\quad k\text{ 为任意常数}.$$

24. 若 $\boldsymbol{\xi}_1=(1,0,2)^{\mathrm{T}},\boldsymbol{\xi}_2=(0,1,-1)^{\mathrm{T}}$ 是齐次线性方程组 $\boldsymbol{Ax}=\boldsymbol{0}$ 的解,则系数矩阵 $\boldsymbol{A}$ 为( ).

① $(-2,1,1)$; ② $\begin{pmatrix}2 & 0 & -1\\ 0 & 1 & 1\end{pmatrix}$.

解 答案是①.因为 $\boldsymbol{\xi}_1$ 与 $\boldsymbol{\xi}_2$ 是

$$-2x_1+x_2+x_3=0$$

的两个解.而 $\boldsymbol{\xi}_1$ 与 $\boldsymbol{\xi}_2$ 不是以②中矩阵作为系数矩阵的齐次线性方程组的解.

一般由齐次线性方程组的解,反过来求这个方程组的方法,请见第 3 章 3.5 节中例 2 的另一解法.

25. 设 $\boldsymbol{A}=\begin{pmatrix}1 & 1 & 0 & 0 & 5\\ 1 & 1 & -1 & 0 & 0\\ 0 & 0 & 1 & 1 & 1\end{pmatrix}$,求齐次线性方程组 $\boldsymbol{Ax}=\boldsymbol{0}$ 的基础解系.

解 求解过程略去.基础解系为

$$\boldsymbol{\xi}_1=(-1,1,0,0,0)^{\mathrm{T}};\quad \boldsymbol{\xi}_2=(-5,0,-5,4,1)^{\mathrm{T}}.$$

26. 设 $\boldsymbol{A}=(a_{ij})$ 是 $n\times(2n)$ 矩阵.已知 $\boldsymbol{Ax}=\boldsymbol{0}$ 的基础解系为:$\boldsymbol{\xi}_1=(b_{11},b_{12},\cdots,b_{1,2n})^{\mathrm{T}},\boldsymbol{\xi}_2=(b_{21},b_{22},\cdots,b_{2,2n})^{\mathrm{T}},\cdots,\boldsymbol{\xi}_n=(b_{n1},b_{n2},\cdots,b_{n,2n})^{\mathrm{T}}$,试求齐次线性方程组 $\boldsymbol{By}=\boldsymbol{0}$,即

$$\begin{cases}b_{11}y_1+b_{12}y_2+\cdots+b_{1,2n}y_{2n}=0,\\ b_{21}y_1+b_{22}y_2+\cdots+b_{2,2n}y_{2n}=0,\\ \cdots\cdots\cdots\cdots\cdots\cdots\cdots\cdots\\ b_{n1}y_1+b_{n2}y_2+\cdots+b_{n,2n}y_{2n}=0.\end{cases}\tag{1}$$

的通解,并说明理由.

解 由(1)知:

$$B=\begin{pmatrix}\boldsymbol{\xi}_1^{\mathrm T}\\ \boldsymbol{\xi}_2^{\mathrm T}\\ \vdots\\ \boldsymbol{\xi}_n^{\mathrm T}\end{pmatrix},\quad \text{从而 } B^{\mathrm T}=(\boldsymbol{\xi}_1,\boldsymbol{\xi}_2,\cdots,\boldsymbol{\xi}_n).$$

方程组(1)可表示为 $\boldsymbol{B}\boldsymbol{y}=\boldsymbol{0}$. 由于 $\boldsymbol{\xi}_1,\boldsymbol{\xi}_2,\cdots,\boldsymbol{\xi}_n$ 是 $\boldsymbol{A}\boldsymbol{x}=\boldsymbol{0}$ 的基础解系，所以 $2n-\mathrm{r}(\boldsymbol{A})=n$，即 $\mathrm{r}(\boldsymbol{A})=n$；又因为

$$\boldsymbol{A}\boldsymbol{\xi}_i=\boldsymbol{0},\quad i=1,2,\cdots,n,$$

于是

$$\boldsymbol{A}(\boldsymbol{\xi}_1,\boldsymbol{\xi}_2,\cdots,\boldsymbol{\xi}_n)=(\boldsymbol{0},\boldsymbol{0},\cdots,\boldsymbol{0}),$$

即

$$\boldsymbol{A}\boldsymbol{B}^{\mathrm T}=\boldsymbol{0}.$$

因此

$$(\boldsymbol{A}\boldsymbol{B}^{\mathrm T})^{\mathrm T}=\boldsymbol{B}\boldsymbol{A}^{\mathrm T}=\boldsymbol{0}. \tag{2}$$

设

$$\boldsymbol{A}=(a_{ij})_{n\times(2n)}=\begin{pmatrix}\boldsymbol{\alpha}_1\\ \boldsymbol{\alpha}_2\\ \vdots\\ \boldsymbol{\alpha}_n\end{pmatrix},$$

则

$$\boldsymbol{A}^{\mathrm T}=(\boldsymbol{\alpha}_1^{\mathrm T},\boldsymbol{\alpha}_2^{\mathrm T},\cdots,\boldsymbol{\alpha}_n^{\mathrm T}). \tag{3}$$

由(2),(3)式可得

$$\boldsymbol{B}\boldsymbol{\alpha}_j^{\mathrm T}=\boldsymbol{0},\quad j=1,\cdots,n. \tag{4}$$

由 $\mathrm{r}(\boldsymbol{B})=n$ 及(4)式可见，$\boldsymbol{A}$ 的 n 个行向量的转置 $\boldsymbol{\alpha}_1^{\mathrm T},\boldsymbol{\alpha}_2^{\mathrm T},\cdots,\boldsymbol{\alpha}_n^{\mathrm T}$ 是 $\boldsymbol{B}\boldsymbol{y}=\boldsymbol{0}$ 的基础解系. 其一般解为 $\boldsymbol{y}=k_1\boldsymbol{\alpha}_1^{\mathrm T}+k_2\boldsymbol{\alpha}_2^{\mathrm T}+\cdots+k_n\boldsymbol{\alpha}_n^{\mathrm T}$（其中 $k_1,k_2,\cdots,k_n$ 为任意常数）。

27. 见第 3 章 3.6 节中例 6.

28. 见第 3 章 3.5 节中例 3.

29. 设 $\boldsymbol{A}=\begin{pmatrix}\lambda & 1 & \lambda^2\\ 1 & \lambda & 1\\ 1 & 1 & \lambda\end{pmatrix}$,

已知存在三阶矩阵 $\boldsymbol{B}\neq\boldsymbol{0}$，使 $\boldsymbol{A}\boldsymbol{B}=\boldsymbol{0}$，则必有(　).

① $\lambda=-2,|\boldsymbol{B}|=0$；　　② $\lambda=-2,|\boldsymbol{B}|\neq 0$；

③ $\lambda=1,|\boldsymbol{B}|=0$；　　④ $\lambda=|\boldsymbol{B}|\neq 0$.

解　答案为③. 此题与第 3 章 3.5 节中例 4 是类似的，请参考后自己独立完成.

此题的关键为：由 $\boldsymbol{AB}=\boldsymbol{0}$ 可知，$\boldsymbol{B}$ 的列向量 $\boldsymbol{\beta}_1,\boldsymbol{\beta}_2,\boldsymbol{\beta}_3$ 均是$\boldsymbol{Ax}=\boldsymbol{0}$的解，且其中至少有一个是非零解. 因此必有$|\boldsymbol{A}|=0$，观察即可见 $\lambda=1$ 时，$|\boldsymbol{A}|=0$，此时 $\boldsymbol{Ax}=\boldsymbol{0}$ 的基础解系含 $3-\mathrm{r}(\boldsymbol{A})=3-1=2$个解向量，所以 $\mathrm{r}(\boldsymbol{B})\leqslant 2$，从而$|\boldsymbol{B}|=0$.

30. 设

$$\boldsymbol{A}=\begin{pmatrix}1 & 2 & -2\\ 4 & t & 3\\ 3 & -1 & 1\end{pmatrix},$$

已知存在三阶非零矩阵 $\boldsymbol{B}$，使 $\boldsymbol{AB}=\boldsymbol{0}$，则 $t=$______.

解　此题与上题类似. 由$|\boldsymbol{A}|=7t+21=0$，得 $t=-3$.

31. 设矩阵 $\begin{pmatrix}a_1 & b_1 & c_1\\ a_2 & b_2 & c_2\\ a_3 & b_3 & c_3\end{pmatrix}$ 是满秩的，则直线

$$L_1:\frac{x-a_3}{a_1-a_2}=\frac{y-b_3}{b_1-b_2}=\frac{z-c_3}{c_1-c_2}\quad 与\quad L_2:\frac{x-a_1}{a_2-a_3}=\frac{y-b_1}{b_2-b_3}=\frac{z-c_1}{c_2-c_3}$$

(A) 相交于一点；　　(B) 重合；

(C) 平行但不重合；　　(D) 异面.

解

$$\begin{pmatrix}a_1 & b_1 & c_1\\ a_2 & b_2 & c_2\\ a_3 & b_3 & c_3\end{pmatrix}\rightarrow\begin{pmatrix}a_1-a_2 & b_1-b_2 & c_1-c_2\\ a_2-a_3 & b_2-b_3 & c_2-c_3\\ a_3 & b_3 & c_3\end{pmatrix},$$

(由于矩阵满秩)其中任两行不成比例，即 L_1 与 L_2 的方向向量不平行. 排除(B)(C). 分析 L_1 与 L_2 是否共面，设 $A(a_1,b_1,c_1)$，$C(a_3,b_3,c_3)$，由混合积

$$\boldsymbol{s}_1\cdot(\boldsymbol{s}_2\times\overrightarrow{AC})=\begin{vmatrix}a_1-a_2 & b_1-b_2 & c_1-c_2\\ a_2-a_3 & b_2-b_3 & c_2-c_3\\ a_3-a_1 & b_3-b_1 & c_3-c_1\end{vmatrix}=0$$

(因为各行加到第 1 行后，第 1 行全为 0)可知 AC，L_1，L_2 三线共面，而 L_1 与 L_2 又不平行，所以 L_1 与 L_2 必相交，选(A).

32. 设$\boldsymbol{A}\in M_n(\mathbb{R})$(即$n$阶实矩阵),则线性方程组(Ⅰ),(Ⅱ):

(Ⅰ) $\boldsymbol{Ax}=\boldsymbol{0}$, (Ⅱ) $\boldsymbol{A}^{\mathrm{T}}\boldsymbol{Ax}=\boldsymbol{0}$

的解集必为( ).

① 同解(相等);

② (Ⅰ)的解必是(Ⅱ)的解,但(Ⅱ)的解不一定是(Ⅰ)的解;

③ (Ⅱ)的解必是(Ⅰ)的解,但(Ⅰ)的解不一定是(Ⅱ)的解;

④ 二者的解没有关系.

解 答案为①.因为:秩$(\boldsymbol{A}^{\mathrm{T}}\boldsymbol{A})=$秩$(\boldsymbol{A})$,所以二者的基础解系所含向量个数相同;再由$\boldsymbol{Ax}=\boldsymbol{0}$可推出$\boldsymbol{A}^{\mathrm{T}}(\boldsymbol{Ax})=\boldsymbol{0}$,即(Ⅰ)的解必是(Ⅱ)的解,从而(Ⅰ)的基础解系也是(Ⅱ)的基础解系.因此,(Ⅰ),(Ⅱ)是同解方程组.

33. 见主教材第3章第3.5节中的例5.

34. 设$\boldsymbol{\alpha}_i=(a_{i1},a_{i2},\cdots,a_{in})^{\mathrm{T}}(i=1,2,\cdots,r;r<n)$是$n$维实向量,且$\boldsymbol{\alpha}_1,\boldsymbol{\alpha}_2,\cdots,\boldsymbol{\alpha}_r$线性无关,已知$\boldsymbol{\beta}=(b_1,b_2,\cdots,b_n)^{\mathrm{T}}$是线性方程组

$$\begin{cases}a_{11}x_1+a_{12}x_2+\cdots+a_{1n}x_n=0,\\a_{21}x_1+a_{22}x_2+\cdots+a_{2n}x_n=0,\\\cdots\cdots\cdots\cdots\cdots\cdots\cdots\cdots\cdots\\a_{r1}x_1+a_{r2}x_2+\cdots+a_{rn}x_n=0.\end{cases}$$

的非零解向量,试判断向量组$\boldsymbol{\alpha}_1,\boldsymbol{\alpha}_2,\cdots,\boldsymbol{\alpha}_r,\boldsymbol{\beta}$的线性相关性.

解 由于$\boldsymbol{\beta}$是线性方程组的解,所以$\boldsymbol{\beta}$与$\boldsymbol{\alpha}_i$的内积

$$(\boldsymbol{\alpha}_i,\boldsymbol{\beta})=a_{i1}b_1+a_{i2}b_2+\cdots+a_{in}b_n=0,\quad i=1,2,\cdots,r.$$

下面判断$\boldsymbol{\alpha}_1,\boldsymbol{\alpha}_2,\cdots,\boldsymbol{\alpha}_r,\boldsymbol{\beta}$的线性相关性.设

$$k_1\boldsymbol{\alpha}_1+k_2\boldsymbol{\alpha}_2+\cdots+k_r\boldsymbol{\alpha}_r+k\boldsymbol{\beta}=\boldsymbol{0},\tag{1}$$

则

$$(k_1\boldsymbol{\alpha}_1+k_2\boldsymbol{\alpha}_2+\cdots+k_r\boldsymbol{\alpha}_r+k\boldsymbol{\beta},\boldsymbol{\beta})=(\boldsymbol{0},\boldsymbol{\beta})=0,$$

即

$$\begin{aligned}&k_1(\boldsymbol{\alpha}_1,\boldsymbol{\beta})+k_2(\boldsymbol{\alpha}_2,\boldsymbol{\beta})+\cdots+k_r(\boldsymbol{\alpha}_r,\boldsymbol{\beta})+k(\boldsymbol{\beta},\boldsymbol{\beta})\\&\quad=0+0+\cdots+0+k(\boldsymbol{\beta},\boldsymbol{\beta})=0.\end{aligned}$$

由于$(\boldsymbol{\beta},\boldsymbol{\beta})>0$,所以$k=0$.将其代入(1)式,再由$\boldsymbol{\alpha}_1,\boldsymbol{\alpha}_2,\cdots,\boldsymbol{\alpha}_r$线性无关,又得$k_1=k_2=\cdots=k_r=0$.所以,向量组$\boldsymbol{\alpha}_1,\boldsymbol{\alpha}_2,\cdots,\boldsymbol{\alpha}_r,\boldsymbol{\beta}$线性无关.

35. 见第3章3.5节中例2.

36. 见第3章3.5节中例7.

37. 见第 3 章 3.5 节中例 5.

38. 见第 3 章 3.5 节中例 6.

39. 见第 3 章 3.6 节中例 3.

40. 见第 3 章 3.6 节中例 5.

41. 设向量组 $\boldsymbol{\alpha}_1,\boldsymbol{\alpha}_2,\boldsymbol{\alpha}_3$ 线性无关,向量 $\boldsymbol{\beta}_1$ 可由 $\boldsymbol{\alpha}_1,\boldsymbol{\alpha}_2,\boldsymbol{\alpha}_3$ 线性表示,而向量 $\boldsymbol{\beta}_2$ 不能由 $\boldsymbol{\alpha}_1,\boldsymbol{\alpha}_2,\boldsymbol{\alpha}_3$ 线性表示,则对于任意常数 k,必有

(A) $\boldsymbol{\alpha}_1,\boldsymbol{\alpha}_2,\boldsymbol{\alpha}_3,k\boldsymbol{\beta}_1+\boldsymbol{\beta}_2$ 线性无关;

(B) $\boldsymbol{\alpha}_1,\boldsymbol{\alpha}_2,\boldsymbol{\alpha}_3,k\boldsymbol{\beta}_1+\boldsymbol{\beta}_2$ 线性相关;

(C) $\boldsymbol{\alpha}_1,\boldsymbol{\alpha}_2,\boldsymbol{\alpha}_3,\boldsymbol{\beta}_1+k\boldsymbol{\beta}_2$ 线性无关;

(D) $\boldsymbol{\alpha}_1,\boldsymbol{\alpha}_2,\boldsymbol{\alpha}_3,\boldsymbol{\beta}_1+k\boldsymbol{\beta}_2$ 线性相关.

解 答案为(A).下面证明:设

$$c_1\boldsymbol{\alpha}_1+c_2\boldsymbol{\alpha}_2+c_3\boldsymbol{\alpha}_3+c(k\boldsymbol{\beta}_1+\boldsymbol{\beta}_2)=\mathbf{0}. \tag{1}$$

由于 $\boldsymbol{\beta}_1=k_1\boldsymbol{\alpha}_1+k_2\boldsymbol{\alpha}_2+k_3\boldsymbol{\alpha}_3$,代入(1)式,得

$$(c_1+ckk_1)\boldsymbol{\alpha}_1+(c_2+ckk_2)\boldsymbol{\alpha}_2+(c_3+ckk_3)\boldsymbol{\alpha}_3+c\boldsymbol{\beta}_2=\mathbf{0}. \tag{2}$$

由于 $\boldsymbol{\beta}_2$ 不能由 $\boldsymbol{\alpha}_1,\boldsymbol{\alpha}_2,\boldsymbol{\alpha}_3$ 线性表示,所以(2)式中 $\boldsymbol{\beta}_2$ 的系数 $c=0$,将其代入(2)式,再由 $\boldsymbol{\alpha}_1,\boldsymbol{\alpha}_2,\boldsymbol{\alpha}_3$ 线性无关又得 $c_1=c_2=c_3=0$. 所以,$\boldsymbol{\alpha}_1,\boldsymbol{\alpha}_2,\boldsymbol{\alpha}_3,k\boldsymbol{\beta}_1+\boldsymbol{\beta}_2$ 线性无关.

注意:(C),(D)都不正确.因为:当$k=0$时,(C)中向量线性相关;当 $k\neq 0$ 时,(D)中向量线性无关.

4 向量空间与线性变换

1. 已知$\mathbb{R}^3$的基底为 $\boldsymbol{\alpha}_1=(1,1,0),\boldsymbol{\alpha}_2=(1,0,1),\boldsymbol{\alpha}_3=(0,1,1)$,求 $\boldsymbol{\mu}=(2,0,0)$在基底下的坐标.

解 设 $\boldsymbol{\mu}=x_1\boldsymbol{\alpha}_1+x_2\boldsymbol{\alpha}_2+x_3\boldsymbol{\alpha}_3$,得

$$(\boldsymbol{\alpha}_1,\boldsymbol{\alpha}_2,\boldsymbol{\alpha}_3)\begin{pmatrix}x_1\\x_2\\x_3\end{pmatrix}=\begin{pmatrix}1&1&0\\1&0&1\\0&1&1\end{pmatrix}\begin{pmatrix}x_1\\x_2\\x_3\end{pmatrix}=\begin{pmatrix}2\\0\\0\end{pmatrix}.$$

解此方程组,得 $\boldsymbol{\mu}$ 的坐标$(x_1,x_2,x_3)^{\mathrm{T}}=(1,1,-1)^{\mathrm{T}}$.

2. 已知$\mathbb{R}^3$的两组基:

$\boldsymbol{\alpha}_1=(1,0,1)^{\mathrm{T}}, \boldsymbol{\alpha}_2=(1,0,-1)^{\mathrm{T}}, \boldsymbol{\alpha}_3=(1,1,1)^{\mathrm{T}}$;

$\boldsymbol{\beta}_1=(1,2,1)^{\mathrm{T}}, \boldsymbol{\beta}_2=(2,3,4)^{\mathrm{T}}, \boldsymbol{\beta}_3=(3,4,3)^{\mathrm{T}}$.

求$\{\boldsymbol{\alpha}_1,\boldsymbol{\alpha}_2,\boldsymbol{\alpha}_3\}$到$\{\boldsymbol{\beta}_1,\boldsymbol{\beta}_2,\boldsymbol{\beta}_3\}$的过渡矩阵 $\boldsymbol{A}$.

解 设$(\boldsymbol{\beta}_1,\boldsymbol{\beta}_2,\boldsymbol{\beta}_3)=(\boldsymbol{\alpha}_1,\boldsymbol{\alpha}_2,\boldsymbol{\alpha}_3)\boldsymbol{A}$,得

$$\begin{pmatrix}1&2&3\\2&3&4\\1&4&3\end{pmatrix}=\begin{pmatrix}1&1&1\\0&0&1\\1&-1&1\end{pmatrix}\boldsymbol{A},$$

所以

$$\boldsymbol{A}=\begin{pmatrix}1&1&1\\0&0&1\\1&-1&1\end{pmatrix}^{-1}\begin{pmatrix}1&2&3\\2&3&4\\1&4&3\end{pmatrix}=\frac{1}{2}\begin{pmatrix}1&-2&1\\1&0&-1\\0&2&0\end{pmatrix}\begin{pmatrix}1&2&3\\2&3&4\\1&4&3\end{pmatrix}$$

$$=\frac{1}{2}\begin{pmatrix}-2&0&-2\\0&-2&0\\4&6&8\end{pmatrix}=\begin{pmatrix}-1&0&-1\\0&-1&0\\2&3&4\end{pmatrix}.$$

3. 设$\boldsymbol{B}\in\mathbb{R}^{5\times4}$,$\mathrm{r}(\boldsymbol{B})=2$,已知齐次线性方程组 $\boldsymbol{Bx}=\mathbf{0}$ 的 3 个解向量为 $\boldsymbol{\alpha}_1=(1,1,2,3)^{\mathrm{T}}, \boldsymbol{\alpha}_2=(-1,1,4,-1)^{\mathrm{T}}, \boldsymbol{\alpha}_3=(5,-1,-8,9)^{\mathrm{T}}$. 试求 $\boldsymbol{Bx}=\mathbf{0}$ 的解空间的一个标准正交基.

解 $\boldsymbol{Bx}=\mathbf{0}$ 的解空间的维数(即基础解系所含向量个数)为 $4-\mathrm{r}(\boldsymbol{A})=4-2=2$.

已知的 3 个解向量必有一个可由另外两个线性表示,易见$\boldsymbol{\alpha}_3=2\boldsymbol{\alpha}_1-3\boldsymbol{\alpha}_2$. 所以解空间的基为$\{\boldsymbol{\alpha}_1,\boldsymbol{\alpha}_2\}$. 用施密特正交化方法,求解空间的一个标正交基. 先正交化.

令
$$\boldsymbol{\beta}_1=\boldsymbol{\alpha}_1=(1,1,2,3)^{\mathrm{T}},$$

$$\boldsymbol{\beta}_2=\boldsymbol{\alpha}_2-\frac{(\boldsymbol{\alpha}_2,\boldsymbol{\beta}_1)}{(\boldsymbol{\beta}_1,\boldsymbol{\beta}_1)}\boldsymbol{\beta}_1=(-1,1,4,-1)^{\mathrm{T}}-\frac{5}{15}(1,1,2,3)^{\mathrm{T}}$$

$$=\left(-\frac{4}{3},\frac{2}{3},\frac{10}{3},-2\right)^{\mathrm{T}}.$$

再单位化,有

$$\boldsymbol{\varepsilon}_1=\frac{1}{\|\boldsymbol{\beta}_1\|}\boldsymbol{\beta}_1=\frac{1}{\sqrt{15}}(1,1,2,3)^{\mathrm{T}},$$

$$\boldsymbol{\varepsilon}_2=\frac{1}{\|\boldsymbol{\beta}_2\|}\boldsymbol{\beta}_2=\frac{1}{\sqrt{39}}(-2,1,5,-3)^{\mathrm{T}}.$$

$\{\boldsymbol{\varepsilon}_1,\boldsymbol{\varepsilon}_2\}$就是$\boldsymbol{Bx}=\boldsymbol{0}$的解空间的一个标准正交基.

5 特征值与特征向量 矩阵的对角化

1. 见第5章5.2节中例6(C).

2. 见第5章5.2节中例4(2).

3. 见第5章5.2节中例9和5.4节中例6(1).

4. (补充题5-43) 已知$2,4,6,\cdots,2n$是n阶矩阵$\boldsymbol{A}$的n个特征值,则行列式$|\boldsymbol{A}-3\boldsymbol{I}|=$( ).

(A) $2\cdot n!-3^n$; (B) $(2n-3)!!=1\cdot 3\cdot 5\cdots(2n-3)$;

(C) $-(2n-3)!!$; (D) $5\cdot 7\cdot 9\cdots(2n+3)$.

解 n阶矩阵$\boldsymbol{A}$有n个不同特征值,所以$\boldsymbol{A}$可对角化,即存在可逆阵$\boldsymbol{P}$,使

$$\boldsymbol{P}^{-1}\boldsymbol{AP}=\mathrm{diag}(2,4,6,\cdots,2n),$$

即

$$\boldsymbol{A}=\boldsymbol{P}\mathrm{diag}(2,4,6,\cdots,2n)\boldsymbol{P}^{-1}.$$

于是

$$\begin{aligned}|\boldsymbol{A}-3\boldsymbol{I}|&=|\boldsymbol{P}(\mathrm{diag}(2,4,6,\cdots,2n)-3\boldsymbol{I})\boldsymbol{P}^{-1}|\\&=|\boldsymbol{P}||\boldsymbol{P}^{-1}||\mathrm{diag}(-1,1,3,\cdots,2n-3)|\\&=-(1\cdot 3\cdot 5\cdots(2n-3))=-(2n-3)!!\end{aligned}$$

故选(C).

5. (补充题5-39) 已知 $\boldsymbol{A}=\begin{pmatrix}2&-1&2\\5&a&3\\-1&b&-2\end{pmatrix}$的一个特征向量$\boldsymbol{\xi}=(1,1,-1)^{\mathrm{T}}$.

(1) 确定a,b及$\boldsymbol{\xi}$对应的特征值;

(2) $\boldsymbol{A}$能否相似于对角矩阵?说明理由.

解 (1) 由$\boldsymbol{A\xi}=\lambda\boldsymbol{\xi}$,即$(\lambda\boldsymbol{I}-\boldsymbol{A})\boldsymbol{\xi}=\boldsymbol{0}$,或

$$\begin{pmatrix}\lambda-2&1&-2\\-5&\lambda-a&-3\\1&-b&\lambda+2\end{pmatrix}\begin{pmatrix}1\\1\\-1\end{pmatrix}=\begin{pmatrix}0\\0\\0\end{pmatrix},$$

得

$$\lambda-2+1+2=0,\qquad \lambda=-1;$$
$$-5+\lambda-a+3=0,\qquad a=-5+\lambda+3=-3;$$
$$1-b-(\lambda+2)=0,\qquad b=1-\lambda-2=0.$$

所以,$a=-3,b=0,\boldsymbol{\xi}$对应的特征值为$\lambda=-1$.

(2) 由

$$|\lambda \boldsymbol{I}-\boldsymbol{A}|=\begin{vmatrix}\lambda-2 & 1 & -2\\ -5 & \lambda+3 & -3\\ 1 & 0 & \lambda+2\end{vmatrix}=(\lambda+1)^3=0,$$

得$\lambda=-1$是3重特征值,而秩$(-\boldsymbol{I}-\boldsymbol{A})=2$,对应于$\lambda=-1$的线性无关的特征向量只有一个,所以$\boldsymbol{A}$不可对角化,即不能与对角阵相似.

6. (补充题5-44) 已知n阶矩阵$\boldsymbol{A}$的行列式$|\boldsymbol{A}|\neq0$,λ_1为$\boldsymbol{A}$的一个特征值,则$(\boldsymbol{A}^*)^2+\boldsymbol{E}$($\boldsymbol{E}$为单位阵)必有特征值( ).

(A) $(\lambda_1|\boldsymbol{A}|)^2+1$; (B) $\left(\dfrac{|\boldsymbol{A}|}{\lambda_1}\right)^2+1$;

(C) $(1+\lambda_1|\boldsymbol{A}|)^2$; (D) $\left(1+\dfrac{|\boldsymbol{A}|}{\lambda_1}\right)^2$.

解 由$\boldsymbol{A}^{-1}=\dfrac{1}{|\boldsymbol{A}|}\boldsymbol{A}^*$,得$\boldsymbol{A}^*=|\boldsymbol{A}|\boldsymbol{A}^{-1}$.

当λ_1为$\boldsymbol{A}$的特征值($\lambda_1\neq0$)时,$\dfrac{1}{\lambda_1}$为$\boldsymbol{A}^{-1}$的特征值,$\dfrac{|\boldsymbol{A}|}{\lambda_1}$为$\boldsymbol{A}^*=|\boldsymbol{A}|\boldsymbol{A}^{-1}$的特征值,所以

$$(\boldsymbol{A}^*)^2+\boldsymbol{E}\text{必有特征值}\left(\frac{|\boldsymbol{A}|}{\lambda_1}\right)^2+1.\qquad\text{选(B).}$$

7. (补充题5-40) 设

$$\boldsymbol{A}=\begin{pmatrix}a & -1 & c\\ 5 & b & 3\\ 1-c & 0 & -a\end{pmatrix}.$$

已知$|\boldsymbol{A}|=1$,且$\boldsymbol{A}^*$有一个特征值λ_0,其特征向量$\boldsymbol{x}=(-1,-1,1)^{\mathrm{T}}$,试求$a$,$b$,$c$及$\lambda_0$.

解 $|\boldsymbol{A}|=b(c^2-a^2)-5a-bc+3c-3=1.$ (1)

由上题知:$\boldsymbol{A}$的特征值λ与$\boldsymbol{A}^*$的特征值λ_0的关系为

$$\frac{|\boldsymbol{A}|}{\lambda}=\lambda_0,$$

所以

$$\lambda=\lambda_0^{-1}.$$

由$(\lambda_0^{-1}\boldsymbol{I}-\boldsymbol{A})\boldsymbol{x}=\boldsymbol{0}$,即

$$\begin{pmatrix}\lambda_0^{-1}-a & 1 & -c\\ -5 & \lambda_0^{-1}-b & -3\\ c-1 & 0 & \lambda_0^{-1}+a\end{pmatrix}\begin{pmatrix}-1\\-1\\1\end{pmatrix}=\begin{pmatrix}0\\0\\0\end{pmatrix},$$

得

$$\begin{cases}a-\lambda_0^{-1}-1-c=0, & (2)\\ b-\lambda_0^{-1}+2=0, & (3)\\ a+\lambda_0^{-1}+1-c=0. & (4)\end{cases}$$

方程(4)－方程(2)得

$$2\lambda_0^{-1}+2=0,\ 故\ \lambda_0=-1; \tag{5}$$

将(5)式代入(3)式得 $b=-3$,

(5)式代入(2)式得 $a=c$, 再代入(1)式得

$$c=4.$$

结论:$a=c=4,b=-3,\lambda_0=-1$.

8. 见第5章5.3节中例3.

9. (补充题5-45) 若$\boldsymbol{A},\boldsymbol{B}$均为$n$阶矩阵,且$\boldsymbol{A}\sim\boldsymbol{B}$,则( ).

(A) $\lambda\boldsymbol{I}-\boldsymbol{A}=\lambda\boldsymbol{I}-\boldsymbol{B}$; (B) $\boldsymbol{A}$与$\boldsymbol{B}$有相同的特征值与特征向量;

(C) $\boldsymbol{AB}\sim\boldsymbol{B}^2$; (D) 对于任意常数$t$,均有$t\boldsymbol{I}-\boldsymbol{A}\sim t\boldsymbol{I}-\boldsymbol{B}$.

解 答案为(D).因为:$\boldsymbol{A}\sim\boldsymbol{B}$即存在可逆阵$\boldsymbol{P}$,使

$$\boldsymbol{P}^{-1}\boldsymbol{AP}=\boldsymbol{B}.$$

从而有

$$\begin{aligned}\boldsymbol{P}^{-1}(t\boldsymbol{I}-\boldsymbol{A})\boldsymbol{P}&=\boldsymbol{P}^{-1}(t\boldsymbol{I})\boldsymbol{P}-\boldsymbol{P}^{-1}\boldsymbol{AP}\\&=t\boldsymbol{I}-\boldsymbol{B},\end{aligned}$$

故

$$t\boldsymbol{I}-\boldsymbol{A}\sim t\boldsymbol{I}-\boldsymbol{B}.$$

读者应该想清楚,(A),(B),(C)为什么都不正确.

10. 见第5章5.3节中例2.

11. 见第5章5.2节中例8.

12. 已知三阶矩阵 $\boldsymbol{A}$ 的特征值 $\lambda_1=1,\lambda_2=2,\lambda_3=3$,其对应的特征向量为 $\boldsymbol{\xi}_1=(1,1,1)^{\mathrm{T}},\boldsymbol{\xi}_2=(1,2,4)^{\mathrm{T}},\boldsymbol{\xi}_3=(1,3,9)^{\mathrm{T}}$;又 $\boldsymbol{\beta}=(1,1,3)^{\mathrm{T}}$.

① 将 $\boldsymbol{\beta}$ 用 $\boldsymbol{\xi}_1,\boldsymbol{\xi}_2,\boldsymbol{\xi}_3$ 线性表示;

② 求 $\boldsymbol{A}^n\boldsymbol{\beta}$($n\in\mathbb{N}$ 自然数集).

解 ① 设 $\boldsymbol{\beta}=x_1\boldsymbol{\xi}_1+x_2\boldsymbol{\xi}_2+x_3\boldsymbol{\xi}_3$,即

$$\begin{pmatrix}1&1&1\\1&2&3\\1&4&9\end{pmatrix}\begin{pmatrix}x_1\\x_2\\x_3\end{pmatrix}=\begin{pmatrix}1\\1\\3\end{pmatrix}.$$

解该方程组得 $x_1=2,x_2=-2,x_3=1$,故

$$\boldsymbol{\beta}=2\boldsymbol{\xi}_1-2\boldsymbol{\xi}_2+\boldsymbol{\xi}_3.$$

② 由 $\boldsymbol{A}\boldsymbol{\xi}_i=\lambda_i\boldsymbol{\xi}_i\quad(i=1,2,3)$,得

$$\boldsymbol{A}(\boldsymbol{\xi}_1,\boldsymbol{\xi}_2,\boldsymbol{\xi}_3)=(\boldsymbol{\xi}_1,\boldsymbol{\xi}_2,\boldsymbol{\xi}_3)\begin{pmatrix}\lambda_1&&\\&\lambda_2&\\&&\lambda_3\end{pmatrix}.$$

记 $\boldsymbol{P}=(\boldsymbol{\xi}_1,\boldsymbol{\xi}_2,\boldsymbol{\xi}_3)=\begin{pmatrix}1&1&1\\1&2&4\\1&3&9\end{pmatrix}$,则

$$\boldsymbol{A}=\boldsymbol{P}\mathrm{diag}(\lambda_1,\lambda_2,\lambda_3)\boldsymbol{P}^{-1},$$
$$\boldsymbol{A}^n=\boldsymbol{P}\mathrm{diag}(\lambda_1^n,\lambda_2^n,\lambda_3^n)\boldsymbol{P}^{-1},$$

$$\boldsymbol{A}^n\boldsymbol{\beta}=\begin{pmatrix}1&1&1\\1&2&4\\1&3&9\end{pmatrix}\begin{pmatrix}1&0&0\\0&2^n&0\\0&0&3^n\end{pmatrix}\begin{pmatrix}1&1&1\\1&2&4\\1&3&9\end{pmatrix}^{-1}\boldsymbol{\beta}.$$

由①中结论 $(x_1,x_2,x_3)^{\mathrm{T}}=\boldsymbol{P}^{-1}\boldsymbol{\beta}=(2,-2,1)^{\mathrm{T}}$,所以

$$\boldsymbol{A}^n\boldsymbol{\beta}=\begin{pmatrix}1&2^n&3^n\\1&2^{n+1}&4\cdot3^n\\1&3\cdot2^n&3^{n+2}\end{pmatrix}\begin{pmatrix}2\\-2\\1\end{pmatrix}=\begin{pmatrix}2-2^{n+1}+3^n\\2-2^{n+2}+4\cdot3^n\\2-3\cdot2^{n+1}+3^{n+2}\end{pmatrix}.$$

13. 设 $\boldsymbol{A}=\begin{pmatrix}3&2&-2\\-k&-1&k\\4&2&-3\end{pmatrix}$.

问：k 为何值时，存在可逆矩阵 $\boldsymbol{P}$，使 $\boldsymbol{P}^{-1}\boldsymbol{A}\boldsymbol{P}=\boldsymbol{\Lambda}$(对角矩阵)，并求 $\boldsymbol{P}$ 和 $\boldsymbol{\Lambda}$.

解　由 $|\lambda\boldsymbol{I}-\boldsymbol{A}|=0$，即

$$\begin{vmatrix}\lambda-3 & -2 & 2\\ k & \lambda+1 & -k\\ -4 & -2 & \lambda+3\end{vmatrix}=\begin{vmatrix}\lambda-1 & -2 & 2\\ 0 & \lambda+1 & -k\\ \lambda-1 & -2 & \lambda+3\end{vmatrix}=\begin{vmatrix}\lambda-1 & -2 & 2\\ 0 & \lambda+1 & -k\\ 0 & 0 & \lambda+1\end{vmatrix}$$

$$=(\lambda-1)(\lambda+1)^2=0,$$

得特征值 $\lambda_1=1,\lambda_2=-1$(二重).

当 $\lambda_2=-1$，对应线性无关的特征向量有两个时，$\boldsymbol{A}$ 可对角化. 此时秩 $(\lambda_2\boldsymbol{I}-\boldsymbol{A})=1$，即 $\lambda_2\boldsymbol{I}-\boldsymbol{A}$ 的任意两行(列)成比例. 而

$$(\lambda_2\boldsymbol{I}-\boldsymbol{A})=\begin{pmatrix}-4 & -2 & 2\\ k & 0 & -k\\ -4 & -2 & 2\end{pmatrix},$$

由此可见，当 $k=0$ 时，秩$(\lambda_2\boldsymbol{I}-\boldsymbol{A})=1$.

由$(\lambda_2\boldsymbol{I}-\boldsymbol{A})\boldsymbol{x}=\boldsymbol{0}$，即

$$\begin{pmatrix}-4 & -2 & 2\\ 0 & 0 & 0\\ -4 & -2 & 2\end{pmatrix}\begin{pmatrix}x_1\\ x_2\\ x_3\end{pmatrix}=\begin{pmatrix}0\\ 0\\ 0\end{pmatrix}.$$

从而得对应于 $\lambda_2=-1$ 的两个线性无关的特征向量

$$\boldsymbol{\xi}_2=(1,-2,0)^{\mathrm{T}},\quad \boldsymbol{\xi}_3=(1,0,2)^{\mathrm{T}}.$$

由$(\lambda_1\boldsymbol{I}-\boldsymbol{A})\boldsymbol{x}=\boldsymbol{0}$，即

$$\begin{pmatrix}-2 & -2 & 2\\ 0 & 2 & 0\\ -4 & -2 & 4\end{pmatrix}\begin{pmatrix}x_1\\ x_2\\ x_3\end{pmatrix}=\begin{pmatrix}0\\ 0\\ 0\end{pmatrix}.$$

从而得对应于 $\lambda_1=1$ 的特征向量 $\boldsymbol{\xi}_1=(1,0,1)^{\mathrm{T}}$.

取

$$\boldsymbol{P}=(\boldsymbol{\xi}_1,\boldsymbol{\xi}_2,\boldsymbol{\xi}_3)=\begin{pmatrix}1 & 1 & 1\\ 0 & -2 & 0\\ 1 & 0 & 2\end{pmatrix},$$

$$\boldsymbol{\Lambda}=\begin{pmatrix}\lambda_1 & & \\ & \lambda_2 & \\ & & \lambda_3\end{pmatrix}=\begin{pmatrix}1 & & \\ & -1 & \\ & & -1\end{pmatrix},$$

则有

$$\boldsymbol{P}^{-1}\boldsymbol{A}\boldsymbol{P}=\boldsymbol{\Lambda}.$$

14. 设 $\boldsymbol{A}=\begin{pmatrix}1&0&1\\0&2&0\\1&0&1\end{pmatrix}$，计算 $\boldsymbol{A}^n-2\boldsymbol{A}^{n-1}$（自然数 $n\geqslant 2$）.

解　由 $|\lambda\boldsymbol{I}-\boldsymbol{A}|=\begin{vmatrix}\lambda-1&0&-1\\0&\lambda-2&0\\-1&0&\lambda-1\end{vmatrix}=\lambda(\lambda-2)^2=0$，

得特征值 $\lambda_1=0,\lambda_2=2$（二重）.

对应于 $\lambda_1=0$ 的特征向量 $\boldsymbol{\xi}_1=(-1,0,1)^{\mathrm{T}}$；

对应于 $\lambda_2=2$ 的两个线性无关的特征向量可由

$$(\lambda_2\boldsymbol{I}-\boldsymbol{A})\boldsymbol{x}=\begin{pmatrix}1&0&-1\\0&0&0\\-1&0&1\end{pmatrix}\begin{pmatrix}x_1\\x_2\\x_3\end{pmatrix}=\begin{pmatrix}0\\0\\0\end{pmatrix}$$

（注意：自由未知量为 x_2,x_3，分别取 $x_2=1,x_3=0$ 和 $x_2=0,x_3=1$）得到

$$\boldsymbol{\xi}_2=(0,1,0)^{\mathrm{T}},\quad \boldsymbol{\xi}_3=(1,0,1)^{\mathrm{T}}.$$

取 $\boldsymbol{P}=(\boldsymbol{\xi}_1,\boldsymbol{\xi}_2,\boldsymbol{\xi}_3)=\begin{pmatrix}-1&0&1\\0&1&0\\1&0&1\end{pmatrix}$，　$\boldsymbol{\Lambda}=\begin{pmatrix}0&&\\&2&\\&&2\end{pmatrix}$，则有

$$\boldsymbol{A}=\boldsymbol{P\Lambda P}^{-1},\quad \boldsymbol{A}^n=\boldsymbol{P\Lambda}^n\boldsymbol{P}^{-1},\quad 2\boldsymbol{A}^{n-1}=2\boldsymbol{P\Lambda}^{n-1}\boldsymbol{P}^{-1}.$$

于是

$$\boldsymbol{A}^n-2\boldsymbol{A}^{n-1}=\boldsymbol{P}(\boldsymbol{\Lambda}^n-2\boldsymbol{\Lambda}^{n-1})\boldsymbol{P}^{-1}=\boldsymbol{0}\quad（因为 \boldsymbol{\Lambda}^n-2\boldsymbol{\Lambda}^{n-1}=\boldsymbol{0}）.$$

15. 已知 $\begin{pmatrix}x_1\\y_1\end{pmatrix}=\begin{pmatrix}1\\1\end{pmatrix}$，$\begin{pmatrix}x_{n+1}\\y_{n+1}\end{pmatrix}=\boldsymbol{A}\begin{pmatrix}x_n\\y_n\end{pmatrix}$　$(n=1,2,\cdots)$，求 $\begin{pmatrix}x_{n+1}\\y_{n+1}\end{pmatrix}$.

① $\boldsymbol{A}=\begin{pmatrix}1&1\\0&1\end{pmatrix}$，　② $\boldsymbol{A}=\begin{pmatrix}1&2\\3&2\end{pmatrix}$.

此题类似于第 5 章 5.4 节中的例 7. 请读者自己独立完成.

16. 设 $\boldsymbol{A}$ 是 n 阶实矩阵，$\boldsymbol{AA}^{\mathrm{T}}=\boldsymbol{I}$，$|\boldsymbol{A}|<0$，求 $|\boldsymbol{A}+\boldsymbol{I}|$.

解　由已知条件知 $\boldsymbol{A}$ 是正交矩阵.

$|\boldsymbol{AA}^{\mathrm{T}}|=|\boldsymbol{A}||\boldsymbol{A}^{\mathrm{T}}|=|\boldsymbol{A}|^2=1$，故 $|\boldsymbol{A}|=\pm 1$. 现已知 $|\boldsymbol{A}|<0$，所以 $|\boldsymbol{A}|=-1$.

$$\begin{aligned}|\boldsymbol{A}+\boldsymbol{I}|&=|\boldsymbol{A}+\boldsymbol{A}\boldsymbol{A}^{\mathrm{T}}|=|\boldsymbol{A}(\boldsymbol{I}+\boldsymbol{A}^{\mathrm{T}})|\\&=|\boldsymbol{A}||(\boldsymbol{I}+\boldsymbol{A}^{\mathrm{T}})|=-|\boldsymbol{I}+\boldsymbol{A}|,\end{aligned}$$

所以

$$|\boldsymbol{A}+\boldsymbol{I}|=0.$$

17. 设 $\boldsymbol{A}$ 为三阶实对称矩阵，且满足条件 $\boldsymbol{A}^2+2\boldsymbol{A}=\boldsymbol{0}$，已知 $\boldsymbol{A}$ 的秩 $r(\boldsymbol{A})=2$.

(1) 求 $\boldsymbol{A}$ 的全部特征值.

(2) 当 k 为何值时，矩阵 $\boldsymbol{A}+k\boldsymbol{I}$ 为正定矩阵，其中 $\boldsymbol{I}$ 为三阶单位矩阵.

解 (1) 设 $\boldsymbol{A}\boldsymbol{x}=\lambda\boldsymbol{x}$，则 $\boldsymbol{A}^2\boldsymbol{x}=\lambda^2\boldsymbol{x}(\boldsymbol{x}\neq\boldsymbol{0})$. 由 $\boldsymbol{A}^2+2\boldsymbol{A}=\boldsymbol{0}$，即 $\boldsymbol{A}^2=-2\boldsymbol{A}$，得

$$\boldsymbol{A}^2\boldsymbol{x}=-2\boldsymbol{A}\boldsymbol{x}\quad 从而\quad \lambda^2\boldsymbol{x}=-2\lambda\boldsymbol{x}.$$

由于 $\boldsymbol{x}\neq\boldsymbol{0}$，所以 $\lambda^2=-2\lambda$，即 $\lambda=-2$ 或 0.

又因为实对称矩阵 $\boldsymbol{A}\sim\boldsymbol{\Lambda}=\mathrm{diag}(\lambda_1,\lambda_2,\lambda_3)$，$r(\boldsymbol{A})=r(\boldsymbol{\Lambda})=2$. 所以 $\boldsymbol{A}$ 的特征值中只有一个为 0，两个非零，因此 $\boldsymbol{A}$ 的特征值为 $0,-2$(二重).

(2) 由于 $\boldsymbol{A}\sim\mathrm{diag}(0,-2,-2)$，所以

$$\begin{aligned}\boldsymbol{A}+k\boldsymbol{I}&\sim\mathrm{diag}(0,-2,-2)+k\boldsymbol{I}\\&=\mathrm{diag}(k,k-2,k-2).\end{aligned}$$

根据相似的实对称矩阵有相同的正定性，即得 $k>2$ 时，$\boldsymbol{A}$ 为正定矩阵.

18. 见第 5 章 5.3 节中例 4.

19. 见第 5 章 5.4 节中例 3.

20. 设 $\boldsymbol{A}$ 是 n 阶实对称矩阵，$\boldsymbol{P}$ 是 n 阶可逆矩阵. 已知 n 维列向量 $\boldsymbol{\alpha}$ 是 $\boldsymbol{A}$ 的属于特征值 λ 的特征向量，则矩阵 $(\boldsymbol{P}^{-1}\boldsymbol{A}\boldsymbol{P})^{\mathrm{T}}$ 属于特征值 λ 的特征向量是(　).

(A) $\boldsymbol{P}^{-1}\boldsymbol{\alpha}$；　(B) $\boldsymbol{P}^{\mathrm{T}}\boldsymbol{\alpha}$；　(C) $\boldsymbol{P}\boldsymbol{\alpha}$；　(D) $(\boldsymbol{P}^{-1})^{\mathrm{T}}\boldsymbol{\alpha}$.

解 已知 $\boldsymbol{A}\boldsymbol{\alpha}=\lambda\boldsymbol{\alpha}$. 设 $(\boldsymbol{P}^{-1}\boldsymbol{A}\boldsymbol{P})^{\mathrm{T}}$ 属于特征值 λ 的特征向量为 $\boldsymbol{\beta}$(下面求 $\boldsymbol{\beta}$)，即

$$(\boldsymbol{P}^{-1}\boldsymbol{A}\boldsymbol{P})^{\mathrm{T}}\boldsymbol{\beta}=\lambda\boldsymbol{\beta},$$

于是 $\quad \boldsymbol{P}^{\mathrm{T}}\boldsymbol{A}^{\mathrm{T}}(\boldsymbol{P}^{-1})^{\mathrm{T}}\boldsymbol{\beta}=\lambda\boldsymbol{\beta}\quad (\boldsymbol{A}^{\mathrm{T}}=\boldsymbol{A},(\boldsymbol{P}^{-1})^{\mathrm{T}}=(\boldsymbol{P}^{\mathrm{T}})^{-1})$,

$$\boldsymbol{P}^{\mathrm{T}}\boldsymbol{A}(\boldsymbol{P}^{\mathrm{T}})^{-1}\boldsymbol{\beta}=\lambda\boldsymbol{\beta},$$

两边左乘 $(\boldsymbol{P}^{\mathrm{T}})^{-1}$ 得

$$\boldsymbol{A}(\boldsymbol{P}^{\mathrm{T}})^{-1}\boldsymbol{\beta}=\lambda(\boldsymbol{P}^{\mathrm{T}})^{-1}\boldsymbol{\beta}. \tag{1}$$

由(1)式可得，$(\boldsymbol{P}^{\mathrm{T}})^{-1}\boldsymbol{\beta}=\boldsymbol{\alpha}$，从而

$$\boldsymbol{\beta}=\boldsymbol{P}^{\mathrm{T}}\boldsymbol{\alpha}.\quad 故选(B).$$

21. 设实对称矩阵

$$A=\begin{pmatrix} a & 1 & 1 \\ 1 & a & -1 \\ 1 & -1 & a \end{pmatrix}.$$

求可逆矩阵 $\boldsymbol{P}$,使 $\boldsymbol{P}^{-1}\boldsymbol{AP}$ 为对角阵,并计算行列式 $|\boldsymbol{A}-\boldsymbol{I}|$ 的值.

解　由 $|\lambda\boldsymbol{I}-\boldsymbol{A}|=0$,即

$$\begin{vmatrix} \lambda-a & -1 & -1 \\ -1 & \lambda-a & 1 \\ -1 & 1 & \lambda-a \end{vmatrix}=\begin{vmatrix} \lambda-a-1 & -1 & -1 \\ 0 & \lambda-a & 1 \\ \lambda-a-1 & 1 & \lambda-a \end{vmatrix}$$

$$=\begin{vmatrix} \lambda-a-1 & -1 & -1 \\ 0 & \lambda-a & 1 \\ 0 & 2 & \lambda-a+1 \end{vmatrix}=(\lambda-a-1)^2(\lambda-a+2)=0,$$

得特征值:$\lambda_1=a+1$(二重),$\lambda_2=a-2$.求特征向量的计算略去.

对应于 λ_1 的特征向量:$\boldsymbol{\xi}_1=(1,1,0)^{\mathrm{T}}$,$\boldsymbol{\xi}_2=(1,0,1)^{\mathrm{T}}$.

对应于 λ_2 的特征向量:$\boldsymbol{\xi}_3=(-1,1,1)^{\mathrm{T}}$.

取
$$\boldsymbol{P}=(\boldsymbol{\xi}_1,\boldsymbol{\xi}_2,\boldsymbol{\xi}_3)=\begin{pmatrix} 1 & 1 & -1 \\ 1 & 0 & 1 \\ 0 & 1 & 1 \end{pmatrix},$$

则有
$$\boldsymbol{P}^{-1}\boldsymbol{AP}=\mathrm{diag}(a+1,a+1,a-2),$$

$$\begin{aligned}|\boldsymbol{A}-\boldsymbol{I}|&=|\boldsymbol{P}^{-1}(\boldsymbol{A}-\boldsymbol{I})\boldsymbol{P}|=|\boldsymbol{P}^{-1}\boldsymbol{AP}-\boldsymbol{P}^{-1}\boldsymbol{IP}|\\&=|\boldsymbol{P}^{-1}\boldsymbol{AP}-\boldsymbol{I}|=|\mathrm{diag}(a,a,a-3)|\\&=a^2(a-3).\end{aligned}$$

22. 矩阵

$$\boldsymbol{A}=\begin{pmatrix} 0 & -2 & -2 \\ 2 & 2 & -2 \\ -2 & -2 & 2 \end{pmatrix}$$ 的非零特征值是__________.

解　由

$$|\lambda\boldsymbol{I}-\boldsymbol{A}|=\begin{vmatrix} \lambda & 2 & 2 \\ -2 & \lambda-2 & 2 \\ 2 & 2 & \lambda-2 \end{vmatrix}=\begin{vmatrix} \lambda & 2 & 2 \\ -2 & \lambda-2 & 2 \\ 0 & \lambda & \lambda \end{vmatrix}$$

$$=\begin{vmatrix} \lambda & 0 & 2 \\ -2 & \lambda-4 & 2 \\ 0 & 0 & \lambda \end{vmatrix}=\lambda^2(\lambda-4)=0,$$

得 $\boldsymbol{A}$ 的非零特征值 $\lambda=4$.

23.（习题 5-24） 设 $\boldsymbol{A},\boldsymbol{B}$ 为同阶方阵.

(1) 如果 $\boldsymbol{A},\boldsymbol{B}$ 相似，试证 $\boldsymbol{A},\boldsymbol{B}$ 的特征多项式相等.

(2) 举一个二阶方阵的例子说明(1)的逆命题不成立.

(3) 当 $\boldsymbol{A},\boldsymbol{B}$ 均为实对称矩阵时，试证(1)的逆命题成立.

证 (1) $\boldsymbol{A},\boldsymbol{B}$ 相似，即存在可逆矩阵 $\boldsymbol{P}$，使 $\boldsymbol{P}^{-1}\boldsymbol{A}\boldsymbol{P}=\boldsymbol{B}$，于是 $\boldsymbol{B}$ 的特征多项式

$$
\begin{aligned}
|\lambda\boldsymbol{I}-\boldsymbol{B}| &= |\lambda\boldsymbol{I}-\boldsymbol{P}^{-1}\boldsymbol{A}\boldsymbol{P}| = |\boldsymbol{P}^{-1}(\lambda\boldsymbol{I}-\boldsymbol{A})\boldsymbol{P}| \\
&= |\boldsymbol{P}^{-1}|\,|\boldsymbol{P}|\,|\lambda\boldsymbol{I}-\boldsymbol{A}| = |\lambda\boldsymbol{I}-\boldsymbol{A}|.
\end{aligned}
$$

(2) $\boldsymbol{B}=\begin{pmatrix}1 & 1\\ 0 & 1\end{pmatrix}$, $\boldsymbol{A}=\boldsymbol{I}=\begin{pmatrix}1 & 0\\ 0 & 1\end{pmatrix}$，此时

$$
|\lambda\boldsymbol{I}-\boldsymbol{A}| = |\lambda\boldsymbol{I}-\boldsymbol{B}| = (\lambda-1)^2.
$$

但是 $\boldsymbol{A}$ 与 $\boldsymbol{B}$ 不相似，因为，对于任何可逆矩阵 $\boldsymbol{P}$，有

$$
\boldsymbol{P}^{-1}\boldsymbol{A}\boldsymbol{P}=\boldsymbol{P}^{-1}\boldsymbol{I}\boldsymbol{P}=\boldsymbol{I}\neq\boldsymbol{B}.
$$

(3) 当 $\boldsymbol{A},\boldsymbol{B}$ 为实对称矩阵时，若

$$
|\lambda\boldsymbol{I}-\boldsymbol{A}| = |\lambda\boldsymbol{I}-\boldsymbol{B}| = (\lambda-\lambda_1)(\lambda-\lambda_2)\cdots(\lambda-\lambda_n),
$$

由于 $\boldsymbol{A},\boldsymbol{B}$ 都可对角化，即 $\boldsymbol{A},\boldsymbol{B}$ 都相似于对角阵 $\boldsymbol{\Lambda}=\mathrm{diag}(\lambda_1,\lambda_2,\cdots,\lambda_n)$，于是存在可逆阵 $\boldsymbol{P}_1,\boldsymbol{P}_2$，使

$$
\boldsymbol{P}_1^{-1}\boldsymbol{A}\boldsymbol{P}_1=\boldsymbol{\Lambda}=\boldsymbol{P}_2^{-1}\boldsymbol{B}\boldsymbol{P}_2.
$$

如此，则有

$$
\boldsymbol{P}_2\boldsymbol{P}_1^{-1}\boldsymbol{A}\boldsymbol{P}_1\boldsymbol{P}_2^{-1}=\boldsymbol{B}.
$$

取 $\boldsymbol{P}=\boldsymbol{P}_1\boldsymbol{P}_2^{-1}$，$\boldsymbol{P}^{-1}=\boldsymbol{P}_2\boldsymbol{P}_1^{-1}$，就有

$$
\boldsymbol{P}^{-1}\boldsymbol{A}\boldsymbol{P}=\boldsymbol{B},
$$

故 $\boldsymbol{A}$ 与 $\boldsymbol{B}$ 必相似.

6 二次型

1. 求一个正交变换，化二次型 $f(x_1,x_2,x_3)=x_1^2+4x_2^2+4x_3^2-4x_1x_2-4x_1x_3-8x_2x_3$ 为标准形.

此题与第 6 章 6.3 节中例 4 类似. 留给读者练习.

2. 见第 6 章 6.5 节中例 2.

3. 见第 6 章 6.3 节中例 6.

4. (补充题 6-46)　已知 $f(x_1,x_2,x_3)=2x_1^2+3x_2^2+3x_3^2+2ax_2x_3$ 通过正交变换 $\boldsymbol{x}=\boldsymbol{Q}\boldsymbol{y}$ 可化为标准形 $f=y_1^2+2y_2^2+5y_3^2$,试求参数 a 及正交矩阵 $\boldsymbol{Q}$.

解　已知的二次型对应的实对称矩阵为

$$\boldsymbol{A}=\begin{pmatrix}2&0&0\\0&3&a\\0&a&3\end{pmatrix}.$$

二次型通过正交变换化成的标准形中的系数 1,2,5 是 $\boldsymbol{A}$ 的特征值. 因此,由

$$|\lambda\boldsymbol{I}-\boldsymbol{A}|=\begin{vmatrix}\lambda-2&0&0\\0&\lambda-3&-a\\0&-a&\lambda-3\end{vmatrix}=(\lambda-2)(\lambda-3+a)(\lambda-3-a)=0,$$

得特征值: $\lambda_1=3-a$, $\lambda_2=2$, $\lambda_3=3+a$. 所以,当 $a=2$ 时, $\boldsymbol{A}$ 的 3 个特征值为 1,2,5.

下面求正交变换 $\boldsymbol{x}=\boldsymbol{Q}\boldsymbol{y}$ 中的正交矩阵 $\boldsymbol{Q}$(求特征向量的计算过程略去).

对应于 $\lambda_1=1$ 的特征向量为 $\boldsymbol{\xi}_1=(0,1,-1)^{\mathrm{T}}$;

对应于 $\lambda_2=2$ 的特征向量为 $\boldsymbol{\xi}_2=(1,0,0)^{\mathrm{T}}$;

对应于 $\lambda_3=5$ 的特征向量为 $\boldsymbol{\xi}_3=(0,1,1)^{\mathrm{T}}$.

3 个特征向量已两两正交,只需将它们单位化,得

$$\boldsymbol{\eta}_1=\left(0,\frac{1}{\sqrt{2}},\frac{-1}{\sqrt{2}}\right)^{\mathrm{T}};\quad \boldsymbol{\eta}_2=(1,0,0)^{\mathrm{T}},\quad \boldsymbol{\eta}_3=\left(0,\frac{1}{\sqrt{2}},\frac{1}{\sqrt{2}}\right)^{\mathrm{T}}.$$

所求的正交矩阵

$$\boldsymbol{Q}=\begin{pmatrix}0&1&0\\\frac{1}{\sqrt{2}}&0&\frac{1}{\sqrt{2}}\\\frac{-1}{\sqrt{2}}&0&\frac{1}{\sqrt{2}}\end{pmatrix}.$$

此时,令 $\boldsymbol{x}=\boldsymbol{Q}\boldsymbol{y}$,则有 $\boldsymbol{Q}^{\mathrm{T}}\boldsymbol{A}\boldsymbol{Q}=\mathrm{diag}(1,2,5)$ 从而

$$f=\boldsymbol{x}^{\mathrm{T}}\boldsymbol{A}\boldsymbol{x}=\boldsymbol{y}^{\mathrm{T}}\boldsymbol{Q}^{\mathrm{T}}\boldsymbol{A}\boldsymbol{Q}\boldsymbol{y}=y_1^2+2y_2^2+5y_3^2.$$

5. 见第 6 章 6.3 节中例 5.

6.（补充题 6-48） 设

$$\boldsymbol{A}=\begin{pmatrix}1&0&1\\0&2&0\\1&0&1\end{pmatrix},\quad \boldsymbol{B}=(k\boldsymbol{E}+\boldsymbol{A})^2,$$

k 为实数，$\boldsymbol{E}$ 为单位矩阵，求对角矩阵 $\boldsymbol{\Lambda}$，使 $\boldsymbol{A}\simeq\boldsymbol{\Lambda}$；并问：$k$ 为何值时，$\boldsymbol{B}$ 为正定矩阵.

解 由 $|\lambda\boldsymbol{E}-\boldsymbol{A}|=0$，即

$$|\lambda\boldsymbol{E}-\boldsymbol{A}|=\begin{vmatrix}\lambda-1&0&-1\\0&\lambda-2&0\\-1&0&\lambda-1\end{vmatrix}=(\lambda-2)[(\lambda-1)^2-1]$$

$$=\lambda(\lambda-2)^2=0,$$

得特征值 $\lambda_1=0,\lambda_2=2$（二重）. 于是

$$\boldsymbol{A}\simeq\boldsymbol{\Lambda}=\text{diag}(0,2,2).$$

相应地，$\boldsymbol{B}=(k\boldsymbol{E}+\boldsymbol{A})^2$ 的特征值为 $\mu_1=k^2,\mu_2=(k+2)^2$（二重）. 因此，当 k 为非零实数时，$\boldsymbol{B}$ 的 3 个特征值均大于零，故 $\boldsymbol{B}$ 为正定矩阵.

7. 见第 6 章 6.5 节中例 3.

8. 见第 6 章 6.5 节中例 4.

9. 已知实二次型 $f(x_1,x_2,x_3)=a(x_1^2+x_2^2+x_3^2)+4x_1x_2+4x_1x_3+4x_2x_3$ 经正交变换 $\boldsymbol{x}=\boldsymbol{P}\boldsymbol{y}$ 可化为标准形 $f=6y_1^2$，则 $a=$______.

解 二次型对应的实对称矩阵为

$$\boldsymbol{A}=\begin{pmatrix}a&2&2\\2&a&2\\2&2&a\end{pmatrix}.$$

根据题意，$\boldsymbol{A}$ 的特征值为 $\lambda_1=6,\lambda_2=0$（二重）. 由

$$|\lambda\boldsymbol{I}-\boldsymbol{A}|=\begin{vmatrix}\lambda-a&-2&-2\\-2&\lambda-a&-2\\-2&-2&\lambda-a\end{vmatrix}=\begin{vmatrix}\lambda-a-4&-2&-2\\\lambda-a-4&\lambda-a&-2\\\lambda-a-4&-2&\lambda-a\end{vmatrix}$$

$$=(\lambda-a-4)\begin{vmatrix}1 & -2 & -2\\0 & \lambda-a+2 & 0\\0 & 0 & \lambda-a+2\end{vmatrix}$$

$$=(\lambda-a-4)(\lambda-a+2)^2=0,$$

得 **A** 的特征值：$\lambda_1=a+4,\lambda_2=a-2$(二重)，由

$$\lambda_2=a-2=0,$$

得 $a=2$，此时 $\lambda_1=6,\lambda_2=0$(二重).于是，所求的 $a=2$.